U0270671

国家科学技术学术著作出版基金资助出版

玉米大豆带状复合种植理论与实践

杨文钰 等 著

科学出版社
北京

内容简介

本书系统阐释了玉米大豆带状复合种植理论与实践，包括绪论、理论篇、技术篇、机具篇、应用篇五部分，共15章。绪论（第一章、第二章）介绍了我国粮食生产面临的挑战与间套作优势，以及玉米大豆带状复合种植的内涵与研究方案；理论篇（第三至七章）分别从光、水、养分高效利用，低位作物株型调控与品质形成，病虫草害发生等方面阐述了玉米大豆带状复合种植理论研究的最新进展；技术篇（第八章、第九章）重点介绍了玉米大豆带状复合种植"选配品种、扩间增光、缩株保密"的核心技术和施肥、化控、绿色防控等配套技术；机具篇（第十至十二章）介绍了玉米大豆带状复合种植专用播种、植保和收获机具的农艺要求、设计思路、关键技术与作业效果；应用篇（第十三至十五章）介绍了在不同区域构建的玉米大豆带状复合种植技术模式及推广机制、应用效果与未来展望。

本书是首部系统总结玉米大豆带状复合种植理论研究与农艺、农机融合实践的原创性专著，既是玉米大豆带状复合种植理论创新的归纳总结，又是技术推广应用的指导方略。本书可作为高等农业院校和农业科研机构科技工作者的科研参考资料，也可作为农业技术推广人员、新型经营主体等相关人员的技术指导用书。

图书在版编目（CIP）数据

玉米大豆带状复合种植理论与实践 / 杨文钰等著. -- 北京 : 科学出版社，2025. 3

ISBN 978-7-03-077577-1

Ⅰ. ①玉… Ⅱ. ①杨… Ⅲ. ①玉米–间作–大豆–带状种植 Ⅳ. ①S513②S565.1

中国国家版本馆 CIP 数据核字（2023）第 247403 号

责任编辑：李　迪　刘晓静　郝晨扬 / 责任校对：郑金红
责任印制：肖　兴 / 封面设计：无极书装

科学出版社 出版
北京东黄城根北街16号
邮政编码：100717
http://www.sciencep.com
北京天宇星印刷厂印刷
科学出版社发行　各地新华书店经销
*
2025年3月第　一　版　开本：720×1000　1/16
2025年3月第一次印刷　印张：25 3/4
字数：520 000

定价：268.00 元

（如有印装质量问题，我社负责调换）

《玉米大豆带状复合种植理论与实践》
著者名单

杨文钰　雍太文　王小春　刘卫国　刘　江

杨　峰　张黎骅　尚　静　常小丽　李　赫

韩丹丹　武晓玲　闫艳红　吕小荣　吴雨珊

杨继芝　李雨泽

序　一

农为邦本，本固邦宁。粮食安全事关国计民生、涉及国家安全、关乎民族复兴。

大豆起源于中国，种植历史超过 5000 年，自古以来就是中国民众获取蛋白质和油脂的主要食物，也是猪、牛、羊、鸡等畜禽饲料蛋白质的主要来源，还是重要的固氮养地作物。随着经济的发展和人民生活水平的提高，中国大豆需求量保持持续增长，国产大豆产能已不能满足国人需要。近年来，我国每年的大豆进口量在 1 亿 t 左右。在确保粮食安全的前提下，提升大豆产能迫在眉睫。据估算，生产 1 亿 t 大豆，需要约 6 亿亩（1 亩≈666.7m^2，下同）耕地。现在的 18 亿亩耕地红线内，我们有约 6.5 亿亩耕地种植玉米，水稻和小麦的种植面积约有 8 亿亩，还有一些耕地种植棉花、油料、糖料作物，所以在保证口粮生产的前提下，要大面积扩种大豆并不容易。提高国产大豆产能，只有两条路：一是依靠科技发展提高单产；二是扩大种植面积。

四川农业大学杨文钰教授团队研发的玉米大豆带状复合种植开启了不增加耕地而拓展大豆种植面积的潜在空间。20 多年的研究表明：玉米间套作大豆在放宽玉米行距、缩小株距、保持与净作玉米相同密度的带状复合种植下，可以实现间套作玉米产量与净作玉米相当，且每亩多收 100～150kg 大豆，减施氮肥 4～5kg，效益比净作玉米增加约 350 元。我国现有约 6.5 亿亩土地种植玉米，多数用作饲料，如果在保证玉米产量的基础上又能亩产 100kg 大豆，就能增产约 6500 万 t 大豆，土地利用效率会大大提高。因而，完全可以在维持面积不变的情况下，利用玉米空间增收一季大豆。这种带状复合种植制度已展示出广阔的应用前景，在西南、黄淮海和西北等地区试验示范，普遍成功。

杨文钰教授团队所著《玉米大豆带状复合种植理论与实践》是国内外首部系统介绍玉米大豆带状复合种植理论与实践的专著；该书从光温水气、养分的高效利用，低位作物株型调控、品质变化，带状复合种植系统病虫草害发生等方面全面阐述了玉米大豆带状复合种植理论研究的最新进展，相关学术成果达到了国际领先水平。同时，该书还重点介绍了玉米大豆带状复合种植核心技术、配套技术，以及专用机具的农艺要求、设计思路、关键技术、作业效果，对玉米大豆带状复合种植在不同区域的推广应用具有重要的参考价值。

该书是首部系统总结玉米大豆带状复合种植理论研究与农艺、农机融合实践的原创性专著，既是对玉米大豆带状复合种植理论创新的归纳总结，又是技术推广应用的指导方略。该书的出版发行，在助推世界间套作理论进步的同时，也将提高我国玉米大豆带状复合种植标准化、规模化水平，有力促进国产大豆的产能提升，对保障国家粮食安全起到重要作用。

盖钧镒
中国工程院院士
南京农业大学教授
2024年10月

序　二

保证粮食安全，让 14 亿多人民吃饱、吃好、吃得健康是我们国家国计民生中的大事。由于众多原因，曾是我国农业优势产业又对人民生活有重要作用的大豆却走向了衰落；现在我国每年要进口上亿吨大豆。为振兴大豆生产，首先要解决与同季种植的旱地作物玉米争地的问题。

21 世纪伊始，杨文钰教授团队开始探索利用间套作技术解决上述难题，逐步优化形成了新型的玉米大豆带状复合种植。20 多年的实践表明，玉米大豆带状复合种植技术在不减少粮食耕地的情况下，实现了玉米大豆双丰收，是一种经济、社会、生态效益兼顾的先进农业科学技术，对保障我国粮油安全具有重要意义。目前，该技术被列入《“十四五”全国种植业发展规划》推广技术，是国家大豆和油料产能提升工程首推技术。2022 年中央一号文件和 2023 年中央一号文件都指出要“扎实推进大豆玉米带状复合种植”。

这本《玉米大豆带状复合种植理论与实践》是杨文钰教授团队对玉米大豆带状复合种植 20 多年基础理论和应用技术研究的系统总结，是国内外第一部系统介绍玉米大豆带状复合种植理论与实践的专著。该书具有以下特点：一是“新”，该书收录了大量的科研数据，集中展示了玉米大豆带状复合种植的理论依据；二是“全”，该书内容翔实，涵盖面广，涉及光能、养分高效利用，株型、品质调控，病虫草害防控等多方面的理论成果，还包含了专用农业机械研制及成果推广应用研究；三是“实”，该书单列了技术篇和应用篇，详细介绍了核心技术和配套技术的实践，特别强调了在不同区域构建的技术模式与推广机制、应用效果，为技术的应用推广提供了重要指南。

相信该书的出版，将引领国内外作物间套作的科技进步，并有力促进我国玉米、大豆的兼容发展。

荣廷昭

中国工程院院士

四川农业大学教授

2024 年 11 月

前　言

洪范八政，食为政首。我国是人口众多的大国，保障粮食安全始终是治国理政、国计民生的头等大事。玉米、大豆是我国大宗粮食作物，供需状况直接影响国家粮食安全；相对玉米而言，大豆的比较优势更弱，种植面积小，国内产能严重不足，进口依赖度极高，且随市场需求波动大，已成为霸权国家遏华政策的重要筹码。而玉米、大豆是同季旱粮作物，争地矛盾突出，这成为国家粮食安全面临的“卡脖子”难题。如何在有限的耕地上协调发展玉米、大豆，是国家粮食安全面临的重大挑战。多年来，国家满足玉米大豆需求的政策是发展玉米、进口大豆；受中美贸易摩擦影响，国家提出压减玉米种植面积、扩大大豆种植面积，缓解大豆供需缺口矛盾；2019 年中央一号文件提出“稳定玉米生产”和“实施大豆振兴计划，多途径扩大种植面积”。在保证口粮绝对安全的前提下，稳定玉米产能、大幅度提高大豆产能已成为国家粮食安全的战略决策。另外，长期以来，包括玉米、大豆在内的主要粮食作物均采用高投入、单一化的高产种植模式，这为保障国家粮食数量安全作出了重要贡献，但资源过度消耗、耕地质量急剧下降、水体富营养化、温室气体排放加剧等一系列生态问题日益凸显；种植业高产高效与可持续难以统一，粮食安全与资源约束矛盾日益尖锐。中国是人口大国，却面临资源相对匮乏的局面，只有走高产出、可持续的现代农业发展道路，单一高产出或单一可持续发展道路都是中华民族的死胡同。

间套作是我国传统农业技术的结晶，是保障我国粮食安全的有效途径之一。豆科与禾本科作物间套作是世界公认的集约利用资源的可持续农业技术，其中玉米大豆间套作是最主要的模式，21 世纪之前在我国应用极其普遍，对中华民族的繁衍和发展作出了不可磨灭的贡献。传统的玉米大豆间套作具备充分利用耕地资源和生态可持续的优势，具有破解玉米大豆争地矛盾和高产出不可持续矛盾的基础。但是，传统的生产技术手段难以满足现代农业高产高效和规模化生产的要求，亟待利用新发展理念、现代技术、现代装备对传统间套作进行创新发展，实现间套作现代化。

20 世纪 70～90 年代，四川盆地丘陵山区大面积应用“小麦—玉米—甘薯”三熟套作。这种套作方式有效提高了粮食产量，解决了农民的温饱问题，但因水土流失、耗地、费工、甘薯食用量减少等被农民逐渐摒弃，需要新的种植模式予以替代。20 世纪末，我们开始了“小麦—玉米—大豆”新三熟套作研究，其本质在于玉米—大豆套作替代玉米—甘薯套作。为此，我们确定玉米大豆间套作为研究对象，对玉米根窝豆、单行间套作等传统间套作开展生产调研、文献查阅和田间试验，发现传统玉米大豆间套作长期存在田间配置不合理、大豆倒伏严重、施肥技术不匹配和绿色防控技术缺乏四大制约应用的瓶颈问题，导致产量低而不稳、机具作业难、不能地内轮作，难以融入现代农业。

针对上述难题，我们以“高产出、机械化、可持续”为目标，确立了以带状复合种植为路径，以创新光肥资源利用和低位作物株型调控理论为基础，以突破核心技术与配套技术为关键，以研制种管收作业机具为保障的研究思路，历时25年，在国家重点基础研究发展计划（973计划）、国家重点研发计划、国家自然科学基金、粮食丰产科技工程、现代农业产业技术体系等项目支持下，通过多学科联合攻关，系统研究了玉米大豆带状复合种植系统光、肥资源高效利用理论和耐荫抗倒株型调控理论，以及相应的栽培技术与防治策略；研发了一批适用于带状复合种植系统的种管收作业机具，实现农机农艺融合；同时在此基础上，集成了适应现代农业的玉米大豆带状复合种植技术体系，并大面积应用。

25年来，玉米大豆带状复合种植在四川及西南其他地区大面积应用，在西北、黄淮海及长江流域试验示范，提高了玉米、大豆产量及系统生产力，减少了化肥农药用量，实现了玉米大豆和谐发展，既高产出又可持续，为保障粮食安全、绿色生态和农民增收提供了新的技术途径。玉米大豆带状复合种植技术连续14年入选国家主推技术，2020年、2022年和2023年三次写入中央一号文件以作大力推广，成为保证国家玉米安全、大幅度提高大豆自给率的底盘核心技术，是国家大豆和油料产能提升工程首推技术。2022年，农业农村部在我国16个省（自治区、直辖市）组织推广应用玉米大豆带状复合种植面积1550万亩，实际完成1645万亩，助推大豆自给率提高3个百分点。2023年和2024年在我国17个省（自治区、直辖市）推广玉米大豆带状复合种植4000万亩。根据农业农村部印发的《“十四五”全国种植业发展规划》，到2025年，我国将推广玉米大豆带状复合种植5000万亩。

本书是“玉米大豆带状复合种植技术体系创建与应用”成果的全面总结，也是首部系统总结玉米大豆带状复合种植理论、技术研究与综合实践的原创性专著。全书收载的百余幅图表，多数来自著者所在团队已经发表或有待发表的学术论文，也包括团队所培养研究生的学位论文；少量引自他人的研究报道，均进行了相应的引用标注。

感谢盖钧镒院士、荣廷昭院士长期以来对本团队的关心、支持和帮助，本书的出版是两位先生悉心指导的结果。感谢国家科学技术学术著作出版基金的资助。

由于著者水平有限，不足之处在所难免，敬请批评指正。

著　者

2024年10月

目　　录

第一篇　绪　　论

第二篇　理　论　篇

第三篇 技 术 篇

第四篇　机　具　篇

第五篇 应 用 篇

第一篇 绪 论

第一章　我国粮食生产面临的挑战与间套作优势

第一节　我国粮食生产的现状

我国是一个拥有14亿多人口的大国，解决吃饭问题始终是国家富强和人民幸福的头等大事。农业是国民经济的基础，粮食是关系国计民生的重要物资，而粮食生产是基础性的战略产业，粮安天下，农稳社稷。当前国际形势复杂严峻，物价大幅上涨、农产品市场波动加剧等不稳定因素增多，国内农业发展和粮食生产也面临新挑战与新机遇。

一、我国粮食生产情况

“十三五”时期，我国粮食生产播种面积稳定在17.4亿亩以上。“十四五”以来，2023年粮食产量达到13 908亿斤[①]，创历史新高。水稻作为我国第一大口粮作物，全国60%的人口以稻米为主食，2023年全国水稻播种面积为4.34亿亩、产量为4132亿斤，耕种收综合机械化率超过80%。小麦是我国第二大口粮作物，全国40%的人口以小麦为主食，2023年播种面积为3.54亿亩，产量为2732亿斤，基本实现全程机械化。玉米是我国第一大粮食作物，是重要的饲料和工业原料，2023年播种面积为6.63亿亩，产量为5777亿斤，耕种收综合机械化率超过80%，产需缺口有所扩大，进口量为2714万t（国家统计局，2023）。大豆作为植物蛋白、食用油脂和蛋白质饲料的重要来源，2023年种植面积为1.57亿亩，产量为2084万t，进口量达9941万t，对外依存度不断加大，已成为威胁我国粮食安全的关键瓶颈。

目前，在我国粮食生产中，水稻和小麦产需平衡，玉米产需缺口不断扩大，大豆供需矛盾严峻。玉米和大豆是我国大宗农产品，也是同季旱粮作物，种植面积此消彼长，争地矛盾十分突出，扩大大豆种植面积必然减少玉米种植面积，二者不可兼得，如何在保证玉米安全的前提下提高大豆产能是国家面临的一大难题。在传统农业生产过程中，高投入型种植技术对提高玉米产量起到了重要的作用，但这种技术对资源消耗过度，使耕地质量下降、环境污染加重，如何实现“高产出”与“可持续”的统一是作物生产面临的重大挑战。间套轮作具有生态可持续、集约利用资源等有益“基因”，通过传承创新，实现玉米大豆间套轮作一体化和现

---

① 1斤=0.5kg

代化是解决上述“卡脖子”难题和挑战的有效途径。

二、我国粮食生产面临的挑战

（一）土地生产率亟待提高

土地生产率是反映土地生产能力的一项指标，指生产周期内单位面积土地产出的粮食数量，受自然环境因素和社会经济水平的影响。据第三次全国国土调查，2019 年全国耕地面积 19.18 亿亩，比 10 年前减少 1.13 亿亩，各个区域差异显著（图 1-1）。一方面，随着城市化的发展，建设用地逐年增加，特别是城市周边质量较为优良的耕地由于城市发展而被使用，而部分调整的土地移到了一些耕地质量相对较差的地方，耕地面积被压缩，耕地质量有退化趋势，土地生产率下降。另一方面，随着国家的发展和经济条件的改善，越来越多的人外出工作，从事农业生产的人越来越少，耕地撂荒现象越来越严重，土地生产率低；或者为了追求更高的经济收益，良田非粮化越来越突出，直接影响粮食生产。

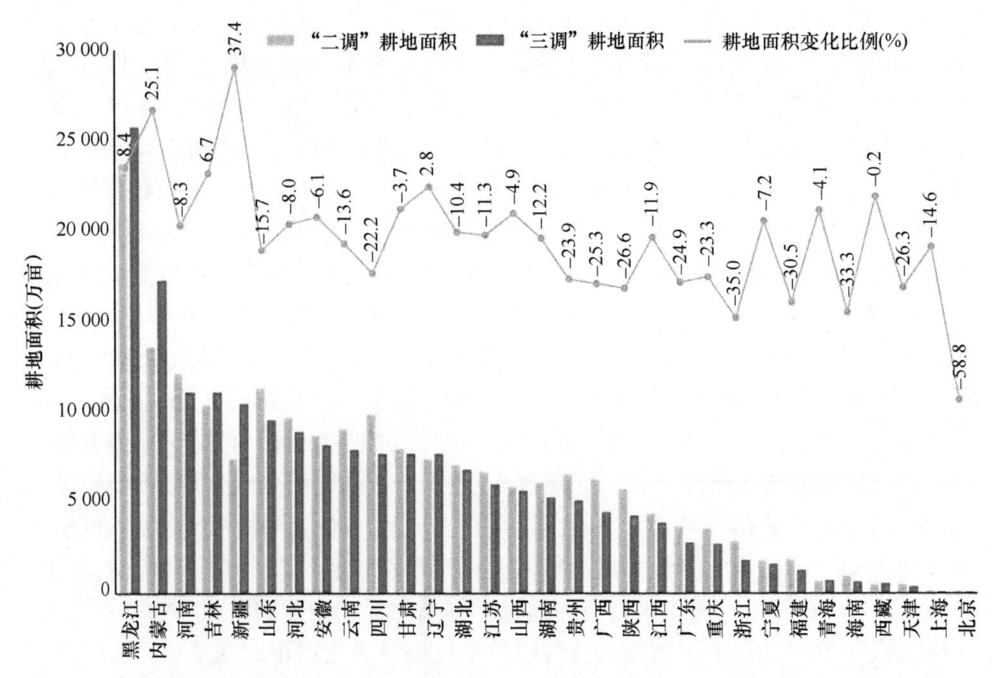

图 1-1　第二次和第三次全国国土调查数据（中华人民共和国自然资源部，2013，2021）

（二）种粮比较效益亟待提高

粮食生产成本主要由物质与服务费用、人工成本、土地成本三种构成，物质与服务费用的增长来源于化肥、租赁作业费用的增长。随着土地产权和土地二级市场的完善，土地价值得以提升，但是生产成本居高不下，种粮比较效益持续走低。粮食产业链条相对较短，加工增值仍然不高，粮价长期过低或者种粮无收益，直接影响农民的种植积极性，导致大面积减种，稳定粮食生产难度越来越大。同时，我国南方丘陵山区耕地面积比例大，但农业综合机械化水平低、劳动力投入多、规模经营难度大、生产成本高，已经成为制约当地粮食生产发展的主要因素。此外，粮食作物间的比较效益和季节种植矛盾突出。例如，玉米和大豆是同季作物，近 10 年东北大豆种植面积急剧下降，而玉米面积迅速上升；玉米比较效益显著高于大豆，作物间生产的劳动效率和效益差异直接影响作物种植的面积及分布。

（三）耕地质量亟待提升

提升耕地质量是确保我国粮食安全的重要措施，据中央电视台《焦点访谈》报道，我国耕地中三分之二以上为中低产田，东北黑土地退化、南方耕地酸化、北方土地盐碱化等问题日益显现。长期以来，农业生产中连续多年种植单一作物、大量化肥农药的使用导致土壤有害微生物数量增多、有益微生物菌群种类与数量减少；长期重茬连作，导致土壤环境恶化，造成土壤盐渍化、板结等问题。而调整种植结构，可以发挥作物轮作和间套作优势，种地养地结合，有效减少土传病害的发生，提高土壤肥力，增加农作物的产量。

（四）极端自然灾害频发

全球气候变化对人类活动的各个方面产生显著影响，尤其对农业生产影响非常大。我国农业人口多、资源压力大、地域类型复杂、各地气候差异明显，使我国农业成为对气候变化影响最敏感的领域之一（鲍国良和姚蔚，2019）。全球气候变化导致高温、干旱、暴雨等一系列极端天气增加，灾害呈现极端性、突发性，加之主要农产品生产区域集中，导致其对农业特别是粮食生产的影响尤为严重。同时，气候变化导致病虫害的发生区域性明显，防控难度大，进一步加重了对粮食生产的影响。

（五）大豆自给压力倍增

我国人口多，耕地面积有限，粮食生产成本普遍高于国际市场，农户种粮的积极性不高，生产的粮食无法满足我国对农产品的全部需求，还需进口部分粮食以缓解国内粮食生产压力。水稻和小麦供需平衡，而玉米和大豆缺口巨大（表 1-1）。2021 年我国大豆进口量超过 9600 万 t，约占全球大豆贸易量的 60%，对外依存度高达 85%，玉米进口量超过 2800 万 t，且两作物进口来源国高度集中。受新冠疫情、国际地缘政治等因素影响，大豆、玉米等紧缺农产品通过进口保障风险大，存在进不到、进不够和进得贵等问题。大豆是我国的原产作物，已有 5000 年的种

表 1-1　四大粮食作物生产与消费情况　（单位：万 t）

粮食作物	年份	生产量	消耗量	进口量	出口量
水稻	2021	21 284	21 545	496	245
	2022	20 850	21 089	619	221
小麦	2021	13 694	14 857	977	8
	2022	13 772	13 868	996	15
玉米	2021	27 255	28 205	2 835	0.8
	2022	27 720	28 870	2 062	0.1
大豆	2021	1 640	11 138	9 647	8
	2022	2 028	11 425	9 108	8

注：数据来源于重点农产品市场信息平台（http://ncpscxx.moa.gov.cn）

植历史。大豆富含蛋白质（40%）和油脂（20%），是人体生长的基本营养来源，其豆腐类制品曾是古人蛋白质营养的主要来源。随着人民生活水平的不断提高，近年来我国肉食品需求急剧增长，动物产业飞速发展，大豆成为动物产业的主要饲料原料。同时，大豆是人们蛋白质营养最佳来源之一。提高大豆自给率对确保国人健康和社会稳定具有重要的战略意义，扩大大豆种植面积、提高大豆产能迫在眉睫。

三、保障国家粮食安全的对策

习近平总书记多次强调“大宗农产品绝对不能依靠别人，要控风险、可替代、有备手”“要实打实地调整结构，扩种大豆和油料，见到可考核的成效”“要优化布局，稳口粮、稳玉米、扩大豆、扩油料，保证粮食年产量保持在 1.3 万亿斤以上，确保中国人的饭碗主要装中国粮”。粮食安全是国家安全的基础，我们要牢牢守住国家粮食安全底线，多举措保障国家粮食安全。

（一）确保粮食播种面积

耕地是粮食生产的重要基础，解决好 14 亿多人口的吃饭问题，必须守住耕地这个根基。提高粮食播种面积是提高粮食产能的基础，主要途径有二：一是撂荒地复耕，扩大耕地面积；二是提高复种指数，扩大播种面积。自 2019 年开始，我国的粮食播种面积止住了连续几年下滑的趋势，开始实现正增长；2022 年，全国粮食播种面积近 17.75 亿亩，无论是粮食主产区、主销区，还是产销平衡区，都应保证一定数量的粮食播种面积。我国地域广阔，光热资源丰富，间套复种既可充分利用资源，又可扩大播种面积、提高产能，大力研发和推广应用适合现代农业生产的间套复种是未来我国提高粮食产能、保障粮食安全的根本性措施。

（二）提升粮食单产潜力

粮食产能取决于面积和单产。近年来，我国粮食产量显著提升，国际影响力明显增强，粮食单产提高对总产增加的贡献率超过66%，在当前和今后一个时期提升大面积单产仍然是粮油作物生产的重点。单产的提升取决于土壤肥力、播种品种、播种技术、机具和种植制度等的研究与应用，其中土壤是基础和根本。有机肥还田、减少化肥投入仍是今后耕地质量提升的主要措施。我国耕地有限，间套复种极具前景；以固氮的豆科作物替代其中的耗地作物，不减少产能，且能培肥地力；支持研究和应用符合现代农业生产要求的粮豆间套复种是保障我国未来粮食单产可持续提升的关键。

（三）提高劳动生产效率

种粮效益高低决定了农民的种粮积极性。种粮是基础性产业，效益不高是其社会属性，国家应建立科学完善的粮食补贴政策，全面落实种粮大户、家庭农场、农民专业合作社及农业产业化联合体等种粮生产扶持政策，对不以粮食生产为目的或未正常生产管理的原则上不予补贴，强化“谁种粮谁受益，谁多种粮食就优先支持谁”的政策导向。在种粮人越来越少的今天，用工成本过高是种粮效益不高的首要因素，大幅度提高粮食生产全程机械化程度、作业效率和作业质量对提高种粮效益显得尤为迫切。对地形地貌而言，丘陵山区粮食生产区域急需地宜机改造和机宜地研发；对种植方式而言，间套复种需要农机农艺融合，真正实现间套作既高产出又机械化。

第二节　间套作发展历程及优势

据《中国的粮食安全》白皮书，至2030年，我国粮食需求总量将达6.4亿t左右，供需矛盾非常突出。目前，四大粮食作物中小麦和水稻供需平衡，玉米产需缺口迅速扩大，大豆缺口巨大。我国农业生产“高产出”与“可持续”难以统一，耕地资源持续减少和水资源严重缺乏，而间套作种植是环境友好、土地产出率高的农业可持续发展模式，对保障我国粮油安全具有重要的意义。

一、间套作的概念

（一）间作

间作是指在一个生长季内，在同一块田地上分行或分带间隔种植两种或两种以上作物的种植方式，如黄淮海地区的玉米—大豆间作、西北地区的小麦—胡麻间作、华南地区的木薯—大豆间作。

（二）套作

套作是指在前季作物生长后期，在其行间或带间播种或移栽后季作物的种植方式，如西南地区的小麦—玉米套作、玉米—大豆套作。

二、间套作的历史

间套作是中华民族发明创造的传统农业技术瑰宝，是我国精耕细作农业的重要组成部分。根据史料记载，中国的间套作始于汉代，早在公元前一世纪，西汉杰出农学家氾胜之在《氾胜之书》中总结了关中农民开展瓜、薤、豆间作的宝贵经验："区种瓜……。又种薤十根，令周回瓮，居瓜子外。至五月瓜熟，薤可拔卖之，与瓜相避。又可种小豆于瓜中，亩四五升，其藿可卖。此法宜平地，瓜收亩万钱。"已经初步明确利用间作或混作可增加收益，且要正确处理不同作物在间混作中的关系。

间套作初步发展于魏晋南北朝，公元六世纪，后魏农学家贾思勰的《齐民要术》记述了多种间套作方式，例如，"其下常劚掘种菉豆小豆""种禾豆，欲得逼树。不失地利，田又调熟。绕树散芜菁者，不劳逼也"等的林粮间作；"葱中亦种胡荽，寻手供食"的蔬菜间作；"三四月中种大豆一顷，杂谷并草留之，不须锄治，八九月中刈作青茭"的混作饲料生产；"种麻子"中"六月中，可于麻子地间散芜菁子而锄之，拟收其根"的套作生产。这些说明当时间套作已经运用于农业生产的多个方面，且考虑到耕地的用养结合和农牧结合。此外，"二豆良美，润泽益桑""慎勿于大豆地中杂种麻子"等表明当时人们已经认识到间套作中作物与作物、作物与环境之间的辩证关系，奠定了间套作的理论基础。

间套作自后魏经唐、宋到元代不断丰富和发展。《农桑辑要》《四时纂要》《农书》《陈敷农书》等均有间套作的记载。一是在区田中开展套作生产，如"其区当于闲时旋，旋掘下。正月种春大麦，二三月种山药、芋子，三四月种粟及大小豆，八月种二麦、豌豆。节次为之，不可贪多"。二是对桑树与作物的关系有了较为全面系统的总结，如提出在近家桑圃，可进行苎间作，体现出因地制宜的原则。"桑间可种田禾，与桑有宜与不宜。如种谷，必揭得地脉亢干，至秋桑叶先黄，到明年桑叶涩薄，十减二三；又致天水牛，生蠹根吮皮等虫；若种蜀黍，其梢叶与桑等，如此丛杂，桑亦不茂。如种绿豆、黑豆、芝麻、瓜、芋，其桑郁茂，明年叶增二三分；种黍亦可，农家有云：'桑发黍，黍发桑。'""桑根植深，苎根植浅，并不相妨，而利倍差"不仅考虑到地面空间上作物的搭配，还注意到地下空间根系的分布。

明清时期，人口激增，农业技术显著进步，间套作技术发展迅猛。此时，间套作与轮作复种综合运用，大大提高了复种指数。间套作类型丰富，如《二如亭群芳谱》《齐民四术》《农政全书》《农田余话》《三农纪》等提到的间作类型有桑树与豌豆、蚕豆、绿豆、芝麻等桑粮间作，以及麦豆、棉薯、棉菜、谷菜、棉豆、水稻薏苡等间作方式；套作类型有早稻晚稻、稻豆、麦棉、麦豆、薯芋等，以及禾黍绿豆、稻苕等粮肥套作。到18世纪中期，清代杨屾的《知本提纲》和《修齐直指》记载的一岁数收之法和二年收十三料之法，集中体现了我国充分利用土地和季节、用养高度结合、集约经营的耕作制度，是间套复种技术综合利用的具体反映，将我国间套复种推向一个高峰。

民国年间，农业凋敝，农民为求温饱，仍然使用间作套种维持农业生产，如南方地区继续沿用着稻豆、芝麻大豆的间套作，东北地区的“麦套豆”，以及高粱大豆、玉米大豆等间套混作，华北地区则有玉米、高粱间种黑豆、黄豆等种植方式，西北地区间作套种较少。

新中国成立后，为应对人口与粮食危机，间作套种技术得到了广泛应用，因受到气候、时空等因素影响，全国不同地区的间套作种类各有特点，涉及粮食、蔬菜、林果等间套作方式，总面积约有2000万hm^2。通过中文数据库的检索，20种以上间套作复合种植种类数的省份有山东、河南、江苏、湖南、河北、安徽、四川、云南、贵州等（图1-2）。在多种间套作种植方式中，以禾本科—豆科、禾本科—禾本科间套作为主（杨文钰和杨峰，2019）。

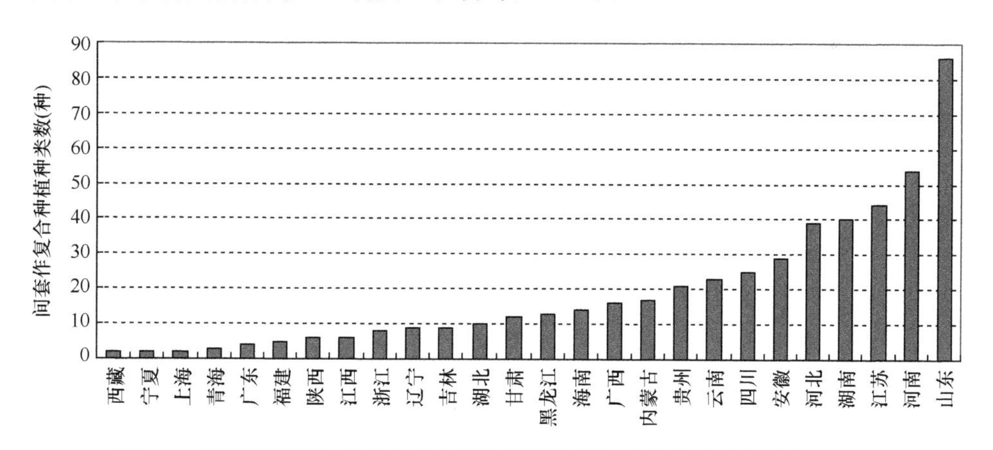

图1-2　基于发表的间套作中文文献统计的中国间套作复合种植种类分布图

进入21世纪，随着高产出、规模化、机械化和可持续现代农业的发展，传统间套作技术也得以创新发展。20世纪末，四川丘陵山区大面积应用的“小麦—玉米—甘薯”的三熟套作，虽然有效提高了粮食产量，但因水土流失、耗地、费工、食用量减少等种植面积逐年减少（杨文钰等，2008）。在此基础上，四川农业大学杨文钰教授团队自 2002 年以来，开始了“小麦—玉米—大豆”新三熟套作研究，用玉米大豆套作代替玉米甘薯套作；该团队从“选配品种、扩间增光、缩株保密”核心技术到“施肥技术、化控技术、绿色防控技术”配套技术，创新集成了玉米大豆带状复合种植；该种植方式在保障玉米产能的基础上，提高了大豆自给率，在西南、西北、黄淮海、长江中下游地区开展示范推广（杨文钰等，2021）。玉米大豆带状复合种植相关内容被列入了 2020 年、2022 年和 2023 年中央一号文件。

三、间套作的类型与分布

（一）类型

根据组合作物类型进行分类，用于间套作的作物科有：禾本科（玉米、高粱、小麦、小米、大麦、燕麦、甘蔗等）、豆科（大豆、蚕豆、豌豆、花生、苜蓿、菜豆、鹰嘴豆等）、十字花科（油菜、芥菜等）、菊科（向日葵）、锦葵科（棉花、秋葵）、旋花科（甘薯）、茄科（马铃薯）、大戟科（木薯）等。常见搭配为禾本科—禾本科、禾本科—豆科间套作，如小麦—玉米套作、玉米—大豆间作、甘蔗—大豆间作。

根据二氧化碳同化途径进行分类，用于间套作的作物有 C_3 作物（小麦、大麦、小米、大豆、蚕豆、豌豆、花生等）和 C_4 作物（玉米、高粱、甘蔗），常见搭配为 C_4—C_3 和 C_3—C_3 组合，如玉米—大豆间作、小麦—大豆套作。

根据作物株型特征进行分类，间套作类型有高秆—矮秆搭配、等高作物搭配，如高秆—矮秆搭配中的玉米—大豆间作、玉米—花生间作等，等高作物搭配中的小麦—蚕豆套作、小麦—大豆套作等。

根据组成作物的总体密度是否改变进行分类，间套作可分为叠加型和替换型。叠加型间套作系统中组成作物的相对密度之和大于 1 而小于等于 2，替换型间套作系统的组成作物的相对密度之和等于 1。

（二）分布

间套作在亚洲、欧洲、非洲、美洲、大洋洲等地被广泛应用。亚洲主要集中于中国、印度、伊朗等国家，以禾本科—豆科、禾本科—禾本科间套作为主，如玉米—大豆、小麦—大豆、玉米—马铃薯、小麦—豌豆等间套作；欧洲主要分布在地中海沿岸和大西洋沿岸国家，多采用豆科饲草—禾本科组合的混播、间作和套作等；非洲主要在南非、尼日利亚、埃塞俄比亚、肯尼亚等国家，多采用地方作物进行混播和间套作，如木薯—大豆、木薯—秋葵、秋葵—玉米、马铃薯—豇豆和秋葵—豇豆等组合；美洲主要分布在北美洲的美国和南美洲的巴西，以禾本科—豆科间套作为主；大洋洲主要集中在澳大利亚的布里斯班和珀斯地区，以豆科—禾本科间套作为主。

中国间套作类型主要为禾本科—禾本科（玉米—小麦等）、禾本科—豆科（玉米—大豆、小麦—蚕豆等）组合。根据中国农作物分布区域的气候特点，全国间套作区域可分为 4 个板块：东北区域、西北区域、黄淮海区域和西南华南区域（Knörzer et al., 2009；杨文钰和杨峰，2019）。东北区域作物一年一熟，采用间作，如玉米—大豆间作；西北区域作物为一年一熟或两年三熟，采用间作或套作，如玉米—大豆间作、小麦—大豆套作；黄淮海区域作物一年两熟，采用间作，如玉米—大豆间作；西南华南区域作物为一年两熟和一年三熟，采用套作或间作，如小麦—玉米—大豆套作或小麦收获后玉米—大豆间作。

四、间套作的优势与不足

间套作作为中国传统农业的精华，是世界公认的集约利用土地和农业可持续发展的传统种植模式（Du et al., 2018）。间套作不仅能够提高耕地复种指数，增加粮食产量，提高农民收入，而且能有效解决农业投入高、养分利用率低、环境污染等问题，结合隔年倒茬，达到轮作效果，适合人多地少的国家，在现代农业发展中起着重要的作用（Li et al., 2023）。

（一）优势

1. 有利于提高土地利用效率

大量试验研究和生产实践证明，合理的间套作均较净作增产。间套作主要通过利用和发挥作物间的互补关系（李隆等，2013），同一块农田上种植两种或两种以上作物，一亩地可以产出一亩以上，甚至更多的农产品，应充分利用现有耕地面积，提高土地利用效率，增加单位土地面积的产量。

2. 有利于提高资源利用效率

合理的间套作能在时间和空间上集约利用光、温、水、肥等农业生产资源。间套作复合群体通过增加叶面积指数和延长光合时间，提高光能利用率和热量资源利用率（Willey，1990）。特别是在豆科作物和非豆科作物间套作中，作物间可缓和营养竞争，而且前者可为后者提供部分氮素，非豆科作物能从豆科作物固定的氮中吸收 25～155kg N/hm^2。同时，间套作作物由于根系分布在不同土层，且各作物养分、水分需求不同，因此形成了地下水肥资源的时空集约利用，提高了水肥利用效率。

3. 有利于农业生产稳产保收

在自然生态系统中，生物多样性越高，系统越稳定。间套作可利用不同作物生态适应性差异、资源利用时空补偿机制，以及对自然灾害的抵抗能力差异，增强农田生态系统生物多样性和稳定性，提高农田生产力稳定性和市场适应性。例如，利用复合群体形成的特有小气候，抑制病虫害的发生与蔓延；复合群体下作物耐寒喜湿的特点，能够抵御后期干旱和丰水年份。

4. 有利于协调作物争地矛盾

合理间套作在田间可同时种植多种作物，提高作物的年产量，从而可在一定程度上缓解粮食作物、经济作物、饲料绿肥作物，以及果树和蔬菜之间争地的矛盾，有利于多种作物全面发展和种植业结构优化，促进农业生产的全面发展。间套作在对主要粮食作物影响较小的情况下，既实现了资源利用的高效化，同时满足了人们对农产品的多样化需求，对优化种植业结构具有重要作用。

（二）不足

目前，传统间套作在农业生产过程中存在不适合现代农业发展的要求，急需进行创新提升。

1. 品种搭配不合理

传统间套作种植中未充分考虑作物间的优势互补，特别是品种间选配重视不够。例如，株高差异搭配、固氮耗氮搭配、株型差异搭配、耐荫喜阳搭配等方面研究不足，两个作物的协同施肥技术缺乏，高位作物缺肥低产，低位作物徒长倒伏。

2. 田间配置不合理

传统间套作存在一系列问题，如作物产量潜力和边行优势发挥不充分、低生态位作物易倒伏、产量低、机具通过性差、无法机械化作业、采用单行交替种植或者替代式间套作而非添加式的带状种植方式等，导致产量低和效益差。

3. 绿色防控技术缺乏

作物单一种植中病虫草害统防统控简单易行，而在作物间套作中不同作物对药剂的反应不同、适用时期不同，很难实现统防统控，特别是杂草防控方面，缺乏专一绿色防控技术。

4. 配套农机装备缺乏

长期以来，人们认为间套作种植过程麻烦，不能机械化。如果想进一步改变人们的传统意识观念，就急需创新发展农机农艺融合的播种施肥一体化播种机、高架分带植保机，以及高效的收获机具，提升间套作种植全程机械化水平。

参 考 文 献

鲍国良, 姚蔚. 2019. 我国粮食生产现状及面临的主要风险[J]. 华南农业大学学报(社会科学版), 18(6): 111-120.

国家统计局. 2023.国家统计局关于 2023 年粮食产量数据的公告[EB]. https://www.stats.gov.cn/xxgk/sjfb/zxfb2020/202312/t20231211_1945419.html[2023-12-31].

李隆, 等. 2013. 间套作体系豆科作物固氮生态学原理与应用[M]. 北京: 中国农业大学出版社.

杨文钰, 等. 2021. 玉米—大豆带状复合种植技术[M]. 北京: 科学出版社.

杨文钰, 杨峰. 2019. 发展玉豆带状复合种植, 保障国家粮食安全[J]. 中国农业科学, 52(21): 3748-3750.

杨文钰, 雍太文, 任万军, 等. 2008. 发展套作大豆, 振兴大豆产业[J]. 大豆科学, 27(1): 1-7.

中华人民共和国自然资源部. 2013. 关于第二次全国国土调查主要数据成果的公报[EB]. https://www.gov.cn/jrzg/2013-12/31/content_2557453.htm[2023-12-31].

中华人民共和国自然资源部. 2021. 第三次全国国土调查主要数据公报[EB]. https://www.gov.cn/xinwen/2021-08/26/content_5633490.htm[2023-8-25].

Du J B, Han T F, Gai J Y, et al. 2018. Maize-soybean strip intercropping: achieved a balance between high productivity and sustainability[J]. Journal of Integrative Agriculture, 17(4): 747-754.

Knörzer H, Graeff-Hönninger S, Guo B Q, et al. 2009. The rediscovery of intercropping in China: a traditional cropping system for future Chinese agriculture–A review[M]//Lichtfouse E. Climate Change, Intercropping, Pest Control and Beneficial Microorganisms. Dordrecht: Springer: 13-44.

Li C, Stomph T J, Makowski D, et al. 2023. The productive performance of intercropping[J]. Proceedings of the National Academy of Sciences of the United States of America, 120(2): e2201886120.

Willey R. 1990. Resource use in intercropping systems[J]. Agricultural Water Management, 17(1-3): 215-231.

第二章　玉米大豆带状复合种植内涵与研究方案

间套作是我国传统农业技术瑰宝，对中华民族繁衍、发展作出了不可磨灭的贡献。禾本科与豆科作物间套作是世界公认的集约利用土地和可持续发展模式，玉米大豆间套作是其中最为典型的代表（Liu and Yang，2024）。

第一节　玉米大豆带状复合种植内涵

间套作生物多样性丰富，可集约利用资源，但传统玉米大豆间套作田间配置不合理，协同施肥技术缺乏，大豆倒伏严重，病虫草害防控技术缺乏，是玉米大豆间套作融入现代农业和广泛应用的重要瓶颈，间套作系统理论和技术亟待创新升级。

一、玉米大豆带状复合种植概念

玉米大豆带状复合种植是基于传统间套作创新发展而来，采用玉米带与大豆带复合种植；高位作物玉米具有边行优势，低位作物大豆因光空间增大，边行劣势下降，实现玉米带和大豆带地内轮作，适于机械化作业，是一种作物间和谐共生的一季双收种植系统（杨文钰等，2021）。

典型的玉米大豆带状复合种植模式如图 2-1 所示，2 行玉米形成高位玉米带，

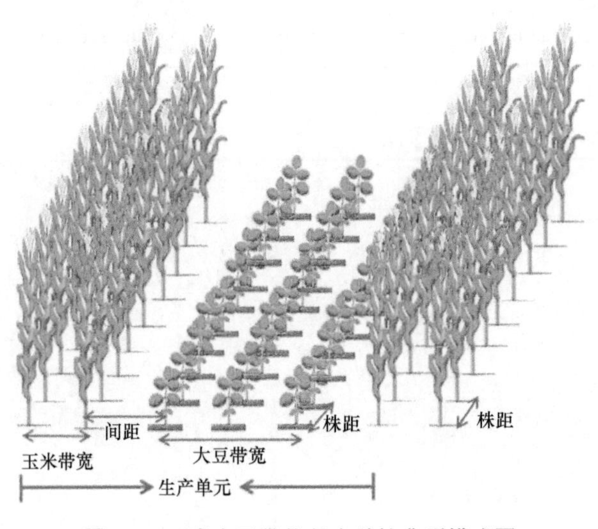

图 2-1　玉米大豆带状复合种植典型模式图

2～6 行大豆形成低位大豆带，二者共同形成一个生产单元。生产单元的宽度决定了带状复合种植的群体密度、田间配置及其产量效果。

二、玉米大豆带状复合种植的研究方向

玉米大豆带状复合种植要想真正融入现代农业，并得到广泛应用，须在资源高效利用、养分互补、低位作物抗倒、生物多样性、全程机械化作业等方面实现理论创新和技术突破。

（一）资源高效利用

间套作种植中，作物生长、产量形成与系统内光环境时空分布和作物光能截获、光能利用效率密切相关，而品种搭配和行比配置决定了作物的光能截获量。前人分析了玉米大豆间套作不同行比配置下大豆冠层一天中的光强动态变化及光能利用效率，发现间套作系统能够有效提高光能利用率，特别是低位作物大豆光能利用率显著高于净作；而另有研究发现，大豆玉米间作行比 1∶3 和 2∶3 配置中群体光能利用率无显著差异。这些研究未考虑系统不同空间配置下光强和光质在全生育期内的时空变化规律，也未深入探讨不同生态位作物的光能利用机制，更未将不同田间配置与播收机具通过性及共生作物高产出相结合。

（二）养分互补

地下营养竞争是各种间套作都必须面对和解决的科学难题，如何变竞争为互补是当前间套作根际营养生态学关注的焦点。例如，禾本科与豆科作物间套作，既能活化养分从而增强根瘤固氮能力，又可通过养分需求峰值的分离及适宜的种间竞争，实现有限养分的最大化利用。土壤氧气浓度不足、施肥水平过高、荫蔽胁迫等因素将抑制根瘤形成和根系呼吸、加速根瘤衰老、减少根系有益分泌物、降低固氮酶活性、缩短根系根瘤生理寿命。而合理的间套作则有助于改善根系化学特性与根际微生态环境、促进根系根瘤生长发育，协调地下根系养分吸收与地上器官碳氮积累的关系。前人研究虽然考虑了间套作地下根际营养互补作用，但并未开展环境与产量及养分利用的协调关系的研究，尤其是地上部光能高效利用条件下的根系根瘤形态与生理功能改变对作物氮素高效吸收的调控机制研究鲜有报道，也未从优化地上部带状间套作空间配置、改变光环境，继而调控地下部生长及养分互补的角度开展施肥理论研究，更未与施肥技术结合以达到带状复合种植既增产又节肥的目的。

（三）低位作物抗倒

低位作物倒伏是间套作面临的普遍问题。传统玉米大豆间套作下，大豆的倒伏率高达 80%以上，减产 22%以上，严重制约了间套作产量优势发挥。倒伏发生程度与作物株高和茎秆强度密切相关，矮秆基因的发现和利用，降低了水稻、小麦等作物株高，大大提高了其耐肥和抗倒性。但作物要获得更高的产量，必须有一定的高度才能积累充足的光合产物，因此在保证作物合理株高的同时，通过增加茎秆强度来提高其抗倒性越来越受到重视。人们对小麦、大麦、水稻、豌豆等作物茎秆强度的形成机制和遗传规律进行了大量研究，发现茎秆强度是评价小麦和水稻抗倒性的重要指标。木质素作为植物细胞壁的主要化学成分，其含量高低直接影响水稻、小麦、油菜、荞麦的茎秆强度和抗倒性能；而纤维素是植物细胞壁发挥生理功能的基础，决定了茎秆拉伸强度，茎秆纤维素含量高的品种不易倒伏。玉米大豆带状复合种植系统中，玉米株型和田间布局的优化，是否会影响大豆抗倒性状？该怎样去定量评价？不同耐荫抗倒基因型与带状复合种植光环境是怎样互作从而影响大豆抗倒性能的？选用哪些品种与技术才能降低带状复合种植大豆倒伏率？这些问题的答案均不得而知，严重制约了玉米大豆带状复合种植的大面积应用。

（四）生物多样性

间套作可以通过生物多样性、作物品种布局、异质性光环境、空间阻隔效应、稀释效应、自然天敌假说、根系化感作用、种间竞争等机制，有效防控病虫草害的发生。小麦蚕豆间作可降低小麦白粉病和锈病发生，蚕豆根际微生物区系的改善，抑制了土传蚕豆枯萎病的发生。玉米马铃薯套作显著降低了马铃薯晚疫病、玉米大（小）斑病的发生率。间套作田间配置的改变可有效降低豆象、龟甲、普通草蛉、小毛瓢虫属瓢虫、蓟马、二化螟等害虫的虫口密度。间套作利用不同科、属、种的两种或多种高低位作物的空间阻隔效应，干扰了玉米螟成虫对产卵寄主的识别，降低了虫口数量。玉米与多叶蔬菜、花生、豆科及麦类作物间套作均能有效地降低杂草密度，抑制杂草生长；能有效控制杂草的间套作系统数量达 20 余种。尽管人们利用间套作控制有害生物已在小麦、玉米等主要作物上开展了大量研究，但是前人主要针对部分单一的病虫草害发生规律及单一的非生物环境影响开展研究工作，未将带状复合种植系统主要病虫草害发生规律与防控原则、策略和技术有机结合，各项防控措施未进行系统优化和统筹应用，缺少针对带状复合种植系统的高效、节本、生态综合防控技术体系。

（五）全程机械化作业

农业机械是现代农业的基础装备，对提高农业劳动生产率、保证农业提质增效起到了至关重要的作用。美国是农业机械化程度最高的国家，已实现了专业化、区域化、机械化和网络信息化。西欧国家则已在小麦、玉米、大豆的整地、播种、收获和运输等生产环节全面实现了机械化，不少农业机械甚至装备了全球定位系统（global positioning system，GPS）进行精准作业。日本则在水稻等作物的耕整地、插秧、植保和收获等环节全面实现了田间作业机械化，并进行了集约化、规模化生产。我国农业机械化发展起步迟于发达国家，但发展迅猛，就玉米、大豆生产而言，以东北等地的机械化水平最高，基本实现了全程机械化，耕、种、管、收等环节的机械化，部分技术已达到国际先进水平。然而，不管是国内还是国外的农机具均是围绕净作作业来研究的，这些机具大都因为外形尺寸或机器性能不匹配等无法应用到间作套种中。我国传统间套作也因为没有配套机械化技术而无法达到现代农业的要求，形成了间套作只能靠人工作业的思维定式；这导致间套作逐渐被农民抛弃，被现代农业淘汰。适用于带状复合种植的机具研制与机械化技术应用将决定能否应用间套作解决未来粮食安全和可持续发展面临的双重难题。

第二节　玉米大豆带状复合种植研究方案

一、研究背景

玉米、大豆是我国的大宗农产品，争地矛盾突出，85%以上的大豆依靠进口，仅靠净作难以满足巨大需求。如何在保证玉米安全的前提下提高大豆产能是国家粮食安全面临的“卡脖子”难题（Wu et al.，2023）。高投入型种植技术和连作获得了较高产出，但资源消耗过度、耕地质量下降、环境污染加重，如何实现“高产出”与“可持续”的统一是作物生产面临的重大挑战。间套轮作具有“生态可持续、集约利用资源”等有益“基因”，通过传承这些有益“基因”，创新实现玉米大豆间套轮作一体化和现代化是解决上述“卡脖子”难题和挑战的有效途径。然而，传统玉米大豆间套作缺乏系统的高产稳产与资源高效利用理论支撑，技术上存在田间配置不合理、大豆倒伏严重、协同施肥技术缺乏和病虫草害防控技术缺乏等四大瓶颈问题，导致其产量低而不稳、机具通过性差、轮作倒茬困难，难以融入现代农业。

二、技术路线

本项目确立了“高产出、机械化、可持续”的目标，以探索带状复合种植为路径，以共生作物光肥资源协同利用和低位作物株型调控理论为基础，以突破带状复合种植核心技术与高效施肥技术、绿色防控和化控抗倒等配套技术为重点，以研制种、管、收系列作业机具为保障的研究思路与技术路线（图 2-2）。历时 25 年，在国家重点基础研究发展计划（973 计划）、国家重点研发计划、国家自然科学基金、粮食丰产科技工程、现代农业产业技术体系等项目支持下，本项目综合运用多学科理论与方法创新玉米大豆带状复合种植关键理论、技术和机具，形成了适应现代农业的玉米大豆带状复合种植技术体系并大面积应用，为保证我国玉米产能、提高大豆自给率和农业可持续发展提供了新途径。

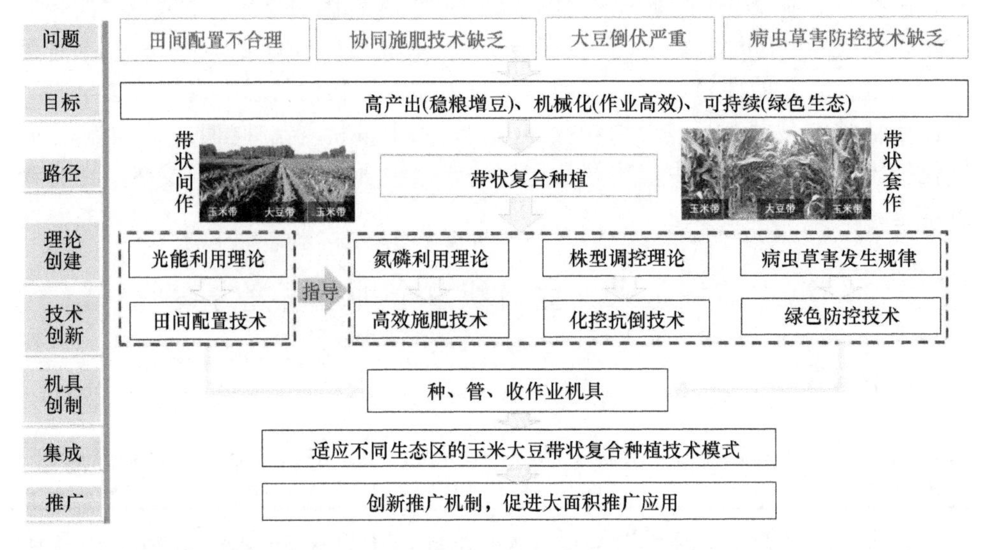

图 2-2 玉米大豆带状复合种植研究思路与技术路线

三、技术方案

围绕“高产出、机械化、可持续”的目标，针对玉米大豆间套作亟待解决的科学问题和技术问题，在上述技术路线的指导下，项目组集合多学科研究人员联合攻关，采用“以示范应用带动技术（机具）研发和基础研究，相互促进，联动发展”的工作策略，运用多学科方法与理论、新发展理念、现代新技术与新装备对传统间套作进行创新发展，大田和室内试验相结合，从单一因子到复合系统、从表型到机制、从试验示范到应用推广，相互验证、逐层深入、全面应用，实现技术标准化、作业机械化、理论系统化。

1）针对玉米大豆带状复合种植系统光环境变化规律不明的问题，通过间距配置和株型配置，阐明不同生育时期和不同空间位置群体光强和光质的时空变异规律。在此基础上，围绕带状复合种植系统玉米和大豆生态位差异而导致作物叶片形态对光环境的响应及系统光能高效利用机制不清的问题，从田间到室内、从表型到分子，系统揭示光强和光质对玉米、大豆光合速率调控的生理机制，明确带状复合种植系统中作物光能截获、光能利用差异，探明带状复合种植系统光能高效利用的机制；通过选配株型品种、带宽行比配置、缩株保密调控等技术途径，以产量和品质调优为中心，获得不同生态区域田间配置优化参数，形成玉米大豆带状复合种植的核心技术。

2）针对传统间套作光、肥资源互补利用不协同、种间竞争引发的土地产出率不高和资源利用率低的突出问题，以玉米大豆带状复合种植“地上光资源空间互补利用优先，地下根际营养协同高效”为原则，结合大田定位试验及^{15}N同位素示踪技术，研究净作、带状复合种植及减量施肥下作物养分吸收利用特性、土壤肥力演变规律、土壤氮磷转化能力，以及根际微生物群落多样性，并揭示带状复合种植系统土壤氮磷供应能力及其生态机制；采用根箱、盆栽与池栽等方法，研究玉米大豆带状复合种植体系的种间竞争补偿效应及其根系根瘤的形态生理响应特性，揭示根系对养分吸收的生理调控机制；在此基础上，提出施肥技术参数，并通过大田试验验证减肥增效技术的增产节肥效果及其环境效应。

3）针对玉米大豆带状复合种植中低位作物大豆受玉米荫蔽易倒伏，严重制约大豆产量提高的问题，全面收集西南地区大豆品种资源，研究带状套作大豆农艺性状与田间倒伏和产量间的关系，建立评价指标体系，对其耐荫抗倒性进行鉴定；筛选出能用于带状复合种植的专用大豆品种，对耐荫抗倒存在典型差异的品种，采用植物生理、生物化学、分子生物学等方法理论研究其耐荫抗倒机制，研发调控技术。

4）针对玉米大豆带状复合种植系统病虫草害发生规律不清、防控策略不明、关键防控技术缺乏，进而影响带状复合种植作物产量和综合经济效益的突出问题，对不同生态区带状复合种植病虫草害种类、发生时期及发生量、种群特点开展调查研究，揭示带状复合种植主要病虫草害发生规律，形成玉米大豆带状复合种植病虫草害关键防控对策和技术。

5）针对玉米大豆带状复合种植的田间配置特点，采用“缩、聚、增、改”技术创制一批适用于复合种植的种、管、收作业机具。“缩”是指采用轻简化技术使机具更紧凑、外形尺寸进一步缩减、质量更轻；“聚”是指采用模块化技术使农机具集成多种功能；“增”是指增动力、增机组；“改”是指对现有机具进行改进优化等。在此基础上，与农艺技术融合，攻克精量施肥播种、分带喷施药剂、高效脱粒清选等关键技术，实现玉米大豆带状复合种植全程机械化高效作业。

6）以研究形成的各项核心与配套技术为依托，结合我国西南、西北、黄淮海地区的生产条件及气候特征，集成适用于不同生态区的玉米大豆带状复合种植技术模式；针对人们认为间套作不能机械化的固有思维所导致的推广难题，构建适宜新形势下带状复合种植推广新机制，选择种粮大户、专业合作社、家庭农场等为示范基地，通过样板示范、现场交流、技术培训，实现玉米大豆带状复合种植技术体系的示范与推广应用。

四、主要研究内容

以玉米大豆带状复合种植系统为研究对象，针对传统玉米大豆间套作的突出问题，本研究创建带状复合种植的基础理论与关键技术，形成带状复合种植绿色防控策略和技术，研制出适宜带状复合种植的作业机具，形成适应现代农业的玉米大豆带状复合种植技术体系。

（一）揭示玉米大豆带状复合种植系统光能高效利用机制，形成田间配置核心技术

针对不同生态区气候特点和品种特性，搜集筛选适宜于西南、黄淮海、西北等区域种植的耐荫抗倒大豆品种；设置不同带宽、行比和玉米株型配置试验，阐释群体光环境动态变化规律及作物光合响应的生理生化机制；以产量品质和机具通过性为标准，明确带状复合种植系统中玉米和大豆品种选择的基本要求，揭示不同田间配置下系统光环境动态和光能高效利用机制，创新形成玉米大豆带状复合种植田间配置核心技术。

（二）研究玉米大豆带状复合种植养分高效利用的生理生态机制，研发一体化分控施肥技术

以田间配置技术参数优化后的玉米大豆带状复合种植系统为研究对象，利用多年定位大田试验、盆栽试验、箱栽试验等手段，系统研究复合种植系统的土壤肥力演变规律、作物根际微环境、土壤养分活化及植株氮磷吸收特性、作物器官对带状套作养分胁迫环境的形态生理响应特征，并结合根际营养、种间竞争补偿、氮磷转移等理论，系统阐释玉米大豆带状复合种植氮磷高效利用的生理生态机制，并以此理论研发出玉米大豆带状复合种植一体化施肥技术，确保带状复合种植系统既能“高产出”又能“可持续”。

（三）揭示低位作物大豆株型调控的生理机制，研发耐荫抗倒化学调控技术

以带状复合种植中的低位作物大豆为研究对象，大田试验与室内盆栽试验相结合，采用植物生理、分子生物学研究手段和方法，在带状套作环境下对 2000

余份大豆品种资源进行研究，建立大豆耐荫抗倒评价指标体系，筛选获得不同的耐荫抗倒大豆品种，并对典型大豆基因型木质素、纤维素合成与茎秆强度、内源激素代谢及其茎秆伸长间的关系进行研究；在此基础上研发出低位作物大豆耐荫抗倒的化学调控技术。

（四）阐明带状复合种植主要病虫草害发生规律，构建绿色防控技术体系

以玉米大豆带状复合种植系统为研究对象，利用多年田间调查、大田定位试验、盆栽模拟试验等手段，系统调查带状复合种植系统的病虫草害发生情况、种群结构的多样性，揭示田间配置对病虫草害发生的调控机制，并结合作物异质性、空间阻隔、根际微生态调控等理论，阐明玉米大豆带状复合种植病虫草害发生规律。在此基础上，开展种子处理技术、早期监测及诊断技术、高效化学农药及增效剂技术、理化诱控技术等病虫草害关键技术研究与应用，建立玉米大豆带状复合种植病虫草害综合防控策略和技术，确保带状复合种植系统绿色高产可持续发展。

（五）研发适用于玉米大豆带状复合种植的作业机具，实现全程机械化

以玉米大豆带状复合种植为核心，基于农机农艺融合理念，以实现带状复合种植全程机械化为目标，结合筛选出的田间配置参数，研制通过性好、作业质量与效率高、安全性和稳定性优的播种机与机播技术、植保机与机防技术、收获机与机收技术，形成玉米大豆带状复合种植种管收全程机械化技术，实现农机农艺融合。

参 考 文 献

杨文钰, 等. 2021. 玉米—大豆带状复合种植技术[M]. 北京: 科学出版社.

Liu J, Yang W Y. 2024. Soybean maize strip intercropping: a solution for maintaining food security in China. Journal of Integrative Agriculture. 23(7): 2503-2506.

Wu Y S, Wang E L, Gong W Z, et al. 2023. Soybean yield variations and the potential of intercropping to increase production in China [J]. Field Crops Research, 291: 108771.

第二篇　理　论　篇

第三章　光水资源高效利用理论

在玉米大豆带状复合种植中，作物生长和产量形成与系统内光水资源时空分布和作物截获利用效率密切相关，而品种搭配和行比配置决定了高位作物玉米和低位作物大豆光能及水分的协同利用。本章主要从光环境的时空分布规律、群体光环境的模拟、高位作物玉米和低位作物大豆光能协同高效利用机制，以及水分资源在系统中的分布与利用等方面进行论述，构建玉米大豆带状复合种植“高位主体、高低协同”的光能利用理论。

第一节　玉米大豆带状复合种植光环境的时空分布规律

一、不同田间配置的群体光环境

（一）光环境的测定方法

光环境时空动态直接影响带状复合种植玉米和大豆的生长发育与产量形成。在玉米大豆带状套作群体中，大豆出苗后（玉米处于抽雄期）开始测定群体光环境；在玉米大豆带状间作群体中，玉米和大豆同时播种后 60d 左右测定群体光环境，此时高位作物玉米已经开始影响低位作物大豆的生长发育。在测定过程中，每隔 10～15d，研究人员选择晴天的 8:00～18:00 每隔 2h 用冠层分析仪和光谱分析仪测定光环境（图 3-1），在竖直方向和水平方向每隔 20cm 测定一个点，并计算出不同冠层玉米、大豆的消光系数。

图 3-1　光的空间分布调查点分布图（刘鑫，2016）

（二）群体光环境

玉米大豆带状复合种植田间配置包括行比和带间距配置，直接影响高位作物玉米和低位作物大豆叶片的受光环境。以生产单元宽度为200cm的带状复合种植为例，按照2行玉米与2行大豆带状复合种植，本研究设置了20∶180（玉米窄行行距为20cm，宽行行距为180cm，大豆行距40cm，玉米和大豆带间距70cm）、40∶160（玉米和大豆带间距60cm）、60∶140（玉米和大豆带间距50cm）及传统1行玉米与1行大豆间隔种植配置（行距为50cm）、净作玉米（行距为70cm）和净作大豆（行距为50cm）等6个空间配置，以及不同玉米株型配置，研究了复合种植系统光环境。

（1）高位作物玉米的光环境

由图3-2可以看出，玉米宽行区域光环境空间分布呈倒金字塔形，即从玉米顶部到基部，距离玉米行越近大豆冠层光合有效辐射（photosynthetically active radiation，PAR）值逐渐降低，随着玉米带和大豆带间距由50cm增加到70cm，带状复合种植玉米宽行间光合有效辐射值大于1000μmol/(m^2·s)的横向和纵向幅值逐渐增加，显著高于传统1∶1行比配置和净作玉米行间光合有效辐射值。随着玉米带和大豆带间距的增加，玉米穗位叶平均光合有效辐射值由454μmol/(m^2·s)增加到518μmol/(m^2·s)，红光与远红光的比值（R/Fr）由0.58提高到0.99，显著高于净作玉米光合有效辐射值400μmol/(m^2·s)和红光与远红光的比值0.42。

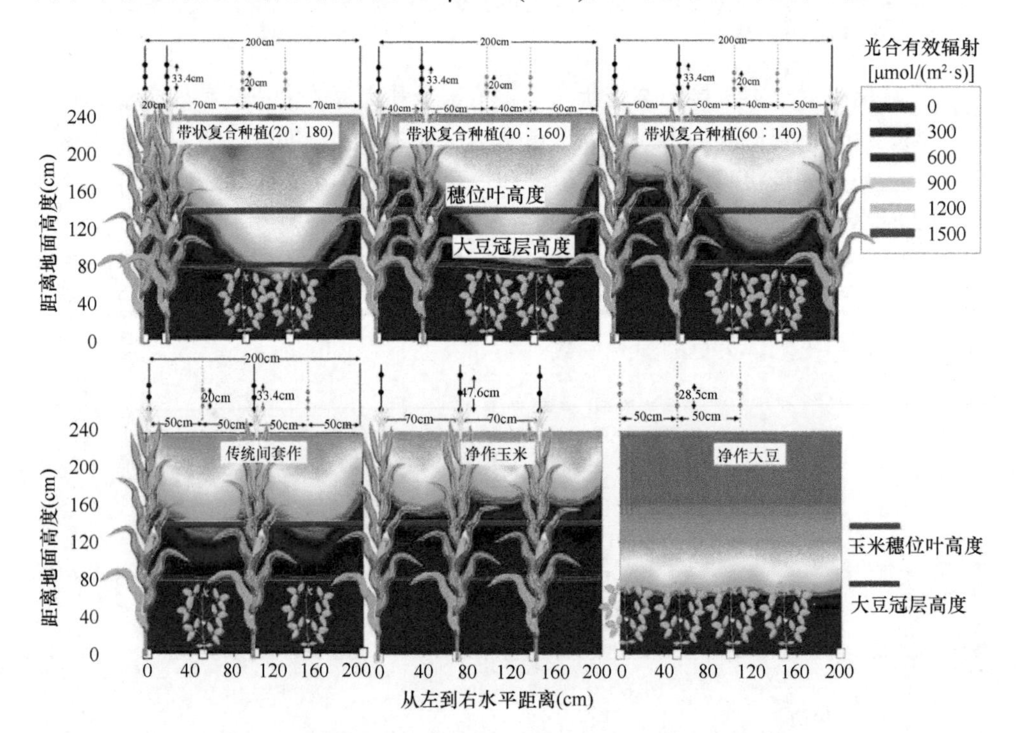

图3-2　玉米抽雄期不同间距配置下间作群体正午光合有效辐射空间变化规律（Liu et al.，2018）

图中上方黑色的点代表玉米植株高度，灰色的点代表大豆植株高度

（2）低位作物大豆冠层的光环境

在不同空间配置下，随着玉米带和大豆带间距的增加，大豆冠层平均光合有效辐射值由 420μmol/(m^2·s)增加到 900μmol/(m^2·s)，红光与远红光的比值由 0.69 上升到 0.9 以上，显著高于传统 1 行玉米间套 1 行大豆配置中大豆冠层光合有效辐射值［300μmol/(m^2·s)］和红光与远红光比值（0.52）（图 3-3）。在不同株型玉米配置下，叶片紧凑型玉米带状间套大豆冠层上方 5～80cm 区域平均透光率比半紧凑型和松散型玉米带状间套大豆冠层高 20%以上，红光与远红光的比值达到 0.9 以上；一天中不同时间点大豆冠层透光率呈现先上升后下降的趋势，其中紧凑型玉米带状间套大豆冠层透光率正午左右平均达到正常光照的 60%以上，光谱辐照度比半紧凑型和松散型分别高 12.1%和 18.4%（图 3-4）。

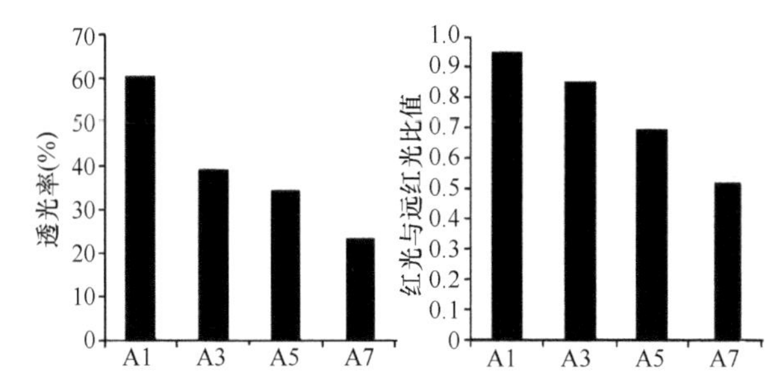

图 3-3　不同间距配置下大豆冠层透光率和红光与远红光比值变化规律（高仁才等，2015）

A1、A3、A5 代表在带宽为 200cm，玉米和大豆按照 2∶2 行比配置下带间距分别为 70cm、60cm 和 50cm（即玉米窄行行距分别为 20cm、40cm 和 60cm）的大豆冠层光环境；A7 代表玉米和大豆按照传统 1∶1 配置下的大豆冠层光环境

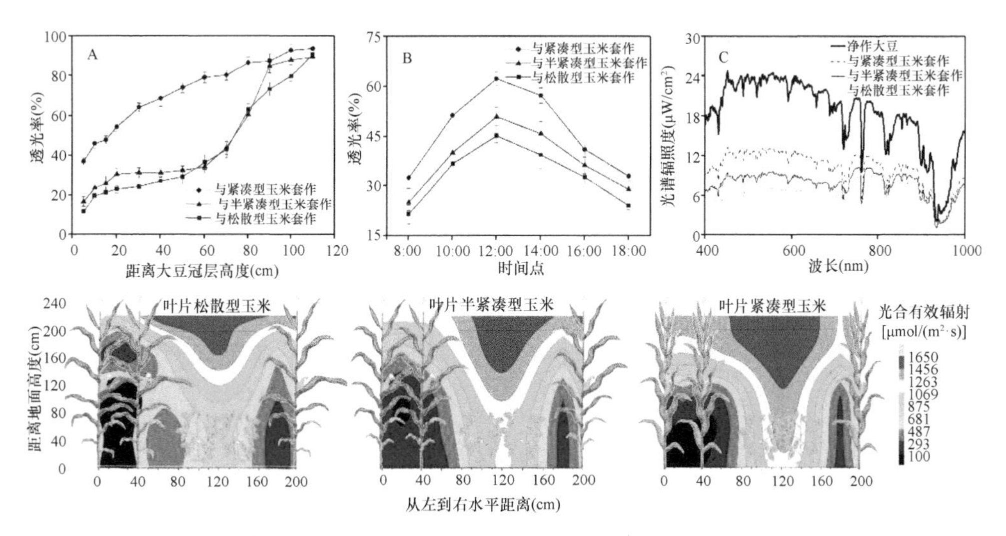

图 3-4　不同玉米株型下套作大豆冠层透光率和光谱辐照度特征（杨峰等，2015）

A. 不同高度大豆冠层透光率；B. 不同时间点大豆冠层透光率；C. 光谱辐照度

二、玉米大豆带状复合种植群体光环境模拟

（一）光环境模拟方法

光在带状复合种植系统内的分布，不仅影响光能截获和光能利用，还对作物的生长发育过程和产量形成产生影响。由于群体光分布测定点多，损耗人力大，且存在较大的测定误差，而通过模型与实测对比的方法不仅可以减少测定量，还可以提高结果的可信度。为此，本研究借助瞬时光传输模型，研究玉米大豆带状间套作中的光分布，探索光在不同行距配置和行向配置的间作系统中的分布情况，为研究作物对光的响应提供依据。

1. 瞬时光传输模型

以玉米大豆带状间作为例，光在玉米大豆带状间作系统中通过的扰动距离，包括玉米叶片、大豆叶片和空气（Tsubo and Walker，2002）。根据朗伯-比尔定律，带状间作中各点的PAR计算方法为

$$F_{\mathrm{PAR}}=1-\exp(-k_{\mathrm{M}}\cdot \mathrm{LAD}_{\mathrm{M}}\cdot L_{\mathrm{M}}-k_{\mathrm{S}}\cdot \mathrm{LAD}_{\mathrm{S}}\cdot L_{\mathrm{S}}-k_{\mathrm{A}}\cdot \mathrm{LAD}_{\mathrm{A}}\cdot L_{\mathrm{A}}) \tag{3-1}$$

式中，下标M、S和A分别代表玉米、大豆和空气；k、LAD和L分别代表消光系数、叶面积密度（leaf area density，LAD）（m^2/m^3）和光通过该扰动介质的距离（m）。

大豆冠层上方，光透过的介质只有玉米叶片和空气。空气作为扰动介质，其影响是可以被忽略的。大豆冠层上方的PAR可以计算为

$$F_{\mathrm{PAR}}=1-\exp(-k_{\mathrm{M}}\cdot \mathrm{LAD}_{\mathrm{M}}\cdot L_{\mathrm{M}}) \tag{3-2}$$

叶面积密度LAD可以计算为

$$\mathrm{LAD}=\frac{\mathrm{Wt}\cdot \mathrm{LAI}}{\mathrm{Ws}\cdot H} \tag{3-3}$$

式中，LAI是用于模型的实测的玉米叶面积指数。2013～2015年，东西行玉米的叶面积指数分别为5.50、5.93和5.63，南北行玉米的叶面积指数分别为5.43、5.81和5.66。Wt为生产单元宽，为2m。Ws是玉米带宽，为0.8m，玉米行间距0.4m，两行玉米各延展0.2m。H代表玉米和大豆的冠层高度差，3年均为1.7m。

如图3-5所示，θ_a是光束水平投影和条带方向的夹角；θ_b是光在条带横截面上的投影与垂直于地面方向的夹角；θ_c是光在条带横截面上的投影与光束的夹角。几何模型的角度计算为

$$\sin\beta=\sin\lambda\cdot\sin\delta+\cos\lambda\cdot\cos\delta\cdot\cos\tau \tag{3-4}$$

$$\cos\alpha=\frac{\sin\lambda\cdot\sin\beta-\sin\delta}{\cos\lambda\cdot\cos\beta} \tag{3-5}$$

$$\sin\theta_c=\cos(\pi-\theta_a)\cdot\cos\beta \tag{3-6}$$

$$\cos\theta_b = \frac{\sin\beta}{\cos\theta_c} \tag{3-7}$$

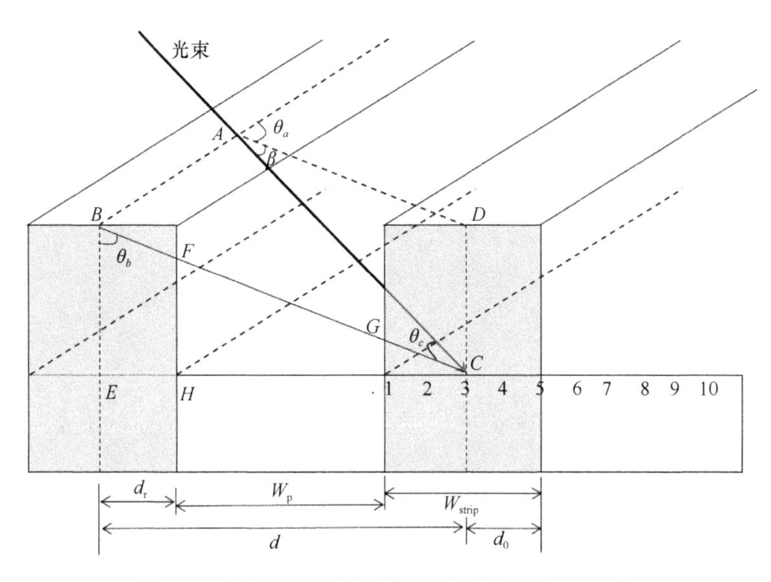

图 3-5　大豆冠层上方光束的传输（刘鑫，2016）

α、β 分别为太阳方位角和高度角；δ、λ 和 τ 分别代表太阳赤纬（8 月 15 日为 14.25°）、观测点纬度（35°15′09″N）和时角。

消光系数 k 的计算方法为

$$k = \frac{\sqrt{\chi^2\cos^2(\pi/2-\beta)+\sin^2(\pi/2-\beta)}}{\chi+1.774\,(\chi+1.182)^{-0.773}} \tag{3-8}$$

式中，χ 代表叶片分布系数，其接近于 0 代表作物叶片是垂直分布的，其接近于+∞代表叶片水平分布。根据测定，本试验东西行和南北行的 χ 值分别为 0.49 和 0.31。

光在系统中的传输距离 d 的计算方法为

$$d=\mathrm{EC}=H\cdot\tan\theta_b \tag{3-9}$$

式中，EC 是模型中两条玉米带中间的距离。

光透过玉米叶片的距离 d' 的计算方法为

$$d'=\begin{cases}(N-1)W_{\text{strip}}+(W_{\text{strip}}-d_0)+d_{\text{r}} & d_0\leqslant W_{\text{strip}},\ d_{\text{r}}\leqslant W_{\text{strip}}\\ (N-1)W_{\text{strip}}+d_{\text{r}} & d_0>W_{\text{strip}},\ d_{\text{r}}\leqslant W_{\text{strip}}\\ NW_{\text{strip}}+W_{\text{strip}}-d_0 & d_0\leqslant W_{\text{strip}},\ d_{\text{r}}>W_{\text{strip}}\\ NW_{\text{strip}} & d_0>W_{\text{strip}},\ d_{\text{r}}>W_{\text{strip}}\end{cases} \tag{3-10}$$

式中，W_{strip} 是玉米模型的带宽；d_0 是计算点到光传输至最后一个玉米模型的最右

端的距离；d_r是光的入射点到第一个玉米模型最右端的距离，可以计算为

$$d_r=d+d_0-N(W_{strip}+W_p) \quad (3\text{-}11)$$

N代表光束传输经过的玉米条带数，W_p代表玉米带间距离，计算为

$$\frac{d+d_0}{W_{strip}+W_p}-1<N\leqslant\frac{d+d_0}{W_{strip}+W_p} \quad (3\text{-}12)$$

光在扰动介质中传输的实际距离L_M（Munz et al.，2014）可以计算为

$$L_M=d'/(\cos\theta_c\cdot\sin\theta_b) \quad (3\text{-}13)$$

系统内的任意一点的PAR可以计算为

$$I=(1-F_{PAR})\cdot I_0 \quad (3\text{-}14)$$

式中，I_0是没有遮荫的对照。

2. 模型运行和参数确定

消光系数k表现了叶片垂直或水平的分布情况，可以反映叶片的光能截获能力。消光系数k的日变化趋势为先下降后升高。以南北行为例（表3-1），消光系数最小值出现在中午12:00，值为0.17；最大值出现在下午18:00，值为0.28。光在大豆冠层上方传输的直线距离（垂直于行向）的日变化，在两个处理的表现为：东西行比南北行的传输距离更加稳定（图3-6）。东西行的最大值为1.45m，出现在7:00，于9:00下降到0m，然后换到另一个方向，于17:00缓慢增大到0.92m。南北行7:00的传输距离为4.36m，接近正午时下降到了0m，然后转换到另外一个方向迅速增加。$1/(\cos\theta_c\cdot\sin\theta_b)$代表光斜着通过间作系统的能力。东西行上午的变化非常大，最大值出现在9:00，为95.41；在下午，它表现为先稳定然后在17:00迅速下降。南北行的数值中午出现了15左右的波动，其他时间均比较平稳。

表3-1　光在大豆冠层上方传输距离的日变化（以南北行为例）（刘鑫，2016）

时间	时角 τ（°）	高度差 Δh（m）	纬度 λ（°）	赤纬 δ（°）	太阳高度角 β（°）	太阳方位角 α（°）	θ_a（°）	θ_c（°）	θ_b（°）	传输距离 d（m）	消光系数 k
7:00	75	1.7	35.25	14.25	20.3	93.44	108.44	17.26	68.7	4.36	0.27
8:00	60	1.7	35.25	14.25	32.54	84.64	99.64	8.12	57.09	2.63	0.25
9:00	45	1.7	35.25	14.25	44.57	74.15	89.15	−0.60	45.43	1.73	0.22
10:00	30	1.7	35.25	14.25	55.85	59.68	74.68	−8.53	33.2	1.11	0.20
11:00	15	1.7	35.25	14.25	65.04	36.47	51.47	−15.24	20.01	0.62	0.18
12:00	0	1.7	35.25	14.25	69.00	0.00	15.00	−20.25	−5.68	−0.17	0.17
13:00	15	1.7	35.25	14.25	65.04	−36.47	−21.47	−23.12	−9.67	−0.29	0.18
14:00	30	1.7	35.25	14.25	55.85	−59.68	−44.68	−23.53	−25.50	−0.81	0.20
15:00	45	1.7	35.25	14.25	44.57	−74.15	−59.15	−21.43	−41.07	−1.48	0.22
16:00	60	1.7	35.25	14.25	32.54	−84.64	−69.64	−17.06	−55.77	−2.50	0.25
17:00	75	1.7	35.25	14.25	20.30	−93.44	−78.44	−10.84	−69.31	−4.50	0.27
18:00	90	1.7	35.25	14.25	8.17	−101.72	−86.72	−3.26	−81.82	−11.82	0.28

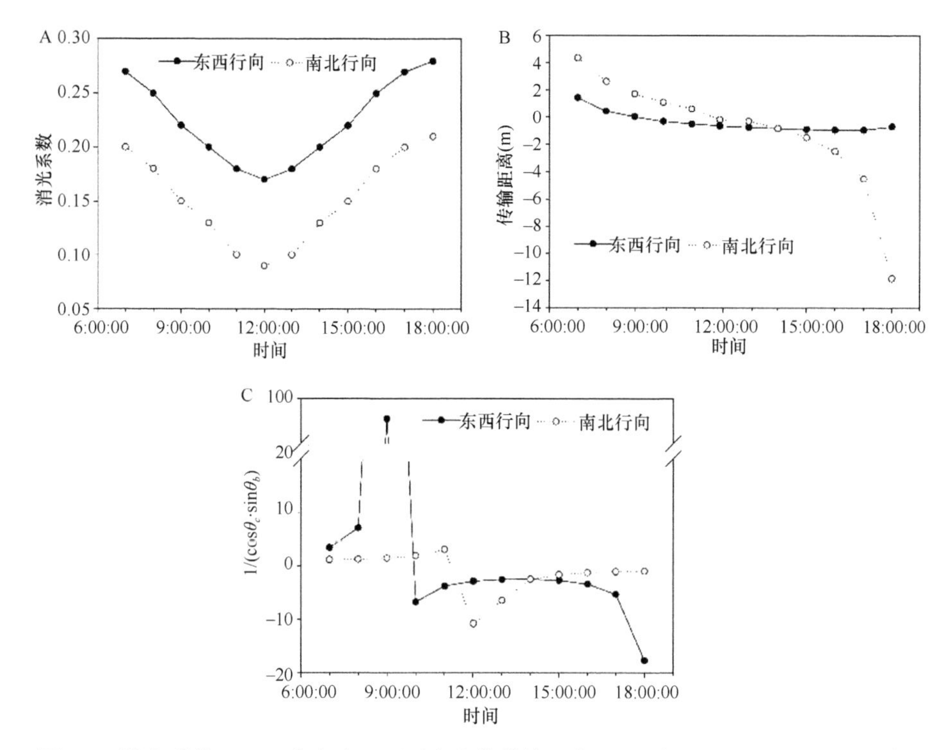

图 3-6　消光系数（A）、光在大豆冠层上方的传输距离（B）和 $1/(\cos\theta_c\cdot\sin\theta_b)$（C）在 2014 年 8 月 15 日的日变化（刘鑫，2016）

（二）光环境模拟结果

1. 大豆冠层光环境

设置东西行种植和南北行种植，从 8:00 到 18:00 进行大豆冠层上方的光传输实测和模拟。光通过不同行向扰动介质中的距离不同，引起了大豆冠层上方光分布特征的不同（图 3-7，图 3-8）。研究人员通过模拟大豆上部冠层高度 10 个点的光照强度，可以得出玉米行间（点 1 和点 4）的 PAR 强度低于平均 PAR 强度；大豆上方（点 5 到点 10）的 PAR 强度高于平均 PAR 强度。大豆冠层上方（点 5 到点 10）各点的光分布也不均匀，中间（点 7 到点 9）的 PAR 强度高于其他点。

比较两个处理发现，大豆冠层上方平均 PAR 的值（点 6 到点 10），在早上（8:00）和傍晚（16:00 和 18:00）东西行高于南北行，而在 10:00～14:00，南北行高于东西行。正午 12:00，南北行 PAR 值为 1023μmol/(m^2·s)，东西行 PAR 值为 932μmol/(m^2·s)。大豆冠层高度（点 1 到点 10）的日平均 PAR，东西行为 370.02μmol/(m^2·s)，南北行为 360.68μmol/(m^2·s)。

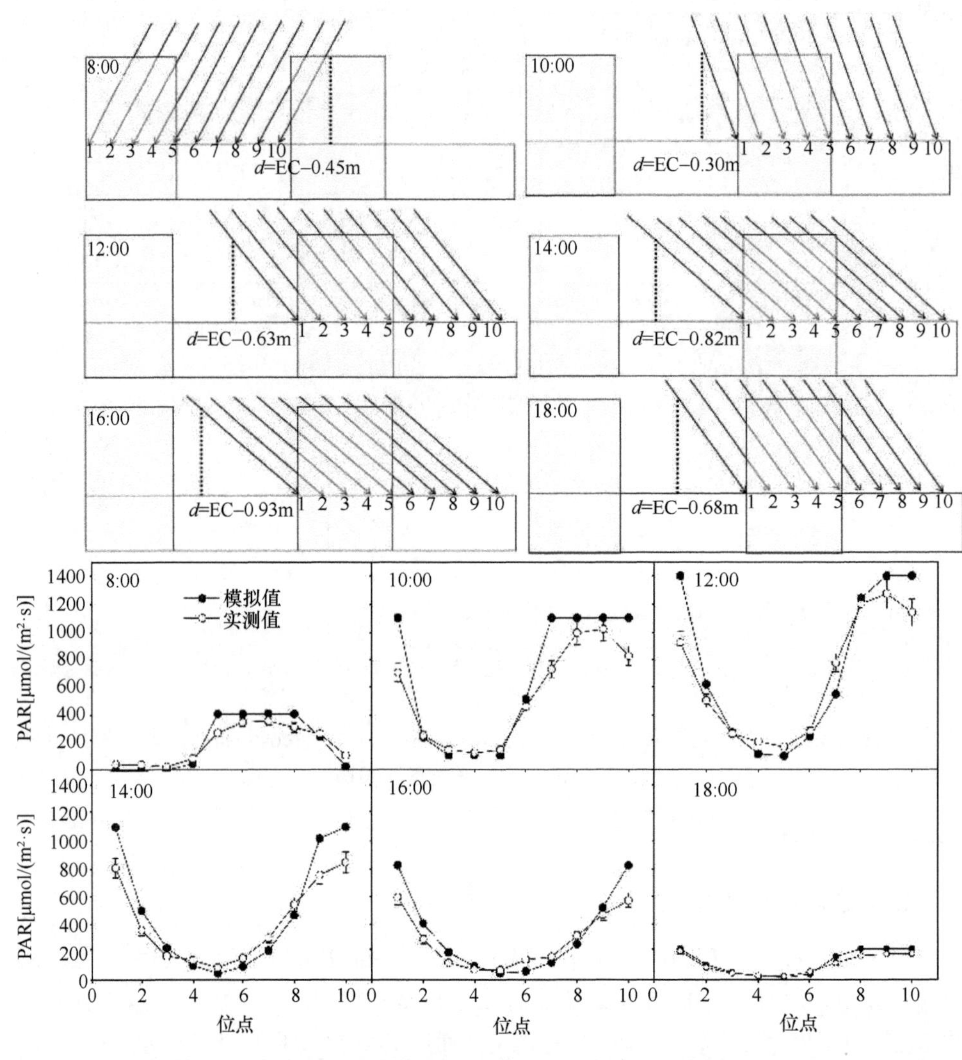

图 3-7　大豆冠层顶部的 PAR 分布（东西行向）（刘鑫，2016）

东西行和南北行均方根误差（root mean square error，RMSE）分别为 0.1535 和 0.1584。东西行和南北行实测值与模拟值的回归曲线为 y=0.7076x+0.0846 和 y=0.6138x+0.1286。在估算透光率为 0～0.1 时的误差为 0.1；在估算透过率为 0.9～1.0 时的误差为 0.2；0.1～0.9 的估算误差小于 0.1（图 3-9）。

2. 群体光环境模拟

利用 PAR 估测模型，研究人员对带状复合种植系统内光传输模型的模拟值和实测值图对比分析，发现二者趋势基本一致，但实测值作图的结果比模拟值作图的结果更加平滑（图 3-10）。两个介质交界处的透光率从 0.8 到 0.2 时，实测值作图会有 40cm 左右的过渡带，但模拟值作图的过渡带小于 20cm。因此，在模拟两个介质交界处的光强时，模拟值与实测值会存在误差。模拟值作图把植株看成严格的几何体。实测值作图平滑的原因是，实际的光分布受玉米株型的影响。另外，模拟结果东西行正午（12:00）的大豆冠层上方 PAR 低于南北行，与实测结果一致。

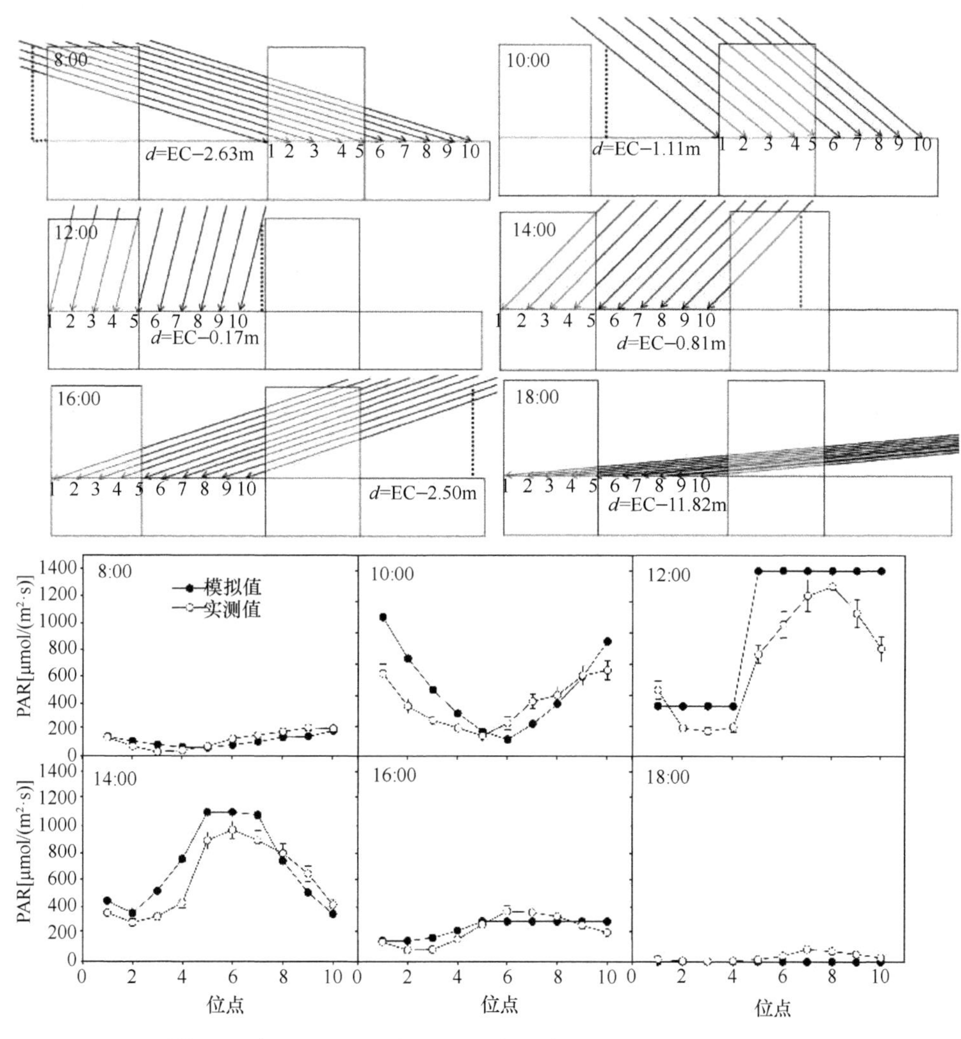

图 3-8　大豆冠层顶部的 PAR 分布（南北行向）（刘鑫，2016）

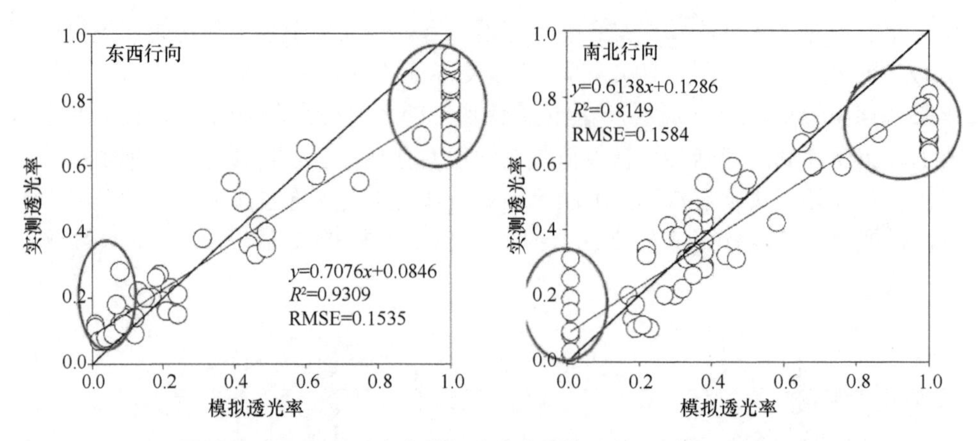

图 3-9　大豆冠层透光率模拟值与实测值比较（刘鑫，2016）

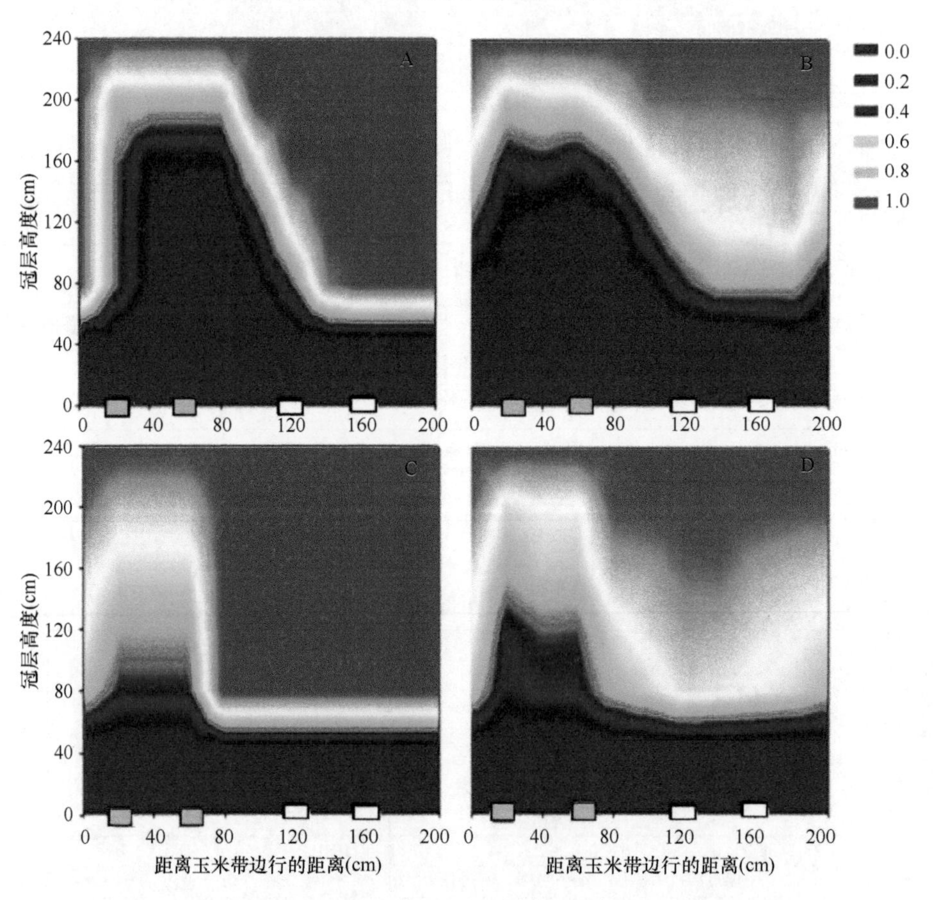

图 3-10　正午大豆冠层上方的光分布的模拟与实测（刘鑫，2016）

A. 东西行的模拟值；B. 南北行的模拟值；C. 东西行的实测值；D. 南北行的实测值；
横坐标白色标签为大豆行的位置，绿色标签为玉米行的位置

第二节　玉米大豆带状复合种植光能截获与协同利用

不同田间配置作物的光能截获和利用差异是引起其干物质和产量差异的根本原因。以带状间作种植为例，研究人员根据冠层结构的不同选择不同的光能截获模型，旨在从光能截获和光能利用的角度寻找最佳的带状间作田间配置，实现光能的协同利用。

一、光能截获与光能利用模型

作物光能截获的研究主要集中在净作，基于作物叶片是均匀分布的假设，作物冠层对光的截获率可以利用朗伯-比尔定律来计算：

$$F=1-\exp(-k\mathrm{LAI}) \tag{3-15}$$

式中，F 为作物的光能截获率；LAI 代表叶面积指数；k 代表作物的消光系数，即叶片在地面上的投影与叶片面积的比例，是由叶角决定的。k=0 代表完全直立，k=1 代表完全水平，透射光和反射光会对 k 值有较小影响。具有相对直立生长叶片的作物（如玉米），k 值小于 0.5；具有相对水平生长叶片的作物（如大豆、棉花），k 值大于 0.5。

带状间作作物的冠层结构比净作复杂，且田间配置对作物光能截获有非常大的影响。为了准确计算不同田间配置下作物的光能截获率，水平均匀性叶面积（horizontally homogeneous leaf area，HHLA）模型和多行带状作物辐射传输（extended row crop radiation transmission，ERCRT）模型分别被应用在不同的带状间作中。

（一）HHLA 模型

在带状间作作物的光能截获研究中，HHLA 模型假设带状间作下各作物的叶片在水平方向上是均匀分布的。假设高的作物为 A，矮的作物为 B。如果两个作物的高度差非常大，B 的作物高度可以被忽略，则可认为 A 作物的光能截获不受 B 作物的影响。光先被 A 吸收，透过 A 多余的光才被 B 吸收。该模型通常可被应用在作物与杂草，刈割作物与其他作物间作及套作（前茬作物未收而后茬作物比较矮小的时期）的光能截获研究中。此时，A 与 B 的光能截获计算方法为

$$F_{\mathrm{A}}=1-\exp(-k_{\mathrm{A}}\mathrm{LAI}_{\mathrm{A}}) \tag{3-16}$$

$$F_{\mathrm{B}}=\exp(-k_{\mathrm{A}}\mathrm{LAI}_{\mathrm{A}})[1-\exp(-k_{\mathrm{B}}\mathrm{LAI}_{\mathrm{B}})] \tag{3-17}$$

如果带状间作下 B 的高度不可忽略，例如，玉米（后续公式中 m 代表玉米）大豆（后续公式中 s 代表大豆）带状间作中大豆的冠层高度一般超过 80cm，则上部冠层是玉米的上部叶片，下部混合冠层是玉米下部叶片和大豆叶片。这时玉米

上部叶片的 PAR 截获比例表示为 $F_{m\text{-}upper}$，计算公式为

$$F_{m\text{-}upper}=1-\exp(-k_m L_{m\text{-}upper}) \tag{3-18}$$

式中，$L_{m\text{-}upper}$ 和 k_m 分别为上部玉米叶片的叶面积和消光系数。k 值计算方法为

$$k=\frac{\ln(1-f)}{\text{LAI}} \tag{3-19}$$

根据测定，玉米和大豆的消光系数 k_m 和 k_s 分别为 0.42 和 0.70。大豆冠层和玉米下部冠层的 PAR 截获比例计算方法为

$$F_s=\exp(-k_m L_{m\text{-}upper})\times\frac{k_s L_s}{k_m L_{m-lower}+k_s L_s}\times[1-\exp(-k_m L_{m\text{-}lower}-k_s L_s)] \tag{3-20}$$

$$F_{m\text{-}lower}=\exp(-k_m L_{m\text{-}upper})\times\frac{k_m L_{m-lower}}{k_m L_{m-lower}+k_s L_s}\times[1-\exp(-k_m L_{m\text{-}lower}-k_s L_s)] \tag{3-21}$$

$$F_m=F_{m\text{-}upper}+F_{m\text{-}lower} \tag{3-22}$$

式中，$L_{m\text{-}lower}$ 和 L_s 分别为玉米下部和大豆的叶面积指数。玉米上下部的叶面积指数 $L_{m\text{-}upper}$ 和 $L_{m\text{-}lower}$ 计算方法为

$$L_{m\text{-}upper}=\frac{h_m-h_s}{h_m}\times L_m \tag{3-23}$$

$$L_{m\text{-}lower}=\frac{h_s}{h_m}\times L_m \tag{3-24}$$

式中，h_m 和 h_s 分别是玉米和大豆的株高；L_m 是玉米的总叶面积。

（二）ERCRT 模型

在带状间作种植中，ERCRT 模型被用来计算作物各组分光能截获率。混合冠层被分为 4 个部分，分别为 im、iim、ib 和 iib；入射 PAR 被分为 9 个部分（图 3-11）。F1～F9 是作物光能截获率，计算方法为（Wang et al.，2015）

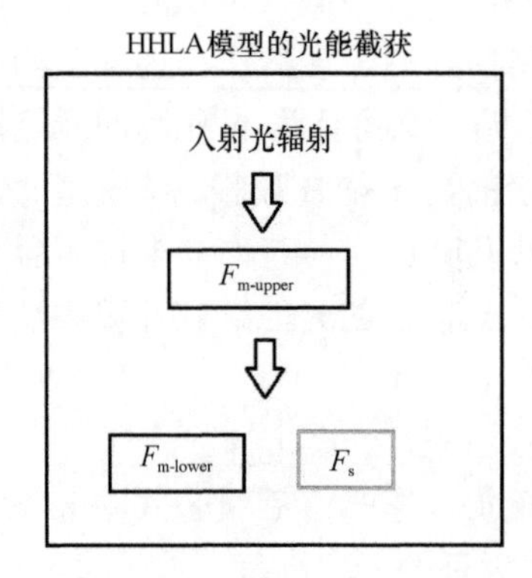

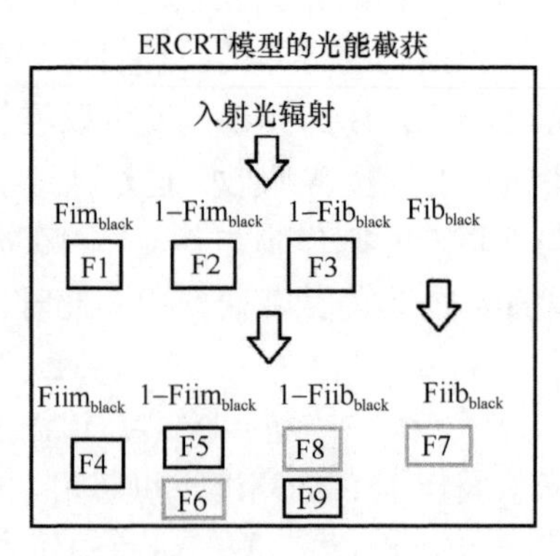

图 3-11　使用 HHLA 模型和 ERCRT 模型计算作物光能截获率示意图（Liu et al.，2017a）
黑框代表玉米的光能截获；绿框代表大豆的光能截获

$$F1=f_m\ \mathrm{Fim}_{black}[1-\exp(-k_m L_{m-upper}/f_m)] \tag{3-25}$$

$$F2=f_m\{(1-\mathrm{Fim}_{black})[1-\exp(-k_m L_{m-upper})]\} \tag{3-26}$$

$$F3=f_s\{(1-\mathrm{Fib}_{black})[1-\exp(-k_m L_{m-upper})]\} \tag{3-27}$$

$$F4=\mathrm{Fim}\ \ \mathrm{Fiim}_{black}[1-\exp(-k_m L_{m-lower})/f_m] \tag{3-28}$$

$$F5=\mathrm{Fim}\left\{(1-\mathrm{Fim}_{black})[1-\exp(-k_m L_{m-lower}-k_s L_s)]\frac{k_m L_{m-lower}}{k_m L_{m-lower}+k_s L_s}\right\} \tag{3-29}$$

$$F6=\mathrm{Fim}\left\{(1-\mathrm{Fim}_{black})[1-\exp(-k_m L_{m-lower}-k_s L_s)]\frac{k_s L_s}{k_m L_{m-lower}+k_s L_s}\right\} \tag{3-30}$$

$$F7=\mathrm{Fib}\ \ \mathrm{Fiib}_{black}[1-\exp(-k_s L_s/f_s)] \tag{3-31}$$

$$F8=\mathrm{Fib}\left\{(1-\mathrm{Fib}_{black})[1-\exp(-k_m L_{m-lower}-k_s L_s)]\frac{k_s L_s}{k_m L_{m-lower}+k_s L_s}\right\} \tag{3-32}$$

$$F9=\mathrm{Fib}\left\{(1-\mathrm{Fib}_{black})[1-\exp(-k_m L_{m-lower}-k_s L_s)]\frac{k_m L_{m-lower}}{k_m L_{m-lower}+k_s L_s}\right\} \tag{3-33}$$

式中，f_m和f_s分别为玉米带与大豆带占地面积之比，是由田间配置决定的。Fim_{black}和Fib_{black}分别为im和ib下方的可视角；Fiim_{black}和Fiib_{black}分别为iim和iib下方的可视角。可视角是平面上每一个点空行因子的积分（Prork et al.，2003）。Fim_{black}、Fib_{black}、Fiim_{black}和Fiib_{black}的计算公式分别为

$$\mathrm{Fim}_{black}=\frac{\sqrt{(h_m-h_s)^2+W_m{}^2}-(h_m-h_s)}{W_m} \tag{3-34}$$

$$\mathrm{Fib}_{black}=\frac{\sqrt{(h_m-h_s)^2+W_m{}^2}-(h_m-h_s)}{W_s} \tag{3-35}$$

$$\mathrm{Fiim}_{black}=\frac{\sqrt{h_s{}^2+W_m{}^2}-h_s}{W_m} \tag{3-36}$$

$$\mathrm{Fiib}_{black}=\frac{\sqrt{h_s{}^2+W_s{}^2}-H_s}{W_s} \tag{3-37}$$

式中，W_m和W_s分别为模型中玉米和大豆行所占的宽度。

im和ib下方光的比例Fim和Fib（Wang et al.，2015）的计算方法为

$$\mathrm{Fim}=f_m[\mathrm{Fim}_{black}\times\exp(-k_m L_{m-upper}/f_m)]+f_m[(1-\mathrm{Fim}_{black})\times\exp(-k_m L_{m-upper})]+f_m f_s(1-\mathrm{Fib}_{black})\times\exp(-k_m L_{m-upper}) \tag{3-38}$$

$$\mathrm{Fib}=f_s[\mathrm{Fib}_{black}+f_s(1-\mathrm{Fib}_{black})\exp(-k_m L_{m-upper})]+f_m f_s[(1-\mathrm{Fim}_{black})\times\exp(-k_m L_{m-upper})] \tag{3-39}$$

玉米和大豆的光能截获比例计算方法为

$$F_{\mathrm{m}}=\mathrm{F1+F2+F3+F4+F5+F9} \tag{3-40}$$

$$F_{\mathrm{s}}=\mathrm{F6+F7+F8} \tag{3-41}$$

（三）光能利用率模型

光能利用率（light use efficiency，LUE）的计算公式为

$$\mathrm{LUE}=\frac{\mathrm{ADM}}{\Sigma I_{\mathrm{PAR}}F} \tag{3-42}$$

式中，ADM 是作物的干物质积累量（g/m^2）；I_{PAR} 是某日入射有效辐射 PAR 的量（MJ/m^2），是总辐射的 50%，即将总辐射数据乘以 0.5 即为入射有效辐射量；F 代表某日玉米或大豆光能截获率；$I_{\mathrm{PAR}}F$ 即为某日作物的光能截获量；$I_{\mathrm{PAR}}F$ 的累加即为某一段时间该作物的光积累量。

二、光能截获规律

（一）光能截获模型参数叶面积指数和冠层高度

在带状复合种植系统中，玉米和大豆的叶面积及冠层高度是影响作物冠层光分布的关键因素，也是光能截获模型中的关键参数。以 2 行玉米和 2 行大豆带状间作田间配置为例，不同空间配置同图 3-2，玉米和大豆的叶面积在播种后 40～60d 迅速增长，到播种后 70d 左右达到最大值（图 3-12）。其中，带状间作下玉米叶面积指数在玉米窄行大于 20cm 的空间配置（A3 和 A5 处理）下与净作玉米叶面积指数相当；带状间作下大豆叶面积指数随着玉米带与大豆带间距的增加而增加；在带状复合种植下，不同空间配置的玉米和大豆叶面积指数变化趋势相反，协同互补。

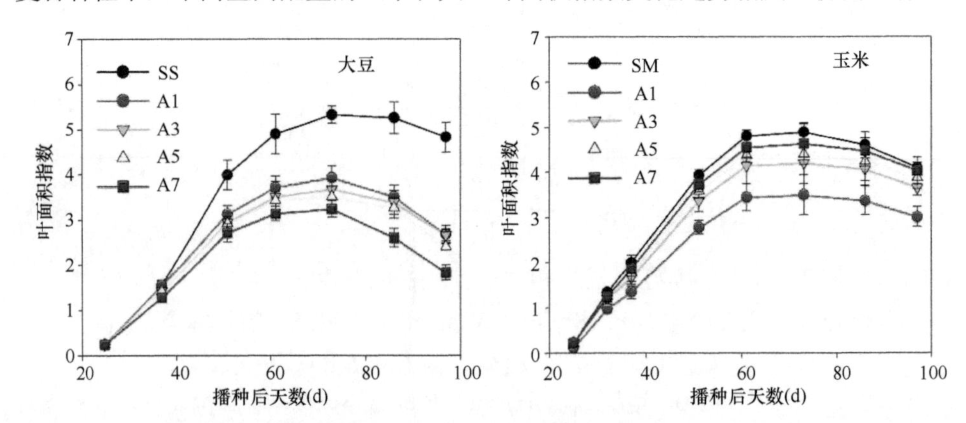

图 3-12　玉米和大豆叶面积指数的动态变化（Liu et al.，2017a）

A1、A3、A5 代表在生产单元宽为 200cm，玉米和大豆按照 2∶2 行比配置下间距分别为 70cm、60cm 和 50cm（即玉米窄行行距分别为 20cm、40cm 和 60cm）的大豆冠层光环境；A7 代表玉米和大豆按照传统 1∶1 配置下的大豆冠层光环境；SS 和 SM 分别代表净作大豆和净作玉米。下同

不同空间配置对带状间作玉米株高没有显著影响，在播种后 60d 玉米冠层高度最高，达到 2.5m（图 3-13）。相反，大豆株高对复合种植空间配置响应敏感，玉米行与大豆行间距越小大豆冠层高度越高，其中传统 1 行玉米 1 行大豆间作下大豆冠层高度最高，达到 85cm。

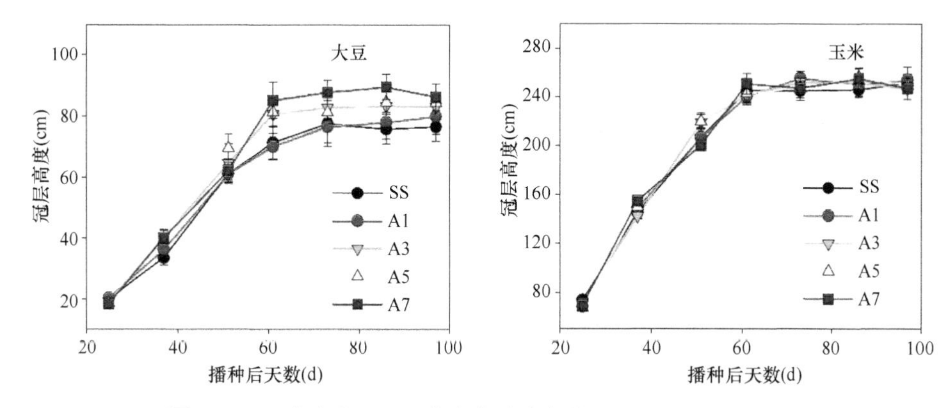

图 3-13　玉米和大豆冠层高度的动态变化（Liu et al.，2017a）

（二）光能截获率

玉米大豆带状间作种植中，将叶面积指数和株高作为参数输入光能截获模型，玉米和大豆光能截获率分别在播种后的 70d 和 45d 达到最大，两作物光能截获率在不同田间配置中呈现此消彼长的趋势，互为补充。尽管带状间作下单独玉米或大豆的光能截获率均低于净作种植，但是带状间作系统光能截获率显著高于两作物单独净作种植下的光能截获率。带状间作系统光能截获率最高达到 0.9，而净作大豆和净作玉米的全生育期平均光能截获率分别为 0.71 和 0.69（图 3-14）。此外，通过每日的光能截获率和日辐射量数据计算获得的带状间作下玉米和大豆的每日光能截获变化规律与光能截获率一致（图 3-15）。

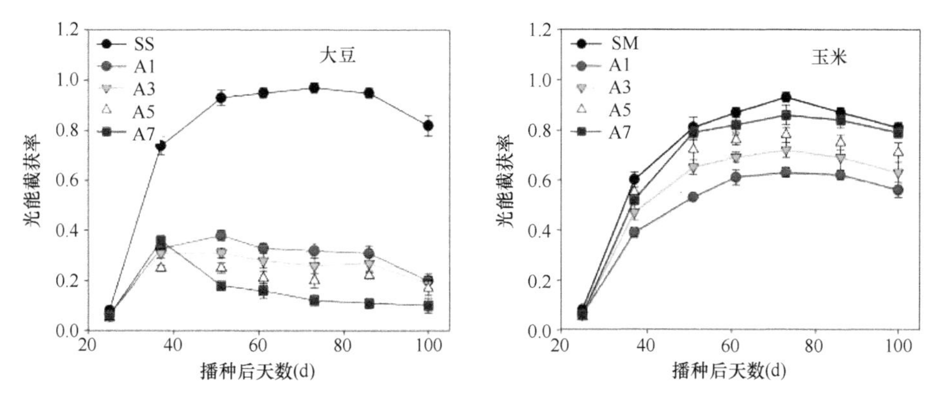

图 3-14　玉米和大豆光能截获率的动态变化（Liu et al.，2017a）

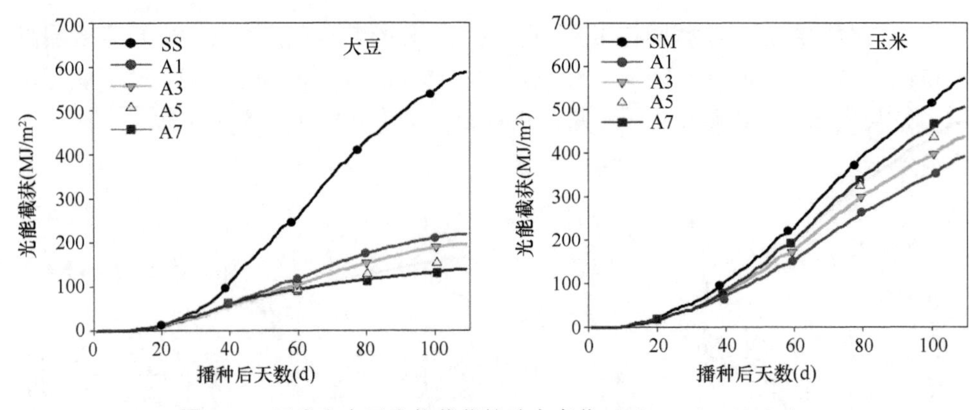

图 3-15 玉米和大豆光能截获的动态变化（Liu et al.，2017a）

三、光能协同利用规律

作物干物质有 90%～95%来自光合作用。在玉米大豆带状复合种植中，随着玉米带与大豆带间距的增大，大豆的干物质呈现逐渐增加的趋势，在玉米行距为 20～40cm（玉米带与大豆带间距为 60～80cm）处理下，其中 A1 和 A3 处理干物质分别为 434g/m^2 和 405g/m^2；而玉米干物质变化趋势与大豆相反，最大值为 2244g/m^2（表 3-2）。同样，带状复合种植下玉米和大豆光能协同利用，大豆光能利用率最大值在玉米行距为 40cm 处理下，为 2.36g/MJ。玉米光能利用率较大值同样出现在玉米行距为 20cm 和 40cm 处理，其中 A1 和 A3 处理下光能利用率分别为 4.79g/MJ 和 4.70g/MJ。间作系统的干物质积累均显著高于玉米或大豆净作系统的干物质积累，且在玉米行距为 40cm 处理下（A3）系统光能利用率（4.05g/MJ）显著高于其他复合种植田间配置和玉米或大豆净作系统的光能利用率。

表 3-2 玉米大豆带状复合种植光能协同利用规律（Liu et al.，2017a）

处理	大豆			玉米			间作系统		
	干物质（g/m^2）	光能截获（MJ/m^2）	光能利用率（g/MJ）	干物质（g/m^2）	光能截获（MJ/m^2）	光能利用率（g/MJ）	干物质（g/m^2）	光能截获（MJ/m^2）	光能利用率（g/MJ）
A1	434b	208b	2.10b	1926d	403d	4.79a	2360b	611c	3.88b
A3	405c	173c	2.36a	2115c	450c	4.70a	2520a	623b	4.05a
A5	310d	144d	2.16b	2191bc	475bc	4.46b	2501a	619bc	3.94b
A7	292d	128d	2.29a	2244b	506b	4.31c	2536a	634a	3.91b
SS	749a	509a	1.48c	—	—	—	749c	509e	1.48c
SM	—	—	—	2364a	598a	3.95d	2364b	598d	3.95ab

注：不同的小写字母代表不同处理的平均值间具有显著差异；“—”代表无数据，下同

第三节　高位作物玉米叶片光能高效利用的生理生化机制

一、不同行比配置玉米叶片表型和光合响应

（一）玉米叶片表型响应

在不同行比配置下，2 行玉米带状间作 2 行大豆下玉米植株在蜡熟期（R4）和凹陷期（R5）绿叶数平均每株为 9.9 和 4.9，显著高于传统 1 行玉米间作 1 行大豆种植和净作玉米种植（$P<0.05$）。同时，在 R4 和 R5 时期，2 行玉米带状间作 2 行大豆种植下玉米叶片绿度值分别比净作提高了 7%和 9%，比传统间作分别提高了 10%和 15%（中间层叶片）。不同的种植方式对吐丝期（R1）、乳熟期（R3）、R4 和 R5 时期玉米植株绿叶面积有显著影响（$P<0.05$），且呈现先增后降的趋势。与净作相比，2 行玉米带状间作 2 行大豆配置下玉米植株 R3 和 R4 时期的绿叶面积分别增加了 4%和 9%，而与传统间作相比分别增加了 7%和 16%，表明玉米植株绿叶面积与不同种植方式下玉米的生长状况直接相关（图 3-16）。

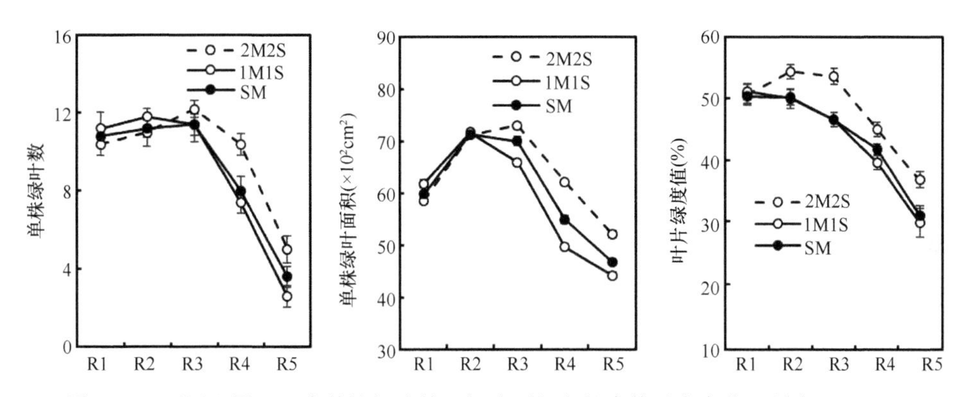

图 3-16　不同配置下玉米单株绿叶数、绿叶面积和绿度值动态变化（刘鑫，2016）

R1、R2、R3、R4 和 R5 分别代表玉米的吐丝期、水泡期、乳熟期、蜡熟期和凹陷期。2M2S、1M1S 和 SM 分别代表 2 行玉米带状间作 2 行大豆、1 行玉米间作 1 行大豆及净作玉米

（二）玉米叶片光合作用响应

为了确定不同行比配置下带状复合种植处理玉米叶片光合作用的差异，以及与净作玉米相比的优势，本研究设置 2 行玉米带状间作 2 行大豆（带宽 200cm，玉米窄行行距 40cm，大豆行距 40cm）、1 行玉米间作 1 行大豆（玉米等行距 100cm，大豆种植于玉米行间）和玉米净作（行距 70cm）3 个处理进行比较，在玉米吐丝期，2 行玉米带状间作 2 行大豆处理下玉米宽行穗位叶的净光合速率、蒸腾速率和气孔导度高于 1 行玉米间作 1 行大豆和净作玉米，分别为 25.4μmol/(m^2·s)、3.11mmol/(m^2·s)和 0.21μmol/(m^2·s)（表 3-3）。

表 3-3　不同行比配置下玉米的光合参数（吐丝期）（刘鑫，2016）

处理	净光合速率 [μmol/(m²·s)]	蒸腾速率 [mmol/(m²·s)]	气孔导度 [μmol/(m²·s)]	胞间 CO_2 浓度（μmol/mol）
2M2S	25.4a	3.11a	0.21a	93.45b
1M1S	24.1ab	2.24b	0.14b	109.38a
SM	22.8b	2.13b	0.12b	116.29a

注：2M2S、1M1S 和 SM 分别代表 2 行玉米带状间作 2 行大豆种植、1 行玉米带状间作 1 行大豆种植，以及净作玉米种植。不同的小写字母代表不同处理的平均值间具有显著差异

二、不同玉米品种光能利用差异性分析

在玉米大豆带状复合种植群体中，不同品种的光能利用响应不同。本研究选用带状复合种植高光效品种荣玉 1210 和低光效品种众望玉 18 作为研究对象，分析带状复合种植不同品种在玉米行距为 20cm 和 40cm 的光能利用差异及机制。

（一）玉米不同位置穗位叶光合响应

不同玉米品种在灌浆期穗位叶叶片气体交换参数受行距变化影响显著（表 3-4）。

表 3-4　不同行距处理的玉米两侧穗位叶的光合参数（曾瑾汐，2018）

处理		表观量子效率	最大净光合速率 [μmol/(m²·s]	光饱和点 [μmol/(m²·s)]	光补偿点 [μmol/(m²·s)]	暗呼吸速率 [μmol/(m²·s)]
荣玉 1210	20cm 窄行侧	0.040c	34.63c	658.96d	49.23a	1.14e
	40cm 窄行侧	0.052b	42.00b	979.69c	48.59a	1.45d
	20cm 宽行侧	0.075a	49.82a	1450.29a	22.26c	2.44a
	40cm 宽行侧	0.065a	49.50a	1180.60b	35.32b	2.23b
	净作	0.071a	44.02ab	1030.13c	44.89a	1.89c
	平均值	0.061a	43.99a	1059.93a	40.06b	1.83a
众望玉 18	20cm 窄行侧	0.032c	32.57b	594.32d	85.93a	1.36d
	40cm 窄行侧	0.039c	34.52b	701.47c	77.47b	1.43d
	20cm 宽行侧	0.077a	47.19a	1324.71a	40.29e	2.79a
	40cm 宽行侧	0.052b	42.63a	1134.44b	51.72d	2.37b
	净作	0.050b	40.81a	1071.79b	63.22c	2.05c
	平均值	0.050b	39.54a	965.35a	63.73a	1.99a
F 值	A	369.77**	6.30	9.28	447.33**	12.93
	B	79.93**	11.27**	81.84**	96.93**	117.14**
	$A \times B$	101.87**	0.50	3.38*	8.63**	1.68

注：表中数据均为 3 个重复的平均值，A 和 B 分别代表品种和行距处理，同栏数据后不同字母表示在 0.05 水平上差异显著。*和**分别表示在 0.05 和 0.01 水平上差异显著。平均值行单独比较

从品种间来看，荣玉 1210 的表观量子效率、最大净光合速率及光饱和点均高于众望玉 18，分别平均高出 22.00%、11.25%和 9.80%；而光补偿点降低了 28.99%～44.74%。从品种内来看，玉米行距减小，叶片的表观量子效率、最大净光合速率、光饱和点及暗呼吸速率均呈现不同程度的降低，具体表现为复合种植玉米宽行侧穗位叶＞净作玉米穗位叶＞复合种植玉米窄行侧穗位叶；与净作相比，行距 40cm 处理下荣玉 1210 和众望玉 18 的宽行侧穗位叶最大净光合速率分别提高了 12.45%和 4.46%，光饱和点分别提高了 14.60%和 5.85%。而光补偿点的变化趋势相反，两品种分别比净作低 21.32%和 18.19%。因此，带状复合种植高光效品种要求光饱和点高、光补偿点低，穗位叶叶片对光照的有效利用范围较宽，对宽行侧强光和窄行侧弱光利用率高。

（二）玉米穗位叶叶绿素含量

在带状复合种植下，不同玉米品种在吐丝期和灌浆期总叶绿素含量受行距变化影响显著（图 3-17）。从品种间来看，在两时期无论净作种植还是带状复合种植，荣玉 1210 的总叶绿素含量均高于众望玉 18，不同行距下增幅为 4.19%～19.16%。从品种内来看，总叶绿素含量表现趋势相似，其中窄行侧总叶绿素含量与行距大小成反比，行距越大总叶绿素含量越低。在吐丝期和灌浆期，带状复合种植下的荣玉 1210 和众望玉 18 总叶绿素含量分别比净作玉米高 0.97%～ 10.46%、0.26%～7.02%。

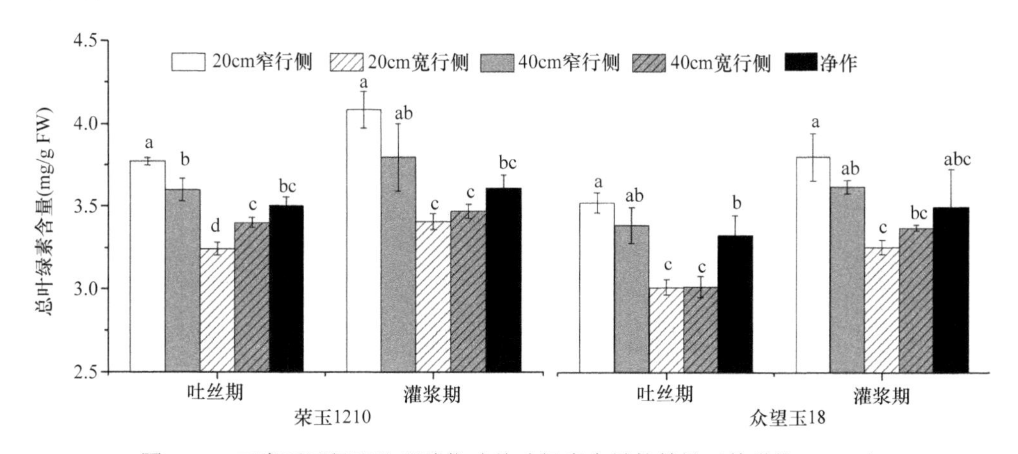

图 3-17　玉米不同行距处理穗位叶总叶绿素含量的差异（曾瑾汐，2018）

（三）玉米光合相关酶活性

1. 核酮糖-1,5-二磷酸羧化酶

在带状复合种植下，玉米从吐丝期到灌浆期，不同玉米行距配置显著影响穗

位叶核酮糖-1,5-二磷酸羧化酶（ribulose-1,5-bisphosphate carboxylase，Rubisco）活性（图 3-18）。在不同品种比较中，荣玉 1210 在吐丝期和灌浆期的 Rubisco 酶活性比众望玉 18 高出 1.53%～17.58%，但两品种在净作种植下同一生育时期差异不显著。随着生育时期的推进，Rubisco 酶活性呈下降趋势，荣玉 1210 和众望玉 18 降幅分别为 3.06%～15.50%、2.36%～17.48%。在不同行距对比下，玉米行距由 40cm 减小到 20cm 时，荣玉 1210 窄行侧穗位叶两生育时期的 Rubisco 酶活性平均降低 5.08%，而众望玉 18 降低 6.40%，这表明在带状复合种植条件下品种荣玉 1210 的光合碳同化能力较品种众望玉 18 更强。

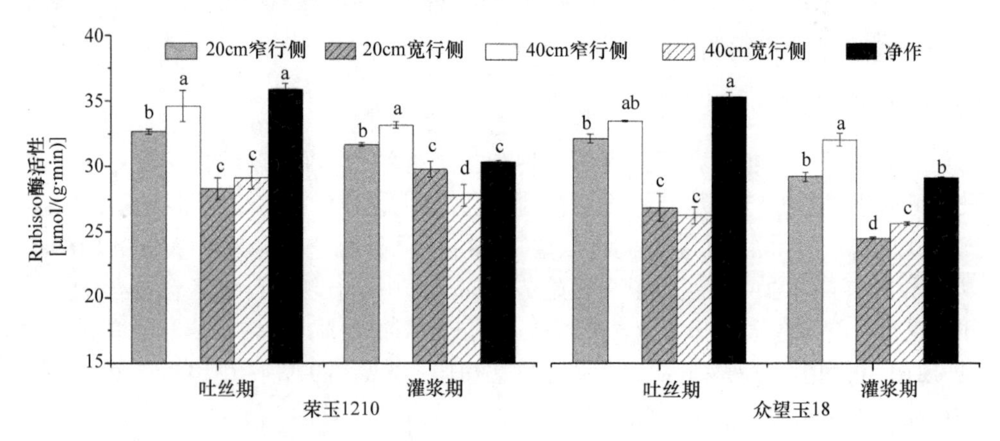

图 3-18 不同行距处理下两玉米品种穗位叶 Rubisco 酶活性（曾瑾汐，2018）

2. 磷酸烯醇丙酮酸羧化酶

在带状复合种植中，品种荣玉 1210 在吐丝期和灌浆期穗位叶的磷酸烯醇丙酮酸羧化酶（phosphoenolpyruvate carboxylase，PEPC）的酶活性高于品种众望玉 18（图 3-19）。从玉米吐丝期到灌浆期，不同品种净作种植和复合种植窄行侧穗位叶的 PEPC 酶活性均呈下降趋势，荣玉 1210 和众望玉 18 分别降低 7.53%～10.77%、3.22%～6.32%，而荣玉 1210 宽行侧穗位叶的 PEPC 酶活性呈增加趋势。穗位叶 PEPC 酶活性变化规律为复合种植窄行侧穗位叶＞净作种植玉米叶片＞复合种植宽行侧穗位叶。与净作玉米和复合种植宽行侧穗位叶相比，荣玉 1210 和众望玉 18 在复合种植玉米行距 40cm 窄行侧的 PEPC 酶活性分别增加 2.56%～23.52%、4.77%～19.37%。当行距减小到 20cm 时，荣玉 1210 的 PEPC 酶活性较行距 40cm 窄行侧穗位叶在吐丝期和灌浆期分别提高了 9.32%和 12.50%，而众望玉 18 仅分别提高了 3.62%和 1.86%。这表明在带状复合种植条件下，两玉米品种均通过 PEPC 酶活性的增加来提高对弱光的适应性，荣玉 1210 的适应性更强。

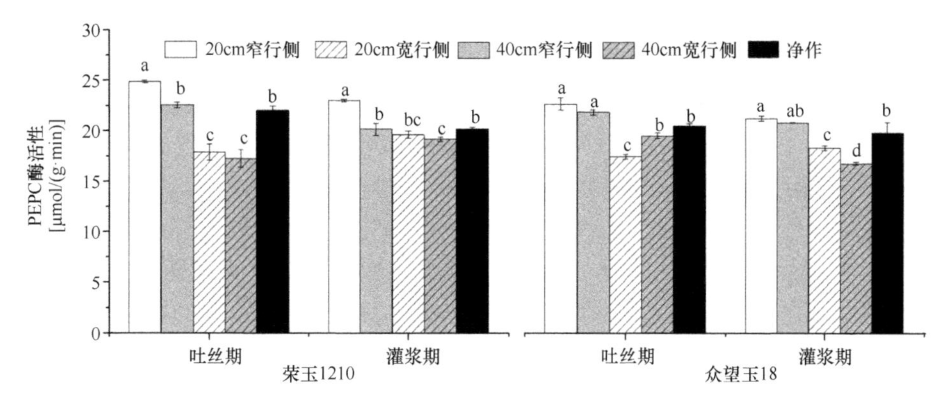

图 3-19　不同行距处理下两玉米品种穗位叶 PEPC 酶活性（曾瑾汐，2018）

第四节　大豆叶片光能高效利用的生理生化机制

一、不同田间配置对大豆叶片光合特性及光能利用的影响

玉米大豆带状复合种植田间配置的改变影响大豆冠层的光环境，导致大豆光合特性发生变化。本研究通过设置 2 个行比配置，即 1∶1 配置（1 行玉米间作 1 行大豆，行间距 50cm）和 2∶2 配置（2 行玉米间作 2 行大豆，玉米和大豆行距均为 40cm，玉米和大豆间距为 60cm），净作大豆为对照（CK），研究玉米和大豆不同行比配置下高位作物玉米荫蔽对大豆叶片光合荧光特性、解剖结构及超微结构的影响。

（一）大豆叶片光合色素

在不同行比配置下，与净作大豆相比，复合种植下大豆单位面积光合色素含量均显著降低（表 3-5）。其中，大豆在 1∶1 配置下和 2∶2 配置下的叶绿素 a 含量、叶绿素 b 含量、类胡萝卜素，以及叶绿素 a/b 分别比净作大豆降低了 58.7% 和 35.6%、56.2%和 23.8%、60.6%和 39.5%、6.2%和 14.8%。由于传统 1∶1 田间配置下大豆遭受玉米荫蔽胁迫的严重程度显著高于带状 2∶2，传统 1∶1 田间配置下大豆光合色素含量显著降低。

表 3-5　不同田间配置下大豆叶片光合色素含量（范元芳等，2017）（单位：mg/dm^2）

处理	叶绿素 a 含量	叶绿素 b 含量	叶绿素总含量	类胡萝卜素含量	光合色素总含量	叶绿素 a/b
1∶1	1.82c	0.46c	2.28c	0.43c	2.71c	3.93ab
2∶2	2.84b	0.80b	3.64b	0.66b	4.29b	3.57b
CK	4.41a	1.05a	5.46a	1.09a	6.55a	4.19a

注：1∶1、2∶2 和 CK 分别代表 1 行玉米间作 1 行大豆、2 行玉米间作 2 行大豆和净作大豆；同一列中不同小写字母的值差异达 0.05 显著水平。下同

（二）大豆叶片光合荧光特性

在玉米大豆带状复合种植中，荫蔽显著影响大豆叶片光合特性（表3-6）。1∶1和2∶2配置下的净光合速率均显著低于净作大豆（$P<0.05$），但2∶2显著高于1∶1；气孔导度显著低于净作大豆，但2∶2的显著高于1∶1。与净作大豆相比，1∶1和2∶2配置下的胞间CO_2浓度显著增加7.9%和6.4%。在叶绿素荧光特性上，1∶1和2∶2田间配置下大豆叶片的光系统Ⅱ（PSⅡ）最大光量子产量、光化学猝灭系数、非光化学猝灭系数均低于净作大豆；1∶1田间配置下大豆非光化学猝灭系数显著低于净作大豆，而与2∶2差异不显著。相反，1∶1和2∶2田间配置大豆功能叶片的PSⅡ实际光量子产量和实际光化学效率均高于净作大豆（表3-7），其中1∶1与净作大豆差异显著，而2∶2与净作大豆差异不显著。

表3-6 不同田间配置下大豆叶片光合特性（范元芳等，2017）

处理	净光合速率[μmol /(m^2·s)]	气孔导度[mmol/(m^2·s)]	胞间CO_2浓度（μmol/mol）	蒸腾速率[mmol/(m^2·s)]
1∶1	6.04c	0.55c	344.89a	3.47b
2∶2	9.56b	0.86b	339.97a	4.27b
CK	15.69a	1.06a	319.56b	6.35a

表3-7 不同田间配置下大豆叶绿素荧光参数（范元芳等，2017）

处理	PSⅡ最大光量子产量	非光化学猝灭系数	PSⅡ实际光量子产量	光化学猝灭系数	实际光化学效率
1∶1	0.77a	2.58b	0.52a	0.36a	0.24a
2∶2	0.79a	2.84ab	0.51ab	0.38a	0.20b
CK	0.81a	3.14a	0.48b	0.44a	0.19b

（三）大豆叶片结构特征

带状复合种植下大豆叶片厚度、栅栏组织厚度、海绵组织厚度和表皮细胞厚度均低于净作大豆，其中1∶1大豆叶片结构特征参数除海绵组织厚度外均显著低于2∶2（表3-8，图3-20）。净作大豆叶片的上下表皮细胞、栅栏组织叶肉细胞和

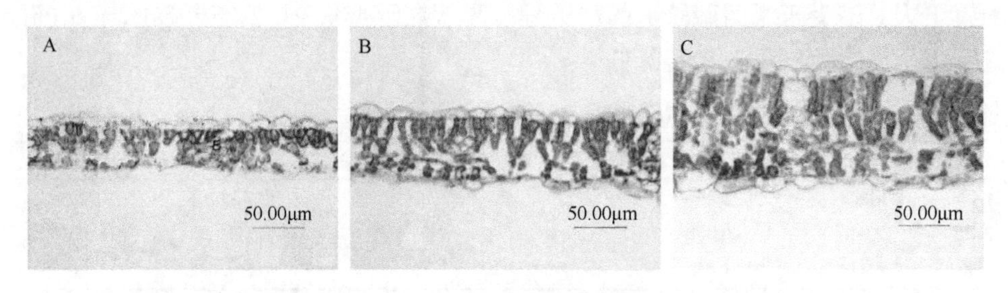

图3-20 不同田间配置下大豆叶片解剖结构示意图（范元芳等，2017）

A、B和C分别代表1行玉米间作1行大豆、2行玉米间作2行大豆和净作大豆

表 3-8　不同田间配置下大豆叶片解剖结构（范元芳等，2017）

处理	上表皮厚度（μm）	下表皮厚度（μm）	栅栏组织厚度（μm）	海绵组织厚度（μm）	叶片厚度（μm）	栅海比
1∶1	10.50b	8.93b	26.36c	26.01b	73.26c	1.02b
2∶2	12.61a	11.78a	43.36b	26.72b	95.85b	1.63a
CK	13.39a	12.54a	80.04a	50.29a	151.02a	1.60a

海绵组织细胞略大，且排列致密；而间套作复合种植下大豆叶片栅栏组织叶肉细胞较小，排列疏松，细胞间隙较大，下表皮细胞变薄，特别是 1∶1 大豆叶片结构的特征变化更明显。通过对解剖结构的进一步量化（表 3-8），净作大豆叶片厚度分别是 1∶1 和 2∶2 田间配置的 2.1 倍和 1.6 倍；而 2∶2 的大豆上表皮细胞厚度、下表皮厚度和栅海比与净作大豆相比均未达到差异显著水平。此外，2∶2 的上表皮厚度、下表皮厚度、栅栏组织厚度、海绵组织厚度、叶片厚度，以及栅海比分别比 1∶1 高出 20.09%、31.91%、64.49%、2.73%、30.84%和 59.80%。

在大豆叶片超微结构分析中，与净作大豆相比，复合种植的两个处理叶片单个细胞和叶绿体变小，但是叶绿体的数目却明显增多，其中 1∶1 田间配置下大豆叶片叶绿体数目最多，个体最小。在 1∶1 和 2∶2 田间配置下大豆叶片叶绿体中的淀粉粒稀少，嗜锇颗粒增多，基粒片层和基质片层分布密集，有利于增加叶绿体的光能吸收、传递和转换，利于光合产物的形成和积累（图 3-21）。

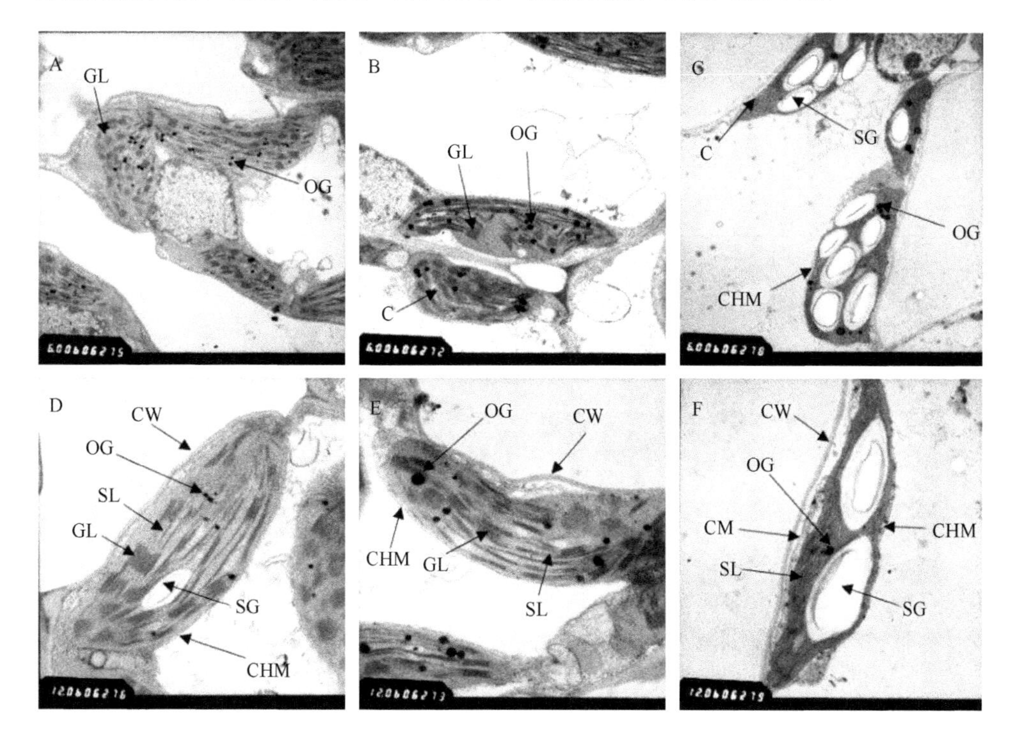

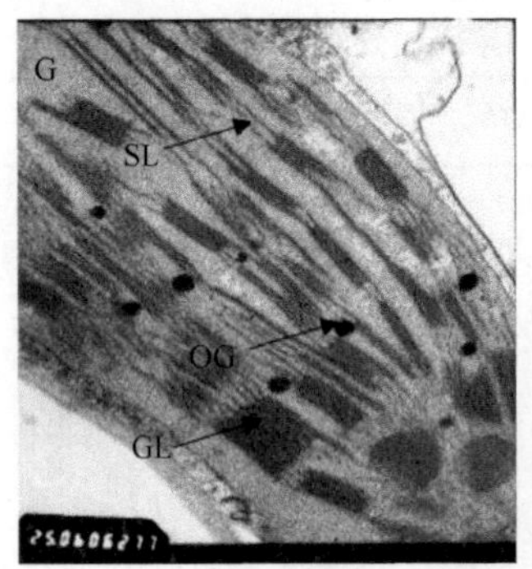

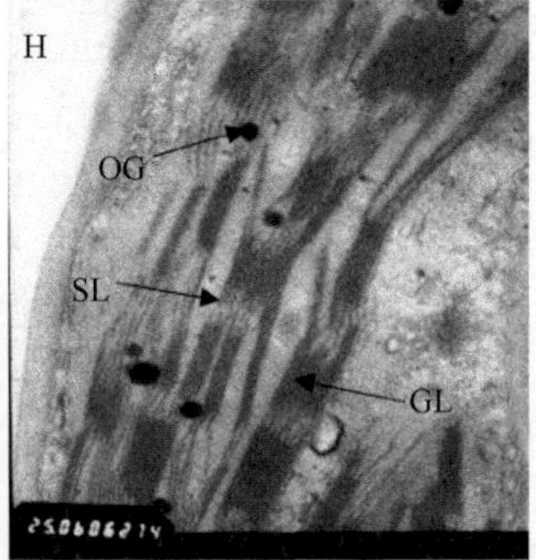

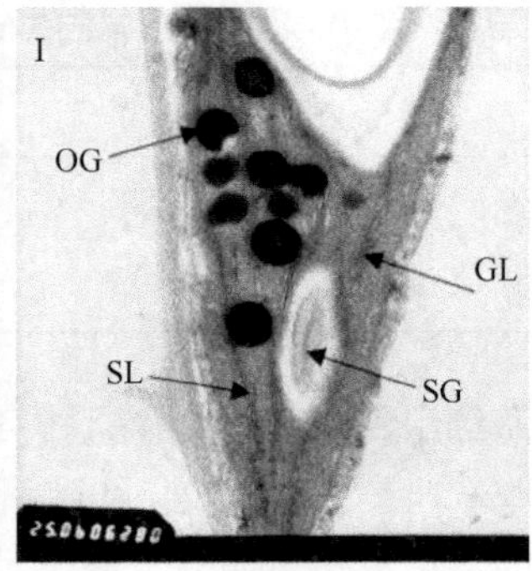

图 3-21　不同田间配置下大豆叶片超微结构（范元芳等，2017）

A～C. 叶绿体分布（×6 000）；D～F. 叶绿体超微结构（×12 000）；G～J. 叶绿体基粒片层（×25 000）。C. 叶绿体；CM. 叶绿体膜；CW. 细胞壁；CHM. 叶绿体膜；GL. 基粒片层；SL. 基质片层；SG. 淀粉粒；OG. 嗜锇颗粒；A、D、G 为 1∶1 田间配置；B、E、H 为 2∶2 田间配置；C、F、I 为净作对照

（四）大豆叶脉特征

玉米大豆带状复合种植下，高位作物玉米的荫蔽直接影响大豆叶片叶脉特征（表 3-9 和图 3-22）。与净作大豆相比，1∶1 和 2∶2 处理的大豆叶脉密度、叶脉长度和叶脉闭合度分别显著下降 27.62%和 10.38%、27.59%和 10.36%、44.21%和 24.11%，前者下降幅度显著大于后者；但大豆叶脉直径和叶脉间距显著增加，1∶1 和 2∶2 处理的叶脉直径比净作大豆分别增加 43.48%和 25.60%，叶脉间距分别显著增加 44.45%和 28.83%，前者增加幅度显著大于后者。

表 3-9　不同田间配置的大豆叶脉特征（李盛蓝等，2019）

处理	叶脉密度（mm/mm^2）	叶脉长度（mm）	叶脉直径（μm）	叶脉闭合度（个/mm^2）	叶脉间距（μm）
1∶1	47.85c	14.33c	32.11a	2.36c	188.28a
2∶2	59.25b	17.74b	28.11b	3.21b	167.92b
CK	66.11a	19.79a	22.38c	4.23a	130.34c

图 3-22　不同田间配置的大豆叶脉特征（李盛蓝等，2019）

A、B 和 C 分别代表净作大豆、2 行玉米间作 2 行大豆和 1 行玉米间作 1 行大豆

（五）大豆叶片气孔特征

叶片气孔是光合作用和呼吸作用与外界气体交换的重要通道，田间配置直接影响大豆叶片气孔特征（表 3-10）。玉米荫蔽下大豆叶片的气孔宽度和气孔面积的变化规律与气孔密度相同，但气孔长度与气孔周长的变化规律与气孔密度相反。尽管 1∶1 和 2∶2 处理下大豆气孔密度与净作大豆 CK 相比显著下降 18.27%和 12.79%，气孔长度和气孔周长分别比 CK 处理增加了 10.29%和 4.80%、4.22%和 2.52%，但不管是下降幅度还是增加幅度前者均大于后者，说明 1∶1 配置对大豆的遮荫程度大于后者。

表 3-10　不同田间配置的大豆叶片气孔特征（李盛蓝等，2019）

处理	气孔密度（个/mm^2）	气孔长度（nm）	气孔宽度（nm）	气孔周长（nm）	气孔面积（nm^2）
1∶1	122.56b	23.90a	2.54c	57.08a	98.21b
2∶2	130.78b	22.71b	2.98b	56.15a	123.42a
CK	149.96a	21.67b	3.52a	54.77b	130.15a

（六）大豆光能利用

以净作大豆光能利用指标为 100%对照，1∶1 和 2∶2 田间配置的大豆冠层光合有效辐射占比、叶面积指数占比和光能截获量占比显著低于净作大豆，但 2∶2 显著高于 1∶1，分别占净作大豆的 63%、73%和 41%。根据大豆冠层光环境和光能截获量计算获得的 1∶1 和 2∶2 田间配置大豆冠层的光能利用率分别是净作大豆的 155%和 142%（表 3-11）。

表 3-11　不同田间配置的大豆光能利用（Liu et al.，2017b）　　（%）

处理	冠层光合有效辐射占比	叶面积指数占比	冠层光能截获量占比	光能利用率
1∶1	33b	60b	25b	155a
2∶2	63a	73a	41a	142a

二、不同大豆品种光合特性对荫蔽环境的响应

为了进一步比较不同大豆品种对荫蔽环境的响应，本研究设置了 3 个不同荫蔽程度光环境处理，分别为正常光照（CK）、轻度荫蔽（LS，正常光照强度的 70%）、中度荫蔽（MS，正常光照强度的 50%）和重度荫蔽（SS，正常光照强度的 30%），以荫蔽敏感性弱的南豆 12 和敏感性强的桂夏 7 为研究对象，比较对荫蔽敏感性不同的大豆品种的叶片光合荧光特性、解剖结构及超微结构对荫蔽环境的响应。

（一）大豆叶片气孔密度对荫蔽的响应

由图 3-23 可见，随着荫蔽程度的增加，南豆 12 上表皮气孔先增加后降低，与正常光照相比，轻度和中度荫蔽下大豆叶片上表皮气孔数分别显著增加了 26.9%、18.5%，桂夏 7 的上表皮气孔数在轻度、中度和重度荫蔽下分别显著减少了 18.3%、27.2%、37.8%；在大豆下表皮气孔对荫蔽的响应中，光强减弱，与正常光照相比，南豆 12 下表皮气孔数先增加后减少，在轻度和中度荫蔽下分别显著增加了 13.9%、39.2%，在重度荫蔽处理下显著降低了 20.8%；而桂夏 7 下表皮气孔数在 3 个荫蔽处理下分别显著降低了 25.8%、34.9%、41.0%。耐荫的南豆 12 下表皮气孔数都显著高于不耐荫品种桂夏 7。在轻度和中度荫蔽处理下南豆 12 的上下表皮气孔总数显著高于桂夏 7。

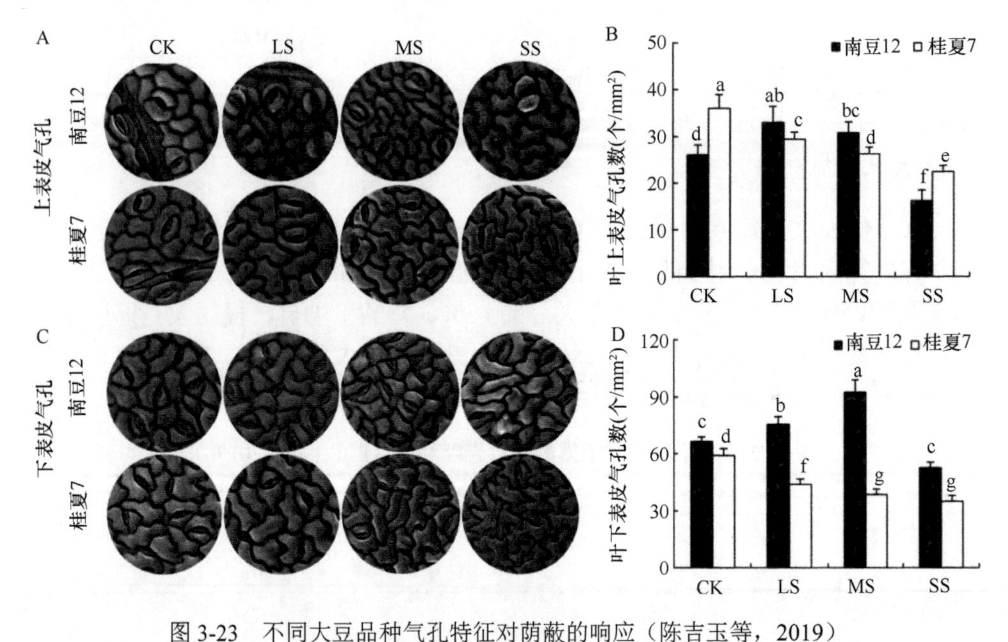

图 3-23 不同大豆品种气孔特征对荫蔽的响应（陈吉玉等，2019）

A 和 B 分别代表叶片上表皮实际气孔和气孔数量；C 和 D 分别代表叶片下表皮实际气孔及气孔数量。CK、LS、MS 和 SS 分别代表正常光照、轻度荫蔽、中度荫蔽和重度荫蔽。柱状图上不同小写字母表示在 0.05 水平差异显著。下同

（二）大豆叶片光合特性对荫蔽的响应

由表 3-12 可知，轻度荫蔽能够提升大豆的净光合速率，这与大豆对光照强度的需求有关。与正常光照相比，轻度荫蔽下南豆 12 和桂夏 7 净光合速率分别提高了 15.27%和 44.25%。随着荫蔽程度的增加，南豆 12 和桂夏 7 的净光合速率与气

孔导度均呈现下降趋势，其中在重度荫蔽环境下，南豆 12 的净光合速率比桂夏 7 高出 80.24%，其他光合特性参数变化趋势一致。随着荫蔽程度的增加，南豆 12 的气孔导度和胞间 CO_2 浓度均先减后增，气孔导度在 LS 处理下达到最大值，平均为 0.57mmol/(m^2·s)，而桂夏 7 气孔导度逐渐降低，胞间 CO_2 浓度则随光强减弱而上升。

表 3-12　不同荫蔽程度下大豆的光合特性（陈吉玉等，2019）

处理	净光合速率 [μmol/(m^2·s)]		气孔导度 [mmol/(m^2·s)]		胞间 CO_2 浓度（μmol/mol）		蒸腾速率 [mmol/(m^2·s)]	
	南豆 12	桂夏 7	南豆 12	桂夏 7	南豆 12	桂夏 7	南豆 12	桂夏 7
CK	12.25b	10.08c	0.18cd	0.16d	424.66d	438.21c	2.10c	1.98cd
LS	14.12a	14.54a	0.57a	0.30bc	449.65b	425.31d	4.18a	2.92b
MS	12.29b	11.96b	0.16d	0.20c	370.37e	433.35cd	1.98cd	3.79a
SS	10.49c	5.82d	0.39b	0.11d	500.23a	450.47b	3.68a	1.39d

注：同一个光合特性参数下进行统计分析，不同小写字母表示在 0.05 水平差异显著。下同

（三）大豆叶片叶绿素荧光参数对荫蔽的响应

由图 3-24 可知，轻度荫蔽下南豆 12 的实际光量子产量与正常光照处理差异不显著，但中度和重度荫蔽下的实际光量子产量显著低于正常光照，分别减少了 20.6%和 27.1%。而桂夏 7 的实际光量子产量随着荫蔽程度的增加逐渐降低，且低于南豆 12。随着荫蔽程度增加，南豆 12 和桂夏 7 的最大光量子产量呈下降趋势。轻度荫蔽下南豆 12 的非光化学猝灭系数与正常光照相比差异不显著，但在中度和重度荫蔽处理下比正常光照处理分别增加了 16.7%和 24.3%，桂夏 7 的非光化学猝灭系数呈先降低后升高的趋势，其中在轻度荫蔽下比南豆 12 高出 4.7%。

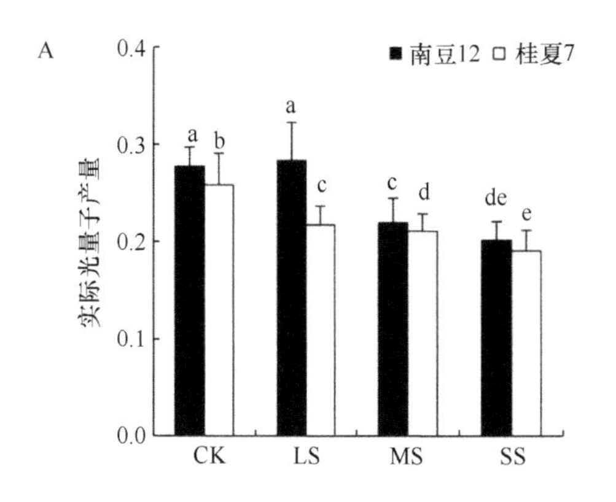

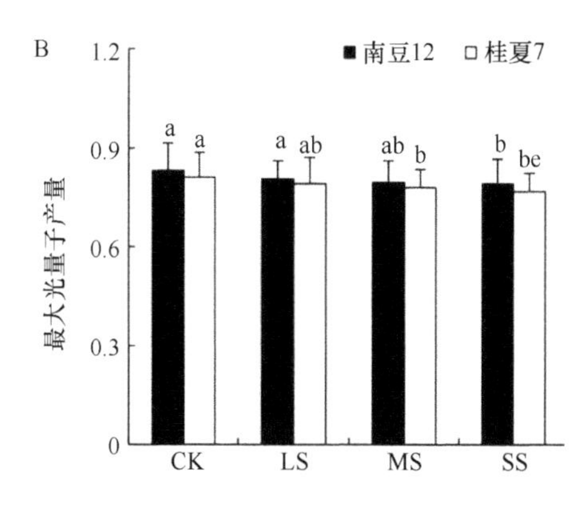

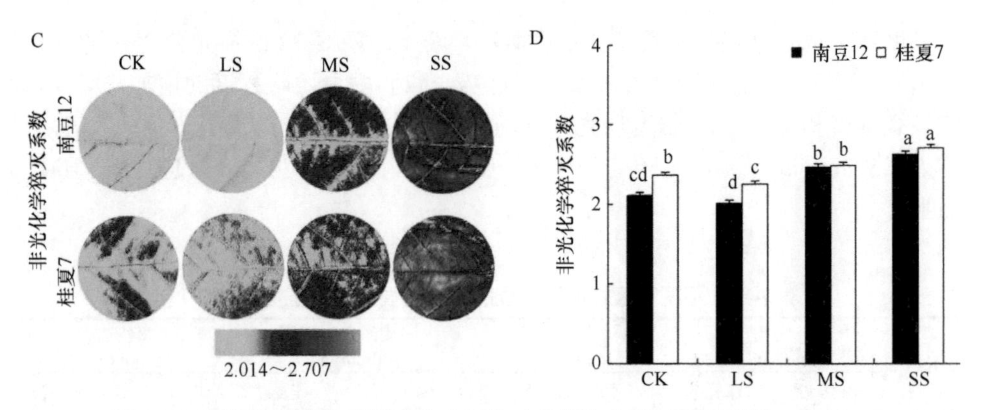

图 3-24　不同大豆品种叶绿素荧光参数对荫蔽的响应（陈吉玉等，2019）

（四）大豆叶片碳水化合物对荫蔽的响应

荫蔽直接导致大豆叶片的淀粉含量降低（图 3-25）。在正常光照条件下，南豆 12 的淀粉含量和可溶性糖含量高于桂夏 7，但差异不显著。在轻度荫蔽条件下桂夏 7 淀粉含量高于南豆 12，相反南豆 12 的可溶性糖含量却显著高于桂夏 7。此外，在中度荫蔽和重度荫蔽下两品种的淀粉含量和可溶性糖含量差异不显著。

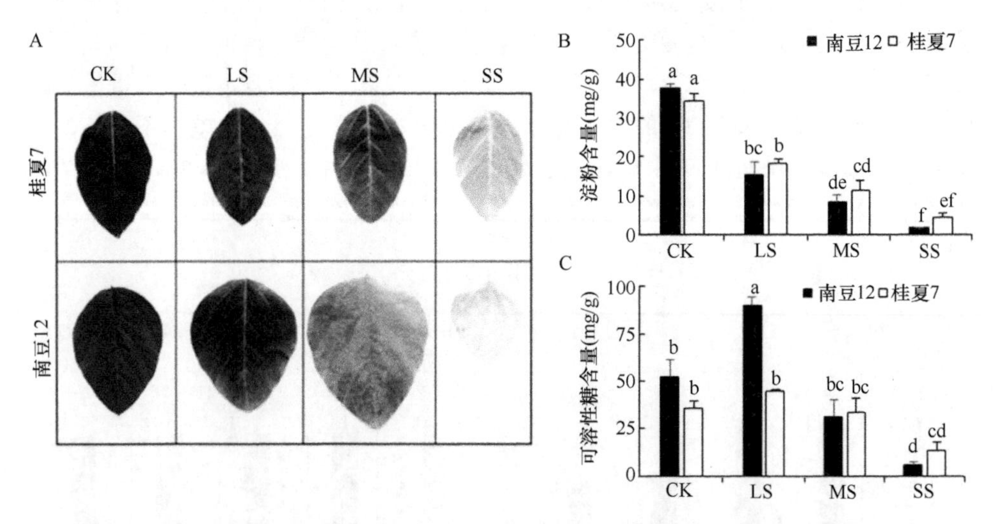

图 3-25　不同大豆品种淀粉含量和可溶性糖含量对荫蔽的响应（陈吉玉等，2019）

图 A 表示淀粉粒染色，蓝色越深，淀粉粒含量越高；图 B 表示叶片淀粉含量；图 C 表示叶片可溶性糖含量。不同小写字母代表差异显著（$P<0.05$）

第五节　玉米大豆带状复合种植水分时空分布规律及高效利用

水资源短缺是制约农业发展最重要的限制因子之一。间套复种是一种充分利用资源、提高土地产出率的集约农业技术，合理的间套作可以提高农田系统的生产力和水分利用效率。目前，玉米大豆带状复合种植已经在我国大面积推广，明确该模式下水分时空分布规律及高效利用机理，可以为构建带状复合种植群体水分高效管理技术提供理论和实践支持。

一、降雨再分布规律

在带状复合种植条件下，固定生产单元宽度为200cm，大豆行距为40cm，设置玉米行距分别为20cm、30cm、40cm、50cm、60cm和70cm，以净作玉米和净作大豆为对照，分析带状复合种植系统中降雨的再分布规律。在6个玉米行距处理中，玉米行间和玉米行与大豆行间的降雨量差异较小，但均显著低于大豆行间的降雨量（表3-13）。相反，6个玉米行距处理中大豆行间平均降雨量高于净作大豆，但各处理玉米行间的降雨量都低于净作玉米行间。玉米大豆带状复合种植地面受雨量的异质性主要是由高位作物玉米叶片对降雨量分布的再分配导致的。

表3-13　带状复合种植系统降雨再分布对不同玉米行距的响应（叶林等，2015）

（单位：mm）

位置	处理							
	A1	A2	A3	A4	A5	A6	净作玉米	净作大豆
SS	88.82a(a)	88.72a(a)	69.72a(c)	90.43a(a)	82.80a(b)	86.36a(b)	—	85.66(b)
MS	15.84b	55.43b	29.94b	32.18b	62.30b	18.81c	—	—
MM	13.44b(d)	17.05c(c)	21.65b(b)	25.98b(b)	36.48b(a)	36.38b(a)	37.93(a)	—

注：处理为不同的玉米行距，即A1～A6分别表示玉米行距为20cm、30cm、40cm、50cm、60cm、70cm，净作玉米行距为70cm和净作大豆行距为50cm；MM、MS和SS分别为玉米行间位置、玉米行与大豆行间位置，以及大豆行间位置。以净作玉米和净作大豆为对照，表中括号外同列不同小写字母表示相同处理不同位置降雨再分布在0.05水平显著，表中括号内同行不同小写字母表示不同处理相同位置降雨再分布在0.05水平显著

二、土壤水分分布规律

土壤水分分布与降雨量的再分布和作物类型有关。在带状套作系统玉米大豆共生期间，所有6个处理的大豆行间的土壤含水量均显著高于玉米行间土壤含水

量，也显著高于玉米大豆行间的土壤含水量（除A6处理外），玉米大豆行间土壤含水量也显著高于（A2和A3除外）玉米行间，玉米行间土壤含水量随玉米行距的增加有增加的趋势（表3-14）。

表3-14 土壤含水量对不同玉米行距的响应（叶林等，2015） （%）

位置	处理							
	A1	A2	A3	A4	A5	A6	净作玉米	净作大豆
SS	19.29a(a)	21.03a(a)	19.84a(a)	21.24a(a)	21.00a(a)	19.73a(a)	—	18.12(a)
MS	18.76b	19.42b	18.98b	20.54b	20.11b	19.80a	—	—
MM	17.97c(b)	19.57b(a)	18.90b(ab)	19.78c(a)	18.62c(ab)	18.28b(ab)	20.30(a)	—

三、土壤水分蒸发分布规律

土壤水分蒸发在农田水量平衡和能量平衡中占有重要的地位，与土壤水分的动态变化紧密相关，而研究土壤水分蒸发分布规律对于采用合理的灌溉和节水技术、实现水分的科学化管理具有重要意义。

从表3-15中可以看出，从A1处理到A4处理大豆行间的土壤水分蒸发量既显著高于玉米行间，又高于玉米大豆行间；大豆行间的土壤水分蒸发量随着玉米行距的增加呈现降低趋势，而玉米行间的土壤水分蒸发量随玉米行距增加呈现增加趋势，各处理下带状套作大豆行间的土壤水分蒸发量低于净作大豆，但玉米行距为40～70cm时玉米行间的土壤水分蒸发量高于净作玉米。

表3-15 土壤水分蒸发量对不同玉米行距的响应（叶林等，2015） （单位：mm/d）

位置	处理							
	A1	A2	A3	A4	A5	A6	净作玉米	净作大豆
SS	2.87a(a)	2.84a(a)	2.49a(b)	2.54a(b)	2.35a(b)	2.21a(b)	—	3.03(a)
MS	2.73a	2.34b	2.07b	2.18ab	2.46a	2.22a	—	—
MM	2.03b(a)	2.01b(a)	2.17b(a)	2.09b(a)	2.19b(a)	2.11b(a)	2.05(a)	—

四、水分蒸腾规律

在玉米大豆带状复合种植系统中，玉米叶片蒸腾速率随着玉米行距的增加而降低，最大值出现在玉米行距20cm处理，而大豆叶片蒸腾速率呈现稳定的增加趋势，最大值在玉米行距70cm处理。与净作玉米相比，带状复合种植下除A5和A6处理外，其他处理玉米叶片蒸腾量显著高于净作（$P<0.05$）（表3-16）。

表 3-16　玉米和大豆叶片蒸腾速率对不同玉米行距的响应（叶林等，2015）

处理	玉米［mmol/(m²·s)］	大豆［mmol/(m²·s)］
A1	2.07a	4.77c
A2	1.89a	4.90c
A3	1.82a	5.01c
A4	1.76a	5.75abc
A5	1.05b	5.94abc
A6	0.81b	6.80a
净作玉米	0.58bc	—
净作大豆	—	4.75c

五、水分利用效率

玉米大豆带状复合种植系统中不同玉米行距配置对玉米和大豆水分利用效率的影响显著（表 3-17）。玉米水分利用效率随玉米行距从 20cm 增加到 50cm（处理 A1 到 A4）呈现逐渐增加趋势，而大豆水分利用效率除 A2 处理外，随着玉米行距的增加而降低。带状复合种植系统水当量比随着玉米行距（处理 A1 到 A3）的增加逐渐增加，在玉米行距为 40cm 处理下达到最大值 1.79，且每个处理（除 A1 处理外）复合种植系统水分利用效率之和均显著高于净作。

表 3-17　玉米大豆带状复合种植系统的水分利用效率和水当量比（叶林等，2015）

处理	水分利用效率（g/kg）		水当量比
	玉米	大豆	
A1	28.58e	6.14b	1.70b
A2	30.23d	6.29b	1.77a
A3	31.70c	6.13b	1.79a
A4	32.69b	5.78c	1.76a
A5	32.60b	5.24d	1.69b
A6	31.93c	4.97d	1.60c
净作玉米	35.12a	—	—
净作大豆	—	6.93a	—

参 考 文 献

陈吉玉, 冯铃洋, 高静, 等. 2019. 光照强度对苗期大豆叶片气孔特性及光合特性的影响[J]. 中国农业科学, 52(21): 3773-3781.

范元芳, 杨峰, 刘沁林, 等. 2017. 套作荫蔽对苗期大豆叶片结构和光合荧光特性的影响[J]. 作物学报, 43(2): 277-285.

高仁才, 杨峰, 廖敦平, 等. 2015. 行距配置对套作大豆冠层光环境及其形态特征和产量的影响[J]. 大豆科学, 34(4): 611-615.

李盛蓝, 谭婷婷, 范元芳, 等. 2019. 玉米荫蔽对大豆光合特性与叶脉、气孔特征的影响[J]. 中国农业科学, 52(21): 3782-3793.

刘鑫. 2016. 玉豆带状间作系统光能分布、截获与利用研究[D]. 雅安: 四川农业大学.

杨峰, 崔亮, 黄山, 等. 2015. 不同株型玉米套作大豆生长环境动态及群体产量研究[J]. 大豆科学, 34(3): 402-407.

叶林, 杨峰, 苏本营, 等. 2015. 不同田间配置对玉豆带状套作系统水分分布及水分利用率的影响[J]. 干旱地区农业研究, 33(4): 41-48.

曾瑾汐. 2018. 玉米—大豆带状套作种植高光效玉米光合特性研究[D]. 雅安: 四川农业大学.

Liu X, Rahman T, Song C, et al. 2017b. Changes in light environment, morphology, growth and yield of soybean in maize-soybean intercropping systems[J]. Field Crops Research, 200: 38-46.

Liu X, Rahman T, Song C, et al. 2018. Relationships among light distribution, radiation use efficiency and land equivalent ratio in maize-soybean strip intercropping[J]. Field Crops Research, 224: 91-101.

Liu X, Rahman T, Yang F, et al. 2017a. PAR interception and utilization in different maize and soybean intercropping patterns[J]. PLOS ONE, 12(1): e0169218.

Munz S, Graeff-Hönninger S, Lizaso J I, et al. 2014. Modeling light availability for a subordinate crop within a strip-intercropping system[J]. Field Crops Research, 155: 77-89.

Pronk A A, Goudriaan J, Stilma E, et al. 2003. A simple method to estimate radiation interception by nursery stock conifers: a case study of eastern white cedar [J]. Netherlands Journal of Agricultural Science, 51(3): 279-295.

Tsubo M, Walker S. 2002. A model of radiation interception and use by a maize-bean intercrop canopy[J]. Agricultural and Forest Meteorology, 110(3): 203-215.

Wang Z K, Zhao X N, Wu P T, et al. 2015. Radiation interception and utilization by wheat/maize strip intercropping systems[J]. Agricultural and Forest Meteorology, 204: 58-66.

第四章　养分高效利用理论

养分高效利用是作物高产的基础，养分利用效率的提高主要通过选育养分高效品种和养分高效管理措施两条途径实现。实际生产过程多基于高产高效品种，辅以高效的养分管理策略以进一步提高养分利用效率。间套作被广泛应用于世界各地，以提高养分利用效率，增加土地复种指数，被证明是一种高产、高效、可持续发展的农耕模式。玉米大豆带状复合种植是包含豆科的新型间套作系统，充分发挥大豆的固氮潜力，在保障作物生产所需氮素需求的同时减少化学氮肥的投入，为实现农业的绿色可持续发展提供了一条新途径。长期系统的研究形成了“以冠促根、种间协同”的氮磷养分高效利用机制（图 4-1）。

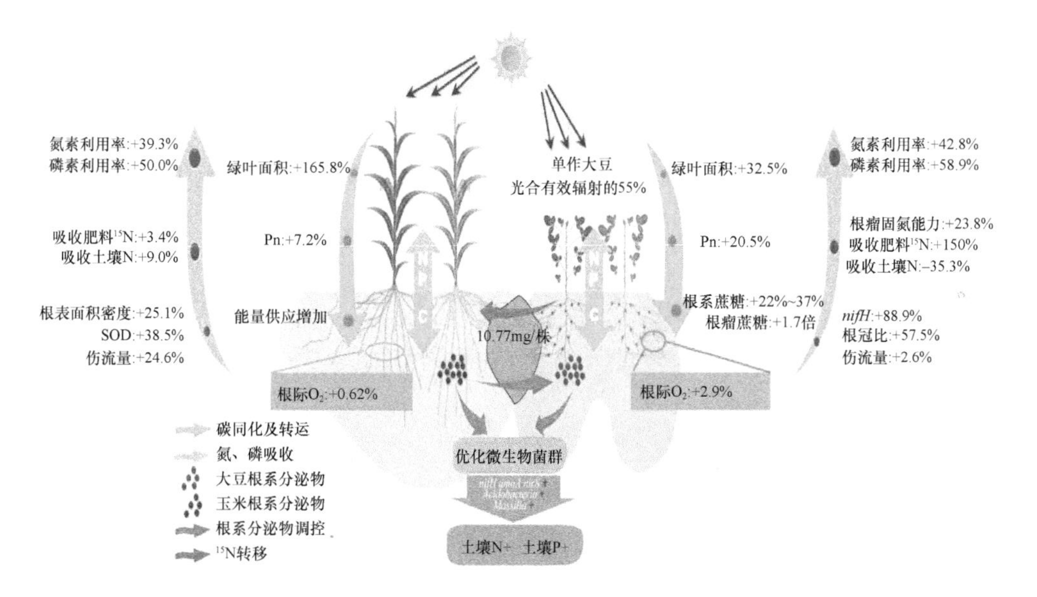

图 4-1　玉米大豆带状复合种植“以冠促根、种间协同”的氮磷高效利用机制

SOD. 超氧化物歧化酶；Pn. 净光合速率；“+”表示增加，“－”表示减少

第一节　以冠促根调控机制

作物对养分的吸收利用是一个主动吸收和主动运输的过程，因此养分的吸收和转运都将消耗一定的能量。植物所固定的能量源于阳光，植株地上部的光形态建成及发育直接影响着其对地下部根系和根瘤生长发育的能量供给，即作物地上

部与地下部的协调平衡生长是实现养分高效利用的关键。

一、带状复合种植对作物地上部生长的影响

（一）叶片持绿特性

种植模式与施氮水平可以显著影响玉米和大豆叶片持绿度，抽雄期（VT）不施氮玉米的叶片颜色更浅，带状套作玉米叶片颜色要深于净作玉米。净作和带状套作的玉米叶片由下至上衰老，成熟期（R6）净作玉米衰老叶片位置要高于带状套作（图 4-2）。相比带状套作，净作大豆的叶片更肥大，分枝和叶片比较稀疏；在盛花期（R2），净作叶片就已经有黄叶出现，而带状套作大豆分枝和节间紧凑，叶片致密；到始粒期（R5），带状套作大豆还保留较多的叶片（图 4-3）。

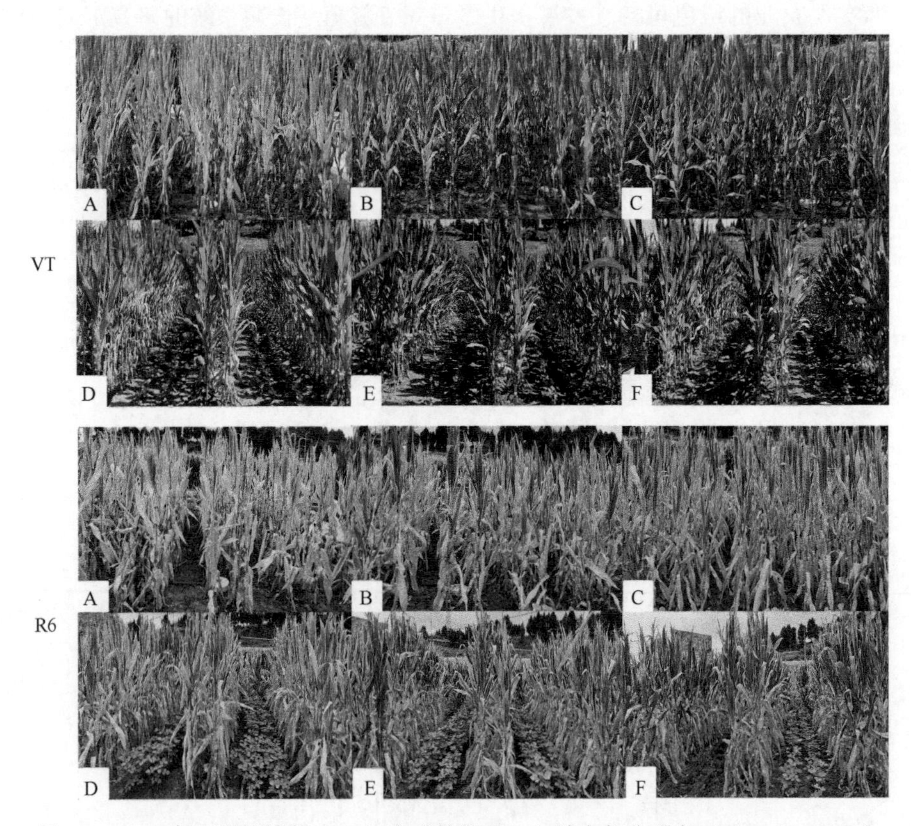

图 4-2　2022 年玉米抽雄期（VT）和成熟期（R6）地上部分形态（Li et al.，2023）

A～F 分别为净作不施氮（MM-NN）、净作减量施氮（MM-RN）、净作常量施氮（MM-CN）、带状套作不施氮（MS-NN）、带状套作减量施氮（MS-RN）、带状套作常量施氮（MS-CN）

两种作物带状套作处理的叶片持绿度高于净作。净作和带状套作玉米叶片总

体的持绿度变化规律是不施氮（NN）＜减量施氮（RN）＜常量施氮（CN）；净作和带状套作大豆叶片总体的持绿度变化规律是 CN＜RN＜NN。施氮显著延长了玉米的持绿时间（图 4-4）。开花后 20d，IMNN 的叶面积指数比 MMNN 两年平均

图 4-3　2022 年大豆盛花期（R2）和始粒期（R5）地上部分形态

SSNN. 不施氮的净作大豆；SSRN. 减量施氮的净作大豆；SSCN. 常量施氮的净作大豆；ISNN. 不施氮的带状套作大豆；ISRN. 减量施氮的带状套作大豆；ISCN. 常量施氮的带状套作大豆

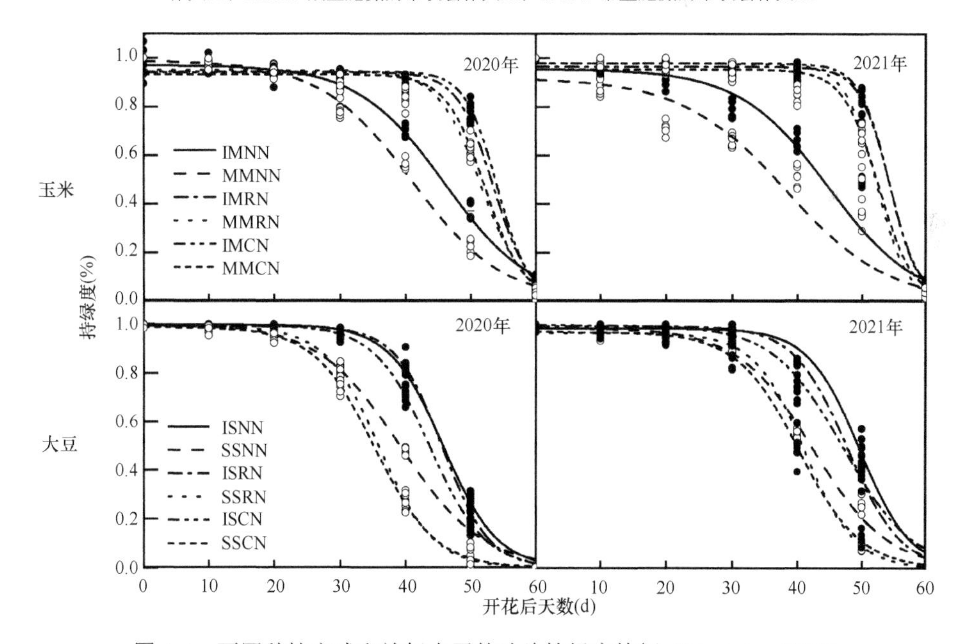

图 4-4　不同种植方式和施氮水平的叶片持绿度特征（Li et al.，2023）

IMNN. 不施氮的带状套作玉米；IMRN. 减量施氮的带状套作玉米；IMCN. 常量施氮的带状套作玉米；MMNN. 不施氮的净作玉米；MMRN. 减量施氮的净作玉米；MMCN. 常量施氮的净作玉米。ISNN. 不施氮的带状套作大豆；ISRN. 减量施氮的带状套作大豆；ISCN. 常量施氮的带状套作大豆；SSNN. 不施氮的净作大豆；SSRN. 减量施氮的净作大豆；SSCN. 常量施氮的净作大豆。○或●符号分别表示净作和套作处理在某一测定时期的持绿度观察值。下同

显著提高 79.4%～88.5%；开花后 40～50d，IMRN 的叶面积指数比 MMRN 两年平均显著高 55.5%～147.8%。净作大豆的叶面积指数峰值集中在开花后 0～20d，此时净作的叶面积指数显著高于带状套作；到了开花后 40～50d，相比净作，带状套作的叶面积指数显著增加，净作大豆的叶面积指数则急速下降。在 NN 条件下，带状套作大豆（IS）叶面积指数比净作大豆（SS）两年平均显著高 78.6%～151.7%；在 RN 条件下，IS 的叶面积指数比 SS 两年平均显著高 162.6%～492.3%；在 CN 条件下，IS 的叶面积指数比 SS 两年平均显著高 125.4%～747.8%（图 4-5）。

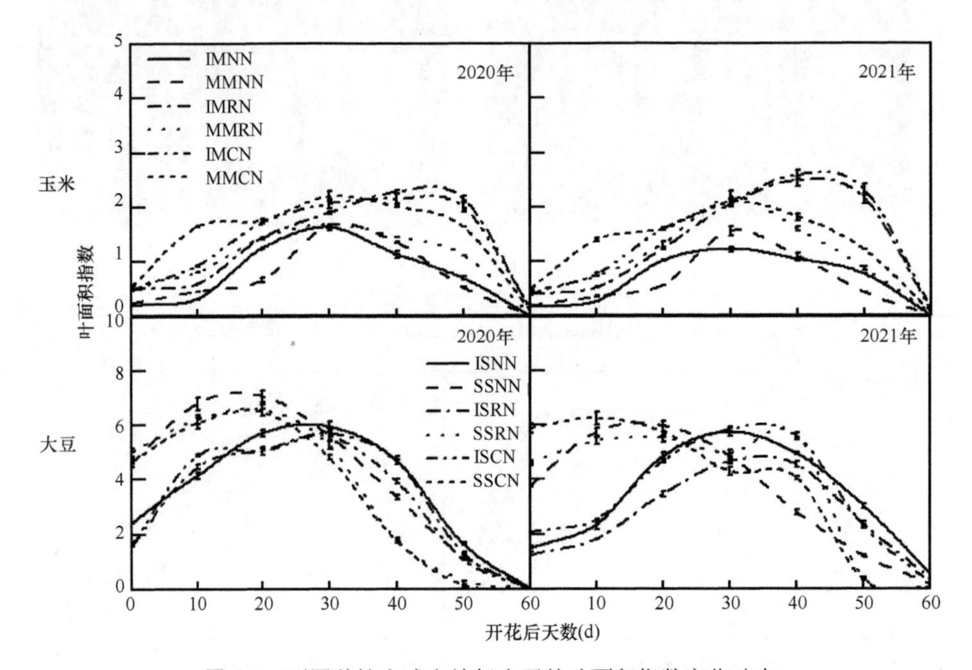

图 4-5 不同种植方式和施氮水平的叶面积指数变化动态

（二）叶片的光合作用

2020 年和 2021 年的数据结果表明，大豆开花后带状套作叶片中下部的净光合速率均高于净作（图 4-6）。玉米水泡期（R2）期，在 NN 和 CN 条件下，带状套作玉米（IM）中层、下层叶片的净光合速率分别比净作处理（MM）两年平均高 11.52%和 10.5%；大豆鼓粒期（R6），在 RN 和 CN 条件下，IS 下层叶片的净光合速率分别比 SS 处理两年平均高 11.94%和 26.47%。玉米 VT 期，IM-RN 处理下层叶片的净光合速率比 IM-NN 处理高 13.53%；玉米 R2 期，MM-RN 处理下层叶片的净光合速率比 MM-NN 处理高 13.71%；大豆 R6 期，IS-RN 处理下层叶片的净光合速率分别比 IS-NN 和 IS-CN 处理两年平均高 17.52%和 11.85%，SS-RN 处理下层叶片的净光合速率分别比 SS-NN 和 SS-CN 处理两年平均高 12.84%和 26.37%。

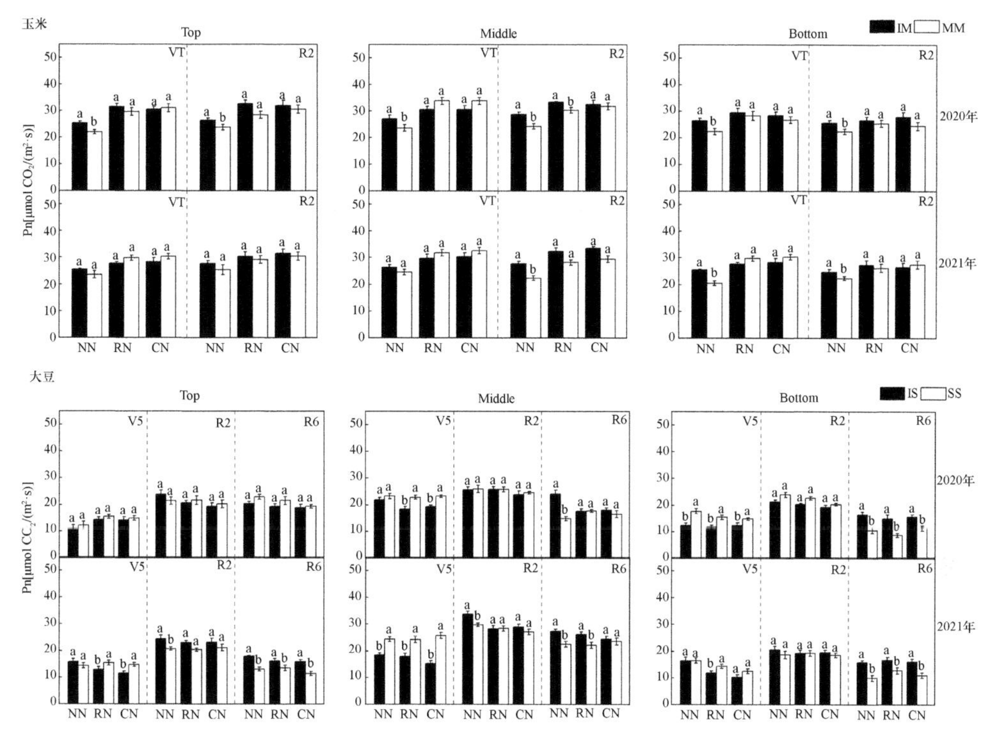

图 4-6　不同种植方式和施氮水平的玉米大豆净光合速率（Pn）变化特征

IM 和 MM 分别代表带状套作玉米和净作玉米；IS 和 SS 分别代表带状套作大豆和净作大豆；NN、RN 和 CN 分别代表不施氮、减量施氮和常量施氮；VT. 玉米抽雄期；R2. 玉米水泡期；V5. 大豆五叶期；R2. 大豆盛花期；R6. 大豆鼓粒期；Top、Middle 和 Bottom 分别代表上层、中层和下层

（三）系统生物量

玉米大豆带状套作体系下，带状连作与带状轮作种植的大豆生物量差异不显著；而带状轮作种植后，玉米的生物量显著提高（表 4-1）。2013 年，玉米大豆带状套作轮作（A2）的玉米籽粒产量、植株总生物量分别比玉米大豆带状套作连作（A1）高 7.5%、6.0%。与净作相比，带状连作和带状轮作种植的玉米、大豆生物量均呈降低趋势；在 A2 下，玉米的籽粒产量、植株总生物量的两年均值分别比净作降低 4.9%和 2.4%，大豆的茎叶、植株总生物量的两年均值分别比净作平均降低 27.5%和 13.8%，大豆籽粒产量的两年均值则比净作显著增加 25.5%；等行距种植处理下（A3）的玉米生物量最高，但大豆生物量最低，A3 的大豆籽粒产量、植株总生物量的两年均值分别比大豆净作（A5）平均降低 33.7%和 55.3%。进一步分析玉米大豆带状套作系统可知，带状轮作显著提高了系统的生物量。2013 年，A2 处理的系统周年籽粒产量和植株总生物量比 A1 处理分别高 6.9%、6.8%，比 A3 处理分别高 8.9%、14.4%。

表 4-1　2012～2013 年不同种植方式下玉米、大豆生物量差异

年份	种植方式	玉米			大豆			系统		
		茎叶（g/plant）	籽粒产量（g/plant）	总生物量（g/plant）	茎叶（g/plant）	籽粒产量（g/plant）	总生物量（g/plant）	茎叶（g/plant）	籽粒产量（g/plant）	总生物量（g/plant）
2012	A1	6 262±512b	6 375±104b	12 637±408b	2 159±227b	1 871±75a	4 030±286a	8 421±578a	8 246±161a	16 668±468a
	A2	6 535±213b	6 464±311ab	12 999±364b	2 118±158b	1 759±116a	3 878±258a	8 654±125a	8 223±331a	16 877±396a
	A3	7 194±198a	7 126±596a	14 321±627a	1 163±112c	1 011±65c	2 174±176b	8 358±227a	8 137±660a	16 495±800a
	A4	6 509±269b	7 039±298ab	13 549±531ab	—	—	—	—	—	—
	A5	—	—	—	2 730±245a	1 413±202b	4 143±85a	—	—	—
2013	A1	6 301±187c	7 713±150b	14 015±175c	3 930±411b	2 054±145a	5 984±556b	10 232±428a	9 768±163b	19 999±508b
	A2	6 564±107b	8 295±194a	14 860±187b	4 347±593b	2 143±208a	6 491±776b	10 912±700a	10 439±226a	21 351±740a
	A3	6 925±284a	8 532±130a	15 457±157a	2 158±130c	1 051±84c	3 210±214c	9 083±209b	9 583±181b	18 667±552c
	A4	6 512±109bc	8 475±184a	14 987±293ab	—	—	—	—	—	—
	A5	—	—	—	6 193±584a	1 697±129b	7 891±483a	—	—	—

注：A1. 玉米大豆带状套作连作；A2. 玉米大豆带状套作轮作；A3. 玉米大豆套作等行距种植；A4. 玉米净作；A5. 大豆净作

二、带状复合种植对根系的影响

（一）根系生长

2017～2018 年净作方式下，玉米（图 4-7）和大豆（图 4-8）根系呈水平方向对称性分布。但是，在带状套作模式下玉米和大豆根系呈水平方向不对称性分布。带状套作的玉米根系伸长到大豆种植行，甚至伸长到大豆行间；带状套作大豆的根系偏向玉米侧生长。与净作相比，带状套作增加了玉米和大豆在大多数土壤层

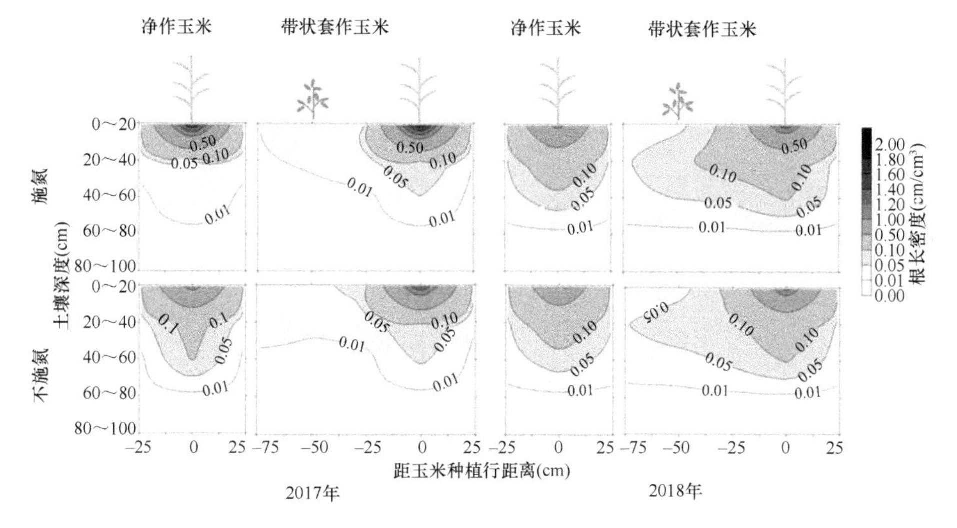

图 4-7　2017～2018 年不同种植模式和施氮水平下玉米根长密度分布（Zheng et al.，2022）

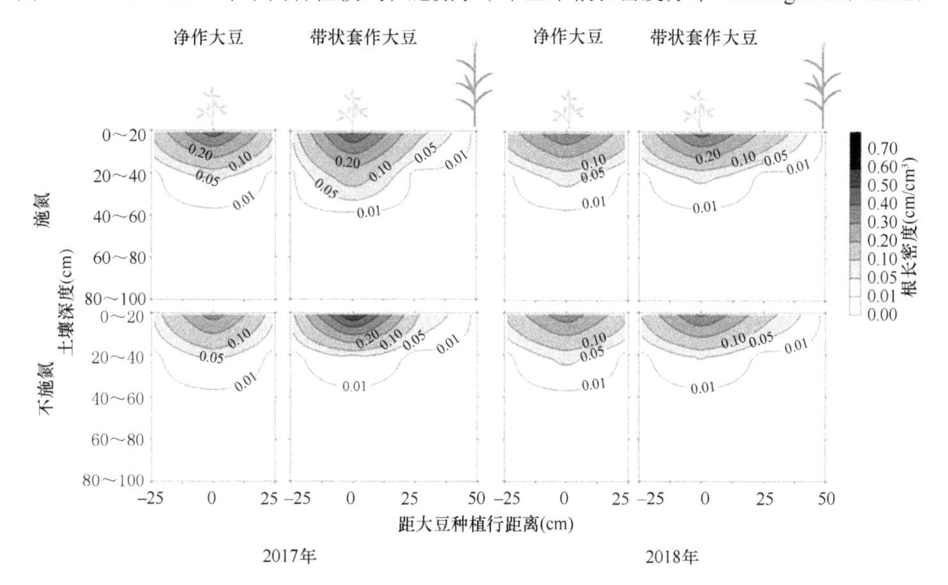

图 4-8　2017～2018 年不同种植模式和施氮水平下大豆根长密度分布（Zheng et al.，2022）

的根长密度。施氮量对大豆和玉米不同种植模式下根系生长的影响无明显差异。所以，玉米大豆带状套作，促进了系统作物根系的生长，增加了系统作物根系对土壤养分的吸收范围。

与净作玉米相比，带状套作增加了玉米在大多数土壤层的根系表面积密度（图 4-9）。在带状套作玉米种植带下方的总根系表面积密度较净作玉米显著增加了21.5%（两年平均）。带状套作同样增加了大豆不同土壤层根系表面积密度（图 4-10）。

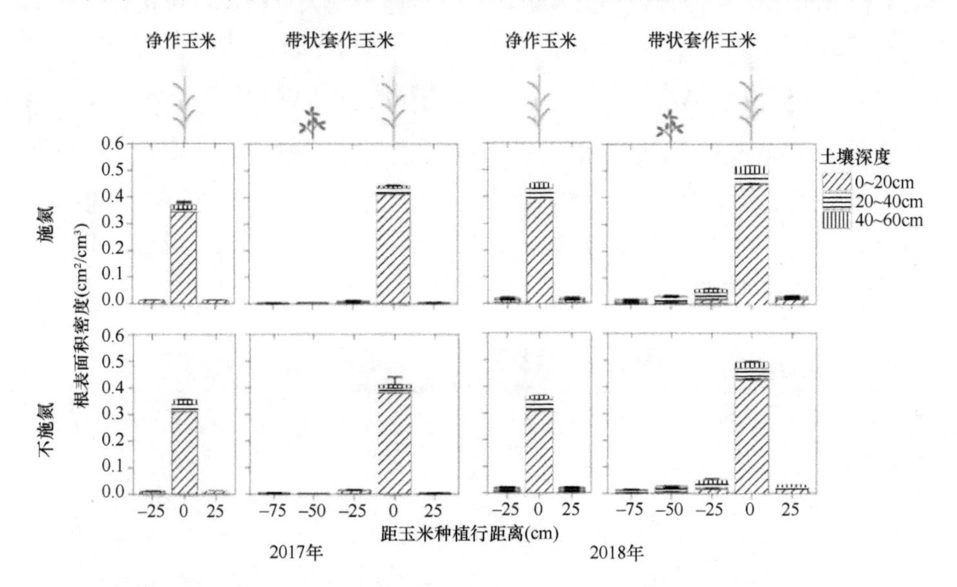

图 4-9 2017～2018 年不同种植模式和施氮水平对玉米根系表面积密度的影响

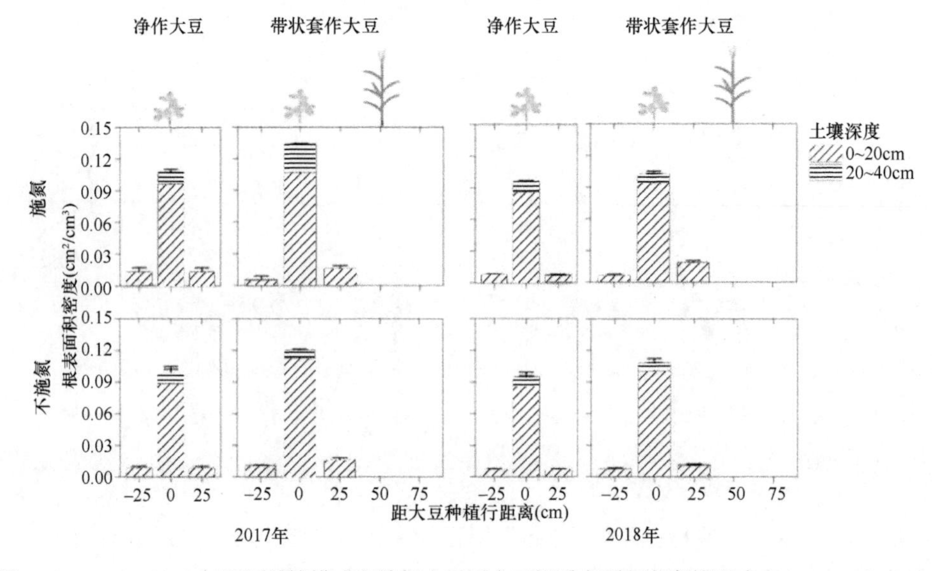

图 4-10 2017～2018 年不同种植模式和施氮水平对大豆根系表面积密度的影响（Zheng et al., 2022）

与净作相比，带状套作大豆种植带下方的总根系表面积密度显著增加了16.9%（两年平均）。施氮量对大豆和玉米不同种植模式下根系表面积密度的影响无明显差异（图4-9，图4-10）。所以，与净作相比，带状套作玉米和大豆具有更高的根表面积密度，从而增加了根系吸收面积，促进系统对土壤养分的吸收。

（二）根系活力

由图4-11可知，施氮极显著提高了蜡熟期（R4）玉米的根系活力。不施氮时，各处理间玉米根系活力差异不显著。施氮时玉米大豆种间距离30cm（MS30）的玉米根系活力显著高于净作玉米（间距100cm，MM100）处理32.94%；带状套作各间距下，根系活力随互作强度的增加而增加，其中MS30分别显著高于玉米大豆种间距离60cm（MS60）和75cm（MS75）处理24.28%和40.76%，玉米大豆种间距离45cm（MS45）显著高于MS75处理27.53%。

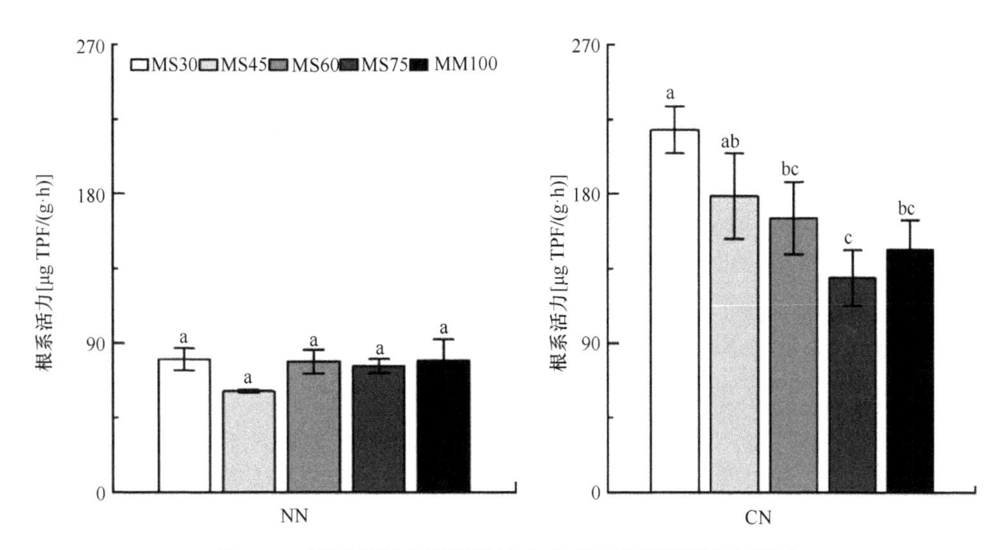

图4-11　不同施氮水平下种植方式对玉米根系活力的影响

TPF. 三苯基甲臜。下同

由图4-12可知，氮肥可以提高大豆根系活力，在盛花期（R2）达到显著水平。种植模式在五叶期（V5）和R2期极显著地影响大豆根系活力，V5期分别以SS100、MS60为最高，MS75、MS30为最低。V5期净作大豆根系活力高于带状套作，R2期净作大豆根系活力逐渐与带状套作持平，甚至在不施氮时，低于带状套作。不同间距对大豆根系活力的影响不同，V5期MS60根系活力在NN下分别比MS30、MS75处理显著高23.97%、39.65%，在CN下MS60的根系活力比MS30、MS75处理分别高36.13%、44.62%，同时施氮水平下，MS60显著高于MS45处理20.57%。R2期NN下，MS60显著高于MS30处理。

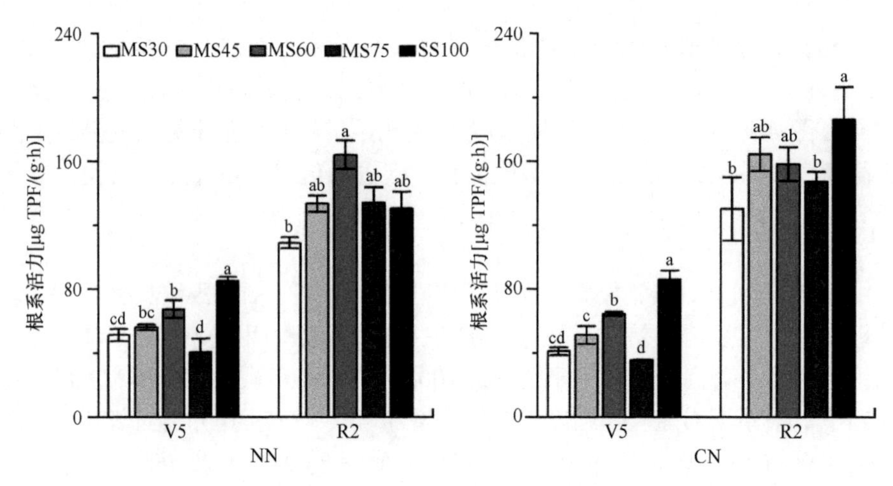

图 4-12 不同施氮水平下种植方式对大豆根系活力的影响

三、带状复合种植对土壤氮磷转化的影响

（一）根际土壤菌群、群落丰度

（1）根际解磷菌

施磷处理中，带状套作玉米根际依赖根系分泌物快速生长的变形菌门（Proteobacteria）、酸杆菌门（Acidobacteria）的丰度显著高于净作（图 4-13）。变形菌门和酸杆菌门中的水栖菌属（*Enhydrobacter*）、脱氯单胞菌属（*Dechloromonas*）、丙酸杆菌属（*Propionibacterium*）、马赛菌属（*Massilia*）和伯克霍尔德氏菌属（*Burkholderia*）等可快速代谢根系分泌物中的单糖、核糖、葡萄糖、蔗糖、氨基酸和脂肪酸等。此外，冗余分析（redundancy analysis，RDA）中根系碳分泌量与细菌群落丰度的相关性（图 4-14）也可以证明，在适量的施磷条件下，套作玉米地上部更好的光环境有利于根系碳分泌，改变根际细菌群落结构。

（2）土壤细菌数量

玉米根际土壤细菌数量随生育期的推进而降低，在大喇叭口期（V12）达到最大；种植方式显著影响玉米根际土壤细菌数量，V12 表现为玉米净作（MM）＞玉米大豆带状套作（IMS），玉米抽雄期和成熟期（VT 和 R6）则为 IMS＞MM（表 4-2）。与 MM 相比，IMS 下 R6 期玉米根际土壤细菌数量两年平均提高了 2.33%；施氮提高了 IMS 下玉米根际土壤中细菌数量，各施氮处理间，以 RN 处理的玉米根际土壤中细菌数量最多。V5～R8 期，大豆根际土壤细菌数量整体表现为 SS＜IMS，平均数在 V5 期达到最大；与 SS 相比，IMS 下 R8 期大豆根际土壤细菌数量两年平均提高了 17.52%；各施氮水平间，大豆根际土壤细菌数量两年均在 RN 处理下达到最大。

（3）土壤菌群丰富度增加

在玉米灌浆期，80%以上的细菌序列属于变形菌门（Proteobacteria）、酸杆菌门（Acidobacteria）、放线菌门（Actinobacteria）、绿弯菌门（Chloroflexi）、出芽单胞菌门（Gemmatimonadetes）。而疣微菌门（Verrucomicrobia）以及其他未知序列或无法鉴别序列的细菌门的相对丰度较低，占采集土样中细菌门的比例均<

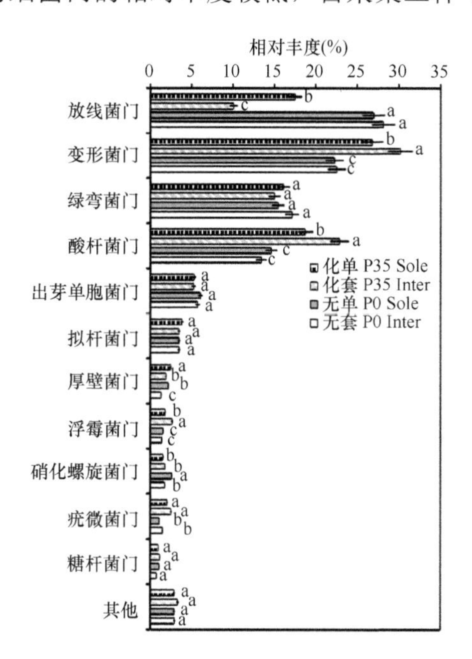

图 4-13　不同磷处理下净作、带状套作玉米根际土壤中细菌门的相对丰度

化单 P35 Sole. 单作施磷（P_2O_5）35kg/hm²；化套 P35 Inter. 套作施磷（P_2O_5）35kg/hm²；无单 P0 Sole. 单作不施磷（P_2O_5）；无套 P0 Inter. 套作不施磷（P_2O_5）。下同

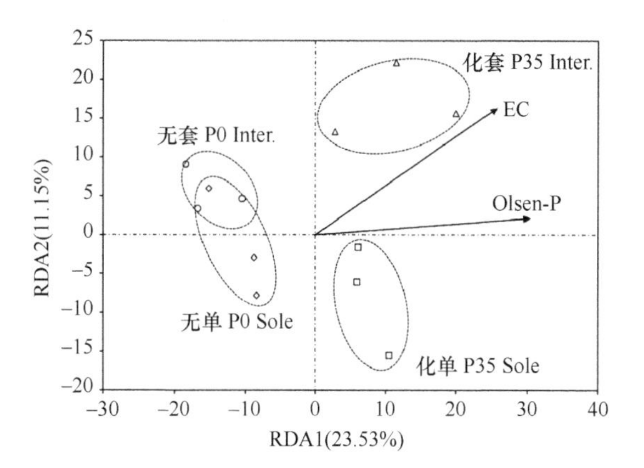

图 4-14　环境因子与细菌群落多样性的冗余分析

RDA1. 约束分析（RDA）的轴 1；RDA2. 约束分析（RDA）的轴 2。EC. 土壤可溶性离子浓度；Olsen-P. 土壤有效磷含量

表 4-2　不同种植方式与施氮水平对玉米大豆根际土壤细菌数量的影响

（单位：10^6CFU/g）

年份	种植模式	氮水平	玉米			大豆			
			V12	VT	R6	V5	R2	R4	R8
2013	MM/SS	NN	22.74±2.66	14.46±1.57	10.19±1.34	13.39±3.75	10.43±1.47	7.70±0.120	11.73±1.63
		RN	23.85±1.46	14.99±2.57	10.27±1.33	16.53±1.90	14.29±2.99	10.27±0.85	13.46±6.32
		CN	19.10±3.99	14.58±1.02	10.19±1.31	14.58±2.97	11.92±3.80	8.57±2.000	10.42±2.28
		Mean	21.89±0.31	14.68±2.49	10.22±0.28	14.83±1.58	12.21±1.95	8.85±1.31	11.87±1.53
	IMS	NN	19.05±1.21	15.83±1.47	10.60±1.35	13.57±1.13	11.79±1.85	9.64±2.347	13.93±2.31
		RN	23.20±1.79	16.49±0.53	10.60±1.33	17.08±3.42	14.72±0.12	10.48±0.95	15.08±3.44
		CN	20.39±2.98	15.90±0.96	10.48±1.30	16.01±8.08	12.33±1.96	9.91±2.13	14.06±5.60
		Mean	20.88±1.58	16.07±2.12	10.56±0.36	15.55±1.80	12.95±1.56	10.01±0.43	14.35±0.63
2014	MM/SS	NN	12.63±1.21	12.20±1.70	11.06±1.06	13.09±1.96	11.99±1.34	13.67±0.93	11.79±1.17
		RN	14.88±1.19	13.51±1.42	11.64±0.86	11.92±1.71	11.27±1.14	12.56±0.79	13.50±1.23
		CN	12.77±1.02	11.83±1.15	11.22±0.78	11.79±1.15	11.64±1.43	10.97±1.25	11.31±1.89
		Mean	13.43±1.26	12.30±1.05	11.31±0.30	11.70±0.27	11.47±0.44	11.44±0.97	12.20±1.16
	IMS	NN	12.77±1.22	12.24±0.66	10.20±0.61	13.82±2.13	12.26±0.91	11.96±1.30	13.34±2.07
		RN	12.79±0.99	14.20±1.02	12.43±0.90	14.87±1.78	14.11±1.22	11.61±1.34	15.08±2.02
		CN	12.28±1.54	12.52±1.08	11.76±1.35	15.93±1.57	11.97±1.16	10.67±1.70	13.38±1.24
		Mean	12.12±0.75	12.99±1.06	11.46±1.15	14.40±0.53	12.97±0.99	11.65±0.42	13.93±0.99

注：V12. 大喇叭口期；VT. 玉米抽雄期；R6. 玉米成熟期；V5. 大豆五叶期；R2. 大豆盛花期；R4.大豆盛荚期；R8. 大豆成熟期。Mean 表示平均数。下同

0.1%。玉米净作、玉米大豆带状套作与空地（CK）休闲处理相比，变形菌门的相对丰度增加，酸杆菌门相对丰度明显降低。各施氮水平下，玉米净作（MM）和玉米大豆带状套作（IMS）下优势细菌门的变化趋势不一致（图 4-15）。大豆成熟期，75%以上的细菌序列属于变形菌门、酸杆菌门、放线菌门、绿弯菌门、

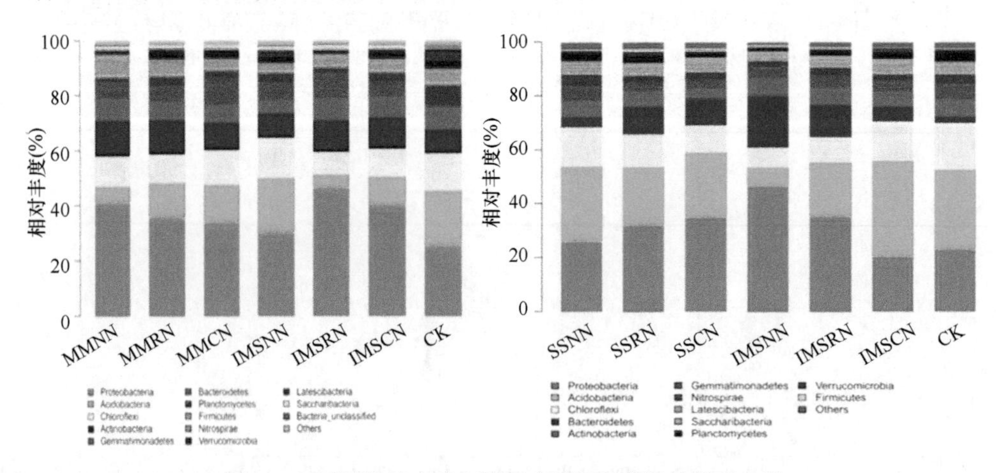

图 4-15　不同种植方式与施氮水平下细菌门的相对丰度

Proteobacteria：变形菌门；Bacteroidetes：拟杆菌门；Latescibacteria：黏胶球形菌门；Acidobacteria：酸杆菌门；Planctomycetes：浮霉菌门；Saccharibacteria：糖杆菌门；Chloroflexi：绿弯菌门；Firmicutes：厚壁菌门；Actinobacteria：放线菌门；Nitrospirae：硝化螺旋菌门；Gemmatimonadetes：芽单胞菌门；Verrucomicrobia：疣微菌门；Bacteria_unclassfied：未分类细菌；Others：其他

拟杆菌门（Bacteroidetes）。而疣微菌门、厚壁菌门（Firmicutes），以及其他未知序列或无法鉴别序列的细菌门的相对丰度较低，占采集土样中细菌门的比例均＜0.1%。大豆净作（SS）、玉米大豆带状套作（IMS）与空地休闲处理相比，变形菌门和拟杆菌门的相对丰度都表现为空地＜净作大豆＜带状套作大豆；土壤酸杆菌门和绿弯菌门相对丰度都表现为带状套作大豆＜净作大豆＜空地。不同施氮水平对作物根际微生物群落结构的影响各不相同。

（二）土壤氮循环相关微生物功能基因丰度

玉米根际土壤 *nifH* 基因型固氮菌的群落丰度在 V12 和 R6 期均表现为带状套作高于净作，在 V12 期净作与带状套作差异不显著；R6 期时，种植模式对 *nifH* 基因丰度的影响达到显著水平，与净作相比，带状套作的 *nifH* 基因丰度提高了 88.9%。从施氮量来看，减量施氮提高了玉米根际土壤中 *nifH* 基因丰度，净作和带状套作各处理在 V12 和 R6 期均以 RN 的最高。大豆根际土壤 *nifH* 基因丰度在套作后随生育时期的推进而增加；从施氮量来看，大豆土壤中的 *nifH* 基因丰度随施氮量的增加而增加，施氮高于不施氮（图 4-16）。

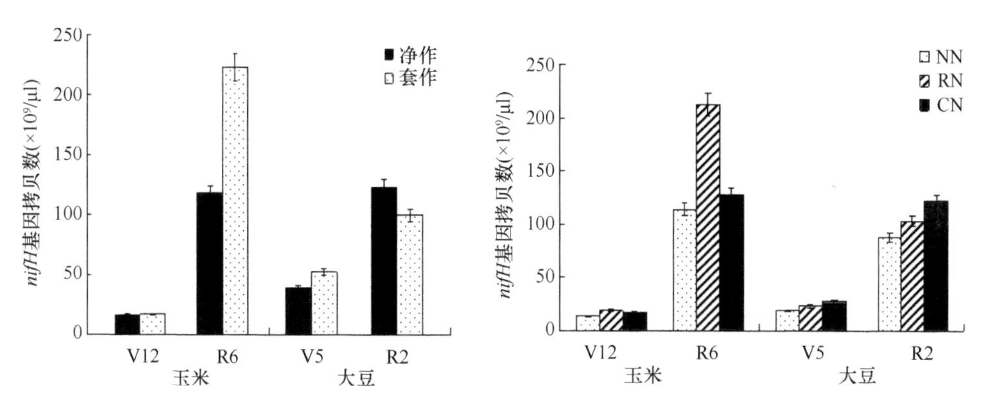

图 4-16　不同种植方式与施氮水平下 *nifH* 基因型固氮菌群落丰度

V12. 玉米大喇叭口期；R6. 玉米成熟期；V5. 大豆五叶期；R2. 大豆盛花期

玉米 *amoA* 的基因丰度在 V12 期为净作（23.15×10^7）大于带状套作（19.47×10^7），玉米大豆共生后（R6 期）则为带状套作（8.37×10^7）大于净作（5.92×10^7）（图 4-17）；从施氮量看，施氮显著增加了玉米土壤中 *amoA* 的基因丰度，V12 期时 RN 的高于 CN 的，R6 期时随施氮量的增加而增加，以 CN 的最高。大豆的 *amoA* 基因丰度则随着生育进程的推进而增加，带状套作促进了 *amoA* 基因丰度的增加；从施氮水平来看，大豆 V5 期 *amoA* 基因丰度在 RN 处理下达到最高，R2 期时，施氮显著高于不施氮处理，且以 CN 的最高。

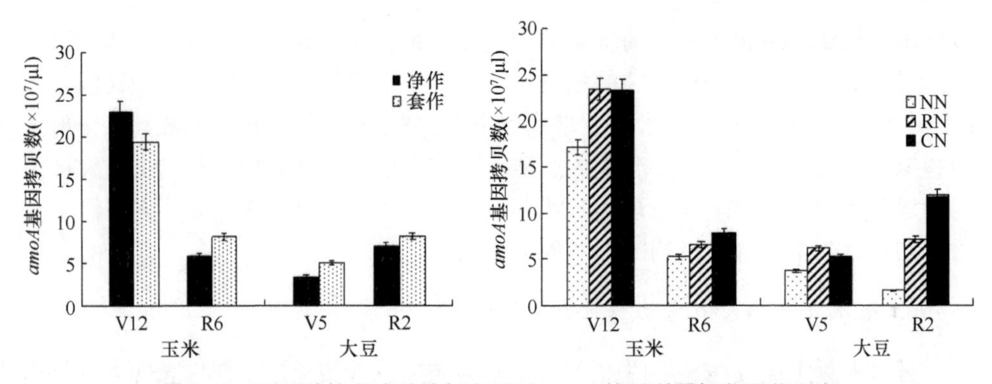

图 4-17 不同种植方式及施氮水平下 *amoA* 基因型固氮菌群落丰度

玉米根际土壤 *nirS* 基因型反硝化细菌群落丰度（图 4-18）在 V12 和 R6 两个时期均表现为 IMS 的高于 MM 的，但玉米与大豆共生后带状套作的增长幅度高于净作。从施氮水平上来看，玉米共生前（V12 期）各施氮处理间的 *nirS* 基因丰度随施氮量的增加而增加，以 CN 的最高；共生后（R6 期）RN 处理下基因丰度最低。大豆根际土壤 *nirS* 基因丰度在共生后均为 IMS 高于 SS，净作和带状套作下该基因丰度随生育时期表现出降低趋势。在 V5 期时，大豆根际土壤 *nirS* 基因丰度随施氮量的增加而增加，以 CN 最高。减量施氮在 R2 期表现出对反硝化作用的抑制，土壤中反硝化细菌 *nirS* 基因丰度在 RN 处理下最低、在 CN 处理下最高。

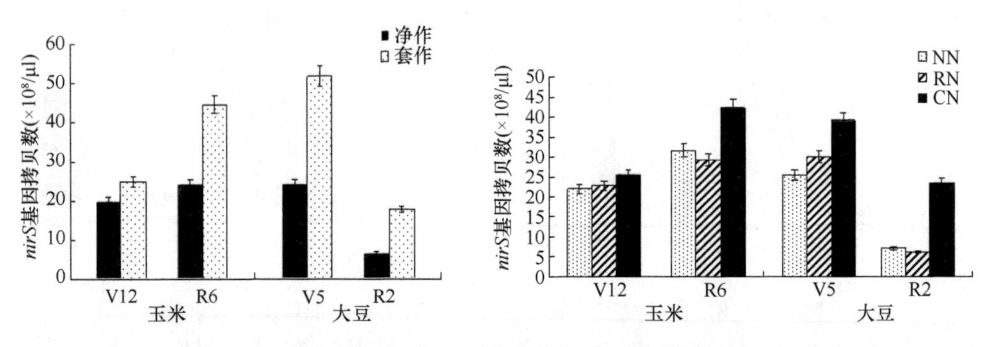

图 4-18 不同种植方式及施氮水平下 *nirS* 基因型反硝化细菌群落丰度（周丽等，2017）

四、带状复合种植对大豆根瘤固氮能力的影响

（一）大豆各器官光合 ^{13}C 分配

大豆营养生长期和生殖生长期的光合 ^{13}C 分配具有显著性差异，五叶期（V5，营养生长期）叶、茎、根、瘤的光合 ^{13}C 值较高；始粒期（R5，生殖生长期）荚果的光合 δ^{13}C 值最高。与净作大豆（SS）相比，带状套作大豆（MS）增加了 R5 期瘤中的 δ^{13}C 值（图 4-19），不施氮（NN）与常量施氮（CN）下 MS 的瘤 δ^{13}C

比例分别比 SS 的高 2.2 倍和 1.1 倍。不施氮比常量施氮显著提高荚果的光合 $\delta^{13}C$ 值，R5 期，不施氮带状套作大豆荚的 $\delta^{13}C$ 值比常量施氮的显著高 49.35%，不施氮净作大豆荚果的 $\delta^{13}C$ 值比常量施氮的显著高 20.59%。不施氮下带状套作大豆的光合 $\delta^{13}C$ 显著高于净作大豆 111.84%；常量施氮下，带状套作大豆的光合 $\delta^{13}C$ 值比净作大豆光合 $\delta^{13}C$ 值显著高 219.52%。

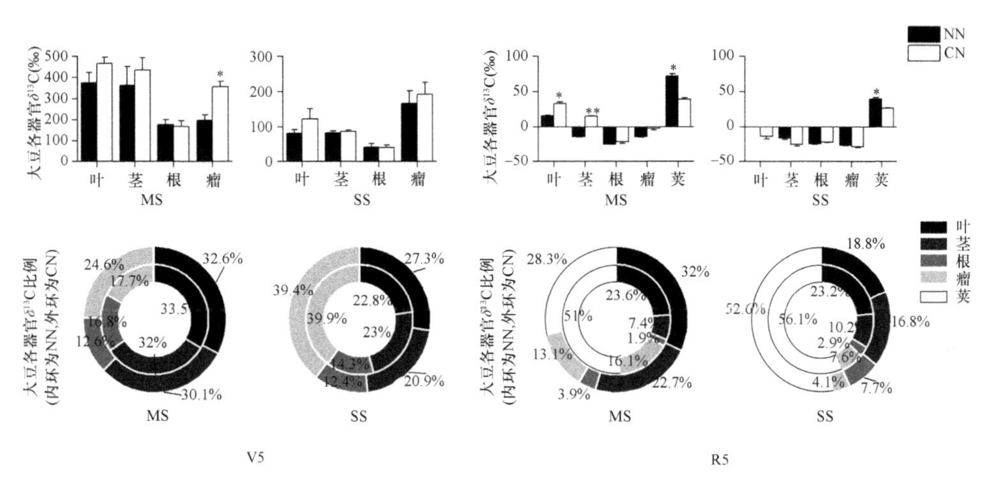

图 4-19　大豆五叶期（V5）和始粒期（R5）各器官的 $\delta^{13}C$ 值和 ^{13}C 分配比例

*和**分别表示处理间在 $P<0.05$ 和 $P<0.01$ 水平影响显著和极显著

（二）大豆根瘤数量及固氮能力

由图 4-20 可知，除了 2019 年的 SS 处理，单株根瘤数量随着大豆生育期的推进呈现持续增加的趋势，且在大豆 R5 期最高，两年各处理平均达到 233 个/株。大豆 MS 的根瘤数量在 R2 期及之前均显著低于 SS；至 R5 期时，MS 的根瘤数量显著高于 SS，平均高 39.9%。各施氮水平对根瘤数量的影响显著，根瘤数量在 SS 模式下随着施氮水平的增加表现出递减的规律；而在 R2 期及之后，MS 根瘤数量表现为随施氮水平的增加呈先增后减的规律，在 R2 期差异不显著，但至 R5 期差异显著；RN 显著高于 NN 和 CN，RN 两年均值分别比 NN、CN 高 19.7%和 94.0%。

大豆单株根瘤干重对种植方式和施氮量的响应规律与根瘤数量表现基本一致（图 4-21）。V5 至 R2 期的根瘤干重 2020 年低于 2019 年，且 MS＜SS。大豆 R5 期，根瘤干重则表现为 MS＞SS，2019 年 MS 显著比 SS 高 28.3%。根瘤干重在 SS 模式下随着施氮水平的增加表现出递减的规律，以 CN 处理的根瘤干重最低。MS 模式下施氮量对根瘤干重的影响在 V5 期呈先降后升的趋势，但在大豆生长后期，则呈现先增后降的趋势，这种规律在 R5 期表现更为明显，根瘤干重以 RN 处理最高，RN 虽与 NN 差异不显著，但 2019 年和 2020 年分别比 CN 显著高 35.8%和 46.3%。

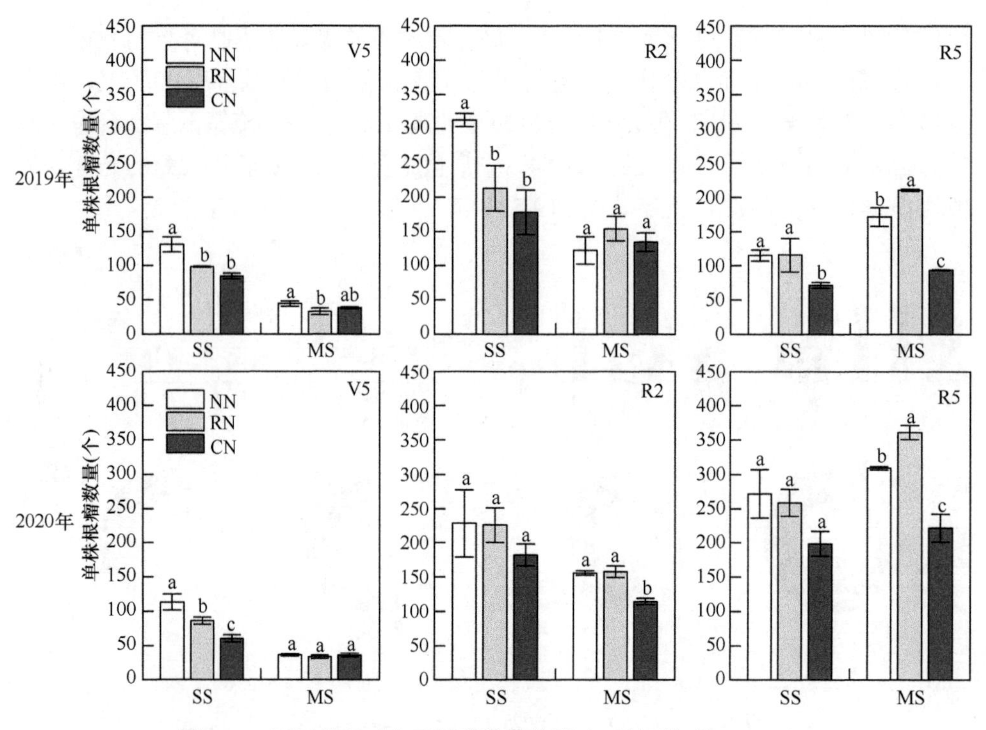

图 4-20　不同处理对大豆根瘤数量的影响（彭西红等，2022）

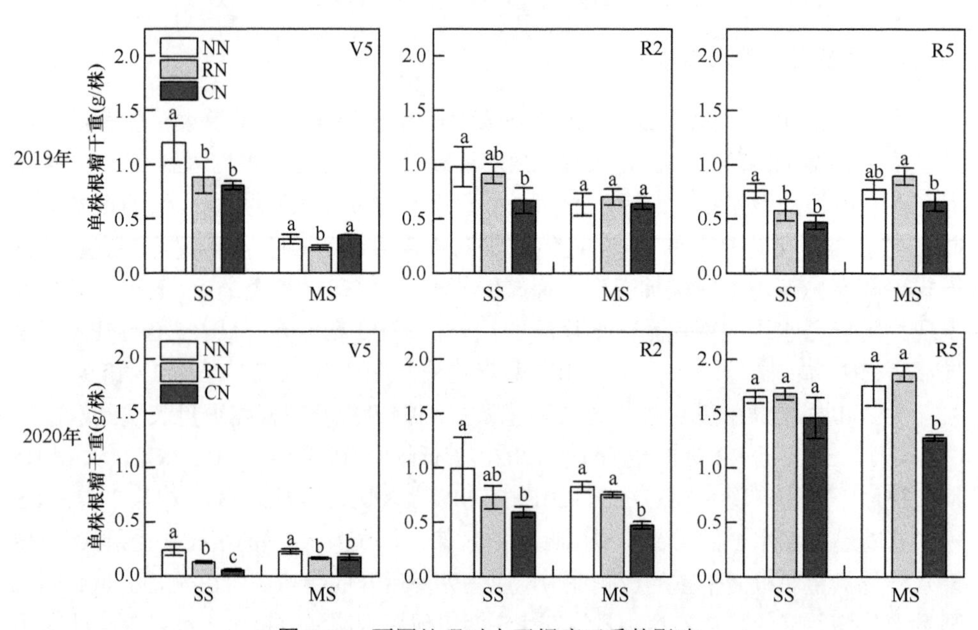

图 4-21　不同处理对大豆根瘤干重的影响

由表 4-3 可知，大豆单位质量固氮酶活性随着生育时期的推进呈先升高后降低的趋势，并在 R2 期达到最大活性。种植方式对大豆根瘤的固氮酶活性有显著影响，MS 下的固氮酶活性在 R5 期比 SS 高 142.1%（均值）。施氮水平对根瘤固氮酶活性的影响显著，但影响规律受种植方式的影响。SS 下 V5 和 R2 期固氮酶活性均随着施氮水平的增加呈现递减的规律，MS 下则表现为先升后降，并以 RN 处理最高，其中，R5 期 RN 分别比 NN 和 CN 显著高 79.8%和 62.6%。

表 4-3 不同处理下大豆单位质量固氮酶活性及单株根瘤固氮潜力（2020 年）

种植方式	施氮水平	V5		R2		R5	
		固氮酶活性 [μl/(g·h)]	单株根瘤固氮潜力（μl/h）	固氮酶活性 [μl/(g·h)]	单株根瘤固氮潜力（μl/h）	固氮酶活性 [μl/(g·h)]	单株根瘤固氮潜力（μl/h）
SS	NN	295.21a	72.03a	631.17a	615.63a	23.80b	39.38b
	RN	118.41b	15.67b	463.25b	336.76b	66.10a	111.28a
	CN	42.20c	2.42b	63.54c	37.18c	32.40b	46.31b
	平均	151.94	30.04	385.99	329.86	40.77	65.66
MS	NN	153.46c	35.43a	232.11ab	188.46a	75.85b	133.35b
	RN	240.71a	39.91a	312.91a	235.48a	136.35a	255.04a
	CN	106.46b	19.16b	137.35b	64.28b	83.88b	107.09b
	平均	166.88	31.5	227.46	162.74	98.69	165.16
				F 值			
种植方式（*A*）		2.63^{ns}	0.10^{ns}	26.58^{**}	19.32^{**}	116.98^{**}	127.39^{**}
施氮水平（*B*）		93.36^{**}	29.80^{**}	45.67^{**}	29.55^{**}	35.39^{**}	59.46^{**}
$A\times B$		75.78^{**}	17.53^{**}	19.73^{**}	12.64^{**}	1.32^{ns}	7.48^{**}

注：不同小写字母表示同列同种植方式不同施氮水平之间差异显著（$P<0.05$），*表示差异显著，**表示差异极显著，ns 表示无显著差异。下同

随着生育时期的推进，单株根瘤的固氮潜力在 MS 下表现出持续增强的趋势，并在 R5 期达到最大值；与 SS 相比，MS 下的单株根瘤固氮潜力在 R5 期提升了 151.6%。施氮水平对单株根瘤固氮潜力的影响规律与固氮酶活一致，且达到极显著差异水平；与 CN 相比，MS 处理的 RN 水平在 V5、R2 和 R5 期分别显著提高了 108.3%、266.4%和 138.1%。

五、带状复合种植对养分吸收的影响

（一）不同器官的氮素吸收量

池栽 $^{15}NH_4NO_3$ 与 $NH_4{}^{15}NO_3$ 标记试验结果表明（表 4-4），与净作玉米（MM）相比，带状套作玉米（IM）的吸 N 量及 ^{15}N 吸收量显著提高；其中 IM 茎叶吸 N 量和 ^{15}N 吸收量分别较 MM 提高 13.06%和 21.60%，籽粒分别提高 5.15%和 25.07%，总 N 吸收量及总 ^{15}N 吸收量分别提高 9.48%和 23.18%。与 RN-$NH_4{}^{15}NO_3$ 相比，RN-$^{15}NH_4NO_3$ 处理下玉米的吸 N 量无显著变化，但 ^{15}N 吸收量显著提高；MM 下，

玉米茎叶、籽粒及总 ^{15}N 吸收量分别提高 12.81%、12.03%和 12.45%，IM 下分别提高 16.01%、15.56%和 15.79%。

表 4-4　不同种植方式下玉米植株的吸 N 量及 ^{15}N 吸收量

N 处理	吸 N 量（g/株）				^{15}N 吸收量（mg/株）			
	茎叶		籽粒		茎叶		籽粒	
	MM	IM	MM	IM	MM	IM	MM	IM
RN-$NH_4{}^{15}NO_3$	1.449a	1.714a	1.253a	1.246a	245.20b	293.76b	204.47b	251.53b
RN-$^{15}NH_4NO_3$	1.568a	1.696a	1.194a	1.326a	276.60a	340.78a	229.06a	290.67a
平均	1.508	1.705*	1.223	1.286	260.9	317.27*	216.76	271.1*

进一步分析不同标记处理下的大豆吸 N 量可知，与净作大豆（SS）相比，带状套作大豆（IS）茎、叶的吸 N 量及 ^{15}N 吸收量显著降低，但荚、籽粒的提高，籽粒吸 N 量、荚 ^{15}N 吸收量及籽粒 ^{15}N 吸收量分别显著提高了 10.42%、21.11%和 41.83%；总吸 N 量无显著变化，而总 ^{15}N 吸收量显著提高了 21.26%。与 RN-$NH_4{}^{15}NO_3$ 相比，RN-$^{15}NH_4NO_3$ 处理下大豆的吸 N 量无显著变化，而 ^{15}N 吸收量显著提高；SS 下大豆的茎、叶、荚、籽粒及总 ^{15}N 吸收量分别提高了 37.63%、57.09%、18.91%、45.97%和 44.02%，IS 下则分别提高了 45.54%、20.98%、17.97%、21.63%和 23.40%（表 4-5）。此外，IS 的大豆吸 N 量虽比 SS 的低 11.61%，与不施 N 下大豆的吸 N 量在净作和带状套作间的变化规律一致（表 4-6），但与 SS 相比，IS 的固氮比例和固氮量显著提高，分别提高了 23.83%、9.42%。

表 4-5　不同种植方式下大豆植株的吸 N 量及 ^{15}N 吸收量

N 处理		茎		叶		荚		籽粒	
		SS	IS	SS	IS	SS	IS	SS	IS
吸 N 量（g/株）	RN-$NH_4{}^{15}NO_3$	0.162a	0.135a	0.363a	0.240a	0.151a	0.165a	0.975a	1.011a
	RN-$^{15}NH_4NO_3$	0.146a	0.139a	0.357a	0.259a	0.161a	0.168a	0.925a	1.088a
	平均	0.154	0.137*	0.360	0.249*	0.156	0.166	0.950	1.049*
^{15}N 吸收量（mg/株）	RN-$NH_4{}^{15}NO_3$	8.53a	7.29a	11.70b	12.15a	6.40a	7.79a	32.11b	50.58b
	RN-$^{15}NH_4NO_3$	11.74a	10.61a	18.38a	14.70a	7.61a	9.19a	46.87a	61.52a
	平均	10.13	8.95*	15.04	13.42*	7.01	8.49*	39.49	56.01*

表 4-6　不同种植方式下大豆植株的生物固氮能力

种植方式	吸 N 量（g/株）	固氮比例（%Ndfa）	固氮量（g/株）
SS	1.404	51.39	0.722
IS	1.241*	63.64*	0.790*

（二）带状复合种植系统氮磷吸收量

与净作相比，带状连作和带状轮作的玉米植株 N、P 吸收量无显著变化（表 4-7），但显著降低了大豆茎叶 N、P 的吸收量和大豆植株的总吸 P 量，提高了大豆籽粒

表 4-7　不同种植方式对玉米、大豆 N、P 吸收的影响　　（单位：kg/hm^2）

养分	年份	种植方式	玉米			大豆			系统		
			茎叶吸收量	籽粒吸收量	总吸收量	茎叶吸收量	籽粒吸收量	总吸收量	茎叶吸收量	籽粒吸收量	总吸收量
N	2012	A1	52.6±4.3b	71.8±2.0a	124.5±2.6a	18.5±2.4b	127.3±6.2a	145.8±7.4a	71.1±5.4a	199.1±8.1a	270.3±7.1a
		A2	55.3±1.3ab	72.9±5.5a	128.1±6.1a	20.0±2.3ab	120.2±6.8a	140.3±8.8a	75.3±3.6a	193.1±5.4a	268.4±8.9a
		A3	61.7±1.4a	76.1±9.1a	137.7±7.7a	9.6±0.8c	66.4±6.0c	76.1±6.6c	71.3±0.8a	142.5±15.1b	213.8±14.3b
		A4	48.0±5.4b	78.2±3.4a	126.3±8.6a	—	—	—	—	—	—
		A5	—	—	—	24.3±2.2a	98.1±11.4b	122.4±9.2b	—	—	—
	2013	A1	49.0±13.8a	104.7±6.7b	153.7±17.4b	37.2±3.9b	158.0±11.2a	195.2±11.6a	86.3±17.5a	262.7±4.7a	348.9±15.2a
		A2	56.0±2.3a	126.1±7.7a	182.1±7.4a	41.3±3.8b	166.2±18.2a	207.4±17.4a	97.3±5.7a	292.2±24.3a	389.5±22.7a
		A3	58.3±1.7a	117.3±7.8ab	175.6±8.8ab	22.4±1.3c	81.6±9.4c	104.1±10.7b	80.8±2.6a	198.9±17.2b	279.7±19.5b
		A4	52.1±3.4a	116.2±2.5ab	168.3±5.6ab	—	—	—	—	—	—
		A5	—	—	—	61.9±5.8a	132.2±10.1b	194.2±6.2a	—	—	—
P	2012	A1	3.6±1.2a	13.4±0.2a	17.0±1.2a	4.7±0.5b	13.3±0.6a	18.1±1.0a	8.3±0.9a	26.7±0.7a	35.0±0.3a
		A2	3.3±0.5a	12.3±0.6a	15.6±1.1a	5.2±0.3ab	12.3±1.1a	17.5±1.4a	8.6±0.8a	24.6±1.3a	33.2±2.1a
		A3	4.3±0.9a	12.6±0.9a	16.8±0.7a	2.7±0.2c	7.5±0.4c	10.2±0.5b	7.0±0.7a	20.1±0.9b	27.1±0.5b
		A4	3.7±0.7a	12.6±0.7a	16.3±1.3a	—	—	—	—	—	—
		A5	—	—	—	6.5±1.4a	10.2±0.9b	16.7±0.45a	—	—	—
	2013	A1	7.2±0.8a	24.6±2.0a	31.8±1.5b	5.3±0.7b	15.5±0.4a	20.7±0.9b	12.5±1.4a	40.1±1.9a	52.6±0.8a
		A2	7.9±0.3a	26.7±3.9a	34.7±3.8ab	5.9±0.6b	15.2±1.8a	21.1±2.4b	13.8±0.4a	41.9±5.6a	55.7±6.0a
		A3	8.2±0.2a	28.7±1.8a	36.9±2.0a	3.7±0.4c	8.0±0.7b	11.7±1.2c	12.0±0.6a	36.6±2.4a	48.6±2.9a
		A4	8.5±2.3a	27.9±0.6a	36.4±2.1a	—	—	—	—	—	—
		A5	—	—	—	11.2±1.1a	14.9±0.4a	26.1±0.9a	—	—	—

注：A1. 玉米大豆带状套作连作；A2. 玉米大豆带状套作轮作；A3. 玉米大豆等行距种植；A4. 玉米净作；A5. 大豆净作。下同

N、P 的吸收量和植株总吸 N 量；其中，玉米大豆套作带状轮作（A2）处理的大豆籽粒吸 N 量、植株总吸 N 量、籽粒吸 P 量分别比大豆净作（A5）处理的两年均值高 24.4%、9.8%、9.6%；玉米大豆套作等行距种植（A3）与净作相比，玉米植株的 N、P 吸收量呈增加趋势，大豆则显著降低；A3 的大豆籽粒吸 N 量、植株总吸 N 量、籽粒吸 P 量、植株总吸 P 量（两年均值）分别比 A5 低 35.7%、43.1%、38.2%、48.8%。玉米大豆带状套作体系下，带状连作和带状轮作对大豆植株的 N、P 吸收量无显著影响，但带状轮作后，与带状连作相比，玉米植株的 N 吸收量显著提高；2013 年，A2 处理的玉米籽粒吸 N 量、植株总吸 N 量、籽粒吸 P 量、总吸 P 量分别比 A1（带状连作）高 20.4%、18.5%、8.5%、9.1%。带状轮作提高了玉米大豆套作系统的植株 N、P 吸收量，2013 年，A2 处理的籽粒吸 N 量、植株总吸 N 量、籽粒吸 P 量、植株总吸 P 量分别比 A1 的高 11.2%、11.6%、4.5%、5.9%，分别比 A3 的高 46.9%、39.3%、14.5%、14.6%。

（三）带状复合种植系统养分收获指数

与净作相比，带状套作玉米植株的 N、P 收获指数差异不显著，带状套作大豆的则显著增加；其中，A1、A2 大豆植株的 N 收获指数的两年均值分别比 A5 高 13.6%和 11.9%，P 收获指数的两年均值分别比 A5 的高 25.7%和 20.6%（表 4-8）。玉米大豆套作体系下，玉米、大豆植株的 N、P 收获指数在 A1、A2、A3 处理间无显著差异。从玉米大豆带状套作系统来看，A1 与 A2 相对 A3 的植株 N、P 收获指数呈增加趋势，其中，A1、A2 的系统 N 收获指数的两年均值分别比 A3 的高 8.4%和 6.8%。

表 4-8　不同种植方式下玉米、大豆的养分收获指数　　（%）

养分	种植方式	2012 年			2013 年		
		玉米	大豆	系统	玉米	大豆	系统
N	A1	57.8ab	87.3a	73.7a	68.4a	80.9a	75.4a
	A2	56.8ab	85.7a	71.9a	69.2a	80.0a	75.0a
	A3	55.1b	87.3a	66.5b	66.8a	78.4a	71.1a
	A4	62.0a	—	—	69.1a	—	—
	A5	—	80.0b	—	—	68.1b	—
P	A1	79.0a	73.8a	76.2a	77.2a	74.6a	76.2a
	A2	78.6a	70.3a	74.3a	76.9a	72.1a	75.1a
	A3	74.7a	73.8a	74.3a	77.7a	68.1b	75.4a
	A4	77.4a	—	—	76.8a	—	—
	A5	—	61.1b	—	—	57.0c	—

第二节　种间协同调控机制

作物间作套种存在种间竞争与补偿效应，合理的种间搭配与田间配置可充分发挥种间补偿作用，进而降低因过度竞争带来的种间不和谐。前人研究表明，豆科与禾本科间套作可通过生态位互补，变养分竞争为补偿，并通过重塑根系构型、活化土壤氮磷养分等机制达到提高养分利用的目的。

一、带状复合种植对土壤通气性的影响

（一）大豆土壤 O_2 含量的动态变化规律

2019～2020 年，减量施氮（RN）处理下带状套作大豆的土壤 O_2 含量均比净作大豆高，大豆 V5、R2 和 R5 期带状套作大豆的两年均值分别比净作大豆高 3.4%、1.6%、2.4%。2019 年，同一方式下施氮处理的日平均土壤 O_2 含量以 RN 处理最高，NN 次之，CN 最低；MS 结合 RN 处理的土壤 O_2 含量高于其他各处理，尤其在 R5 期 RN 比 NN、CN 分别显著高 4.3%和 10.5%。2020 年 R2 期 MS 模式下施氮水平对土壤 O_2 含量影响具体表现为 RN>NN>CN，但差异不显著（图 4-22）。

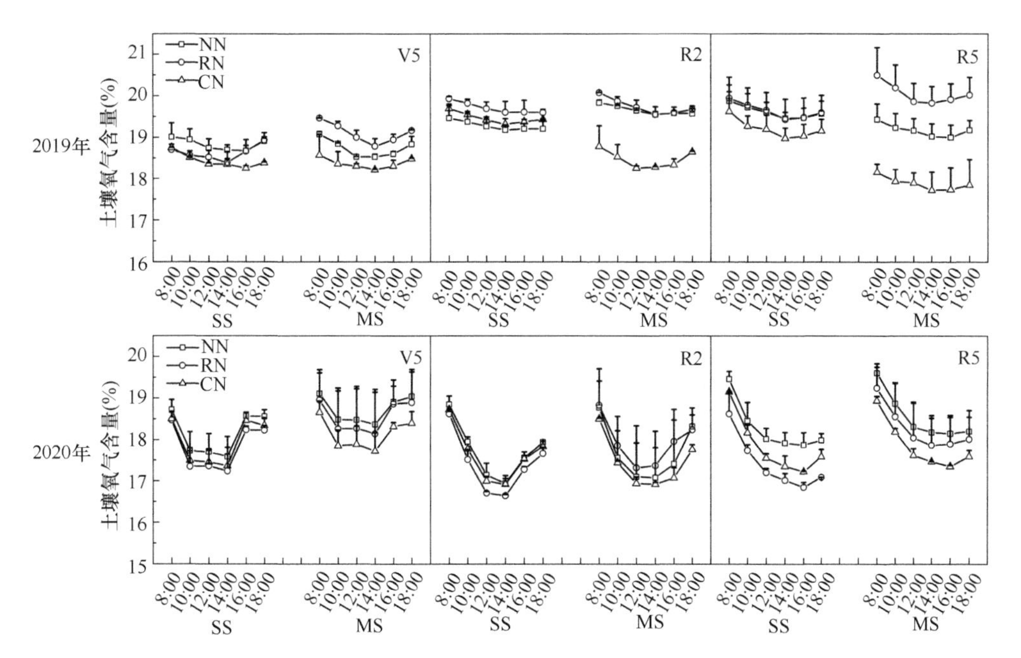

图 4-22　2019 年和 2020 年大豆 V5 期、R2 期和 R5 期日平均土壤氧气含量的动态变化规律（彭西红等，2022）

（二）大豆土壤呼吸速率的变化规律

不同种植方式下大豆土壤呼吸速率的变化具有显著差异（图 4-23）。在大豆 V5 期（共生期）MS 显著弱于 SS（2019 年和 2020 年 MS 分别比 SS 显著低 24.9%和 27.6%），但至 R2 和 R5 期（玉米收获后），MS 的平均土壤呼吸速率分别比 SS 显著高 52.0%和 137.8%。施氮处理对大豆土壤呼吸速率的影响显著。净作大豆下土壤呼吸速率主要表现为随着施氮水平的增加呈现递减的趋势，带状套作大豆下则表现为随着施氮水平的增加呈现先增强后减弱的规律，尤其在 R2 期，RN 处理的两年平均值分别比 NN、CN 高 58.4%、19.9%。

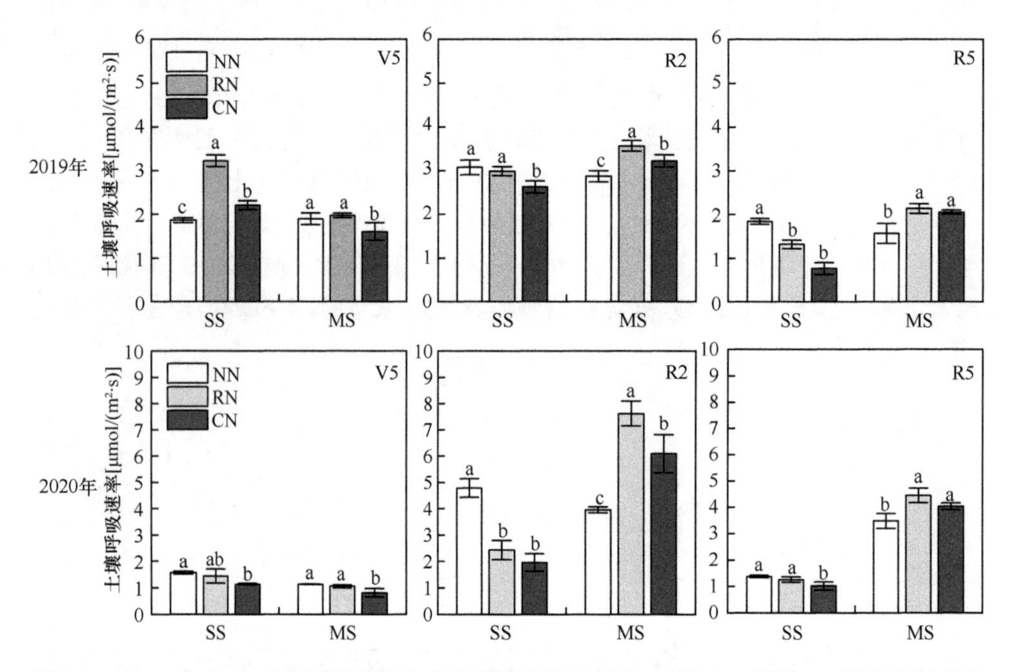

图 4-23 2019 年和 2020 年不同种植方式和施氮水平下大豆 V5 期、R2 期和 R5 期的土壤呼吸速率

（三）大豆土壤水稳性团聚体的分布特征

种植方式对土壤各粒级水稳性团聚体的含量有显著的影响（表 4-9），其中，与 SS 相比，MS 显著增加了＞5mm 粒径的质量百分含量，两年平均增幅为 31.3%；显著增加了 2～5mm 粒径的质量百分含量（2019 年）；显著降低了＜0.25mm、0.25～0.5mm，以及 0.5～1mm 粒径的质量百分含量，两年平均降低幅度分别为 6.8%、17.8%和 25.8%。施氮水平对不同粒径的水稳性团聚体的影响显著，但变化规律不一致。0.5～1mm 和 0.25～0.5mm 粒径的水稳性团聚体的质量百分含量随着施氮

水平的增加表现出先增加后降低的规律，均以 RN 处理的质量百分含量最高，差异显著（表 4-9）。>5mm 粒径的规律则与 0.5～1mm 和 0.25～0.5mm 粒径相反，以 RN 处理最低，2019～2020 年，SS 模式下 RN 处理>5mm 粒径两年均值分别比 NN 和 CN 处理低 4.3%、17.8%；MS 模式下 RN 分别比 NN 和 CN 处理低 1.1% 和 1.7%；且施氮能降低<0.25mm 粒径的水稳性团聚体，2020 年 MS 下 RN 比 NN 显著低 26.5%（表 4-9）。

表 4-9　不同种植方式和施氮水平下土壤水稳性团聚体的质量百分含量

年份	种植方式	施氮水平	土壤水稳性团聚体粒径分布（%）					
			>5mm	2～5mm	1～2mm	0.5～1mm	0.25～0.5mm	<0.25mm
2019	SS	NN	20.43b	13.17b	8.48b	16.95a	17.27b	23.71a
		RN	19.87b	13.72ab	9.71a	17.05a	19.28a	20.36b
		CN	25.59a	14.61a	9.40ab	17.05a	16.46b	16.89c
		平均	21.96	13.83	9.20	17.02	17.67	20.32
	MS	NN	29.15b	18.16a	9.91a	10.31b	11.44c	21.03a
		RN	28.73b	14.17b	8.99a	14.19a	14.22a	19.69b
		CN	31.92a	16.66a	9.20a	13.08a	12.85b	16.29c
		平均	29.94	16.33	9.37	12.53	12.84	19.01
	ANOVA（*F* 值）							
	种植方式（*A*）		153.00^{**}	58.53^{**}	0.49^{ns}	342.11^{**}	377.73^{**}	15.94^{**}
	施氮水平（*B*）		19.12^{**}	12.12^{**}	0.15^{ns}	24.01^{**}	36.76^{**}	104.04^{**}
	$A \times B$		1.62^{ns}	16.63^{**}	7.142^{**}	21.33^{**}	6.81^{*}	4.28^{*}
2020	SS	NN	28.03a	15.69a	9.69a	16.11b	14.61a	15.87b
		RN	26.41a	14.54b	8.61b	18.90a	15.30a	16.23b
		CN	28.22a	16.55a	8.45b	15.96b	11.85b	18.98a
		平均	27.56	15.59	8.92	16.99	13.92	17.03
	MS	NN	31.59b	16.65a	8.29b	11.85b	12.75b	18.88a
		RN	31.37b	16.22a	9.41a	14.52a	14.61a	13.87b
		CN	41.50a	14.76b	6.39c	11.69b	10.97c	14.69b
		平均	34.82	15.88	8.03	12.69	12.78	15.81
	F 值							
	种植方式（*A*）		121.18^{**}	0.91^{ns}	18.01^{**}	411.11^{**}	24.65^{**}	16.39^{**}
	施氮水平（*B*）		31.63^{**}	2.40^{ns}	25.47^{**}	77.96^{**}	80.95^{**}	21.91^{**}
	$A \times B$		21.16^{**}	12.54^{**}	17.09^{**}	0.03^{ns}	2.47^{ns}	53.09^{**}

注：V5. 五叶期；R2. 盛花期；R5. 鼓粒期。SS. 大豆净作；MS.玉米大豆带状套作。NN. 不施氮；RN. 减量施氮；CN. 常量施氮。不同小写字母表示同列同种植方式不同施氮水平之间差异显著（$P<0.05$），*表示显著，**表示极显著。下同

二、作物根系空间分布与氮素吸收

（一）玉米、大豆根系形态特征

玉米R4期（表4-10），除根平均直径外，不同年份和处理间根系形态参数有显著差异。净作处理根长、根表面积、根体积、根干重高于带状套作处理，两年平均值较MS45分别显著增加11.16%、15.60%、7.48%、38.06%。带状套作玉米根长、根表面积、根体积、根干重随玉米大豆间距的增大呈先增加后减少趋势；与MS30相比，MS45的根长、根表面积、根体积、根干重两年平均值分别增加了23.59%、5.91%、8.99%、11.82%。

表4-10 不同间距对R4期玉米根系形态特征的影响（任俊波等，2022）

年份	处理	根长（cm）	根表面积（cm^2）	根体积（cm^3）	根干重（g）	根平均直径（mm）
2019	MS30	3035.54±253.74b	1509.25±23.45b	25.03±1.16b	4.3±0.2b	0.57±0.08a
	MS45	3376.46±200.61ab	1553.81±129.07b	26.71±4.15b	4.9±0.27b	0.54±0.09a
	MS60	2392.02±11.91c	1341.97±76.88b	23.15±3.14b	4.48±0.49b	0.64±0.06a
	MM100	3675.02±25.57a	1945.77±4.99a	31.23±3.07a	8.53±0.23a	0.68±0.02a
2020	MS30	3893.95±79.34bc	1154.58±20.41ab	34.8±3.59a	6.11±0.46ab	0.59±0.01a
	MS45	5187.74±290.73ab	1267.58±110.99ab	38.5±2.52a	6.74±0.83ab	0.55±0.02b
	MS60	3632.25±37.03c	1037.8±14.45b	36.8±0.44a	5.21±0.01b	0.56±0.01ab
	MM100	5845.21±772.39	1315.66±125.2a	38.86±2.16a	7.54±0.8a	0.5±0.01c
ANOVA（*F*值）						
年份		46.53^{**}	49.17^{**}	43.75^{**}	5.88^{**}	2.84^{ns}
种间距离		12.50^{**}	10.76^{**}	3.27^{*}	16.76^{*}	0.5^{ns}
年份×种间距离		1.72^{ns}	2.03^{ns}	1.12^{ns}	3.6^{*}	1.8n

大豆V5至R5期（表4-11），除根平均直径外，根系形态参数显著增加，且不同年份和处理间存在差异。大豆V5期，带状套作处理根长、根表面积、根体积、根干重显著低于净作处理，其中MS45下的以上参数的两年平均值较净作显著降低64.32%、42.42%、31.58%、60.32%。大豆R5期，与净作相比，带状套作处理根长、根表面积减少，其中MS45根长的两年平均值较净作显著减少13.05%，但根体积高于净作，两年平均值较净作高7.28%。带状套作处理中，大豆V5期，除根干重外，根系形态参数随种间距离增加而增加，MS60最大，MS30最小；大豆R5期，根体积、根干重随种间距离增加呈先增后减的趋势，MS45最大，MS30最小。

表 4-11 不同种间距离对大豆根系形态特征的影响

年份	处理	根长（cm）		根表面积（cm^2）		根体积（cm^3）		根干重（g）		根平均直径（mm）	
		V5	R5	V5	R5	V5	R5	V5	R5	V5	R5
2019	MS30	184.32±25.89b	1763.96±16.46c	123.86±2.71b	731.08±34.28a	3.95±0.26b	20.38±1.56b	0.1±0.01b	4.53±0.21a	0.41±0.04a	0.57±0.03a
	MS45	199.59±3.03b	1888.87±40.3b	131.21±7.89b	929.41±259.04a	4.24±0.36b	30.18±3.45a	0.15±0.02b	4.89±0.04a	0.42±0.03a	0.62±0.03a
	MS60	283.76±25.48ab	1921.8±29.01b	149.87±15.78b	887.77±10.94a	4.74±0.38ab	27.15±0.12ab	0.16±0.03b	4.63±0.04a	0.44±0.02a	0.46±0.01b
	SS100	618.77±223.59a	2509.44±7.38a	259.97±52.19a	976.92±55.63a	6.31±0.98a	27.34±3.05ab	0.48±0.05a	4.97±0.02a	0.37±0.01a	0.54±0.04ab
2020	MS30	233.42±42.44b	3451.57±33.06ab	139.99±8.48c	735.73±18.43a	3.39±0.11c	28.72±0.44b	0.23±0.05c	5.26±0.27b	0.33±0.02a	0.48±0.01b
	MS45	347.75±49.28b	3699.95±112.31ab	193.35±8.65b	780.95±7.14a	3.97±0.11b	37.32±1.31a	0.55±0.04b	7.47±0.44a	0.36±0.04a	0.47±0.05b
	MS60	373.8±128.96b	3162.52±249.54b	227.58±5.93b	722.74±6.23a	4.37±0.06b	29.59±0.29ab	0.31±0.14bc	6.9±0.37ab	0.4±0.03a	0.55±0.01ab
	SS100	915.45±166.89a	3918.37±225.69a	303.66±25.46a	833.37±84.86a	5.69±0.30a	35.58±4.53ab	1.28±0.03a	7.65±1.00a	0.39±0.01a	0.57±0.01a
ANOVA（F值）											
年份		3.41^{ns}	291.45^{**}	10.29^{**}	2.59^{ns}	2.32^{ns}	14.78^{**}	84.30^{**}	49.55^{**}	3.67^{ns}	2.20^{ns}
种间距离		10.25^{**}	11.28^{**}	17.30^{**}	1.09^{ns}	11.53^{**}	5.51^{**}	65.14^{**}	4.21^{*}	0.99^{ns}	1.26^{ns}
年份×种间距离		0.47^{ns}	2.08^{ns}	0.72^{ns}	0.32^{ns}	0.07^{ns}	0.67^{ns}	14.71^{**}	2.51^{ns}	1.13^{ns}	7.63^{**}

（二）玉米、大豆根系空间分布

如图4-24A所示，玉米蜡熟期（R4）玉米根系主要分布在水平方向上以茎基部为圆心半径 15cm、垂直方向上 0～40cm 范围。与带状套作相比，净作玉米根系在土壤中分布更均匀，呈左右对称分布，且分布空间大于带状套作玉米。在水平方向上，带状套作玉米根系分布随着种间距离增加呈先增加后减少的趋势，且均生长到大豆行空间下方，其中 MS45 根系分布最广；在垂直方向上，带状套作玉米与净作相比，根系互作增加套作垂直方向 40～60cm 土壤的根系分布，MS45 尤为明显。大豆 V5 期（图 4-24B），净作大豆根系由于地下种内竞争，根系分布呈对称分布。与净作大豆相比，带状套作大豆根系生长空间明显减少。带状套作处理中，MS30、MS45 根系更加偏向大豆带生长，呈明显偏态性；随着种间距离增加，带状套作大豆增加了在水平和垂直方向的根系分布，与 MS30 相比，MS45、MS60 增加了水平和垂直方向的根系分布。大豆 R5 期（图 4-24C），在水平方向上，带状套作大豆根系在 0～20cm 土层均能够延伸到玉米带；在垂直方向上，

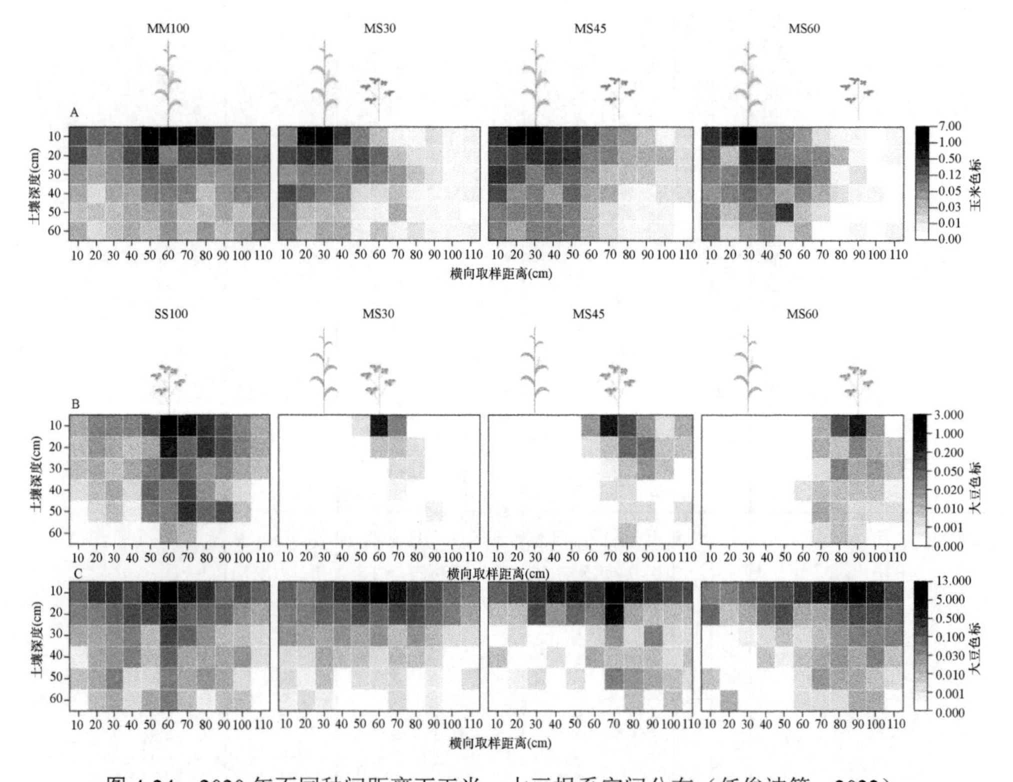

图 4-24　2020 年不同种间距离下玉米、大豆根系空间分布（任俊波等，2022）

A. 玉米蜡熟期 R4；B. 大豆五叶期 V5；C. 大豆始粒期 R5。每个方格代表 1800cm³ 体积土壤内根干重，绿色植物代表该作物的位置、根分布表示在下面框中，灰色植物代表共生作物的相应位置。

MS60 根系生长恢复到净作水平。与 MS45 相比，MS30、MS60 根系在靠向玉米带 20～50cm 土层分布更均匀，但 MS45 增加了 0～20cm 土层根系分布。

（三）玉米大豆的氮素吸收

逻辑斯谛（logistic）方程能较好拟合玉米氮素吸收过程（图 4-25，图 4-26），且调整后 R^2 均在 0.97 以上。不同施氮量和种植方式对玉米氮素吸收过程及日吸收速率有显著影响（表 4-12）。与 NN 相比，CN 处理玉米氮素吸收显著增加，其中，MS45 氮素吸收速率最大时积累量（$W_{max\text{-}N}$）、最大氮素吸收速率（$v_{max\text{-}N}$）、平均氮素吸收速率（$v_{mean\text{-}N}$）分别显著增加了 115.56%、65.92%、79.58%，MS60 分别显著增加了 129.11%、45.43%、68.03%。CN 推迟玉米最大氮素吸收速率时间（$T_{max\text{-}N}$），CN 处理 MS45、MS60 较 NN 分别推迟 6.65d、10.87d。间距对玉米

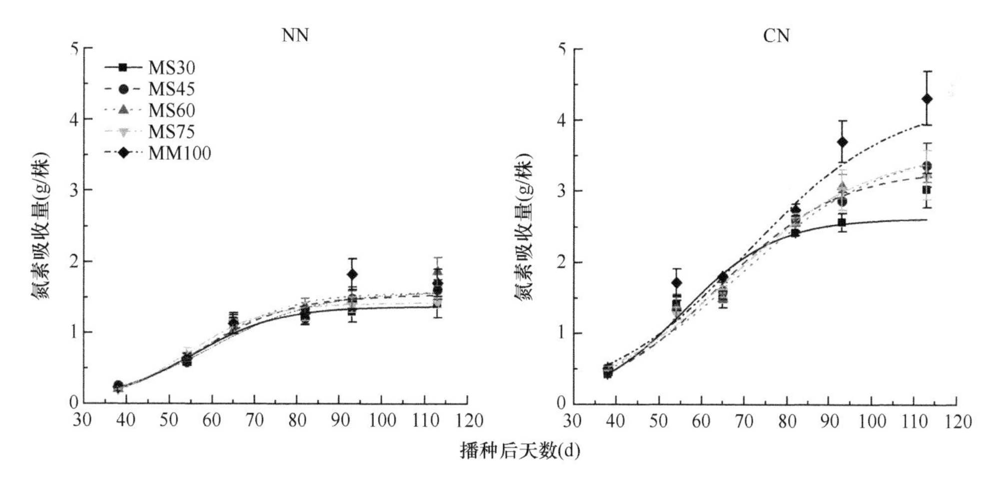

图 4-25 不同施氮量和种植间距下玉米氮素的吸收变化

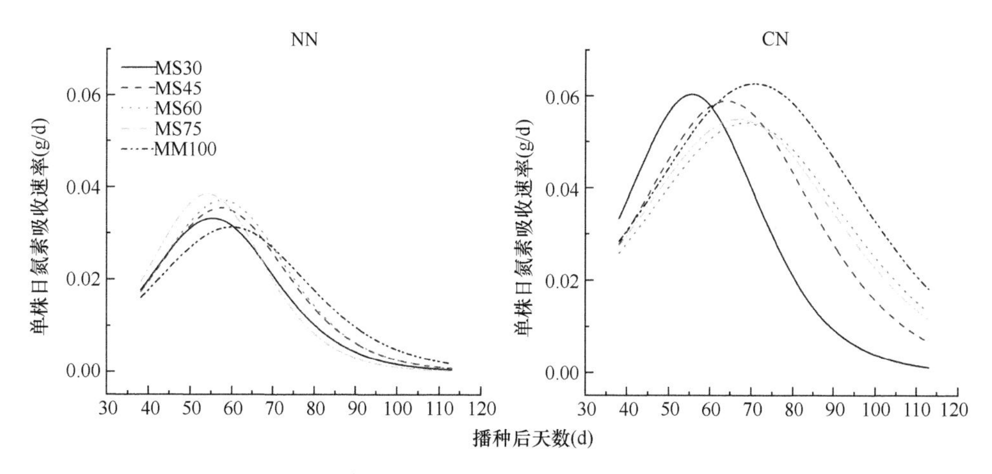

图 4-26 不同施氮量和种植间距下玉米日氮素吸收速率的变化

表 4-12 不同施氮量和种植间距下玉米氮素吸收的特征参数

施氮水平	间距	T_{max-N}（d）	W_{max-N}（g）	单株 v_{max-N}（$\times10^{-2}$g/d）	单株 v_{mean-N}（$\times10^{-2}$g/d）
NN	MS30	55.29±3.48a	0.69±0.08b	3.33±0.48a	1.33±0.04a
	MS45	57.3±5.75a	0.77±0.1a	3.55±0.76a	1.42±0.15a
	MS60	57.69±6.12a	0.79±0.36a	3.72±0.56a	1.47±0.1a
	MS75	54.12±2.69a	0.71±0.01ab	3.86±2.58a	1.46±0.27a
	MM100	59.87±3.89a	0.79±0.2a	3.14±4a	1.33±0.22a
CN	MS30	55.58±4.79c	1.31±0.16b	6.04±0.36a	2.46±0.07b
	MS45	63.95±4.28ab	1.66±0.17ab	5.89±0.44ab	2.55±0.12b
	MS60	68.56±2.46ab	1.81±0.1ab	5.41±0.31b	2.47±0.07b
	MS75	66.83±5.34ab	1.8±0.25ab	5.5±0.22b	2.51±0.1b
	MM100	70.68±2.97a	2.16±0.07a	6.27±0.06a	2.86±0.04a
ANOVA（F 值）					
施氮水平		3.11^{*}	60.92^{**}	6.79^{*}	145.16^{**}
间距		4.26^{*}	5.81^{*}	1.39^{ns}	5.11^{*}
施氮水平×间距		1.37^{ns}	1.05^{ns}	0.27^{ns}	1.05^{ns}

氮素吸收过程及日吸收速率有显著影响。CN 下，与净作相比，带状套作氮素吸收速率最大时积累量、最大氮素吸收速率、平均氮素吸收速率均降低，MS60 分别显著降低了 16.20%、13.72%、13.64%；带状套作较净作提前了最大氮素吸收速率时间；随着套作间距的增加，氮素吸收速率最大时积累量、平均氮素吸收速率呈先增后减的趋势，氮素吸收速率最大时积累量为 MS60 最高、MS30 最低。

逻辑斯谛方程能较好拟合大豆氮素吸收过程（图 4-27，图 4-28），且调整后 R^2 均在 0.96 以上。施氮降低了大豆氮素吸收速率（表 4-13），其中，CN 下 MS60

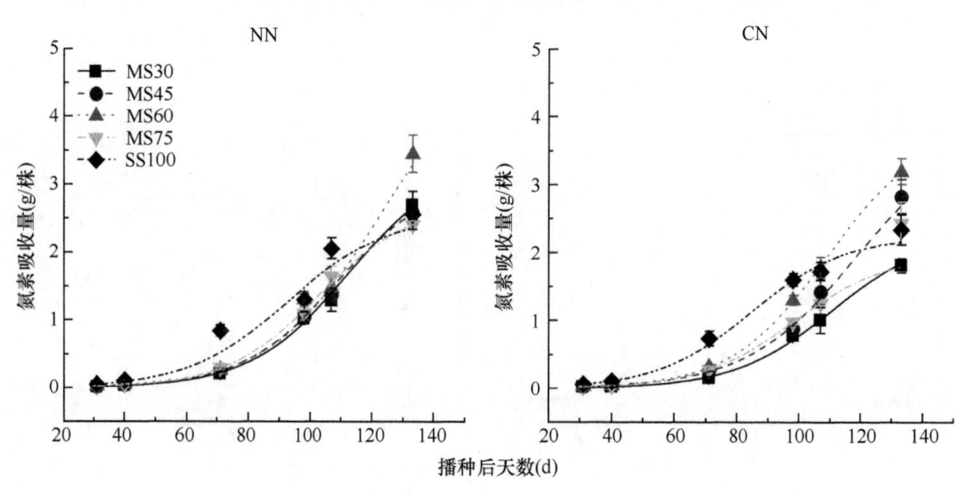

图 4-27 不同施氮量和种植间距下大豆氮素吸收变化

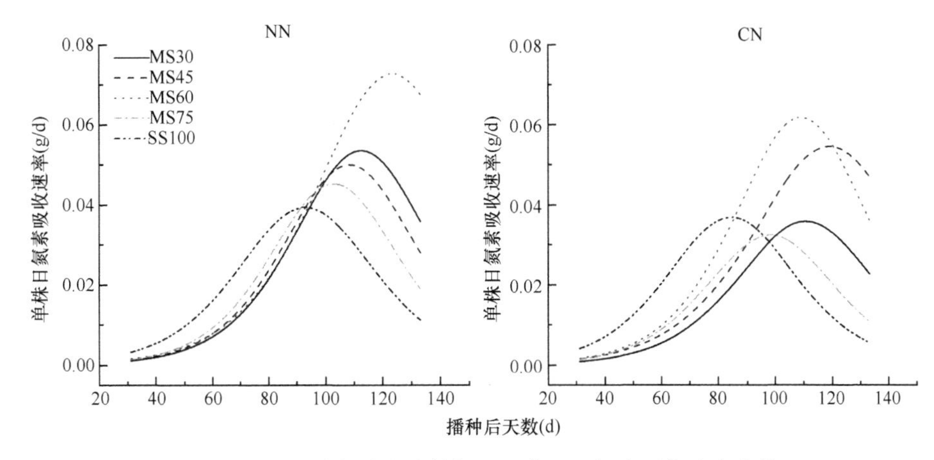

图 4-28 不同施氮量和种植间距下大豆日氮素吸收速率变化

较 NN 氮素吸收速率最大时积累量（W_{max-N}）、最大氮素吸收速率（v_{max-N}）平均氮素吸收速率（v_{mean-N}）分别降低了 25.7%、15.1%、15.5%，CN 下 MS60 最大氮素吸收速率时间（T_{max-N}）较 NN 提前了 14.3d。种间距离对大豆氮素吸收过程及日吸收速率有明显影响。与净作相比，MS60 氮素吸收量在生育后期增加，NN 下氮素吸收速率最大时积累量、最大氮素吸收速率、平均氮素吸收速率较净作分别显著增加了 103.9%、84.3%、65.1%，CN 下分别增加了 71.7%、67.0%、47.2%。带状套作最大氮素吸收速率时间较净作推迟，其中，MS60 较净作 NN 下推迟了 30.42d，CN 下推迟了 24.52d。

表 4-13 不同施氮量和种植间距下大豆氮素吸收的特征参数

施氮水平	间距	T_{max-N}（d）	W_{max-N}（g）	v_{max-N}（$\times10^{-2}$g/d）	v_{mean-N}（$\times10^{-2}$g/d）
NN	MS30	112.35±4.58b	1.7±0.29b	5.37±1.08a	1.82±0.43a
	MS45	108.31±7.97b	1.55±0.1bc	5.01±0.21a	1.71±0.13a
	MS60	123.26±8.38a	2.61±0.26a	7.28±2.08a	2.51±0.65a
	MS75	102.79±6.19bc	1.37±0.19bc	4.54±0.87a	1.58±0.06a
	SS100	92.84±4.21c	1.28±0.24c	3.95±0.82a	1.52±0.27a
CN	MS30	110.55±5.63a	1.15±0.2b	3.6±1.34ab	1.24±0.51a
	MS45	118.85±3.89a	1.97±0.25a	5.46±1.11a	1.93±0.78a
	MS60	108.96±1.8a	1.94±0.1a	6.18±0.44ab	2.12±0.13a
	MS75	98.17±8.16b	0.99±0.05b	3.25±1.83ab	1.17±0.1a
	SS100	84.43±6.38c	1.13±0.23b	3.7±0.37b	1.44±0.12a
ANOVA（F 值）					
施氮水平		2.81^{ns}	12.56^{**}	0.33^{ns}	0.10^{ns}
间距		21.45^{**}	29.85^{**}	1.31^{ns}	0.76^{ns}
施氮水平×间距		3.48^{*}	6.50^{**}	0.93^{ns}	0.77^{ns}

三、带状复合种植大豆根系基因表达及功能

（一）不同种植方式对大豆根系黄酮类化合物分泌的影响

黄酮类化合物是根瘤形成的诱导信号物质，其中染料木素和大豆黄素均是大豆结瘤诱导关键物质。不同生育时期下大豆根系黄酮分泌量表明：带状套作可以提高各品种大豆根系黄酮的分泌量，部分黄酮组分分泌量表现出上升趋势（图 4-29）。五叶期（V5）时，带状套作（IS）处理下南豆 12 的大豆黄素（Dai）、染料木素（Gen）的分泌量较净作（MS）分别显著提高了 85.0%和 43.9%；带状套作下 NTS 1007 根系分泌物中的染料木素、槲皮素（Que）含量较净作分别显著提高了 80.1%和 82.6%；带状套作处理下桂夏 3 号根系的染料木素分泌量则较净作显著降低了 42.8%。盛花期（R2）时，南豆 12 和桂夏 3 号根系分泌物中的各黄酮组分含量表现为带状套作高于净作处理（南豆 12 的槲皮素除外），其中，南豆 12 根系分泌物中的大豆黄素、柚皮素（Nar）及染料木素较净作分别显著提高了 36.2%、85.9%和 90.5%，同样桂夏 3 号根系分泌的大豆黄素量较净作显著提高了 95.8%，NTS 1007 根系的各黄酮组分分泌量则在带状套作处理和净作处理间无显著差异。

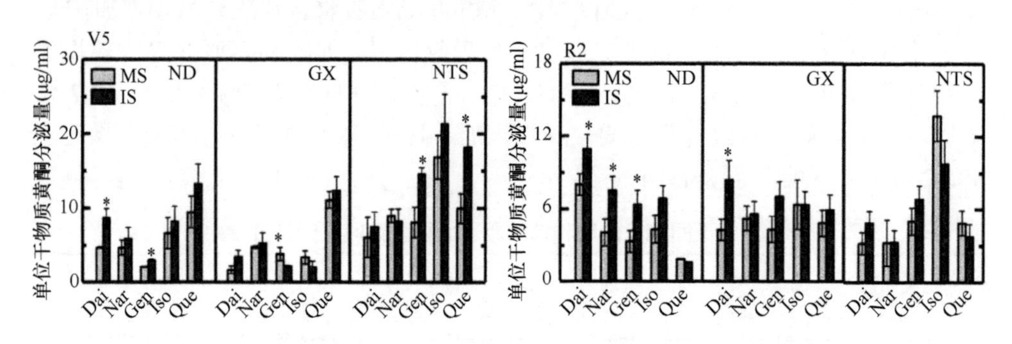

图 4-29 不同种植方式对大豆不同生育时期根系分泌黄酮的影响

ND. 南豆 12；GX. 桂夏 3 号；NTS. NTS 1007；Dai. 大豆黄素；Nar. 柚皮素；Gen. 染料木素；Iso. 异甘草素；Que. 槲皮素。下同

研究人员通过比较不同时期大豆根系黄酮合成途径关键酶基因的表达量发现（图 4-30），带状套作通过提高南豆 12 和 NTS 1007 的黄酮合成途径关键酶基因 *CHS8*（查尔酮合酶基因）、*IFS*（异黄酮合酶基因）的上调，提高黄酮类化合物的分泌。五叶期时，带状套作处理下南豆 12 的 *CHS8* 和 *IFS* 基因表达量分别较净作极显著上调 3.60 倍和 1.32 倍；NTS 1007 的这两种基因则表现为带状套作较净作基因表达分别上调 1.30 倍和 0.83 倍。盛花期时，带状套作处理下各大豆品种的 *CHS8* 和 *IFS* 基因表达均表现出上调，带状套作处理下南豆 12 的 *CHS8* 表达量较净作显著提高 1.47 倍，*IFS* 表达量极显著提高了 1.88 倍；带状套作处理下桂夏 3

号（GX）的两种基因表达量则分别上调了 0.19 倍和 1.43 倍。

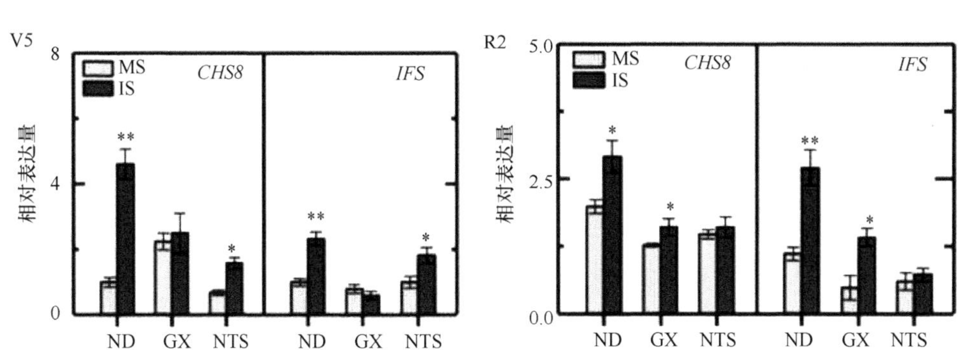

图 4-30　不同时期大豆根系黄酮合成途径关键基因表达差异（2019 年）

（二）根系分泌物对大豆根瘤形成相关基因表达的上调

共生期，玉米根系分泌处理（RE）后会显著上调南豆 12 根系黄酮合成途径关键基因 *GmIFS1* 的表达，同时，极显著上调 *GmEXPB2* 的表达量（图 4-31A），使 *GmEXPB2* 的表达量较蒸馏水处理（DW）提高了 37.0%，有利于根系形成及根瘤发育。NTS 1007 早期结瘤基因 *GmNIN2b* 及黄酮合成相关基因 *GmIFS1* 的表达量显著高于南豆 12 和桂夏 3 号，体现出其超结瘤特性。在 R2 期（图 4-31B），处理后南豆 12 和桂夏 3 号的根瘤发育相关基因 *GmEXPB2* 极显著上调了 2.72 倍和 1.02 倍，黄酮合成相关基因 *GmIFS1* 显著上调 79.9%和 107.8%，促进了根瘤的横向生长，利于固氮酶形成。

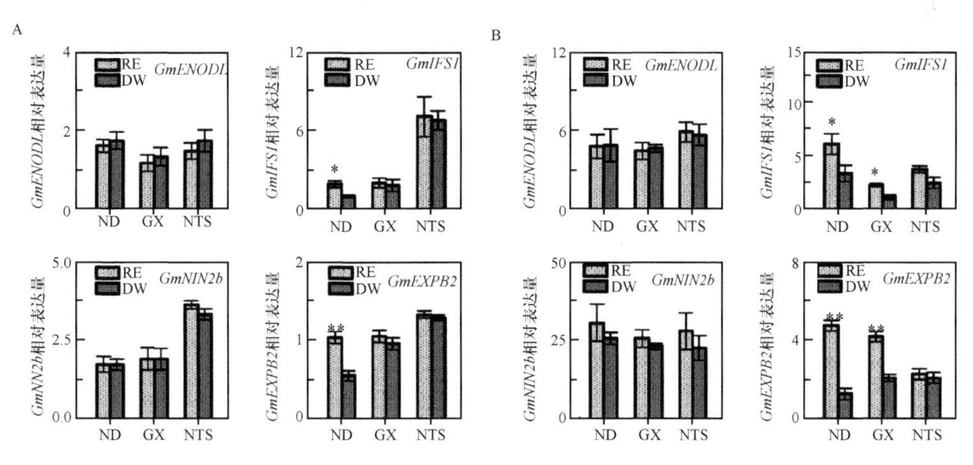

图 4-31　玉米根系分泌物对大豆根瘤形成相关基因表达的影响

A. 大豆五叶期（V5）基因表达；B. 大豆盛花期（R2）基因表达

浇灌玉米根系分泌物处理（RE）后，各大豆品种根瘤数量较 DW 处理无显著变化（图 4-32）。V5 期根瘤数量表现为 NTS 1007＞南豆 12＞桂夏 3 号；R2 期表现为桂夏 3 号＞NTS 1007＞南豆 12；R4 期表现为南豆 12＞桂夏 3 号＞NTS 1007。不同大豆品种根瘤的生长速率有所差异，南豆 12 根瘤数量的最大值在生育后期（盛荚期，R4），因此，更利于后期固氮；而 NTS 1007 尽管是超结瘤品种，但根瘤生长与衰败速率都过快（R2 期），不利于固氮。而 RE 处理会提高南豆 12 的根瘤干重。盛花期，RE 处理后南豆 12 根瘤干重极显著地高于对照，较对照高出 81.5%，盛荚期则显著提高 37.6%。相较于 DW 处理，RE 处理还会提高根瘤干重，V5 期，南豆 12 和桂夏 3 号分别提高了 37.8%和 44.4%；R2 期，南豆 12 极显著提高了 50.2%。

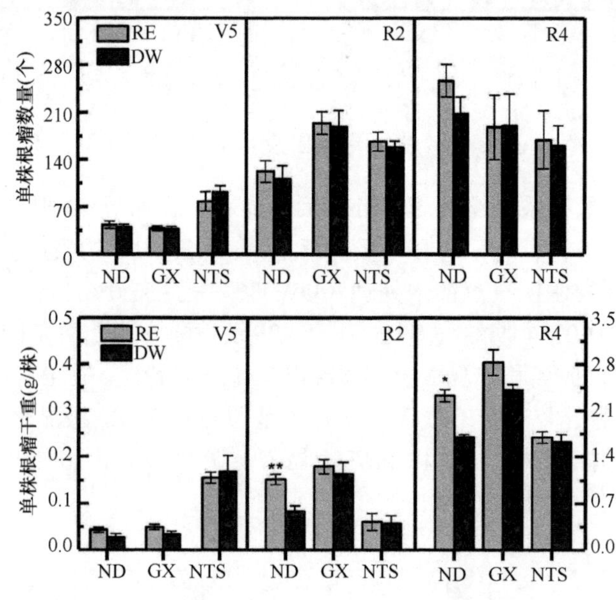

图 4-32　玉米分泌物对根瘤数量及干重的影响

单株根瘤干重 V5 和 R2 期对应左边 *Y* 轴数据，R4 期对应右边 *Y* 轴数据

（三）根系分泌物对根瘤固氮基因表达的上调

固氮酶是形成有效根瘤和发挥固氮能力的关键。V5 期，各品种固氮酶基因 *nifH* 的表达在 RE 和 DW 间无明显差异；R2 期，南豆 12、桂夏 3 号的固氮酶基因 *nifH* 表达在 RE 下显著高于 DW（图 4-33）。

从 V5 期到 R2 期，南豆 12、桂夏 3 号和 NTS 1007 的单位质量固氮酶活性均极显著提高。两种种植模式下，各品种的单位质量固氮酶活性并无显著差异。在 R2 期，单个根瘤固氮酶活性在带状套作条件下表现出明显差异（图 4-34），且在盛花期，南豆 12 在带状套作时单个根瘤固氮酶活性较净作极显著提高了 2.22 倍，桂夏 3 号较净作显著提高了 1.12 倍，NTS 1007 则无显著差异。

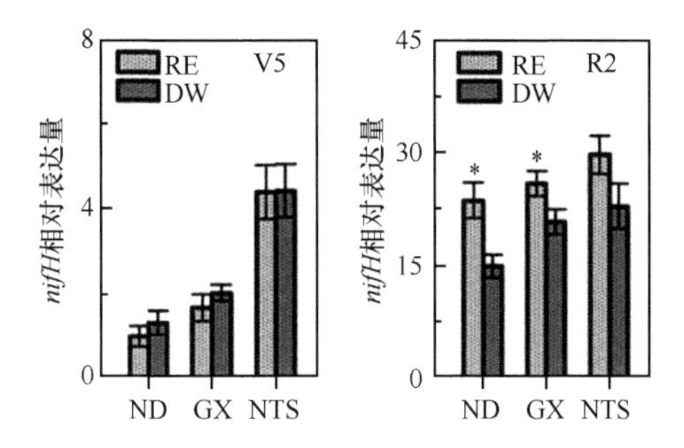

图 4-33　玉米根系分泌物对固氮酶基因表达的影响

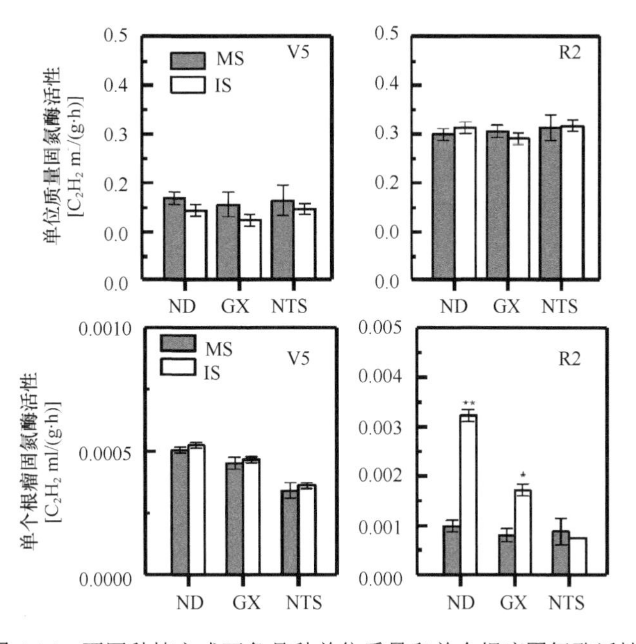

图 4-34　不同种植方式下各品种单位质量和单个根瘤固氮酶活性

（四）根系分泌物对根系生长素基因表达的上调

带状套作 *GmYUCCA14* 的表达量在 V5 和 R3 期均显著高于净作，特别是不施磷（P0）处理下（除 V5 期净作在两个磷处理间无显著差异）（图 4-35A、B）。*GmTIRIC* 的表达量在磷处理间和 V5 期中的变化规律和 *GmYUCCA14* 类似，但是带状套作高于净作仅在 P0 处理中优势明显，在施磷（P20）处理中种植模式间无显著差异（图 4-35C、D）。在 V5 和 R3 期，*GmARF05* 在套作处理中的表达量均显著高于净作（除 V5 期 P20 处理），但 R3 期其表达量受磷的影响较小，带状套作在两个磷处理中无显著差异，净作为 P0 高于 P20 处理（图 4-35E、F）。

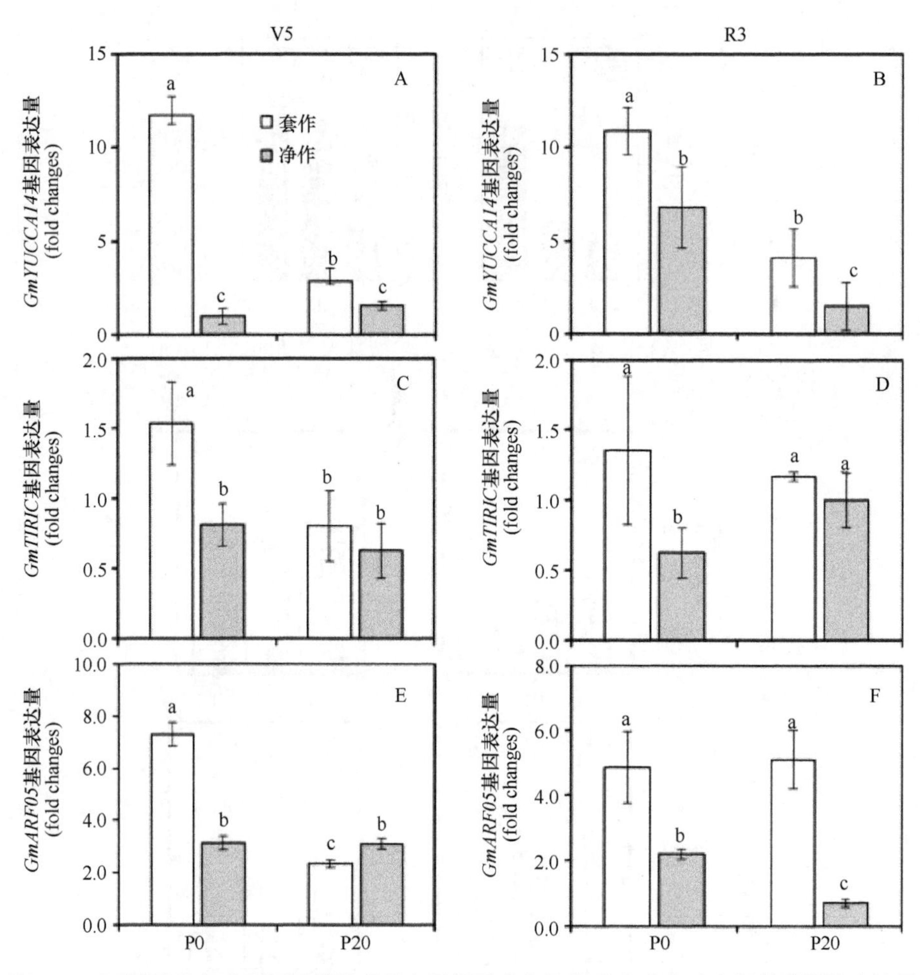

图 4-35 不同种植方式和不同磷处理下大豆根系中与生长素合成和响应相关基因的表达量

四、带状复合种植大豆根系分泌物及功能

（一）大豆根系分泌特征

SS100 与 MS30 共筛选到 32 种具有显著差异的代谢物（图 4-36A）；SS100 与 MS60 共筛选到 13 种具有显著性差异的代谢物（图 4-36B）。这些代谢物主要由黄酮和黄酮醇、异黄酮及黄烷酮类组成；其中 SS100 与 MS30 的大豆根系分泌物中 2 种代谢物显著上调，分别为桔皮素（tangeretin）和川陈皮素（nobiletin）；SS100 与 MS60 的大豆根系分泌物中 2 种代谢物显著上调，分别为山柰酚（kaempferol）和桔皮素。

研究人员对筛选的具有显著差异的代谢物分析发现（图 4-37），与净作相比，

MS60 处理下川陈皮素、桔皮素和山柰酚分别上调了 2.47 倍、2.09 倍和 2.62 倍；MS30 处理下川陈皮素、桔皮素和山柰酚分别上调了 2.29 倍、2.20 倍和 1.77 倍。同时，套作处理下五羟黄酮（tricetin）、高圣草酚（homoeriodictyol）和柚皮素

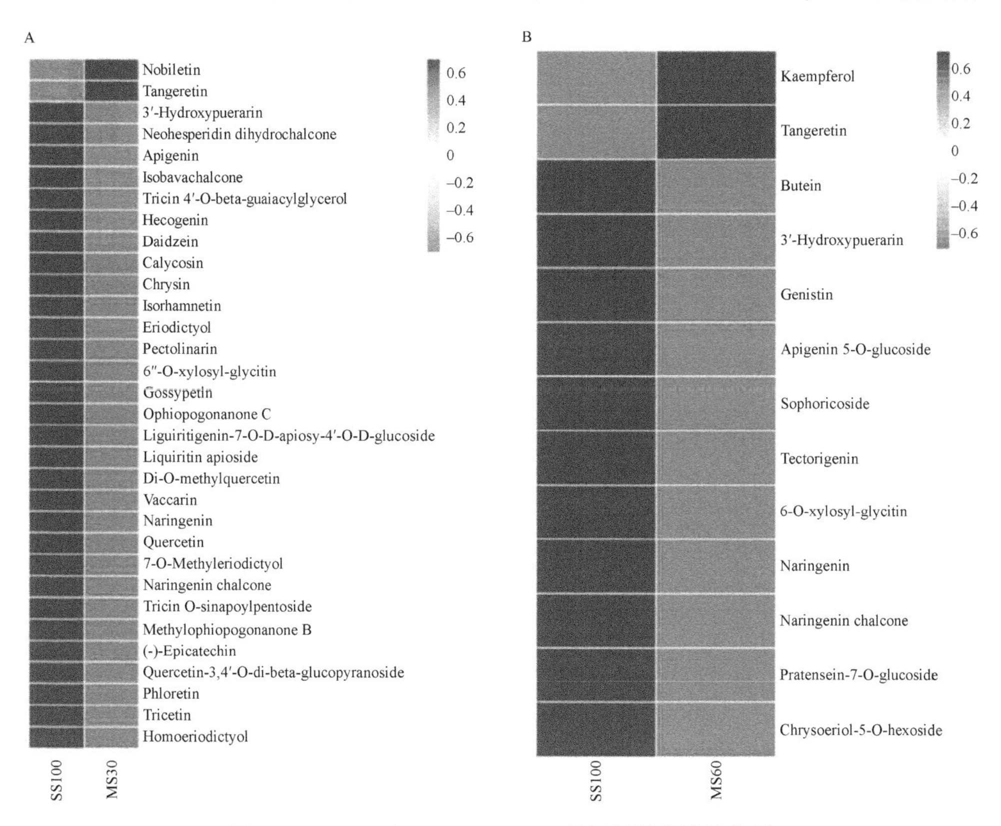

图 4-36　SS100 与 MS30、MS60 组间差异代谢物热图

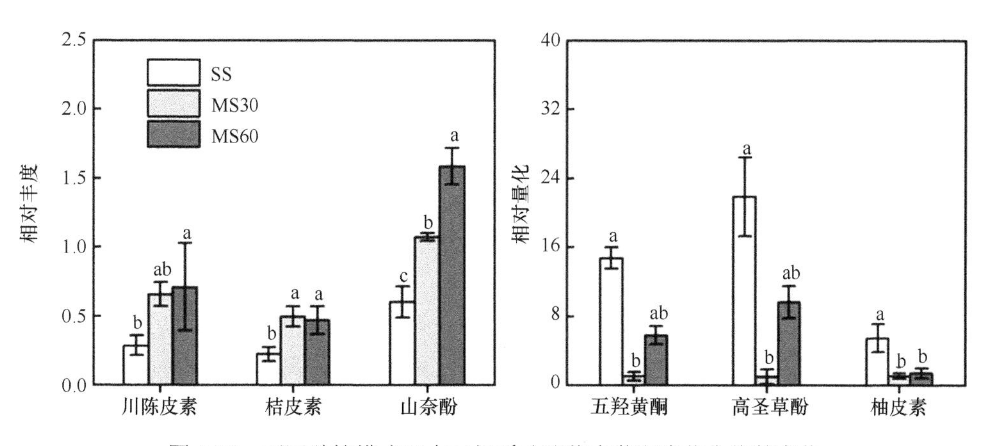

图 4-37　不同种植模式下大豆根系分泌物中黄酮类化合物的变化

（naringenin）的分泌较净作显著下调。由此表明，与玉米套作后大豆根系分泌物中黄酮和黄酮醇类的分泌增加，而黄烷酮类的分泌降低。

（二）大豆根系分泌物对玉米根系激素分泌及响应因子表达的影响

经大豆根系分泌物处理（T1）过后的玉米根系激素吲哚-3-乙酸（indole-3-acetic acid，IAA）、茉莉酸（jasmonic acid，JA）、5-脱氧独脚金醇（5-deoxystrigol，5DS）含量比营养液处理（T3）高（图 4-38），其中 JA 含量变化较其他激素更为明显，10D 和 30D 分别显著（$P<0.05$）和极显著（$P<0.01$）高出 T3 处理 64.21%、75.05%；20D 时 5DS 含量显著高出 T3 处理 44.62%。而 1-氨基环丙烷羧酸（1-amino-1-cyclopropanecarboxylic acid，ACC）、脱落酸（abscisic acid，ABA）经处理过后低于 T3 处理，但差异不显著。

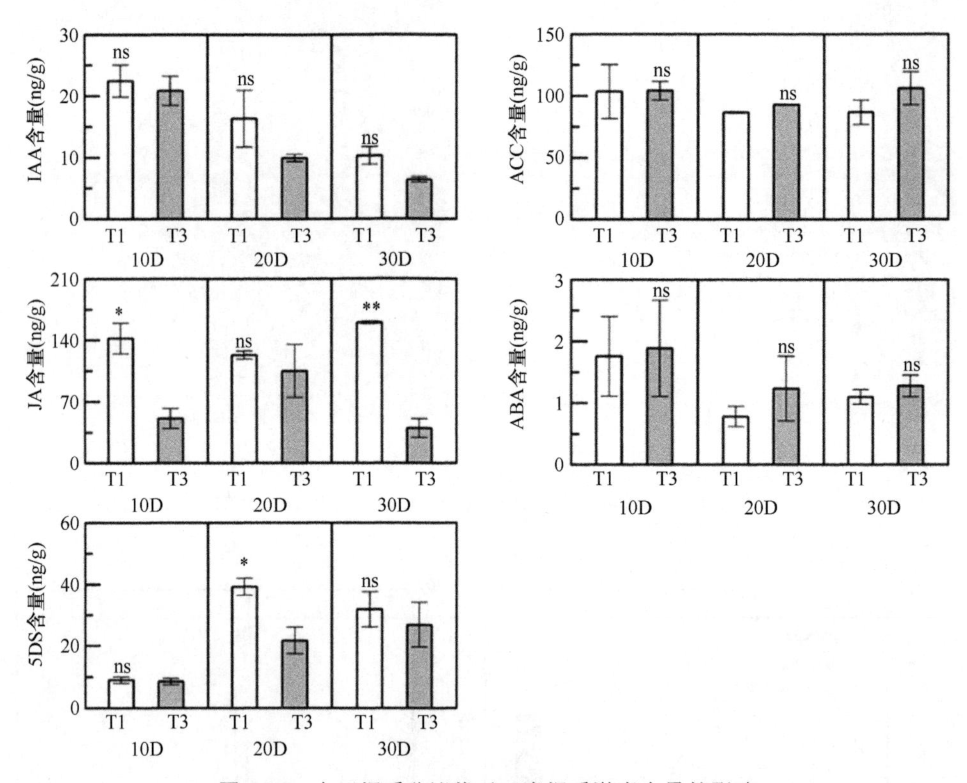

图 4-38 大豆根系分泌物对玉米根系激素含量的影响

10D. 雾培第 10 天；20D. 雾培第 20 天；30D. 雾培第 30 天；T1. 大豆根系分泌物雾培玉米；T3. 营养液雾培玉米。下同

大豆根系分泌物处理提高了玉米根系生长素响应因子基因 *ZmARF1*（图 4-39）、*ZmARF27*（图 4-40）的相对表达量。与 T3 处理相比，大豆根系分泌物处理使 20D 时的 *ZmARF1* 相对表达量显著高出 T3 49.32%，使 10D 时的 *ZmARF27* 相对表达

量显著高出 56.96%，30D 时的 *ZmARF27* 相对表达量极显著高出 49.66%。

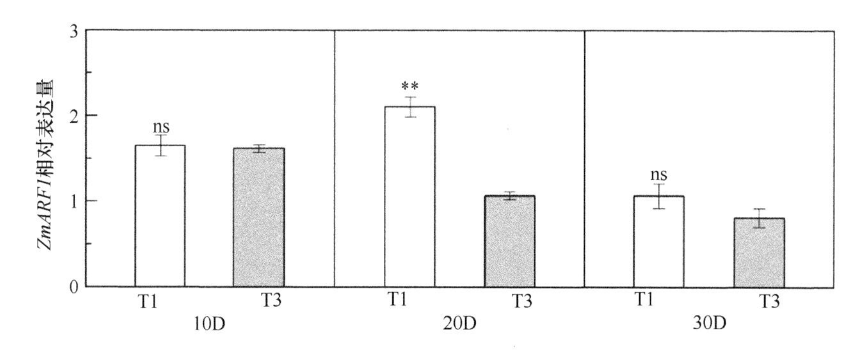

图 4-39　大豆根系分泌物对玉米根系 *ZmARF1* 相对表达量的影响

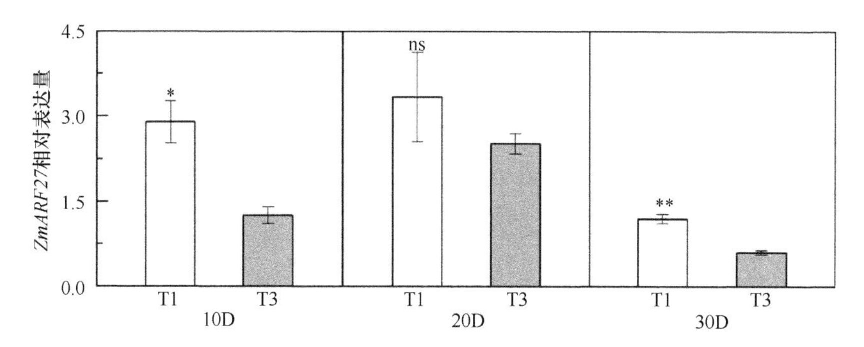

图 4-40　大豆根系分泌物对玉米根系 *ZmARF27* 相对表达量的影响

（三）大豆根系分泌物对玉米根系生长发育的影响

随着处理时间的增加，大豆根系分泌物对玉米根系生长发育的效果也更加明显（表 4-14）。10D 时，一级侧根长、根系生物量显著高于 T3 处理 30.83%、44.26%。20D 时，二者之间差异不显著。30D 时，T1 处理使根系长度、一级侧根长、根系表面积、根系体积，以及根系生物量分别较 T3 处理显著提高了 35.62%、64.76%、42.21%、48.52%、68.97%。

表 4-14　大豆根系分泌物对玉米根系生长情况的影响

处理		根系长度（cm）	一级侧根长（cm）	根系表面积（cm^2）	根系体积（cm^3）	根系生物量（g）
10D	T1	116.22a	55.04a	29.81a	0.54a	41.07a
	T3	105.13a	42.07b	38.83a	0.84a	28.47b
平均		110.68	48.56	34.32	0.69	34.77
20D	T1	1070.00a	304.95a	147.74a	1.4a	165.53a
	T3	1043.65a	306.1a	137.41a	1.19a	158.83a
平均		1056.83	305.53	142.58	1.3	162.18

续表

处理		根系长度（cm）	一级侧根长（cm）	根系表面积（cm^2）	根系体积（cm^3）	根系生物量（g）
30D	T1	5398.47a	362.1a	737.6a	8.02a	802.6a
	T3	3980.46b	219.78b	518.66b	5.4b	475b
平均		4689.47	290.94	628.13	6.71	638.8

注：10D、20D、30D 分别代表雾培 10d、20d、30d；T1 代表大豆根系分泌物雾培玉米，T3 代表营养液雾培玉米。下同

不同处理时间下，侧根级别对玉米根系数量的影响有显著差异（图 4-41），10D、20D 时二级侧根贡献最大；30D 之后三级侧根贡献最大（图 4-42）。大豆根

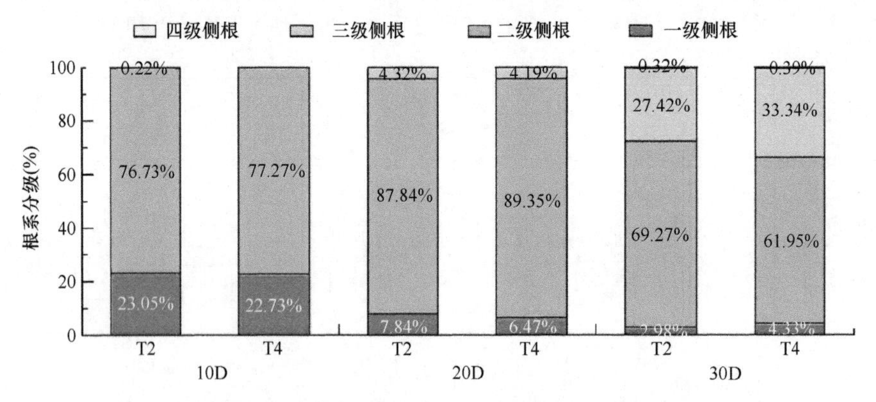

图 4-41　大豆根系分泌物对玉米侧根分级的影响

图中同一列数据相加不等于 100%由数据修约造成

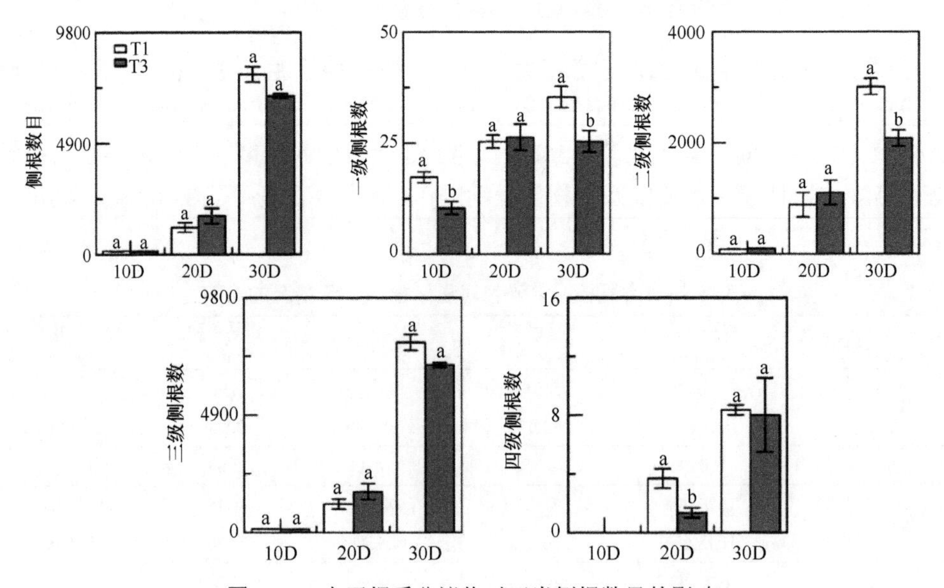

图 4-42　大豆根系分泌物对玉米侧根数目的影响

系分泌物对玉米侧根数目的影响随着处理时长的增加而增强，包括对新出现的三、四级侧根。大豆根系分泌物对玉米根系总数量的影响不显著。10D、30D 时经大豆根系分泌物处理的玉米一级侧根的数量显著高于营养液处理 40.39%、28.30%；30D 时，二级侧根数量达到显著差异；20D 时，四级侧根数量达到显著差异。

参 考 文 献

彭西红, 陈平, 杜青, 等. 2022. 减量施氮对带状套作大豆土壤通气环境及结瘤固氮的影响[J]. 作物学报, 48(5): 1199-1209.

任俊波, 杨雪丽, 陈平, 等. 2022. 种间距离对玉米—大豆带状套作土壤理化性状及根系空间分布的影响[J]. 中国农业科学, 55(10): 1903-1916.

周丽, 付智丹, 杜青, 等. 2017. 减量施氮对玉米/大豆套作系统中作物氮素吸收及土壤氨氧化与反硝化细菌多样性的影响[J]. 中国农业科学, 50(6): 1076-1087.

Li Y L, Chen P, Fu Z D, et al. 2023. Maize-soybean relay cropping increases soybean yield synergistically by extending the post-anthesis leaf stay-green period and accelerating grain filling[J]. The Crop Journal, 11(6): 1921-1930.

Zheng B C, Zhou Y, Chen P, et al. 2022. Maize-legume intercropping promote N uptake through changing the root spatial distribution, legume nodulation capacity, and soil N availability[J]. Journal of Integrative Agriculture, 21(6): 1755-1771.

第五章　低位作物株型调控理论

在玉米大豆带状复合种植系统中，大豆是低位作物，在生长发育前期（玉米大豆带状套作）或中后期（玉米大豆带状间作），会受到玉米遮荫。避荫性反应导致其产生节间过度伸长、茎秆变细、叶片变薄、叶夹角变小等一系列株型变化，光合产物积累少、分配失衡，导致倒伏、结荚少、产量低。在间套作系统中，人们主要通过田间配置来改善低位作物的光环境，而对低位作物的耐荫机制、耐荫品种的筛选研究较少，缺乏株型调控的相应理论支撑，低位作物产量提升困难，复合系统生产力不高。

第一节　大豆株型对带状复合种植光环境的响应机制

在带状复合种植系统中，玉米的遮荫导致有效光合辐射减弱，红光和远红光的比值减小，光强降低，因此该系统是典型的荫蔽环境。但随着玉米株型、田间配置和作物生长发育阶段的不同，低位作物受荫蔽的程度会发生很大的变化，甚至在带状套作系统中，玉米收获后，大豆初花期及以后的光环境会比净作更好。因此，明确大豆对带状复合种植系统变光环境的动态适应过程，对培育带状复合种植专用大豆品种和研发相应的调控技术极其重要。

一、光环境对大豆叶片的影响

叶片是植物进行光合作用的主要器官，叶片面积大小能直接影响作物的光能截获和光合作用效率，进而影响作物的生长和产量。光环境可以影响叶片大小和形态，植物通过调整叶片的大小、厚度、比叶面积和叶绿体数量等来适应不同的光照条件，从而提高光合作用效率和生存能力。研究带状复合种植荫蔽环境对大豆叶片面积大小的影响，对提高大豆耐弱光能力具有重要参考价值。

1. 荫蔽对大豆叶片大小的影响

光环境对不同发育程度的叶片影响不同。研发人员通过盆栽试验设置荫蔽［400μmol/(m^2·s)］和全光照［1100μmol/(m^2·s)］两个处理，结果表明，荫蔽下大豆植株总叶面积显著低于全光照处理，幼嫩叶、中等叶和成熟叶的面积是全光照处理的 70%～80%，均显著低于全光照处理。另外，不同部位的叶柄长度均显著高于全光照处理（表 5-1）。

2. 荫蔽对大豆叶片栅栏细胞数量和大小的影响

不同光环境处理下大豆叶片栅栏细胞的数量和大小如图 5-1 所示。荫蔽［400μmol/(m^2·s)］显著降低了幼嫩叶、中等叶和成熟叶的细胞数量和细胞大小。荫蔽对幼嫩叶细胞数量和细胞大小的影响程度显著大于对成熟叶的影响。荫蔽下不同发育程度叶片的厚度和细胞长度也显著下降。

表 5-1　不同光环境对大豆叶面积和叶柄长度的影响（Wu et al.，2017）

处理	叶面积（cm^2）				小叶面积（cm^2）			叶柄长度（cm）		
	幼嫩叶	中等叶	成熟叶	总叶面积	幼嫩叶	中等叶	成熟叶	幼嫩叶	中等叶	成熟叶
荫蔽	40.93b	66.88b	58.88b	199.65b	13.64b	22.29b	19.63b	6.72a	12.78a	11.43a
全光照	55.60a	83.97a	73.60a	239.73a	18.53a	27.98a	24.53a	5.58b	11.02b	10.67b

注：不同小写字母分别表示同一列在 0.05 水平上差异显著

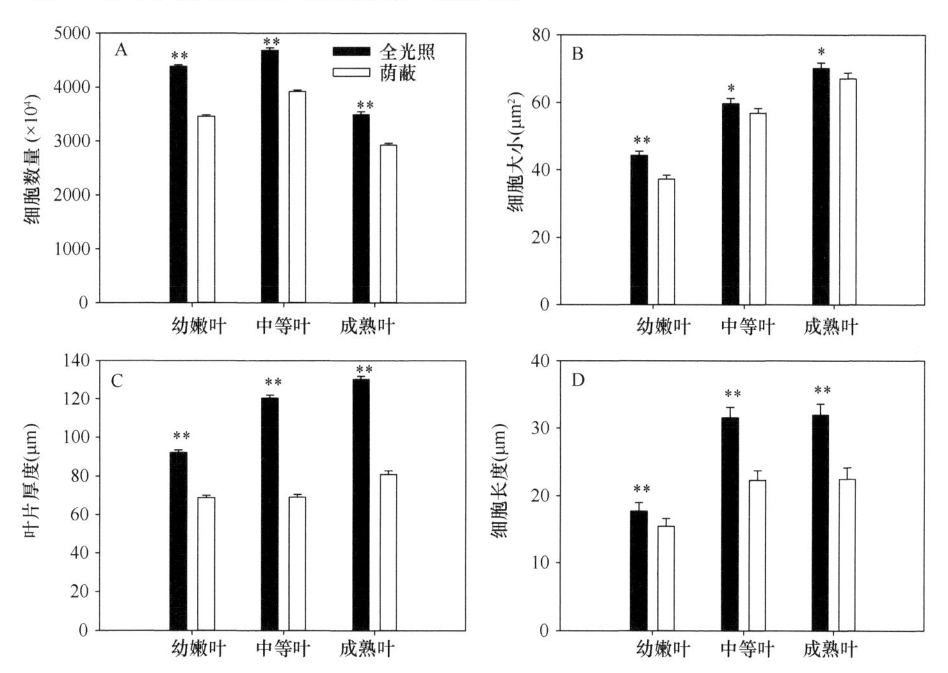

图 5-1　不同光环境处理对大豆叶片栅栏细胞数量和大小的影响（Wu et al.，2017）
* 和**分别表示在 0.05 和 0.01 水平上差异显著

3. 荫蔽对大豆叶片细胞分裂和扩张相关基因表达的影响

不同光环境对不同发育程度叶片细胞分裂和扩张的影响程度不同。检测了不同光照环境下 9 个参与大豆叶片细胞分裂的基因（*ANT*、*AN3*、*GRF5*、*KLUH*、*UBP15*、*CYCD3*、*JAG*、*ROT4*、*AGROS*）、4 个参与细胞扩张的基因（*EXP10*、*TOR*、

ROT3、SAUR19)、5 个参与细胞分裂和扩张的基因(ARF2、EBP1、RGA、DA1、EOD1)、2 个参与叶原基(SWP)和拟分生组织(PPD2)形成的基因表达(图 5-2)。结果表明,与全光照处理[1100μmol/(m²·s)]相比,荫蔽处理[400μmol/(m²·s)]下,在腋芽中,1 个拟分生组织基因(PPD2)、5 个细胞分裂基因(ANT、AN3、KLUH、UBP15、ROT4)、4 个细胞扩张基因(EXP10、TOR、ROT3、SAUR19)、4 个细胞分裂和扩张基因(ARF2、EBP1、RGA、EOD1)的表达均表现为显著下调;在幼嫩叶中,5 个细胞分裂基因(ANT、AN3、KLUH、UBP15、CYCD3)、1 个细胞扩张基因(ROT3)、4 个细胞分裂和扩张的基因(ARF2、EBP1、DA1、EOD1)的表达均表现为显著下调;在中等叶中,2 个细胞分裂基因(ANT、AN3)、1 个

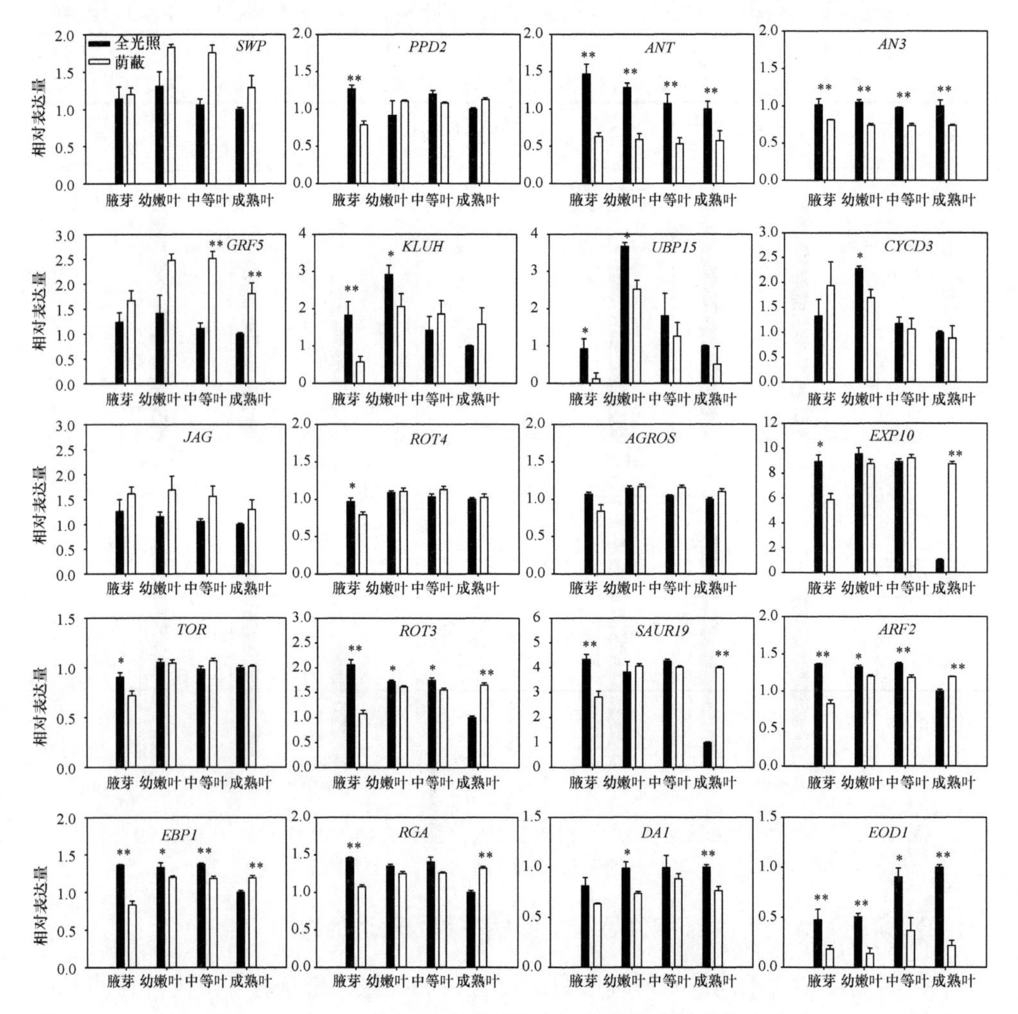

图 5-2 不同光环境处理对大豆叶片细胞分裂和扩张相关基因表达量的影响(Wu et al.,2017)

图中* 和**分别表示在 0.05 和 0.01 水平上差异显著

细胞扩张基因（*ROT3*）、3 个细胞分裂和扩张基因（*ARF2*、*EBP1*、*EOD1*）的表达均表现为显著下调；在成熟叶中，2 个细胞分裂的基因（*ANT*、*AN3*）、2 个细胞分裂和扩张基因（*DA1*、*EOD1*）的表达显著下调，1 个细胞分裂基因（*GRF5*）、3 个细胞扩张基因（*EXP10*、*ROT3*、*SAUR19*）、3 个细胞分裂和扩张基因（*ARF2*、*EBP1*、*RGA* ）的表达显著上调。

4. 荫蔽对大豆叶片激素的影响

激素对叶片大小的发育起着重要作用。如图 5-3 所示，荫蔽［400μmol/(m^2·s)］显著增加了不同发育程度叶片的赤霉素和生长素含量，显著降低了细胞分裂素含量，对油菜素内酯含量没有显著影响。

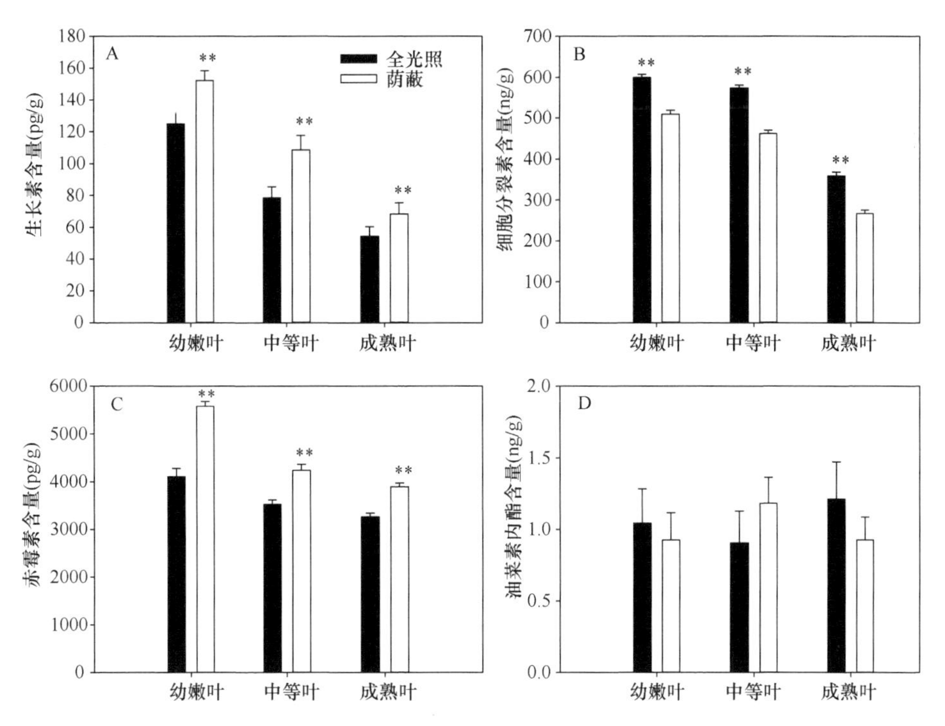

图 5-3　不同光环境处理对大豆叶片激素的影响（Wu et al.，2017）

图中*和**分别表示在 0.05 和 0.01 水平上差异显著

二、光环境对叶柄的影响

叶柄对塑造大豆株型结构、支撑叶片截获光能、维持叶片光合姿态起重要作用。叶柄长度和夹角对带状套作光强、光质变化的响应机制鲜有报道，荫蔽调控大豆激素代谢影响叶柄的机制尚不明确，导致玉米大豆带状复合种植系统中大豆理想株型的塑造缺乏理论基础，高产栽培技术难以提升。为此，本研究采用大田试验和盆栽试验相结合，利用生理生化、分子生物学和转录组学等方法和技术，研究大豆叶柄响应带状套作光环境的机制。

1. 不同种植方式对大豆叶柄夹角的影响

对 155 个大豆材料苗期叶柄夹角的分析结果表明，带状套作（RC）的叶柄夹角均小于净作（SC），各种植方式不同生育时期下叶柄夹角均值并无显著差异（图 5-4A、B）。其中 V2 期净作大豆的叶柄夹角均值为 61.2°，带状套作均值为 29.7°；

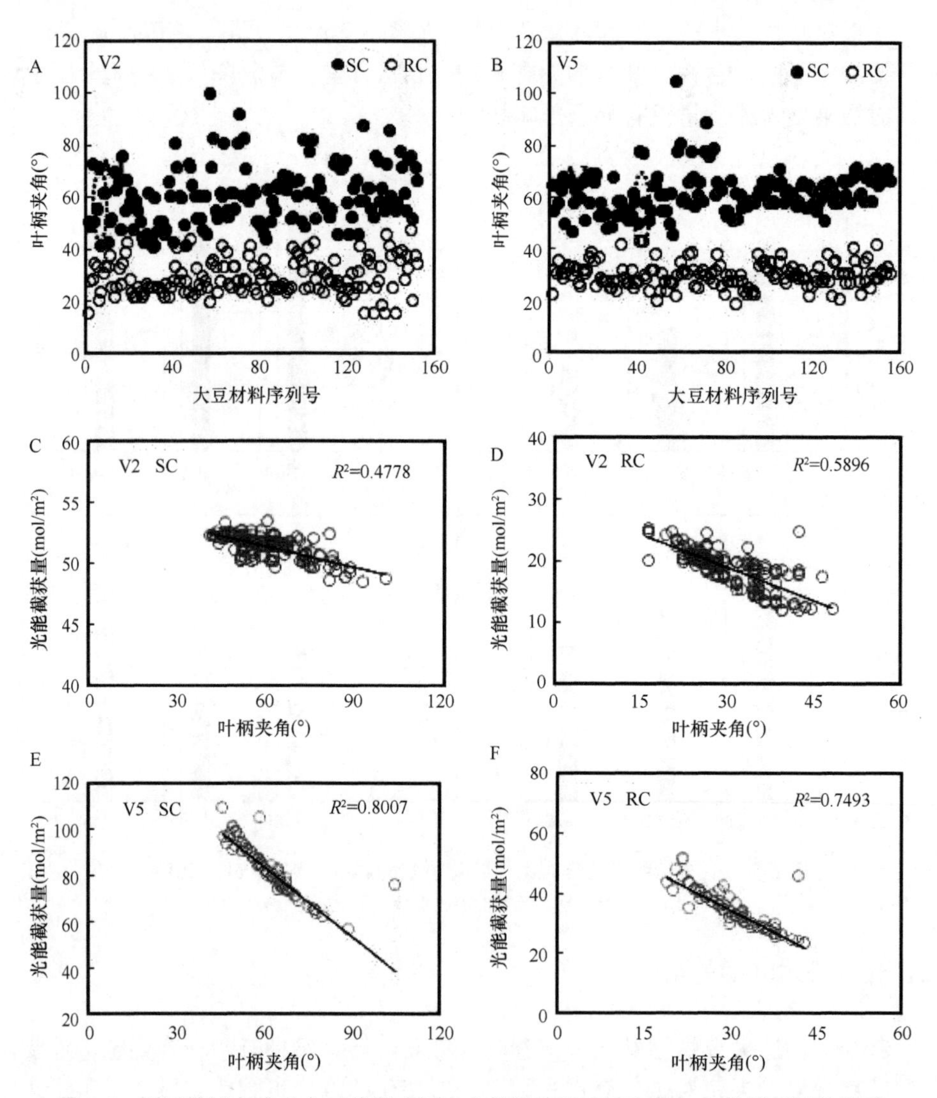

图 5-4　不同种植方式对大豆苗期叶柄夹角的影响及叶柄夹角与光能截获量的关系（Feng et al.，2019）

A、B 分别为大豆 V2、V5 期的叶柄夹角；C～F. 大豆 V2、V5 期的叶柄夹角与光能截获量的线性关系

V5 期净作大豆的叶柄夹角均值为 62.1°，带状套作为 30.2°。V2 和 V5 期，净作叶柄夹角约为带状套作的 2.1 倍。其中净作叶柄夹角较带状套作的变异幅度更大，且 V2 较 V5 的变异幅度更大。总体上，叶柄夹角与光能截获量呈负相关。V2 期净作条件下的叶柄夹角与光能截获量的线性相关系数（R^2）最小，为 0.4778；另外带状套作条件下的叶柄夹角与光能截获量的线性相关系数大于净作，与 V5 期线性相关系数相当；V5 期净作条件下的叶柄夹角与光能截获量的线性相关系数达到最大，为 0.8007（图 5-4C～F）。

2. 光强和光质对大豆叶柄的影响

大豆通过减小叶柄夹角、增加叶柄直径、伸长叶柄来响应荫蔽光环境（光强弱和红光与远红光比值降低），其中减小叶柄夹角、伸长叶柄是叶柄部响应红光与远红光比值（R/Fr）降低的主要特征，尤其体现在光处理后的幼嫩叶柄组织（图 5-5）。

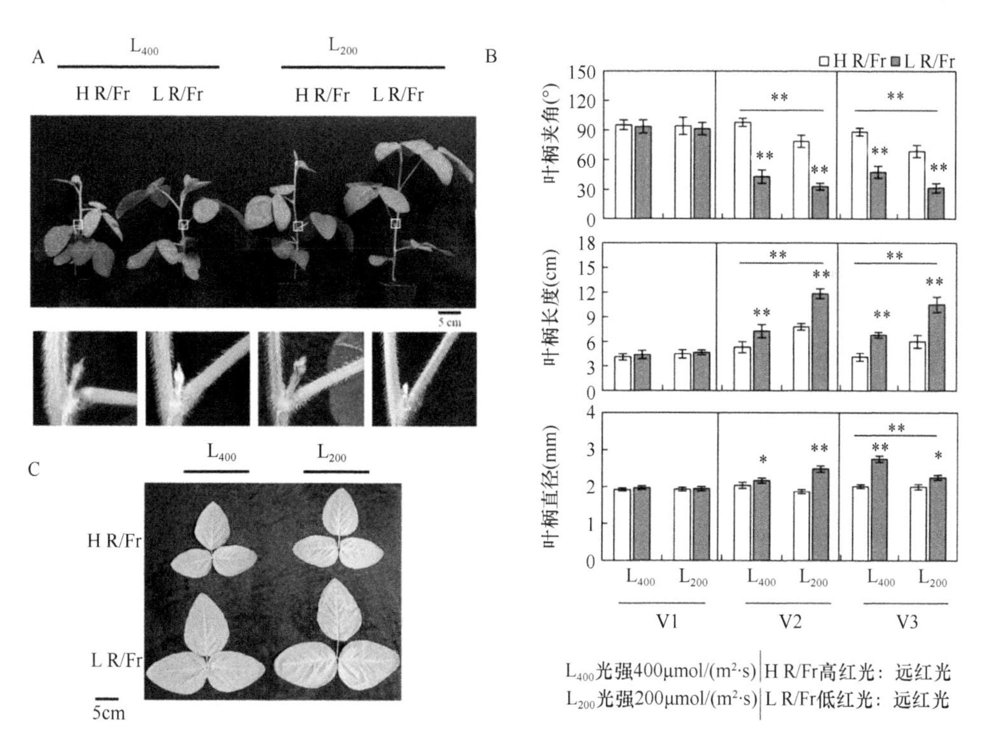

图 5-5　大豆叶柄部及其他相关性状对光强和 R/Fr 的响应（Feng et al.，2019）

植株生长在两个光强和两种 R/Fr（光质）条件下［光强：光量子密度为 400μmol/(m²·s)（L_{400}）和 200μmol/(m²·s)（L_{200}）；R/Fr 表示红光与远红光的比值，H R/Fr =2.08，L R/Fr =0.52］。**表示处理间差异显著（0.001＜P＜0.01），***表示处理间差异极显著（P＜0.001）。A. 全株形态；B. 叶柄夹角；C. V2 三出复叶面积；V1. 一叶期；V2. 二叶期；V3. 三叶期

3. 光强和光质对叶枕激素含量的影响

不管光强高低，低红光与远红光比值处理极显著上调大豆叶枕生长素吲哚乙酸（indole-3-acetic acid，IAA）含量，高、低光强度下，低红光与远红光比值处理分别为高红光与远红光比值处理的 2.67 和 2.94 倍（图 5-6）。IAA 合成中间产物吲哚-3-丙酮酸（indole-3-pyruvic acid，IPA）含量受低红光与远红光比值影响显著。低光强促进了低红光与远红光比值诱导的赤霉素（GA_3 和 GA_4）升高，特别是 GA_3。

弱光极显著提高大豆叶枕生长素吲哚乙酸（IAA）、吲哚丁酸 （indole butyric acid，IBA）、吲哚-3-丙酮酸（IPA）和赤霉素 GA_3、GA_4 的含量，降低细胞分裂素（cytokinin，CTK）含量（图 5-6）。在弱光下，低红光与远红光比值极显著提高 IAA、GA_3、GA_4 和 CTK 的含量。

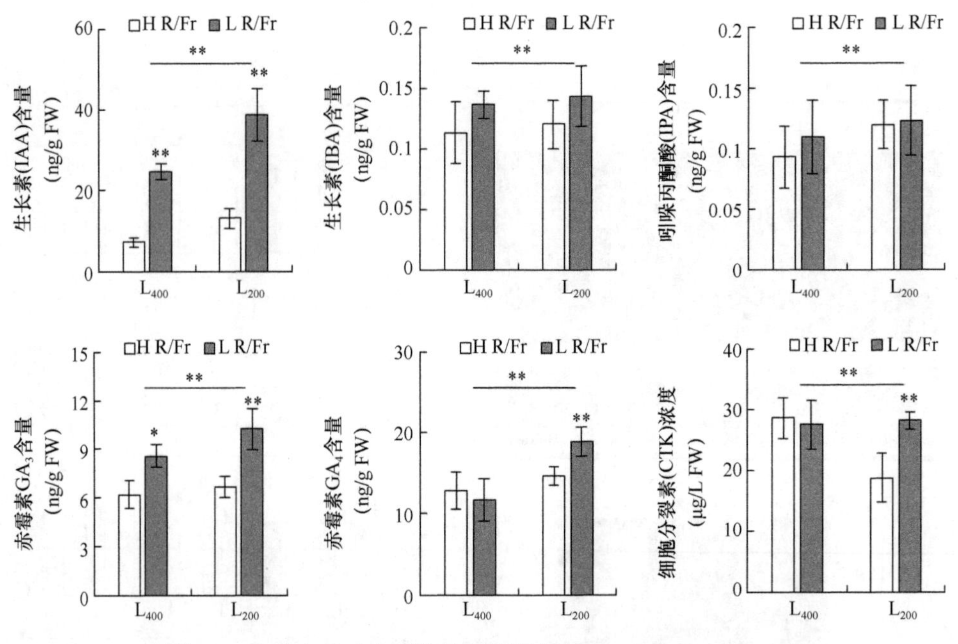

图 5-6　光强光质对叶枕激素含量的影响（Feng et al.，2019）

*表示处理间差异显著（0.01＜P＜0.05）；**表示处理间差异显著（P＜0.01）。下同

4. 光强和光质对叶枕生长素合成和信号相关基因表达量的影响

除 *GmIAA19* 外，生长素合成和信号相关基因均受到光强和光质的调控，均达到显著差异。生长素合成的色氨酸转氨酶基因 *GmTAA1d*、黄素单加氧酶基因 *Gmyucca4*、*Gmyucca11* 在弱光和低红光与远红光比值下均极显著上调。生长素

受体基因 *GmTIR1a*、生长素响应因子 *GmARF11*、*GmARF18*、生长素上调小 RNA 基因 *GmSAUR19* 和生长素早期响应基因 *GmGH3a* 在光强和 R/Fr 处理下相对表达量的变化趋势与生长素合成基因 *GmTAA1d* 变化相似，均受到低红光与远红光比值和弱光的强烈诱导；生长素响应蛋白基因 *GmIAA19* 表达量变化与之相反，在低红光与远红光比值处理下受到显著抑制（图 5-7）。

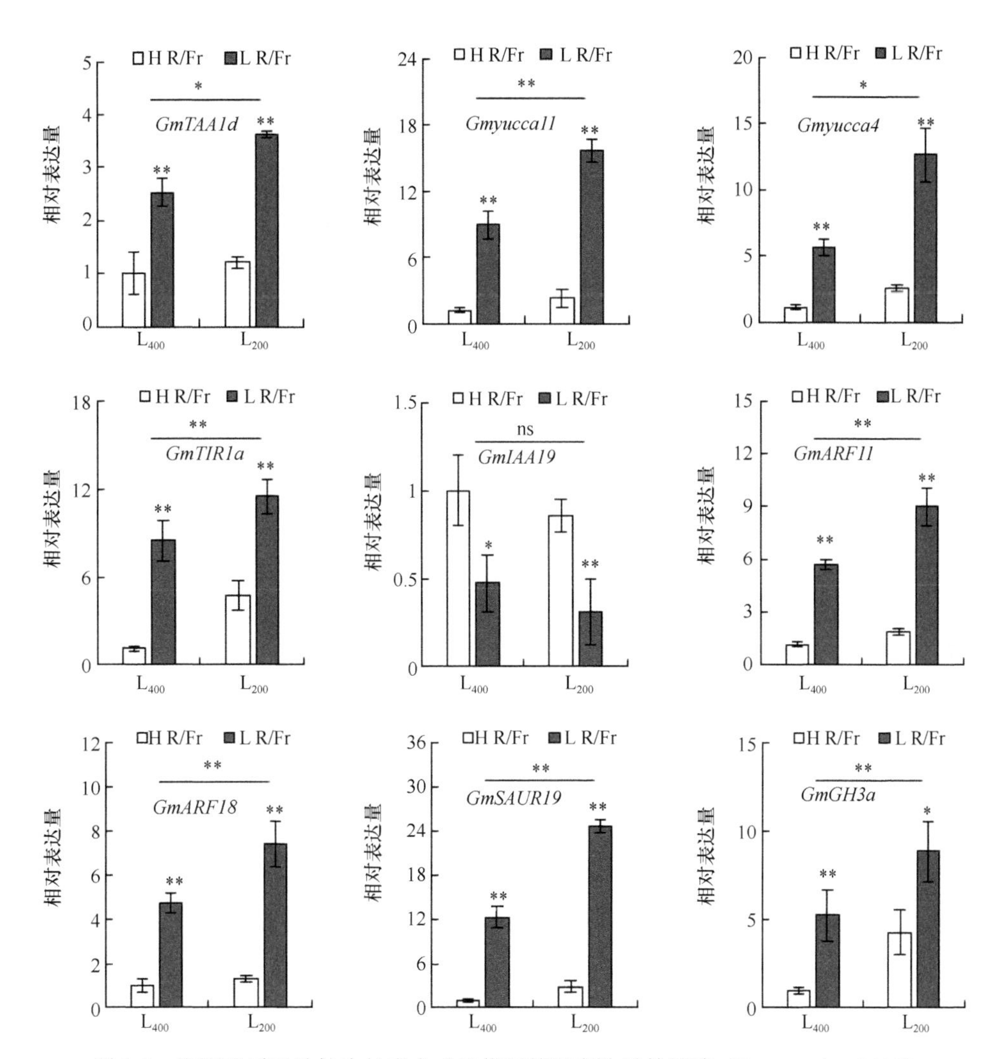

图 5-7　光强光质对叶柄生长素合成及信号基因表达量的影响（Feng et al.，2019）

赤霉素 20-氧化酶基因 *GmGA20ox1* 和赤霉素 3-氧化酶基因 *GmGA3ox1* 是赤霉素合成的关键基因，弱光和低红光与远红光比值会极显著促进其表达；与此变化相同的还包括赤霉素受体基因 *GmGID1*。赤霉素 2-氧化酶基因 *GmGA2ox1* 具有抑制赤霉素活性的功能，低红光与远红光比值下表达下调，与此变化相同的还有编码 DELLA 家族的 *GmRGA1*、*GmGAI1* 基因（图 5-8）。

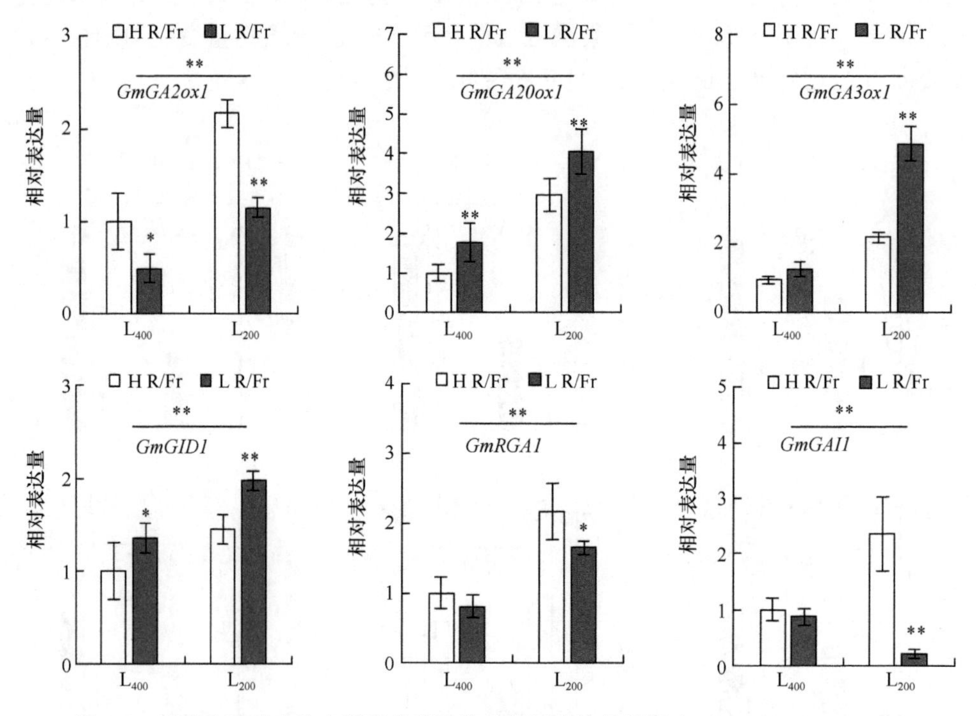

图 5-8　光强光质对叶枕赤霉素合成及信号基因表达量的影响（Feng et al.，2019）

细胞分裂素合成酶基因 *GmIPT1*、受体基因 *GmCRE1* 和编码细胞分裂素磷酸转移蛋白 *GmAHP1* 基因的表达在弱光和低红光与远红光比值下均受到显著抑制，反应调节因子 *GmARR1* 则上调表达（图 5-9）。

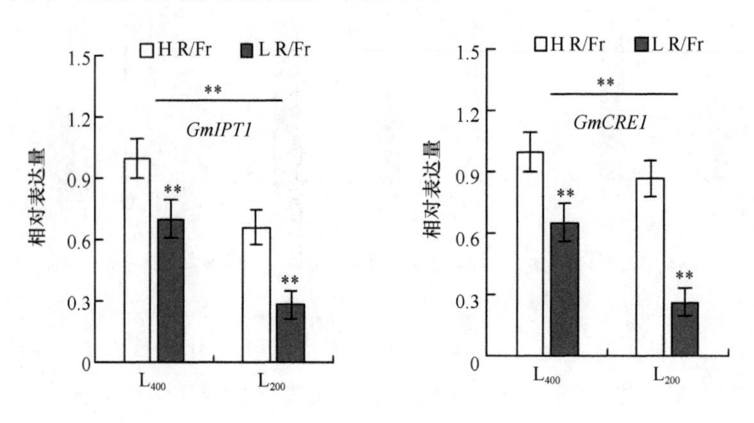

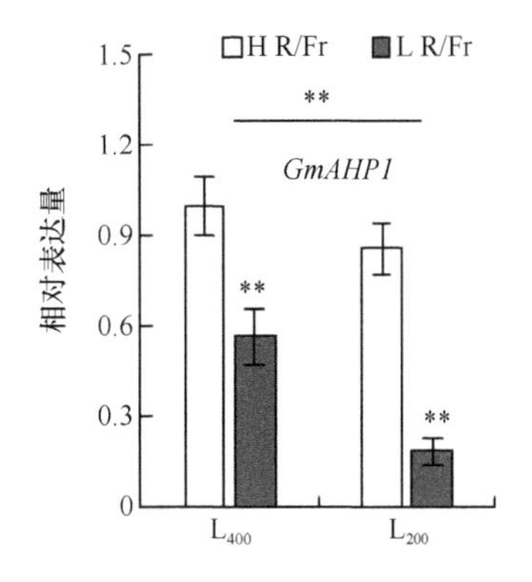

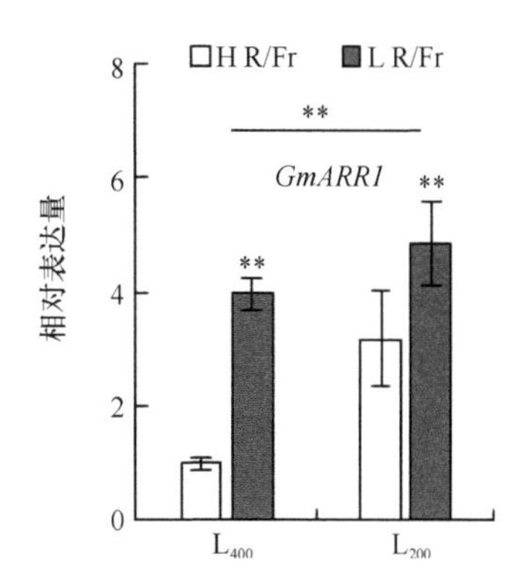

图 5-9　光强光质对叶枕细胞分裂素信号基因表达量的影响（Feng et al.，2019）

三、光环境对大豆茎秆生长和抗倒性的影响

在玉米大豆带状复合种植模式中，大豆受到荫蔽胁迫。为了截获更多的光照，大豆株高增加、茎秆强度降低，随即发生茎秆藤蔓化和倒伏，从而降低大豆产量与机械化收获效率。为了明确大豆茎秆抗倒性对荫蔽响应的生理机制，本研究选择南豆 12（ND12）和南农 99-6（NN99-6）两个大豆品种，设置 S0（不遮荫，正常光照）、S1（轻度荫蔽，光强降低 43%）、S2（中度荫蔽，光强降低 58%）和 S3（重度荫蔽，光强降低 73%）4 个荫蔽程度，研究光环境与大豆茎秆抗倒形态建成间的关系。

1. 荫蔽对大豆茎秆抗倒伏表型的影响

大豆株高（主茎长）对光环境最为敏感，当出现轻度荫蔽时，两品种初花期的株高显著增加，且随着荫蔽程度加深而进一步增加（图 5-10）。茎粗和茎秆抗折

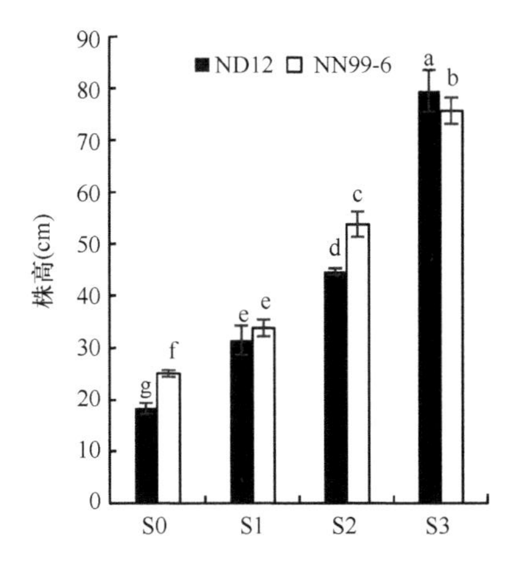

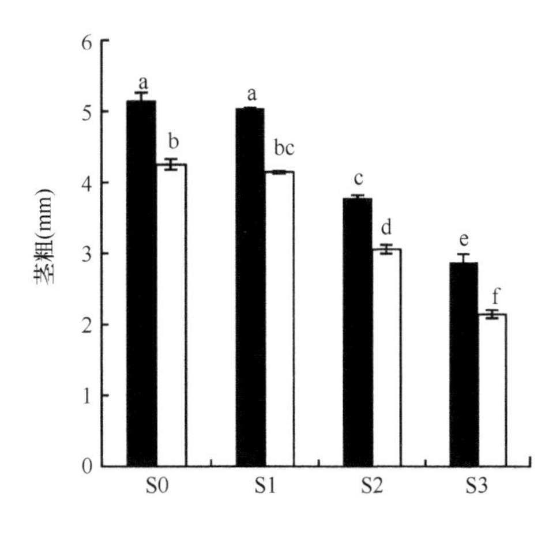

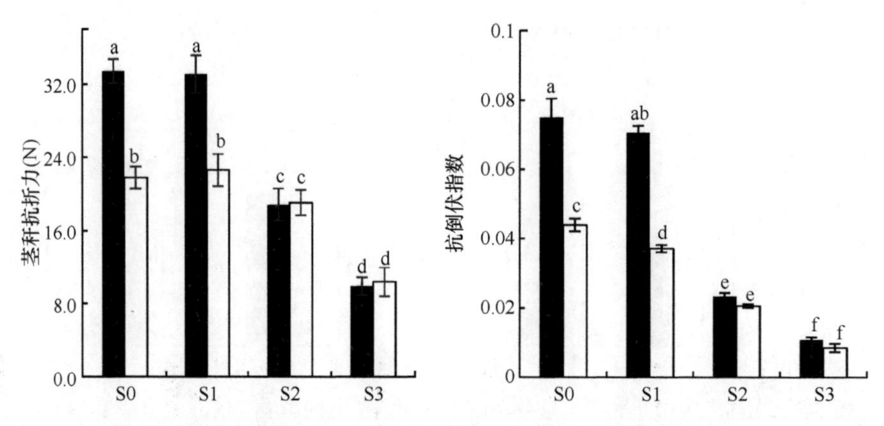

图 5-10　苗期不同荫蔽程度对初花期大豆茎秆抗倒伏表型的影响（Wen et al.，2020）

力在轻度荫蔽环境下，变化不显著，当达到中度和重度荫蔽时，两品种的茎秆变的纤细；茎粗和抗折力显著降低，抗倒伏指数随之下降，倒伏风险增加。

2. 荫蔽对大豆茎秆解剖结构的影响

由表 5-2 可知，随着荫蔽程度的加深，大豆的木质部面积和髓部面积都显著减小（表 5-2）。从木质部和髓部所占比例看，轻度荫蔽对大豆髓部所占比例无显著影响，而中度和重度荫蔽显著增加髓部所占比例；在轻度荫蔽下，ND12 和 NN99-6 的木质部占比较自然光分别提高了 3.40%和 1.05%，但随着荫蔽程度的加重，木质部所占比例显著下降。

表 5-2　不同荫蔽程度下大豆茎秆的木质部和髓部面积（Wen et al.，2020）

品种	处理	木质部面积（mm^2）	髓部面积（mm^2）	木质部占比（%）	髓部占比（%）
ND12	S0	13.493±0.013a	5.587±0.008c	64.8±0.91b	26.9±1.55e
	S1	12.293±0.009b	4.681±0.005b	67.0±0.89a	25.9±1.91e
	S2	6.389±0.013e	4.035±0.007e	56.9±0.63e	35.8±1.30c
	S3	3.614±0.005g	2.584±0.004g	55.8±3.98g	40.0±0.52b
NN99-6	S0	10.576±0.020c	6.252±0.12a	57.1±088d	33.8±.71d
	S1	8.457±0.005d	5.115±0.008d	57.7±1.87c	35.1±0.82cd
	S2	4.363±0.019f	2.769±0.002f	55.8±2.54f	35.2±0.73c
	S3	1.816±0.011h	1.599±0.003h	50.1±2.66h	44.1±1.02a

3. 荫蔽对大豆茎秆非结构性碳水化合物的影响

由图 5-11 可知，在中度和重度荫蔽下，大豆茎秆中的非结构性碳水化合物显著高于正常光，其中荫蔽程度越高，可溶性糖在茎秆中的积累量越高；两个品种茎秆蔗糖含量在重度荫蔽 S3 下比正常光 S0 分别高 36.10%和 38.16%。茎秆中淀粉含量 NN99-6 呈现出 S3＞S2＞S1 的趋势，ND12 呈现 S2＞S3＞S1。轻度荫蔽下 ND12 茎秆中的可溶性糖和蔗糖含量与正常光没有显著差异，而淀粉的积累量则显著低于对照组，说明可溶性糖和蔗糖向结构性碳水化合物的转化量较高。

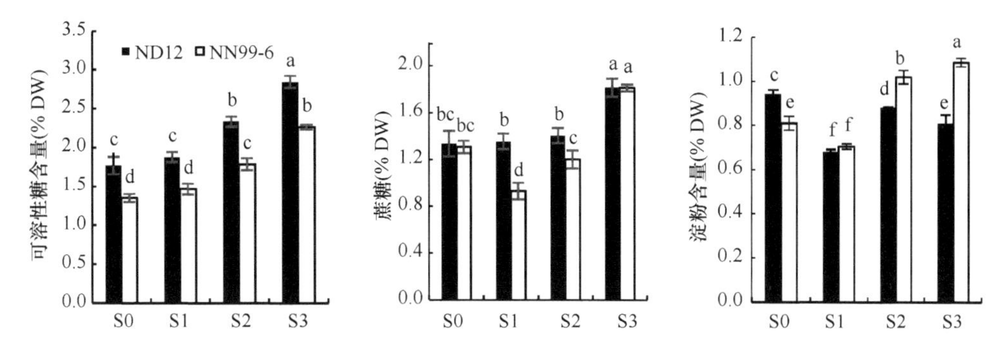

图 5-11 不同荫蔽程度下大豆茎秆内非结构性碳水化合物含量（Wen et al.，2020）

4. 荫蔽对大豆茎秆结构性碳水化合物的影响

随着荫蔽程度的加重，茎秆木质素含量下降，除 S0 外，两个大豆品种在轻度荫蔽下的茎秆木质素含量最高。而纤维素较木质素对荫蔽更为敏感，其在茎秆中的含量在轻度荫蔽开始显著下降，但随着荫蔽程度的继续加深，其下降幅度不大（图 5-12）。

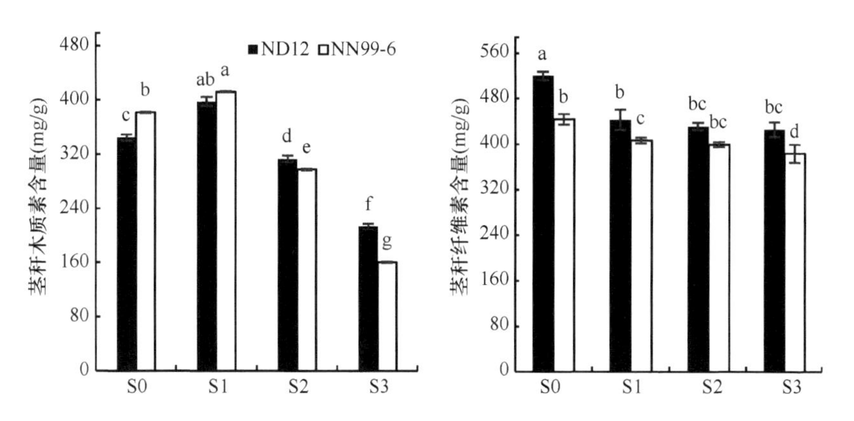

图 5-12 不同荫蔽程度下两品种大豆茎秆内木质素和纤维素的含量（Wen et al.，2020）

5. 荫蔽对大豆茎秆木质素合成关键酶活性的影响

两个大豆品种在轻度荫蔽 S1 下的苯丙氨酸解氨酶（phenylalanine ammonia lyase，PAL）活性与正常光相比，没有显著差异，而随着荫蔽程度的继续加重，

PAL 的活性开始显著降低，呈现 S1＞S2＞S3 的变化趋势。轻度荫蔽 S1 显著提高了 ND12 和 NN99-6 茎秆 4-香豆酸：CoA 连接酶（4-coumaric acid：CoA ligase，4CL）活性，分别升高了 6.89%和 14.12%，但是随着荫蔽程度的继续加重，其活性显著下降。过氧化物酶（peroxidase，POD）活性变化在品种间存在差异，荫蔽显著降低了 ND12 茎秆中 POD 活性，但轻度和中度荫蔽间差异不显著；而轻度荫蔽提高了 NN99-6 的 POD 活性，但随着荫蔽程度的加重，其活性随之降低。除了重度荫蔽，不同光照处理间 ND12 的过氧化氢酶（catalase，CAT 活性没有显著性差异，而轻度荫蔽和中度荫蔽下 NN99-6 的 CAT 活性则显著高于自然光（图 5-13）。

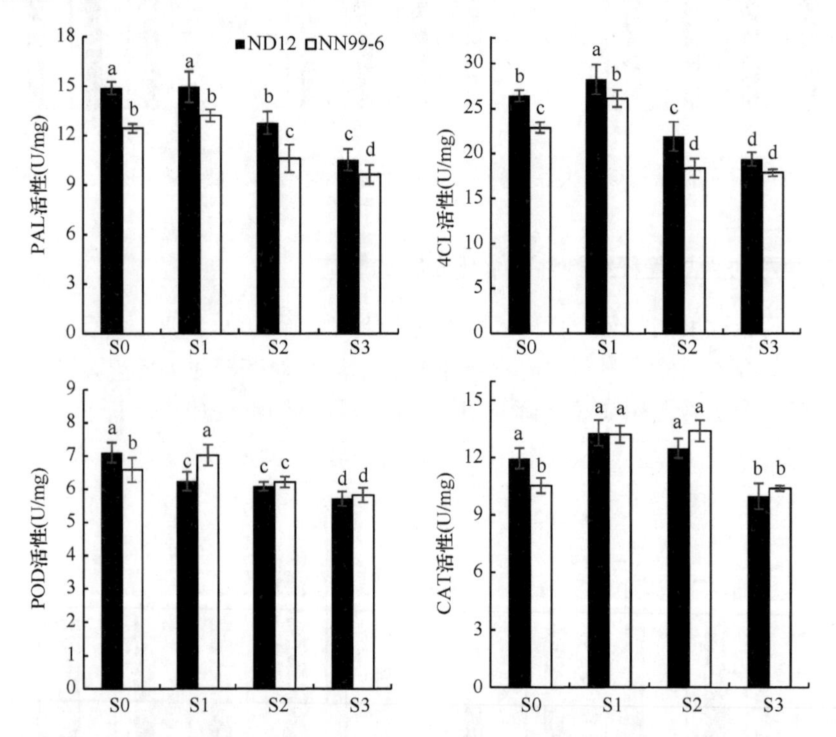

图 5-13　不同荫蔽程度下两品种大豆茎秆木质素合成关键酶活性（Wen et al.，2020）

6. 荫蔽对大豆茎秆木质素合成关键基因表达的影响

大豆品种 ND12 的 *LAC*、*C3H* 和 *4CL* 基因表达水平随荫蔽程度的增大呈现出先升高后降低的趋势。在轻度荫蔽 S1 下这 3 个基因较对照组分别上调了 23.53%、31%和 2.8%，并且 S2 下 *LAC* 和 *C3H* 基因继续上调，但上调幅度小于 S1。S1 下 NN99-6 的 *C3H* 基因出现显著上调，而 *LAC* 基因无显著变化，当荫蔽程度进一步加深，S2 和 S3 下 *LAC*、*C3H* 和 *4CL* 都较自然光下调。

在轻度荫蔽 S1 下，两大豆品种 *PAL* 和 *C4H* 基因的表达水平均较正常光 S0 无差异。然而，荫蔽程度加大至中度 S2 和重度 S3 时，ND12 中的 *PAL* 和 *C4H* 表达逐渐下调，而 NN99-6 中则出现骤然降低，呈现 ND12 的基因表达量高于 NN99-6。这说明 NN99-6 对荫蔽更为敏感，并且 *PAL* 基因的变化趋势与其酶一致（图 5-14）。

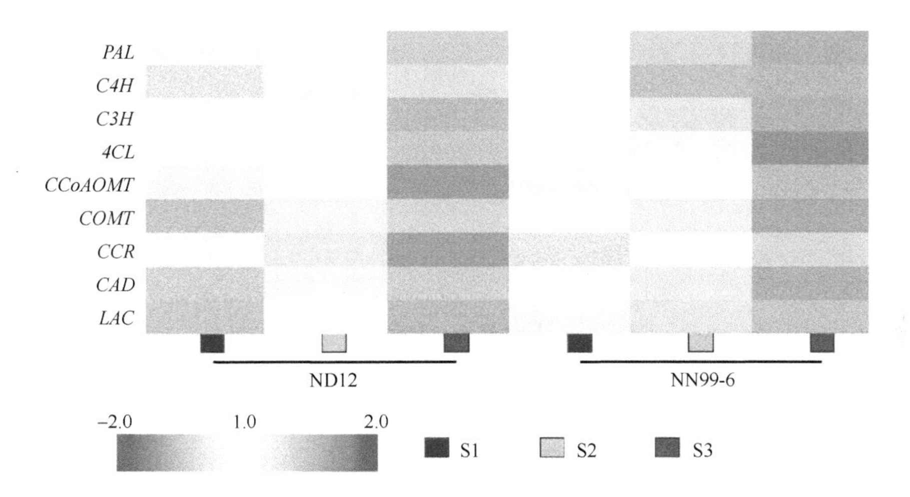

图 5-14　大豆茎秆中木质素合成关键基因在不同荫蔽水平下表达的 z 分数热图

不同荫蔽程度下两个品种的 *CAD* 和 *COMT* 基因表达的变化趋势基本相同，随着荫蔽程度的增加，三个荫蔽处理的 *CAD* 和 *COMT* 基因的表达逐渐降低，但是各处理中 ND12 的 *COMT* 基因的表达量均高于 NN99-6。值得注意的是，S1 下 ND12 的这两个基因表达水平较 S0 无显著差异。

两个品种的 *CCoAOMT* 基因在荫蔽下均表现为下调表达，ND12 的 *CCoAOMT* 表达随荫蔽程度的提高而逐渐降低，而 NN99-6 则先降低后回升再降低，并且在 S1 时 NN99-6 的该基因表达量显著低于 ND12。

CCR 基因在两个品种中的表达也呈现出相似的趋势，随着荫蔽程度的加重而下调。但是与其他基因不同的是，各处理中 NN99-6 的 *CCR* 基因表达量均高于 ND12（表 5-3）。

表 5-3　两个品种大豆木质素合成相关基因在 S1、S2 和 S3 下表达水平的 *z* 分数
（Wen et al.，2020）

基因	ND12			NN99-6		
	S1	S2	S3	S1	S2	S3
PAL	1.16	0.63	−0.86	1.11	−0.69	−1.34
C4H	1.35	0.35	−0.46	1.07	−1.10	−1.22

续表

基因	ND12			NN99-6		
	S1	S2	S3	S1	S2	S3
C3H	1.10	1.01	−1.16	0.75	−0.40	−1.30
4CL	1.05	0.55	−0.92	0.79	0.27	−1.75
CCoAOMT	1.21	0.49	−1.60	0.29	0.69	−1.08
COMT	1.59	−0.06	−0.71	0.86	−0.20	−1.47
CCR	0.32	−0.34	−1.61	1.36	0.94	−0.68
CAD	1.50	0.15	−0.88	0.93	−0.29	−1.41
LAC	1.55	0.88	−1.24	0.22	−0.37	−1.04

注：z 分数由 Microsoft Excel 2016 软件计算获得。$z=(X-\mu)/\sigma$，其中 $X-\mu$ 为离均差，σ 为标准差

第二节　耐荫抗倒大豆基因型对带状复合种植光环境的适应机制

一、大豆耐荫抗倒理想株型及其鉴定方法

大豆作为喜光作物，整个生育期间都对光照很敏感，在玉米大豆带状套作种植模式下，由于高位玉米在共生期内对大豆产生遮荫，直接改变了大豆生长的光环境，影响了大豆叶片光合产物的积累与分配，使植株的生长受到抑制。大豆植株通过改变自身的植株形态而截获更多的光能以保证其正常生长。弱光条件下植株茎秆纤细柔弱，节间伸长、变细，由直立型变为半直立或蔓生型，从而发生倒伏，影响大豆产量。

1. 带状套作对大豆农艺性状的要求

带状套作下，高秆作物主要在苗期对大豆产生荫蔽，使得大豆节间伸长、株高增加、茎秆纤弱等，严重时还会使大豆发生蔓生现象，倒伏严重，进而影响其产量和品质。

以各性状的耐荫系数对 139 个家系的 17 个性状进行主成分和聚类分析，研究人员将参试的大豆材料分为 4 种类型：强耐荫、中度耐荫、弱耐荫和不耐荫。强耐荫大豆在带状套作荫蔽条件下主要表现为苗期株高升高、茎粗变细、分枝数减少的程度均最低；在后期玉米收获恢复光照以后，表现出较好的恢复性，其成熟期株高增加程度最小，有效分枝数减少程度最低，分枝荚数、单株荚数、单株粒数、单株粒重增加程度均最大。不耐荫大豆在遮荫环境下则表现为苗期株高升高、茎粗变细、分枝数减少的程度均最大，成熟期株高的升高和有效分枝数、分枝荚数、单株荚数、单株粒重的减少程度均最大。最终通过特征分析可以发现，耐荫

型大豆的各指标表现为苗期的株高较高、茎粗大、分枝数多，成熟期的植株矮、有效分枝数较多、分枝荚数多、单株荚数多、单株粒重高。

同时，对 51 份大豆种质资源在自然光照和荫蔽环境下的株高、主茎节数、节间长度进行方差分析，结果表明自然光照下的株高、各节间长度极显著或显著低于荫蔽环境；而主茎节数在自然光照下极显著高于荫蔽环境，说明在荫蔽条件下，大豆主要通过增加节间长度来增加株高（图 5-15）。对不同光照环境下各节间长度占株高比值的分析结果表明，各节间长度与株高的比值在两种光照环境下变化趋势表现一致（图 5-16）。在两种光照环境下，各材料第 1 节节间长度占株高的比值最高，第 2 节到第 5 节，以及第 11 节节间长度占株高的比值没有显著差异（$P<0.05$）。而第 6 节到第 11 节节间长度占株高的比值在荫蔽环境下显著高于自然光照下（$P<0.001$）。这说明大豆生长后期节间长度对株高的影响较大。

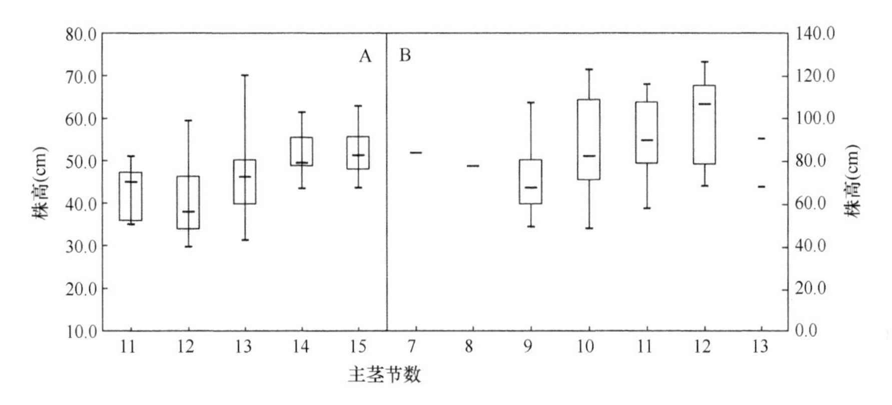

图 5-15　不同光照环境下主茎节数与株高相关箱式图（武晓玲等，2015b）

A. 自然光照；B. 荫蔽环境

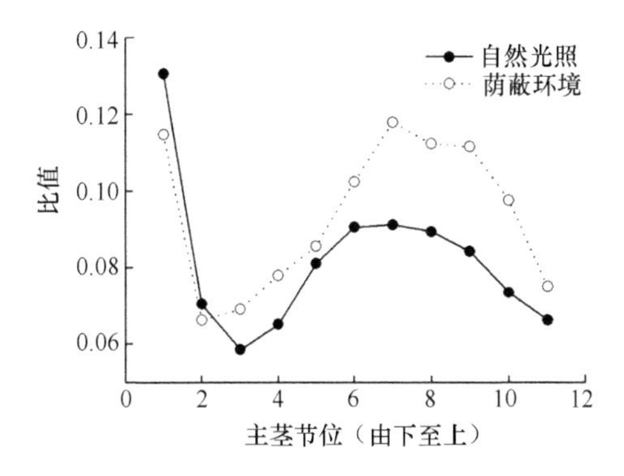

图 5-16　不同光照环境下各节间长度与株高比值的变化（武晓玲等，2015b）

综上所述，适宜带状套作的耐荫大豆应该具备以下形态特征：在带状套作环境下，苗期的主茎节数变少、节间变长、株高升高、茎粗变细、分枝数减少的程度均较低，有效分枝数减少程度低且分枝荚数、单株荚数、单株粒数、单株粒重增加程度大。

2. 带状间作对大豆农艺性状的要求

在带状间作模式下，大豆前期生长正常，一般在始花期后遭受玉米的荫蔽胁迫，出现倒伏，落花落荚比较严重，从而影响大豆产量的提高。本研究设置净作和带状间作两种种植方式研究带状间作对大豆的影响，可以发现相比净作，带状间作荫蔽极显著增加大豆的株高，降低大豆的茎粗、主茎节数和分枝数；叶片数量减少、最大叶面积维持时间缩短；地上、地下部干物质积累量降低；分枝荚数、分枝粒数、分枝粒重降低显著。

在带状间作条件下，大豆单株产量与茎粗、生育期呈极显著正相关，其次为株高、主茎节数、分枝数、底荚高、营养生长期、百粒重、单株荚数、单株粒数。大豆产量与其他主要性状的灰色关联度顺序为茎粗＞生育期＞营养生长期＞单株荚数＞百粒重＞底荚高＞单株粒数＞分枝数＞主茎节数＞株高＞生殖生长期；各性状对产量的贡献具有主次之分（刘明等，2018）。因此，在进行带状间作大豆品种筛选时应选择茎秆相对较粗、生育期和营养生长期较长、单株荚数较多，以及百粒重较大的材料（表 5-4）。

表 5-4　大豆产量与主要农艺性状的灰色关联度分析（刘明等，2018）

项目	X1	X2	X3	X4	X5	X6	X7	X8	X9	X10	X11
关联度	0.4065	0.4910	0.4176	0.4241	0.4281	0.4825	0.4459	0.3333	0.4308	0.4376	0.4277
位次	10	1	9	8	6	2	3	11	5	4	7

注：X1 代表株高；X2 代表茎粗；X3 代表主茎节数；X4 代表分枝数；X5 代表底荚高；X6 代表生育期；X7 代表营养生长期；X8 代表生殖生长期；X9 代表百粒重；X10 代表单株荚数；X11 代表单株粒数

以带状间作下 55 个大豆品种的 15 个性状进行主成分和聚类分析，研究人员将参试的大豆材料分为三种类型（卜伟召等，2015）。第一类主要包括 15 个品种，这些品种在单株荚数、单株粒数、单株粒重 3 个产量构成因子，以及生育期、茎粗方面优于其他品种，在带状间作下产量较高。例如，齐黄 35、汾豆 79、冀豆 15 等品种茎秆粗壮、单株荚数多、荚粒数多、百粒重大、单株粒重高、生育期适中，适宜在黄淮海地区种植。第二大类有 32 个品种，这些品种的茎粗、主茎节数、分枝数、最低分枝高、底荚高度，以及生育期的平均值与第一类的平均值差异不显著，但株高较高，比较容易倒伏，间接影响产量；且单株荚数、单株粒数、单株粒重的平均值与第一类的平均值差异较大。第三大类主要包括 8 个品种，这些品种的株高中等、茎粗较细、生育期短，属于早熟品种，单株荚数、单株粒数、单株粒重等产量构成因子比较低，不适宜在黄淮海地区进行间作种植。

3. 大豆耐荫抗倒性的鉴定方法

带状复合种植条件下，大豆受到高秆作物的荫蔽影响，形态、产量及品质等多种性状均发生较大的变化，多数性状在荫蔽下的变异系数高于在正常光照下，且不同品种对荫蔽的响应也各不相同。对 19 个大豆材料的 24 个苗期形态生理指标的相关性分析发现，各指标间都有不同程度的相关性，部分性状间的相关性达到了显著或极显著水平（武晓玲等，2015a）。另外，各单项指标在不同大豆材料耐荫性中所起作用的大小也不相同，表明大豆耐荫性是一个复杂的综合性状，直接利用各单项指标不能准确、直观地进行大豆耐荫性评价。而相关指标性状的选择关系到耐荫综合评定的可靠程度。

主成分分析可以将原来多个彼此相关的单项指标转换成少数几个新的且彼此独立的综合指标。通过对 24 个单项指标的耐荫系数进行主成分分析，研究人员发现前 6 个综合评价指标的累计贡献率达到 87.652%，它们代表了原始指标携带的绝大部分信息（表 5-5）。利用隶属函数法计算综合耐荫评价值（*D*），并对其进行聚类分析，就可以将大豆的耐荫性进行分类，大豆的耐荫性一般可分为强耐荫型、中度耐荫型和不耐荫型（表 5-6）。

表 5-5　各综合指标的系数及贡献率（武晓玲等，2015a）

	主成分（CI）					
	CI_1	CI_2	CI_3	CI_4	CI_5	CI_6
特征值	7.319	5.097	2.880	2.571	1.925	1.244
贡献率（%）	30.495	21.239	12.000	10.713	8.021	5.184
累计贡献率（%）	30.495	51.734	63.734	74.447	82.468	87.652

表 5-6　聚类结果中不同耐荫类型各性状的表现特征（武晓玲等，2015a）

类别	正常光照				荫蔽			
	LDW（g）	Gs [μmol/(m^2·s)]	PH（cm）	Fm	LDW（g）	Gs [μmol/(m^2·s)]	PH（cm）	Fm
强耐荫	0.46	0.08	12.53	1486.08	0.43	0.12	42.01	1769.04
中度耐荫	0.60	0.16	11.74	1594.58	0.49	0.13	38.59	1856.78
不耐荫	0.54	0.15	13.39	1487.80	0.25	0.07	34.89	1747.98

注：LDW 代表叶片干重；Gs 代表气孔导度、PH 代表株高、Fm 代表暗下最大荧光产量

为了明确指标与参试材料耐荫性间的关系，筛选可靠的耐荫性鉴定指标，建立可用于大豆苗期耐荫性评价的数学模型，本研究把综合耐荫评价值（*D*）作因变量，把各单项指标的耐荫系数作自变量，采用逐步回归方法建立最优回归方程：

$D=-0.301+0.419LDW+0.169Gs+0.031PH+0.255Fm$（$R^2=0.959$，$P=0.0001$）。该回归方程可以对大豆苗期耐荫性进行预测，效果好，准确性高。

二、不同基因型大豆叶片耐荫生理机制

1. 不同耐荫型大豆的光合特性

与净作相比，带状套作荫蔽显著降低了大豆叶片的净光合速率、气孔导度和蒸腾速率，对胞间 CO_2 浓度影响不显著。两个套作处理下，耐荫品种南豆 12 的净光合速率分别比净作降低了 45.2%和 38.9%，不耐荫品种桂夏 3 号分别比净作降低了 43.3%和 39%，但南豆 12 的净光合速率和气孔导度明显高于桂夏 3 号（表 5-7）。

表 5-7　玉米荫蔽对大豆叶片光合参数的影响（谭婷婷等，2020）

品种	处理	净光合速率 [μmol/(m²·s)]	气孔导度 [μmol/(m²·s)]	胞间 CO_2 浓度 [μmol/mol]	蒸腾速率 [mmol/(m²·s)]
南豆 12	A1	15.27±0.52c	0.27±0.02c	251.67±20.17a	3.06±0.22c
	A2	17.03±0.76b	0.33±0.01b	248.67±8.06a	4.69±0.14b
	CK	27.91±0.78a	0.46±0.00a	238.67±3.30a	5.17±0.06a
桂夏 3 号	A1	14.97±0.39b	0.24±0.01c	258.33±11.44a	3.08±0.36c
	A2	16.10±2.19b	0.29±0.03b	239.00±12.08a	4.87±0.14b
	CK	26.40±1.70a	0.44±0.02a	235.00±1.41a	5.50±0.02a

注：A1、A2、CK 分别代表 1 行玉米套作 1 行大豆、2 行玉米套作 2 行大豆和大豆净作；同列不同小写字母表示差异显著（P<0.05）。下同

2. 不同耐荫型大豆的叶绿素荧光特性

由表 5-8 可知，荫蔽下大豆叶片的 PSⅡ潜在活性和 PSⅡ原初光能转化效率显著高于净作，PSⅡ实际光化学效率显著低于净作，处理间非光化学猝灭系数和 PSⅡ有效光化学量子产量差异不显著。相同处理条件下，南豆 12 叶片的 PSⅡ潜在活性、PSⅡ原初光能转化效率和 PSⅡ实际光化学效率均高于桂夏 3 号。

表 5-8　玉米荫蔽对大豆叶片叶绿素荧光参数的影响（谭婷婷等，2020）

品种	处理	PSⅡ潜在活性	PSⅡ原初光能转化效率	非光化学猝灭系数	PSⅡ有效光化学量子产量	PSⅡ实际光化学效率
南豆 12	A1	4.53±0.01a	0.82±0.01a	2.34±0.06a	0.58±0.00a	0.26±0.01b
	A2	4.32±0.20a	0.81±0.01a	2.43±0.25a	0.56±0.02a	0.24±0.01b
	CK	3.70±0.30b	0.78±0.01b	2.21±0.15a	0.54±0.03a	0.29±0.01a
桂夏 3 号	A1	4.03±0.45a	0.80±0.02a	2.46±0.19a	0.54±0.02a	0.25±0.01b
	A2	4.06±0.38a	0.80±0.01a	2.44±0.21a	0.55±0.02a	0.23±0.01c
	CK	3.15±0.14b	0.77±0.01b	2.43±0.24a	0.51±0.01a	0.27±0.01a

3. 不同耐荫型大豆的叶片解剖特性

由表 5-9 可知，与净作相比，荫蔽下大豆叶片厚度和栅栏组织厚度显著降低，海绵组织和栅栏组织排列稀疏。南豆 12 在 A1 下的叶片厚度、下表皮厚度、栅栏组织厚度较净作分别显著降低 38.09%、44.99%和 54.04%，在 A2 下分别显著降低 21.36%、30.94%和 44.89%；桂夏 3 号以上指标在 A1 下较净作分别显著降低 48.15%、51.12%和 63.58%，在 A2 下分别显著降低 32.04%、38.75%和 58.79%。玉米荫蔽下，南豆 12 的叶片厚度、上表皮厚度、下表皮厚度和栅栏组织厚度均高于相同处理的桂夏 3 号。

表 5-9 玉米荫蔽对大豆叶片解剖结构的影响（谭婷婷等，2020）

品种	处理	叶片厚度（μm）	上表皮厚度（μm）	下表皮厚度（μm）	栅栏组织厚度（μm）	海绵组织厚度（μm）
南豆 12	A1	73.37±5.35c	11.93±1.08bc	6.97±1.03c	21.48±1.29b	32.70±2.55a
	A2	93.21±4.13b	12.42±1.24ab	8.75±0.69b	25.76±1.58b	37.02±2.37a
	CK	118.52±5.28a	13.65±1.32a	12.67±0.96a	46.74±2.33a	38.92±3.02a
桂夏 3 号	A1	65.99±3.25c	10.65±1.22c	6.32±0.71c	20.89±1.42b	24.36±2.63b
	A2	86.49±4.23b	11.43±0.99bc	7.92±0.84b	23.64±1.36b	43.70±2.34a
	CK	127.26±5.76a	12.44±1.02ab	12.93±1.23a	57.36±2.36a	46.32±1.66a

4. 不同耐荫型大豆叶片的叶绿体超微结构

由表 5-10 可知，荫蔽下，两个大豆品种叶绿体基粒厚度和基粒面积/叶绿体面积较净作显著增加；桂夏 3 号淀粉粒面积和淀粉粒面积/叶绿体面积较净作显著增加，南豆 12 在 A1 的淀粉粒面积和淀粉粒面积/叶绿体面积较净作显著增加，但 A2 的淀粉粒面积和淀粉粒面积/叶绿体面积与 CK 差异不显著；两大豆品种基粒数量变化规律不同，荫蔽下南豆 12 的基粒数量较净作增加，桂夏 3 号则较净作降低。此外，两个大豆品种在 A1 的基粒厚度、基粒面积/叶绿体面积、淀粉粒面积、淀粉粒面积/叶绿体面积均显著高于 A2，且南豆 12 的基粒厚度、淀粉粒面积和淀粉粒面积/叶绿体面积均高于桂夏 3 号。

表 5-10 玉米荫蔽对大豆叶片叶绿体超微结构的影响（谭婷婷等，2020）

品种	处理	基粒厚度（μm）	基粒数量	基粒面积/叶绿体面积	淀粉粒面积（μm^2）	淀粉粒面积/叶绿体面积
南豆 12	A1	0.28±0.01a	34.33±1.25a	0.28±0.01a	9.14±0.47a	0.40±0.03a
	A2	0.21±0.01b	31.33±2.05a	0.21±0.01b	4.33±0.94b	0.22±0.03b
	CK	0.18±0.01c	22.67±0.94b	0.18±0.01c	4.24±0.47b	0.21±0.03b
桂夏 3 号	A1	0.27±0.01a	24.00±0.82b	0.28±0.00a	6.73±0.60a	0.28±0.04a
	A2	0.18±0.00b	31.33±2.49a	0.18±0.01b	1.58±0.15b	0.13±0.01b
	CK	0.16±0.01c	32.00±0.82a	0.16±0.01c	0.52±0.04c	0.09±0.03c

5. 不同耐荫型大豆的叶脉特征

表 5-11 结果表明，与净作相比，南豆 12 在 A2、A1 处理下叶脉密度显著下降 10.4%和 27.62%，叶脉长度显著下降 10.36%和 27.59%，叶脉闭合度显著下降 24.11%和 44.21%，叶脉直径显著增加 25.60%和 43.48%；桂夏 3 号叶脉密度显著下降 14.99%和 20.01%，叶脉长度显著下降 14.96%和 19.99%，叶脉闭合度显著降低 48.06%和 50.13%，叶脉直径增加 4.59%和 24.10%。桂夏 3 号与南豆 12 的叶脉特征参数变化趋势一致，但 A2 处理下桂夏 3 号叶脉密度、叶脉长度、叶脉直径和叶脉间距均小于南豆 12，叶脉闭合度大于南豆 12。品种间叶脉密度、叶脉长度、叶脉闭合度和叶脉间距存在极显著差异。

表 5-11　玉米荫蔽对大豆叶脉特征的影响（李盛蓝等，2019）

品种	处理	叶脉密度（mm/mm^2）	叶脉长度（mm）	叶脉直径（μm）	叶脉闭合度（No./mm^2）	叶脉间距（μm）
南豆 12	CK	66.11±4.88a	19.79±2.46a	22.38±1.65c	4.23±1.52a	130.34±5.72c
	A2	59.25±3.66b	17.74±1.38b	28.11±1.86b	3.21±0.93b	167.92±7.77b
	A1	47.85±3.05c	14.33±1.47c	32.11±2.39a	2.36±0.79c	188.28±6.44a
桂夏 3 号	CK	61.84±4.82a	18.51±2.27a	26.80±1.68b	3.85±1.27a	133.48±5.81c
	A2	52.57±4.33b	15.74±1.36b	28.03±1.72b	2.00±1.45b	160.72±8.04b
	A1	49.46±3.97c	14.81±1.43c	33.26±2.17a	1.92±0.84b	188.86±7.96a
F 值	品种	24.406**	24.406**	3.731	11.641**	10.853**
	处理	2.677	2.677	24.259**	3.470*	2.387
	品种×处理	6.012**	6.012**	4.969*	19.198**	8.194**

注：*F* 值为两因素方差分析的结果

6. 不同耐荫型大豆的气孔特征

由表 5-12 可知，与净作相比，A2、A1 处理下南豆 12 的气孔密度显著下降了 12.79%和 18.27%，气孔长度增加了 4.80%和 10.29%，气孔周长显著增加了 2.52%和 4.22%；桂夏 3 号气孔密度显著下降了 15.77%和 22.46%，气孔长度显著增加了 7.86%和 13.93%，气孔周长显著增加了 3.12%和 5.21%。以上数据说明耐荫品种南豆 12 的气孔受荫蔽影响的程度小于不耐荫品种桂夏 3 号。

7. 不同耐荫型大豆的光合色素含量

由表 5-13 可知，随着遮光度的增加，两个品种大豆叶绿素 a 含量、类胡萝卜素含量和叶绿素 b 的值均呈先增加后减小的趋势。与 CK 相比，A1 处理下的南豆 12 和桂夏 3 号叶绿素 a 含量分别显著增加了 54.06%和 27.94%，类胡萝卜素含量分别增加了 25.73%和 8.79%。

表 5-12　玉米荫蔽对大豆气孔特征的影响（李盛蓝等，2019）

品种	处理	气孔密度（No./mm^2）	气孔长度（nm）	气孔宽度（nm）	气孔周长（nm）	气孔面积（nm^2）
南豆 12	CK	149.96±11.56a	21.67±0.41b	3.52±0.18a	54.77±0.82b	130.15±6.93a
	A2	130.78±2.82b	22.71±1.49b	2.98±0.09b	56.15±0.37a	123.42±1.06a
	A1	122.56±6.68b	23.90±1.38a	2.54±0.28c	57.08±1.01a	98.21±4.06b
桂夏 3 号	CK	151.12±0.63a	21.50±0.64c	2.83±0.05a	55.06±3.28b	130.91±3.78a
	A2	127.29±0.55ab	23.19±1.42b	2.08±0.12b	56.78±0.93a	91.56±2.30c
	A1	117.18±1.99b	24.495±0.28a	1.85±0.01b	57.93±2.25a	120.00±3.28b
F 值	品种	0.17	0.92	138.89**	2.96	1.57
	处理	9.33*	25.05**	86.65**	21.11**	67.66**
	品种×处理	0.11	0.59	1.05	0.25	0.70

表 5-13　不同光照强度对大豆叶片光合色素含量的影响（程亚娇等，2018）

品种	处理	叶绿素 a 含量（mg/dm^2）	叶绿素 b 含量（mg/dm^2）	类胡萝卜素含量（mg/dm^2）
南豆 12	CK	3.746b	1.032a	0.715b
	A1	5.771a	1.048a	0.899a
	A2	3.414b	1.245a	0.685b
桂夏 3 号	CK	3.758b	1.034a	0.603a
	A1	4.808 a	1.045a	0.656a
	A2	3.428 b	1.135a	0.574a

注：CK. 正常光照；A1. 遮光度 10%；A2. 遮光度 36%。同列不同小写字母表示差异显著（$P<0.05$）

8. 不同耐荫型大豆的光合同化物特征

由图 5-17 可知，随着遮光度的增加，大豆叶片蔗糖和淀粉含量呈先降低后增加的趋势，表现为 A2＞CK＞A1。与 CK 峰值比较，A1 处理下南豆 12 蔗糖含量峰值降低了 3.92%，桂夏 3 号蔗糖含量峰值升高了 4.33%。

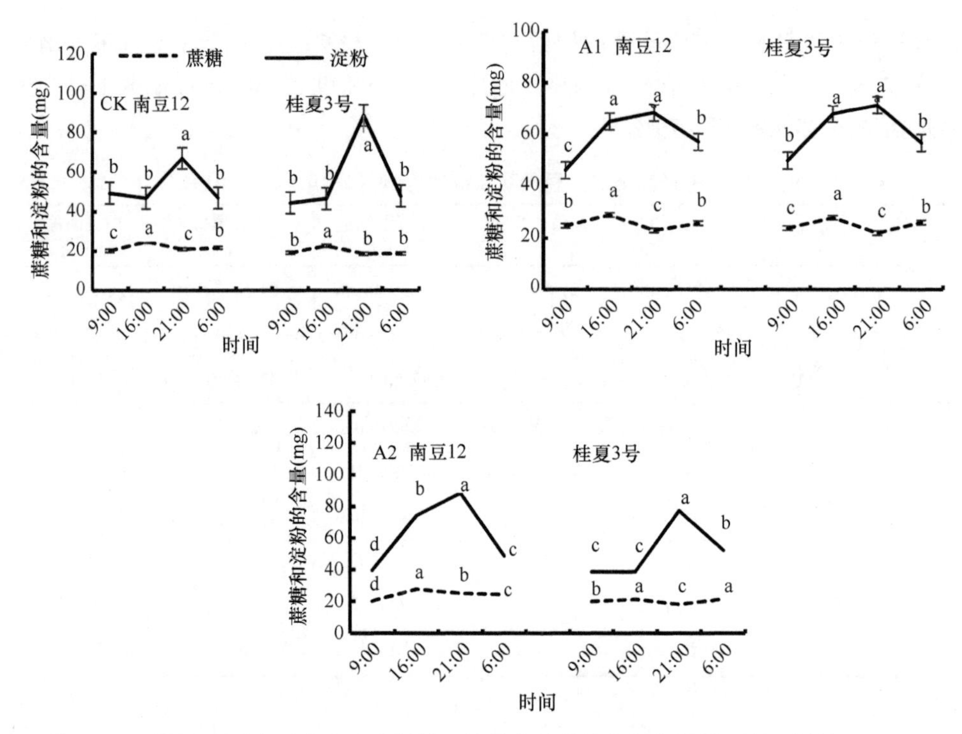

图 5-17 不同光照强度对大豆叶片蔗糖、淀粉含量的昼夜变化影响（程亚娇等，2018）
CK. 正常光照；A1. 遮光度 10%；A2. 遮光度 36%

三、不同叶柄夹角大豆品种对带状套作光环境的响应

采用两因素裂区设计研究带状套作荫蔽光环境下大豆叶柄与耐荫的关系。主因素为不同荫蔽程度，用 3 个不同株型玉米品种创造：M1 紧凑型矮秆玉米登海605，弱遮荫；M2 半紧凑型高秆玉米荣玉 1210，中度遮荫；M3 半紧凑型中高秆玉米正红 505，重度遮荫；副因素为 2 个叶柄夹角对荫蔽敏感性不同的大豆材料南豆 25（ND，钝感型）、荣县冬豆（RD，敏感型），研究结果如下。

1. 不同基因型的大豆叶柄性状

对两个不同基因型大豆不同时期和空间位置的叶柄夹角大小及叶柄长度进行分析，结果显示，ND 和 RD 大豆材料，不同玉米株型遮荫处理和生育时期在叶柄夹角和长度上均具有显著差异；随着生育时期的推进，带状套作和净作大豆的叶柄长度增加；ND 在净、套作的叶柄夹角和长度差异小，RD 差异大（图 5-18）。两年 ND 带状套作叶柄夹角平均为 41.9°，较净作下降 16.2%；RD 带状套作叶柄夹角平均为 28.0°，较净作下降 66.8%。ND 带状套作叶柄长度的两年平均值为 15.8cm，较净作增加了 13.7%；RD 带状套作叶柄长度的两年平均值为 9.8cm，较净作下降 32.1%。带状套作不同玉米遮荫条件下，两个大豆材料叶柄夹角和叶柄长度差异也显著，总体上叶柄夹角表现为 ND＞RD，同一大豆表现为 M2＞M1＞M3；叶柄长度表现为 ND＞RD，同一大豆表现为 M3＞M2＞M1（图 5-18）。

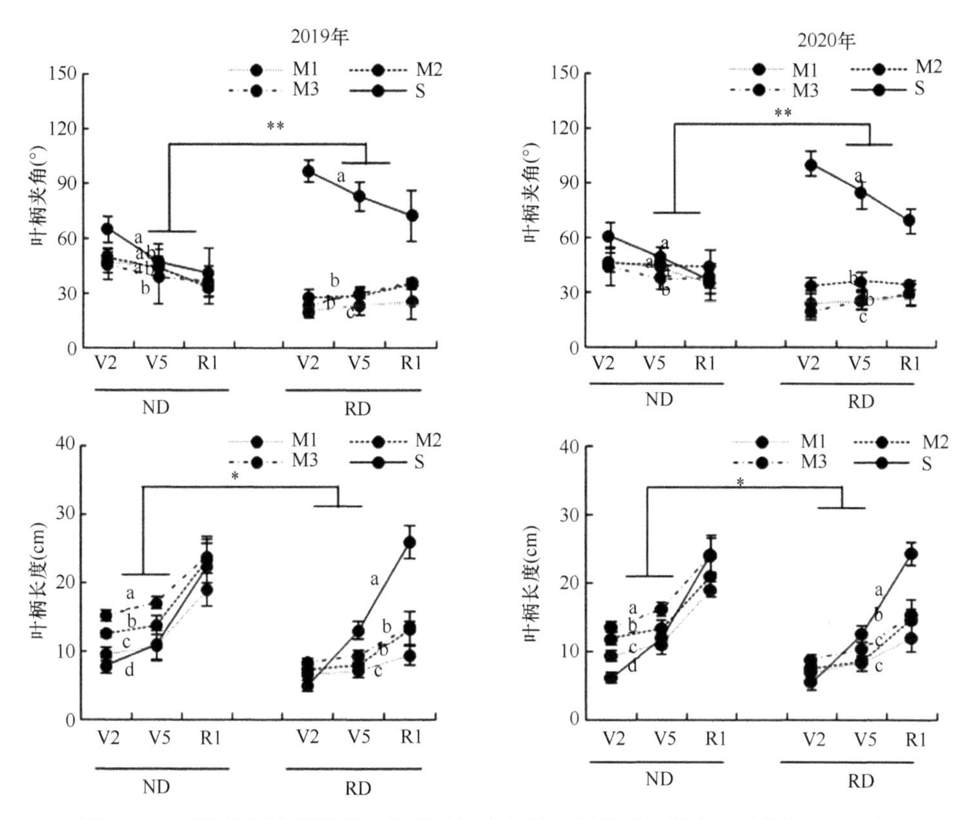

图 5-18 不同玉米遮荫程度对大豆叶柄夹角及叶柄长度的影响（冯铃洋，2021）
图中 S 表示大豆净作

2. 不同叶柄夹角大豆地上部物质积累和分配

2019 年和 2020 年的试验结果表明，不同玉米遮荫水平和大豆材料对地上部叶片、叶柄和茎秆等器官的鲜重均具有显著影响，大豆材料和玉米遮荫互作不显著（表 5-14～表 5-16）。两年净作和不同玉米遮荫程度下地上部各器官鲜重均遵循 S＞M1＞M2＞M3。荫蔽下，ND 的叶片、叶柄和茎秆鲜重在二叶期（V2 期）的两年平均值分别为 RD 的 2.28 倍、1.99 倍、1.25 倍，在五叶期（V5 期）是 RD 的 1.87 倍、2.81 倍、1.95 倍，在 R1 期是 RD 的 11.05 倍、1.30 倍、1.31 倍。

表 5-14 不同叶柄夹角大豆的叶片鲜重（冯铃洋，2021） （单位：g/株）

大豆品种	荫蔽程度	2019 年			2020 年		
		V2	V5	R1	V2	V5	R1
ND	S	9.51a	18.32a	82.66a	8.31a	15.46a	86.65a
	M1	3.49b	11.18b	61.41b	3.41b	9.63b	57.77b
	M2	2.34c	8.68c	43.39c	2.70bc	7.10c	42.55c
	M3	2.10c	7.44c	31.41d	1.94c	6.32c	31.21d
RD	S	6.63a	9.13a	79.20a	7.04a	11.28a	75.95a
	M1	3.02b	4.71b	44.51b	3.19b	4.86b	48.69b
	M2	1.98c	5.00b	35.32bc	2.02b	4.53b	35.32c
	M3	1.63c	3.81c	23.22c	1.77c	3.95c	26.45d
F 值	大豆品种	7.19^{*}	57.46^{**}	13.94^{**}	6.94^{*}	81.06^{**}	13.31^{**}
	荫蔽程度	54.67^{**}	22.42^{**}	88.33^{**}	143.26^{**}	94.94^{**}	109.65^{**}
	大豆品种×荫蔽程度	2.46^{ns}	3.08^{ns}	1.31^{ns}	1.35^{ns}	2.36^{ns}	0.34^{ns}

注：*表示两个大豆材料同一时期差异显著（$P<0.05$），**表示差异极显著（$P<0.01$）。表中不同小写字母表示同一时期处理在 0.05 水平差异显著，下同

表 5-15 不同叶柄夹角大豆的叶柄鲜重（冯铃洋，2021） （单位：g/株）

大豆品种	荫蔽程度	2019 年			2020 年		
		V2	V5	R1	V2	V5	R1
ND	S	4.06a	6.48a	44.58a	4.00a	6.74a	46.05a
	M1	1.14b	3.57b	20.83b	1.12b	4.37b	25.19b
	M2	0.79c	2.07c	16.21bc	0.95bc	2.75c	18.10bc
	M3	0.664c	1.59c	11.98b	0.71c	2.23c	12.48c
RD	S	2.90a	3.13a	44.42a	3.09a	3.95a	36.59a
	M1	0.64b	1.00b	15.26b	0.68b	1.24b	14.7b
	M2	0.36b	0.94b	12.02bc	0.39b	1.05b	12.51b
	M3	0.28b	0.94b	8.85c	0.35b	0.76c	9.37c
F 值	大豆品种	11.76^{**}	49.51^{**}	2.62	61.17^{**}	174.27^{**}	23.37^{**}
	荫蔽程度	63.35^{**}	35.08^{**}	58.84^{**}	396.79^{**}	100.73^{**}	88.38^{**}
	大豆品种×荫蔽程度	1.03^{ns}	5.27^{*}	0.32^{ns}	2.84^{ns}	5.53^{**}	1.52^{ns}

表 5-16 不同叶柄夹角大豆的茎秆鲜重（冯铃洋，2021） （单位：g/株）

大豆品种	荫蔽程度	2019 年			2020 年		
		V2	V5	R1	V2	V5	R1
ND	S	4.83a	11.36a	85.56a	4.94a	12.79a	91.96a
	M1	2.58b	10.19a	43.54b	2.26b	9.26b	47.45b
	M2	2.01c	8.37b	31.77c	2.43b	8.02c	30.27c
	M3	1.98c	8.36b	17.87d	1.89c	8.32c	18.77d

续表

大豆品种	荫蔽程度	2019 年			2020 年		
		V2	V5	R1	V2	V5	R1
RD	S	3.27a	6.95a	105.82a	3.38a	8.04a	91.84a
	M1	2.25b	4.83b	36.93b	2.44b	4.97b	38.04b
	M2	1.34c	4.73b	25.13c	1.56c	4.87b	26.43bc
	M3	1.26c	3.66c	20.71c	1.70c	4.66b	18.15c
F 值	大豆品种	11.48^{**}	35.61^{**}	0.95	14.88^{**}	101.47^{**}	5.08^{*}
	荫蔽程度	21.80^{**}	3.31^{*}	183.56^{**}	46.02^{**}	23.12^{**}	354.23^{**}
	大豆品种×荫蔽程度	1.45^{ns}	0.22^{ns}	6.28^{**}	5.78^{**}	0.81^{ns}	1.6^{ns}

两年各时期总干物质积累ND显著大于RD，且两年净作和不同玉米遮荫程度下的变化趋势与各器官鲜重变化一致。不同玉米遮荫程度下M1更接近净作，其中ND两年平均干重（各测定时期均值）为净作的57.9%，高出RD大豆15.9个百分点。另外恢复期（R1期）ND生长更快，M1、M2、M3遮荫下的生长速率分别比RD高29.70%、45.17%和30.15%（图5-19A、B）。玉米大豆共生期（V2、V5）干物质分配ND和RD年际间变化规律一致，其中带状套作下，ND随着玉米遮荫程度的加深，其叶片和叶柄所占比例逐渐降低，茎秆所占比例升高；与净作相比，M1、M2、M3遮荫下叶片和叶柄所占比例两年平均分别降低4.97%、20.03%，10.06%、30.69%，14.13%、37.45%。RD叶片所占比例基本保持不变，但叶柄所占比例两年平均分别比净作降低45.21%、50.15%、50.91%；R1期带状套作大豆叶片比例大幅增加，M1、M2、M3处理下ND和RD两年均值分别比净作增加20.27%、21.80%、30.77%，31.24%、34.6%、29.67%，而叶柄变化较小。

3. 不同叶柄夹角大豆光能截获和光能利用

两个大豆材料的光能截获量差异显著，两年平均光能截获量ND高出RD29.15%，且不同玉米遮荫条件下，ND的变幅较小，RD的变幅较大，各遮荫水平下差异显著，两个大豆材料两年均表现为M1＞M2＞M3（图5-20A、B）。光能截获率的变化规律与光能截获量基本一致，光能截获率净作V2～V5期迅速增加，V5～R1期缓慢增加，而带状套作V2～V5期增加缓慢，V5～R1期增加迅速，二者表现相反。另外带状套作不同遮荫M2、M3差异不显著（图5-20C、D）。光能利用率两个大豆材料差异显著，总体表现为M3＞M2＞M1＞S。两年两大豆品种S均表现先降低再增加；M1缓慢降低（除2020年ND外）。ND和RD净作的两年平均光能利用率相当，为0.77，在M1、M2、M3下ND两年平均为1.09，比RD的0.84高出30.54%。（图5-20E、F）。

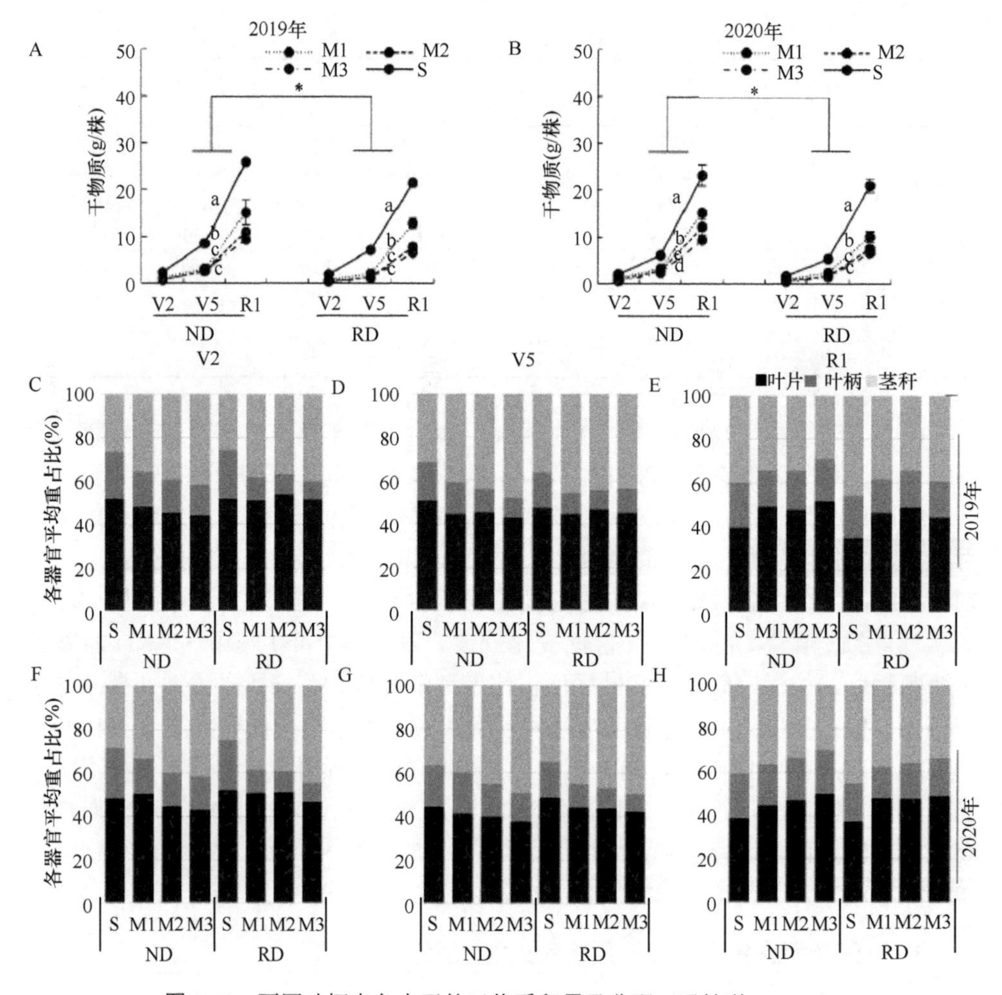

图 5-19　不同叶柄夹角大豆的干物质积累及分配（冯铃洋，2021）

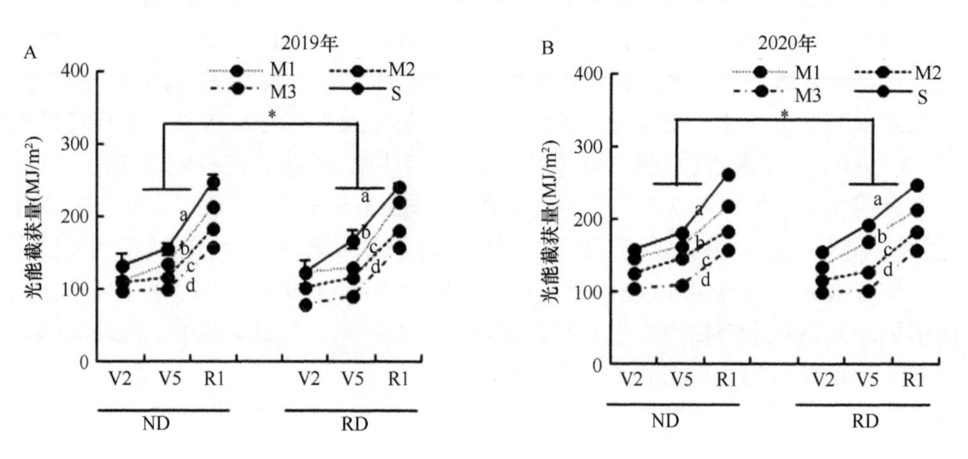

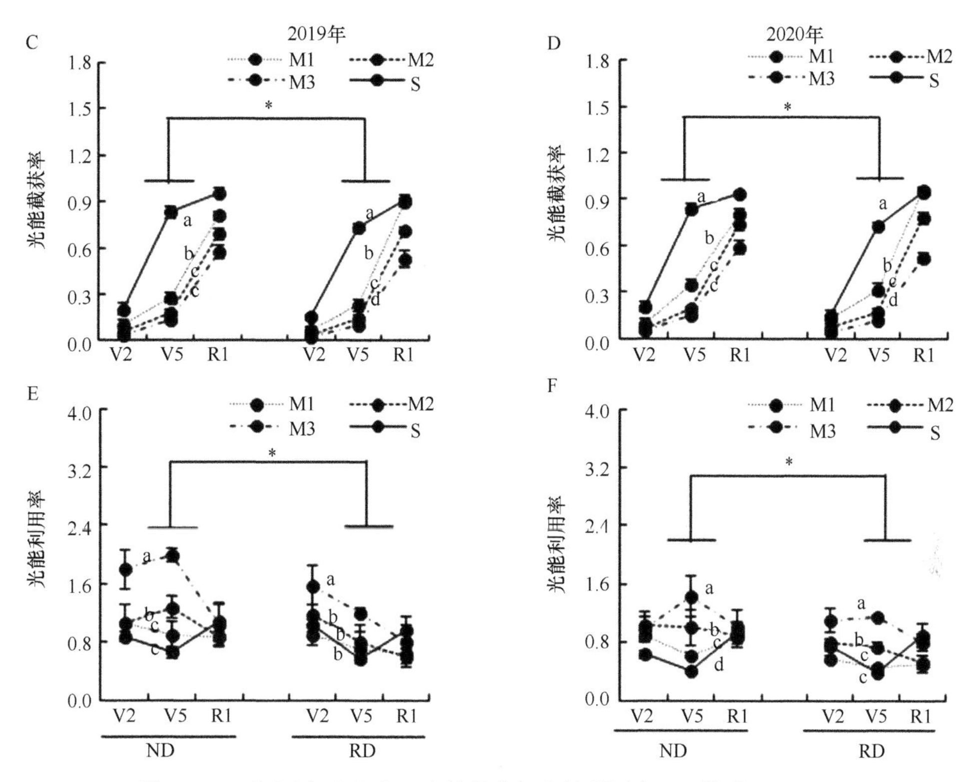

图 5-20　不同叶柄夹角大豆光能截获与光能利用率（冯铃洋，2021）

4. 不同叶柄夹角大豆的产量构成

从表 5-17 可以看出两年大豆产量 ND 大于 RD，形成产量差的主要原因为百粒重差异极大。表中 ND 和 RD 百粒重主要受大豆品种影响，荫蔽程度对其并无显著影响。随着玉米遮荫程度的增加，ND 和 RD 单株产量均在降低，其产量构成因子百粒重、单株粒数、单株荚数也在减小，最小值出现在 M3。单株粒数、单株荚数在不同遮荫程度下差异显著，与百粒重不同的是，其受品种、遮荫程度的双重影响，且两因素间交互作用显著。在净作和带状套作 M1、M2、M3 下，ND 两年单株产量均值分别为 22.05g、19.93g、17.78g、16.06g，RD 为 14.15g、13.39g、11.35g、8.59g。尤为重要的是，带状套作不同遮荫程度下其产量相对净作的变化幅度有所不同。带状套作叶柄夹角强敏感材料 RD 在 M1、M2、M3 遮荫下的产量分别为净作的 94.52%、80.65%和 61.46%，带状套作叶柄夹角弱敏感材料 ND 在 M1、M2、M3 遮荫下产量分别为净作的 90.34%、80.59%、72.80%；在相对较轻的遮荫下 RD 的减产幅度较小，严重荫蔽下 ND 减产幅度较小。

表 5-17　不同叶柄夹角大豆的产量构成（冯铃洋，2021）

年份	大豆品种	荫蔽程度	百粒重（g）	单株粒数(粒)	单株荚数	单株粒重(g)
2019	ND	S	25.38b	88.48a	48.40a	22.46a
		M1	25.95a	80.39b	46.24a	20.86a
		M2	25.33b	72.82c	41.65b	18.45b
		M3	25.22b	65.43d	38.23b	16.50c
	RD	S	9.39a	168.34a	86.13a	15.81a
		M1	9.72a	155.28b	83.22a	15.09a
		M2	9.18b	132.36c	73.23b	12.15b
		M3	9.01b	96.80d	65.27c	8.72c
2020	ND	S	25.14a	86.11a	50.00a	21.65a
		M1	25.53a	74.43b	50.18a	19.00b
		M2	24.98ab	68.49c	42.16b	17.11c
		M3	25.12b	62.15c	38.33b	15.61d
	RD	S	9.59a	130.26a	101.46a	12.49a
		M1	9.68a	120.73b	92.75b	11.69b
		M2	9.37a	112.56bc	82.34c	10.55c
		M3	8.98b	94.23c	77.36d	8.46d
F 值	大豆品种		58.63^{**}	26.37^{**}	16.83^{**}	36.25^{**}
	荫蔽程度		6.83^{ns}	47.37^{**}	28.46^{**}	10.26^{**}
	大豆品种×荫蔽程度		21.36^{ns}	5.89^{*}	3.28^{*}	17.28^{*}

四、不同基因型大豆茎秆耐荫抗倒的生理机制

通过多年的田间筛选试验，研究人员获得了在玉米大豆带状套作下苗期抗倒性不同的大豆品种。本研究通过大田和室内试验相结合，从茎秆形态、解剖结构、结构和非结构性碳水化合物的含量和代谢过程等方面，在不同光环境下研究大豆耐荫抗倒的生理机制。

1. 田间倒伏率

带状套作大豆苗期受到玉米荫蔽胁迫易发生倒伏，倒伏率随生长进程的推进而逐渐升高，至出苗后 58d（即玉米收获，共生期结束）时达到最大值，表现为重倒或严重倒伏，而净作大豆苗期无倒伏发生。各大豆品种田间倒伏率差异显著。弱耐荫抗倒型大豆 B1（南豆 032-4）在播种后 30d 时倒伏率最高且一直保持较高增长水平，在整个苗期其倒伏率均显著高于 B2（九月黄）和 B3（南豆 12）。综合两年大田数据，玉米大豆共生期结束时，B1、B2、B3 大豆品种倒伏率分别达到

92.7%、83.6%和 52.2%（表 5-18）。表明套作环境下大豆品种间植株抗倒伏能力差异较大，耐荫性越弱的品种倒伏程度越严重。

表 5-18　不同耐荫型大豆田间倒伏率（Liu et al.，2016）　（%）

品种	出苗天数（d）（2013 年）					出苗天数（d）（2014 年）				
	30	37	44	51	58	30	37	44	51	58
B1	25.9a	65.3a	74.1a	83.6a	94.2a	27.9a	64.3a	71.2a	79.2a	91.2a
B2	26.5c	42.6b	55.4b	62.2b	85.9b	26.8c	50.4b	62.9b	72.5b	81.3b
B3	22.4b	31.8c	32.5c	44.1c	51.3c	21.4b	32.8c	41.3c	47.5c	53.1c

2. 茎秆强度

不同种植方式下大豆茎秆抗折力存在显著差异（$P<0.01$）。同一大豆品种在出苗 30～58d，其茎秆抗折力均随生育时期的推进逐渐升高（表 5-19）。与净作相比，带状套作使各大豆茎秆抗折力显著下降，但不同品种降低的幅度不同。综合两年数据，带状套作下 B1、B2、B3 茎秆抗折力分别降低了 71.37%、63.97%、55.10%，最终表现出 B3＞B2＞B1；说明强耐荫性品种 B3 受带状套作荫蔽的影响程度相对较小，表现出较优的抗倒伏力学性能（Liu et al.，2016）。

表 5-19　不同耐荫型大豆茎秆抗折力　（单位：N）

种植方式	品种	出苗天数（d）（2013 年）					出苗天数（d）（2014 年）				
		30	37	44	51	58	30	37	44	51	58
净作	B1	16.250b	39.167c	50.323c	102.867c	166.460c	10.580d	25.083c	46.673c	98.527c	158.147c
	B2	15.773b	42.393b	72.953b	125.233b	190.520b	15.680b	42.593b	73.020b	123.080b	192.447b
	B3	31.870a	62.960a	91.733a	166.207a	203.060a	38.840a	66.267a	113.020a	195.460a	225.393a
套作	B1	6.227e	8.453f	16.460d	22.750e	32.473e	5.613f	10.087f	16.167e	20.540f	32.887e
	B2	8.317d	13.020e	21.380d	27.230e	35.707e	8.100e	13.573e	19.657e	26.067e	35.773e
	B3	12.093c	17.233d	26.203d	36.207d	47.190d	11.953c	18.020d	27.787d	37.447d	46.917d

3. 茎秆解剖结构

带状套作显著降低了大豆茎秆横切面面积、髓部面积、木质部面积及木质部占横切面比例（木质部占比），显著提高了髓部占横切面比例（髓部占比）（表 5-20）。带状套作下，随生长发育时间的推进，横切面面积、髓部面积、木质部面积和木质部占比不断升高，髓部占比不断降低；强耐荫大豆品种 B3 在整个苗期的茎秆横切面面积、髓部面积、木质部面积和木质部占比均显著高于弱耐荫大豆品种 B1、B2，髓部占比显著低于 B1、B2。在播种后 48d，相比净作，B1、B2、B3 品种木质部面积分别降低了 92.03%、87.28%、83.06%，木质部占比降低了 18.56%、19.60%、6.81%，髓部占比提高了 3.73 倍、3.20 倍、3.09 倍。表明强耐荫大豆品种受带状套作荫蔽影响程度较小，其茎秆木质化较早，使其建立较大的木质部面积、木质部占比及较小的髓部占比，从而提高茎秆的机械强度，增强植株抗倒伏能力。

表 5-20 不同耐荫抗倒大豆茎秆解剖结构（横切面）（邓榆川，2016）

播种后天数	种植方式	品种	髓部面积（mm^2）	木质部面积（mm^2）	横切面面积（mm^2）	髓部占比（%）	木质部占比（%）
20d	带状套作	B1	1.09d	0.23e	1.97e	55.60a	11.42e
		B2	1.13d	0.28e	2.27e	49.74b	12.27d
		B3	2.08c	0.62d	4.54d	45.81c	13.71c
	净作	B1	2.17c	1.26c	5.14c	42.11d	24.79b
		B2	2.58b	1.60b	6.40b	40.33e	25.07b
		B3	3.54a	2.44a	8.95a	39.52e	27.30a
34d	带状套作	B1	1.07d	1.65f	4.05f	26.50a	40.73f
		B2	1.14d	1.85e	4.47e	25.45b	41.46e
		B3	1.73c	3.07d	7.10d	24.38c	43.17d
	净作	B1	2.75b	8.44c	17.83c	15.45e	47.31c
		B2	4.13a	11.52b	23.53b	17.54d	48.99b
		B3	4.18a	14.01a	28.30a	14.75e	49.51a
48d	带状套作	B1	1.38f	2.53f	5.80f	24.04a	43.93f
		B2	1.78e	3.64e	7.91e	22.52b	46.07e
		B3	2.47d	6.15d	11.84d	20.99c	52.14d
	净作	B1	2.99b	31.75b	58.86b	5.08e	53.94c
		B2	2.68c	28.62c	49.94c	5.36d	57.30a
		B3	3.32a	36.30a	64.87a	5.12e	55.95b

4. 茎秆纤维素含量

由图 5-21 可知，从播种后 30～58d，大豆一直与玉米处于共生阶段，其茎秆纤维素含量均随生育期的推进呈现逐渐升高的趋势，同一大豆品种，带状套作下茎秆纤维素含量显著低于净作；同一种植方式，不同大豆品种茎秆纤维素含量均表现出显著差异，但无论是净作还是带状套作，强耐荫型大豆 B3 茎秆纤维素含量均高于 B1、B2。

随着生育进程的推进，净作条件下茎秆中蔗糖的积累量不断增大，蔗糖积累量表现为 B2＞B3＞B1，峰值出现在播种后 58d 左右。带状套作条件下茎秆中蔗糖的累积量呈现出“升高－降低－升高”的变化趋势，在播种后 44d 左右达最高，

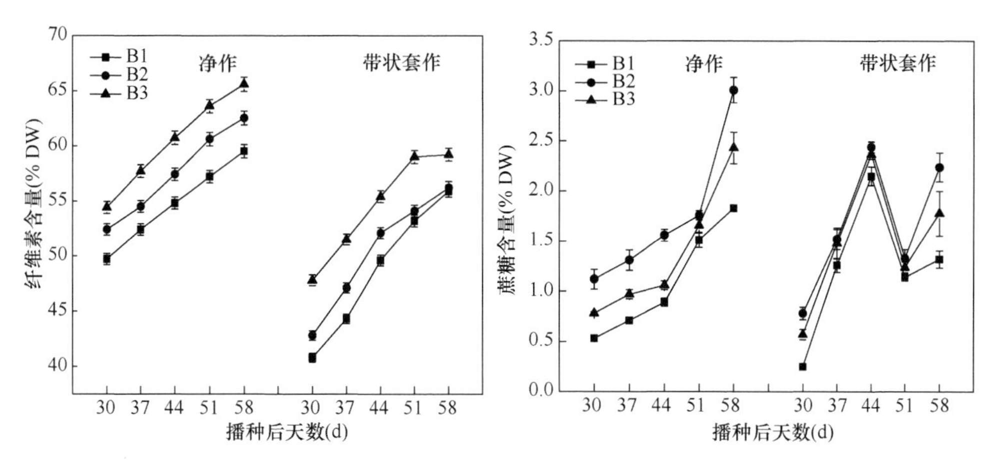

图 5-21　不同耐荫型大豆茎秆纤维素和蔗糖含量（Liu et al., 2016）

随后降低，再升高，蔗糖积累量也表现为 B2>B3>B1。说明在大豆播种 44d 以前，玉米对大豆的遮荫程度较重，大豆茎秆中大量的蔗糖被用于维持茎秆自身的快速伸长，转化为纤维素的蔗糖含量减少了，因此茎秆中蔗糖含量较高；44d 后，随着玉米的成熟，对大豆的遮荫程度逐渐减弱，蔗糖合成纤维素的速率增加，但叶片向茎秆中运输的光合产物不足，引起蔗糖含量降低；51d 后，随着光环境的进一步改善，光合速率的进一步增加，茎秆中的蔗糖含量又得以恢复。带状套作荫蔽下，强耐荫大豆品种 B3 茎秆蔗糖含量变化最小，分配到茎秆的光合产物越多，同时能将光合产物快速转化成细胞壁结构物质——纤维素，大豆的茎秆强度越大，抗倒性就越强。

5. 茎秆纤维素合成相关酶活性

大豆茎秆中蔗糖磷酸合酶（sucrose phosphate synthase，SPS）活性随生育期的变化呈单峰曲线（图 5-22），无论是净作还是带状套作，峰值均出现在播种后 44d 左右。随着生育进程的推进，与净作相比，带状套作大豆茎秆中的 SPS 活性变化更为剧烈。播种后的 30d 内，带状套作大豆茎秆 SPS 活性较净作低，此后快速增加，到播种后 44d，已经显著高于净作，但此后又快速下降，到播种后 51d，已经显著低于净作。说明在大豆播种 44d 以前，玉米对大豆的遮荫程度较重，大豆茎秆通过增加 SPS 活性合成更多的蔗糖用于自身的快速伸长，因此酶活性较高；44d 后，玉米对大豆的遮荫程度逐渐减弱，光合作用向茎秆中输入的蔗糖不断增加，大豆茎秆通过降低 SPS 活性来抑制蔗糖含量的过快增长，因此酶活性较低。品种间比较结果表明，强耐荫大豆品种 B3 带状套作下的 SPS 活性最大峰值始终高于净作大豆，此现象有利于蔗糖的积累，相应增加了为纤维素合成提供的物质基础和能量。

大豆茎秆发育过程中蔗糖合酶（sucrose synthase，SS）活性与 SPS 活性变化趋势一致（图 5-22），整个生育期内的差异主要在酶活性的高低，且无论是净作还是带状套作，峰值均出现在播种后 44d 左右。净作条件下的酶活性变化平缓；带状套作条件下，大豆播种 44d 以前，玉米对大豆的遮荫程度较重，大豆茎秆通过增加 SS 活性来合成较多的尿苷二磷酸葡糖（uridine diphosphate glucose，UDPG），为纤维素的合成提供物质保障，因此酶活性较高；44d 后，玉米对大豆的遮荫程度逐渐减弱，光合作用向茎秆中输入的蔗糖不断增加，大量的蔗糖抑制了可逆酶 SS 活性，因此酶活性逐渐降低。品种间比较发现，耐荫性强 B3 在带状套作环境下能保持较高水平的茎秆 SS 活性，有利于分解较多的蔗糖，为纤维素合成提供较多的底物 UDPG。

如图 5-23 所示，不同种植方式下大豆茎秆中酸性转化酶（acid invertase，AI）活性随生育时间变化呈现不同的变化趋势。净作条件下，茎秆中 AI 酶活性逐渐降低；带状套作条件下呈现“倒 V”形变化趋势，播种后 44d，各大豆品种茎秆 AI

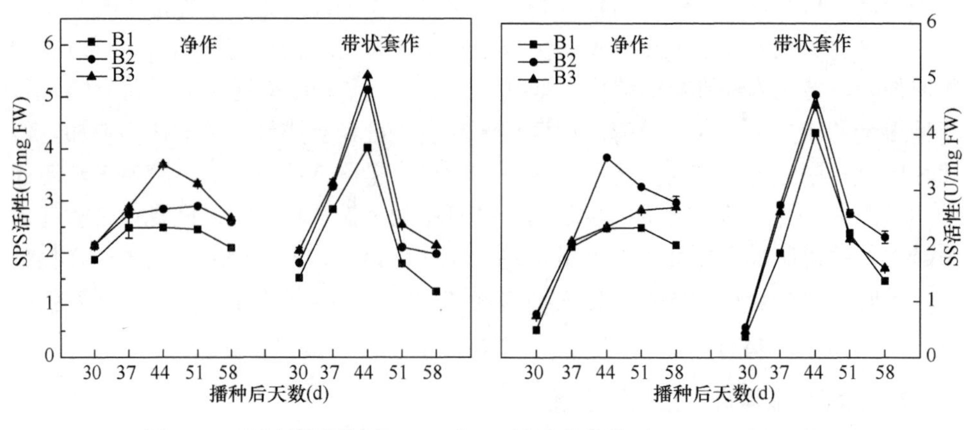

图 5-22　不同基因型大豆 SPS 和 SS 活性的变化（Liu et al.，2016）

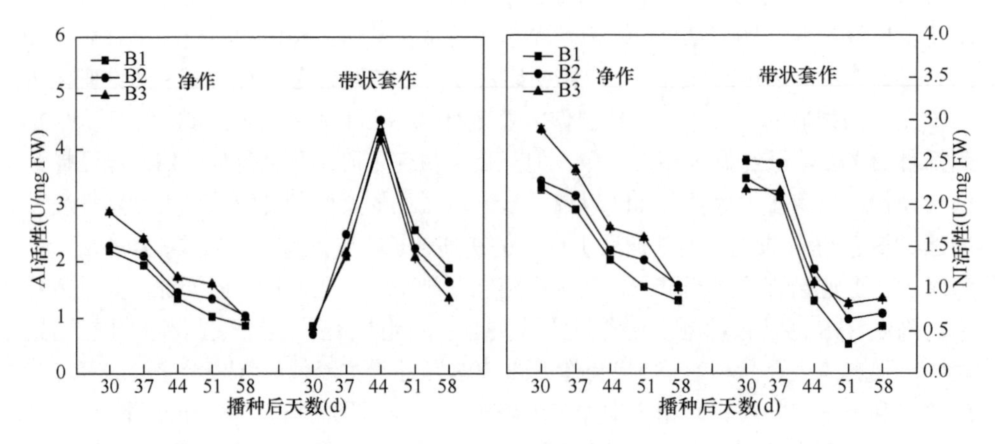

图 5-23　不同基因型大豆 AI、NI 活性的变化（Liu et al.，2016）

活性达最大。品种间比较发现，净作下强耐荫品种 B3 茎秆中 AI 始终显著高于其他两品种，但在带状套作条件下，B3 在播种 44d 以前，与 B2 差异不显著，在 44d 后，其下降速度较其他两材料高。

如图 5-23 所示，净作条件下，茎秆中中性转化酶（neutral invertase，NI）活性逐渐降低；带状套作条件下呈现“Z”形变化趋势。品种间比较发现，带状套作条件下，在播种后 44d，3 个大豆品种 NI 活性差异显著，表现出 B2＞B3＞B1。之后，由于光环境的改善，不同大豆品种 NI 无显著差异，最后表现出 B3＞B2＞B1。说明耐荫较强品种通过维持较高的 NI 活性来分解蔗糖为自身的快速伸长提供较多的碳源和能量。

6. 茎秆木质素含量

大豆苗期茎秆木质素含量随生长发育的进程呈逐渐增加趋势，同一大豆品种带状套作下茎秆木质素含量显著低于净作，不同大豆品种茎秆木质素含量在带状套作和净作中均表现出显著差异（表 5-21）。相同时期下，各大豆品种茎秆木质素含量在带状套作和净作模式下均表现为 B3＞B2＞B1，这与各品种茎秆抗折力的变化规律基本一致。共生期结束时，B1、B2、B3 茎秆木质素含量带状套作比净作分别低 32.20%、33.99%、25.49%。方差分析表明，种植方式和品种均极显著影响茎秆木质素含量，且互作效应显著，耐荫抗倒性强的品种在带状套作环境下能保持较高水平的木质素含量，有效提高大豆的抗倒伏能力。

表 5-21　不同基因型大豆茎秆木质素含量（OD_{280}/g FW）的变化（邹俊林，2015）

种植方式	品种	播种后天数（d）				
		20	27	34	41	48
带状套作	B1	0.577d	0.970e	1.810f	2.101f	2.234f
	B2	0.667cd	1.102d	1.954e	2.253e	2.414e
	B3	0.740c	1.382c	2.266d	2.569d	2.868d
净作	B1	0.983b	1.814b	2.531c	3.009c	3.295c
	B2	1.082ab	1.936a	2.853b	3.386b	3.657b
	B3	1.185a	2.020a	2.987a	3.529a	3.849a
F 值	*C*	127.565^{**}	686.417^{**}	317.963^{**}	625.479^{**}	401.098^{**}
	G	24.856^{**}	60.668^{**}	171.947^{**}	95.305^{**}	257.250^{**}
	C×*G*	0.305^{ns}	8.570^{**}	8.702^{**}	5.458^{*}	13.094^{**}

注：*F* 值为两因素方差分析的结果；*C* 代表种植方式，*G* 代表供试大豆品种，*C*×*G* 表示种植模式和大豆品种的交互作用；ns 表示在 0.05 水平差异不显著

7. 茎秆木质素合成相关酶活性

苯丙氨酸氨裂解酶（phenylalanine ammonia-lyase，PAL）活性。大豆茎秆

中 PAL 活性在带状套作和净作中变化趋势不尽相同，总体上表现为带状套作低于净作（图 5-24）。净作下，PAL 活性随茎秆生长发育进程均呈先上升后下降的趋势，在 34d 时达到最大值；品种间基本表现为 B3＞B2＞B1。带状套作下，B1、B2 的 PAL 活性随茎秆生长发育进程呈先下降后上升再下降的趋势，而 B3 的 PAL 活性呈缓慢上升后下降的趋势；在播种后 27d 时，B1、B2 的 PAL 活性达到最小，此时，B3 活性显著高于 B1、B2。由此可以推测，播种后 27d 时可能是不同耐荫抗倒伏性品种木质素合成差异的关键时期，而在玉米遮荫引起的弱光环境下保持较高的 PAL 活性能够提高茎秆中木质素含量。

4-香豆酸：CoA 连接酶（4CL）活性。大豆茎秆中 4CL 活性总体上表现为带状套作低于净作，且在带状套作和净作中变化趋势不一致（图 5-24）。净作下，随茎秆生长发育时间的推进，4CL 活性呈“M”式的双峰变化趋势，各品种间表现为 B3＞B2＞B1。带状套作下，随茎秆生长发育时间的推进，4CL 活性随茎秆生长发育进程呈“W”形变化，各品种间表现与净作基本一致，即 B3＞B2＞B1。值得一提的是，同样在播种后 27d 时，B1、B2 品种均出现显著的下降，而 B3 品种下降幅度较小，说明强耐荫抗倒伏品种受荫蔽胁迫影响程度较小，其较高的 4CL 活性有利于茎秆中木质素合成，从而提高植株抗倒伏能力。

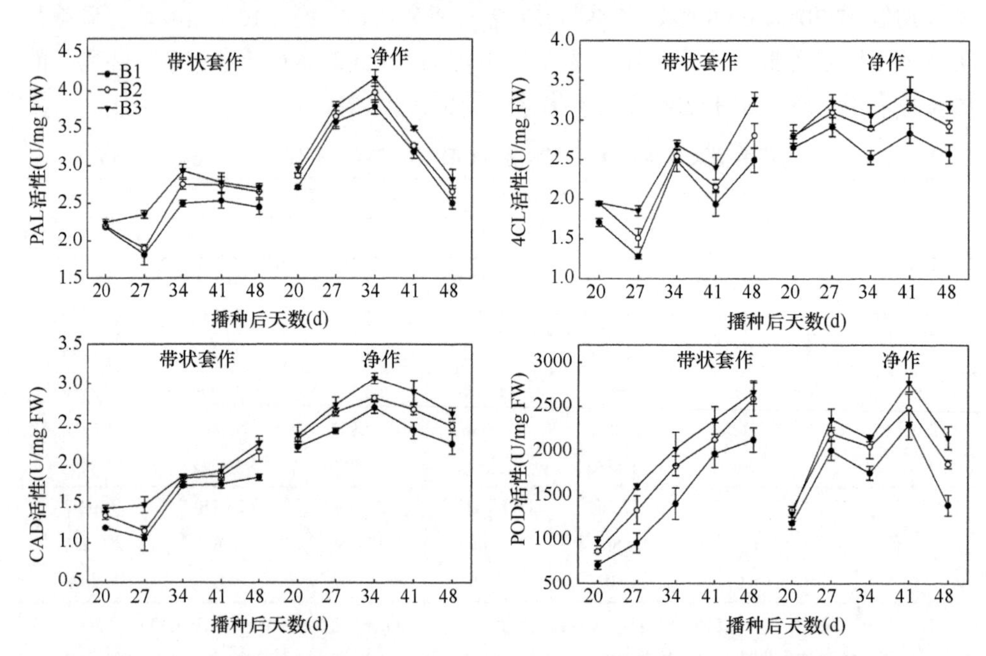

图 5-24　不同基因型大豆 PAL、4CL、CAD 和 POD 活性变化（邹俊林，2015）

肉桂醇脱氢酶（cinnamyl alcohol dehydrogenase，CAD）活性。与净作相比，带状套作大豆茎秆中 CAD 活性各时期均显著降低（图 5-24）。净作下，随茎秆生长发育时间的推进，CAD 活性呈先上升后下降的趋势，各品种 CAD 活性表现为 B3>B2>B1。带状套作下，随茎秆的生长发育进程，B1、B2 的 CAD 活性在播种后 27d 时明显下降，27d 后缓慢上升，而 B3 在整个苗期均表现出缓慢上升的趋势；在 27d 时，B3 显著高于 B1 和 B2。与 PAL、4CL 活性相同，在播种后 27d 时 CAD 活性强弱可能是引起不同耐荫抗倒伏性品种茎秆中木质素含量表现出差异的原因。

过氧化物酶（peroxidase，POD）活性。带状套作大豆茎秆中 POD 活性随茎秆生长发育进程呈逐渐上升趋势，在 48d 达到最大值；净作大豆呈“M”式的双峰变化趋势，在 27d 和 41d 时存在峰值（图 5-24）。总的说来，在大豆播种后的 41d 前，带状套作大豆的 POD 活性显著低于净作，而 48d 时带状套作显著高于净作。各品种 POD 活性在带状套作和净作中均表现为 B3>B2>B1。

8. 茎秆木质素合成基因的表达

光环境对大豆茎秆木质素合成途径中关键酶基因影响显著，随着荫蔽时间的推移，各个基因表达量在不同光环境条件下的变化曲线基本一致，且在任何时间点强耐荫抗倒品种南豆 12 几乎所有基因皆下调，而荫蔽处理抑制了弱耐荫抗倒大豆南 032-4 *C3H*、*CCR*、*CCoAOMT* 和 *POD* 4 个基因的表达（图 5-25）。随荫蔽时间的推移，南豆 12 几乎所有基因较南 032-4 更早出现较大差异表达，在荫蔽处理后 8.5h，南豆 12 除 *PAL*、*C4H*、*COMT* 3 个基因外，其余基因表达量皆较南 032-4

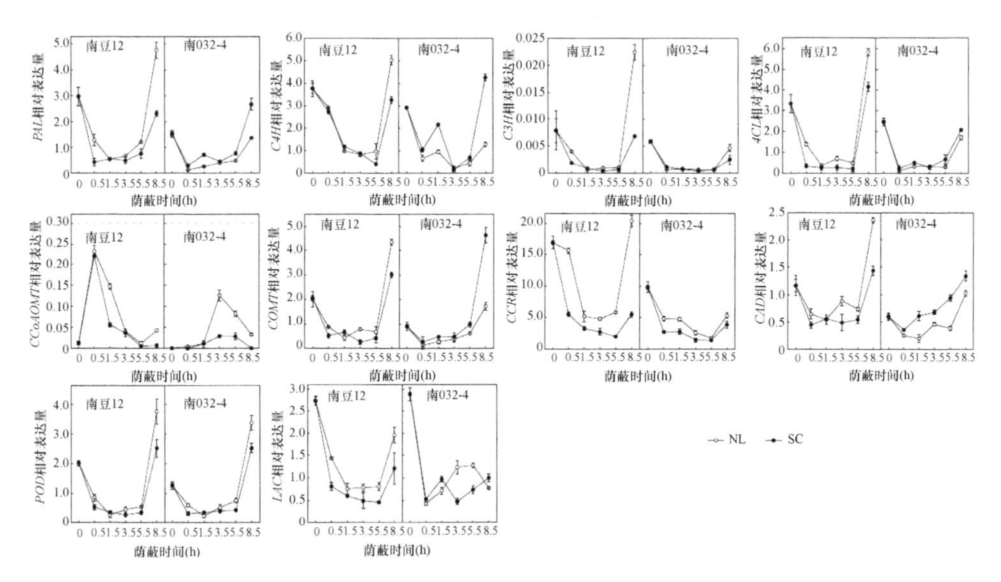

图 5-25 不同耐荫抗倒大豆品种茎秆中合成木质素的相关基因表达（任梦露，2017）

NL. 正常光照；SC. 荫蔽。下同

高。各基因表达量的方差分析结果表明，光环境和品种的交互作用对 *PAL*、*C4H*、*C3H*、*4CL*、*COMT*、*CCR*、*CAD* 和 *LAC* 8 个基因影响极显著，其中，*PAL*、*4CL*、*CAD*、*C3H*、*COMT*、*CCoAOMT*、*CCR* 和 *POD* 受光环境影响显著，除了 *POD* 基因外其余基因表达量受品种影响显著。

9. 茎秆木质素合成途径中的代谢产物含量

由图 5-26 可知，与正常光照相比，荫蔽处理显著增加了茎秆木质素合成途径中的肉桂酸、对香豆酸的含量，降低了咖啡酸、阿魏酸、芥子酸的含量；其中，强耐荫抗倒品种南豆 12 肉桂酸、对香豆酸分别增加 7.72%、96.39%，咖啡酸、阿魏酸、芥子酸的含量分别降低 30.04%、20.11%和 20.24%；而弱耐荫抗倒品种南 032-4 的肉桂酸、对香豆酸分别增加 23.99%、21.21%，咖啡酸、阿魏酸、芥子酸的含量降低 10.7%、24.13%和 24.04%。在荫蔽条件下，南豆 12 芥子酸和阿魏酸分别较南 032-4 高 164.53%和 164.48%。

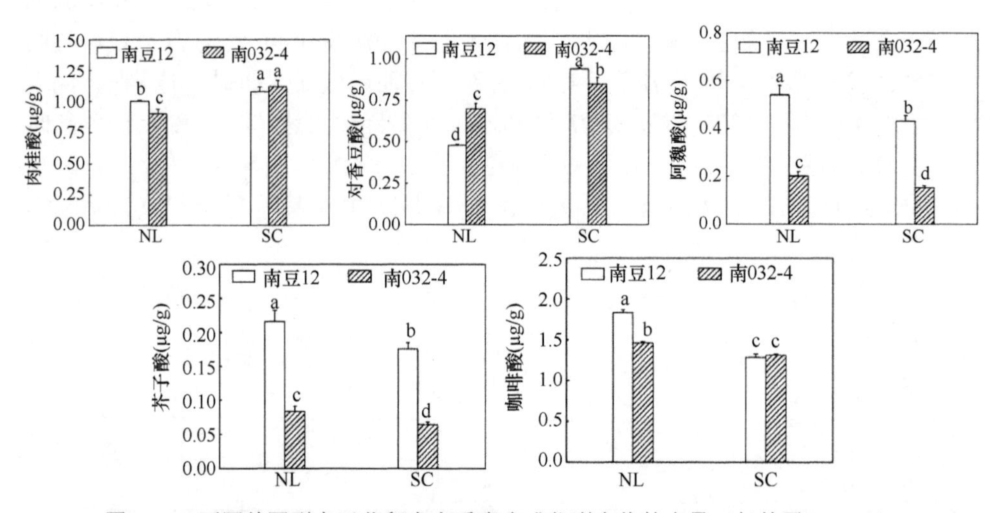

图 5-26　不同基因型大豆茎秆中木质素合成代谢产物的含量（任梦露，2017）

第三节　调节剂对带状复合种植大豆株型的调控机制

一、烯效唑对大豆产量和产量构成的调控

烯效唑处理能提高带状套作大豆产量，喷施时期和喷施浓度不同，其增产效果有差异(表 5-22)。V5 期喷施以 30mg/L 处理产量最高，其次为 60mg/L 和 90mg/L，均显著高于对照，其中 30mg/L 处理较对照提高了 35.5%，而 120mg/L 和 150mg/L 处理产量则低于对照；R1 期喷施各处理间产量差异较小，只有 150mg/L 处理的产

量显著高于对照。各时期喷施各处理间的单株有效荚数和百粒重与产量表现一致，V5 期喷施 30mg/L 和 60mg/L 处理显著高于对照，120mg/L 和 150mg/L 处理则低于对照。R1 期喷施则表现为 150mg/L 处理显著高于对照，而平均荚粒数各处理间的表现顺序则与产量相反。

表 5-22　叶面喷施烯效唑对带状套作大豆产量及产量构成因素的影响（闫艳红，2010）

施用时期	浓度（mg/L）	单株有效荚数	平均荚粒数	百粒重（g）	产量（kg/hm²）
V5	0	60.0BCc	1.63ABb	23.88Cc	2335.5CDd
	30	75.3Aa	1.50Cc	28.05Aa	3164.1Aa
	60	65.3Bb	1.58BCb	26.69ABb	2759.3Bb
	90	59.5BCc	1.63ABb	26.08Bb	2535.9BCc
	120	53.9CDd	1.72Aa	23.86Cc	2211.8Dde
	150	50.5Dd	1.72Aa	23.70Cc	2061.7De
R1	0	60.0Bb	1.63Aa	23.85Cc	2332.3Bbc
	30	60.5ABb	1.58ABb	23.89Cc	2283.6Bc
	60	60.7ABb	1.56Bbc	24.42BCc	2312.4Bbc
	90	60.8ABb	1.55Bbc	24.42BCc	2301.3Bbc
	120	61.0ABb	1.54Bc	25.40ABb	2386.1Bb
	150	62.2Aa	1.54Bc	26.37Aa	2530.6Aa

注：数字后的大小写字母分别表示同列同时期内在 0.01 和 0.05 水平上的差异

二、烯效唑对大豆叶形态与功能的调控

1. 烯效唑对大豆叶形态的影响

烯效唑干拌种显著降低带状套作大豆苗期叶面积（表 5-23）。到花后 46d，与对照相比，处理 B1～B3 的叶面积指数（leaf area index，LAI）分别降低了 18.6%、20.3%和 25.3%。但到花后 61d 时，各处理 LAI 超过对照，说明烯效唑处理延缓了大豆叶片衰老（图 5-27）。

表 5-23　烯效唑干拌种对带状套作大豆叶面积的影响（Yan et al.，2010）

（单位：cm²/株）

处理	播种后天数（d）			
	21	28	35	42
B0	149.4Aa	291.8Aa	409.9Aa	1030.6Aa
B1	69.9ABb	99.3Bb	325.1Bb	601.2Bb
B2	44.1ABb	93.3Bb	290.9BCbc	565.0Bb
B3	29.7Bb	91.7Bb	256.4Cc	429.4Cc

注：B0～B3 分别表示 0mg/kg、2mg/kg、4mg/kg、8mg/kg 的烯效唑干拌种浓度。不同小写字母和大写字母分别表示同一列在 0.05 和 0.01 水平上差异显著。下同

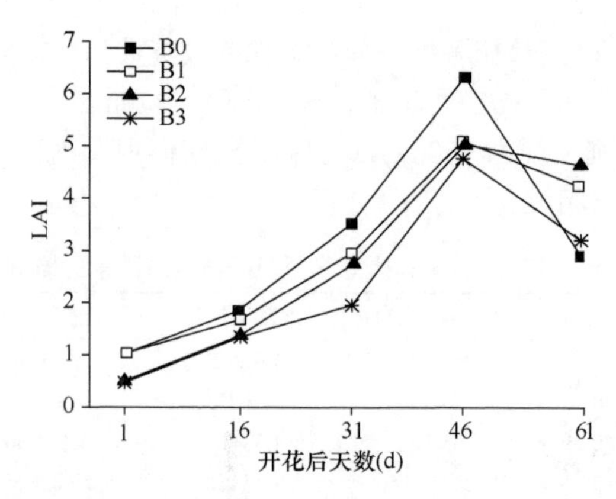

图 5-27 烯效唑干拌种对带状套作大豆叶面积指数的影响（Yan et al.，2015）

B0～B3 分别表示 0mg/kg、2mg/kg、4mg/kg、8mg/kg 的烯效唑干拌种浓度。下同

烯效唑干拌种处理对第 1 复叶的叶柄长、叶长和叶宽均表现出抑制效应，其伸长随着烯效唑干拌种浓度增加而呈现直线下降趋势，与 B0（0mg/kg）相比，第 1 复叶的叶柄长、叶长和叶宽最低下降幅度分别为 10.3%、0.5%和 14%，最高下降幅度分别可达到 25%、8.1%和 19.9%（图 5-28）。第 2 复叶叶柄长、叶长和叶宽的伸长均表现出促进效应，其伸长长度随着烯效唑拌种浓度增加而先升高再降低。在拌种浓度为 9mg/kg 时，叶柄长、叶长和叶宽均达到最大值，分别比对照高出 51%、25.5%和 26.4%；其次是浓度为 6mg/kg 时，分别比对照高出 31.6%、15.8%和 16.1%；另外在 12mg/kg 拌种时，叶柄长也保持较大值，比对照高出 39.5%。

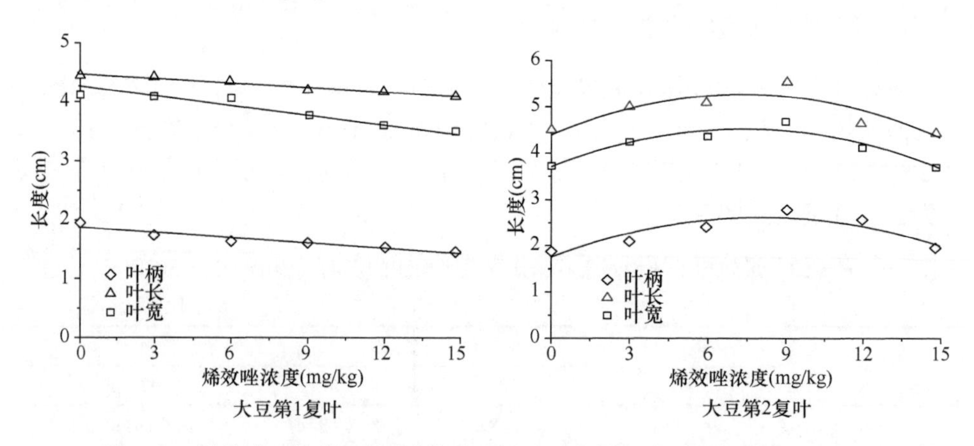

图 5-28 烯效唑干拌种对带状套作大豆叶片形态的影响（罗庆明等，2009）

2. 烯效唑对大豆叶绿素的影响

烯效唑干拌种处理显著增加了大豆叶片的叶绿素含量。从图 5-29 可以看出，开花后 1～61d，不同浓度处理大豆总叶绿素含量和叶绿素 a 含量表现为先增加后

下降的单峰曲线，均在开花后 46d 达到最大值。B3 处理总叶绿素含量最高，B2 处理叶绿素 a 含量最高。

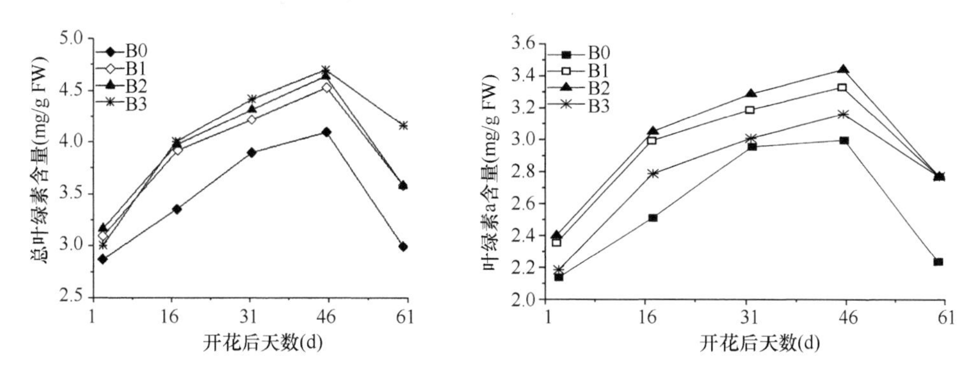

图 5-29　烯效唑干拌种对带状套作大豆叶片叶绿素含量的影响（Yan et al.，2015）

3. 烯效唑对大豆叶片光合作用的影响

烯效唑干拌种处理显著影响了大豆叶片的光合作用。从表 5-24 可以看出，不同浓度处理显著增加了大豆叶片的净光合速率、气孔导度和蒸腾速率。与对照相比，B2 处理表现最好，花后 31d 时，净光合速率增加了 12.71%，而 B1 和 B3 处理分别增加了 11.60%和 8.8%。

表 5-24　烯效唑干拌种对带状套作大豆光合作用的影响（Yan et al.，2015）

烯效唑处理	净光合速率[μmol/(m²·s)]			气孔导度[mol/(m²·s)]			蒸腾速率[mmol/(m²·s)]		
	开花后 1d	开花后 31d	开花后 61d	开花后 1d	开花后 31d	开花后 61d	开花后 1d	开花后 31d	开花后 61d
B0	12.9Cd	18.1Bb	7.5Bc	0.35Cc	0.44Dd	0.18Dd	3.69Bc	4.29Bb	2.51Bd
B1	17.6ABb	20.2Aa	11.4Aab	0.38Bb	0.60Bb	0.31Bb	3.94Aab	4.74Aa	3.50Ab
B2	19.0Aa	20.4Aa	12.4Aa	0.41Aa	0.64Aa	0.34Aa	4.06 Aa	4.82Aa	3.78Aa
B3	16.4Bc	19.7Aa	11.0Ab	0.38Bb	0.50Cc	0.21Cc	3.87ABb	4.42ABc	2.74Bc

4. 烯效唑干拌种对大豆叶片抗氧化作用的影响

带状套作大豆苗期叶片中的超氧化物歧化酶（superoxide dismutase，SOD）和 POD 酶活性表现为先增加后降低趋势，播种后 35d 达到最大值。从表 5-25 可以看出，B2 处理的 SOD 和 POD 酶活性最高，依次表现为 B2＞B1＞B3＞B0。播后 42d 时，B2 处理叶片中的 SOD 酶活性分别较 B1、B3 和 B0 处理高 50.1%、88.4%和 274.4%；POD 也显著高于 B1、B3 和 B0 处理。

随着播种后天数增加，大豆苗期叶片中的丙二醛（malondialdehyde，MDA）含量呈上升趋势，烯效唑处理极显著地降低了 MDA 含量。从表 5-26 可以看出，播种后21～42d大豆叶片MDA含量均以B2处理最低。42d时，B2、B1、B3处理分别比对照B0低27.6%、17.1%和7.4%。随着播种后天数增加，大豆苗期叶片中的脯氨酸（Pro）含量呈下降趋势，烯效唑处理极显著地增加了大豆叶片Pro含量。从表5-26可以看出，B2和B1处理显著高于对照，各处理Pro含量依次表现为B2＞B1＞B3＞B0。

表5-25　烯效唑干拌种对带状套作大豆叶片SOD和POD的影响（Yan et al.，2015）

烯效唑处理	SOD（U/g FW）				POD[0.01A_{470}/(g FW·min)]			
	播种后21d	播种后28d	播种后35d	播种后42d	播种后21d	播种后28d	播种后35d	播种后42d
B0	50.8Cc	132.0Cc	220.0Dd	156.4Dd	1116.5Cd	1360.7Dd	1436.1Cc	1385.0Cc
B1	94.4Bb	204.9Bb	433.7Bb	390.3Bb	1605.0Bb	1941.4Bb	2562.5Aa	2049.8ABb
B2	130.9Aa	240.9Aa	606.4Aa	585.7Aa	1704.9Aa	2150.0Aa	2672.5Aa	2196.2Aa
B3	87.7Bb	181.9Bb	359.5Cc	310.8Cc	1171.3Cc	1628.4Cc	2027.5Bb	1968.6Bb

表5-26　烯效唑干拌种对带状套作大豆叶片MDA和Pro的影响（闫艳红等，2011）

烯效唑处理	MDA（μmol/g FW）				Pro（μg/g DW）			
	播种后21d	播种后28d	播种后35d	播种后42d	播种后21d	播种后28d	播种后35d	播种后42d
B0	0.0216Aa	0.0352Aa	0.0354Aa	0.0637Aa	516.3Bc	345.9Bc	204.1Cc	67.6Dd
B1	0.0131Cc	0.0215Bb	0.0241Cc	0.0528Cc	643.0ABb	435.4Bb	425.0Bb	286.3Bb
B2	0.0123Cc	0.0141Cc	0.0240Cc	0.0461Dd	760.0Aa	632.9Aa	529.5Aa	475.1Aa
B3	0.0170Bb	0.0218Bb	0.0307Bb	0.0590Bb	641.5ABb	390.4Bbc	368.3Bb	143.1Cc

三、烯效唑对大豆叶柄夹角的调控

荫蔽极显著减小大豆叶柄夹角，增加叶柄长度；外源施加100μmol赤霉素会使其叶柄夹角进一步变小，但外源施加10μmol GA合成抑制剂烯效唑则极显著促进叶柄夹角变大，说明烯效唑可以抑制带状复合种植模式下荫蔽诱导的大豆叶柄夹角变小（表5-27）。

表5-27　烯效唑对大豆叶柄夹角的影响

光照条件	叶柄夹角（°）			叶柄长度（cm）		
	赤霉素	烯效唑	对照	赤霉素	烯效唑	对照
正常光	29.99	86.76	83.49	15.97	4.30	6.21
荫蔽	25.41	60.99	33.98	20.76	4.90	14.37

四、烯效唑对大豆茎秆抗倒性的调控

1. 烯效唑对大豆节间长度和抗倒性的影响

荫蔽环境下叶面喷施烯效唑显著缩短大豆的节间长度，甚至使其比正常光下的节间更短，而随着每个节间长度的缩短，株高显著减低（图 5-30），从而显著提高荫蔽环境下大豆的抗倒伏性。

2. 烯效唑对大豆茎秆细胞长度的影响

荫蔽显著促进了大豆茎秆木质部细胞伸长。与正常光处理（CK）相比，荫蔽环境下，两品种大豆的茎秆木质部细胞长度分别增加了 72.0%和 131.2%。而在荫蔽环境下叶面喷施烯效唑后，两种大豆品种茎秆木质部细胞长度恢复到 CK 水平（图 5-31）。

3. 烯效唑对大豆茎秆赤霉素含量的影响

荫蔽可以显著提高两个大豆品种茎秆中 GA1 和 GA4 含量（图 5-32）。与正常

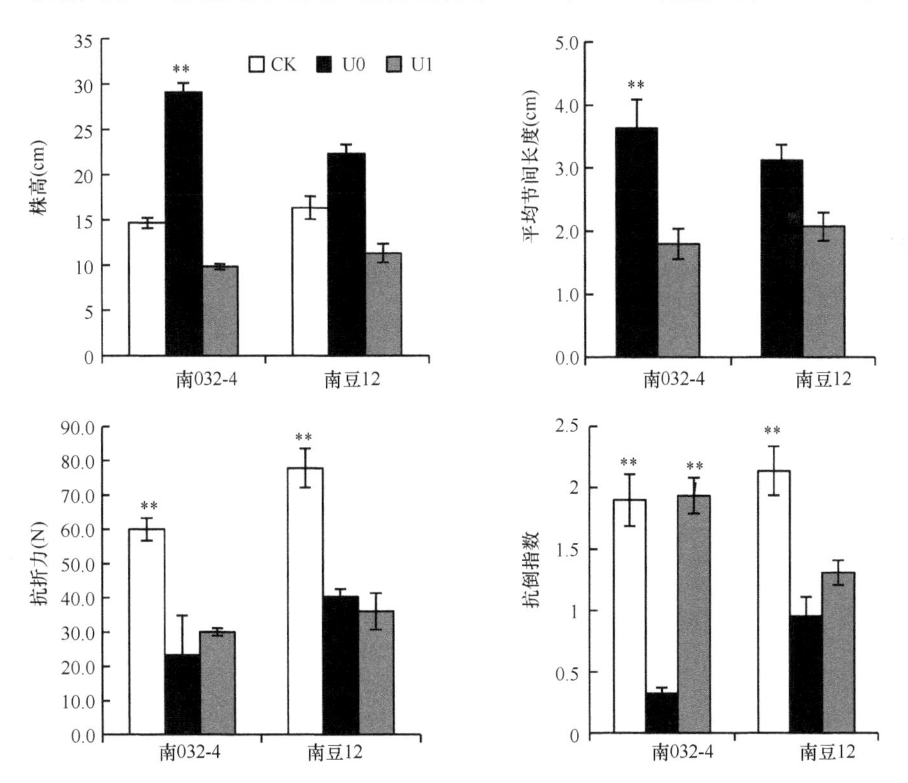

图 5-30 烯效唑对大豆节间长度和抗倒性的影响

CK. 正常光处理；U0. 荫蔽处理；U1. 在荫蔽下喷施 40mg/L 烯效唑处理。下同

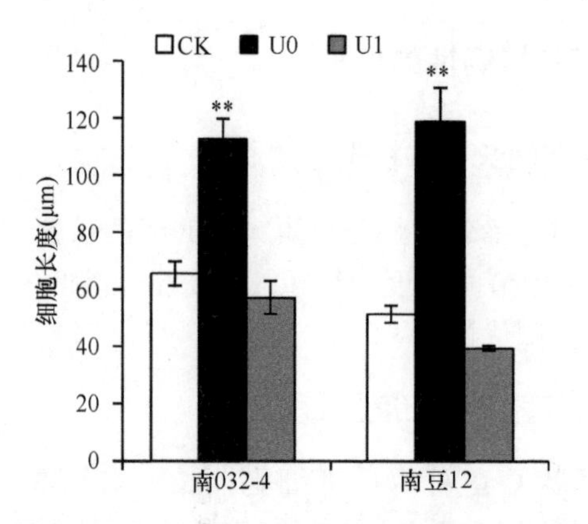

图 5-31　烯效唑对大豆茎秆细胞长度的影响

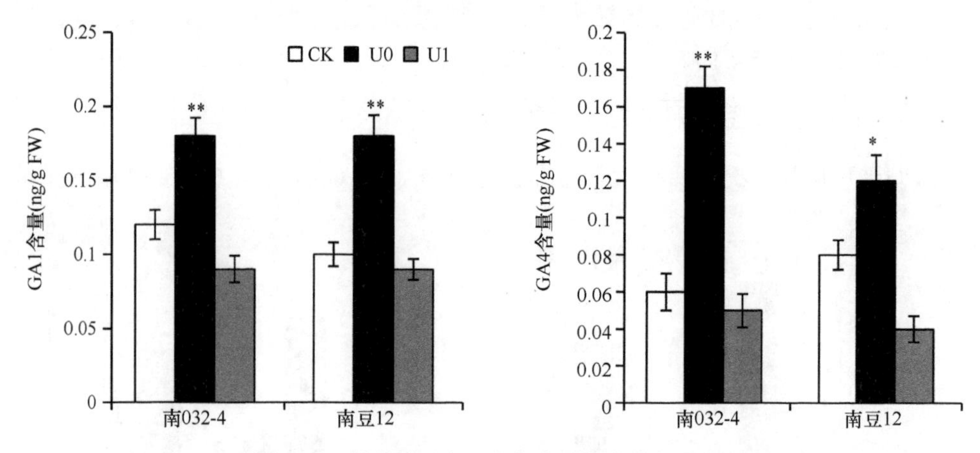

图 5-32　烯效唑对大豆茎秆赤霉素含量的影响

光处理相比，荫蔽处理促使南 032-4 和南豆 12 两个大豆品种茎秆 GA1 含量分别提高 50%和 80%，GA4 含量分别提高 183.3%和 50%；而当叶面喷施烯效唑后，两品种茎秆中 GA1 和 GA4 含量都降到正常光处理以下水平。

4. 烯效唑对大豆茎秆赤霉素代谢的影响

对与赤霉素代谢相关基因表达进行定量聚合酶链反应（quantitative PCR，qPCR）分析，结果表明，与正常光处理相比，荫蔽显著提高两个大豆品种茎秆中 *GmGA3ox1*、*GmGA20ox2*、*GmGA2ox4* 三个基因的表达量，降低 *GmGA2ox6* 的表达量(图 5-33)。而施用烯效唑处理显著下调大豆茎秆中 *GmGA3ox1* 和 *GmGA20ox2* 两个赤霉素合成基因的表达量，进而抑制赤霉素 GA1 和 GA4 的合成；显著上调 *GmGA2ox4* 和 *GmGA2ox6* 两个赤霉素分解基因的表达，从而提高赤霉素氧化酶活性，催化赤霉素从活化型向钝化型 GA8、GA34 转化，降低荫蔽环境下大豆茎秆中两种活性赤霉素 GA1 和 GA4 的含量。

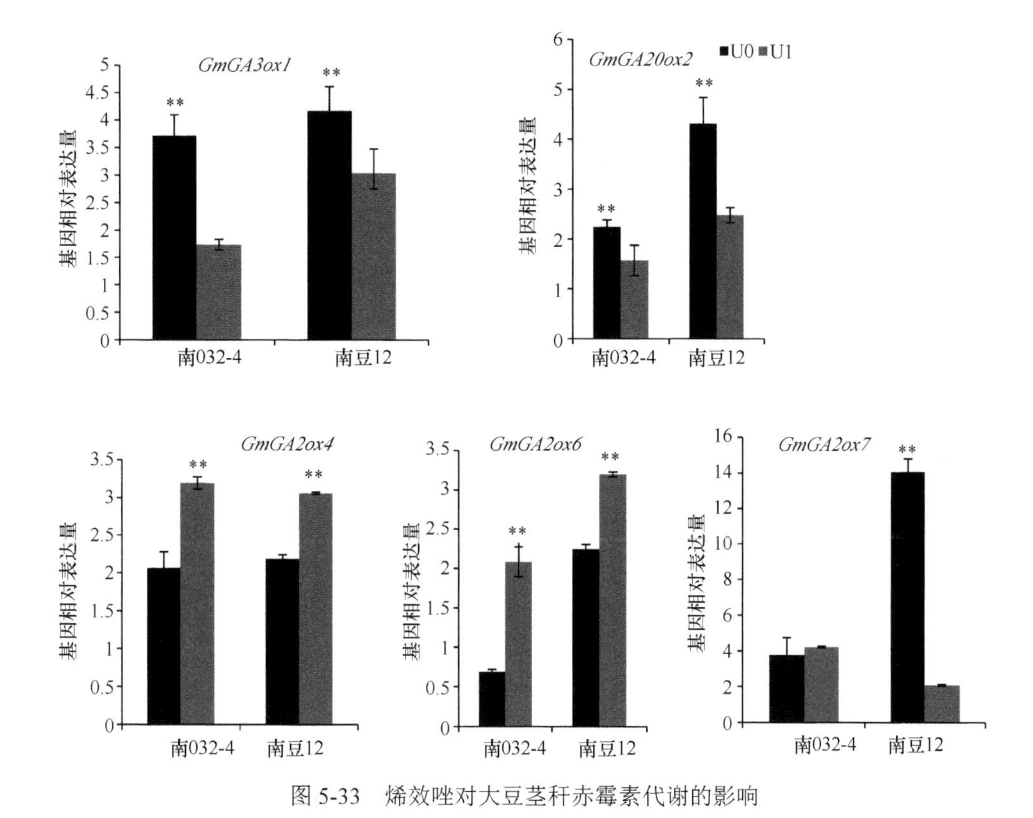

图 5-33 烯效唑对大豆茎秆赤霉素代谢的影响

参考文献

卜伟召, 刘鑫, 武晓玲, 等. 2015. 黄淮海带状间作大豆品种的筛选与鉴定[J]. 大豆科学, 34(2): 191-198.

程亚娇, 范元芳, 谌俊旭, 等. 2018. 光照强度对大豆叶片光合特性及同化物的影响[J]. 作物学报, 44(12): 1867-1874.

邓榆川. 2016. 套作大豆代谢产物的积累分配对茎秆耐荫抗倒形态建成的影响[D]. 成都: 四川农业大学.

冯铃洋. 2021. 大豆叶柄夹角响应带状套作光环境的机理研究[D]. 成都: 四川农业大学.

李盛蓝, 谭婷婷, 范元芳, 等. 2019. 玉米荫蔽对大豆光合特性与叶脉、气孔特征的影响[J]. 中国农业科学, 52(21): 3782-3793.

刘明, 卜伟召, 杨文钰, 等. 2018. 山东间作大豆产量与主要农艺性状关联分析[J]. 中国油料作物学报, 40(3): 344-351.

罗庆明, 杨文钰, 曹晓宁, 等. 2009. 大豆苗期叶片形态对烯效唑干拌种的响应[J]. 大豆科学, 28(6): 1004-1007.

任梦露. 2017. 荫蔽胁迫对大豆苗期茎秆木质素合成的影响[D]. 成都: 四川农业大学.

谭婷婷, 范元芳, 李盛蓝, 等. 2020. 套作模式下玉米荫蔽对大豆叶片叶绿体结构及光合特性的影响[J]. 核农学报, 34(10): 2360-2367.

武晓玲, 梁海媛, 杨峰, 等. 2015a. 大豆苗期耐荫性综合评价及其鉴定指标的筛选[J]. 中国农业科学, 48(13): 2497-2507.

武晓玲, 谭千军, 陈钒杰, 等. 2015b. 大豆苗期茎秆相关性状对荫蔽的响应[J]. 植物遗传资源学报, 16(5): 1111-1116.

闫艳红. 2010. 烯效唑对套作大豆的壮苗控旺效应及其机理研究[D]. 雅安: 四川农业大学.

闫艳红, 杨文钰, 张新全, 等. 2011. 套作遮荫条件下烯效唑对大豆壮苗机理的研究[J]. 中国油料作物学报, 33(3): 259-264.

邹俊林. 2015. 套作大豆苗期茎秆抗倒特征及其与木质素合成的关系研究[D]. 成都: 四川农业大学.

Feng L Y, Ali Raza M, Li Z C, et al. 2019. The influence of light intensity and leaf movement on photosynthesis characteristics and carbon balance of soybean[J]. Frontiers in Plant Science, 9: 1952.

Liu W G, Deng Y C, Hussain S, et al. 2016. Relationship between cellulose accumulation and lodging resistance in the stem of relay intercropped soybean [*Glycine max*(L.)Merr.][J]. Field Crops Research, 196: 261-267.

Wen B X, Zhang Y, Hussain S, et al. 2020. Slight shading stress at seedling stage does not reduce lignin biosynthesis or affect lodging resistance of soybean stems[J]. Agronomy, 10(4): 544.

Wu Y S, Gong W Z, Yang W Y. 2017. Shade inhibits leaf size by controlling cell proliferation and enlargement in soybean[J]. Scientific Reports, 7: 9259.

Yan Y H, Gong W Z, Yang W Y, et al. 2010. Seed treatment with uniconazole powder improves soybean seedling growth under shading by corn in relay strip intercropping system[J]. Plant Production Science, 13(4): 367-374.

Yan Y H, Wan Y, Liu W G, et al. 2015. Influence of seed treatment with uniconazole powder on soybean growth, photosynthesis, dry matter accumulation after flowering and yield in relay strip intercropping system[J]. Plant Production Science, 18(3): 295-301.

第六章　带状复合种植作物品质形成与环境调控

玉米大豆带状复合种植系统中，光照、水分、温度等田间小气候发生变化，直接或间接地调控作物代谢过程，并最终影响作物品质。玉米大豆带状复合种植实现了玉米和大豆粒用、鲜食与青贮饲用等的多元化利用，拓展了更广阔的市场空间。本研究阐释了复合种植系统环境对作物品质的形成与调控，对提升作物抗逆性、提高作物产值具有重要意义。

第一节　低位作物粒用大豆品质形成规律

玉米大豆带状复合种植模式下生产的大豆产品用途多元，应用最广泛的是粒用大豆。大豆籽粒富含蛋白质、脂肪等营养成分，是人类植物蛋白、油脂的重要来源；同时大豆籽粒还含有异黄酮、花色苷、类胡萝卜素等功能性成分，具有重要的药食兼用价值，这些代谢产物构成了粒用大豆的化学品质。由于受到高位作物玉米的影响，尤其是玉米对大豆冠层光环境的改变，大豆籽粒中的各类化学成分发生变化，这些变化有别于一般净作的自然光环境改变，具有时间和空间的特异性、复合性。因此，深入研究带状复合种植光环境对大豆籽粒化学品质的调控规律，对提高大豆品质具有重要价值。

一、带状复合种植对粒用大豆蛋白质、脂肪的影响

（一）田间配置对带状间作大豆籽粒蛋白质、脂肪的影响

合理的田间配置能优化作物群体结构，使作物品种的优良性得到最大的发挥。玉米大豆带状间作（玉米∶大豆=2∶3）田间配置试验表明，不同生产单元宽度（W_1：2.0m；W_2：2.2m；W_3：2.4m）和不同种植密度（D_1：52 500 株/hm^2；D_2：67 500 株/hm^2；D_3：82 500 株/hm^2；D_4：97 500 株/hm^2）对大豆田间小气候及籽粒品质具有重要影响。随着生产单元宽度的增加，边行和中行的大豆冠层透光率都呈增加趋势，表现为 $W_3>W_2>W_1$，边行 W_3 的大豆冠层透光率较 W_1、W_2 分别显著提高了 16.8%、13.1%，中行 W_3 的大豆冠层透光率较 W_1、W_2 分别显著提高了 16.8%、8.6%，生产单元宽度增加使大豆冠层获得了更多光照（表 6-1）。大豆种植密度对大豆冠层透光率也有显著影响，随大豆种植密度增加，大豆冠层透

光率表现为 $D_4 > D_3 > D_2 > D_1$。边行 D_4 的大豆冠层透光率较 D_3、D_2、D_1 分别显著提高了 12.4%、2.9%、1.5%，中行 D_4 的大豆冠层透光率较 D_3、D_2、D_1 分别显著提高了 10.3%、2.7%、1.4%；在生产单元宽度 2.4m（W_3）时，各密度处理的大豆冠层透光率均以 D_1 最低，其他处理间差异不显著，边行和中行 D_4 的大豆冠层透光率较 D_1 显著提高了 3.1%和 2.6%。各处理中行大豆冠层透光率均高于边行，中行 W_1、W_2、W_3 的大豆冠层透光率较边行分别提高了 31.1%、36.5%、31.0%；中行 D_1、D_2、D_3、D_4 的大豆冠层透光率较边行分别提高了 34.7%、32.4%、32.3%、32.2%，说明中行大豆能够获得更充足的光照（表 6-1）。

表 6-1　不同田间配置下的大豆冠层透光率　　（%）

处理	边行				中行			
	W_1	W_2	W_3	均值	W_1	W_2	W_3	均值
D_1	48.3d	51.3b	62.2b	53.9c	63.7d	71.7b	82.3b	72.6d
D_2	54.3c	58.0a	64.6a	58.9b	72.0c	78.4a	83.5ab	78.0c
D_3	56.1b	58.5a	64.3a	59.7b	73.5b	79.3a	84.2a	79.0b
D_4	59.9a	57.7a	64.13a	60.6a	77.5a	78.5a	84.4a	80.1a
均值	54.6c	56.4b	63.8a	—	71.6c	77.0b	83.6a	—

随着生产单元宽度的增加，大豆籽粒蛋白质含量均有所升高，生产单元宽度 2.4m（W_3）的边行大豆籽粒蛋白质含量较 2.0m（W_1）、2.2m（W_2）显著提高了 1.5%、1.4%（表 6-2）。大豆种植密度对大豆籽粒蛋白质含量也有显著影响，随密度增加，边行和中行大豆籽粒蛋白质含量均呈现出先增加后减少的趋势，以 D2、D3 的大豆籽粒蛋白质含量较高，边行 D3 大豆籽粒蛋白质含量较 D1、D4 分别显著提高了 0.7%、1.6%，中行 D3 大豆籽粒蛋白质含量较 D1、D4 分别显著提高了 2.5%、2.5%（表 6-2）。生产单元宽度 2.4m（W_3）的各密度处理间的大豆籽粒蛋白质含量差异较小，边行大豆籽粒蛋白质含量略高于中行。合理的田间配置能增加大豆籽粒蛋白质含量。

表 6-2　不同田间配置下的大豆籽粒蛋白质含量　　（%）

处理	边行				中行			
	W_1	W_2	W_3	均值	W_1	W_2	W_3	均值
D_1	39.70b	40.19a	40.46a	40.12ab	39.28b	39.73b	39.95b	39.65b
D_2	40.33a	40.42a	40.66a	40.47a	40.54a	40.13b	40.74a	40.47a
D_3	40.54a	40.01a	40.70a	40.42a	40.69a	40.66a	40.63a	40.66a
D_4	39.39b	39.42b	40.52a	39.78b	39.11b	39.85b	40.06b	39.68b
均值	39.99b	40.01b	40.59a	—	39.91a	40.09a	40.35a	—

由表 6-3 可以看出，随着生产单元宽度的增加，边行大豆籽粒脂肪含量表现为先增后减的趋势；中行大豆籽粒脂肪含量表现为 $W_1>W_3>W_2$，但各处理间差异不显著。与大豆籽粒蛋白质含量的规律相反，随着大豆种植密度的增加，大豆籽粒脂肪含量呈现出先减少后增加的趋势，以 D_1、D_4 较高，边行 D_4 大豆籽粒脂肪含量较 D_2、D_3 分别显著提高了 2.0%、3.3%，中行 D_4 大豆籽粒脂肪含量较 D_2、D_3 分别显著提高了 1.8%、3.9%。W_3 下，边行和中行各密度处理间的大豆籽粒脂肪含量均表现为 $D_4>D_1>D_2>D_3$，边行 D_1 的大豆籽粒脂肪含量较 D_2、D_3 分别显著提高了 1.5%、2.8%，中行 D_1 的大豆籽粒脂肪含量较 D_2、D_3 分别显著提高了 1.7%、3.7%。与籽粒蛋白质含量的变化规律相反，中行大豆籽粒脂肪含量略高于边行。

表 6-3　不同田间配置下的大豆籽粒脂肪含量　（%）

处理	边行				中行			
	W_1	W_2	W_3	均值	W_1	W_2	W_3	均值
D_1	17.45a	17.71ab	17.40a	17.52ab	17.70ab	17.50a	18.01a	17.74a
D_2	17.35a	17.33b	17.10ab	17.26bc	17.47bc	17.45a	17.44ab	17.45a
D_3	16.77b	17.63ab	16.73b	17.04c	17.37c	16.96b	17.02b	17.11b
D_4	17.78a	17.91a	17.11ab	17.61a	18.04a	17.47a	17.8a	17.77a
均值	17.34a	17.65a	17.10b	—	17.64a	17.35a	17.57a	—

玉米大豆带状间作中，生产单元宽度扩大有利于大豆冠层透光率增加，改善了大豆田间小气候。在带状间作带宽为 2.4m（W_3）时，大豆籽粒蛋白质含量显著增加，脂肪含量有所降低。随大豆种植密度增加，大豆籽粒蛋白质含量呈先增后减的趋势，在密度为 67 500 株/hm^2（D_2）、82 500 株/hm^2（D_3）时，大豆籽粒蛋白质含量达到最大。南方大豆多以高蛋白质含量为品质目标，在玉米大豆带状间作中，带宽 2.4m，大豆种植密度 67 500 株/hm^2 或 82 500 株/hm^2 时，大豆冠层透光率较高，田间小气候环境适宜，大豆品质较优。

（二）田间配置对带状套作大豆籽粒蛋白质、脂肪的影响

相较于玉米大豆带状间作，带状套作的推广应用范围相对较窄，主要集中在国内西南地区；带状套作的研究多以产量性状为主，对大豆籽粒品质的关注甚少，且研究结果存在一定差异。表 6-4 总结了最近十余年来，玉米大豆带状套作不同田间配置下大豆籽粒蛋白质、脂肪含量情况。由表可知，与净作大豆相比，带状套作大豆籽粒蛋白质含量增幅达 1.66%～6.15%，降幅达 0.20%～3.14%；相同试验材料的脂肪含量变化趋势则刚好相反，降幅达 1.63%～5.97%，增幅达 0.45%～2.83%。带状套作大豆籽粒蛋白质、脂肪含量并非一味增加或降低，其与具体的田

间配置关系密切。

表 6-4 玉米大豆带状套作不同田间配置下大豆籽粒品质比较

玉豆行比	玉豆间距（cm）	行距（cm）	株距（cm）	密度（万株/hm^2）	蛋白质含量（%）			脂肪含量（%）			参考文献
					净作	带状套作	变幅	净作	带状套作	变幅	
2∶3	40.0	35.0	15.0	11.4	44.17	45.83	3.76	18.07	17.49	−3.21	于晓波，2009
2∶3	40.0	35.0	15.0	11.4	44.17	45.31	2.58	17.76	17.47	−1.63	于晓波，2009
2∶3	45.0	30.0	15.0	13.3	42.25	44.85	6.15	19.81	19.42	−1.97	宋艳霞，2009
2∶3	45.0	30.0	15.0	13.3	41.98	44.26	5.43	20.35	19.78	−2.80	宋艳霞，2009
2∶2	58.5	33.0	15.0	10.1	45.05	46.17	2.49	17.43	16.39	−5.97	叶茂颖，2010
2∶2	60.0	30.0	10.0	16.7	40.47	41.14	1.66	17.68	17.38	−1.70	陈忠群，2011
2∶2	72.5	33.5	11.2	13.3	47.7	46.2	−3.14	20.00	20.09	0.45	向达兵，2012
2∶2	60.0	40.0	8.3	15.0	48.95	48.26	−1.41	17.12	17.61	2.83	蒋涛，2013
2∶2	50.0	50.0	10.0	10.0	50.7	50.6	−0.20	/	/	/	蔡凌等，2016
2∶2	55.0	50.0	10.0	10.0	44.05	43.075	−2.21	/	/	/	刘代铃，2019
2∶2	60.0	40.0	10.0	12.5	49.85	48.74	−2.23	17.89	18.04	0.84	肖新力，2020

注：“玉豆行比”为玉米∶大豆的行数比例；“玉豆间距”为玉米行与大豆行的间距；“变幅”为带状套作大豆含量减净作大豆含量，除以净作大豆含量；/表示未开展相关工作

研究人员对玉豆间距、大豆行距、株距、密度等主要田间配置参数分别与大豆籽粒蛋白质、脂肪含量的相关性进行分析，结果发现，随着玉豆间距及大豆行距的扩大，大豆籽粒蛋白质含量显著降低（图 6-1A、B）；随着大豆株距的增加，蛋白质含量极显著增加（图 6-1C）；随着大豆种植密度的增加，蛋白质含量有增加趋势，但相关性不显著（图 6-1D）。在一定的玉豆间距和大豆行距范围内（玉豆间距＜57.2cm，图 6-1A 截距；大豆行距＜41.4cm，图 6-1B 截距），带状套作大豆籽粒蛋白质含量较净作大豆籽粒蛋白质含量增加，当玉豆间距和大豆行距继续增加，带状套作大豆籽粒蛋白质含量呈现负增长趋势；而大豆株距及密度对蛋白质含量的影响具有相反趋势，尤其是当株距小于 11.0cm（图 6-1C 截距）时，带状套作大豆籽粒蛋白质含量低于净作大豆，随着株距扩大并超过阈值时，则呈现出正增长趋势。

已有研究证实，大豆鼓粒期遮荫环境有利于籽粒中蛋白质的积累，带状间作下，玉米叶片对大豆造成的种间遮荫即是在大豆鼓粒期间，因此，带状间作模式往往会提高单位质量大豆籽粒中的蛋白质含量。而带状套作模式下，玉米对大豆的遮荫主要是在大豆营养生长期，该时期的遮荫主要通过影响大豆冠层结构，导致大豆叶片变小、数量减少，而大豆进入生殖生长期，光环境恢复，减弱了种内互相遮荫，不利于蛋白质积累。但当大豆行距低于一定阈值，种植密度增加的时候，则会间接增加大豆种内的互相遮荫，从而导致

大豆籽粒蛋白质含量的增加（图 6-1D）。带状间作引起的鼓粒期种间遮荫和带状套作大豆行距缩小引起的种内互相遮荫，可能是大豆籽粒蛋白质含量增加的关键因素之一。

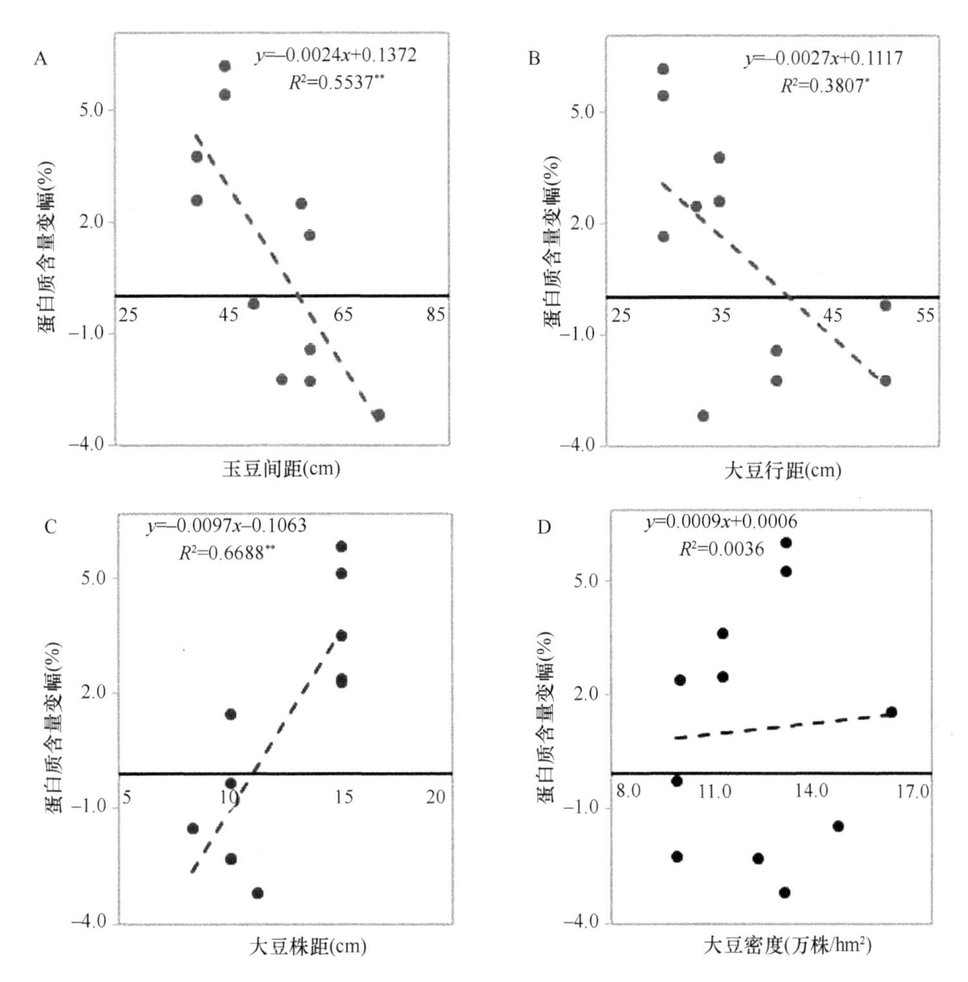

图 6-1　带状套作主要田间配置参数与大豆籽粒蛋白质含量的相关性分析

大量研究证实，大豆籽粒蛋白质与脂肪的合成积累规律相反，基于表 6-4 玉米大豆带状套作不同田间配置下大豆籽粒品质比较数据，对带状套作大豆籽粒蛋白质与脂肪含量进行的相关性分析，结果进一步证实，相较于净作大豆的带状套作大豆籽粒蛋白质含量变幅与脂肪变幅呈显著负相关关系（图 6-2）。

因此，田间配置参数与大豆籽粒脂肪含量间的关系也与蛋白质含量变化类似，只是相关趋势刚好相反，即随着玉豆间距和大豆行距扩大，大豆籽粒脂肪含量呈增加趋势，当阈值分别达到 72.4cm（图 6-3A 截距）和 37.9cm（图 6-3B

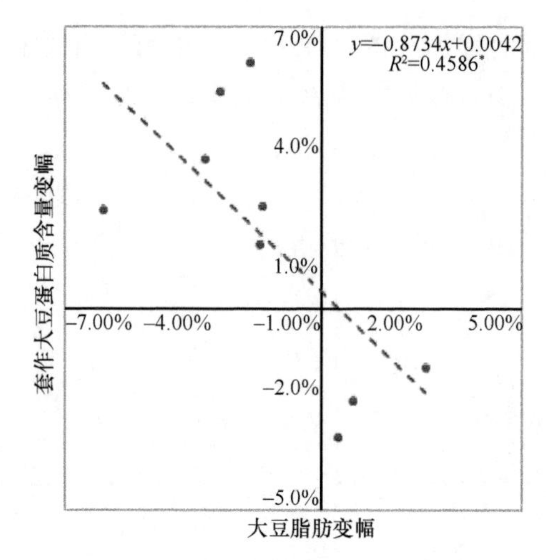

图 6-2 带状套作大豆籽粒蛋白质与脂肪含量的相关性分析

截距）时，脂肪含量实现正增长；而随大豆株距的增加，大豆籽粒脂肪含量呈降低趋势，当阈值超过 10.8cm（图 6-3C 截距）时，脂肪含量呈现负增长。随着种植密度的增加，脂肪含量增加，当密度低于 15.1 万株/hm^2（图 6-3D 截距）时，带状套作大豆籽粒脂肪含量低于净作大豆，密度超过这一阈值时，脂肪含量实现正增长。但蛋白质、脂肪含量与种植密度的相关性均不显著，这表明与密度相同的净作大豆相比，带状套作大豆蛋白质、脂肪的合成积累主要决定于玉豆间距、大豆行距和株距。

为了保证单位面积产量，实现“玉米不减产、多收一季豆”的目标，玉米大豆带状复合种植采用了扩大玉米大豆间距（保证大豆冠层光照及玉米大豆边际效应），缩小株距（确保单位面积有效株数及群体产量）的策略；上述分析结果表明，玉豆间距、大豆行距的扩大和株距的缩小均不利于套作大豆籽粒蛋白质的积累，但有利于脂肪的积累。因此，通过优化田间配置，将上述参数拟合到一个合理区间，则可实现带状套作大豆蛋白质和脂肪总量的提升。

（三）时空荫蔽对大豆籽粒蛋白质、脂肪含量的调控规律

来自高位作物玉米的遮荫是调控大豆品质形成的重要环境因子，玉米大豆带状复合种植模式下，带状间作与带状套作对大豆的遮荫具有时空差异。带状套作大豆受遮荫的生育时期自出苗开始，至初花期或盛花期结束；带状间作大豆受到遮荫程度最大的生育时期自初花期或盛花期开始，至完熟期结束（王一等，2016）。本研究通过不同生育时期遮荫的田间控制性试验，探索大豆品质形成规律对进一步优化复合种植田间配置具有重要的理论意义和实用价值。

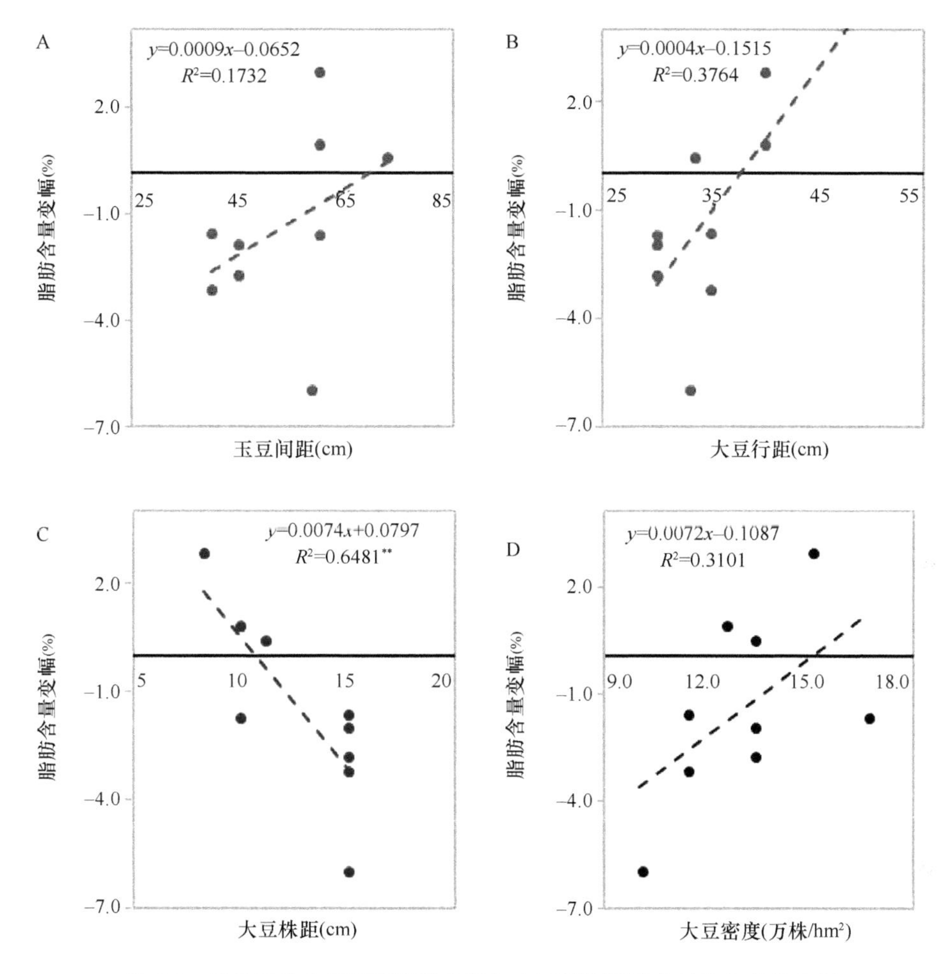

图 6-3　带状套作主要田间配置参数与大豆籽粒脂肪含量的相关性分析

与对照相比，遮荫提高了大豆籽粒蛋白质含量，降低了粗脂肪含量，但不同遮荫处理影响程度不同（表 6-5）。参试大豆品种前期遮荫处理 VEV6、VER1 和 VER2 蛋白质含量分别比对照高 0.22%、3.10%和 2.12%，但 VEV6 与对照差异不显著，说明前期遮荫至 V6 期对蛋白质含量影响不显著，遮荫至 R1 期后大豆籽粒蛋白质含量会显著上升，参试大豆品种前期遮荫处理 VER1 和 VER2 粗脂肪含量分别比对照低 1.55%和 3.91%，遮荫至 R1 期后大豆籽粒粗脂肪含量会显著下降。后期遮荫处理 R1R8、R2R8 和 R5R8 蛋白质含量分别比对照高 9.20%、8.98%和 6.23%，说明后期遮荫对大豆蛋白质的影响程度大于前期遮荫，且后期遮荫时间越长蛋白质含量上升程度越大。参试大豆品种后期遮荫处理 R1R8、R2R8 和 R5R8 粗脂肪含量分别比对照低 9.31%、10.74%和 4.28%，说明后期遮荫对大豆粗脂肪的影响程度大于前期遮荫，且遮荫时间越长粗脂肪含量下降程度越大。

表 6-5　不同遮荫处理对大豆籽粒蛋白质和粗脂肪含量的影响

年份	处理	蛋白质（%）		粗脂肪（%）	
		桂夏 2 号	南豆 12	桂夏 2 号	南豆 12
2011	VER8	44.15 a	45.04a	18.5d	18.70c
	VEV6	40.67d	40.48d	20.26a	20.53a
	VER1	41.48c	42.28c	19.78b	20.37a
	R1R8	43.78a	44.72a	18.73d	18.60c
	R5R8	42.67b	43.66b	19.37c	19.62b
	CK	40.32d	40.79d	20.2a	20.47a
2012	VER8	44.49a	45.31a	18.48c	18.00d
	VER5	43.46b	44.13b	18.71c	18.90c
	VER2	41.54c	42.17c	19.71b	19.48b
	R2R8	44.24a	45.16a	18.11d	18.14d
	CK	40.58d	41.66d	20.45a	20.71a

注：VER8. 出苗期至完熟期遮荫；VEV6. 出苗期至 6 节期遮荫；VER1. 出苗期至始花期遮荫；R1R8. 始花期至完熟期遮荫；R5R8. 始粒期至完熟期遮荫；CK 全生育期不遮荫；VER5. 出苗至始粒期遮荫；VER2. 出苗至盛花期遮荫；R2R8. 盛花期至完熟期遮荫。表中不同处理间采用 LSD 比较，不同字母表示同一品种不同处理间在 0.05 水平上差异显著

二、带状复合种植对粒用大豆功能性成分的影响

（一）净、套作大豆籽粒异黄酮、类胡萝卜素含量比较

连续多年的田间试验结果表明，随着大豆生育期的推进，大豆籽粒中的异黄酮积累量不断增加，而带状套作大豆中的异黄酮含量的增长趋势在 R7 期开始高于净作大豆，并在自然风干后达到最高；带状套作大豆籽粒异黄酮含量显著高于净作大豆，总体上增加了约 18.85%（图 6-4A）。与异黄酮积累规律不同的是，大豆籽粒中类胡萝卜素含量随着生育时期的推进呈现降低趋势，尤其是带状套作大豆籽粒中类胡萝卜素的降低趋势更为明显，最大降幅达 43%；随着种子逐渐成熟，净作大豆籽粒类胡萝卜素含量下降不显著，收获后含量变化也不显著。但在结荚至风干期（R8 至 AD）的全过程中，带状套作大豆籽粒类胡萝卜素含量始终高于净作大豆；总体上看，带状套作对大豆籽粒类胡萝卜素含量的平均提升率约为 34.1%（图 6-4B）。

（二）不同生育时期遮荫对大豆籽粒异黄酮、类胡萝卜素积累的影响

本研究通过多年不同生育时期遮荫试验发现，营养生长期遮荫（VS）和全生

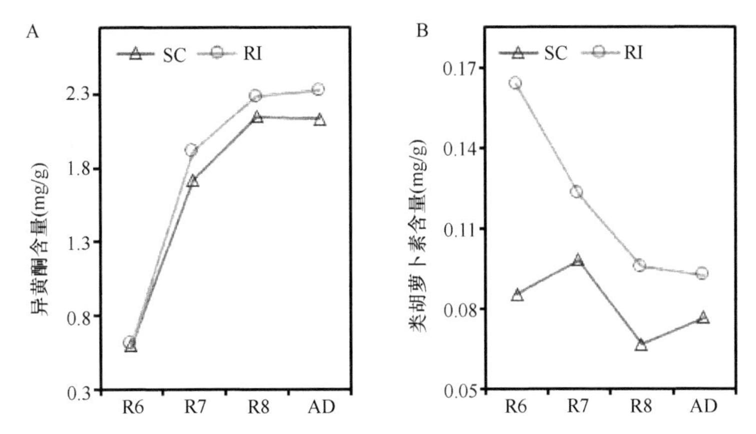

图 6-4　净作和带状套作大豆籽粒异黄酮、类胡萝卜素积累规律比较

SC. 净作；RI. 带状套作；R6. 鼓粒期；R7. 初熟期；R8. 完熟期；AD. 风干期

育期正常光照（WL）处理下的大豆籽粒中异黄酮含量最高；生殖生长期遮荫（RS）和全生育期遮荫（WS）处理的含量较低（图 6-5A）。WS 相对 WL 对照处理，其籽粒异黄酮含量降低了 22%，VS 相对 WL 降低了 8%，RS 相对 WL 降低了 33%。遮荫不利于大豆异黄酮的合成积累，尤其是大豆籽粒发育阶段遮荫对大豆异黄酮的合成积累最为不利；营养生长期遮荫可能通过影响大豆冠层结构，调控生殖生长期大豆籽粒异黄酮的合成积累。

不同生育时期遮荫对大豆籽粒类胡萝卜素含量的测定结果如图 6-5B 所示，籽粒发育后期，VS 和 WL 处理大豆籽粒中类胡萝卜素含量较高；RS 和 WS 处理的含量较低。WS 相对 WL 对照处理，大豆籽粒中类胡萝卜素含量降低了 11%，RS 相对 WL 降低了 20%，VS 相对 WL 提升了 15.5%。随着大豆种子逐渐成熟，类胡萝卜素含量显著降低；遮荫处理有利于大豆类胡萝卜素积累，尤其是营养生长期遮荫，能显著提高大豆籽粒类胡萝卜素含量。

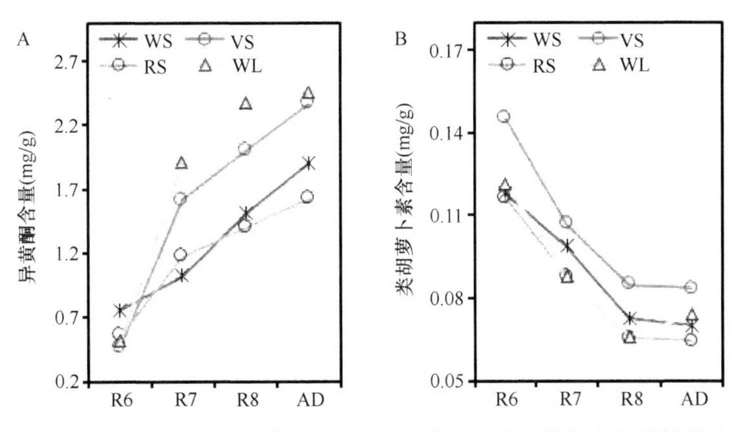

图 6-5　不同生育时期遮荫对大豆籽粒异黄酮、类胡萝卜素积累的影响

生殖生长期光环境对大豆籽粒品质至关重要，相较于等行距净作处理，带状套作大豆生殖生长期光环境得以改善，后期更好的光环境利于大豆籽粒中异黄酮、类胡萝卜素等碳水化合物的积累。

第二节　带状间作对鲜食大豆品质的影响

大豆鲜食是玉米大豆带状复合种植的重要增值用途之一。鲜食大豆品质主要包括外观品质、食用品质和营养品质。鲜食大豆品质构成较为复杂，较优的鲜食大豆品质之间应该相互协调。光照、温度、雨水等气候条件是影响鲜食大豆品质的重要因素，研究净作、带状间作鲜食大豆的外观性状、营养物质积累差异，对提高带状间作优质鲜食大豆品质，提升带状间作大豆经济效益具有重要意义。

一、带状间作对鲜食大豆外观性状的影响

绿荚大小、荚色、每荚粒数和豆粒大小等外观性状，被认为是鲜食大豆较为重要的品质性状。一般人们较喜欢荚长、荚宽、荚厚的大粒大荚品种。与净作相比，玉米带状间作不同品种的鲜食大豆，其百荚鲜质量、百荚粒质量、一粒荚数、二粒荚数和二粒荚率、三粒荚数均显著降低；浙鲜豆 4 号和青酥 5 号的百粒鲜质量和瘪荚数较净作升高，而沈鲜 6 号降低。百荚鲜质量、百荚粒质量、百粒鲜质量和三粒荚数，均受种植方式、品种及两者的交互作用；除瘪荚数外，其余外观品质指标均受种植方式的影响，而瘪荚数主要是受种植方式和品种的交互作用影响。其中，浙鲜豆 4 号的百荚鲜质量和百荚粒质量最高，百粒鲜质量和二粒荚率则低于其他品种。在净作模式下，浙鲜豆 4 号的百荚鲜质量比青酥 5 号和沈鲜 6 号分别高出 39.6g 和 13.4g，百荚粒质量分别高出 11.8g 和 2.11g，而百粒鲜质量分别比青酥 5 号和沈鲜 4 号低 10.7g 和 9.1g，二粒荚率分别低 6.0%和 4.5%。带状间作下，浙鲜豆 4 号的百荚鲜质量比青酥 5 号和沈鲜 6 号分别高出 24.9g 和 28.8g，百荚粒质量分别高出 11.7g 和 24.6g，而百粒鲜质量分别低 18.69g 和 3.0g，二粒荚率分别低 0.95%和 6.5%（表 6-6）。

二、带状间作对鲜食大豆化学品质的影响

营养品质和食味品质决定鲜食大豆的价格。鲜食大豆的鲜味主要来源于大量的游离氨基酸，与普通大豆相比，鲜食大豆籽粒发育过程中，其游离氨基酸的代谢速度不同，含量也要比普通大豆高出近 1 倍；鲜食大豆比普通大豆能提供更多的必需氨基酸。淀粉和可溶性糖的含量与鲜食大豆的食用品质直接相关，可溶性糖含量高的品种有较强的甜味，淀粉含量高的品种糯性较强，脂肪含量高的品种质地较软。

表 6-6 不同种植方式下鲜食大豆的外观品质（方萍等，2016）

种植方式	品种	百荚鲜质量（g）	百荚粒质量（g）	百粒鲜质量（g）	瘪荚数	一粒荚数	二粒荚数	三粒荚数	二粒荚率（%）
净作	浙鲜豆 4 号	244.977a	130.014a	61.172c	1.62ab	8.67c	11.22b	4.78a	42.68a
	青酥 5 号	205.377d	118.183b	71.857b	1.28b	11.97a	14.77a	2.17b	48.68a
	沈鲜 6 号	231.552b	127.903a	70.254b	2.10a	10.48b	16.11a	5.38a	47.20a
带状间作	浙鲜豆 4 号	216.571c	129.269a	64.615c	1.68ab	3.58d	3.98c	1.92b	35.43b
	青酥 5 号	191.657e	117.526b	83.311a	1.98ab	5.03d	4.74c	1.29b	36.38b
	沈鲜 6 号	187.738e	104.634c	67.646b	1.61ab	4.13d	5.03c	1.21b	41.96a
F 值	*P*	99.495^{**}	36.275^{**}	13.933^{**}	0.241^{ns}	278.753^{**}	405.716^{**}	131.104^{**}	39.111^{**}
	C	43.389^{**}	38.166^{**}	60.352^{**}	0.96^{ns}	13.943^{**}	14.255^{**}	21.218^{**}	5.956^{*}
	$P\times C$	9.152^{**}	30.336^{**}	13.771^{**}	7.417^{**}	2.236^{ns}	5.99^{*}	17.255^{**}	2.52^{ns}

注：*P* 代表种植方式，*C* 代表供试鲜食大豆品种，$P\times C$ 表示种植方式和鲜食大豆品种的交互作用；同列数字后不同字母表示差异达 0.05 显著水平；*F* 值为两因素方差分析的结果；*和**分别表示 0.05 和 0.01 显著水平，ns 表示在 0.05 水平差异不显著。下同

玉米大豆带状间作的鲜食大豆蛋白质含量较净作有显著提高，由净作中的 353.7～377.8mg/g 提高到 360.4～390.4mg/g；粗脂肪含量有所降低，但差异并不显著。不同品种中，沈鲜 6 号的蛋白质和精脂肪含量在两种种植方式中均表现最佳。不同品种的游离氨基酸在不同种植方式中有不同表现（表 6-7），其中，浙鲜豆 4 号的鲜味氨基酸、甜味氨基酸、苦味氨基酸、芳香族氨基酸及总游离氨基酸在带状间作种植后含量均有所提高；而青酥 5 号的 5 类氨基酸含量表现相反；沈鲜 6 号各类氨基酸在两种种植方式中的差异不显著。带状间作中浙鲜豆 4 号的总游离氨基酸含量较净作中显著升高，而青酥 5 号显著降低，沈鲜 6 号有一定升高但不显著。

表 6-7 不同种植方式下鲜食大豆氨基酸含量（单位：mg/g）

模式	品种	游离氨基酸				
		鲜味氨基酸	甜味氨基酸	苦味氨基酸	芳香族氨基酸	总游离氨基酸
净作	浙鲜豆 4 号	3.550c	7.006b	2.377c	0.582bc	13.515c
	青酥 5 号	5.615a	8.775a	3.760a	1.683a	19.833a
	沈鲜 6 号	1.772d	2.632d	1.664d	0.202c	6.270d
带状间作	浙鲜豆 4 号	4.595b	7.738ab	3.203b	0.678bc	16.215b
	青酥 5 号	3.272c	5.699c	2.424c	0.740b	12.136c
	沈鲜 6 号	1.870d	2.574d	1.610d	0.403bc	6.457d

淀粉含量在不同种植方式和不同品种中差异不显著，但不同品种含量变化趋势表现不同，其中沈鲜 6 号在带状间作种植方式中淀粉含量有所提高，而其余 2 个品种降低。带状间作后鲜食大豆的可溶性糖含量均升高，其中沈鲜 6 号差异显著。沈鲜 6 号的淀粉和可溶性糖含量在净作中的含量均较其余 2 个品种低，但在

带状间作种植中均表现最佳（图 6-6）。

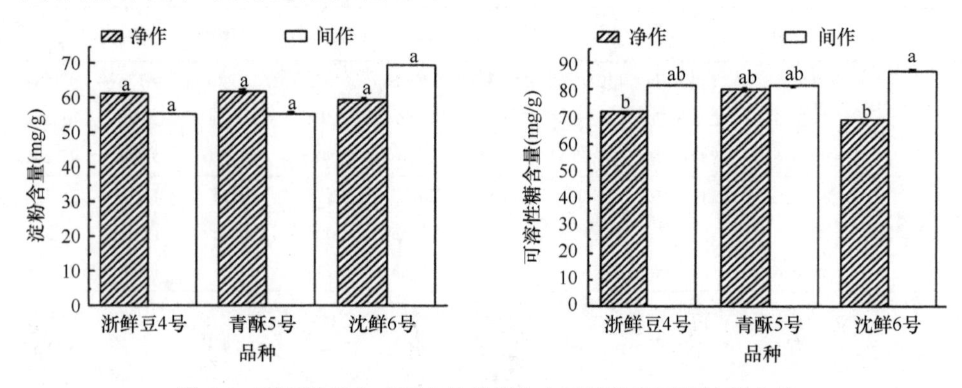

图 6-6　不同种植方式下各品种鲜食大豆淀粉和可溶性糖含量

三、种植方式与品种互作对鲜食大豆品质的影响

方差分析结果表明，种植方式对鲜食大豆的蛋白质、可溶性糖、鲜味氨基酸、甜味氨基酸、芳香族氨基酸及总游离氨基酸含量有显著影响，而粗脂肪、淀粉和苦味氨基酸含量不受种植方式的影响（表 6-8）；品种对鲜食大豆的蛋白质、粗脂肪和各类游离氨基酸含量有显著影响，对可溶性糖和淀粉无影响；种植方式和品种 2 因素的交互作用对蛋白质及各类氨基酸含量均有显著影响，对粗脂肪、可溶性糖和淀粉无影响（表 6-8）。

表 6-8　鲜食大豆品质影响因素的方差分析

F 值	蛋白质	粗脂肪	可溶性糖	淀粉	鲜味氨基酸	甜味氨基酸	苦味氨基酸	芳香族氨基酸	总游离氨基酸
P	164.039^{**}	1.576^{ns}	9.294^{**}	4.369^{ns}	4.799^{**}	6.823^{*}	1.866^{ns}	5.162^{*}	6.134^{*}
C	268.97^{**}	11.911^{**}	0.527^{ns}	1.354^{ns}	80.581^{**}	104.698^{**}	41.612^{**}	31.439^{**}	88.049^{**}
$P\times C$	10.556^{**}	0.361^{ns}	2.190^{ns}	0.117^{ns}	305.65^{**}	14.339^{**}	20.856^{**}	14.799^{**}	23.4^{**}

带状间作下，鲜食大豆蛋白质含量显著增加，可溶性糖含量有所升高，粗脂肪含量有所降低。在带状间作中，浙鲜豆 4 号的甜味氨基酸、鲜味氨基酸、苦味氨基酸、总游离氨基酸含量和含水率最高，粗脂肪、可溶性糖、淀粉含量最低；青酥 5 号的蛋白质含量最低，其余指标处于中间水平；沈鲜 6 号的蛋白质、粗脂肪、可溶性糖、淀粉含量最高，各类氨基酸及含水率最低，可溶性糖、淀粉、游离氨基酸、蛋白质含量均高于净作。因此，沈鲜 6 号在 3 个品种中表现出较优的营养品质，浙鲜豆 4 号次之，青酥 5 号较差。与外观品质相反，种植方式和品种对外观品质（瘪荚数除外）均有显著影响。在营养品质方面，种植方式对鲜味氨基酸、蛋白质、可溶性糖影响显著；鲜食大豆淀粉含量较稳定，不受种植方式、

品种及其交互作用的影响。

与玉米带状间作的鲜食大豆，其外观品质虽然有所降低，但除游离氨基酸外，蛋白质、粗脂肪、淀粉和可溶性糖等化学品质性状均表现出较好的鲜食大豆特性，品种本身也是差异的来源之一。在进一步研究带状间作下鲜食大豆品质形成机制的基础上，筛选适合带状间作的优质鲜食大豆品种是发展玉米带状间作鲜食大豆的关键。

第三节　带状间作混合青贮品质评价

玉米富含可发酵的水溶性碳水化合物，容易青贮成功，是主要的青贮原料，但其粗蛋白含量较低，不能满足家畜对蛋白质的需要。而大豆粗蛋白含量高，营养丰富，但其水溶性碳水化合物含量低，单独青贮不能满足乳酸菌对发酵底物的需求，易导致青贮饲料发酵失败，营养损失大。混合青贮扩大了饲料来源，提高了青贮饲料的发酵品质和营养价值，是解决优质饲草料缺乏的有效方法。合理调整玉米、大豆的品种、生育期等参数，可为玉米、大豆同时收获进行混合青贮提供可行性。

一、不同行比下玉米与大豆混合青贮营养品质分析

不同行比的带状间作对大豆和玉米混合青贮品质的影响不同，适宜的带状间作行比能使玉米和大豆实现经济效益最大化。设计不同的大豆品种（S1：南豆 25 号、S2：汾豆牧绿 2 号）与玉米的三种带状间作行比配置（图 6-7），以玉米、大豆净作为对照；当玉米处于 1/2 乳线期时，每个处理随机选取 2m 进行刈割、揉丝、真空包装，室温青贮（25～30℃），60d 后开袋分析其营养品质和发酵品质。

结果发现，除了 S1、S2 处理的干物质含量低于净作玉米，其他带状间作处理的干物质含量均高于净作玉米（表 6-9）。大豆品种、行比和品种与行比交互效应对干物质含量和中性洗涤纤维含量具有极显著影响。可溶性碳水化合物含量受大豆品种、大豆品种与行比交互效应的极显著影响，不受行比的影响。粗蛋白含量受行比、大豆品种与行比交互效应的极显著影响，受大豆品种的显著影响。整体上看，净作玉米的可溶性碳水化合物含量显著高于其他处理组，而其粗蛋白含量显著低于其他处理组。带状间作后的中性洗涤纤维含量和酸性洗涤纤维含量受大豆品种的极显著影响。行比、大豆品种与行比交互效应对中性洗涤纤维含量具有极显著影响，而对酸性洗涤纤维含量无显著影响。玉米带状间作不同大豆品种均以玉豆行比为 2∶3 的相对饲用价值最高。与带状间作和净作的玉米相比，净作的大豆中性洗涤纤维含量和酸性洗涤纤维含量较高，相对饲用价值较低（表 6-9）。

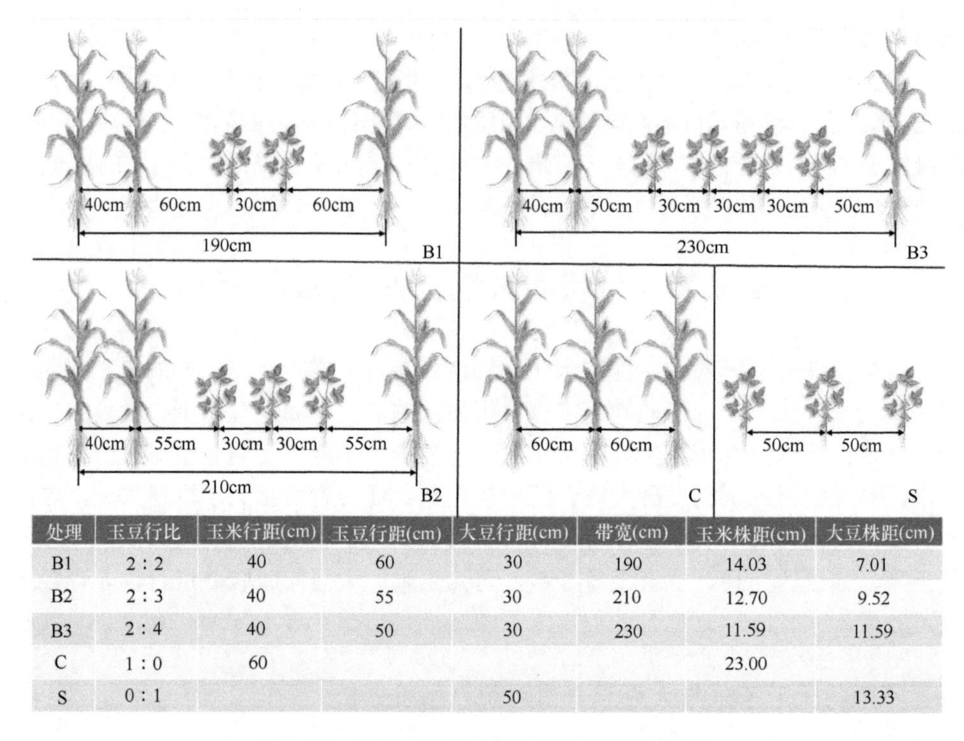

处理	玉豆行比	玉米行距(cm)	玉豆行距(cm)	大豆行距(cm)	带宽(cm)	玉米株距(cm)	大豆株距(cm)
B1	2∶2	40	60	30	190	14.03	7.01
B2	2∶3	40	55	30	210	12.70	9.52
B3	2∶4	40	50	30	230	11.59	11.59
C	1∶0	60				23.00	
S	0∶1			50			13.33

图 6-7　玉米大豆带状间作不同田间配置图

B1 为玉米大豆行比为 2∶2 模式；B2 为玉米大豆行比为 2∶3 模式；B3 为玉米大豆行比为 2∶4 模式；C 为净作玉米模式；S 为净作大豆模式

表 6-9　不同处理青贮原料的营养品质（Zeng et al.，2020）

处理		干物质含量（%）	可溶性碳水化合物含量（% DM）	粗蛋白含量（% DM）	中性洗涤纤维含量（% DM）	酸性洗涤纤维含量（% DM）	相对饲用价值（%）
S1B1		35.40c	15.51b	8.10d	42.78b	22.39c	155.38
S1B2		36.32b	13.67bc	8.69c	41.72b	21.89c	160.20
S1B3		35.77bc	13.69bc	8.85c	42.10b	22.09c	158.41
S2B1		35.52c	14.56b	7.98d	47.75a	25.81b	134.02
S2B2		37.09a	16.22ab	8.67c	41.67b	23.86bc	156.97
S2B3		36.44b	15.28b	9.63b	43.40b	23.13c	151.93
S1		31.67e	7.81d	14.79a	47.94a	31.39a	125.05
S2		30.34e	8.99c	14.60a	47.41a	29.67a	129.08
C		34.38d	17.63a	6.85e	42.94b	21.03c	157.10
F 值	*V*	**	**	*	**	**	—
	P	**	ns	**	**	ns	—
	V×*P*	**	**	**	**	ns	—

注：表中“处理”列的字母组合为带状间作不同田间配置条件下（B1、B2、B3）的不同大豆品种（S1、S2）；C 代表净作玉米；*V* 代表供试大豆品种，*P* 代表行比，*V*×*P* 表示大豆品种与行比的交互作用。小写字母代表处理间的差异（$P<0.05$），“*”和“**”分别表示差异在 5%和 1%水平上显著。下同

研究人员对青贮 60d 后不同处理的青贮营养品质的分析发现，除干物质含量、酸性洗涤纤维含量外，行比对粗蛋白含量、可溶性碳水化合物含量和中性洗涤纤维含量均具有极显著影响（表 6-10）。大豆品种和行比的交互效应对干物质含量、粗蛋白含量和纤维含量具有显著影响，对可溶性碳水化合物含量无影响。整体上看，S2B2 处理的干物质含量显著高于其他处理；玉米和不同大豆品种带状间作青贮后的可溶性碳水化合物含量随着大豆行数的增加而减小。各行比处理的粗蛋白含量低于净作大豆，高于净作玉米。青贮后，S2B1 处理的中性洗涤纤维含量最高；净作玉米的相对饲用价值最高达到 146.45，间作 S2B1 处理的相对饲用价值最低为 126.72。

表 6-10　青贮 60d 后不同处理的青贮营养品质

处理		干物质含量（%）	可溶性碳水化合物含量（% DM）	粗蛋白含量（% DM）	中性洗涤纤维含量（% DM）	酸性洗涤纤维含量（% DM）	相对饲用价值
S1B1		34.92c	4.98a	7.81cd	45.79b	27.08bcd	137.75
S1B2		35.15c	3.64bc	7.96c	44.81bc	25.17cd	143.85
S1B3		34.38cd	2.30de	7.46e	49.08a	27.21bcd	128.32
S2B1		35.17c	4.41b	7.40e	49.35a	27.82bc	126.72
S2B2		36.43a	3.25cd	7.73cd	45.04bc	25.35cd	142.82
S2B3		36.15b	2.47de	7.58de	47.14ab	25.64cd	136.02
S1		31.27e	1.37e	13.07b	42.47c	29.41ab	144.54
S2		29.75e	1.69e	13.90a	42.26c	30.76a	142.94
C		33.82d	2.98cd	6.44f	44.28bc	24.63d	146.45
F 值	*V*	ns	ns	**	ns	ns	—
	P	ns	**	**	**	ns	—
	V×*P*	*	ns	**	**	*	—

二、不同行比下玉米与大豆的青贮发酵品质分析

研究人员对青贮 60d 后不同处理的青贮发酵品质分析发现，青贮 60d 后玉米与南豆 25 号大豆间作处理中，B2 处理的 pH 和氨氮/总氮比例（NH_3-N/TN）最低，分别为 3.81 和 7.03%；玉米与汾豆牧绿 2 号大豆带状间作处理中 B2 处理的 pH 和 NH_3-N/TN 最低，分别为 3.88 和 8.69%。两个大豆品种净作处理的 pH 均大于 4.20，NH_3-N/TN 大于 12.00%。净作玉米的乳酸含量显著高于其他处理。带状间作的乳酸含量介于净作玉米和净作大豆之间（表 6-11）。净作大豆的乙酸含量均显著高于其他处理；玉米与 S1 大豆带状间作处理的乙酸和丙酸含量小于玉米与 S2 大豆带状间作处理。在玉米与南豆 25 号大豆带状间作处理中，B2 处理的 V-Score 评分

最高；而在玉米与汾豆牧绿 2 号大豆带状间作处理中，B2 处理的 V-Score 评分最高。带状间作的 V-Score 评分高于大豆净作（S1、S2）。玉米和大豆带状间作下，大豆品种对乳酸、乙酸和丙酸具有极显著影响，而对 pH 和 NH_3-N/TN 无显著影响（表 6-11）。行比对 NH_3-N/TN 具有显著影响，对 pH、乳酸和乙酸具有极显著影响。除乙酸和丙酸受大豆品种和行比的交互效应的显著影响之外，其他发酵品质均不受两者交互的影响。

表 6-11　青贮 60d 后不同处理的青贮发酵品质

处理		pH	氨氮/总氮（%）	乳酸（mg/g DM）	乙酸（mg/g DM）	丙酸（mg/g DM）	丁酸（mg/g DM）	V-Score
S1B1		3.91cd	9.54bc	20.02e	2.18f	0.94c	ND	90.92
S1B2		3.81d	7.03c	30.95c	4.19e	1.95b	ND	95.93
S1B3		4.11bc	10.51bc	24.19de	5.11de	1.14c	ND	87.95
S2B1		3.92cd	8.86bc	27.39cd	7.65c	2.50ab	ND	91.68
S2B2		3.88cd	8.69c	36.73b	6.42cd	2.46ab	ND	92.26
S2B3		3.99cd	9.15bc	36.13b	10.27b	2.77a	ND	90.77
S1		4.43a	15.52a	6.41f	20.70a	ND	ND	65.84
S2		4.31ab	12.23b	6.23f	19.90a	ND	ND	79.18
C		3.90cd	9.27bc	45.77a	5.33de	2.25ab	ND	91.45
F 值	*V*	ns	ns	**	**	**	—	—
	P	**	*	**	**	ns	—	—
	V×*P*	ns	ns	ns	*	*	—	—

注：ND 表示没有检测出，下同

总之，带状间作的青贮原料的可溶性碳水化合物含量高于净作大豆，其粗蛋白含量较净作玉米提高了 16.50%～40.58%。青贮后带状间作的粗蛋白含量较玉米单贮提高了 14.91%～23.60%。青贮 60d 后带状间作和玉米单贮处理的 pH 均小于 4.20，而大豆单贮的 pH 大于 4.20。玉米单贮的乳酸含量显著高于其他处理，为 45.77mg/g，带状间作的乳酸含量介于玉米单贮和大豆单贮之间。玉米大豆带状间作后混合青贮能够改善青贮发酵品质，提高青贮料的粗蛋白含量，更容易获得高蛋白、高品质青贮饲料。玉米大豆不同行比均能在保证玉米生物产量的基础上，提高大豆的生物产量，混作后混贮均可得到优质的青贮饲料：其中，两行玉米与三行大豆带状间作（2∶3）在不同大豆品种中均表现优异，值得推广利用。

参考文献

蔡凌, 刘卫国, 李奇, 等. 2016. 玉米—大豆带状套作对大豆蛋白特性的影响[J]. 中国油料作物学报, 38(3): 328-335.

陈忠群. 2011. 钼肥对净套作大豆固氮特性、光合生理及产量品质的影响[D]. 雅安: 四川农业大学.

方萍, 刘卫国, 刘孝德, 等. 2016. 玉-豆间作对菜用大豆品质的影响[J]. 浙江大学学报(农业与生命科学版), 42(5): 556-564.

蒋涛. 2013. 套作对大豆品质的影响及差异蛋白组学分析[D]. 雅安: 四川农业大学.

刘代铃. 2019. 净作和套作下大豆籽粒蛋白质含量相关性状的 QTL 分析[D]. 雅安: 四川农业大学.

宋艳霞. 2009. 套作遮荫及复光对不同大豆品种光合、氮代谢及产量、品质的影响[D]. 雅安: 四川农业大学.

王一, 张霞, 杨文钰, 等. 2016. 不同生育时期遮荫对大豆叶片光合和叶绿素荧光特性的影响[J]. 中国农业科学, 49(11): 2072-2081.

向达兵. 2012. 钾对套作大豆的抗倒伏效应与提高产量的机理研究[D]. 雅安: 四川农业大学.

肖新力. 2020. 时空荫蔽对大豆籽粒化学品质的调控规律研究[D]. 雅安: 四川农业大学.

叶茂颖. 2010. 净、套作大豆异黄酮积累规律及风干期含量动态变化研究[D]. 雅安: 四川农业大学.

于晓波. 2009. 净套作下不同基因型大豆光合、固氮特性及产量品质的比较研究[D]. 雅安: 四川农业大学.

Zeng T R, Li X L, Guan H, et al. 2020. Dynamic microbial diversity and fermentation quality of the mixed silage of corn and soybean grown in strip intercropping system[J]. Bioresource Technology, 313: 123655.

第七章　带状复合种植系统病虫草害发生规律

农作物常因遭受病虫害和杂草侵扰而遭受重大经济损失。做好病虫草害防控工作是确保作物单产水平、提高经济效益的重要环节。农作物病虫草害的发生是有害生物、作物和环境条件三个要素互作的综合反映。玉米大豆带状复合种植是由两行小株距密植玉米带与 2～6 行大豆带相间复合种植而成，田间配置的改变导致田间小气候发生了显著变化，病虫草害发生规律随之改变。我们系统全面地研究了带状复合种植系统的病虫草害发生规律，发现该系统的玉米螟、豆荚螟、大豆高隆象、斜纹夜蛾等主要害虫受到抑制，根腐病、细菌和真菌叶斑病及病毒病的发病率降低，有利天敌富集，采用 3∶2 和 4∶2 两种行比配置对病虫草害的防效最佳。

第一节　主要病害发生规律

一、带状套作大豆根腐病发生规律及其根际调控机制

根腐病是大豆生产中的世界性土传真菌病害，是引起大豆连作障碍、降低大豆产量的重要因素。本研究通过连续多年开展的带状套作和净作大豆定位试验，对大豆根腐病的发生情况调查，结果发现不同年份根腐病发生存在差异，带状套作显著降低了大豆根腐病的发病率和病情指数；病原菌组织分离及鉴定表明，与净作大豆相比，带状套作大豆根腐病镰孢菌种群多样性更高，且发现轮枝镰孢菌、藤仓镰孢菌和层生镰孢菌是带状套作特有种，但尖孢镰孢菌致病力最强，净作田分离频率更高。根际微生物多样性分析表明，带状套作改变了根际致病菌和生防菌的种群结构。

（一）带状套作对大豆根腐病发生的影响

研究人员连续 4 年对田间带状套作和净作定位试验田大豆根腐病发生率及病情指数进行调查发现，随着种植年限延长，大豆根腐病的发病率和病情指数呈增加趋势，2018 年净作大豆根腐病发病率为 61.02%，带状套作发病率为 24.28%（图 7-1）。表明连续种植显著影响大豆根腐病的发生，与净作相比，带状套作能够降低根腐病的发病率和病情指数，带状套作大豆对根腐病具有更好的抗性。

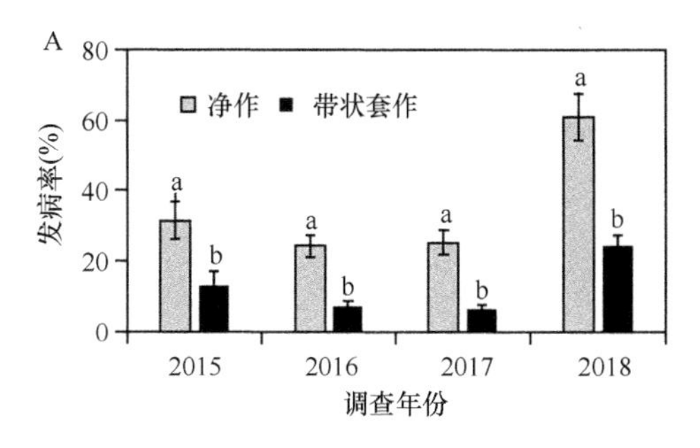

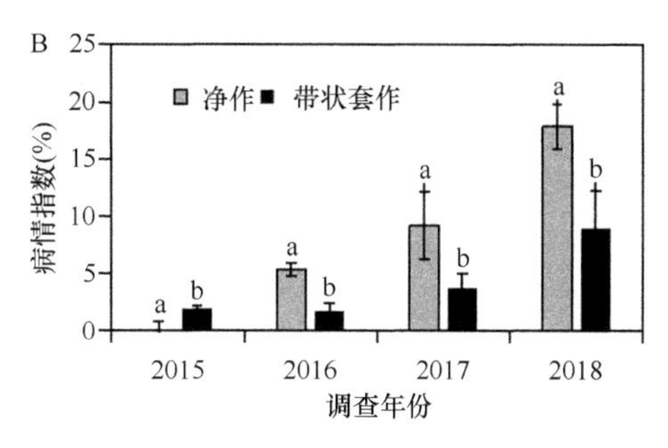

图 7-1 2015～2018 年净作和带状套作大豆根腐病发病率和病情指数（Chang et al.，2020）

数据统计分析采用 SPSS 中的新复极差法检验（Duncan's test），不同小写字母表示净作与带状套作间差异显著（$P>0.05$）

（二）带状套作对大豆致病镰孢菌种群多样性和分离频率的影响

1. 带状套作对大豆根腐病致病镰孢菌多样性的影响

收集带状套作和净作大豆根腐病的病株，采用组织分离法对病根中病原菌镰孢菌进行分离，聚合酶链反应（polymerase chain reaction，PCR）扩增各菌株的 *EF-1α* 和 *RPB2* 核酸序列并测序，利用数据库 Fusarium MLST（http://www.wi.knaw.nl/Fusarium/Biolomics.aspx）和 Fusarium-ID（http://isolate.fusariumdb.org/guide.php）进行序列比对及镰孢菌种的鉴定，选取适当参考序列，以已发布的菌株 NRRL 52709 Nectriaceae sp.和 NRRL 52754 Nectriaceae sp.作外群构建多基因系统发育树。采用 Bio-Edit 软件对基因序列进行编辑，用 ClustalX 1.83 软件进行多重序列比对，在 MEGA 6.0 软件中采用最大简约法（maximum parsimony）构建系统发育树，结果如图 7-2 所示，分离获得的镰孢菌被鉴定为木贼镰孢菌复合种（*Fusarium incarnatum-equiseti* species complex，FIESC）、腐皮镰孢菌复合种（*Fusarium solani* species complex，FSSC）、尖孢镰孢菌 *F. oxysporum*、共有镰孢菌 *F. commune*、藤仓镰孢菌 *F. fujikuroi*、层生镰孢菌 *F. proliferatum*、轮枝镰孢菌 *F. verticillioides*、禾谷镰孢菌 *F. graminearum*、亚洲镰孢菌 *F. asiaticum* 和南方镰孢菌 *F. meridionale* 共 10 种镰孢菌代表菌株，均与其参考菌株聚到一个分支上，且两种种植方式下同一个镰孢菌种没有明显的遗传分化。同时，带状套作大豆根腐病的镰孢菌种包括腐皮镰孢菌复合种、木贼镰孢菌复合种、轮枝镰孢菌、尖孢镰孢菌、藤仓镰孢菌、禾谷镰孢菌、亚洲镰孢菌和层生镰孢菌，共 8 个种，而净作大豆仅分离获得腐皮镰孢菌复合种、木贼镰孢菌复合种、尖孢镰孢菌、亚洲镰孢菌、南方镰孢菌和共有镰孢菌，共 6 个种（表 7-1）。值得注意的是，藤仓镰孢菌复合种（*Fusarium fujikuroi* species complex，FFSC）中的轮枝镰孢菌、藤仓镰孢菌和层生镰孢菌 3 个种是带状套作特有种。

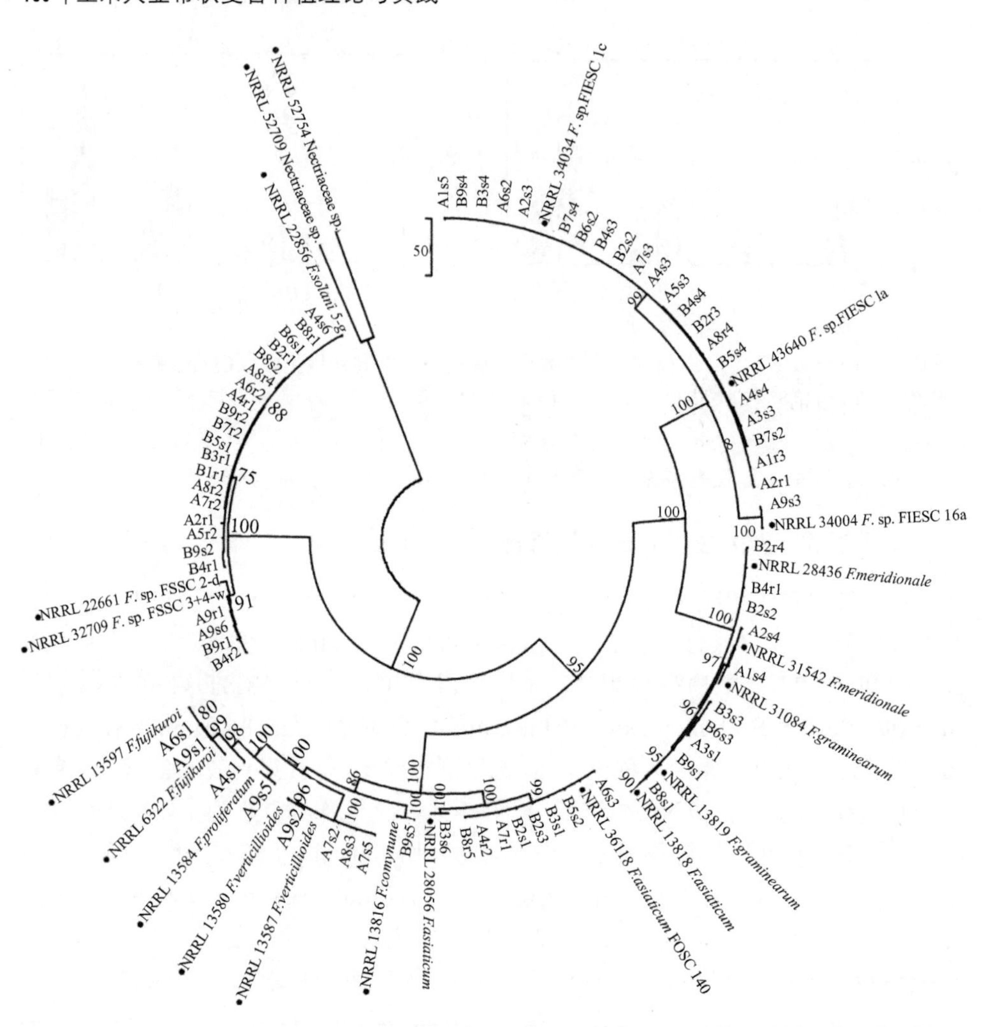

图 7-2 基于 *EF-1α* 和 *RPB2* 基因序列联合分析的带状套作和净作大豆根腐病相关镰孢菌的系统发育树（Chang et al.，2020）

表 7-1 带状套作和净作大豆根腐病相关镰孢菌信息及 *EF-1α* 和 *RPB2* 在 GenBank 的基因登录号（Chang et al.，2020）

菌株编号	种植方式	GenBank 登录号		镰孢菌种	镰孢菌复合种
		EF-1α	*RPB2*		
A1s4	带状套作	MK560306	MN892318	*F. graminearum*	FGSC
A1s5	带状套作	MK560320	MN892327	FIESC	FIESC
A1r3	带状套作	MK560319	MN892328	FIESC	FIESC
A2s1	带状套作	MK560321	MN892326	FIESC	FIESC
A2s3	带状套作	MK560322	MN892325	FIESC	FIESC
A2s4	带状套作	MK560307	MN892317	*F. graminearum*	FGSC

续表

菌株编号	种植方式	GenBank 登录号		镰孢菌种	镰孢菌复合种
		EF-1α	*RPB2*		
A2r1	带状套作	MK560280	MN892289	FSSC	FSSC
A3s1	带状套作	MK560335	MN892344	*F. asiaticum*	FGSC
A3s3	带状套作	MN892351	MN892338	FSSC	FSSC
A4s1	带状套作	MK560308	MN892321	*F. fujikuroi*	FFSC
A4s2	带状套作	MK560300	MN892307	*F. oxysporum*	FOSC
A4s3	带状套作	MK560323	MN892336	FIESC	FIESC
A4s4	带状套作	MK560324	MN892341	FIESC	FIESC
A4s6	带状套作	MK560283	MN892295	*F. solani*	FSSC
A4r1	带状套作	MK560282	MN892296	FSSC	FSSC
A5s3	带状套作	MK560325	MN892342	FIESC	FIESC
A5r2	带状套作	MK560284	MN892284	FSSC	FSSC
A6s1	带状套作	MK560309	MN892320	*F. fujikuroi*	FFSC
A6s2	带状套作	MK560326	MN892324	FIESC	FIESC
A6s3	带状套作	MK560301	MN892306	*F. oxysporum*	FOSC
A6r2	带状套作	MK560285	MN892294	*F. solani*	FSSC
A7s2	带状套作	MK560261	MN892281	*F. verticillioides*	FFSC
A7s3	带状套作	MK560327	MN892323	FIESC	FIESC
A7s5	带状套作	MK560262	MN892280	*F. verticillioides*	FFSC
A7r1	带状套作	MK560302	MN892305	*F. oxysporum*	FOSC
A7r2	带状套作	MK560286	MN892293	*F. solani*	FSSC
A8s3	带状套作	MK560263	MN892279	*F. verticillioides*	FFSC
A8s4	带状套作	MK560328	MN892343	FIESC	FIESC
A8r2	带状套作	MK560288	MN892291	FSSC	FSSC
A8r4	带状套作	MK560287	MN892292	*F. solani*	FSSC
A9s1	带状套作	MK560310	MN892319	*F. fujikuroi*	FFSC
A9s2	带状套作	MK560264	MN892278	*F. verticillioides*	FFSC
A9s3	带状套作	MK560329	MN892322	FIESC	FIESC
A9s5	带状套作	MK560292	MN892349	*F. proliferatum*	FFSC
A9s6	带状套作	MK560290	MN892285	FSSC	FSSC
A9r1	带状套作	MK560291	MN892290	FSSC	FSSC
B1r1	净作	MK560265	MN892304	FSSC	FSSC
B2s1	净作	MK560293	MN892313	*F. oxysporum*	FOSC
B2s2	净作	MK560303	MN892316	*F. meridionale*	FGSC
B2s3	净作	MK560294	MN892312	*F. oxysporum*	FOSC
B2r1	净作	MK560266	MN892288	FSSC	FSSC

续表

菌株编号	种植方式	GenBank 登录号		镰孢菌种	镰孢菌复合种
		EF-1α	*RPB2*		
B2r2	净作	MK560311	MN892335	FIESC	FIESC
B2r3	净作	MK560312	MN892337	FIESC	FIESC
B2r4	净作	MK560304	MN892315	*F. meridionale*	FGSC
B3s1	净作	MK560295	MN892311	*F. oxysporum*	FOSC
B3s3	净作	MK560331	MN892348	*F. asiaticum*	FGSC
B3s4	净作	MK560313	MN892334	FIESC	FIESC
B3s6	净作	MK560296	MN892310	*F. oxysporum*	FOSC
B3r1	净作	MK560267	MN892303	FSSC	FSSC
B4s1	净作	MK560305	MN892314	*F. meridionale*	FGSC
B4s3	净作	MK560314	MN892333	FIESC	FIESC
B4s4	净作	MK560315	MN892339	FIESC	FIESC
B4r1	净作	MK560268	MN892283	FSSC	FSSC
B4r2	净作	MK560269	MN892286	FSSC	FSSC
B5s1	净作	MK560270	MN892302	FSSC	FSSC
B5s2	净作	MK560297	MN892309	*F. oxysporum*	FOSC
B5s4	净作	MN892352	MN892332	FSSC	FSSC
B6s1	净作	MK560272	MN892301	FSSC	FSSC
B6s2	净作	MK560316	MN892331	FIESC	FIESC
B6s3	净作	MK560332	MN892347	*F. asiaticum*	FGSC
B7s2	净作	MK560317	MN892340	FIESC	FIESC
B7s4	净作	MK560318	MN892330	FIESC	FIESC
B7r2	净作	MK560273	MN892300	FSSC	FSSC
B8s1	净作	MK560333	MN892346	*F. asiaticum*	FGSC
B8s2	净作	MK560274	MN892299	FSSC	FSSC
B8s4	净作	MN892354	MN892308	FSSC	FSSC
B8r1	净作	MK560276	MN892298	FSSC	FSSC
B9s1	净作	MK560334	MN892345	*F. asiaticum*	FGSC
B9s2	净作	MK560277	MN892282	FSSC	FSSC
B9s4	净作	MN892353	MN892329	FIESC	FIESC
B9s5	净作	MK560330	MN892350	*F. commune*	FNSC
B9r1	净作	MK560278	MN892287	FSSC	FSSC
B9r2	净作	MK560279	MN892297	FSSC	FSSC

注：FGSC. 禾谷镰孢菌复合种（*Fusarium graminearum* species complex）；FOSC. 尖孢镰孢菌复合种（*Fusarium oxysporum* species complex）；FNSC.（*Fusarium nisikadoi* species complex）

2. 带状套作对大豆致病镰孢菌分离频率的影响

带状套作和净作下大豆根腐病镰孢菌的分离频率存在明显差异，带状套作镰孢菌种群多样性明显高于净作。两种种植方式下 FSSC 和 FIESC 的分离频率均高于其他菌，但净作大豆根腐病强致病尖孢镰孢菌的分离频率为 16.22%，明显高于带状套作。轮枝镰孢菌、层生镰孢菌和藤仓镰孢菌属于轮枝镰孢菌复合种，是带状套作大豆根腐病特有致病菌，分离频率分别为 11.11%、2.78%和 8.33%；而共有镰孢菌作为净作大豆特有根腐病致病菌，分离频率为 2.70%。因此，腐皮镰孢菌复合种和木贼镰孢菌复合种是两种种植方式下的主要致病菌，但带状套作强致病尖孢镰孢菌复合种的分离频率显著低于净作（图 7-3）。

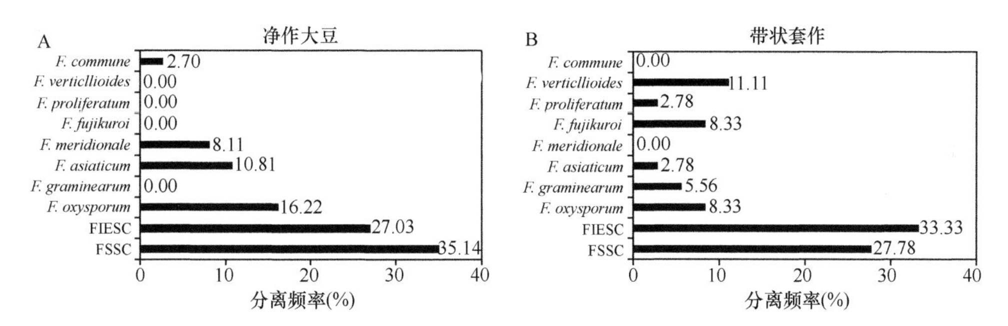

图 7-3　带状套作和净作大豆根腐病疑似致病镰孢菌的分离频率（Chang et al.，2020）

3. 带状套作根腐病发生与病原菌致病性的关系

采用高粱粒接种法，检测分离获得的大豆根腐病疑似镰孢菌的致病性，结果表明，接种 15d 后，所有镰孢菌的代表菌株均可不同程度地侵染大豆根部，引起植株发育不良，主根变褐色、腐烂，侧根发育不良，甚至不发育（图 7-4）。不同镰孢菌种、同一镰孢菌种的不同代表菌株的致病力存在一定的差异，但净作和带状套作大豆根腐病同一镰孢菌种的致病力无显著差异，接种后大豆的株高和鲜重均明显降低。净作和带状套作大豆根腐病尖孢镰孢菌致病性最强，菌株最高病情指数分别为 91.59%和 86.63%，且该菌显著降低了大豆幼苗株高和鲜重，抑制了大豆根毛生长，导致大豆主根严重腐烂，甚至死亡（图 7-4）。净作大豆根腐病南方镰孢菌 *F. meridionale*（B2s2）和亚洲镰孢菌 *F. asiaticum*（B8s1）致病力仅次于尖孢镰孢菌，但带状套作大豆接种禾谷镰孢菌 *F. graminearum*（A2s4）和亚洲镰孢菌 *F. asiaticum*（A3s1）后大豆病情指数较低。另外，两种种植方式木贼镰孢菌复合种菌株的致病力差异不显著。带状套作大豆根腐病的 3 种镰孢菌：藤仓镰孢菌 *F. fujikuroi*、轮枝镰孢菌 *F. verticillioides* 和层生镰孢菌 *F. proliferatum* 致病力存在差异，而净作大豆根腐病特有的致病菌共有镰孢菌 *F. commune* 致病力较低（图 7-5）。由此可见，大豆净作下，引起大豆根腐病的强致病菌分离频率显著高于带状套作大豆，对大豆生长抑制作用更强，这可能是净作大豆根腐病发生率较带状套作高的重要原因。

图 7-4　大豆根腐病疑似致病镰孢菌接种南豆 12 的根部症状（Chang et al.，2020）

镰孢菌代表菌株包括来源于净作大豆根腐病病株的 FSSC（B3r1 和 B4r2）、FIESC（B7s2）、*F. oxysporum*（B3s1）、*F. asiaticum*（B8s1）、*F. meridionale*（B2s2）和 *F. commune*（B9s5），以及分离自带状套作大豆病株的 FSSC（A8r2）、FIESC（A9s3）、*F. oxysporum*（A4s2）、*F. asiaticum*（A3s1）、*F. graminearum*（A2s4）、*F. proliferatum*（A9s5）、*F. fujikuroi*（A6s1）和 *F. verticillioides*（A9s2）；Control. 未接种镰孢菌的对照

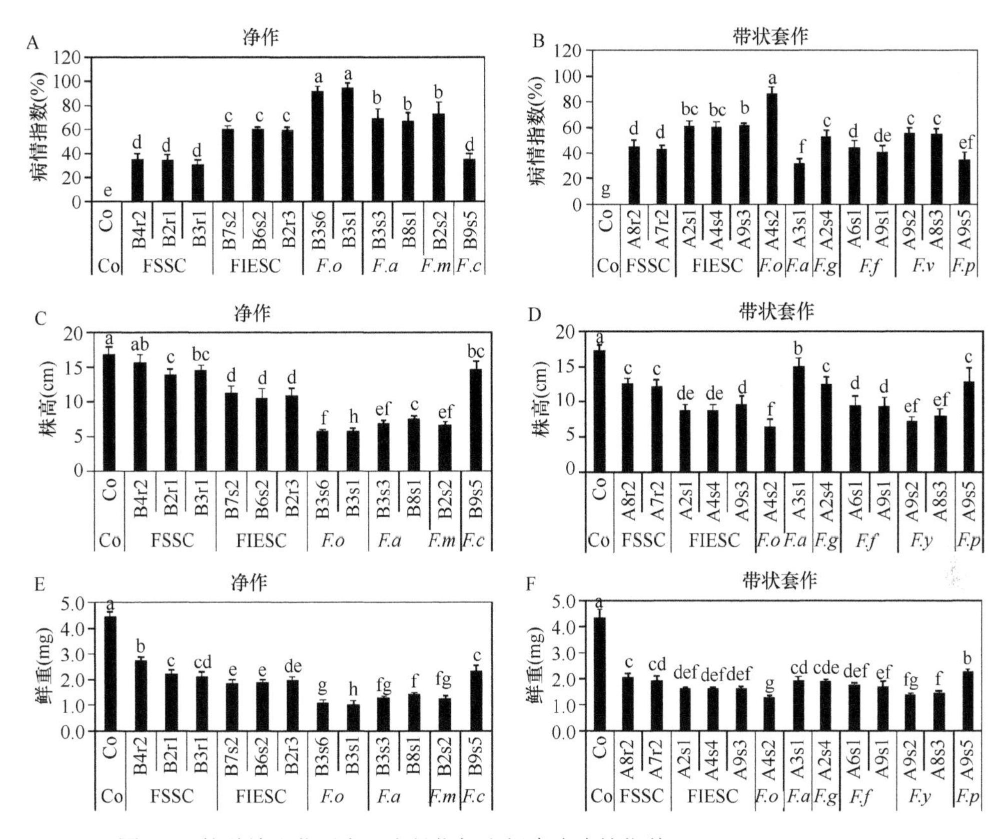

图 7-5 接种镰孢菌后大豆生长指标和根腐病病情指数（Chang et al.，2020）

Co. 未接种镰孢菌的对照；*F.o.* 尖孢镰孢菌 *F. oxysporum*；*F.a.* 亚洲镰孢菌 *F. asiaticum*；*F.m.* 南方镰孢菌 *F. meridionale*；*F.c.* 共有镰孢菌 *F. commune*；*F.g.* 禾谷镰孢菌 *F. graminearum*；*F.f.* 藤仓镰孢菌 *F. fujikuroi*；*F.v.* 轮枝镰孢菌 *F. verticillioides*；*F.p.* 层生镰孢菌 *F. proliferatum*。图中不同小写字母代表差异显著性水平（$P<0.05$）

（三）带状套作对根际土壤微生物种群结构和多样性的影响

1. 带状套作和净作对大豆根际镰孢菌和木霉菌种丰度的影响

采用土壤稀释培养法，分析带状套作和净作下健康大豆根际土和根腐病病株根际土中的镰孢菌属 *Fusarium* 和木霉菌属 *Trichoderma* 种群，结果发现带状套作病株根际土中镰孢菌的丰度显著高于健康土，但带状套作根际木霉菌的丰度高于净作，且带状套作根际健康土中木霉菌的丰度高于病株根际土；与净作健康土相比，净作病株根际土中镰孢菌的丰度无显著差异。可见，带状套作改变了大豆根际土壤中镰孢菌和木霉菌的丰度，根腐病的发生趋向诱导根际镰孢菌的积累从而降低了木霉菌的丰度；与净作相比，高丰度的木霉菌积累可能是带状套作根腐病降低的主要原因。

2. 带状套作和净作大豆根际镰孢菌和木霉菌组成和分离频率的差异

研究人员采用稀释平板法，分离鉴定带状套作和净作大豆健康植株和根腐病病株根际土中的致病镰孢菌和潜在生防木霉菌，通过 *EF-1a* 和 *RPB2* 基因序列比对及系统进化分析，明确了两种种植方式下大豆根际土壤的镰孢菌种群存在差异；其中，带状套作根际土壤镰孢菌包括腐皮镰孢菌复合种、木贼镰孢菌复合种和尖孢镰孢菌，而净作根际土壤镰孢菌为腐皮镰孢菌复合种、尖孢镰孢菌和共有镰孢菌。同时，在带状套作和净作各类根际土壤中，腐皮镰孢菌复合种的分离频率均最高，但强致病尖孢镰孢菌则在净作病株根际土中分离频率最高；木贼镰孢菌复合种和共有镰孢菌分别为带状套作和净作大豆根际特有镰孢菌，但分离频率均较低（图 7-6A、B）。

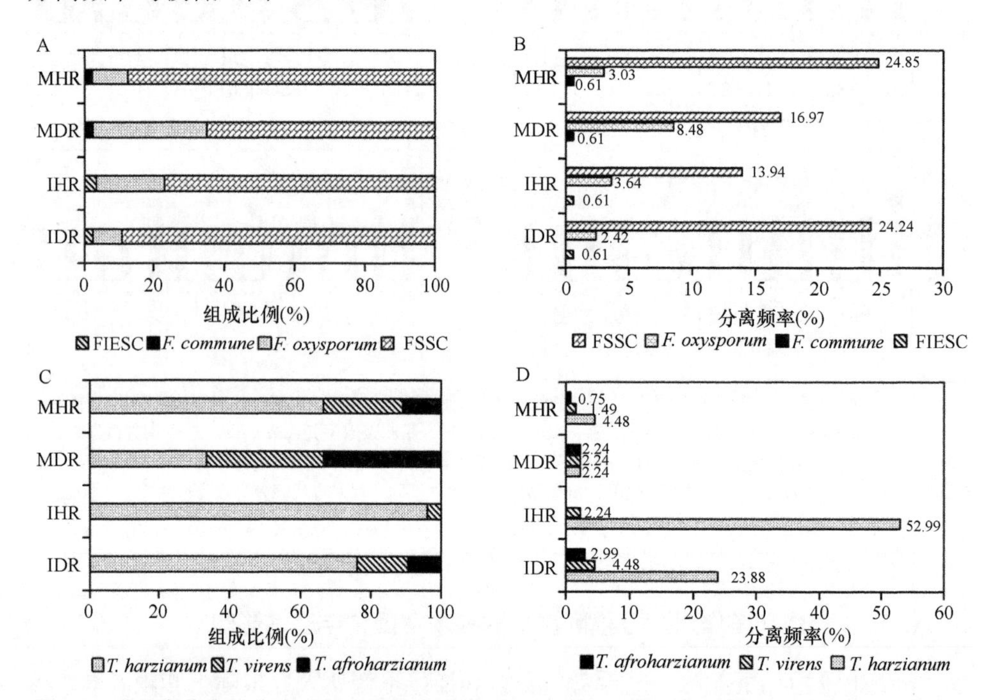

图 7-6 带状套作和净作大豆健康植株和根腐病病株根际土壤中镰孢菌和木霉菌的组成比例及分离频率（Xu et al.，2022）

A. 镰孢菌的组成比例；B. 镰孢菌的分离频率；C. 木霉菌的组成比例；D. 木霉菌的分离频率。IDR. 带状套作大豆根腐病病株根际土；IHR. 带状套作大豆健康植株根际土；MDR. 净作大豆根腐病病株根际土；MHR. 净作大豆健康植株根际土。各处理间的统计分析采用费希尔精确检测（Fisher's exact test）

研究人员从两种种植方式大豆根际土壤中均分离获得了哈茨木霉菌 *T. harzianum*、绿木霉 *T. virens* 和非洲哈茨木霉 *T. afroharzianum* 3 种木霉菌，但受根腐病影响，木霉菌在不同根际土中的组成比例和分离频率存在差异。哈茨木霉菌为各根际土壤中的优势菌株，其在带状套作大豆健康植株和根腐病病株根际土中的组成比例分别为95.9%和76.2%，明显高于净作。带状套作下根际绿木霉*T. virens*的组成比例较净作低，而净作根际土壤则富集了更多非洲哈茨木霉（图 7-6C）。可见，带状套作改变了大豆根际木霉菌的群落组成，显著增加了哈茨木霉菌的分离频率，但根腐病的发生抑制了哈茨木霉菌的积累（图 7-6D）。

3. 带状套作和净作大豆根际镰孢菌的致病性

根际致病镰孢菌是土传大豆根腐病的重要侵染源。研究人员检测带状套作和净作下大豆根际土壤镰孢菌对南豆 12 的致病性发现，木贼镰孢菌复合种、腐皮镰孢菌复合种、尖孢镰孢菌和共有镰孢菌这 4 种根际镰孢菌均能引起南豆 12 发病，主要表现为幼苗发育不良，主根和侧根变为褐色、腐烂，但不同菌株的致病力存在差异，以尖孢镰孢菌对大豆幼苗的致病力最强（图 7-7A）。净作大豆

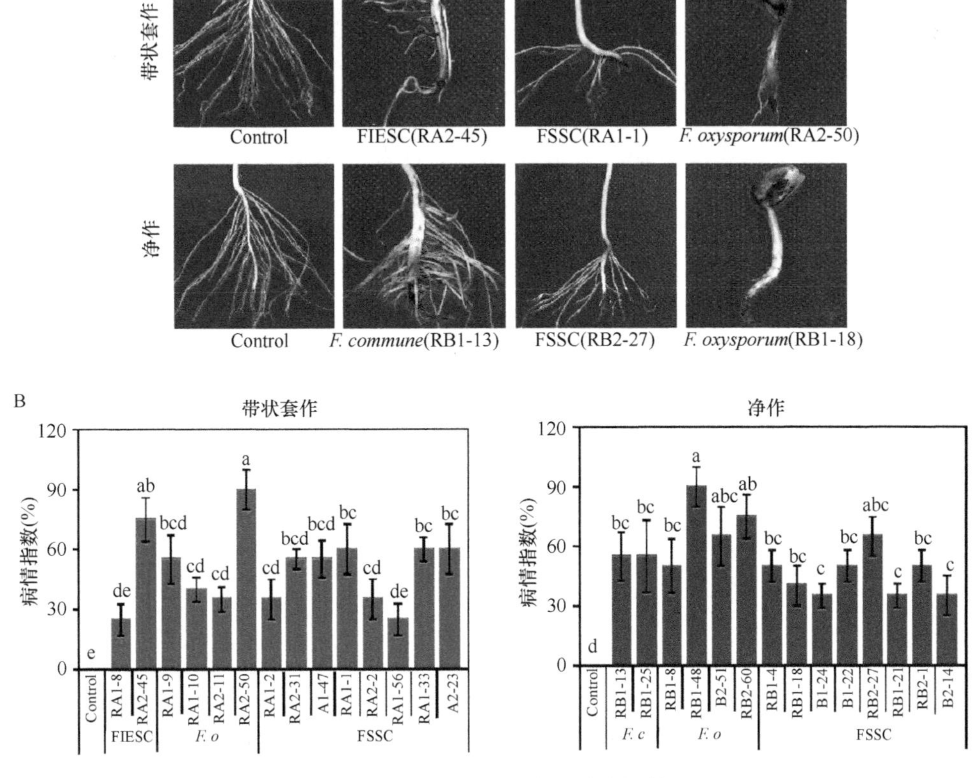

图 7-7　带状套作和净作大豆根际土壤镰孢菌的致病性检测（Xu et al.，2022）

A. 接种根际土壤各镰孢菌代表菌株后大豆幼苗发病症状，代表菌株包括木贼镰孢菌复合种 FIESC（RA2-45）、腐皮镰孢菌复合种 FSSC（RA1-1 和 RB2-27）、尖孢镰孢菌 *F. oxysporum*（RA2-50 和 RB1-18）和共有镰孢菌 *F. commune*（RB1-13），Control 表示未接种对照；B. 接种致病菌株后大豆根腐病的病情指数，图中不同小写字母表示各处理差异显著（$P<0.05$）

根际土壤中的尖孢镰孢菌致病力显著高于带状套作，严重影响了生长发育，导致主根腐烂。腐皮镰孢菌复合种 FSSC 的分离频率最高，但对大豆幼苗表现为中等致病，病情指数为 50%左右，且在两种种植方式下该菌各菌株的致病力差异不大(图 7-7B)。

4. 根际土壤木霉菌对根腐病菌菌丝生长的抑制效果

木霉菌是常见的土壤生防菌。研究人员采用平板对峙培养检测 3 种大豆根际木霉菌对根腐病菌的抑制效果发现，*T. harzianum*、*T. virens* 和 *T. afroharzianum* 均显著抑制了尖孢镰孢菌的菌丝生长，对 38.10%的菌丝抑制率达到了 60%～70%，且具有明显的空间竞争作用（图 7-8A、B）。其中，净作和带状套作根际土壤中哈茨木霉菌的菌丝抑制率差异不显著，但非洲哈茨木霉和绿木霉的菌丝抑制率差异明显，带状套作根际土壤中绿木霉的平均菌丝抑制率为 72.0%，明显高于净作(60.30%)（图 7-8C)。显微观察发现，3 种木霉菌可通过空间竞争，吸附、缠绕尖孢镰孢菌菌丝，抑制其生长，或者通过直接侵入菌丝内腔延伸生长，最后破坏菌丝细胞，导致细胞裂解。综上可见，绿木霉和非洲哈茨木霉在根际积累受种植方式影响，与带状套作下根腐病发生率较低具有相关性。

二、带状复合种植对大豆花叶病毒病发生规律及病毒分子进化的影响

大豆花叶病毒（*Soybean mosaic virus*，SMV）是大豆生产中的主要病毒之一，在全世界范围内均有发生。SMV 造成大豆种皮斑驳，产量和品质下降，且种传率很高。SMV 感染通常降低大豆 8%～35%的产量，严重时可导致 94%的产量损失。在大豆品种审定过程中，能否抗 SMV 成为是否通过品种审定的关键指标。我们紧密围绕四川大豆病毒病，从主要种植地区采集病样并进行病毒种类鉴定，对 SMV 进行群体遗传分析，以及研究荫蔽环境下大豆对 SMV 侵染的响应，为带状套作大豆病毒病害的防控提供理论基础。

（一）带状复合种植荫蔽对大豆抗大豆花叶病毒病的影响

1. 感染大豆花叶病毒的大豆表型

大豆花叶病毒是我国大豆感染的主要病毒类型（Zhang et al.，2019a)。大豆感染大豆花叶病毒后，叶片表现出典型的花叶症状。光照变化和病毒感染对其生长发育有明显影响。正常光照下，大豆平均株高 23.6cm，茎粗 3.24mm；荫蔽下，平均株高达 58cm，茎粗下降为 2.23cm。感染 SMV 后，大豆株高和茎粗均下降，其中，正常光照下感染 SMV 的大豆平均株高为 22cm，茎粗 3.06mm；荫蔽下感染 SMV 的大豆平均株高为 37.16cm，茎粗下降为 2.03cm。反转录聚合酶链式反应（reverse transcription-polymerase chain reaction，RT-PCR）检测证实了 SMV 的

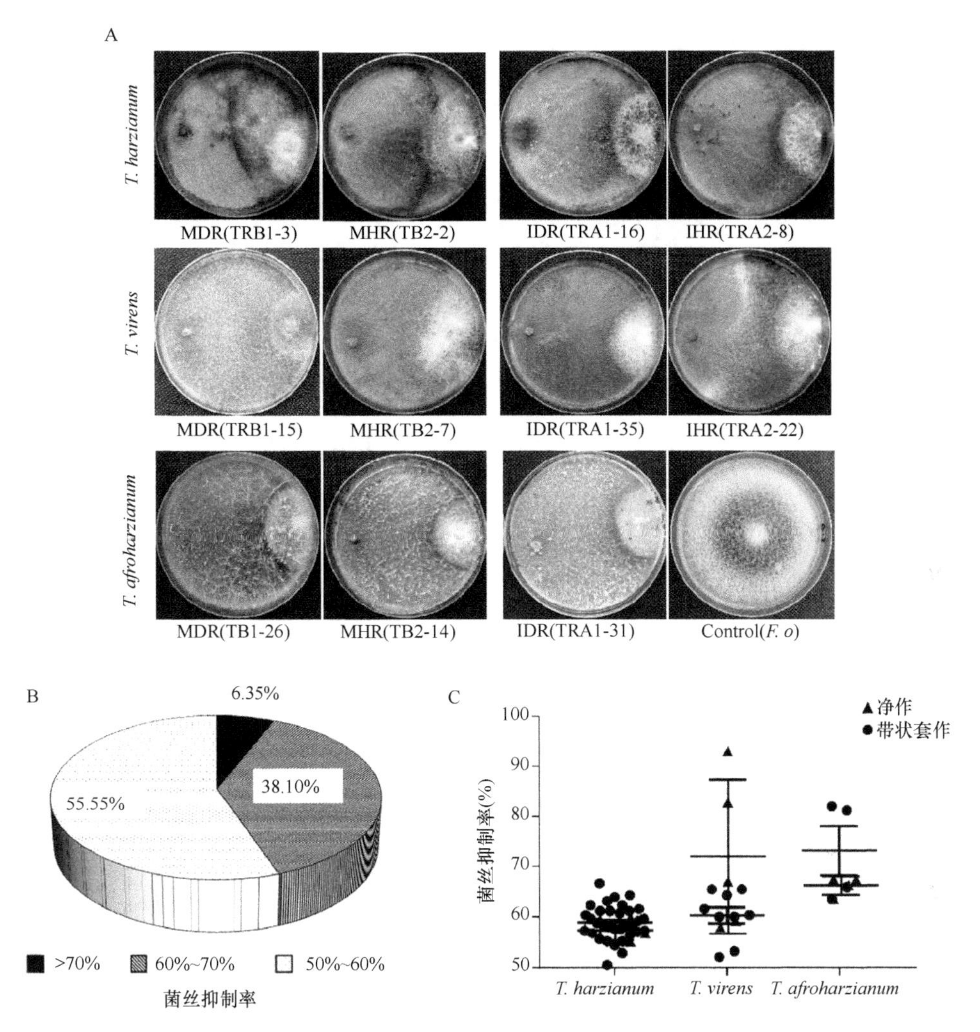

图 7-8　木霉菌对大豆根腐病致病尖孢镰孢菌的菌丝生长抑制情况（Xu et al.，2022）

A. 根际土壤木霉菌和尖孢镰孢菌的平板对峙培养；IDR. 带状套作大豆根腐病病株根际土；IHR. 带状套作大豆健康植株根际土；MDR. 净作大豆根腐病病株根际土；MHR. 净作大豆健康植株根际土。B. 木霉菌对尖孢镰孢菌菌丝生长抑制率在 50%～60%、60%～70%和大于 70%三个范围内的统计分析。C. 带状套作和净作大豆根际土壤中木霉菌对尖孢镰孢菌菌丝抑制率的分析

感染情况。荫蔽下大豆主茎伸长，大豆抗性基因表达量下调，病毒长距离运输距离增加，带状套作大豆平衡响应双重胁迫（荫蔽和病毒）的防御力量产生折中效应，病毒累积量在感染后第 10 天下降 50%左右，抗性的适当下调有利于缓解炎症反应，提升大豆对病毒的耐受能力（图 7-9）（Zhang et al.，2019b；Shang et al.，2023）。

2. 大豆防御基因下调表达

在正常光照条件下，感染 SMV 的大豆与对照相比，有 3548 个差异表达基因，

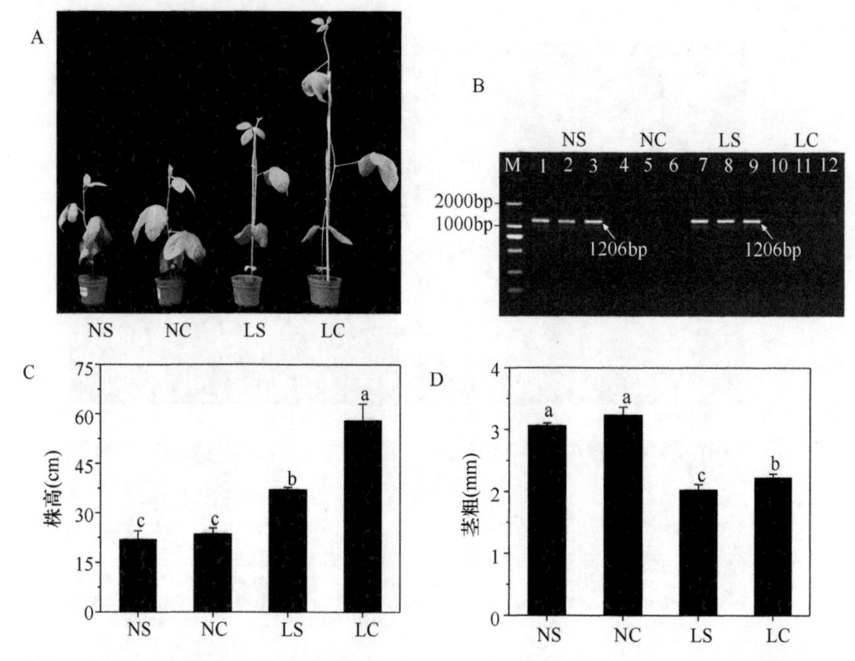

图 7-9 感染大豆花叶病毒的大豆表型与 SMV 检测（Zhang et al.，2019b；Shang et al.，2023）

A 图为大豆幼苗在不同处理下生长 10d 的情况。B 图为 RT-PCR 检测证实大豆感染 SMV，其中 M 表示 2000bp 的 DNA 分子量标记，1～3 表示正常光照下感染病毒（NS），4～6 表示正常光照下未感染病毒（NC），7～9 表示荫蔽下感染病毒（LS），10～12 表示荫蔽下未感染病毒（LC）。C 图为 SMV 感染 10d 后的植物株高。D 图为 SMV 感染 10d 后的植物茎粗，其中 NC 表示正常光照不接种病毒，NS 表示正常光照接种病毒，LC 表示荫蔽不接种病毒，LS 表示荫蔽接种病毒，本章余处同。数据以平均值±标准差表示，a、b、c、d 分别指在 P=0.05 水平下有显著差异

其中上调表达 2228 个，下调表达 1320 个。荫蔽处理后，共有 4319 个基因受到病毒感染的影响，其中 2167 个上调，2152 个下调（图 7-10A）。研究人员进一步对差异表达基因做重叠分析，发现在两种光照下均上调的基因有 380 个（Nu-Lu，图 7-10B），均下调的基因有 66 个（Nd-Ld，图 7-10C）。正常光照下下调，低光照下上调的基因有 225 个（Nd-Lu，图 7-10B）。相反，在正常光照下上调，而低光照下下调的基因有 490 个（Nu-Ld，图 7-10C）。

在正常光照（NC vs NS）和荫蔽下（LC vs LS），感染 SMV 造成的差异表达基因功能分类类似。然而，不同的是，荫蔽下差异表达基因中下调基因的数目明显增多（图 7-11）。正常光照下感染 SMV 的大豆中差异表达基因以上调为主，而在荫蔽下，下调基因的数量显著增多，甚至远远多于上调基因的个数，表明光照在免疫相关基因表达方面具有正调控作用。

差异表达基因聚集最多的 15 条代谢通路如图 7-12 所示。正常光照下，SMV 感染显著诱导了大豆植物-病原互作途径、植物激素信号转导和苯丙类生物合成途径。相反，内质网蛋白质加工、糖代谢、氮代谢，以及维生素代谢等则受到抑制。

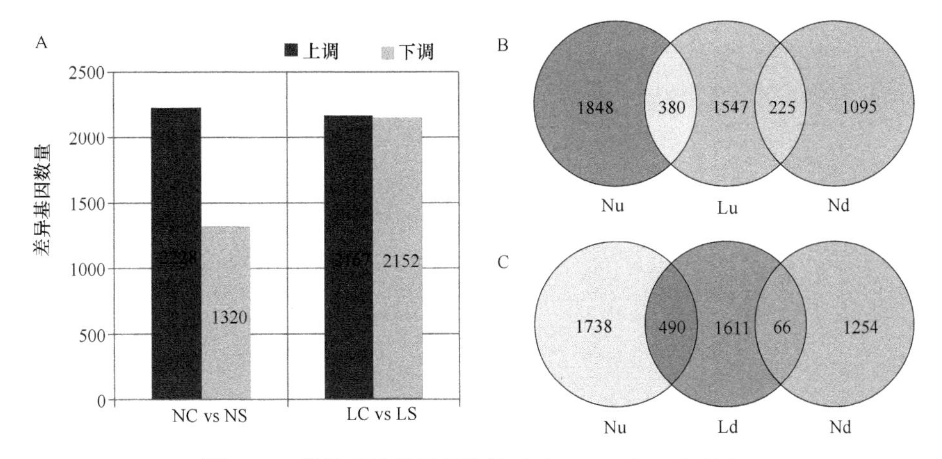

图 7-10　差异表达基因的统计（Zhang et al.，2019b）

A. SMV 感染与对照之间的差异表达的基因数量；B、C. 差异表达基因重叠分析；Nu 和 Nd 分别指在 NC 和 NS 之间上调和下调的差异基因；Lu 和 Ld 分别指在 LC 和 LS 之间上调和下调的差异基因。以｜log_2Fold Change｜＞1 和 *P*-adj（校正后的 *P* 值）＜0.05 为条件筛选处理之间的差异表达基因

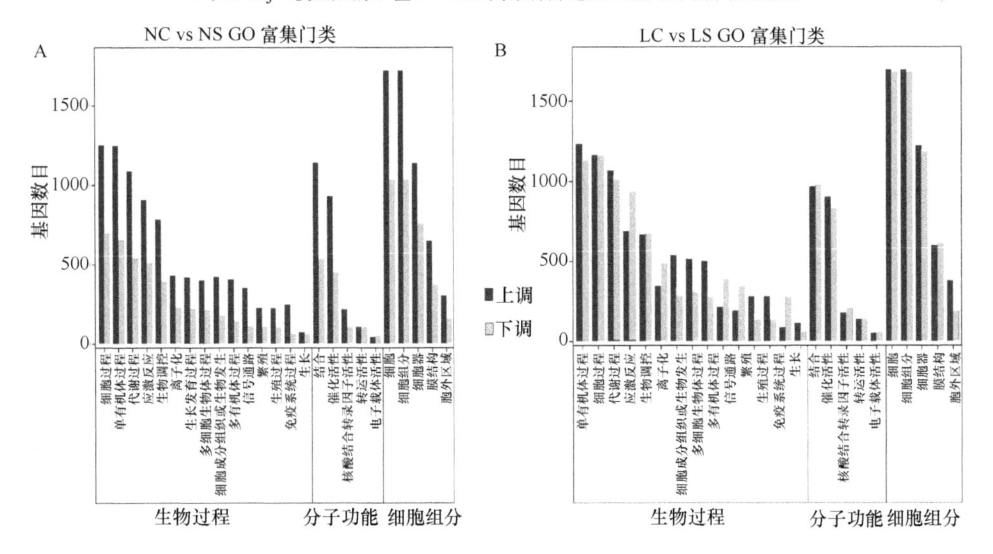

图 7-11　差异表达基因的 GO 富集分析（Zhang et al.，2019b）

A. NC 与 NS 之间差异表达基因的 GO 富集分析；B. LC 与 LS 之间差异表达基因的 GO 富集分析

荫蔽下，SMV 感染诱导了大豆的亚油酸代谢、糖类降解以及脂肪酸生物合成途径。但是，植物-病原互作以及一些次级代谢途径（如黄酮、异黄酮、玉米素等）则被抑制。在正常光照下，SMV 感染激活了大豆防御相关途径，而荫蔽下这些防御途径受到抑制，表明光照对植物防御具有正调控作用。

3. 植物-病原互作途径的差异基因分析

植物免疫和病原侵染共同构成植物病原物互作。植物做出快速有效的调节反

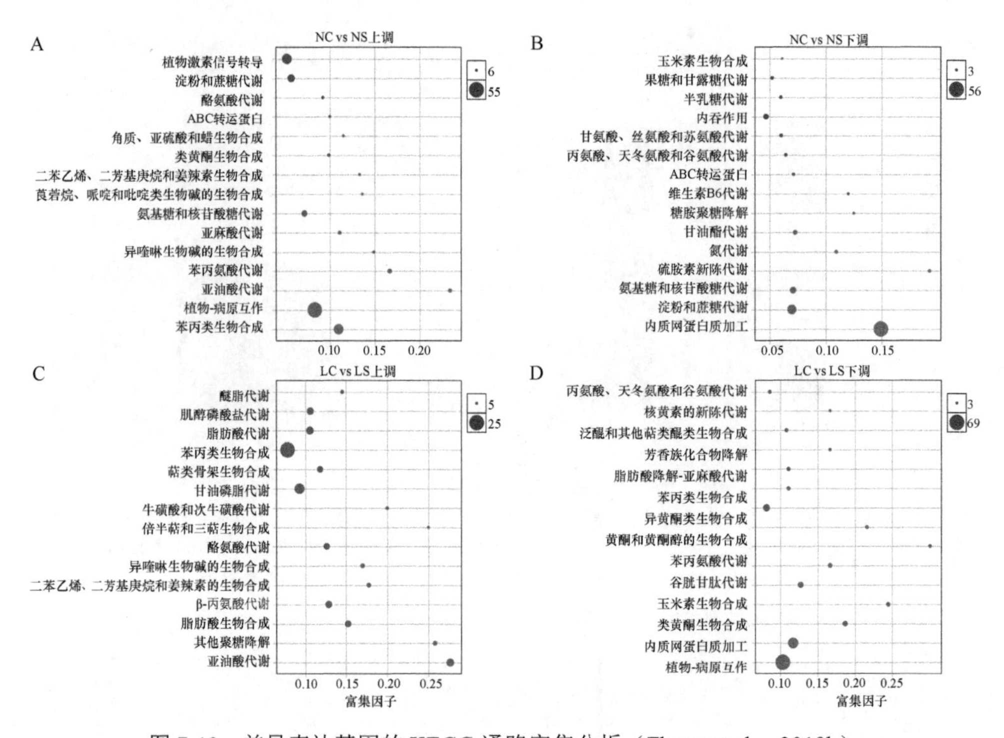

图 7-12 差异表达基因的 KEGG 通路富集分析（Zhang et al.，2019b）

A 和 B 分别为 NC 和 NS 之间的差异上调基因和下调基因；C 和 D 分别为 LC 和 LS 之间的差异上调基因和下调基因。图中圆圈大小数值代表基因表达量，横坐标数值代表富集因子的大小

应是成功抵御病原物侵染的基础。因此，研究人员分析了富集到植物-病原互作途径的差异表达基因。在正常光照下，有 76 个差异基因富集到该途径，其中 55 个基因表达上调，21 个基因表达下调（表 7-2）。在荫蔽下，有 84 个基因发生差异表达，其中 15 个基因表达上调，69 个基因表达下调。重叠分析发现，有 24 个基因在两种光处理下差异表达，其相关基因产物包含 WRKY 转录因子（WRKY 因其特殊的七肽保守序列 WRKYGOK 而得名，是植物中最大的转录因子家族之一）、植物转录因子 MYB（v-myb avian myeloblastosis viral oncogene homolog）和钙结合蛋白等；其中，大部分重叠基因的表达在正常光照处理中上调，而在荫蔽处理中下调。这表明光照可能有助于植物激活植物-病原互作途径，从而促使植物抵御病原物侵染。而在荫蔽下，植物不能很好地对病原侵染做出针对性的反应，使病情发展更严重。

4. 植物激素信号转导的差异基因分析

植物激素在植物生长发育过程中发挥着十分重要的作用，部分激素如水杨酸（salicylic acid，SA）、茉莉酸（jasmonic acid，JA）和乙烯（ethylene，ETH），在植物免疫反应中具有决定性的作用。在正常光照下，SMV 感染使大豆中 SA、JA 和 ETH 信号转导途径的大部分基因上调表达。其中乙烯响应转录因子 *ERF*（ethylene-

表 7-2 两种光照条件下植物-病原互作途径中差异表达基因的重叠分析（Zhang et al.，2019b）

基因号	基因产物描述	log_2FC（NS/NC）	log_2FC（LS/LC）
GLYMA_05G234600	MYB 转录因子 MYB84	5.33	−3.24
GLYMA_18G056600	WRKY 转录因子 62	5.21	−3.66
GLYMA_09G038900	MYB 转录因子 MYB13	5.06	1.74
GLYMA_06G187300	蛋白 EDS1L	4.01	−2.16
GLYMA_20G034200	未鉴定 LOC100526868	3.94	−2.59
GLYMA_16G218300	可能的环核苷酸门控离子通道 20	3.83	−1.29
GLYMA_02G270700	几丁质激发子受体激酶 1	3.76	−1.16
GLYMA_19G214900	MYB 转录因子 MYB111	3.20	2.40
GLYMA_09G210600	抗性蛋白 RPM1	3.10	−1.92
GLYMA_06G034700	可能的钙结合蛋白 CML41	2.90	−2.53
GLYMA_20G209700	MYB/HD-like 转录因子	2.81	−3.06
GLYMA_10G180800	MYB29 蛋白	2.25	−3.85
GLYMA_18G208800	可能的 WRKY 转录因子 33	2.23	−3.83
GLYMA_03G042700	可能的 WRKY 转录因子 33	1.99	−2.70
GLYMA_14G222000	钙依赖性蛋白激酶 29	1.97	1.79
GLYMA_05G119500	油菜素类固醇不敏感 1 相关受体激酶	1.80	−1.45
GLYMA_10G230000	SGT1 蛋白 b 样同源物	1.73	−1.51
GLYMA_02G244600	MYB 转录因子 MYB20	1.65	1.14
GLYMA_06G187400	蛋白质 EDS1 同源物	1.55	−1.01
GLYMA_19G255300	环核苷酸门控离子通道 1	1.35	−1.20
GLYMA_02G059600	推定的钙结合蛋白	1.13	−1.11
GLYMA_14G156300	钙结合 EF-hand 家族蛋白	−2.18	−1.76
GLYMA_16G178800	热休克蛋白 90-A2	−5.23	−1.33
GLYMA_09G131500	热休克蛋白 83	−7.64	−2.66

responds to transcription factor）和病程相关蛋白 *PR1*（pathogenesis related protein 1）基因的上调幅度最大。然而，在荫蔽下，SA、JA 和 ETH 信号转导途径的差异表达基因以下调为主。*ERF* 基因下调倍数最大，其 log_2FC 值为−6.71；其次是 *PR1* 基因，log_2FC 值为−5.91。JA 途径的 *MYC* 基因、*JAR* 基因也表现出显著的下调，表明荫蔽下 SMV 感染抑制了大豆的防御激素信号转导网络（表 7-3）。

5. 实时荧光定量反转录聚合酶链式反应（qRT-PCR）检测差异基因的表达量

为了验证 RNA 测序数据中基因的表达模式，选择了 15 个差异表达基因进行实时荧光定量反转录聚合酶链式反应（qRT-PCR），包括植物色素激酶底物 1、A 型拟南芥反应调节因子基因 *A-ARR*、植物受体激酶基因 *BAK1*、编码高亲和力的生长素流入载体的基因 *AUX1*、光敏色素互作因子基因 *PIF4*、病程相关蛋白基因 *PR1*、

表 7-3 两种光照条件下参与植物防御激素信号转导的差异表达基因

基因号	基因产物描述	log_2FC（NS/NC）	log_2FC（LS/LC）	途径
GLYMA_10G186800	乙烯响应转录因子 ERF1B	2.71	−1.21	乙烯
GLYMA_04G147000	EIN3 结合 F-box 蛋白 1	2.70	—	
GLYMA_20G203700	乙烯响应转录因子 ERF1B	2.59	−2.19	
GLYMA_02G006200	乙烯响应转录因子 ERF1B	—	−6.71	
GLYMA_10G036700	乙烯响应转录因子 ERF1B	—	−2.88	
GLYMA_10G007000	乙烯响应转录因子 ERF1B	—	−2.68	
GLYMA_19G248900	乙烯响应转录因子 ERF1B	—	−1.55	
GLYMA_18G018400	假定乙烯不敏感蛋白 3	1.67	2.24	
GLYMA_13G166200	EIN3 结合 F-box 蛋白 1	1.58	—	
GLYMA_20G202200	乙烯受体 2	1.23	—	
GLYMA_13G076800	乙烯不敏感蛋白 3-1	1.15	—	
GLYMA_10G188500	乙烯受体	1.07	—	
GLYMA_16G020500	转录因子 MYC2	2.49	—	茉莉酸
GLYMA_17G209000	转录因子 MYC2	—	−1.52	
GLYMA_13G112000	茉莉酸 ZIM 结构域含蛋白	1.69	—	
GLYMA_16G026900	茉莉酸-酰胺合成酶 JAR1	—	−1.17	
GLYMA_18G030200	冠状素不敏感蛋白 1	−1.31	—	
GLYMA_15G062300	病程相关蛋白 PR1	2.7	—	水杨酸
GLYMA_15G062400	病程相关蛋白 PR1	—	−5.91	
GLYMA_15G062700	病程相关蛋白 PR1	—	−3.48	
GLYMA_15G062500	病程相关蛋白 PR1	—	−1.97	
GLYMA_09G020800	NPR1-1 蛋白	—	−1.05	
GLYMA_14G031300	调节蛋白 NPR3	2.31	—	
GLYMA_02G283300	调节蛋白 NPR3	1.04	—	
GLYMA_03G128600	调节蛋白 NPR5	—	1.99	
GLYMA_05G182500	转录因子 TGA1	−1.06	—	
GLYMA_18G020900	转录因子 TGA4	—	−1.1	
GLYMA_14G167000	转录因子 TGA7	—	1.44	
GLYMA_13G085100	转录因子 bZIP83	—	1.08	

注：“—”表示无显著倍数变化

光敏色素基因 *PhyB*、茉莉酸结合酶基因 *JAR1*、热休克 70kDa 蛋白基因 *HSP70*、转录因子基因 *WRKY62*、光敏色素基因 *PhyA*、*DELLA* 蛋白基因（在已发现的植物 GA 信号传递分子中，有一类的 N 端具有高度保守的 DELLA 结构域，称之为 DELLA 家族蛋白）和乙烯响应转录因子 *ERF1* 等。整体而言，qRT-PCR 与 RNA 测序的表达模式类似。荫蔽下大量 SA 和 JA 途径的防御基因表达显著下调（图 7-13）。

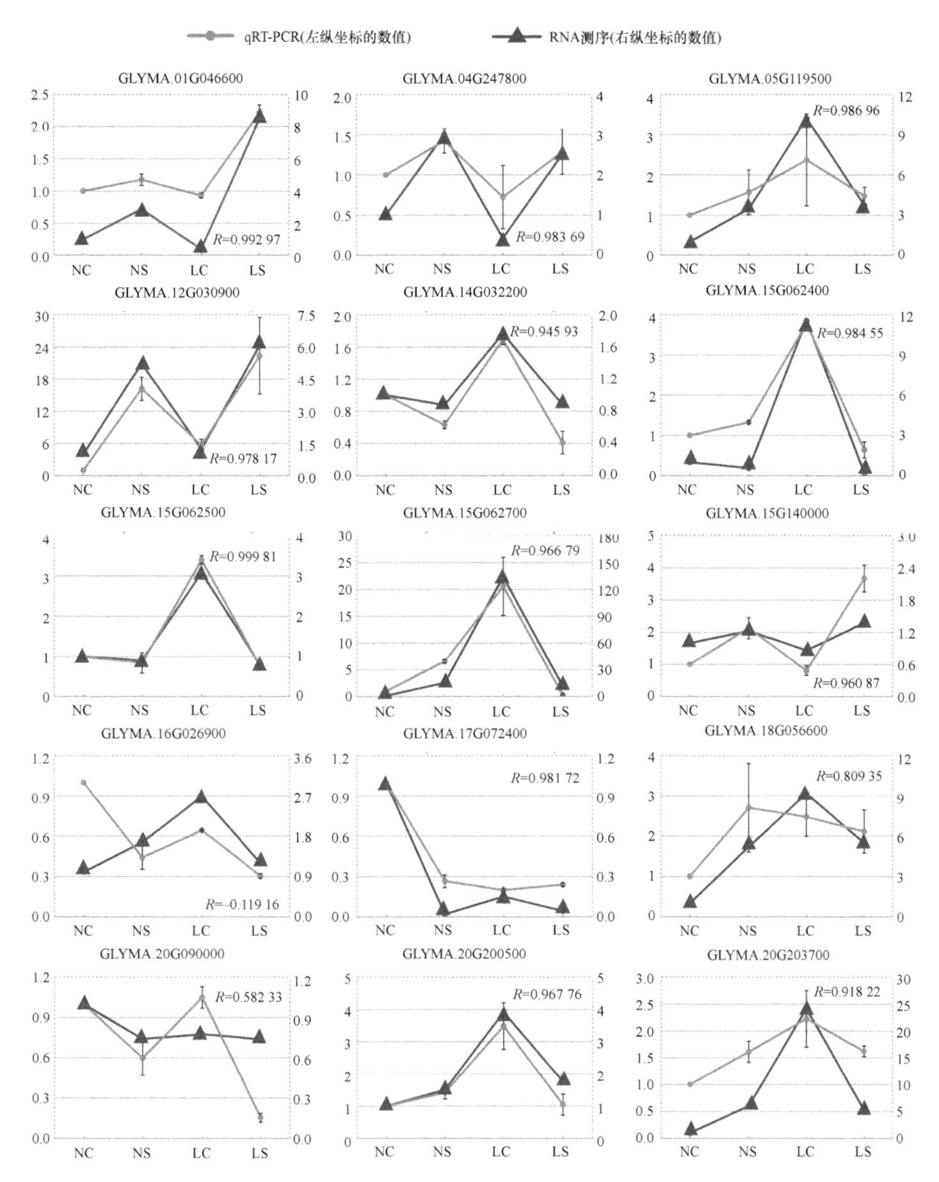

图 7-13　正常光和荫蔽下 15 个差异表达基因的实时荧光定量 RT-PCR 和 RNA 测序比对分析（Zhang et al.，2019b）

R. qRT-PCR 和 RNA 测序之间的相关系数；NC. 正常光不接种病毒；NS. 正常光接种病毒；LC. 荫蔽不接种病毒；LS. 荫蔽接种病毒。为了验证 RNA 测序数据中基因的表达模式，选择了 15 个差异表达基因进行 qRT-PCR，包括植物色素激酶底物 1（GLYMA.01G046600）、*A-ARR*（GLYMA.04G247800）、*BAK1*（GLYMA.05G119500）、*AUX1*（GLYMA.12G030900）、*PIF4*（GLYMA.14G032200）、*PR1*（GLYMA.15G062400、GLYMA.15G062500 和 GLYMA.15G062700）、*PhyB*（GLYMA.15G140000）、*JAR1*（GLYMA.16G026900）、*HSP70*（GLYMA.17G072400）、*WRKY62*（GLYMA.18G056600）、*PhyA*（GLYMA.20G090000）、*DELLA*（GLYMA.20G200500）和 *ERF1*（GLYMA.20G203700）

通过两种光环境的对比，本研究人员明确了光照对大豆抵御 SMV 的影响，并进一步探究了外施 SA 处理对荫蔽下大豆抵御 SMV 的影响。由于受到病原侵染的影响，植物的生长和防御通常是负相关的。人们经常可以观察到病毒感染导致植物矮化的现象。SMV 感染后大豆生长和发育受到限制。荫蔽下大豆感染 SMV 使其生长受到更严重的损害，株高下降 35.93%，茎粗减少 8.97%。荫蔽下感染病毒限制了植物生长发育，有可能是导致产量降低的重要因素。正常光照处理下植物-病原互作，以及信号转导途径被显著诱导，而内质网蛋白质处理和加工、维生素和糖氮代谢等途径则被抑制，这与前人的研究结果基本一致。苯丙氨酸是一系列次级代谢产物的前体，其合成途径基因表达的上调有利于下游防御性产物的形成，在胁迫响应中发挥重要的作用。植物-病原互作途径也被诱导，表明正常光照处理下大豆防御反应被激活。相比正常光照，在荫蔽下，大豆响应刺激、信号和免疫系统处理等功能的基因大幅下调。在荫蔽处理下，植物-病原互作、次级产物代谢，以及维生素代谢等途径受到抑制。一些重要的调节因子，如 WRKY/MYB 转录因子、钙调蛋白（calmodulin，CaM）、3-酮酰基辅酶 A 合成酶（KCS）及增加疾病敏感性基因 1（*EDS1*）在正常光下被诱导，而荫蔽下被抑制。KCS 参与长链脂肪酸合成，对植物角质层的形成有直接影响。角质层覆盖在植株表面，是对病原物和其他胁迫反应的第一道防线。*EDS1* 则是 SA 防御途径中关键的调节基因。当植物在荫蔽下感染 SMV 时，这一系列调控基因表达下调，表明植物的防御网络无法在荫蔽下被正常激活。

总的说来，在荫蔽条件下感染 SMV 的大豆中，SA 信号转导途径和 JA 信号转导途径均受到抑制，进而影响大豆对 SMV 的抗性。抗性的下降对于玉米和大豆共生期内生长状态较弱的植株是有利的，相对较弱的抗性减缓了炎症反应，降低了病毒的复制量，减轻了花叶症状，病害严重度下降。

（二）带状复合种植对大豆花叶病毒进化的影响

1. 西南主要大豆种植区病毒类型调查及群体遗传多样性分析

四川的大豆种植面积位居全国第四。中国的 SMV 群体具有很高的遗传多样性。为了更好地研究和对比净作和带状套作对大豆花叶病毒遗传多样性的影响，本研究进行了 SMV 的进化分析。我们从四川成都、雅安等 9 市 12 县采集疑似病毒感染的大豆样品共 251 份，进行大豆花叶病毒株系的分离和鉴定，并对四川地区主要大豆病毒进行了鉴定。

经鉴定，251 份田间大豆样品中，5 个县区中的共计 77 份样品为 SMV 阳性，其中雅安雨城检出 SMV 最多；8 个县区中的共计 39 份样品为菜豆普通花叶病毒（*Bean common mosaic virus*，BCMV）阳性，德阳中江检出 BCMV 最多；5 个县区中的共计 24 份样品为黄瓜花叶病毒（*Cucumber mosaic virus*，CMV）阳性（表

7-4)。其中，16 份样品为复合侵染，其中 10 份样品为 SMV 和 CMV 复合侵染，5 份样品为 BCMV 和 CMV 复合侵染，1 份样品为 SMV 和 BCMV 复合侵染(表 7-5)。初步确定了 SMV 和 BCMV 是造成四川田间大豆病毒病害发生的主要病毒种类。

表 7-4　病毒鉴定结果统计（Zhang et al.，2019a）

序号	采集地点	样品数量	SMV		BCMV		CMV	
			数量	检出率	数量	检出率	数量	检出率
1	南充嘉陵	4	0	0	0	0	0	0
2	南充西充	8	0	0	0	0	0	0
3	遂宁大英	19	0	0	9	47.4%	3	15.8%
4	德阳中江	16	2	12.5%	10	62.5%	5	31.2%
5	成都温江	22	13	59.1%	0	0	0	0
6	成都崇州	8	1	12.5%	5	62.5%	0	0
7	雅安雨城	75	58	77.3%	1	1.3%	8	10.7%
8	眉山仁寿	44	3	6.82%	1	2.3%	0	0
9	自贡富顺	19	0	0	5	26.3%	0	0
10	自贡荣县	13	0	0	2	15.4%	7	53.8%
11	宜宾翠屏	17	0	0	6	35.3%	1	5.9%
12	泸州合江	6	0	0	0	0	0	0
	总计	251	77	30.7%	39	15.5%	24	9.6%

表 7-5　病毒复合侵染统计（Zhang et al.，2019a）

序号	样品名称	病毒种类	采集地点
1	SN3	BCMV+CMV	遂宁大英
2	SN8	BCMV+CMV	
3	ZJ3	BCMV+CMV	德阳中江
4	ZJ5	BCMV+CMV	
5	ZJ11	SMV+CMV	
6	ZJ12	SMV+CMV	
7	ZJ13	BCMV+CMV	
8	YA53	SMV+CMV	雅安雨城
9	YA73	SMV+CMV	
10	YA78	SMV+CMV	
11	YA80	SMV+BCMV	
12	YA82	SMV+CMV	
13	YA90	SMV+CMV	
14	YA91	SMV+CMV	
15	YA92	SMV+CMV	
16	YA93	SMV+CMV	

基于 *P1* 基因的序列，采用邻接法（neighbor-joining method）建立系统发育树，可以发现 SMV 群体中的种间重组体（SMV-RI）群体和非种间重组体（SMV-NI）群体位于不同的进化枝，来自东北、东南和西南地区的 SMV-NI 群体又位于不同进化枝，这表明 *P1* 基因含有更多的遗传进化信息，可以相对有效地区分 SMV 群体来源（图 7-14）。对于 *CP* 基因，SMV-RI 分离物聚集在一个进化枝。而 SMV-NI 群体与病毒的地域来源并无明显的进化关联。

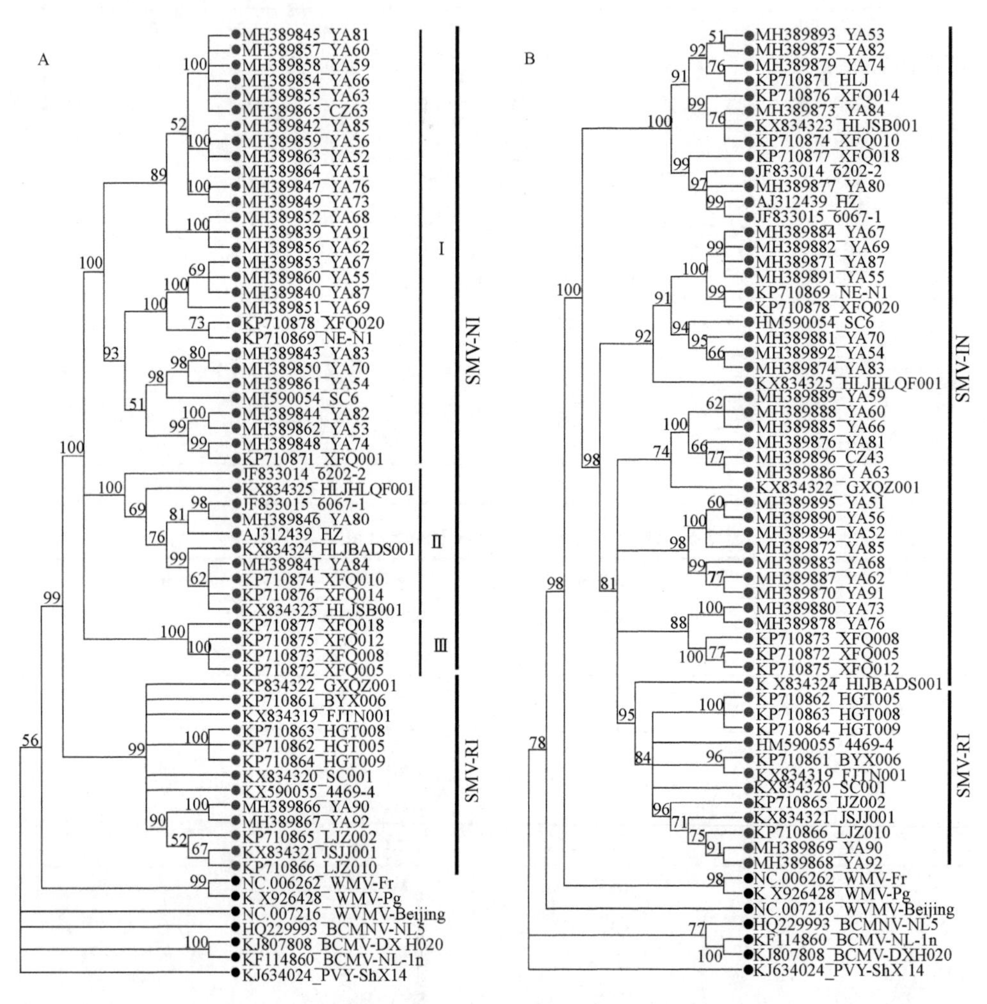

图 7-14　*P1* 基因（A）和外壳蛋白 *CP* 基因（B）的系统进化分析（Zhang et al.，2019a）

系统发育分析结果表明，无论是 *P1* 基因还是 *CP* 基因，SMV-RI 均处在一个独立的分支。对于 SMV-NI，其 *P1* 基因的聚类与其地域来源具有关联性，而 *CP* 基因则没有地域关联性。来自北美洲和亚洲的 SMV 也可以按照 *P1* 基因进行划分。*P1* 是所有马铃薯 Y 病毒属病毒的基因组中变异最大的基因，这种变异可能有助于病毒适应新的环境和宿主。少数一些例外，比如中国东北地区分离物聚集在西南分支上，可能是由大豆种子贸易或种质的多样性而导致的。中国西南地区的病毒样本量最大，但遗传多样性并非最高，可能和套作大豆种植模式的推广，以及部分丘陵区大豆零散种植的习惯有关，大面积的净作会提高重组率（图 7-15），促进 SMV 的遗传和变异，更有利于新株系的产生和病毒的进化。值得注意的是，目前仅在中国南方大豆产区发生流行的种间重组型群体 SMV-RI 也具有较高的遗传多样性。

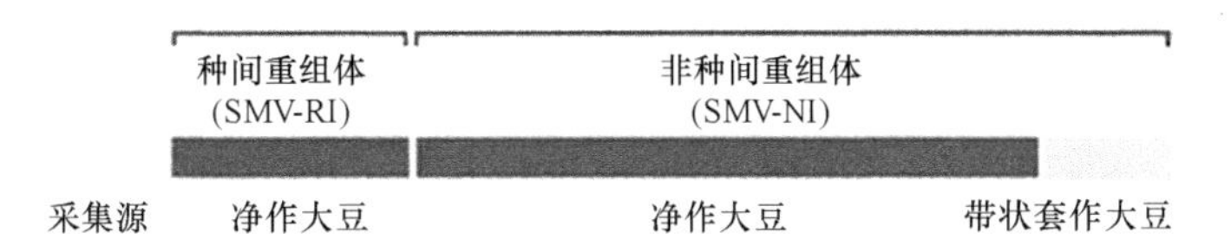

图 7-15　在带状套作与净作大豆中分离的病毒种间重组体和非种间重组体数量比较

所有的种间重组体均采集自净作的大豆，且病毒类型在净作田中增多，颜色条显示病毒样本的相对数量

2. 不同种植方式对大豆花叶病毒重组体形成的影响

重组在 RNA 病毒进化中具有重要的作用。已有许多关于 SMV 种内重组的报道，其重组热点主要集中在 *CI*、*NIa* 和 *HC-Pro* 基因。玉米的阻隔降低了带状套作大豆上多种病毒的交互侵染，抑制种间重组率高达 90%以上，减缓了病毒基因组变异和进化的历程（图 7-15）。我们检测到 SMV 的种内重组事件，以及来自西南地区的 2 个由 SMV 和 BCMV 形成的种间重组型 SMV（为与种内重组区分，将 BCMV 和 SMV 的种间重组体命名为 SMV-RI）。有趣的是，重组分析结果表明西瓜花叶病毒（*Watermelon mosaic virus*，WMV）和 SMV-RI 有相同的重组亲本（BCMV 和 SMV）和几乎一致的重组断点（750～762nt）。尽管 SMV-RI 的非重组序列（*CP* 基因）显示出与 SMV-NI 高度相似，但是两个群体之间已经存在很大的遗传分化。与 SMV-NI 相比，SMV-RI 也有更宽的寄主范围。根据我们的鉴定，BCMV 和 SMV 只能浸染豆科植物而 BCMV 与 SMV 的种间重组体可以系统侵染本生烟。通过接种试验，研究人员发现 SMV 的 21 个株系 SC1～SC21 中，仅重组株系 SC7 可以侵染本生烟。重组分离物 SMV-P 可以系统感染天南星科植物半夏，研究人员通过酵母双杂交技术进行试验发现，SMV-P *P1* 基因的 N 端可以与其寄主植物半夏、大豆，以及马蹄莲的 Fe/S 蛋白发生互作，但不与其非寄主植物拟南芥发生互作。这表明 *P1* 基因在寄主适应中可能发挥重要的作用。然而，在 SMV-RI 的重组断点前后观察到 AG 高度重复（747～769nt），这些重复序列可能有助于重组发生。在 SMV-RI 群体中也检测到多个重组断点，分别有 750nt、754nt、757nt 和 762nt，暗示在这个重组区域可能并非仅发生一次重组，而是有多次重组事

件发生，从而形成 SMV-RI 群体。

大豆田周边还有其他豆类品种，如花生、菜豆、豌豆和青豆，甚至其他科植物，如南瓜和辣椒。复杂的宿主环境与病原群体结构直接相关，多种类型的病毒共存为病毒种间重组创造了前提条件。实际上，除 SMV 外，我们采集的大豆样品中也检测到大量的 BCMV 和 CMV。SMV-RI 感染后大豆表现出较轻的症状，但植株内有较高的病毒积累，这表明 SMV-RI 的致病性较弱但适应性较强，也意味着寄主范围的扩大。综上所述，大面积的净作将促进病毒株系的遗传变异，有利于病毒进化，而田间配置合理的带状套作种植模式将减缓病毒的进化。

（三）带状复合种植对传毒昆虫的影响

在自然界中，病毒的传播媒介非常复杂，决定病毒的田间流行因素也很多，这都为病害的流行创造了非常有利的条件。携带 CMV 和 SMV 的蚜虫约有几十种，可以对病毒进行非持久性传播，仅需 96s 就可以成功传播病毒。研究表明，蚜虫发生严重的豆田多靠近蔬菜地。例如，CMV 的越冬寄主主要是田间杂草、多年生树木，携带 CMV 的蚜虫以及越冬蔬菜等，成为来年大豆上的初侵染源，而 SMV 主要由带毒的种子或田间病株作为越冬载体。

大豆蚜虫更倾向于取食大豆而非玉米，由于高位作物玉米的阻隔，带毒蚜虫的扩散受限，天敌栖息场所增加。瓢虫的虫头数净作时最多，在不同行比配置下差异显著，各个行比配置下的虫头数依次为 2∶2>2∶3>2∶6>2∶4，行比配置 2∶4 的瓢虫百株虫头数小于 1。各个行比配置下瓢虫和蚜虫的益害比均大于 1∶200（图 7-16，表 7-6）。带状套作环境下玉米大豆行比配置 2∶3 及 2∶4 时，对害虫防控效果最好。行比配置 2∶3 时蚜虫数量最少；因病害的流行与蚜虫的发生呈正相关，行比配置 2∶3 时 CMV 的病情指数最低（图 7-16）。大豆的形态指标和产量在行比配置为 2∶3 或 2∶4 时最接近净作。

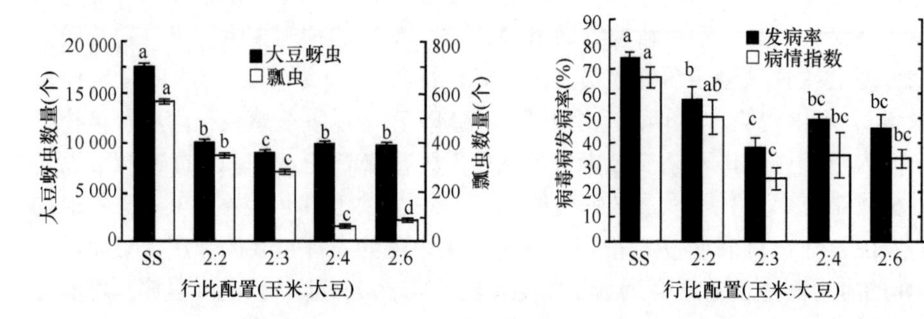

图 7-16　带状套作不同田间配置下大豆蚜虫和瓢虫数量统计及不同行比配置对病毒病发病情况的影响（汤忠琴等，2018）

表 7-6　瓢虫虫头数及益害比（汤忠琴等，2018）

不同行比配置	瓢虫虫头数	头/100 株	益害比
SS	560.09±4.14a	5.60±0.04a	1∶(31.24±0.18)a
2∶2	345.10±2.55b	3.45±0.03b	1∶(28.67±0.29)a
2∶3	277.01±2.65c	2.77±0.03c	1∶(31.68±0.29)a
2∶4	60.24±2.04e	0.60±0.02e	1∶(162.68±5.40)c
2∶6	86.96±1.51d	0.87±0.02d	1∶(110.00±1.66)b

三、带状复合种植玉米主要病害及其发生规律

（一）带状复合种植玉米主要病害发生情况

玉米大豆和玉米甘薯带状套作是四川玉米套作栽培的两种主要方式。研究人员调查发现，两种种植方式下玉米病害主要有叶斑病（大斑病和小斑病）、纹枯病、茎腐病、穗腐病和锈病，其中叶斑病、纹枯病和穗腐病发病率较高，且两种方式下玉米相关病害发病率差异不大（表 7-7）。

表 7-7　2016～2017 年四川带状套作下玉米主要病害发生情况

栽培方式	茎腐病		纹枯病		叶斑病		锈病		穗腐病		其他病害	
	发病率（%）	病情指数（%）	发病率（%）	病情指数（%）	发病率（%）	病情指数（%）	发病率（%）	病情指数（%）	发病率（%）	病情指数（%）	发病率（%）	病情指数（%）
玉米大豆带状复合种植	17.5	2.78	46.5	11.06	100	19.67	2.05	3.57	55.97	5.01	1.03	1.02
玉米甘薯带状复合种植	18.5	2.03	40.3	20.11	99.75	10.23	3.51	3.00	58.40	3.49	2.03	1.45

（二）带状复合种植玉米茎腐病镰孢菌的分离与鉴定

玉米茎腐病是四川玉米产区的主要病害，在带状复合种植系统中也常有发生。镰孢菌是玉米茎腐病的重要致病菌。研究人员在 2016～2017 年对四川仁寿、崇州、雅安、荣县 4 个县市带状套作玉米茎腐病病样进行采集，经组织分离与纯化，采用形态特征及基于 *rDNA ITS* 和 *EF-1α* 的序列分析，鉴定了镰孢菌种类，并开展了致病性测定工作，明确了带状套作玉米茎腐病镰孢菌种群。

1. 玉米茎腐病病原菌分离与鉴定

研究人员从供试的 103 株玉米茎腐病病样上分离的菌株中获得了 71 株镰孢菌，通过 PCR 扩增各菌株的核糖体转录间隔区 *rDNA ITS* 和翻译延伸因子 *EF-1α* 基因片段；序列分析后采用 MEGA 6.0 软件构建 *ITS-EF-1α* 多基因系统发育树，结果发现，与茎腐病相关镰孢菌代表菌株可分为 7 个组，第 1 组 Y9、Y12、Z1

和 C10 与禾谷镰孢菌 *F. graminearum* 参考菌株序列相似性高达 100%；其余各组分别与木贼镰孢菌 *F. equiseti*、轮枝镰孢菌 *F. verticillioides*、尖孢镰孢菌 *F. oxysporum*、腐皮镰孢菌 *F. solani*、藤仓镰孢菌 *F. fujikuroi* 和层生镰孢菌 *F. proliferatum* 聚在一起，序列相似性达 54%以上。比较 7 种镰孢菌的分离频率发现，层生镰孢菌平均分离频率最高，为 35.21%；腐皮镰孢菌和轮枝镰孢菌次之，平均分离频率分别为 16.90%和 15.49%，而禾谷镰孢菌、尖孢镰孢菌、藤仓镰孢菌和木贼镰孢菌均较低。同时，不同采样地区各镰孢菌的多样性和分离频率存在差异，但层生镰孢菌的分离频率均最高，为优势镰孢菌。综合来看，带状套作栽培下，玉米茎腐病镰孢菌的优势类群为层生镰孢菌、轮枝镰孢菌、腐皮镰孢菌和禾谷镰孢菌（表 7-8）。

表 7-8 四川带状套作下玉米茎腐病镰孢菌的分离频率（周欢欢等，2018）

病菌类型	平均分离频率（%）	分离频率（%）			
		雅安	仁寿	崇州	荣县
层生镰孢菌	35.21a*	39.14a	33.33a	38.45a	29.41a
腐皮镰孢菌	16.90b	17.39b	16.67c	15.39b	17.65c
轮枝镰孢菌	15.49b	13.04c	22.22b	15.39b	11.76d
禾谷镰孢菌	11.27c	13.04c	0e	7.69c	23.53b
尖孢镰孢菌	8.45d	4.35e	16.67c	15.39b	0f
藤仓镰孢菌	7.04d	8.69d	11.11d	0d	5.89e
木贼镰孢菌	5.63e	4.35e	0e	7.69c	11.76d

注：每列不同小写字母代表差异显著性水平为 $P<0.05$

2. 玉米茎腐病疑似镰孢菌的致病性测定

采用玉米幼苗刺伤接种法进行致病性检测，结果如图 7-17 所示。在刺伤接种 3d 后，不同病菌的致病力差异较大，禾谷镰孢菌致病性最强，病斑变褐、凹

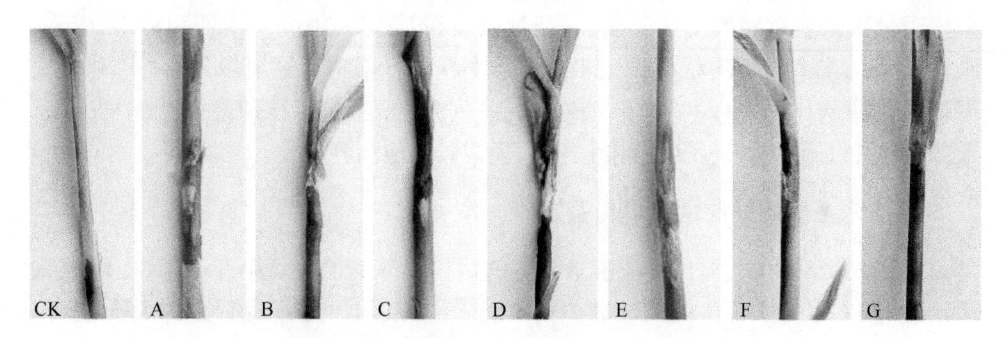

图 7-17 镰孢菌接种引起的玉米发病症状（周欢欢等，2018）

图为玉米幼苗刺伤接种 3d 后的症状。A. 尖孢镰孢菌；B. 层生镰孢菌；C. 禾谷镰孢菌；D. 轮枝镰孢菌；E. 木贼镰孢菌；F. 藤仓镰孢菌；G. 腐皮镰孢菌；CK. 未接菌对照

陷，病斑扩展明显；层生镰孢菌和轮枝镰孢菌接种后玉米茎秆部位出现水渍状病斑，随后病斑变褐色，伴有腐烂症状且有大量菌丝产生；木贼镰孢菌和尖孢镰孢菌接种后玉米茎部出现部分水渍状变色，病斑扩增不明显，有少许菌丝出现。藤仓镰孢菌和腐皮镰孢菌也可引起茎秆部位变色，但症状不明显。因此，分离获得的各镰孢菌对玉米幼苗均可致病，以禾谷镰孢菌致病性最强，幼苗接种后发病率达 95.0%，层生镰孢菌和轮枝镰孢菌次之，尖孢镰孢菌和木贼镰孢菌致病性较弱，藤仓镰孢菌和腐皮镰孢菌致病性最弱，发病率低于 70%，病级低于 1.0。

（三）带状复合种植大豆根腐病与玉米茎腐病的镰孢菌相互侵染关系

镰孢菌是带状套作下玉米和大豆多种病害的致病菌，不仅能引起玉米茎腐病和穗腐病，还可引起大豆苗枯、根腐和荚腐。探究带状套作下大豆根腐病与玉米茎腐病的相互作用关系，对于带状套作系统内镰孢菌相关病害的综合防控具有重要意义。

1. 大豆根腐病镰孢菌对玉米的侵染致病性

对四川大豆根腐病致病镰孢菌的分离鉴定结果表明，腐皮镰孢菌、尖孢镰孢菌、木贼镰孢菌、燕麦镰孢菌 *F. avenaceum*、禾谷镰孢菌、共有镰孢菌和层生镰孢菌可引起大豆根腐病；其中以腐皮镰孢菌和尖孢镰孢菌为优势致病菌。研究人员采用高粱粒接种法检测 7 种大豆根腐病致病镰孢菌对玉米的致病性发现，除了腐皮镰孢菌，其余 6 种镰孢菌均能侵染玉米幼苗，影响玉米生长，但不同镰孢菌的致病力存在差异（图 7-18）。其中，禾谷镰孢菌严重抑制玉米根部生长，株高和根鲜重与对照相比明显降低，致病力最强；共有镰孢菌和层生镰孢菌对玉米幼苗的致病力次之，病情指数分别为 67.5%和 75.0%，与对照相比玉米株高和地下根部发育均明显受阻；尖孢镰孢菌 *F. oxysporum*、木贼镰孢菌 *F. equiseti* 和燕麦镰孢菌侵染玉米幼苗后的病情指数较低，根部及地上部分生长与对照相比差异不显著；而腐皮镰孢菌 *F. solani* 接种玉米后，植株生长情况与正常植株无差异（图 7-19）。同时，采用孢子悬浮液注射接种法，以大豆根腐病强致病菌禾谷镰孢菌 *F. graminearum* 接种田间成株玉米，玉米茎秆出现褐色坏死，且病斑从接种部位向茎秆两端扩展。综上结果表明，大豆根腐病镰孢菌可侵染玉米，引起茎腐病。

2. 玉米茎腐病禾谷镰孢菌对大豆的侵染致病性检测结果

为了研究与玉米茎腐病相关的镰孢菌对大豆的侵染致病性，选取茎腐病致病禾谷镰孢菌 R5-4 和 R1-4 两个菌株，分别采用茎刺伤接种法和高粱粒接种法接种

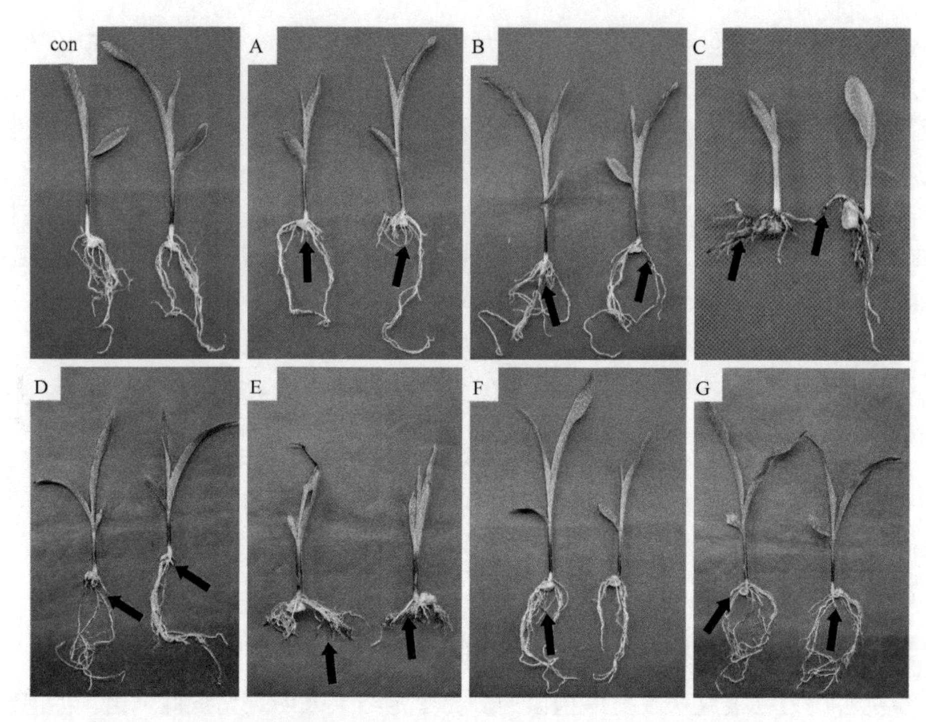

图 7-18　大豆根腐病镰孢菌接种玉米幼苗后的发病症状（李红菊等，2020）

带菌高粱粒接种玉米 10d 后的玉米发病症状。con. 未接种对照；A. 尖孢镰孢菌；B. 木贼镰孢菌；C. 禾谷镰孢菌；D. 共有镰孢菌；E. 层生镰孢菌；F. 腐皮镰孢菌；G. 燕麦镰孢菌。图中黑色箭头所指为接种后的发病病根

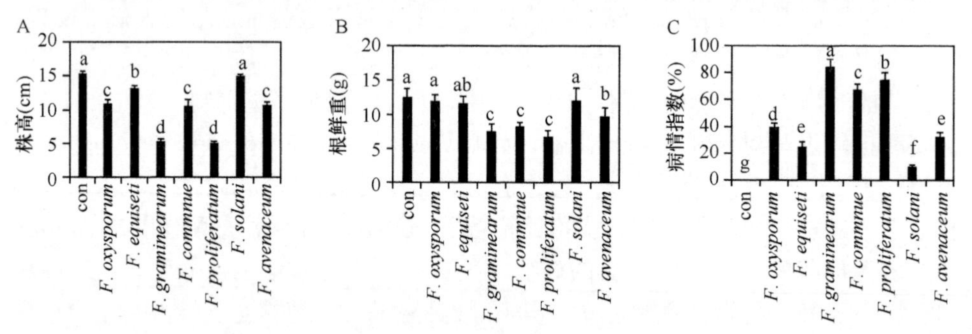

图 7-19　高粱粒接种 10d 后测定玉米幼苗的株高、根鲜重和病情指数（李红菊等，2020）

不同小写字母表示差异显著水平为 $P<0.05$

大豆。茎刺伤接种结果表明，两株禾谷镰孢菌刺伤接种的玉米茎秆接种部位出现变色、腐烂症状；接种大豆幼苗 3d 后，两株禾谷镰孢菌均能引起大豆茎部变褐色、坏死，侵染所致茎部病斑扩展明显（图 7-20A）。采用高粱粒接种法接种禾谷镰孢菌 10d 后，玉米和大豆均发病，出苗率降低，株高和根鲜重均降低。与未接种对照相比，禾谷镰孢菌接种后大豆根部出现腐烂，但 R1-4 致病力强于 R5-4，感染 R1-4 的大豆的主根和侧根均腐烂，主根无法伸长（图 7-20B）。

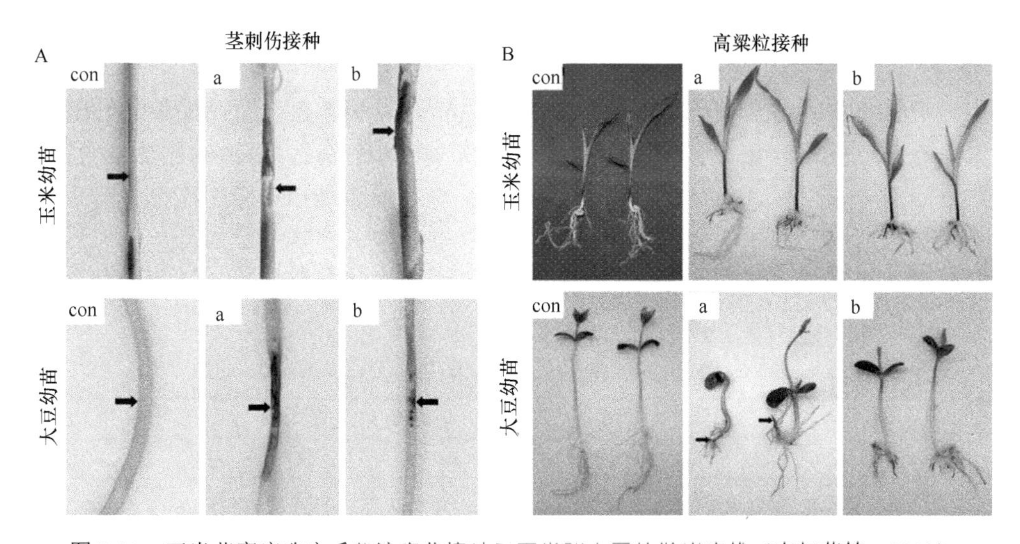

图 7-20　玉米茎腐病致病禾谷镰孢菌接种后玉米和大豆的发病症状（李红菊等，2020）

A. 茎刺伤接种 3d 后玉米和大豆的发病症状；B. 高粱粒接种 10d 后玉米和大豆的发病症状。a 和 b 分别为玉米茎腐病禾谷镰孢菌菌株 R1-4 和 R5-4 的侵染致病情况；con 为未接种对照

第二节　主要虫害发生规律

针对玉米大豆带状复合种植下大豆虫害的调查研究相对较少，尤其对玉米和大豆不同田间配置下虫害种群分布缺乏系统性研究。研究人员调查发现，在玉米大豆带状复合种植模式下，大豆主要害虫为斜纹夜蛾、大豆高隆象、二条叶甲、绿蝽、蝗虫、蚜虫、蜗牛、钉螺等，其他的害虫还有缘蝽科 Coreidae、锚纹二星蝽 *Stollia montivagus*、草螽科 Conocephalidae、野蛞蝓 *Agriolimax agrestis*、蓟马科 Thripidae、飞虱科 Delphacidae、尺蛾科 Geometridae 和大造桥虫 *Ascotis selenaria* 等。天敌昆虫主要是肉食性瓢虫，还有草蛉科 Chrysopidae、蠼螋 *Labidura riparia*、捕食性蜘蛛目 Araneida、食蚜蝇科 Syrphidae 等。带状复合种植增加了种间关系的异质性，改变了田间小气候，生物多样性增加，增加了生态系统的稳定性，明显降低了严重虫害的暴发率。带状套作能减轻害虫的危害程度，有虫株率和被害株率都显著低于净作，且不同的玉米大豆行比也存在显著的差异。系统研究揭示了玉米大豆带状复合种植的主要虫害发生规律，为虫害综合防治技术的拟定提供理论依据，最终为带状复合种植的大面积推广提供技术支撑。

一、带状复合种植对低位分布性虫害的影响

低位分布的主要害虫有斜纹夜蛾幼虫、大豆高隆象、大豆蜗牛、钉螺和大豆蚜虫等。低位分布性虫害受空间阻隔效应和化感作用影响，被显著抑制。

（一）带状复合种植对主要虫害分布的影响

带状复合种植显著降低了斜纹夜蛾幼虫、大豆高隆象、大豆蜗牛、钉螺和大豆蚜虫（低位分布性害虫）的数量，最高抑制率分别达到净作对应大豆害虫数量的7%、23.1%、16.5%、17.9%、50.2%。带状复合种植系统中高位作物玉米的稀释效应和空间阻隔效应有利于降低大豆主要害虫危害，特别是开花前后斜纹夜蛾、蚜虫和高隆象的发生。与净作相比，带状套作能显著降低大豆有虫株率，平均降至净作的47.6%（表7-9）。

表7-9　净作大豆与不同行比带状套作对害虫群体的总体影响（汤忠琴等，2018）

数据类型	净作大豆	玉米大豆行比			
		2∶2	2∶3	2∶4	2∶6
总株数	10 000	10 000	10 000	10 000	10 000
有虫株数	6 574.30±37.43a	3 497.33±7.13d	3 989.10±14.03c	4 216.70±10.42b	3 130.40±29.50e
有虫株率（%）	65.74±0.37a	34.97±0.07d	39.89±0.14c	42.17±0.10b	31.30±0.30e
被害株数	7 682.87±47.45a	3 839.48±11.74d	4 071.76±30.86c	4 389.39±4.29b	3 496.87±9.88e
被害株率（%）	76.83±0.47a	38.39±0.12d	40.72±0.31c	43.89±0.04b	34.97±0.10e

（二）带状复合种植对咀嚼式口器害虫的影响

在调查的害虫中，斜纹夜蛾幼虫、高隆象成虫、二条叶甲以及蝗虫具咀嚼式口器。净作与带状套作虫头数区别最大的害虫为斜纹夜蛾幼虫，净作方式下的虫头数是带状套作下的7.37倍，在不同行比配置中2∶3的虫头数最少，净作方式下斜纹夜蛾幼虫的虫头数是行比配置2∶3时的14.31倍。高隆象成虫的虫头数及百株虫头数在行比配置2∶4、2∶6下差异不显著，其中行比配置2∶4时虫头数最少。净作和带状套作2∶2的高隆象成虫虫头数显著高于带状套作2∶4及2∶6。二条叶甲的虫头数分别为净作＞行比2∶3＞行比2∶6＞行比2∶2＞行比2∶4，其中行比配置为2∶2、2∶4时，百株大豆植株上的二条叶甲虫头数低于1头，低于防治指标。行比配置2∶4的百株大豆的蝗虫数低于1，该行比配置中蝗虫危害极小（表7-10）。

（三）带状复合种植对刺吸式口器害虫的影响

绿蝽、缘蝽，以及蚜虫属半翅目，具刺吸式口器。净作和玉米大豆行比为2∶2时绿蝽的百株虫头数大于1，其余玉米大豆行比下绿蝽的百株虫头数都小于1，低于防治指标，且净作的虫头数显著高于套作。缘蝽的百株虫头数除净作大于1外，带状套作的虫头数都小于1。虽然玉米大豆行比2∶4与2∶2、2∶3的虫头数差异显著，但除净作外，不同行比配置的缘蝽百株虫头数都低于防治指标。净作的蚜虫虫头数显著高于套作，百株虫头数超过100头；虽然玉米大豆行比

表 7-10　净作与不同行比带状套作对咀嚼式口器害虫种群数量的影响（汤忠琴等，2018）

田间配置		斜纹夜蛾幼虫		高隆象成虫	
		虫头数	头/100 株	虫头数	头/100 株
大豆净作		40 444.94±241.75a	404.45±2.42a	2 168.67±26.60a	21.69±0.27a
玉米大豆行比	2∶2	3 510.20±65.73c	35.10±0.66c	1 333.33±27.64b	13.33±0.28b
	2∶3	2 825.48±99.52d	28.25±1.00d	720.22±3.05c	7.20±0.03c
	2∶4	5 481.93±62.10b	54.82±0.62b	500.56±6.57d	5.01±0.07d
	2∶6	3 347.83±3.65c	33.48±0.04c	521.74±4.40d	5.22±0.04d
田间配置		二条叶甲		蝗虫	
		虫头数	头/100 株	虫头数	头/100 株
大豆净作		347.83±4.38a	3.48±0.04a	415.69±3.34a	4.16±0.03a
玉米大豆行比	2∶2	89.45±2.60d	0.89±0.03d	206.63±2.58b	2.07±0.03b
	2∶3	249.31±5.54b	2.49±0.06b	198.00±1.53c	1.98± 0.01c
	2∶4	60.24±1.38e	0.60±0.01e	86.96±2.05e	0.87±0.02e
	2∶6	144.61±2.22c	1.45±0.02c	121.00±2.00d	1.21± 0.02d

注：由 Duncan 法进行差异显著性分析，表中数据为平均值±标准误；同一行中不同小写字母表示差异达 5%（$P<0.05$）显著水平。田间配置行比均为玉米行∶大豆行。本章余同

2∶2、2∶4 和 2∶6 时虫头数差异不显著，但玉米大豆行比 2∶3 的虫头数显著低于其他配置（表 7-11）。

表 7-11　净作与不同行比带状套作对刺吸式口器害虫种群数量的影响（汤忠琴等，2018）

处理	绿蝽		缘蝽		蚜虫	
	虫头数	头/100 株	虫头数	头/100 株	虫头数	头/100 株
SS	509.80±4.17a	5.10±0.04a	149.02±2.10a	1.49±0.02a	17498.64±27.70a	174.99±0.28a
2∶2	141.38±1.45b	1.41±0.01b	38.06±2.31b	0.38±0.02b	9894.12±28.12b	98.94±0.29b
2∶3	83.10±0.59c	0.83±0.01c	34.37±0.69b	0.34±0.01b	8776.00±4.36c	87.76±0.04c
2∶4	60.24±1.75d	0.60±0.02d	28.43±2.12c	0.28±0.02c	9778.00±8.15b	97.78±0.08b
2∶6	86.96±0.54c	0.87±0.01c	32.27±1.19bc	0.32±0.01bc	9565.22±286.46b	95.65±2.86b

（四）带状复合种植对主要软体动物害虫分布的影响

净作的蜗牛虫头数分别是玉米大豆行比 2∶2、2∶3、2∶4 及 2∶6 的 6.06 倍、2.97 倍、4.33 倍及 4.54 倍，且不同行比配置间差异显著。钉螺的虫头数净作时最多，玉米大豆行比 2∶4 时最少（表 7-12）。

（五）带状复合种植对蚜虫和瓢虫数量的影响

瓢虫的虫头数净作时最多，在不同玉米大豆行比下差异显著；各个玉米大豆行比的瓢虫虫头数依次为 2∶2>2∶3>2∶6>2∶4；玉米大豆行比 2∶4

的瓢虫百株虫头数小于 1。各个玉米大豆行比下瓢虫和蚜虫的益害比均大于 1∶200（图 7-21）。

表 7-12　净作与不同行比带状套作对软体动物害虫种群数量的影响（汤忠琴等，2018）

处理	蜗牛		钉螺	
	虫头数	头/100 株	虫头数	头/100 株
SS	1565.22±7.15a	15.65±0.07a	1043.48±12.97a	10.43±0.13a
2∶2	258.50±3.75e	2.59±0.04e	557.82±1.70b	5.58±0.02b
2∶3	526.32±4.24b	5.26±0.04b	277.01±1.15c	2.77±0.01c
2∶4	361.45±2.94c	3.61±0.03c	180.72±3.69d	1.81±0.04d
2∶6	344.83±3.44d	3.45±0.03d	200.11±4.62d	2.00±0.05d

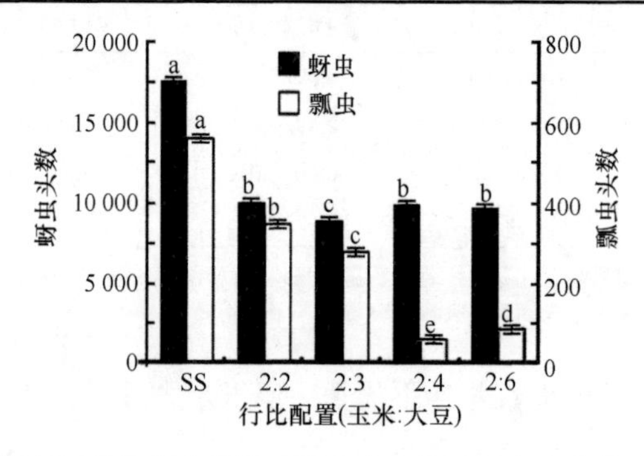

图 7-21　净作和不同行比带状复合种植下瓢虫虫头数及蚜虫虫头数（汤忠琴等，2018）

根据以上结果可以得出，活动能力强的二条叶甲、缘蝽、绿蝽、蚜虫和蝗虫的虫头数在玉米大豆行比 2∶4 或者 2∶3 时最少。活动能力较弱的斜纹夜蛾幼虫、高隆象成虫、蜗牛和钉螺，除了蜗牛在玉米大豆行比 2∶2 时数量最少，斜纹夜蛾在玉米大豆行比 2∶3 时数量最少，其余两种有害生物在玉米大豆行比 2∶4 时数量最少。与此同时，复合种植增加了寄生性天敌和捕食性天敌的种类和数量。我们的研究表明，玉米大豆行比 2∶4 时瓢虫和蚜虫益害比最低，而行比 2∶2 时益害比最高，且行比 2∶3 与净作的益害比接近。当行比 2∶3 时，蚜虫数最低，对蚜虫的控制效果最好；益害比为 1∶700 时的控蚜效果可以达到 99.75%。所有的种植方式中益害比均高于 1∶700，因此异色瓢虫能够有效控制大豆蚜虫数量。综合考虑，玉米大豆行比为 2∶3 及 2∶4 时，主要害虫综合防控效果较好，且大豆能够保持较好的生长发育状态。在带状复合种植技术模式中，以上两种行比可作为优选田间配置进行推广。

二、带状复合种植对高位迁飞性害虫的影响

单波长杀虫灯能够针对害虫对光源特定波段的趋性，专一有效防控害虫，且

LED 光源对昆虫生态影响更小，应用潜力较大。研究人员用 13 个波长 LED 杀虫灯对玉米大豆带状复合种植全生育期内高位迁飞性害虫进行诱杀，以此分析玉米大豆带状复合种植下高位迁飞性害虫的种类和种群动态变化，以探明带状复合种植对高位迁飞性害虫的影响。

（一）带状复合种植对高位迁飞性害虫类型的影响

由表 7-13 可见，在带状套作全生育期（排除雨天共 140d），不同波长 LED 杀虫灯诱杀的害虫主要包括桃蛀螟 *Dichocrocis punctiferalis*、斜纹夜蛾 *Spodoptera litura* 、小黄鳃金龟 *Pseudosymmachia flavescens*、暗黑鳃金龟 *Holotrichia parallela* 和蝽科的害虫；诱杀的天敌昆虫主要为瓢虫科 Coccinellidae 和步甲科 Carabidae 昆虫；诱杀的中性昆虫包括蠼螋 *Labidura riparia*、蝉科 Cicadidae、负蝽科 Belostomatidae、粪金龟科 Geotrupidae、龙虱科 Dytiscidae、葬甲科 Silphidae 和水龟甲科 Hydrophilidae 昆虫。结合往年田间调查结果，斜纹夜蛾、桃蛀螟、金龟类和蝽科害虫是此地区带状套作田中的主要害虫。

表 7-13　不同杀虫灯在带状套作田中每日诱杀高位迁飞性害虫数据　（单位：头/日）

昆虫种类	不同波长 LED 杀虫灯													
	401nm	397nm	405nm	407nm	393nm	411nm	395nm	375nm	350nm	385nm	378nm	389nm	403nm	复合UV
桃蛀螟	2.95	2.58	2.55	1.16	3	1.79	2.34	2.89	2.87	3.91	2.04	2.46	2.21	2.68
斜纹夜蛾	2.16	3.34	3.04	2.25	3.67	1.67	6.41	2.64	3.07	2.48	2.83	3.84	1.2	2.88
小黄鳃金龟	1.98	4.53	3.63	2.14	2.3	2.53	2.19	1.52	2.85	1.58	2.84	2.41	5.19	3.52
暗黑鳃金龟	3.95	3.28	7.88	14.8	3.67	3.11	8.6	1.63	1.67	1	1.4	1.19	2.57	2.42
蝽科	1.5	2.39	4.18	2.05	1.78	2.41	1.85	1.17	1.29	1.54	1.09	1.52	3.62	3.65
步甲科（天敌）	2.85	3.3	4.58	3.44	3.02	3.32	3.99	1.84	3.33	2.36	2.18	2.68	3.6	3.44
瓢虫科（天敌）	1.44	1.97	2.42	1	1.59	1.58	2.47	1.41	1.2	1.56	1.41	1.96	1.36	3.02
中性昆虫	7.93	6.16	6.23	5.07	5.71	5.58	5.88	2.92	2.34	3.02	2.81	3.93	10.61	30.44

（二）带状复合种植对高位迁飞性害虫种群时间动态变化的影响

本试验表明，不同波长 LED 杀虫灯诱集到带状套作田的鳞翅目害虫主要为桃蛀螟和斜纹夜蛾，其中 385nm、393nm、401nm、375nm 单波长杀虫灯对桃蛀螟诱杀效果较好，分别为 3.91 头/日、3 头/日、2.95 头/日、2.89 头/日（表 7-22）。将各杀虫灯对桃蛀螟的诱杀量逐日汇总，以此来反映桃蛀螟的发生动态。结果显示其发生动态没有明显规律，此地区桃蛀螟有严重的世代重叠情况，全生育期内桃蛀螟仅在 8 月中旬有一个较为集中的发蛾高峰。选取对桃蛀螟诱杀效果好，且对天敌影响最小的 385nm 和 375nm 两个波长杀虫灯，分别绘制其对桃蛀螟的诱杀动态。结果表明，两种单波长杀虫灯的诱杀动态与桃蛀螟的发生动态趋势相似（图 7-22）。

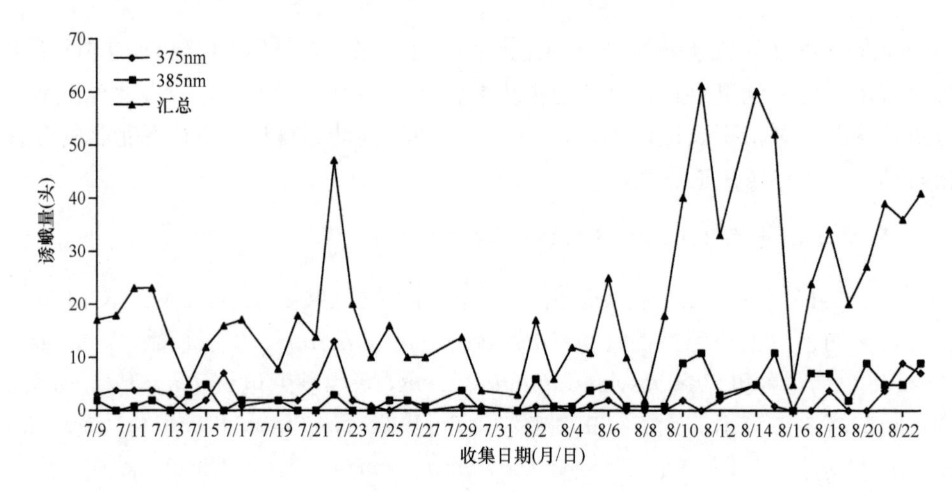

图 7-22　桃蛀螟种群的时间动态变化（严雳等，2018）

分析不同杀虫灯对斜纹夜蛾的诱杀效果，表明 395nm 和 389nm 波长杀虫灯对斜纹夜蛾的诱杀效果较好（表 7-13）。以与桃蛀螟同样的方法获得斜纹夜蛾的发生动态，并分析两个波长杀虫灯对斜纹夜蛾的诱杀动态。由图 7-23 可见，斜纹夜蛾在 8 月中旬和 9 月中旬出现发蛾高峰，且两种波长杀虫灯对斜纹夜蛾的诱杀动态与斜纹夜蛾的发生动态趋势相似。

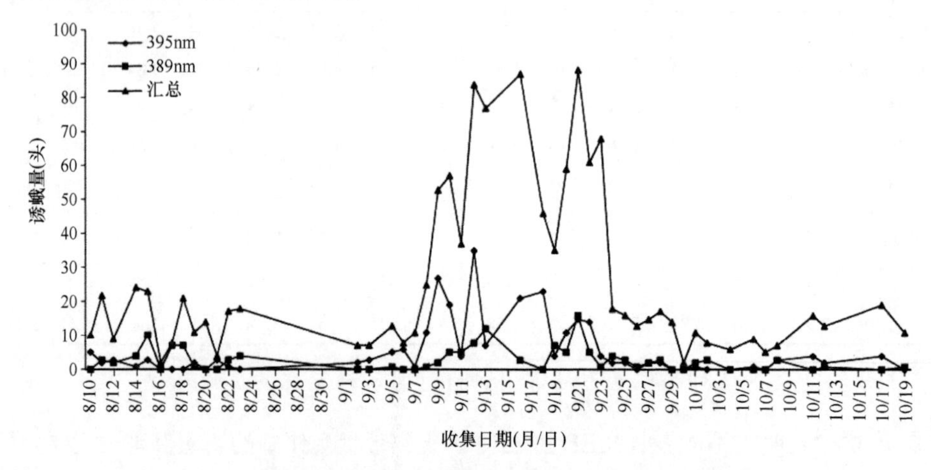

图 7-23　斜纹夜蛾种群的时间动态变化（严雳等，2018）

（三）带状复合种植对鞘翅目害虫种群时间动态变化的影响

由表 7-13 可知，不同波长 LED 杀虫灯诱集到带状套作田的鞘翅目害虫主要为小黄鳃金龟和暗黑鳃金龟。其中，403nm 和 397nm 单波长杀虫灯对小黄鳃金龟的诱杀效果较好，分别为 5.19 头/日和 4.53 头/日；407nm 单波长杀虫灯对暗黑鳃金龟诱杀效果最好，其次为 395nm，分别为 14.8 头/日和 8.6 头/日。将各杀虫灯对小黄鳃金龟和暗黑鳃金龟的诱杀量逐日汇总，得到小黄鳃金龟和暗黑鳃金龟的诱集动态。由图 7-24 可见，套作栽培下小黄鳃金龟羽化高峰在 6 月中下旬，此外，诱虫量在 7 月下旬和 8 月上旬各有一个小高峰。由图 7-25 可见，暗黑鳃金龟的羽化高峰在 5 月中旬，随后诱集到成虫的数量持续减少。

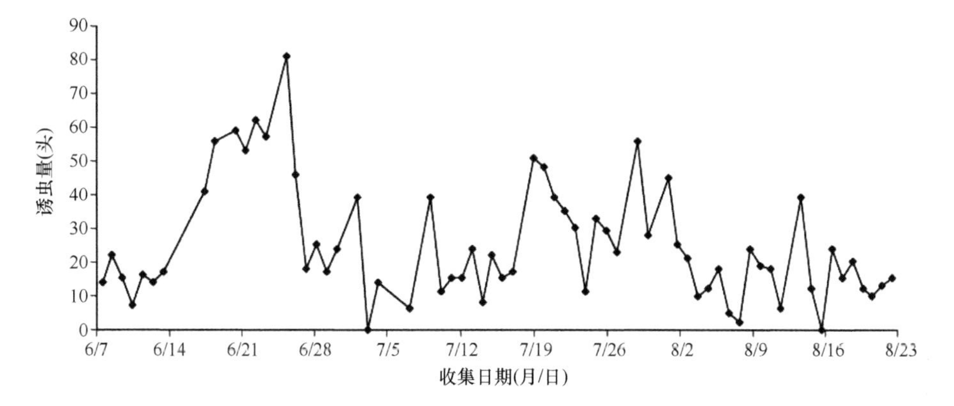

图 7-24　小黄鳃金龟种群的时间动态变化（严雳等，2018）

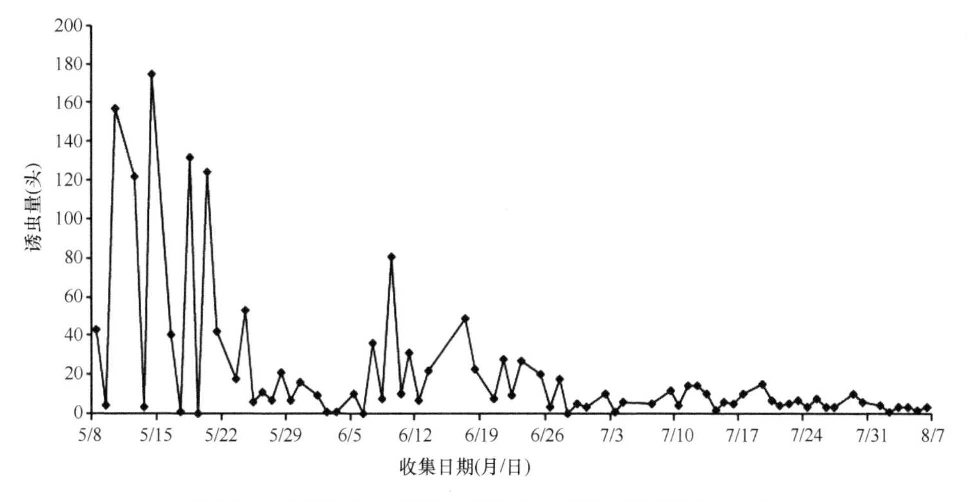

图 7-25　暗黑鳃金龟种群的时间动态变化（严雳等，2018）

（四）带状复合种植对蝽科害虫种群时间动态变化的影响

本试验表明不同波长 LED 杀虫灯在带状套作田中诱杀获得的半翅目害虫主要为蝽科害虫。由表 7-13 可知，405nm、403nm 单波长杀虫灯和复合波长（复合 UV）杀虫灯对蝽科害虫的诱杀效果最好，分别为 4.18 头/日、3.62 头/日和 3.65 头/日。将各杀虫灯对蝽科害虫的诱杀量逐日汇总，得到蝽科害虫在带状套作全生育期内的诱杀动态，以此来反映蝽科害虫的发生动态。由图 7-26 可见，套作栽培下蝽科害虫活动时间跨度较广，以 7 月底至 8 月底为危害高峰期。

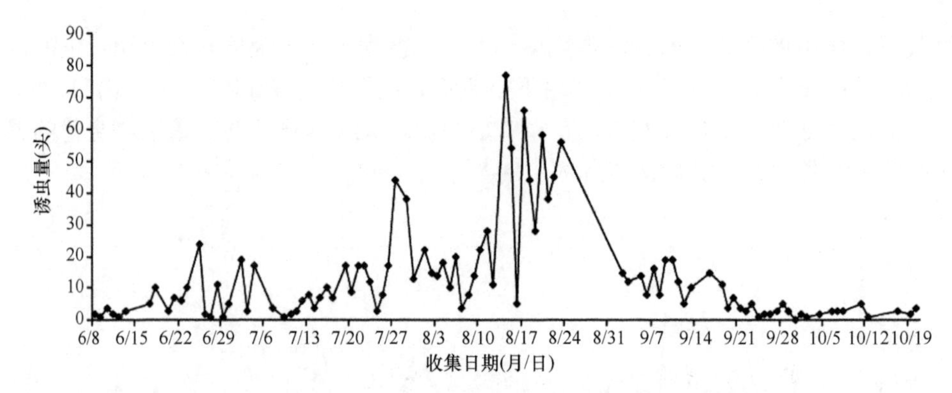

图 7-26 蝽科种群的时间动态变化（严雳等，2018）

（五）带状复合种植对天敌昆虫及中性昆虫种群时间动态变化的影响

由表 7-13 可知，带状套作田的天敌昆虫主要为步甲和瓢虫。试验对全生育期步甲的诱集动态分析如图 7-27 所示。单波长杀虫灯从 4 月下旬到 10 月均可诱杀到步甲，且以 8 月中下旬诱集量最大，表明此时间段为步甲的活动高峰期。此外，我们还诱集获得了与玉米和大豆无关的中性昆虫，主要包括蠼螋等 7 类。复合波长杀虫灯对中性昆虫的影响远大于单波长杀虫灯，诱杀量为 30.44 头/日，而单波长杀虫灯中诱集中性昆虫最多的是 403nm 单波长杀虫灯，诱杀量为 10.61 头/日，仅约为复合波长杀虫灯的 1/3。

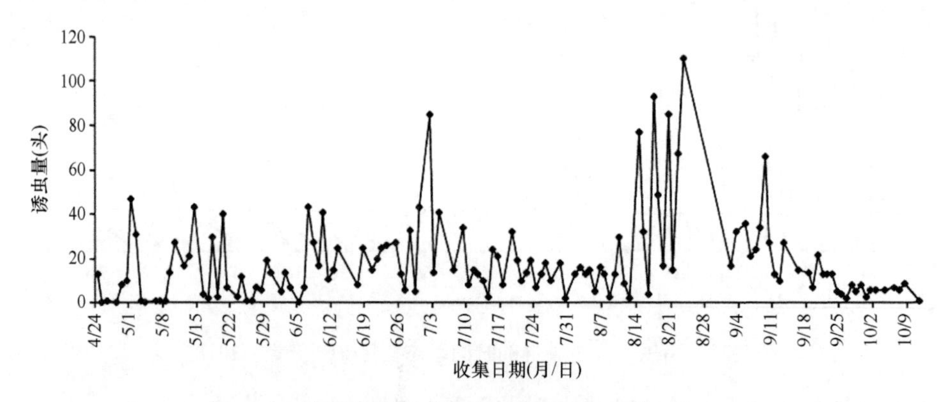

图 7-27 步甲种群的时间动态变化（严雳等，2018）

鳞翅目害虫通常只有幼虫为害，且一年发生多代；杀虫灯可诱杀鳞翅目害虫成虫，减少产卵。通过杀虫灯诱杀成虫，可获得鳞翅目害虫的田间发蛾动态，进而计算它们的发蛾始盛期（高峰期、盛末期），结合害虫的产卵前期和卵期，即可预测下一代幼虫的孵化始盛期（高峰期、盛末期），以指导防治。从桃蛀螟的发蛾动态来看，带状套作田中桃蛀螟存在世代重叠现象，仅在 8 月中旬出现一个发蛾高峰，此时玉米早已进入成熟期，到下一代幼虫孵化时玉米已经收获，故四川地区带状套作田中没有用杀虫灯诱集动态预测桃蛀螟为害时间的意义。田间调查发现，带状套作大豆田中斜纹夜蛾可多代为害，严重影响大豆产量。通过分析斜纹夜蛾的发蛾动态，斜纹夜蛾有两个集中发蛾高峰，适合作短期预测。鳃金龟科的害虫一般一年只发生一代，不适合作短期预测，故只作出汇总的诱集动态来反映其田间大致动态。暗黑鳃金龟的羽化高峰期在 5 月中旬，随后诱集量逐渐减少。小黄鳃金龟在 6 月中下旬有较为集中的羽化高峰，但在那之后还有多个诱集小高峰。两种鳃金龟动态与前人研究的相似性和差异性与鳃金龟羽化后等待出土环境适宜的潜伏期有关。可能小黄鳃金龟体型更小，潜伏期受降雨影响更大，而暗黑鳃金龟体型较大，受影响较小，故呈现出暗黑鳃金龟的诱集高峰较为集中，而小黄鳃金龟有多个诱集高峰。我们对蝽科害虫诱集动态研究发现，蝽科害虫的危害高峰期可覆盖大豆开花和结荚期，可造成大豆落花落荚，这与田间调查结果一致。

三、带状复合种植对共生期同时发生和兼性取食虫害的影响

与净作相比，共生期同时发生和兼性取食的害虫类型增多，但传播和扩散受到抑制。共生期害虫以鳞翅目草螟科（以桃蛀螟为主）、鞘翅目金龟类、半翅目叶蝉类和蝽类等为主，如绿蝽、缘蝽、斜纹夜蛾幼虫、高隆象成虫、二条叶甲，此外还有蝗虫、软体动物（钉螺）。其中，兼性取食的害虫有玉米蜗牛、钉螺、蚜虫等，玉米蚜与大豆蚜有较强的寄主选择性，偶有交叉取食现象；玉米对大豆蚜具有明显的阻隔效应，极大地阻碍了携带病毒的大豆蚜的传播和扩散，相比净作抑制率达 59.3%（图 7-28）。

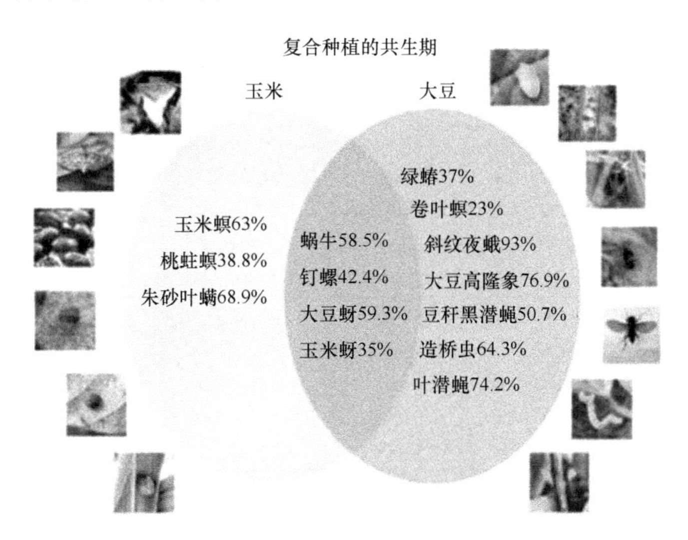

图 7-28　带状复合种植系统对共生期主要害虫的抑制率（以净作为对照）

第三节　主要草害发生规律

杂草是制约玉米大豆带状复合种植发展的重要因素。弄清带状复合种植系统的草害发生规律，开展玉米大豆带状复合种植的杂草防治技术研究迫在眉睫。掌握主要草害的发生规律，筛选玉米大豆带状间作兼用型茎叶除草剂，实现玉米大豆带状复合种植化除杂草，摆脱杂草困扰，对玉米大豆带状复合种植可持续发展有重要的现实意义。

一、带状复合种植对杂草丰富度的影响

带状复合种植系统中主要杂草为 3 种禾本科杂草（稗、狗尾草和牛筋草）和 11 种阔叶杂草（刺儿菜、苦卖菜、苍耳、牛膝菊、野茼蒿、鳢肠、龙葵、苦藤、苘麻、反枝苋、马齿苋）。共生期前，带状套作（RI1）和传统带状套作（RI2）的杂草丰富度指数、多样性指数与玉米净作（MM）相比无显著差异，但显著低于大豆净作（SM）（未播种）和休闲地对照（FL）。共生期，杂草丰富度指数和多样性指数则表现为：带状套作＜玉米净作＜大豆净作＜休闲地对照，且差异显著，两种带状套作处理则无显著差异。共生期后的大豆净作期带状套作处理的杂草丰富度指数、多样性指数与大豆净作相比无显著差异（$P>0.05$），但显著低于玉米净作和休闲地对照处理（表 7-14）。

表 7-14　不同种植方式农田杂草丰富度和多样性指数

指数	处理	玉米生育时期（共生期后）		玉豆共生期	大豆生育时期（共生期后）	
		小喇叭口期	吐丝期		鼓粒期	成熟期
丰富度指数	RI1	10.00±1.000a	8.67±0.577b	8.00±1.000d	8.67±0.577b	7.67±0.577b
	RI2	9.67±0.577a	8.67±0.577b	7.67±0.577d	8.33±0.577b	8.00±0.000b
	MM	9.67±0.577a	8.33±0.577b	10.00±0.000c	12.67±0.577a	10.00±1.000a
	SM	11.00±1.000a	12.33±0.577a	12.33±0.577b	9.00±2.646b	6.33±0.577c
	FL	11.00±0.000a	13.00±1.000a	15.00±1.000a	13.00±1.000a	10.33±0.577a
多样性指数	RI1	1.99±0.050a	1.82±0.057b	1.67±0.114d	1.81±0.050b	1.71±0.090b
	RI2	1.96±0.043a	1.76±0.200b	1.65±0.043d	1.81±0.024b	1.89±0.061b
	MM	2.03±0.096a	1.83±0.182b	1.92±0.033c	2.20±0.077a	1.95±0.011a
	SM	2.01±0.045a	2.06±0.011a	2.15±0.088b	1.81±0.138b	1.65±0.115b
	FL	2.05±0.031a	2.18±0.048a	2.30±0.032a	2.23±0.038a	2.06±0.074a

二、带状复合种植对共生期杂草生物量的影响

从生育时期看，休闲地杂草生物量在全生育期都显著高于其他种植方式（图 7-29）。

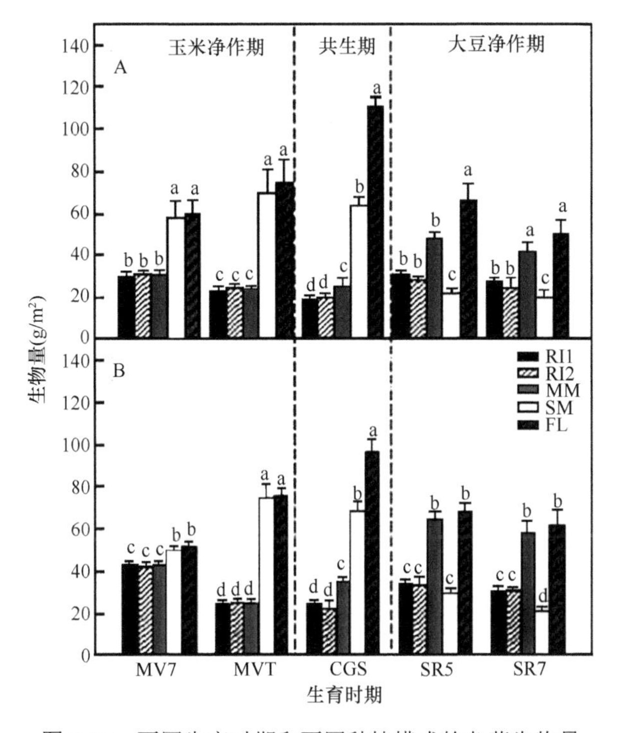

图 7-29　不同生育时期和不同种植模式的杂草生物量

A. 2012 年数据；B. 2013 年数据。MV7. 玉米小喇叭口期；MVT. 玉米吐丝期；CGS. 共生期；SR5. 大豆鼓粒期；SR7. 大豆成熟期。下同

整体来看，与净作相比，带状套作系统（玉米∶大豆为 2∶1 和 1∶1 时）共生期田间杂草种群多样性和生物量均低于净作玉米和净作大豆；带状套作模式下全生育期杂草总生物量较净作玉米减少 29%，比净作大豆减少 41%，比休闲地减少 61%；2012～2013 年变化趋势一致（图 7-30）。

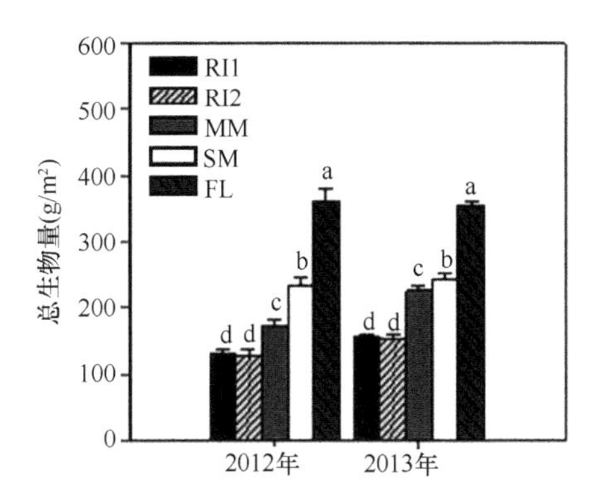

图 7-30　不同种植模式下的杂草总生物量

参 考 文 献

李红菊, 李晓迪, 陈思怡, 等. 2020. 套作大豆根腐病与玉米茎腐病致病镰孢菌的相互侵染关系研究[J]. 四川农业大学学报, 38(5): 551-557.

汤忠琴, 尚静, 张磊, 等. 2018. 不同田间配置对套作大豆主要虫害的种群分布影响[J]. 四川农业大学学报, 36(3): 297-302, 308.

严雳, 何海洋, 陈华保, 等. 2018. 不同 LED 单波长杀虫灯对玉米—大豆带状套作模式内主要害虫的诱杀效果[J]. 应用昆虫学报, 55(5): 904-911.

张磊. 2020. 中国大豆花叶病毒的群体遗传分析与荫蔽下大豆响应 SMV 侵染的机理研究[D]. 成都: 四川农业大学.

周欢欢, 严雳, 王对平, 等. 2018. 四川省套作玉米茎腐病致病镰孢菌的分离与鉴定[J]. 四川农业大学学报, 36(5): 598-604.

Chang X L, Dai H, Wang D P, et al. 2018. Identification of *Fusarium* species associated with soybean root rot in Sichuan Province, China[J]. European Journal of Plant Pathology, 151(3): 563-577.

Chang X L, Yan L, Naeem M, et al. 2020. Maize/soybean relay strip intercropping reduces the occurrence of *Fusarium* root rot and changes the diversity of the pathogenic *Fusarium* species[J]. Pathogens, 9(3): 211.

Shang J, Zhao L P, Yang X M, et al. 2023. Soybean balanced the growth and defense in response to SMV infection under different light intensities[J]. Frontiers in Plant Science, 14: 1150870.

Xu H T, Yan L, Zhang M D, et al. 2022. Changes in the density and composition of rhizosphere pathogenic *Fusarium* and beneficial *Trichoderma* contributing to reduced root rot of intercropped soybean[J]. Pathogens, 11(4): 478.

Zhang L, Shang J, Jia Q, et al. 2019a. Genetic evolutionary analysis of *Soybean mosaic virus* populations from three geographic locations in China based on the P1 and CP genes[J]. Archives of Virology, 164(4): 1037-1048.

Zhang L, Shang J, Wang W M, et al. 2019b. Comparison of transcriptome differences in soybean response to *Soybean mosaic virus* under normal light and in the shade[J]. Viruses, 11(9): 793.

第三篇 技 术 篇

第八章　核 心 技 术

建立合理的田间配置是实现间套作种植增产增效的关键技术，有利于解决作物种间及种内的各种矛盾。田间配置（field configuration）是指由作物群体在田间的组合、空间分布及其相互关系构成的作物田间结构，包含田间垂直结构与水平结构，主要包括品种组合、密度、行比（行数比）、行株距、幅宽、间距、带宽、行向等。目前生产中，传统间套作多存在作物搭配、品种选择不适宜，间距、带宽、行比配置不合理，高位作物密度与净作差异大等问题，导致资源利用率不高、群体产量低、机具通过性差、生产效率低下。传承创新传统间套作，以“高产出、机械化、可持续”为目标，以带状复合种植为路径，以“高位优先、高低协同”光能高效利用理论为基础，创新形成了玉米大豆带状复合种植模式“选、扩、缩”核心技术，即选配品种、扩间增光、缩株保密。核心技术的应用，实现了玉米不减产、多收一季豆、机具通过性好和间套轮作融为一体的目标。

第一节　选 配 品 种

选择适宜带状复合种植的耐荫型大豆品种，以及合理株型的玉米品种，以构建科学的复合空间布局，形成合理的群体结构。玉米的株型直接影响到大豆的荫蔽程度，因此应选用株型紧凑或半紧凑型的玉米品种，以降低玉米对大豆的遮荫程度，保证系统小环境中的空气流通，增加大豆产量，提高经济效益。同时不同大豆品种间由于生长特性存在较大差异，对玉米的遮荫作用响应各不一致，选择合适的耐荫型大豆品种与玉米带状间套作，是防止大豆茎秆藤蔓化和倒伏，获取高产的基础。

一、适宜带状复合种植的玉米、大豆品种评价体系

带状复合种植系统中，高位作物玉米采用宽窄行田间布置方式，充分利用边行优势，低位作物大豆受到玉米荫蔽胁迫，极易发生茎秆藤蔓化和倒伏，严重影响其品质和产量，以及机械化收获。在西南寡照地区株型过于紧凑的玉米受光不足，不利于其产量提高，但玉米叶片太过平展又对大豆遮荫严重，使大豆产量受到影响，因此，选用适宜的玉米、大豆品种是发挥这种种植模式的优势和获得双高产的基础。同时，与北方玉米、大豆机械化联合收获相比，传统人工收获费时费

工，既增加了玉米、大豆生产的成本，又提高了收获风险。筛选适宜机械化收获的玉米、大豆品种，对复合种植系统生产成本降低，农民经济效益的增加尤为重要。

（一）适宜带状复合种植玉米品种的评价指标

根据大面积生产上的产量水平，以产量为7500kg/hm^{2}为界限，将供试的玉米品种划分为三个产量类别，即净作高产套作高产、净作高产套作低产和净作低产套作低产。两年试验结果显示共有20余个品种属于净作高产套作高产品种；研究人员通过对系列品种形态指标、生理指标分析，建立带状间套作高光效玉米品种形态、生理评价体系。

从表8-1可见，形态指标的基本参数中变异系数最大的为穗上二叶的叶夹角，其次为穗上一叶的叶夹角、叶面积、穗位高，说明带状套作条件下玉米品种的穗上一叶、穗上二叶的叶夹角差异较大。如表8-2所示，带状间套作高产的玉米品种表现为穗上二叶夹角（R^2=0.5071*）、株高（R^2=0.7604*）、穗位高（R^2=0.6509*）

表8-1 带状间套作模式下不同品种玉米形态指标基本参数估计（马艳玮等，2019a）

指标	叶面积（cm^2）	叶夹角（°）		茎粗（mm）			茎间长（cm）				株高（cm）	穗位高（cm）
		穗上一叶	穗上二叶	第3节	第4节	第5节	3～5节	棒3叶	棒3叶上	棒3叶位上节数		
MAX	7712.00	35.00	36.00	23.50	23.90	22.90	54.00	46.00	112.00	6.00	311.00	124.60
MIN	4423.00	17.00	14.00	17.50	17.10	16.20	28.00	33.00	60.00	3.00	225.00	63.00
CV	14.41%	19.49%	21.54%	7.22%	8.97%	8.98%	11.28%	8.48%	11.20%	10.97%	7.80%	13.68%
Mean	6169.00	27.00	24.00	20.40	19.80	18.80	42.00	38.00	83.00	5.00	266.00	104.70

注：MAX. 极大值；MIN. 极小值；CV. 变异系数；Mean. 平均值。本章下同

表8-2 带状间套作模式下高产玉米品种形态指标与产量的相关性（马艳玮等，2019a）

指标		回归方程	R^2	P
叶面积		$y = 0.000\,5x^2 - 6.405\,6x + 28\,740$	0.125 6	0.473 6
叶夹角	穗上一叶	$y = 12.163x^2 - 668.34x + 16\,944$	0.592 4	0.129 8
	穗上二叶	$y = 3.505\,8x^2 - 238.97x + 11\,631$	0.507 1*	0.024 9
茎粗	第3节	$y = -154.93x^2 + 6\,433.2x - 58\,559$	0.432	0.352 7
	第4节	$y = -53.394x^2 + 1\,952.2x - 9\,583.5$	0.343	0.104 9
	第5节	$y = -167.27x^2 + 6\,149.9x - 48\,349$	0.332	0.167
茎间长	3～5节	$y = 6.623\,3x^2 - 584.67x + 20\,677$	0.325 6	0.275 5
	棒3叶	$y = 73.977x^2 - 5\,473.6x + 109\,139$	0.134 3	0.459 8
	棒3叶上	$y = 0.519\,8x^2 - 95.184x + 12\,322$	0.078 3	0.481 8
	棒3叶位上节数	$y = 603.21x^2 - 5\,517.5x + 20\,559$	0.090 9	0.471 8
株高		$y = -1.893\,5x^2 + 1\,018x - 12\,466$	0.760 4*	0.032 1
穗位高		$y = -2.012\,4x^2 + 458.56x - 17\,663$	0.650 9*	0.029 8

注：*和**分别表示P=0.05和P=0.01的显著性水平。本章下同

与产量的关系呈显著的二次函数关系，多元二次回归模型为 Y=3021.240–4.319X_1×X_1+0.4601X_1×X_2+0.148X_2×X_3（R^2=0.9948**，X_1、X_2、X_3 分别代表穗上二叶夹角、株高、穗位高）。分析表明，带状间套作高产玉米品种产量达最大时，穗上二叶夹角、株高和穗位高对应的指标值分别为 19.26°、270.58cm、114.99cm，株高、穗位高、穗上二叶夹角是筛选带状间套作高产玉米品种的主要形态指标，而叶面积可能是限制套作低产玉米产量提高的重要因素。

带状间套作模式下不同玉米品种吐丝期叶片生理特性的基本参数见表 8-3，吐丝期叶片的叶绿素 a、叶绿素 b、类胡萝卜素，以及叶绿素总量的变异系数均大于10%，吐丝期叶片上表皮厚度和下表皮厚度的变异系数均大于同时期叶片厚度的变异系数，且大于 10%。说明带状间套作条件下玉米品种间叶片叶绿素 a、叶绿素 b、类胡萝卜素，以及叶绿素总量、上表皮厚度、下表皮厚度品种间差异较大。如表 8-4 所示，带状间套作高产玉米品种叶片吐丝期叶绿素 a（R^2=0.8766**）、叶绿素总量（R^2=0.8978*）、叶片厚度（R^2=0.7840**）与产量呈显著的二次函数关系，多元二次回归模型 Y=42 061.706–50.667X_1–1.272X_3–359.350X_5–0.091X_1×X_1–0.037X_1×X_2–0.039X_1×X_4+1.040X_1×X_5+0.031X_2×X_4（R^2=0.9998*）。说明限制玉米不同产量水平的生理特性不同，叶绿素总量、叶绿素 a 含量和叶片厚度有利于套作玉米产量潜力的发挥，可作为筛选带状间套作高产玉米品种的主要生理指标。

表 8-3　带状间套作模式下不同玉米品种吐丝期叶片生理特性的基本参数估计（马艳玮等，2019b）

指标	总碳（%）	总氮（%）	碳氮比	叶绿素 a（mg/m²）	叶绿素 b（mg/m²）	类胡萝卜素（mg/m²）	叶绿素 a/b	叶绿素总量（mg/m²）	上表皮厚度（μm）	下表皮厚度（μm）	叶片厚度（μm）
MAX	46.95	4.26	15.41	503.64	130.71	93.39	4.71	727.73	27.90	22.96	169.02
MIN	42.36	2.76	10.49	287.51	66.31	51.37	3.60	405.18	16.80	14.71	140.56
CV	2.60%	11.30%	9.85%	13.31%	16.93%	14.54%	6.26%	13.71%	11.78%	10.94%	5.95%
Mean	44.05	3.50	12.74	384.45	92.56	70.75	4.17	547.75	23.43	18.82	155.95

表 8-4　带状间套作模式下高产水平玉米品种吐丝期叶片生理特性与产量的关系（马艳玮等，2019b）

产量水平	指标	回归方程	R^2	P
净作高产套作高产	碳氮比	$y = -170.36x^2 + 4\,365.8x - 19\,848$	0.185 4	0.516 8
	叶绿素 a	$y = -0.046x^2 + 42.254x - 1\,239.7$	0.876 6**	0.004 5
	叶绿素 a/b	$y = -288.2x^2 + 2\,103.6x + 4\,254.5$	0.018 5	0.722 6
	叶绿素总量	$y = -0.023\,1x^2 + 30.282x - 1\,351.1$	0.897 8*	0.013 9
	叶片厚度	$y = 0.439\,5x^2 - 103.37x + 1\,3408$	0.784 0**	0.000 7

（二）适宜带状复合种植大豆品种的评价指标

1. 带状套作大豆苗期耐荫性评价指标

本研究选择四川、重庆夏大豆品种 82 个和广西夏大豆品种 1 个（桂夏 3 号），对比分析了不同基因型大豆在净作和带状套作两种环境下的苗期茎秆生长特性和成熟期产量特性，再对两者的相关性进行分析，明确影响套作大豆产量的关键性状；以此为基础，计算出大豆苗期对应的各性状对荫蔽的敏感指数，建立一套评价带状套作大豆耐荫性的方法。

表 8-5 表明，与净作相比，带状套作使初花期大豆主茎长、节间长和下胚轴长分别增加了 126.5%、164.7%和 62.9%，而节间数和茎秆直径分别降低了 14.9%和 43.9%，茎秆抗折力和干重分别降低了 56.0%、38.1%。所测定的 7 个性状中，大豆苗期节间长响应指数（respond index，RI）最大，其次是主茎长，说明这两个性状对套作荫蔽最为敏感；响应指数最小的是节间数。

表 8-5　净作和带状套作环境下不同大豆品种初花期苗期茎秆形态和生物量（邹俊林等，2015）

处理	参数	主茎长（cm）	节间数	下胚轴长（cm）	节间长（cm）	茎秆直径（cm）	抗折力（N）	茎干重（g/株）
净作	均值	56.77	15.79	3.34	3.57	0.66	310.86	8.42
	标准差	18.73	2.46	0.61	1.00	0.10	114.35	4.44
	变异系数	32.99%	15.57%	18.17%	28.07%	15.3%	36.79%	52.67%
套作	均值	128.57	13.44	5.44	9.45	0.37	136.63	5.21
	标准差	36.43	1.79	0.78	1.88	0.06	62.69	2.81
	变异系数	28.33%	13.34%	14.39%	19.89%	16.04%	45.88%	53.97%
IR	均值	1.36	0.14	0.67	1.74	0.43	0.55	0.37
	标准差	0.6	0.08	0.29	0.6	0.08	0.14	0.17
	变异系数	44.46%	56.82%	43.51%	34.69%	19.06%	25.62%	45.01%

注：表中 IR 为大豆各性状对带状套作荫蔽的响应指数，计算方法为 $IR=|1-Xr/Xs|$，Xr、Xs 分别为带状套作和净作条件下各性状测定值

在净作和套作两种种植方式中，7 个性状的变异系数均超过 13%；其中变异程度最大的是茎干重，在净作和套作环境下分别为 52.67%和 53.97%，其次是茎秆抗折力，分别为 36.79%和 45.88%，下胚轴长和节间数的变异程度较小。两因素方差分析结果表明，7 个性状在品种和栽培环境间的差异均达到极显著水平，且两者间存在显著或极显著的交互作用。

由表 8-6 可知，与净作相比，套作条件下大豆成熟期的株高、分枝粒重、单株粒重和分枝粒重比显著增加，而分枝数、平均分枝长度和主茎粒重显著降低。说明虽然套作前期对分枝的形成有一定的影响，但在玉米收获后，套作大豆的边行优势得以充分发挥，促进了其分枝产量的形成，是套作大豆产量形成的基础。

表 8-6　净作和带状套作环境下不同大豆品种的成熟期农艺及产量性状（邹俊林等，2015）

处理	参数	株高（cm）	分枝数（个/株）	分枝长度（cm）	百粒重（g/100 粒）	分枝粒重（g/株）	主茎粒重（g/株）	单株粒重（g/株）	分枝粒重比（%）
净作	均值	77.14	5.76	46.29	15.07	19.06	8.94	28.01	68.05
	标准差	23.97	1.06	17.53	4.96	4.51	2.06	4.91	7.45
	变异系数	31.08%	18.42%	37.87%	32.93%	23.64%	23.02%	17.52%	11.02%
套作	均值	121.80	5.14	32.34	15.26	33.65	7.84	41.49	81.10
	标准差	40.37	0.96	9.40	4.69	11.25	4.02	11.15	9.85
	变异系数	33.15%	18.64%	29.08%	30.75%	33.44%	51.31%	26.88%	12.26%
IR	均值	0.58	0.11	0.30	0.01	0.77	0.12	0.48	0.19
	标准差	0.54	0.11	0.15	0.05	0.58	0.29	0.36	0.18
	变异系数	83.46%	59.60%	55.79%	78.95%	71.90%	74.95%	70.21%	78.77%

注：分枝粒重比=（分枝粒重/单株粒重）×100%

从材料间的变异程度来看，净作下变异系数最大的是分枝长度，其次是百粒重和株高，变异系数最小的是单株粒重和分枝粒重比；套作条件下，变异系数最大的是主茎粒重，其次是分枝粒重和株高，最小的是分枝数和分枝粒重比。

从产量性状对套作的敏感性来看，分枝粒重的 IR 值最大，其次为株高和单株粒重，百粒重受套作的影响极小。IR 值在品种间的变异系数均在 50%以上，最大的是株高，达 83.46%。这说明大豆在经历前期荫蔽胁迫、后期恢复性生长两个光环境差异巨大的生长过程后，品种间的差异被逐步拉大。

将大豆苗期的茎秆性状对套作荫蔽胁迫的响应指数与单株产量进行相关分析，结果如表 8-7 所示，产量与苗期株高、节间数、节间长、茎粗和抗折力 5 个性状呈显著或极显著正相关，与下胚轴长、茎秆干重间的相关性不显著。这说明用以上 5 个苗期的指标对套作的响应程度即可以反映大豆的耐荫性。

表 8-7　大豆苗期茎秆性状对带状套作荫蔽胁迫响应指数与单株产量间的相关系数（邹俊林等，2015）

	株高	节间数	下胚轴长	节间长	茎粗	抗折力	茎秆干重
相关系数	0.53**	0.54**	−0.13	0.52**	0.31*	0.55**	0.28

注：*和**分别表示 $P = 0.05$ 和 $P = 0.01$ 的显著性水平，下同

2. 带状间作大豆耐荫性评价指标

本研究选择来自全国的 93 个大豆品种，进行了两年大田间作试验，测定了间作下不同基因型大豆表型性状和产量特性，并对其进行相关性分析，找到影响间作大豆产量的关键性状。

如表 8-8 所示，2013 年 9 个性状的变异系数均大于 10%；2014 年，除茎粗和

生殖生长期外，其余性状变异系数也都大于10%。株高和单株粒数变异幅度最大，其次是单株荚数，说明它们受品种和间作环境影响最大。

表 8-8 2013～2014 年间作大豆表型性状基本参数分析（卜伟召，2015）

性状	平均值		极大值		极小值		标准差		变异系数		变异幅度	
	2013年	2014年	2013年	2014年	2013年	2014年	2013年	2014年	2013年	2014年	2013年	2014年
株高（cm）	95.9	94.1	170.6	139.7	57.1	53.3	22.3	22.6	23.3%	24.0%	113.5	86.5
茎粗（mm）	5.7	6.2	7.8	7.5	3.9	4.9	0.7	0.5	13.0%	7.4%	3.9	2.6
分枝数	2.4	1.5	4.8	3.5	1.0	0.4	0.8	0.5	35.1%	33.4%	3.8	3.1
单株荚数	37.2	27.4	80.4	54.8	19.2	14.6	10.0	7.0	26.8%	25.4%	61.2	40.1
单株粒数（粒）	62.7	57.1	126.1	103.6	21.8	36.7	20.3	12.2	32.4%	21.4%	104.3	66.9
单株粒重（g）	11.5	11.0	24.5	16.8	3.6	6.1	4.2	2.1	36.5%	18.7%	20.9	10.7
百粒重（g）	18.9	19.1	32.4	30.3	10.6	13.2	3.4	2.8	18.0%	14.7%	21.8	17.1
营养生长期（d）	34.0	31.0	53.3	44.0	23.0	22.0	7.1	6.4	20.9%	20.6%	30.3	22.0
生殖生长期（d）	66.8	71.7	88.0	85.0	53.3	59.0	7.9	5.4	11.9%	7.5%	34.7	26.0

从表 8-9、表 8-10 两年间作大豆主要表型性状的相关性分析看，株高除与生殖生长期或百粒重分枝数相关性不显著外，与其余性状均显著或极显著相关；单株荚数、单株粒数、单株粒重等产量性状与株高、茎粗、分枝数均显著或极显著相关，与生殖生长期无关；单株荚数、单株粒重均与营养生长期极显著相关。以上结果说明生殖生长期长短不影响产量形成，产量形成关键在营养生长期长短及其间的形态建成。

表 8-9 2013 年间作大豆主要表型性状的相关性分析（卜伟召，2015）

性状	株高	茎粗	分枝数	单株荚数	单株粒数	单株粒重	百粒重	营养生长期	生殖生长期
株高	1.000								
茎粗	0.590**	1.000							
分枝数	0.265*	0.289*	1.000						
单株荚数	0.409**	0.717**	0.288*	1.000					
单株粒数	0.427**	0.766**	0.300**	0.835**	1.000				
单株粒重	0.564**	0.859**	0.391**	0.765**	0.844**	1.000			
百粒重	0.338**	0.411**	0.132	0.070	−0.044	0.421**	1.000		
营养生长期	0.581**	0.669**	0.618**	0.435**	0.511**	0.702**	0.507**	1.000	
生殖生长期	0.030	−0.083	−0.381**	0.063	−0.142	−0.153	0.055	−0.438**	1.000

为了进一步考察间作大豆耐荫指标，本研究于 2021 年引入了 124 份来自黄淮海、西南等地区的大豆材料开展净作、间作对比试验，并测定相关表型和产量指标。如图 8-1 所示，相关性分析表明，单株粒重与叶干重、地上部干重、抗折力

表 8-10　2014 年间作大豆主要表型性状的相关性分析（卜伟召，2015）

农艺性状	株高	茎粗	分枝数	单株荚数	单株粒数	单株粒重	百粒重	营养生长期	生殖生长期
株高	1.000								
茎粗	0.353**	1.000							
分枝数	0.177	0.105	1.000						
单株荚数	0.336**	0.301**	0.516**	1.000					
单株粒数	0.305**	0.266*	0.356**	0.857**	1.000				
单株粒重	0.257*	0.542**	0.326**	0.592**	0.714**	1.000			
百粒重	0.047	0.324**	0.043	−0.347**	−0.448**	0.163	1.000		
营养生长期	0.568**	0.381**	0.283**	0.321**	0.180	0.299**	0.306**	1.000	
生殖生长期	0.175	0.110	−0.133	−0.022	0.122	0.093	−0.048	−0.249*	1.000

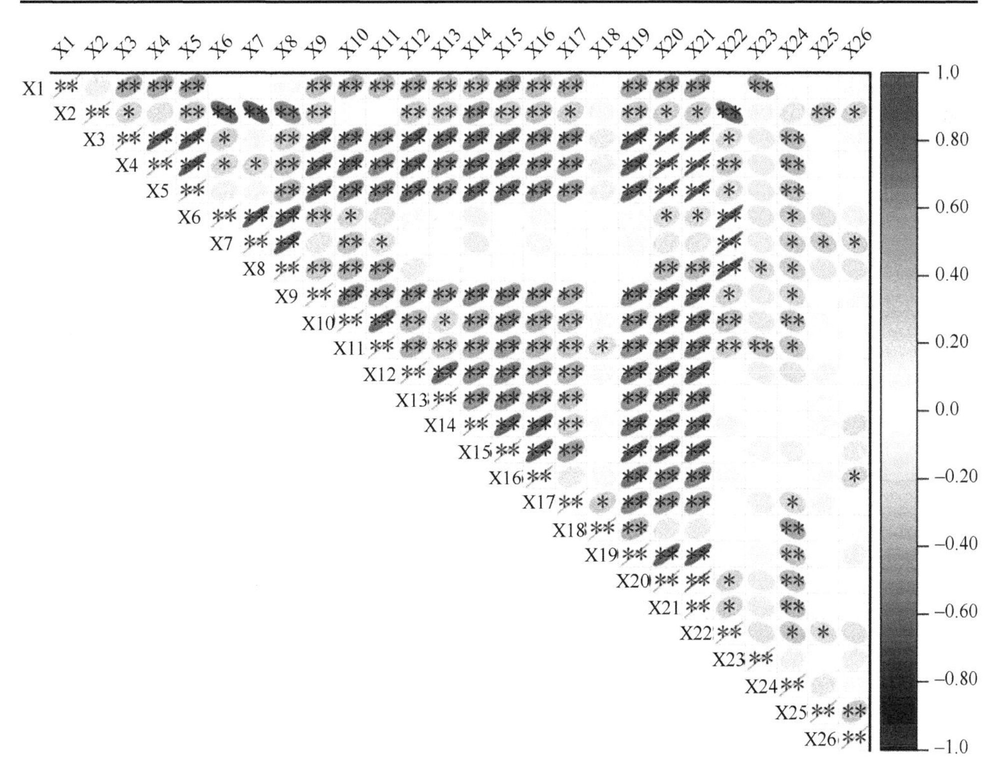

图 8-1　不同品种大豆间作主要表型性状相关性分析

红色代表正相关，蓝色代表负相关，红色越深代表正相关性越强，蓝色越深代表负相关性越强；椭圆越小代表相关性越强；*和**分别表示 $P = 0.05$ 和 $P = 0.01$ 的显著性水平；X1. 单株粒重；X2. 株高；X3. 第 1 节间抗折力；X4. 第 3 节间抗折力；X5. 第 5 节间抗折力；X6. 抗倒伏指数 1；X7. 抗倒伏指数 2；X8. 抗倒伏指数 3；X9. 第 1 节间粗；X10. 第 3 节间粗；X11. 第 5 节间粗；X12. 第 0～1 节茎干重；X13. 第 2～4 节茎干重；X14. 剩余茎干重；X15. 叶干重；X16. 柄干重；X17. 枝干重；X18. 荚干重；X19. 地上部干重；X20. 抗折力和；X21. $\sqrt{\text{抗折力和}}$；X22. 抗倒伏指数和；X23. 单株产量降幅（相较于净作）；X24. 抗折力降幅（相较于净作）；X25. 鼓粒期田间倒伏情况；X26. 收获期田间倒伏情况

极显著正相关，与株高、抗倒伏指数、田间倒伏情况相关性不显著；抗倒伏指数与株高、抗折力、节间粗极显著相关，与各器官干重、单株产量降幅和田间倒伏情况基本不相关；抗折力与单株粒重、株高、抗倒伏指数、节间粗、各器官干重显著相关，与荚干重、单株产量降幅、田间倒伏情况相关性不显著；单株产量降幅仅与单株粒重、抗倒伏指数 3 和第 5 节间粗显著负相关，与其余指标相关性不显著。

根据相关性分析结果，研究人员进一步探究决定抗倒和产量的关键性状，分别以 X1（单株粒重）、X21（$\sqrt{抗折力和}$）、X22（抗倒伏指数和）、X23［单株产量降幅（相较于净作）］为因变量进行通径分析，结果如表 8-11 所示。叶干重对单株粒重作用最大；对 X21（$\sqrt{抗折力和}$）直接作用最大的是地上部干重、株高和抗倒伏指数和；对 X22（抗倒伏指数和）直接作用从大到小的依次是 $\sqrt{抗折力和}$、抗折力和、株高、地上部干重、第 1 节间粗；对 X23（单株产量降幅）直接作用的是单株粒重。因此考量间作大豆是否耐荫，除直接考察产量外，还可结合株高、茎粗、地上部干重，以及抗折力等综合考量。

表 8-11　间作大豆耐荫抗倒主要性状的通径分析

指标	回归方程	通径系数
单株粒重	X1=9.152+0.711X15–4.725X23	PX15Y=0.515，PX23Y=–0.327
$\sqrt{抗折力和}$	X21=–0.607+0.242X19+0.073X2+7.624X22 +0.905X12–0.436X10–0.188X26 +0.142X14	PX19Y=0.594，PX2Y=0.512，PX22Y=0.669，PX12Y=0.100，PX10Y=–0.098，PX26Y=–0.060，PX14Y=0.079
抗倒伏指数和	X22=–1.936–0.013X2+0.140X9–0.039X19 +0.355X21–0.007X20	PX2Y=–0.749，PX9Y=0.260，PX19Y=–0.737，PX21Y=2.467，PX20Y=–1.626
单株产量降幅	X23=0.539–0.026X1	PX1Y= –0.373

3. 带状套作大豆宜机收评价指标

本研究采用玉米大豆带状套作种植模式，以 25 种株型差异较大的大豆为材料，GY4D-2 型大豆联合收割机为试验机具，研究不同大豆株型对割台损失率的影响规律和带状套作大豆农艺性状影响割台损失率的主次关系，构建带状套作大豆宜机收评价指标体系。

从表 8-12 可以看出，带状套作大豆植株性状变异丰富。变异系数在 30%以上的农艺性状有株高、底荚高、分枝数、最长分枝空间高度、最长分枝上段对主茎的离散程度，其中分枝数的变异系数最大，为 74.57%，变异幅度在 0～6.80。相关分析结果如表 8-13 所示，割台损失率（Y）与株高（X1）、底荚高（X3）、主茎节数（X4）、分枝高度（X6）、最长分枝空间高度（X8）呈极显著负相关关系。这表明为了获得较低割台损失率，应该选择主茎节数较多，底荚较高的品种。

对割台损失率和农艺性状进行多元线性逐步回归，得到回归模型为 Y=7.55–0.06X3–0.19X4–0.14X6（F=7.90，R=0.78，R^2=0.61）。当其他变量固定时，主茎节

表 8-12　参试大豆植株性状变异性分析（杨欢，2018）

性状	极大值	极小值	平均值	变异幅度	标准差	变异系数
株高（cm）	126.20	30.80	61.68	95.40	24.64	39.95%
茎粗（mm）	8.05	3.02	5.59	5.03	1.47	26.33%
底荚高（cm）	32.00	6.12	17.64	25.88	5.99	33.99%
主茎节数	19.40	9.10	13.64	10.30	2.39	17.49%
分枝数	6.80	0.00	3.28	6.80	2.44	74.57%
分枝高度（cm）	22.0	9.10	15.98	12.90	3.19	19.95%
分枝夹角（°）	38.46	15.00	26.18	23.46	7.35	28.06%
最长分枝空间高度（cm）	79.00	18.79	44.32	60.21	16.64	37.55%
最长分枝与主茎高度差异（cm）	21.28	9.52	15.74	11.76	3.47	22.05%
最长分枝上段对主茎的离散程度（cm）	19.66	2.62	6.78	17.04	3.30	48.66%

表 8-13　套作大豆农艺性状间的相关系数（杨欢，2018）

	X1	X2	X3	X4	X5	X6	X7	X8	X9	X10	*Y*
X1	1										
X2	0.44**	1									
X3	0.71**	0.3	1								
X4	0.78**	0.66**	0.57**	1							
X5	0.33	0.82**	0	0.42**	1						
X6	0.26	0.11	0.56**	0.2	–0.17	1					
X7	0.37	0.26	0.28	0.48**	0.19	0.23	1				
X8	0.76**	0.74**	0.64**	0.88**	0.45**	0.18	0.41*	1			
X9	–0.03	–0.3	–0.18	–0.16	–0.09	–0.18	–0.05	–0.34	1		
X10	0.3	0.01	0.04	0.25	0.17	–0.12	0.09	0.07	0.53**	1	
Y	–0.62**	–0.34	–0.64**	–0.57**	–0.08	–0.55**	–0.16	–0.52**	0.26	0.1	1

注：X1～X10 分别代表株高、茎粗、底荚高、主茎节数、分枝数、分枝高度、分枝夹角、最长分枝空间高度、最长分枝与主茎高度差异、最长分枝上段对主茎的离散程度；*Y* 代表割台损失率

数每增加 1 节，割台损失率平均减少 19%；分枝高度每增加 1cm，割台损失率平均减少 14%；底荚高每增加 1cm，割台损失率平均减少 6%。根据《大豆联合收割机　作业质量》（NY/T 738—2020），总损失率≤3%，相关研究表明割台损失率占总损失率的 80%，即割台损失率应≤2.4%，则主茎节数应大于 12 节、分枝高度应≥12.41cm、底荚高应≥13.82cm（图 8-2）。

二、适宜带状复合种植的玉米、大豆品种选配

（一）选用紧凑耐密抗倒玉米品种

1. 不同株型玉米品种间差异

连续两年的大田试验，比较了不同株型玉米品种与大豆带状套作系统产量、

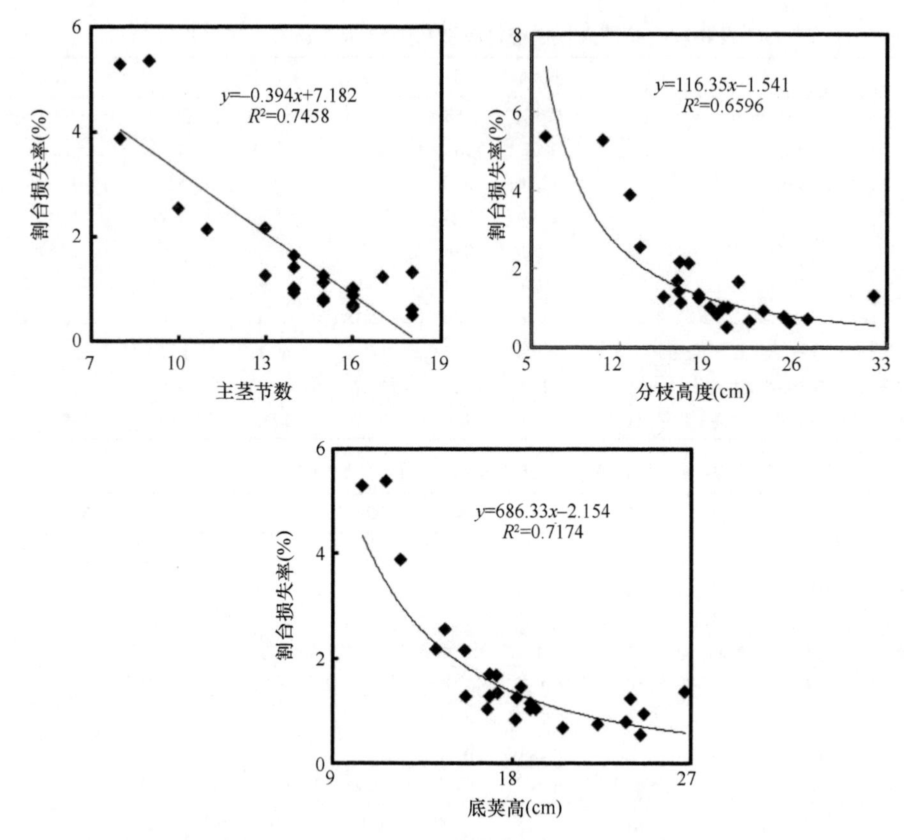

图 8-2 主茎节数、分枝高度和底荚高与割台损失率的关系（杨欢，2018）

光能利用率等差异，结果如表 8-14 所示。紧凑型玉米（登海 605）与大豆带状套作，共生期大豆冠层透光率均显著高于半紧凑型（川单 418）和松散型玉米（雅玉 13）品种与大豆带状套作；与紧凑型玉米带状套作的大豆冠层光合有效辐射较半紧凑型和松散型玉米分别增加了 54.4%和 90.8%。与松散型玉米相比，半紧凑和紧凑型玉米下两年大豆产量均值分别增加了 631.2kg/hm^2 和 901.75kg/hm^2，增产率分别达 56.7%和 107.0%。紧凑型玉米品种带状套作的土地当量比均高于其他处理（表 8-15）。

2. 宜带状复合种植耐密抗倒玉米品种鉴选

本研究连续两年，收集西南地区生产中大面积应用的玉米品种 40 个，分别在净作和带状复合种植模式下，开展适宜品种鉴选大田试验。以产量为 7500kg/hm^2 为界限，将供试的玉米品种划分为 4 个产量类别，即净作高产套作高产、净作高产套作低产、净作低产套作低产和净作低产套作高产。如图 8-3 所示，净套作均高产的品种有荣玉 1210、川单 189、绵单 581、川单 418、成单 30，净作高产套作低产的品种有中单901、川单428、众望玉18、绵单118、登海605。

表 8-14 与大豆套作的不同株型玉米品种群体共生期光强分布特征（崔亮等，2014）

年份	玉米株型	抽雄期		灌浆期		成熟期	
		PAR [mol/(m²·s)]	透光率（%）	PAR [mol/(m²·s)]	透光率（%）	PAR [mol/(m²·s)]	透光率（%）
2011	紧凑	764.19b	60b	534.59b	53b	435.77b	49b
	半紧凑	552.32c	55c	354.25c	48c	222.52c	47c
	松散	442.13d	51d	297.83d	44d	172.17d	43d
2012	紧凑	741.71b	58b	518.93b	51b	423.2b	48b
	半紧凑	536.05c	54c	332.78c	47c	216.02c	46c
	松散	429.17d	49d	283.27d	43d	167.09d	41d

表 8-15 与大豆套作的不同株型玉米品种群体产量、土地当量比和光能利用率差异（崔亮等，2014）

年份	玉米株型	产量（kg/hm²）			LER	LUE（%）	
		玉米	大豆	总产		玉米	大豆
2011	紧凑	7586.4c	1812.3a	9398.7a	1.94a	3.09c	1.67a
	半紧凑	7718.9b	1104.7b	8823.6b	1.57b	3.15b	1.54b
	松散	7914.5a	831.3c	8745.8c	1.43c	3.20a	1.49c
2012	紧凑	7658.3c	1676.2a	9334.5a	1.88a	3.13c	1.69a
	半紧凑	7755.3b	1121.4b	8876.7b	1.59b	3.17b	1.56b
	松散	7929.7a	853.7c	8783.4c	1.45c	3.23a	1.41c

注：LER. 土地当量比；LUE. 光能利用率。下同

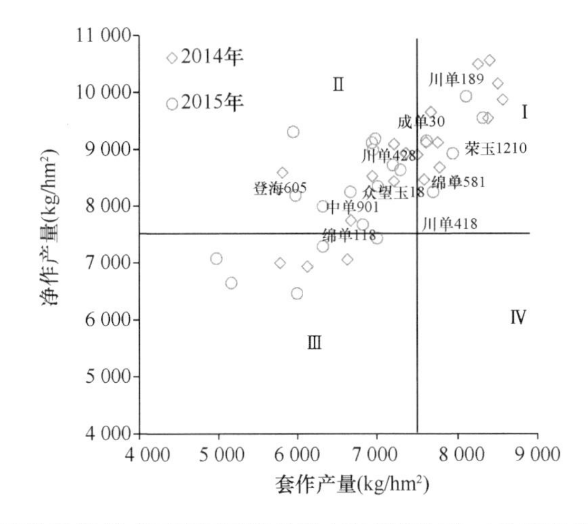

图 8-3 净套作种植模式下不同玉米品种产量等级划分（马艳玮等，2019b）

Ⅰ、Ⅱ、Ⅲ、Ⅳ区域分别代表净作高产套作高产品种、净作高产套作低产品种、净作低产套作低产品种、净作低产套作高产品种

3. 宜带状复合种植耐密抗倒玉米品种特性

（1）产量差异

以前期筛选出的净套作下均高产品种荣玉 1210 和净作高产套作低产品种众望玉 18 为材料，分析比较两个品种在产量上的差异。由表 8-16 可知，净作高产套作高产的玉米品种套作模式下 4 年平均产量为 8343.98kg/hm^2，比净作减产 1.56%；净作高产套作低产的玉米品种套作模式下 4 年平均产量为 6826.31kg/hm^2，比净作减产 20.29%。这说明不同玉米品种对环境改变的适应性不同，宜带状套作玉米品种对套作模式的特殊光环境适应能力更强。

表 8-16　净套作种植模式下不同玉米品种产量的差异（马艳玮等，2019b）

（单位：kg/hm^2）

处理		2014 年产量	2015 年产量	2016 年产量	2017 年产量	平均产量
荣玉 1210	套作	8375.04	9550.05	7880.06	7570.75	8343.98
	净作	8306.29	9562.55	7987.84	8049.6	8476.57
众望玉 18	套作	6937.53	6943.8	6701.32	6722.6	6826.31
	净作	8531.29	9000	8206.08	8516.97	8563.59

（2）叶面积差异

由表 8-17 可知，套作模式下，在吐丝期和灌浆期，荣玉 1210 棒 3 叶叶面积较众望玉 18 分别降低了 7.24%、6.60%，而下部叶面积较众望玉 18 升高了 7.44%、14.45%。随着生育时期的推进，两品种的单株叶面积、下部叶面积均呈下降趋势，与吐丝期相比，荣玉 1210 上述两个参数灌浆期分别降低了 3.85%、8.84%，而众望玉 18 降幅分别为 10.71%、14.42%。荣玉 1210 的单株叶面积、下部叶面积的下降程度低于众望玉 18，说明宜带状套作品种荣玉 1210 叶片的持绿时间较套作低产品种众望玉 18 更长。与净作相比，两品种在套作种植中的单株叶面积呈上升趋势，荣玉 1210 在吐丝期和灌浆期下分别增加了 5.00%、4.00%，众望玉 18 分别升高了 2.48%、0.87%。而棒 3 叶叶面积表现趋势相反，套作下荣玉 1210 两时期较净作降低差异不显著，而众望玉 18 分别降低了 6.56%、6.45%。说明宜套作品种荣玉 1210 在套作种植中受影响程度要弱于套作低产品种众望玉 18。

表 8-17　净套作种植模式下不同玉米品种群体叶面积（曾瑾汐，2018）（单位：cm^2）

处理		单株叶面积		棒 3 叶叶面积		下部叶面积	
		吐丝期	灌浆期	吐丝期	灌浆期	吐丝期	灌浆期
荣玉 1210	套作	6938.17a	6671.00a	1843.23a	1877.43a	3377.51a	3078.97a
	净作	6607.46b	6414.14a	1850.80a	1928.56a	3366.67a	3049.03a
众望玉 18	套作	7105.03a	6344.06a	1987.10b	2010.12b	3143.41a	2690.18a
	净作	6933.18a	6289.27a	2126.57a	2148.69a	3025.01a	2295.53b

（3）叶片生理特性差异

由表 8-18 可知，两品种套作模式下宽行叶片的厚度均高于净作，窄行叶片的厚度均低于净作。宜带状套作品种荣玉 1210 的上、下表皮及叶片厚度均高于套作低产品种众望玉 18。

表 8-18　净套作种植模式下不同玉米品种穗位叶片厚度的变化（曾瑾汐，2018）

处理		上表皮厚度（μm）		下表皮厚度（μm）		叶片厚度（μm）	
		吐丝期	灌浆期	吐丝期	灌浆期	吐丝期	灌浆期
荣玉 1210	窄行	24.16b	23.11b	17.96b	17.71a	131.96c	132.82b
	宽行	25.35a	24.92a	18.35a	18.79a	146.11a	145.11a
	净作	24.68ab	23.44b	18.20ab	18.40a	137.43b	139.97a
众望玉 18	窄行	21.21b	20.13b	15.92b	16.14b	129.41c	136.56a
	宽行	23.35a	22.32a	17.88a	17.91a	142.04a	140.16a
	净作	22.46ab	20.31b	17.13a	17.45ab	136.83b	138.46a

（4）光合速率差异

由表 8-19 可知，两个品种带状套作宽行的光合速率均显著高于净作和套作窄行，宜套作玉米品种荣玉 1210 宽行光合速率较净作的提升效应更显著，而窄行受光抑制效应低于众望玉 18。

表 8-19　净套作种植模式下不同玉米品种光合参数的变化（曾瑾汐，2018）

处理		光合速率（Pn）[μmol/(m^2·s)]		气孔导度（Gs）[mol/(m^2·s)]		胞间 CO_2 浓度（Ci）（μmol/mol）		蒸腾速率（Tr）[mmol/(m^2·s)]	
		吐丝期	灌浆期	吐丝期	灌浆期	吐丝期	灌浆期	吐丝期	灌浆期
荣玉 1210	套作窄行	28.65c	26.45c	0.17c	0.16c	102.53a	99.86a	2.85c	3.58c
	套作宽行	34.86a	33.27a	0.24a	0.23a	67.90b	68.54b	5.42a	5.88a
	净作	30.79b	29.44b	0.22b	0.20b	98.46a	101.97a	4.19b	4.72b
众望玉 18	套作窄行	24.06c	23.52c	0.14c	0.16c	117.97a	130.94a	2.63c	3.95c
	套作宽行	32.39a	32.83a	0.23a	0.25a	79.90b	79.94c	4.24a	5.91a
	净作	29.59b	29.28b	0.19b	0.19b	117.08a	109.08b	3.04b	4.87b
F 值	*A*	83.24**	6.137	147.19**	8.89	2.94	35.37*	126.93**	11.95
	B	185.14**	109.50**	147.10**	26.80**	11.32**	21.22**	156.21**	115.46**
	A×*B*	6.19**	2.423	6.80**	0.705	0.2	1.367	5.56**	3.81*

注：*A* 表示品种；*B* 表示种植模式

（5）物质分配差异

本研究通过选取带状套作减产率最高（众望玉 18）和套作减产率较小（荣玉 1210）的两个品种，分别对它们窄行和宽行穗位叶进行 ^{13}C 同位素标记，计算 ^{13}C

在各器官中的分配比例，结果如表 8-20 所示。标记窄行穗位叶时，与宽行相比，^{13}C 向穗部分配减少，向茎秆和穗位叶的分配增加。宜带状套作品种标记窄行或宽行时，^{13}C 向穗部分配均显著高于套作低产品种，表明带状套作高产品种可保证更高的光合产物分配到籽粒中来以获得高产。

表 8-20 ^{13}C 向各器官的分配比例（李丽等，2020） （%）

处理	宽行上部叶片	宽行下部叶片	窄行上部叶片	窄行下部叶片	茎秆	穗	穗位叶
ZWY18 标记窄行	0.54a	2.58a	0.26a	0.43c	12.14a	83.75c	0.26a
ZWY18 标记宽行	0.17c	0.18c	0.15b	1.16b	3.44b	94.80b	0.06c
RY1210 标记窄行	0.12c	1.61b	0.11c	0.11d	3.16b	94.65b	0.21a
RY1210 标记宽行	0.22b	0.16c	0.26a	1.80a	1.85c	95.51a	0.15b

注：ZWY18. 众望玉 18；RY1210. 荣玉 1210

（二）选用耐荫抗倒大豆品种

1. 不同耐荫大豆品种间差异

连续两年的大田试验，比较了耐荫程度差异较大的两个大豆品种在带状套作下的表现（图 8-4）。结果表明，带状套作模式下种植的两个品种在田间倒伏率、产量性状表现出显著差异。如表 8-21 和表 8-22 所示，在带状套作模式下，大豆

图 8-4 不同耐荫型大豆品种带状套作模式下田间倒伏对比（邹俊林等，2015）

A. 弱耐荫性品种（南 032-4）；B. 强耐荫性品种（南豆 12）；C. 左侧为南 032-4 枝叶，右侧为南豆 12 枝叶

表 8-21　不同耐荫性大豆品种苗期倒伏率（邹俊林等，2015）　　（%）

年份	种植方式	品种	生育时期				
			V2	V3	V4	V5	V6（R1）
2013	大豆净作	南 032-4	0	0	0	0	0
		南豆 12	0	0	0	0	0
	玉豆带状套作	南 032-4	22.19	65.26**	74.09**	83.64**	94.17**
		南豆 12	22.37	33.80	32.53	44.14	48.73
2014	大豆净作	南 032-4	0	0	0	0	0
		南豆 12	0	0	0	0	0
	玉豆带状套作	南 032-4	22.75	59.77**	72.98**	87.72**	93.67**
		南豆 12	22.16	34.71	37.72	38.93	51.11

注：“**”代表带状套作下南 032-4 与南豆 12 倒伏率在 0.01 水平上差异极显著

表 8-22　不同耐荫性大豆品种产量性状（邹俊林等，2015）

种植模式	大豆品种	有效分枝数	主茎荚数	分枝荚数	单株粒数（粒）	百粒重（g）	单株产量（g）
大豆净作	南 032-4	5.96a	19.53a	78.81a	170.8a	10.23b	16.12a
	南豆 12	5.11a	22.97a	48.31b	117.65b	17.12a	20.12a
玉豆带状套作	南 032-4	5.13a	10.97b	32.36b	87.40b	9.52b	8.56b
	南豆 12	4.87a	17.54a	38.70a	95.51a	16.61a	16.33a

从苗期（V2）开始就会发生不同程度的倒伏，但强耐荫品种（南豆 12），随着生育进程推后，发生倒伏增加率显著低于弱耐荫品种（南 032-4），全生育期倒伏率平均较弱耐荫品种低 30 个百分点，弱耐荫大豆品种倒伏率达 90%以上。倒伏严重，导致单株粒数和百粒重显著下降，耐荫性较弱的品种在带状套作模式下，单株粒数和单株产量较其净作分别下降约 83 粒和 46.90%，而强耐荫品种能实现其净作 81.16%的单株产量。

2. 宜带状复合种植耐荫抗倒大豆品种鉴选

（1）带状套作

在带状套作种植中，本研究分析了试验材料在播种后 35d 时以大豆植株茎秆主茎长、茎粗、地上部干重、茎秆抗折力为因子的耐荫抗倒伏指数（即抗倒伏指数），结果如表 8-23 所示。30 个试验材料中抗倒伏指数最大值为 0.7874，最小值为 0.1089，且不同大豆品种的抗倒伏指数差异达到极显著水平（F=13.338，P=0.000）。根据抗倒伏指数的大小，试验材料可分为高、中、低 3 等，其中抗倒伏指数高（≥0.60）的材料有 4 个，分别是南豆 12、本地八月黄、贡选一号和小黄豆；抗倒伏指数中等（0.30～0.60）的材料有 16 个；抗倒伏指数低（≤0.30）的材料有 10 个。

表 8-23 不同大豆品种耐荫抗倒伏指数及其组成因子（邹俊林等，2015）

材料名称	主茎长（cm）	茎粗（mm）	抗折力（N）	地上部干重（g）	抗倒伏指数	倒伏率（%）
南豆 12	53.91	2.73	28.32	1.82	0.7874	41.78
本地八月黄	56.36	2.71	31.47	1.98	0.7659	45.94
贡选一号	52.62	2.79	28.55	1.98	0.7637	38.46
小黄豆	60.8	2.83	30.52	2.15	0.6605	48.94
简阳九月黄-2	47.33	2.35	19.85	1.71	0.5762	55.41
牛佛大豆	55.41	2.59	24.63	2.01	0.5728	53.41
简阳绿皮豆	58.74	2.74	22.16	1.98	0.5219	59.88
九月黄	67.43	2.38	23.6	1.62	0.5157	58.65
铅山乌豆	70.14	2.46	23.75	1.69	0.4925	63.24
雅安黑豆	63.41	2.46	23.58	1.88	0.4866	66.54
平武大豆-2	48.33	1.78	16.13	1.26	0.4741	64.46
南 256-1	72.33	2.48	20.93	1.56	0.4607	67.41
南豆 021-1	69.98	2.32	21.68	1.57	0.4589	67.87
特选 13	68.84	2.52	18.17	1.47	0.452	65.69
贡秋豆 04-2	71.99	2.3	22.38	1.74	0.4107	71.38
永胜黑大豆	71.43	1.92	16.31	1.25	0.3506	72.41
青豆 1 号	71.22	2.49	24.2	2.44	0.3467	69.98
大黄珠	86.13	2.26	17.88	1.4	0.3351	62.55
桂夏 3 号	84.5	2.26	16.22	1.35	0.3211	74.41
大圆豆	85.53	2.18	15.98	1.27	0.3204	72.39
贡豆 2 号	58.99	2.63	18.06	2.81	0.2865	76.25
蒙庆 6 号	82.2	2.27	15.47	1.51	0.2825	71.74
广 15	88.56	2.25	15.63	1.41	0.2818	75.44
菜豆	83.03	2.26	15.5	1.51	0.2794	77.44
南 032-4	80.15	1.93	15.13	1.41	0.2576	79.14
崇明白毛八月白乙	85.44	1.91	18.17	1.91	0.2126	76.41
达州 1 号	71.33	1.57	10.53	1.14	0.2033	80.14
建德白毛豆 1 号	101.35	2.53	21.35	2.77	0.1924	84.03
紫花豆	80.99	1.71	12.65	1.48	0.1804	78.81
小白毛	108.74	1.68	14.66	2.08	0.1089	86.23

（2）带状间作

为了探究是否耐荫抗倒，本研究对 124 份材料进行聚类分析，选择产量降幅和抗折力两个指标并使用维恩图求取二者的交集，得到产量降幅小高抗材料 11 份、产量降幅小低抗材料 3 份、产量降幅大高抗材料 5 份、产量降幅大低抗材料 3 份（表 8-24）；进一步筛选适宜间作的材料，最终选择单株粒重 13g 以上的高产材料进行推广。

表 8-24 耐荫抗倒宜间作大豆材料的筛选（邹俊林等，2015）

材料分组	大豆材料
产量降幅小高抗	冀豆 12、0123、濉科 23、濉科 67、濉科 43、邯豆 19、陇黄 3、圣豆 10 号、邯豆 15、濉科 66、濉科 998
产量降幅小低抗	齐黄 34、濉科 75、成豆 18
产量降幅大高抗	濮豆 820、中黄 302、金豆 188、中黄 42、中黄 328
产量降幅大低抗	中黄 74、中黄 39、德豆 99-6

3. 宜带状复合种植耐荫抗倒大豆品种特性

（1）茎秆形态特征的差异

由图 8-5 可知，综合 2013 年和 2014 年数据，与净作相比，套作大豆苗期茎秆主茎长显著增加，茎粗、地上部干重显著降低。共生期结束时，套作中弱耐荫、中度耐荫、强耐荫大豆品种的主茎长比净作分别增长了 88.16%、138.57%和 49.01%；套作中弱耐荫、中度耐荫、强耐荫大豆品种的茎粗比净作分别降低了 55.79%、53.14%和 51.21%；套作中弱耐荫、中度耐荫、强耐荫大豆品种的地上部干重比净作分别降低了 81.93%、75.35%和 74.72%。这表明弱耐荫抗倒伏性大豆品种变异幅度较大，发生田间倒伏率更高。

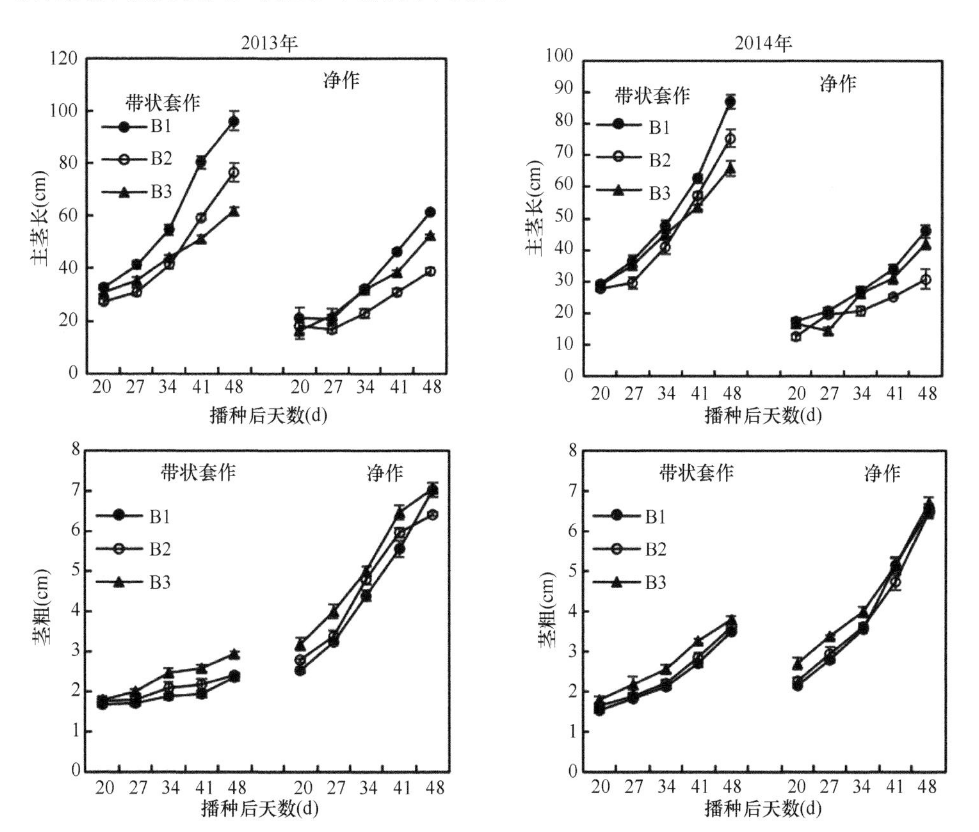

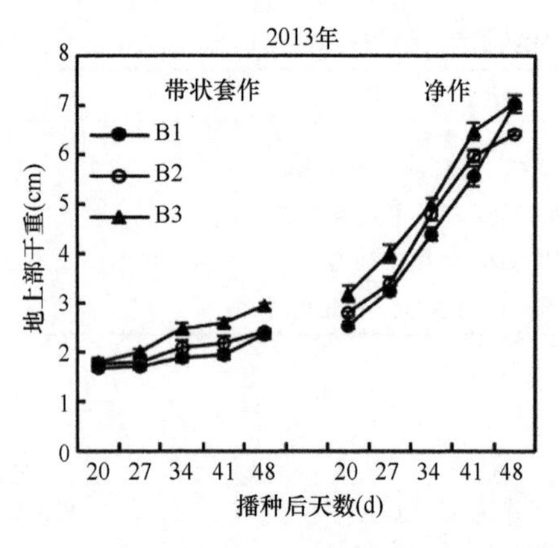

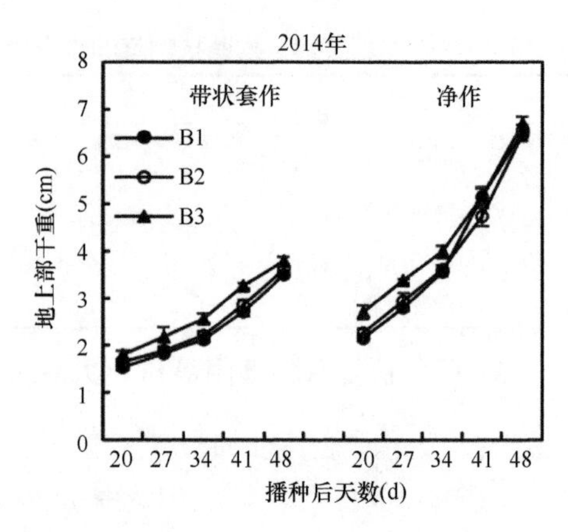

图 8-5 净套作大豆形态特征差异（邹俊林，2015）

B1. 南 032-4，弱耐荫抗倒性；B2. 九月黄，中度耐荫抗倒性；B3. 南豆 12，强耐荫抗倒性

（2）茎秆物理特性的差异

由表 8-25 可知，带状套作模式中，各品种茎秆抗折力在 34d 时开始出现差异，至 48d 时强耐荫品种显著高于弱耐荫和中度耐荫品种，中度耐荫品种显著高于弱耐荫品种。综合两年数据，共生期结束时，弱耐荫、中度耐荫、强耐荫大豆品种茎秆抗折力套作比净作分别平均降低了 72.39%、63.90%和 58.03%。这表明带状套作显著降低了大豆茎秆抗折力，而强耐荫抗倒伏品种受影响程度相对较弱。

表 8-25 不同品种大豆茎秆抗折力在播种后不同时间的变化（邹俊林，2015）（单位：N）

种植模式	品种	2013 年					2014 年				
		播种后天数（d）					播种后天数（d）				
		20	27	34	41	48	20	27	34	41	48
套作	南 032-4	3.43c	7.85c	10.59d	18.82e	28.14e	3.33c	9.42d	15.35d	27.79d	35.60e
	九月黄	3.74c	8.50c	13.88d	26.80d	38.16d	3.80c	9.58d	17.39cd	30.78cd	45.57d
	南豆 12	3.90c	10.45c	27.96c	48.91c	63.12c	5.06c	12.08d	21.15c	34.48c	56.57c
净作	南 032-4	13.13b	36.20b	49.81b	66.85b	93.33b	12.06b	32.96c	66.37b	95.48b	141.95b
	九月黄	17.47a	36.37b	53.20b	67.64b	100.31b	13.57b	39.04b	69.71b	94.87b	133.40b
	南豆 12	18.53a	45.33a	60.57a	81.04a	128.26a	18.73a	52.33a	83.13a	117.12a	162.91a

由表 8-26 可知，带状套作种植模式显著降低大豆的抗倒伏指数，不同大豆品种抗倒伏指数表现不一致。带状套作模式中，播种 27d 后各大豆品种抗倒伏指数表现为强耐荫品种＞中度耐荫品种＞弱耐荫品种，表明强耐荫抗倒品种对荫蔽环境表现出较强的适应能力和调节能力；与九月黄和南 032-4 相比，强耐荫抗倒伏性大豆品种南豆 12 受遮荫影响较小，其茎秆抗折力下降幅度最小，茎秆抗折力高，抗倒伏指数大，田间实际倒伏率最低。因此，人们在带状套作大豆生产中要选择耐荫性强、茎秆综合性状突出的品种，从而实现增产增收。

表 8-26　不同品种大豆抗倒伏指数在播种后不同时间的变化（邹俊林，2015）

种植模式	品种	2013 年					2014 年				
		播种后天数（d）					播种后天数（d）				
		20	27	34	41	48	20	27	34	41	48
套作	南 032-4	0.6505e	0.7058d	0.5384e	0.3040e	0.2704e	0.5110e	0.9049e	0.7550e	0.6730e	0.4930f
	九月黄	0.8329d	1.0403c	0.8580d	0.4698e	0.4613d	0.7366d	1.0912d	0.8686de	0.7002e	0.6574e
	南豆 12	0.6853e	1.0283c	1.2836c	0.9984d	0.9643c	0.7005d	1.1475d	1.0044c	0.8118d	0.7828d
净作	南 032-4	3.5660c	4.8432b	2.1129b	1.3545c	0.9150c	2.0709c	2.4689c	2.1731b	1.5815c	1.2071c
	九月黄	5.1557a	5.7212a	3.1903a	2.0133a	1.9746a	3.0819a	4.1753a	2.8141a	2.2020a	1.9571a
	南豆 12	3.8814b	4.9166b	2.1959b	1.6198b	1.5588b	2.8962b	3.8496b	2.1963b	1.7195b	1.6876b

第二节　扩 间 增 光

确定适宜的玉米大豆带宽、间距要以充分发挥地上部对光能的利用为前提，根系互为促进。玉米宽行越宽、玉米大豆间距越大，大豆受玉米遮荫越小，地上部光合产物量越大，向下输送的碳水化合物越多，越能促进地下部生长，显著提高固氮能力。但带宽、间距大小也影响到玉米与大豆根系的“交流”，两作物根系互作可显著提高玉米氮素利用效率，减氮的同时促进玉米地上部的生长，因此选择一个最适间距是玉米大豆带状复合种植技术的关键。

一、适宜的单元宽度

（一）带状套作

在玉米大豆带状套作系统中，生产单元宽度的设置从 1.6m 逐渐增加到 2.2m，玉米、大豆冠层光分布、系统群体产量、土地当量比及养分吸收竞争比率等方面，均存在明显的优劣差异。在冠层光分布方面，生产单元宽度增大玉米冠层中部透光率逐渐下降，与之相反，大豆冠层的透光率增加。在群体产量方面如表 8-27、表 8-28 所示，随着生产单元宽度的进一步增加，玉米产量逐渐下降，大豆产量逐渐增加，但群体产量呈下降趋势。从多年试验的结果中发现，不管品种如何选择，生产单元设置为 2.0m 左右时带状套作系统能获得较高的产量，且在此生产单元下，带状套作系统的氮、磷等养分积累优势表现最大（表 8-29）。

（二）带状间作

带状间作玉米大豆共生期长。在黄淮海夏大豆-夏玉米带状间作区，研究人员设置了 3 个生产单元宽度，分别为 2.2m（3S）、2.5m（4S）、2.8m（5S），配以 3 个不同玉米密度，分别为 52 500 株/hm^2（M1）、67 500 株/hm^2（M2）、82 500 株/hm^2（M3）开展了连续两年的大田试验。结果显示（表 8-30），生产单元宽度和玉米密

表 8-27 生产单元宽度对玉米、大豆、群体产量及土地当量比的影响（卢凤芝，2014）

处理	2012 年				2013 年			
	产量（10^3kg/hm^2）			土地当量比	产量（10^3kg/hm^2）			土地当量比
	玉米	大豆	群体产量		玉米	大豆	群体产量	
1.6m	9.13a	0.48e	9.61a	1.32e	6.33a	0.71f	7.04b	1.56d
1.7m	8.67ab	0.69d	9.37ab	1.38cde	6.11ab	0.85e	6.96b	1.63d
1.8m	8.41abc	0.74d	9.15bc	1.37de	5.80bc	1.06d	6.87bc	1.73c
1.9m	8.26bc	1.12bc	9.39ab	1.55b	5.72c	1.41b	7.13ab	1.97b
2.0m	8.33bc	1.29b	9.62a	1.65a	5.87bc	1.52a	7.39a	2.08a
2.1m	7.77bc	1.03c	8.80cd	1.45c	5.31d	1.28c	6.59c	1.81c
2.2m	7.42cd	1.06c	8.48d	1.42cd	5.22d	0.92e	6.13d	1.53d
玉米净作	8.45abc	—	8.45d	1.00f	6.07ab	—	6.07d	1.00e
大豆净作	—	1.96a	1.96e	1.00f	—	1.38bc	1.38e	1.00e

注：玉米品种川单 418，大豆品种贡选一号

表 8-28 生产单元宽度对玉米、大豆产量及群体产量的影响（马艳玮等，2019b）

（单位：kg/hm^2）

处理	2017 年			2018 年		
	玉米	大豆	群体	玉米	大豆	群体
2.0m	9 382.67a	2 149.80c	11 532.46a	8 620.86b	1 422.21c	10 043.06a
2.4m	7 633.07b	2 563.62b	10 196.69b	8 024.90b	1 453.59c	9 478.49a
2.8m	6 217.12c	2 735.49ab	8 952.61c	6 770.96c	1 733.79b	8 504.75b
玉米净作	9 568.77a	—	9 568.77bc	9 856.96a	—	9 856.96a
大豆净作	—	2 881.65a	2 881.65d	—	2 186.95a	2 186.95c

注：玉米品种荣玉 1210，大豆品种南豆 12

表 8-29 生产单元宽度对作物群体氮磷钾积累量的影响（卢凤芝，2014）

（单位：kg/hm^2）

处理	氮		磷		钾	
	玉米	大豆	玉米	大豆	玉米	大豆
1.6m	231.7b	43.9g	45.1ab	5.9f	157.7ab	25.4f
1.7m	230.8b	60.5f	44.6b	8.3e	154.1abc	34.7e
1.8m	226.2bc	66.9e	44.1bc	8.8e	154.1abc	35.6e
1.9m	223.9bc	92.6d	43.8bc	12.4d	151.7abc	50.2d
2.0m	223.2bc	113.3b	42.1bc	16.0b	148.9bc	60.6b
2.1m	219.8bc	106.3c	42.0bc	14.8c	148.2bc	55.3c
2.2m	217.7c	102.4c	41.5c	14.2c	146.4c	53.7c
玉米净作	251.1a	—	47.8a	—	162.1a	—
大豆净作	—	171.5a	—	22.3a	—	83.2a

表 8-30 生产单元宽度对玉米、大豆产量及群体产值、土地当量比的影响

处理	2021 年					2022 年				
	玉米产量（kg/hm²）	大豆产量（kg/hm²）	群体产量（kg/hm²）	LER	产值（元/hm²）	玉米产量（kg/hm²）	大豆产量（kg/hm²）	群体产量（kg/hm²）	LER	产值（元/hm²）
M13S	6 109.52g	1 472.50e	7 582.02f	1.34d	25 941.65f	6 722.23g	1 177.61ef	7 899.84e	1.21d	25 887.93d
M14S	6 117.43g	1 706.34c	7 823.78e	1.42ab	27 366.87e	6 695.64g	1 340.65cd	8 036.29e	1.26c	26 791.68d
M15S	5 888.93h	1 805.65b	7 694.58ef	1.41ab	27 322.92e	6 286.8h	1 516.33b	7 803.12e	1.25c	26 700.98d
M23S	7 679.39d	1 341.13f	9 020.52b	1.36cd	29 549.09d	8 237.54e	1 113.26fg	9 350.79c	1.25c	29 744.64c
M24S	7 435.84e	1 702.4c	9 138.24b	1.43a	31 034.74c	8 063.48e	1 371.12cd	9 434.6c	1.31ab	30 804.47b
M25S	7 283.92e	1 725.75bc	9 009.67b	1.42a	30 749.46c	7 646.88f	1 419.81bc	9 066.69d	1.28bc	29 930.15bc
M33S	8 656.91a	1 291.07f	9 947.98a	1.39bc	31 985.76b	9 315.55ab	1 040.55g	10 356.1a	1.29bc	32 326.85a
M34S	8 364.36b	1 560.06d	9 924.42a	1.44a	32 780.58a	9 132.2bc	1 246.51def	10 378.71a	1.33a	33 049.22a
M35S	8 220.8bc	1 591.57d	9 812.37a	1.43a	32 567.65ab	8 727.01d	1 287.86cde	10 014.87b	1.3ab	32 162.79a
SM1	6 796.6f	—	6 796.6g	—	19 030.49j	7 765.92f	—	7 765.92e	—	21 744.59f
SM2	8 078.7c	—	8 078.7d	—	22 620.36h	8 883.69cd	—	8 883.69d	—	24 874.33e
SM3	8 678.08a	—	8 678.08c	—	24 298.63g	9 484.75a	—	9 484.75c	—	26 557.29d
SS	—	3 313.38a	3 313.38h	—	19 880.29i	—	3 420.18a	3 420.18f	—	20 521.09g
avg-3S	7 481.94a	1 368.23c	8 850.17b	1.36b	29 158.83b	8 091.77a	1 110.47c	9 202.25a	1.25b	29 319.81b
avg-4S	7 305.88b	1 656.27b	8 962.14a	1.43a	30 394.06a	7 963.78a	1 319.42b	9 283.20a	1.30a	30 215.12a
avg-5S	7 131.22c	1 707.65a	8 838.87b	1.42a	30 213.34a	7 553.56b	1 408.00a	8 961.56b	1.28ab	29 597.97b
M	**	**	**	*	**	**	**	**	**	**
S	**	**	ns	**	**	**	**	**	*	**
M×*S*	ns	*	ns	ns	ns	ns	*	ns	ns	ns

注：avg. 平均值；M. 玉米密度；S. 生产单元宽度；下同

度均对玉米、大豆及群体产量、产值、土地当量比产生显著影响。扩大生产单元宽度，玉米产量呈现降低趋势；与生产单元宽度 2.2m 比较，生产单元宽度为 2.8m 的各种植密度的玉米产量显著降低，两年平均降幅分别为 5%、6.2%、5.9%；只有当玉米密度增至 82 500 株/hm^2（M3），生产单元宽度为 2.2m 的玉米产量与净作产量无显著差异。但大豆产量表现则相反，生产单元宽度从 2.2m 到 2.8m 大豆两年平均增幅为 18.9%、25.1%。综合群体产量、产值及土地当量比，生产单元宽度为 2.5m 时黄淮海各种玉米密度配置下均能获得较高值。

进一步分析玉米、大豆产量的各构成因素，玉米穗粒数受到生产单元宽度、玉米密度及互作效应显著影响。扩大生产单元宽度玉米穗粒数呈降低趋势，与生产单元宽度 2.2m 比较，生产单元宽度为 2.8m 的各种植密度的玉米穗粒数显著降低（表 8-31）。生产单元宽度对大豆有效株数影响显著，对大豆百粒重无显著影响。大豆单株粒数受玉米密度、生产单元宽度及其互作效应显著影响，玉米密度为 52 500 株/hm^2（M1）增加生产单元宽度大豆单株粒数显著增加；玉米密度为 67 500 株/hm^2（M2）、82 500 株/hm^2（M3）时，增加生产单元宽度至 2.5m 以上后大豆单株粒数增加较生产单元宽度 2.5m 时不显著（表 8-32）。

表 8-31　生产单元宽度对玉米产量构成因素的影响

处理	2021 年			2022 年		
	有效穗（穗/hm^2）	穗粒数（粒）	千粒重（g）	有效穗（穗/hm^2）	穗粒数（粒）	千粒重（g）
M13S	49 925g	434.97c	281.33ab	51 730d	404.18c	321.53abc
M14S	51 695e	425.31d	278.24ab	52 026d	398.21cd	323.19a
M15S	51 515ef	412.36f	277.24bc	49 429e	394.38de	322.51ab
M23S	66 700c	426.35d	270.05de	66 321b	388.08e	320.08bcd
M24S	66 700c	417.91e	266.78e	65 366bc	386.55e	319.14cde
M25S	65 805cd	414.08ef	267.32e	65 211bc	366.90fg	319.63cd
M33S	80 339a	402.12g	267.98de	79 964a	366.16fg	318.16de
M34S	79 707ab	393.89h	266.43e	79 373a	359.96g	319.63cd
M35S	80 096ab	385.36i	266.36e	79 802a	342.57h	319.23cd
SM1	50 025fg	480.81a	282.59a	52 407d	457.51a	323.92a
SM2	64 320d	460.54b	272.73cd	64 318c	433.49b	318.63de
SM3	78 615b	411.04f	268.56de	80 398a	372.82f	316.48e
avg-3S	65 655a	421.17a	273.12a	66 005a	386.14a	319.92a
avg-4S	66 034a	412.37b	270.48b	65 588ab	381.58a	320.66a
avg-5S	65 805a	403.93c	270.31b	64 814b9	367.95b	320.46a
M	**	**	**	**	**	**
S	ns	**	ns	ns	**	ns
M×*S*	ns	*	ns	ns	*	ns

表 8-32 生产单元宽度对大豆产量构成因素的影响

处理	2021 年			2022 年		
	有效株（株/hm^2）	单株粒数（粒）	百粒重（g）	有效株（株/hm^2）	单株粒数（粒）	百粒重（g）
M13S	124 305d	42.89d	27.66abc	110 997c	40.96f	25.92ab
M14S	128 395bcd	47.68c	27.91ab	115 390bc	44.98de	25.84ab
M15S	128 005bcd	51.56b	27.37bc	117 696b	50.70b	25.41b
M23S	126 735cd	38.36e	27.61abc	112 440bc	40.91f	24.21b
M24S	131 885bc	47.71c	27.06bc	114 724bc	47.28cd	25.28b
M25S	132 505bc	48.50c	26.86bc	117 321bc	49.11bc	24.64b
M33S	129 155bcd	37.35e	26.80bc	111 713bc	37.73f	24.68b
M34S	134 230b	44.32d	26.23c	113 724bc	44.17e	24.82b
M35S	130 980bcd	44.42d	27.36bc	116 576bc	44.99de	24.23b
SS	183 430a	62.45a	28.96a	175 088a	71.03a	27.48a
avg-3S	126 732b	39.53c	27.36a	111 717c	39.87c	24.94a
avg-4S	131 503a	46.57b	27.07a	114 612b	45.48b	25.32a
avg-5S	130 497a	48.16a	27.20a	117 198a	48.27a	24.76a
M	*	**	ns	ns	**	ns
S	*	**	ns	*	**	ns
$M\times S$	ns	*	ns	ns	*	ns

在西北的春大豆春玉米带状间作区，研究人员同样开展了不同生产单元宽度与玉米密度配置大田试验。两年的数据结果（表 8-33）表明，扩大生产单元宽度，玉米产量呈现降低趋势，与生产单元宽度 2.2m 比较，生产单元宽度为 2.8m 的各种植密度的玉米产量均显著降低，3 种种植密度的两年平均降幅分别为 7.4%、6%、6.9%，较黄淮海地区增加生产单元宽度玉米产量降幅增加；只有当玉米密度为 90 000 株/hm^2（M3）的生产单元宽度为 2.2m 和 2.5m 的玉米产量与净作 75 000 株/hm^2 密度（M2）产量无显著差异。增加生产单元宽度大豆产量显著提高，与生产单元为 2.2m 相比，生产单元宽度 2.8m 的 3 种种植密度的大豆产量两年的平均增幅分别为 26.3%、23.8%、30.4%。在西北地区仍是生产单元宽度在 2.5m 时不同玉米密度配置下群体产量、产值及土地当量比均能获得较高值。

进一步分析玉米、大豆产量的各构成因素，扩大生产单元宽度，玉米穗粒数也呈降低趋势；与生产单元宽度 2.2m 比较，生产单元宽度为 2.8m 的各种植密度的玉米穗粒数显著降低；玉米千粒重随密度增加呈现减少趋势，影响未达显著水平（表 8-34）。大豆有效株数受生产单元宽度显著影响，但对百粒重无显著影响。大豆单株粒数受生产单元宽度、玉米密度及其互作效应显著影响，玉米密度为 60 000 株/hm^2（M1）时，增加生产单元宽度大豆单株粒数显著增加；玉米密度为 75 000 株/hm^2（M2）、90 000 株/hm^2（M3）时，增加生产单元宽度至 2.5m 以上后大豆单株粒数的增加较生产单元宽度 2.5m 时不显著（表 8-35）。

表 8-33 生产单元宽度对玉米、大豆产量及群体产值、土地当量比的影响

处理	2021 年					2022 年				
	玉米产量（kg/hm^2）	大豆产量（kg/hm^2）	群体产量（kg/hm^2）	LER	产值（元/hm^2）	玉米产量（kg/hm^2）	大豆产量（kg/hm^2）	群体产量（kg/hm^2）	LER	产值（元/hm^2）
M13S	12 931.49g	1 471.89e	14 403.37fg	1.25d	45 039.49e	12 452.28f	1 706.73e	14 159.01ef	1.25d	45 106.78ef
M14S	12 756.52g	1 743.2c	14 499.72f	1.3bc	46 177.45de	12 450.01f	1 895.37cd	14 345.38e	1.31abc	46 232.23e
M15S	12 003.12h	1 930.14b	13 933.26g	1.3bc	45 189.57e	11 505.39g	2 072.25b	13 577.64g	1.30cd	44 648.59f
M23S	15 656.52d	1 396.96f	17 053.48d	1.27cd	52 220.02bc	14 048.83d	1 635.66f	15 684.49cd	1.27d	49 150.67c
M24S	15 242.76de	1 659.41d	16 902.17d	1.32ab	52 636.21b	14 041.6d	1 832.13d	15 873.72c	1.32ab	50 309.24c
M25S	14 394.6f	1 786.48c	16 181.08e	1.3bc	51 023.74c	13 487.52e	1 957.1c	15 444.63cd	1.3abc	49 507.68c
M33S	17 418.69b	1 272.3g	18 690.99a	1.28cd	56 406.13a	16 783.25ab	1 424.72g	18 207.97a	1.27bcd	55 541.4ab
M34S	16 910.67b	1 627.21d	18 537.88ab	1.34a	57 113.12a	16 320.80b	1 761.76e	18 082.55a	1.33a	56 268.77a
M35S	16 340.27c	1 653.06d	17 993.34c	1.31ab	55 671.15a	15 508.93c	1 864.07d	17 373b	1.31ab	54 609.41b
SM1	14 736.92ef	—	14 736.92f	—	41 263.39f	13 750.00de	—	13 750fg	—	38 500h
SM2	16 929.67b	—	16 929.67d	—	47 403.08d	15 213.32c	—	15 213.32d	—	42 597.28g
SM3	18 163.34a	—	18 163.34bc	—	50 857.34c	16 991.07a	—	16 991.07b	—	47 575d
SS	—	4 004.36a	4 004.36h	—	24 026.13g	—	4 520.43a	4 520.43h	—	27 122.56i
avg-3S	15 335.57a	1 380.38c	16 715.95a	1.27b	51 221.88ab	14 428.12a	1 589.04c	16 017.16a	1.29b	49 932.95b
avg-4S	14 969.98b	1 676.61b	16 646.59a	1.32a	51 975.59a	14 270.8a	1 829.75b	16 100.55a	1.33a	50 936.74a
avg-5S	14 246c	1 789.89a	16 035.89b	1.30a	50 628.16b	13 500.62b	1 964.47a	15 465.09b	1.31ab	49 588.56b
M	**	**	**	*	**	**	**	**	*	**
S	**	**	**	**	**	**	**	**	**	**
$M \times S$	ns	*	ns	ns	ns	ns	*	ns	ns	ns

表 8-34　生产单元宽度对玉米产量构成因素的影响

处理	2021 年			2022 年		
	有效穗（穗/hm^2）	穗粒数（粒）	千粒重（g）	有效穗（穗/hm^2）	穗粒数（粒）	千粒重（g）
M13S	56 089e	546.67c	421.73abc	55 331e	559.26c	402.48ab
M14S	57 029e	530.54d	421.65abc	56 695e	548.69d	400.26abc
M15S	55 087e	517.80f	420.80abcd	55 385e	518.98f	400.44abc
M23S	71 627c	520.23ef	420.15bcd	68 595cd	514.08fg	398.41abc
M24S	71 036cd	510.89g	420.02bcd	68 368cd	509.91g	402.92ab
M25S	72 655c	471.89i	419.85cd	70 351c	483.13i	396.82abc
M33S	84 649a	490.96h	419.16d	85 270a	500.47h	393.32c
M34S	84 376ab	476.13i	419.83cd	85 710a	481.71i	395.30abc
M35S	83 971ab	463.47j	419.88cd	83 673a	471.40j	393.19c
SM1	57 171e	610.73a	422.06ab	57 171e	596.02a	403.52a
SM2	69 082d	579.96b	422.53a	66 700d	569.91b	400.20abc
SM3	82 184b	524.44de	421.42abc	79 802b	539.19e	394.88bc
avg-3S	70 788a	519.29a	420.35a	69 731.82a	524.60a	398.07a
avg-4S	70 813a	505.85a	420.50a	70 257.33a	513.44a	399.49a
avg-5S	70 571a	484.39a	420.17a	69 802.98a	491.17a	396.82a
M	**	**	*	**	**	*
S	ns	**	ns	ns	**	ns
M×*S*	*	**	ns	ns	**	ns

表 8-35　生产单元宽度对大豆产量构成因素的影响

处理	2021 年			2022 年		
	有效株（株/hm^2）	单株粒数（粒）	百粒重（g）	有效株（株/hm^2）	单株粒数（粒）	百粒重（g）
SS	156 593a	113.65a	22.52a	178 423a	99.51a	25.47a
M13S	123 398cd	54.54e	21.87abc	125 063bc	51.51e	26.50f
M14S	124 755bcd	64.23c	21.75abc	129 398b	56.53cd	25.93cd
M15S	127 767b	67.12d	22.51a	130 596b	59.85b	26.52b
M23S	121 931d	51.13f	22.41ab	127 336bc	49.86e	25.80f
M24S	123 124cd	64.05c	21.06c	127 731b	56.83cd	25.24de
M25S	127 171b	65.45bc	21.46bc	129 231b	58.89bc	25.73c
M33S	124 039bcd	46.77g	21.93abc	121 652c	44.53f	26.30g
M34S	124 566bcd	59.48d	21.97abc	125 063bc	54.65d	25.78e
M35S	125 864bc	60.68d	21.65abc	127 742b	57.98bc	25.17d
avg-3S	123 122c	50.82c	22.07a	124 684c	48.63c	26.20a
avg-4S	124 148b	62.59b	21.59a	127 397b	56.00b	25.65a
avg-5S	126 934a	64.42a	21.87a	129 190a	58.91a	25.81a
M	ns	**	ns	ns	**	ns
S	**	**	ns	*	**	ns
M×*S*	ns	*	ns	ns	*	ns

二、恰当的行比配置

按照“高位主体、高低协同”的带状复合种植光能高效利用理论，在系统设置2行玉米，在行行具有边际优势的前提下，低位作物大豆的行比应如何配置才能实现高效利用光能，获得较高的群体产量？为了解决这个问题，本研究于2017～2018年设置了大豆不同行比的田间试验，结果如图8-6所示。各套作处理的群体光能利用率显著高于净作玉米、净作大豆，并且随着带宽的增大，套作系统中玉米和大豆群体的光能利用率呈逐渐降低的趋势，最大值均出现在T1。2017年群体光能利用率T1比T2、T3、T4、T5、CKM、CKS分别高12.61%、14.68%、32.98%、31.58%、40.45%、257.43%，差异达显著水平。2018年变化趋势与2017年相似。由表8-36可知，群体产量和土地当量比也以T1处理最高，表明在带状套作模式下，玉米大豆行比以2∶2为宜。

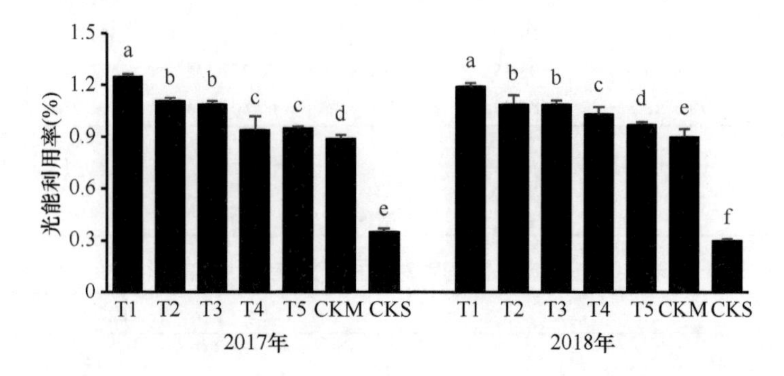

图8-6 不同行比配置（玉米∶大豆）对玉米和大豆群体光能利用率的影响（徐婷等，2014）

玉米、大豆行距均为40cm。T1. 带宽2m，行比2∶2；T2. 带宽2.4m，行比2∶3；T3. 带宽2.4m，行比2∶4；T4. 带宽2.8m，行比2∶3；T5. 带宽2.8m，行比2∶4；CKM. 玉米净作（等行距栽培，行距70cm）；CKS. 大豆净作（等行距栽培，行距70cm）。下同

表8-36 行比配置对玉米大豆带状复合种植系统产量的影响（陈元凯，2019）

年份	处理	产量（10^3kg/hm^2）			产量贡献率（%）		LER
		玉米	大豆	群体产量	玉米	大豆	
2017	T1	9.38a	2.15d	11.53a	81.36	18.64	1.73a
	T2	7.63b	2.56c	10.20b	74.86	25.14	1.69ab
	T3	7.21b	2.54c	9.74c	73.96	26.04	1.64bc
	T4	6.22c	2.74ab	8.95d	69.44	30.56	1.61bc
	T5	6.03c	2.65bc	8.68d	69.50	30.50	1.55c
	CKM	9.54a	—	9.54c	100.00	—	1.00d
	CKS	—	2.88a	2.88e	—	100.00	1.00d

续表

年份	处理	产量（10^3kg/hm^2）			产量贡献率（%）		LER
		玉米	大豆	群体产量	玉米	大豆	
2018	T1	8.78b	1.42c	10.20a	86.06	13.94	1.54a
	T2	8.02c	1.45c	9.47c	84.65	15.35	1.48ab
	T3	7.92c	1.39c	9.32c	85.03	14.97	1.44bc
	T4	6.77d	1.73b	8.50d	79.61	20.39	1.48ab
	T5	5.96e	1.70b	7.66e	77.76	22.24	1.38c
	CKM	9.86a	—	9.86b	100.00	—	1.00d
	CKS	—	2.19a	2.19f	—	100.00	1.00d

三、科学的行间距配置

（一）玉米带行距

两年大田试验在筛选出的优势带宽 2m 的条件下，设置 20cm、30cm、40cm、50cm、60cm、70cm 6 个玉米窄行行距，结果如表 8-37 所示。两年数据平均值表现为，套作玉米产量随窄行行距增加，与净作玉米相比，降低幅度减小，20～30cm 行距配置套作玉米产量较净作降低 17.97%～20.61%，40～50cm 行距配置降低 9.81%～11.59%，60～100cm 行距配置降低 1.40%～6.27%。套作大豆产量随窄行行距增加的变化趋势与玉米相反；20～40cm 窄行配置下大豆产量较净作降低 25.30%～28.67%，50～70cm 窄行配置产量降低 37.04%～59.80%；群体产量、土地当量比和实际产量损失值呈先增加后降低的趋势。在 40～60cm 窄行配置下各指标差异不显著的前提下，为了能给大豆提供更多的空间，带状套作玉米行距以 40cm 为佳。

如图 8-7 所示，适宜的玉米窄行行距改善了群体作物生长小环境，回归分析表明，宽行上、中、下各部位透光率均与窄行大小呈显著负相关，各部位透光率受窄行大小影响的顺序为下部＞中部＞上部；窄行上、中、下各部位透光率均与窄行大小呈正相关，各部位透光率受窄行大小影响的顺序为中部＞下部＞上部，在玉米窄行 40cm 时，玉米冠层中上部透光率达最大。宽行和窄行玉米冠层空气温度和 CO_2 浓度均随窄行距的增加呈先降低后升高的趋势（表 8-38，表 8-39）。

（二）玉米大豆间距

在玉米窄行行距 40cm 条件下，设置不同的玉米大豆间距，两年试验结果如表 8-40 所示。玉米大豆间距为 60cm 处理的土地当量比最大，随着间距缩小土地当量比显著下降，表明带状套作中玉米合理的行距（40cm）和玉米大豆间距扩大（60cm）有利于系统产量的提高。

表 8-37 不同窄行配置下玉米产量及产量构成因素（廖敦平，2015）

年份	处理	产量（kg/hm^2）			LER			AYL		
		玉米	大豆	群体产量	LERm	LERs	LERt	AYLm	AYLs	AYLt
2012	20：180	5041.26d	1479.27b	6520.53c	0.78d	0.74a	1.52a	0.74	0.35	1.09
	30：170	5185.40d	1449.87b	6635.27c	0.80cd	0.73a	1.53a	0.69	0.39	1.08
	40：160	5721.28c	1401.17b	7122.45a	0.89b	0.70a	1.59a	0.77	0.41	1.18
	50：150	5749.40c	1203.93c	6953.33b	0.89b	0.60b	1.49a	0.7	0.27	0.97
	60：140	6109.20b	1081.31c	7190.51a	0.95a	0.54b	1.49a	0.72	0.21	0.93
	70：130	6308.61ab	816.41d	7125.02a	0.98a	0.41c	1.39b	0.63	0.02	0.65
	100：100	6386.49ab	612.86e	6999.35b	0.99a	0.31d	1.30b	0.98	–0.38	0.59
	净作玉米	6456.11a	—	6456.11d	—	—	—	—	—	—
	净作大豆	—	1992.51a	1992.51e	—	—	—	—	—	—
2013	20：180	5095.71f	1398.58b	6494.29d	0.81e	0.76a	1.56a	0.79	0.37	1.16
	30：170	5289.11ef	1329.31bc	6618.42c	0.84de	0.72ab	1.56a	0.76	0.36	1.13
	40：160	5568.48de	1346.50b	6914.98a	0.88cd	0.73a	1.61a	0.76	0.45	1.21
	50：150	5767.28cd	1221.44cd	6988.72a	0.91c	0.66bc	1.58a	0.74	0.38	1.12
	60：140	5858.65bcd	1134.84d	6993.49a	0.93bc	0.62c	1.54a	0.69	0.36	1.04
	70：130	6052.89abc	732.27e	6785.16b	0.96ab	0.39d	1.35b	0.6	–0.02	0.58
	100：100	6204.09ab	496.46f	6700.55b	0.98a	0.27e	1.25b	0.97	–0.47	0.5
	净作玉米	6313.07a	—	6313.07d	—	—	—	—	—	—
	净作大豆	—	1859.81a	1859.81e	—	—	—	—	—	—

注：LERm、LERs、LERt 分别代表玉米偏土地当量比、大豆偏土地当量比和系统总土地当量比；AYLm、AYLs、AYLt 代表实际玉米、大豆和系统产量损失值。m 代表玉米，s 代表大豆，t 代表系统（即玉米+大豆）

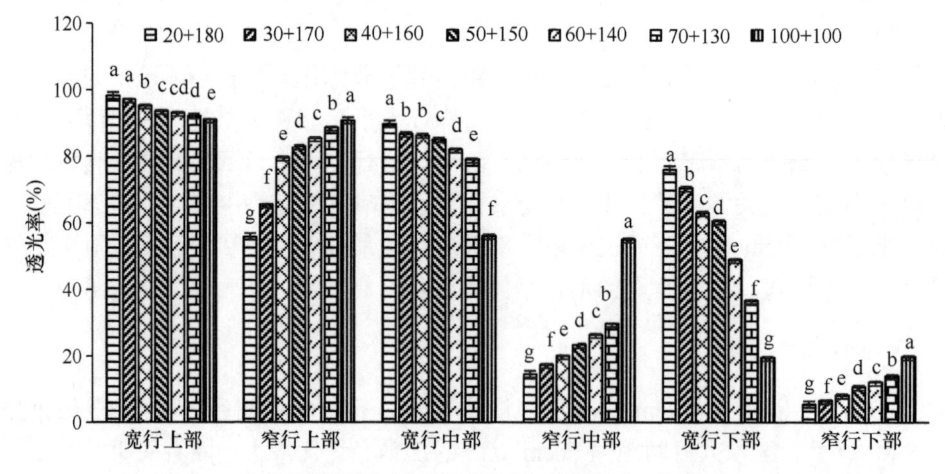

图 8-7 玉米行距配置对玉米冠层透光率的影响（张群，2014）

表 8-38　玉米行距配置对玉米冠层空气温度的影响（张群，2014）　（单位：℃）

玉米窄行+宽行（cm+cm）	宽行			窄行		
	上部	中部	下部	上部	中部	下部
20+180	33.37Dd	32.77Bb	31.50Cd	30.43Dd	29.33Dd	29.23Dd
30+170	32.20Ee	30.83Cc	29.87De	28.87Ee	28.37Ee	28.27Ee
40+160	28.80Gg	27.93Dd	27.70Fg	27.40Ff	26.83Ff	27.03Ff
50+150	30.37Ff	28.23Dd	28.47Ef	27.73Ff	26.63Ff	26.80Ff
60+140	35.20Bb	33.23Bb	32.00Cc	31.53Cc	30.50Cc	30.53Cc
70+130	36.33Aa	35.17Aa	34.73Aa	34.50Aa	32.23Bb	32.27Bb
100+100	34.07Cc	33.07Bb	33.37Bb	33.83Bb	33.10Aa	33.30Aa

注：表中同列中不同大写字母表示差异极显著（$P<0.01$），不同小写字母表示差异显著（$P<0.05$），下同

表 8-39　玉米行距配置对玉米冠层空气 CO_2 浓度的影响（张群，2014）　（单位：ppm）

玉米窄行+宽行（cm+cm）	宽行			窄行		
	上部	中部	下部	上部	中部	下部
20+180	333.7Dd	327.7Bb	315.0Cd	304.3Dd	293.3Dd	292.3Dd
30+170	322.0Ee	308.3Cc	298.7De	288.7Ee	283.7Ee	282.7Ee
40+160	288.0Gg	279.3Dd	277.0Fg	274.0Ff	268.3Ff	270.3Ff
50+150	303.7Ff	282.3Dd	284.7Ef	277.3Ff	266.3Ff	268.0Ff
60+140	352.0Bb	332.3Bb	320.0Cc	315.3Cc	305.0Cc	305.3Cc
70+130	363.3Aa	351.7Aa	347.3Aa	345.0Aa	322.3Bb	322.7Bb
100+100	340.7Cc	330.7Bb	333.7Bb	338.3Bb	331.0Aa	333.0Aa

注：$1ppm=10^{-6}$

表 8-40　玉米大豆不同间距对玉米、大豆产量及土地当量比的影响（杨峰等，2015）

处理	2012 年			2013 年		
	产量（kg/hm^2）		土地当量比	产量（kg/hm^2）		土地当量比
	玉米	大豆		玉米	大豆	
A1	5044d	1472b	1.52	5099c	1396b	1.56
A2	5718c	1399b	1.59	5570ab	1348b	1.61
A3	6107b	1082c	1.49	5855ab	1136c	1.54
A4	6313ab	819d	1.38	6049ab	730d	1.35
MS	—	1993a	—	—	1854a	—
MM	6451a	—	—	6311a	—	—

注：A1～A4 分别代表玉米大豆间距为 70cm、60cm、50cm 和 40cm；MS、MM 分别代表大豆净作和玉米净作

间距大地上部分玉米对大豆遮荫少，但同时，玉米大豆根系互作效应也受到影响。如图 8-8 所示，研究发现，套作大豆根系净作的 N、P、K 积累量随间距的降低而显著降低，且套作各处理根系 N、P、K 的含量显著低于净作。随生育时期推移，玉米根系 N 积累量逐渐减少，P 积累量先增后减，K 积累量在玉米生育后期逐渐下降。随着玉米行距进一步缩小，根系 N、P、K 积累量则出现显著下降。处理 70cm 和 65cm 处理中玉米根系 N、P、K 积累量较净作下降幅度最大，大豆根系 N、P、K 的积累量与玉米相反。可见，行距过大和过小均不利于协调两作物根系种内和种间竞争关系，且会限制作物根系生长，以及 N、P、K 等养分的积累。

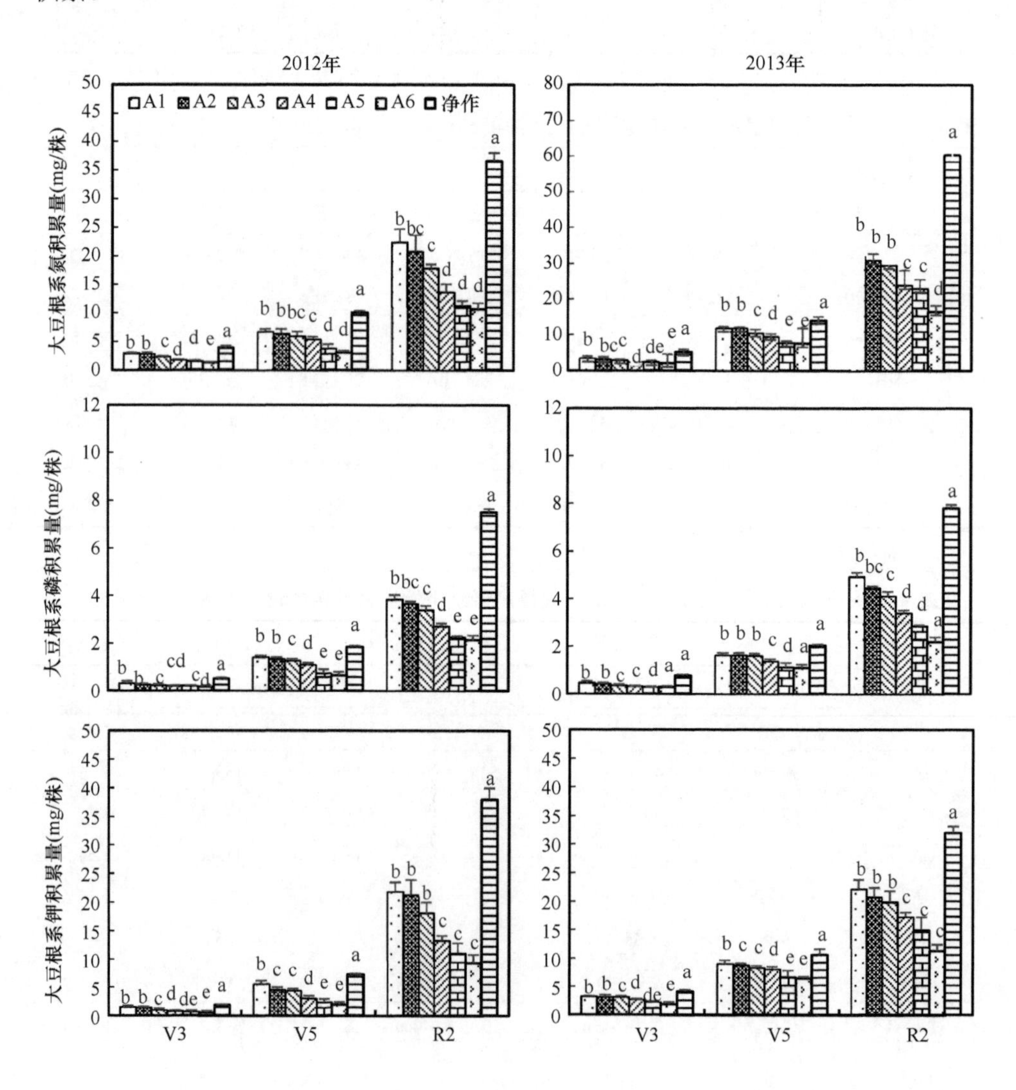

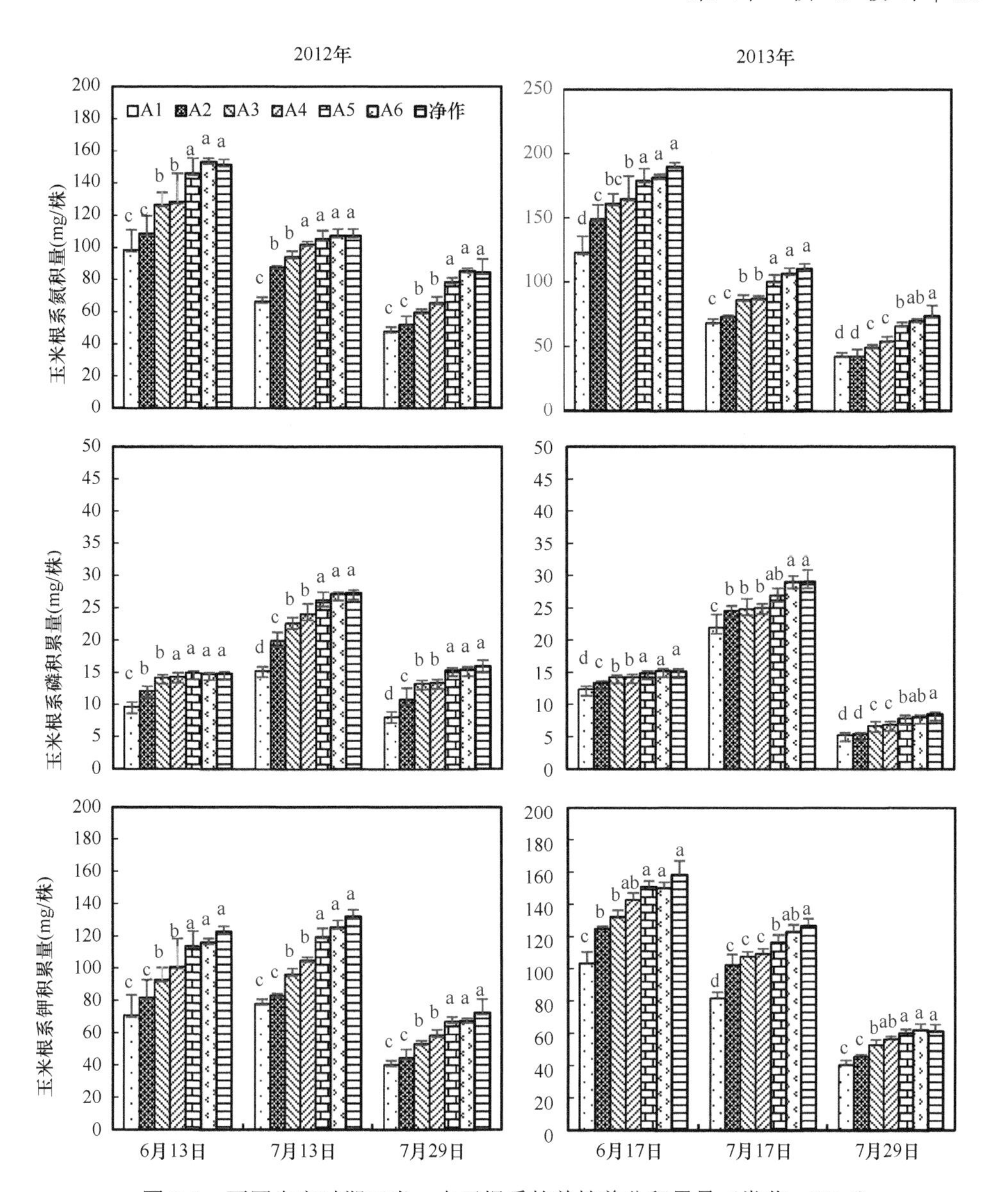

图 8-8　不同生育时期玉米、大豆根系的单株养分积累量（娄莹，2014）

V3. 大豆第 3 分枝期；V5. 大豆第 5 分枝期；R2. 大豆盛花期。A1～A6 为玉米大豆间距处理，分别为 A1（70cm）、A2（65cm）、A3（60cm）、A4（55cm）、A5（50cm）和 A6（40cm）；净作为对照处理，行距 0.7m。2012 年玉米 4 月 9 日播种，8 月 1 日收获；大豆 6 月 15 日播种；2013 年玉米 4 月 9 日播种，7 月 29 日收获；大豆 6 月 16 日播种

第三节　缩 株 保 密

缩小玉米、大豆株距，改“替换式”为“添加式”，保证玉米密度与其净作密度相当、大豆密度为其净作密度的 70%以上，是玉米大豆带状复合种植实现“玉

米与净作产量相当，增收一季大豆”目标的关键。

一、玉米密度与株距

在带状套作中，玉米产量随着密度的增加显著提高，如表 8-41 所示，川南仁寿和川中乐至试验点，玉米密度增至 60 000 株/hm^2 时，带状套作玉米产量可实现 8.6t/hm^2 和 9.2t/hm^2 的高产，而川东北平昌试验点，玉米密度继续增至 75 000 株/hm^2 时，可达到 9.2t/hm^2 的高产。2019～2020 年，设置高密条件下，净套作玉米产量差异的对比试验，结果如表 8-42 所示。带状套作玉米密度保持与当地同品种净作密度一致（60 000～75 000 株/hm^2）时，可实现净作和带状套作玉米产量相当。

表 8-41 不同试验点密度对带状套作玉米产量的影响（李丽等，2020）

玉米密度（株/hm^2）	仁寿				乐至				平昌			
	穗粒数（粒）	千粒重（g）	有效穗（10^3 个/hm^2）	产量（10^{3}kg/hm^2）	穗粒数（粒）	千粒重（g）	有效穗（10^3 个/hm^2）	产量（10^{3}kg/hm^2）	穗粒数（粒）	千粒重（g）	有效穗（10^3 个/hm^2）	产量（10^{3}kg/hm^2）
45 000	667.8a	252.9a	44.0c	7.4c	624.1a	278.1a	42.1c	7.3c	598.5a	266.9b	43.0c	6.8c
60 000	608.1b	241.9b	58.2b	8.6a	592.6b	277.5a	55.0b	9.2a	495.8b	271.5a	59.1b	7.9b
75 000	529.4c	240.7b	64.8a	8.3b	486.9c	266.8b	69.8a	8.9b	492.4b	262.6b	71.0a	9.2a

表 8-42 高密度条件下净作和带状套作玉米产量的差异（胡云，2021）

年份	玉米密度（株/hm^2）	有效穗（10^3 个/hm^2）		穗粒数（粒）		千粒重（g）		产量（10^{3}kg/hm^2）	
		套作	净作	套作	净作	套作	净作	套作	净作
2019	60 000	56.91a	55.71a	538.74a	555.39a	289.46b	297.07a	8.81a	9.08a
	75 000	68.44a	69.14a	478.47a	480.61a	284.71a	276.17a	9.09a	9.21a
2020	60 000	57.11a	57.08a	377b	517a	265a	267a	6.18b	7.49a
	75 000	69.28a	61.81b	363b	471a	261a	256a	7.14a	7.75a

二、大豆密度与行株距

（一）大豆行距与密度

如表 8-43 所示，雅安、射洪两试验点开展的密度和行距配置对带状套作大豆产量影响的大田试验可以得出，影响大豆产量的因子中，密度＞行距＞密度×行距。各行距配置下，大豆产量随密度的增加均呈先增加后降低趋势。在雨水偏多的雅安试验点，密度为 9 万株/hm^2，29cm×3 行配置时，带状套作大豆产量可达 2471.47kg/hm^2；川中丘陵区射洪试验点，当密度为 13.5 万株/hm^2，行配置为 39cm×2 时，可实现 2475.89kg/hm^2 的高产。

表 8-43　密度和行距配置对带状套作大豆产量的影响（张正翼，2008）（单位：kg/hm²）

试验地点		B1	B2	B3	平均值
雅安	A1	2055.11bcABC	1933.40bcdBCD	1764.85cdeCDE	1917.79aAB
	A2	2093.04abcABC	2471.47aA	1853.84cdeBCD	2139.45aA
	A3	2258.55abAB	2105.15abcABC	1801.37cdeBCD	2055.02aA
	A4	1772.64cdeBCDE	1642.52deCDEF	1476.37efDEF	1630.51bB
	A5	1258.16fgEFG	1126.93fgFG	921.79gG	1102.29cC
	AVG	1887.50aA	1855.89aA	1563.64bB	—
射洪	A1	2249.90abABC	2198.9bcABC	1792.73eD	2080.51abA
	A2	1899.25deCD	2420.78abA	2278.25abAB	2199.43abA
	A3	2475.89aA	2374.55abA	1945.67cdeBCD	2265.37aA
	A4	2165.85bcdABC	1966.06cdeBCD	1760.60eD	1964.17bAB
	A5	1913.09deBCD	1705.69eD	1167.89fE	1595.55cB
	AVG	2140.80aA	2133.20aA	1789.03bB	—

注：主因素为大豆密度，5 个水平分别为 A1（4.5 万株/hm²）、A2（9 万株/hm²）、A3（13.5 万株/hm²）、A4（18 万株/hm²）、A5（22.5 万株/hm²）；副因素为行距，3 个水平分别为 B1（行距 39cm×2）、B2（行距 29cm×3）、B3（行距 23cm×4）

（二）密度和播期

连续两年的大田试验结果表明，适当晚播有利于提高大豆经济系数，但过晚播种不利于大豆产量的提高；随着密度的增加，产量先增加后降低；当适期播种（6 月 25 日），种植密度为 14.25 万株/hm² 时，可获得较高的大豆产量（表 8-44）。

表 8-44　密度和播期对带状套作玉米经济系数和产量的影响（徐婷等，2014）

年份	处理	经济系数					产量（kg/hm²）				
		B1	B2	B3	B4	Mean	B1	B2	B3	B4	Mean
2012	A1	0.39a	0.35c	0.36b	0.35c	0.36b	1583.41ab	1683.42a	1733.42a	1516.74b	1629.25a
	A2	0.38b	0.38b	0.38b	0.39a	0.38a	1583.42b	1633.42ab	1866.76a	1500.08b	1645.92a
	A3	0.32c	0.36b	0.38a	0.38a	0.36b	1200.06a	1283.40a	1300.07a	1166.73a	1237.57b
	平均	0.36b	0.36b	0.37a	0.37a	—	1455.63b	1533.41ab	1633.42a	1394.52b	—
2013	A1	0.43a	0.41c	0.42b	0.41c	0.42b	1530.67b	1657.60a	1665.07a	1526.93b	1595.07a
	A2	0.45c	0.45c	0.46b	0.51a	0.47a	1500.80c	1638.93b	1762.13a	1512.00c	1603.47a
	A3	0.40c	0.40c	0.43b	0.47a	0.43b	1356.00bc	1430.40ab	1468.00a	1326.13c	1395.13b
	平均	0.43c	0.42d	0.44b	0.46a	—	1462.49c	1575.64b	1631.73a	1455.02c	—

注：A1、A2、A3 代表不同大豆播期，分别为 6 月 15 日、6 月 25 日和 7 月 5 日；B1、B2、B3、B4 代表大豆密度，分别为 8.25 万株/hm²、11.25 万株/hm²、14.25 万株/hm²、17.25 万株/hm²

参 考 文 献

卜伟召. 2015. 不同大豆品种对间作荫蔽的形态响应及干物质积累差异研究[D]. 成都: 四川农业大学.

陈元凯. 2019. 田间配置对玉豆带状套作下大豆光能利用、种内竞争和产量效益的影响[D]. 成都: 四川农业大学.

崔亮, 苏本营, 杨峰, 等. 2014. 不同玉米—大豆带状套作组合条件下光合有效辐射强度分布特征对大豆光合特性和产量的影响[J]. 中国农业科学, 47(8): 1489-1501.

胡云. 2021. 净、套作玉米高密度条件下密肥协调对产量的影响[D]. 雅安: 四川农业大学.

李丽, 陈国鹏, 蒲甜, 等. 2020. 适宜套作玉米品种的物质积累与分配特性[J]. 核农学报, 34(3): 592-600.

廖敦平. 2015. 玉米—大豆带状套作下不同行距配置的系统评定[D]. 成都: 四川农业大学.

卢凤芝. 2014. 不同带宽对玉米—大豆带状套作系统作物养分积累竞争和产量的影响[D]. 成都: 四川农业大学.

娄莹. 2014. 带状套作行距配置对大豆、玉米根系特性的影响[D]. 成都: 四川农业大学.

马艳玮, 蒲甜, 陈国鹏, 等. 2019b. 玉米—大豆带状套作高产玉米叶片的生理特征研究[J]. 四川农业大学学报, 37(5): 611-616.

马艳玮, 蒲甜, 李丽, 等. 2019a. 玉米—大豆带状套作高产玉米品种的形态特征[J]. 玉米科学, 27(4): 93-99.

徐婷, 雍太文, 刘文钰, 等. 2014. 播期和密度对玉米—大豆套作模式下大豆植株、干物质积累及产量的影响[J]. 中国油料作物学报, 36(5): 593-601.

杨峰, 娄莹, 廖敦平, 等. 2015. 玉米—大豆带状套作行距配置对作物生物量、根系形态及产量的影响[J]. 作物学报, 41(4): 642-650.

杨欢. 2018. 带状套作大豆收割机脱粒装置优化及其宜机收农艺性状研究[D]. 成都: 四川农业大学.

曾瑾汐. 2018. 玉米—大豆带状套作种植高光效玉米光合特性研究[D]. 成都: 四川农业大学.

张群. 2014. 宽窄行配置对带状套作玉米光合特性及产量的影响[D]. 成都: 四川农业大学.

张正翼. 2008. 不同密度和田间配置对套作大豆产量和品质的影响[D]. 雅安: 四川农业大学.

邹俊林. 2015. 套作大豆苗期茎秆抗倒特征及其与木质素合成的关系研究[D]. 成都: 四川农业大学.

邹俊林, 刘卫国, 袁晋, 等. 2015. 套作大豆苗期茎秆木质素合成与抗倒性的关系[J]. 作物学报, 41(7): 1098-1104.

第九章　配 套 技 术

第一节　施 肥 技 术

一、减量一体化施肥技术

玉米大豆带状复合种植是我国稳玉米、扩大豆的主体模式，具有增产节肥的突出优点，正在我国大面积推广应用。但是，带状复合种植的施肥技术缺乏，养分利用效率不高，不利于提高系统作物周年产量。减量施肥是在保证作物产量稳定的同时提高肥料利用效率，降低环境污染的一项新型肥料管理技术。为了发挥大豆固氮作用，减少化肥投入量，针对玉米大豆带状复合种植的特点，减量体现在减少氮肥用量、保证磷钾肥用量，减少大豆用氮量、保证玉米用氮量；一体化施肥则要求人们在肥料施用过程中将玉米、大豆统筹考虑，相对净作不单独增加施肥作业环节和工作量。

（一）玉米氮肥底追比例的确定

1. 氮肥运筹对玉米产量的影响

施氮量及底肥追肥（拔节肥与穗肥）比显著影响带状套作玉米的产量，且两因素对产量的互作效应显著（表 9-1）。2010 年和 2011 年数据显示，玉米产量在底追比 3∶2∶5 处理较 5∶0∶5 和 5∶2∶3 处理分别平均增产 3.15%、8.54%和 4.79%、7.17%。相同底追比条件下，不同施氮量对玉米产量的影响两年变化规律一致，玉米产量均表现为随施氮量增加先增后减，施氮 180kg N/hm^2 和 270kg N/hm^2 处理玉米产量显著高于其他施氮处理。2010 年以施氮 270kg N/hm^2 结合底追比 3∶2∶5 条件下玉米产量最高，与传统氮肥运筹施氮 270kg N/hm^2 结合底追比 5∶0∶5 相比，产量提高了 8.64%；2011 年产量结果有所改变，以施氮 180kg N/hm^2 结合底追比 3∶2∶5 条件下玉米产量最高，并与其他处理差异达显著水平，比施氮 270kg N/hm^2 结合底追比 5∶0∶5 处理产量提高了 10.35%。

2. 氮肥运筹对玉米氮素利用的影响

玉米大豆带状套作（玉/豆）的玉米氮素的收获指数显著高于玉米甘薯带状套作（玉/薯）（表 9-2）。随施氮量增加，玉米氮素的收获指数呈先增后降的变化趋

表 9-1　氮肥运筹对玉米产量的影响　　（单位：kg/hm²）

年份	处理	A1	A2	A3	A4	平均
2010	B1	6632.04b	7336.52a	7097.30ab	7021.65a	7021.88b
	B2	6805.39a	7520.69a	7710.67a	6965.26b	7250.50a
	B3	6327.92c	6991.08b	7129.36b	6076.00c	6631.09c
	平均	6588.45c	7282.76a	7312.44a	6687.64b	—
	F 值	A=57.12**	B=64.10**	$A\times B$=6.74**	—	—
2011	B1	6983.40a	7438.56b	7071.86b	6538.76b	7008.15b
	B2	7098.60a	7803.79a	7528.30a	6992.15a	7355.71a
	B3	6598.61b	7087.43c	7171.99b	6485.97b	6836.00c
	平均	6893.54b	7443.26a	7257.38ab	6672.29c	—
	F 值	A=47.98**	B=62.25**	$A\times B$=2.94*	—	—

注：数据均为 3 个重复的平均值，同列数据后不同小写字母表示达 0.05 显著水平。A1、A2、A3 和 A4 分别为施氮 90kg N/hm²、180kg N/hm²、270kg N/hm² 和 360kg N/hm²；B1、B2 和 B3 分别为底肥∶拔节肥∶穗肥=5∶0∶5、3∶2∶5 和 5∶2∶3

表 9-2　氮肥运筹对玉米氮素利用效率及收获指数的影响

底追比	施肥量（kg N/hm²）	氮收获指数（%）		氮肥偏生产力（kg/kg）		氮肥农艺效率（kg/kg）		氮肥利用率（%）	
		玉/豆	玉/薯	玉/豆	玉/薯	玉/豆	玉/薯	玉/豆	玉/薯
5∶0∶5	90	58.0a	62.8a	73.69a	60.01a	11.27a	13.20a	18.3a	27.9a
	180	60.5a	56.8b	40.76b	36.08b	9.55b	12.68a	12.5b	25.8a
	270	57.4a	58.1b	26.29c	22.88c	5.48c	7.28b	18.8a	20.5b
	360	59.1a	52.7c	19.50d	14.62d	3.90d	2.92c	12.1b	15.9c
	平均	58.7a	57.6a	40.06a	33.40a	7.55b	9.02a	15.4c	22.6a
3∶2∶5	90	60.0a	54.1ab	75.62a	57.87a	13.19a	11.06a	39.8a	20.6a
	180	61.6a	57.0a	41.78b	31.70b	10.57b	8.30b	24.2b	18.0b
	270	59.5a	55.9a	28.56c	21.35c	7.75c	5.75c	26.3b	16.5b
	360	57.5b	52.3b	19.35d	14.83d	3.74d	3.13d	22.4b	14.0c
	平均	59.6a	54.8b	41.33a	31.44a	8.81a	7.06b	28.2a	17.3b
5∶2∶3	90	59.0a	59.9a	70.31a	61.10a	7.89a	14.30a	26.3a	31.3a
	180	60.9a	57.0b	38.84b	33.54b	7.63a	10.14b	22.9b	23.0b
	270	59.6a	52.7c	26.41c	21.11c	5.60b	5.51c	17.3c	18.3c
	360	55.8b	52.9c	16.88d	14.76d	1.27c	3.06d	14.0d	12.6d
	平均	58.9a	55.6b	38.11a	32.63a	5.60c	8.25ab	20.1b	21.3a
施氮量均值	0	50.4b	48.1d	—	—	—	—	—	—
	90	59.0a	58.9a	73.21a	59.66a	10.78a	12.85a	28.1a	26.6a
	180	61.0a	56.9ab	40.46b	33.78b	9.25a	10.37b	19.9b	22.3b
	270	58.8a	55.6b	27.08c	21.78c	6.28b	6.18c	20.8b	18.4c
	360	57.5ab	52.6c	18.58d	14.74a	2.97c	3.04d	16.2c	14.2d
F 值	A	4.521*	9.874*	14.365*	7.648*	8.345*	21.654*	18.362*	31.521*
	B	5.647*	7.638*	4.687	3.278	9.287*	9.321*	14.605*	5.347*
	$A\times B$	1.321	3.456*	2.417	3.109	4.805*	2.654	3.214	7.634*

势，两种种植模式均在 N90 和 N180 处理达到较高值。氮肥底追比处理中，玉米大豆带状套作下 3 种氮肥运筹方式间差异不显著，表现为底追比 3∶2∶5＞底追比 5∶2∶3＞底追比 5∶0∶5；玉米甘薯带状套作下表现为底追比 5∶0∶5＞底追比 5∶2∶3＞底追比 3∶2∶5。氮肥偏生产力在两种模式间差异也较大，玉米大豆带状套作高于玉米甘薯套作模式，且在低氮处理下玉米大豆带状套作更显优势。施氮量提高，氮肥偏生产力显著下降，底追比处理间差异不显著，玉米大豆带状套作中表现为底追比 3∶2∶5＞底追比 5∶0∶5＞底追比 5∶2∶3；玉米甘薯带状套作中表现为底追比 5∶0∶5＞底追比 5∶2∶3＞底追比 3∶2∶5。随施氮量增加氮肥利用率显著下降，不同底追比对玉米氮肥利用率的影响差异达显著水平，玉米大豆带状套作中 3∶2∶5 处理玉米氮肥利用率最高达 28.2%。玉/薯模式下施氮和氮肥底追比对氮素收获指数的交互作用显著，在玉/豆模式底追比 3∶2∶5 和 N180 处理下，玉米氮素收获指数达到最高。表明玉米大豆带状套作氮肥后移利用率提高，而玉米甘薯带状套作中由于基础地力肥力水平低，氮肥前移氮素利用率增加。

（二）减量一体化施氮量的确定

两年的大田试验研究了减氮 36%（RN1）、减氮 18%（RN2）及常量施氮（CN）3 种施氮水平和距离窄行玉米 0cm（D1）、15cm（D2）、30cm（D3）、45cm（D4）4 种施肥距离对玉米大豆带状套作系统中作物的干物质积累与运转，玉米、大豆的籽粒灌浆特性和氮素的吸收与利用，玉米、大豆及系统产量，大豆根系生长和固氮能力的影响。确立了各指标之间的相关关系，找出了玉米大豆减量一体化施氮技术与带状套作复合群体生产水平相适应的最优施肥距离和最佳氮肥用量，为玉米大豆带状套作系统的高效施肥技术提供理论与实践依据。

1. 减量一体化施氮对玉米、大豆产量的影响

适当的氮肥减量和施肥距离可以提高玉米和大豆的产量（表 9-3）。玉米和大豆产量均以 RN2 处理最高，两年平均值比 CN 处理分别高 4.95%和 7.74%。施肥位点距离窄行玉米过近和过远均不利于玉米和大豆产量提高。RN2 处理下，玉米产量以 D2 处理最高，两年平均值 D2 比 D1 处理高 14.93%；大豆产量以 D2 或 D3 处理最高，其中，2012 年以 D3 处理最高，RN2 下 D3 比 D4 高 13.77%；2013 年以 D2 处理最高，平均值比 D4 高 18.50%。进一步分析玉米和大豆的全年总产，玉豆全年总产均以 RN2 处理最高，两年平均值比 CN 处理提高 5.47%；施肥距离间以距离窄行玉米 15～30cm（D2、D3）处理较高，两年平均值 D2 比 D1 处理高 13.37%，比 D4 处理高 11.61%。

2. 减量一体化施氮对玉米、大豆籽粒氮素吸收量与系统氮素吸收量的影响

由表 9-4 可知，适当的施氮量和施肥距离有利于提高玉米、大豆籽粒吸氮量

表 9-3　不同施氮量与施肥距离下的玉米、大豆产量（仁寿）（雍太文等，2014）　　（单位：kg/hm^2）

年份	处理	玉米				大豆				玉豆总产			
		RN1	RN2	CN	Mean	RN1	RN2	CN	Mean	RN1	RN2	CN	Mean
2012	D1	7 136.7a	7 545.9b	7 269.2a	7 317.3bc	1 277.0b	1 489.7b	1 303.2b	1 356.6b	8 413.8a	9 035.6bc	8 572.4b	8 673.9b
	D2	7 436.5a	8 881.2a	7 841.3a	8 053.0a	1 294.5b	1 665.4ab	1 785.0a	1 581.6a	8 731.0a	10 546.5a	9 626.3a	9 634.6a
	D3	7 649.0a	7 789.3b	7 537.4a	7 658.6ab	1 483.6ab	1 887.0a	1 713.6a	1 694.7a	9 132.6a	9 676.4ab	9 251.1ab	9 353.3a
	D4	7 003.8a	7 046.6b	7 233.9a	7 094.8c	1 590.7a	1 658.6ab	1 701.1a	1 650.1a	8 594.5a	8 705.2c	8 935.0ab	8 744.9b
	Mean	7 306.5b	7 815.7a	7 470.4ab	—	1 411.4b	1 675.2a	1 625.7a	—	8 718.0b	9 490.9a	9 096.2ab	—
2013	D1	7 474.4ab	7 953.9 b	7 707.5b	7 711.9b	1 559.8b	1 670.5d	1 629.6b	1 620.0c	9 034.2c	9 624.4b	9 337.1b	9 331.9b
	D2	8 096.9a	8 932.4a	8 492.0a	8 507.1a	1 824.3a	2 664.9a	2 327.0a	2 272.0a	9 921.2ab	11 597.3a	10 819.1a	10 779.2a
	D3	8 008.6ab	8 824.5a	8 084.9ab	8 306.0a	2 037.5a	2 364.2b	2 226.8a	2 209.5a	10 046.0a	11 188.7a	10 311.7a	10 515.5a
	D4	7 264.7b	7 936.0b	7 683.3b	7 628.0b	1 930.1a	2 110.8c	1 711.3b	1 917.4b	9 194.8bc	10 046.8b	9 394.6b	9 545.4b
	Mean	7 711.2b	8 411.7a	7 991.9b	—	1 837.9c	2 202.6a	1 973.7b	—	9 549.1c	10 614.3a	9 965.6b	—

注：RN1. 减氮 36%；RN2. 减氮 18%；CN. 常量施氮。D1. 0cm；D2. 15cm；D3. 30cm；D4. 45cm。下同

表 9-4 不同施氮量及施肥距离下的玉米、大豆氮素吸收量 （单位：kg/hm^2）

年份	处理	玉豆系统地上部植株总吸氮量				籽粒吸氮量							
						玉米				大豆			
		RN1	RN2	CN	Mean	RN1	RN2	CN	Mean	RN1	RN2	CN	Mean
2012	D1	264.05a	292.88b	269.43c	275.45b	95.73a	99.98b	97.10a	97.60bc	98.19b	115.90b	100.77b	104.95b
	D2	268.01a	324.92a	315.84a	302.92a	97.88a	117.44a	103.71a	106.34a	99.91b	129.66ab	138.39a	122.65a
	D3	281.43a	320.57a	303.77ab	301.92a	99.28a	102.56b	98.67a	100.17ab	114.87ab	147.34a	133.29a	131.83a
	D4	274.69a	274.34b	278.45bc	275.83b	88.81a	91.45b	94.66a	91.64c	123.39a	129.5ab	132.44a	128.44a
	Mean	272.04b	303.18a	291.87a	—	95.43b	102.86a	98.54ab	—	109.09b	130.6a	126.22a	—
2013	D1	295.55b	308.59d	311.57b	305.24d	111.52a	113.84b	113.64ab	113.00bc	112.60b	116.80c	118.00b	115.80c
	D2	339.87a	408.26a	374.14a	374.09a	115.61a	128.28a	120.96a	121.62a	138.10a	185.50a	165.80a	163.13a
	D3	339.91a	383.44b	362.43a	361.93b	112.55a	126.04a	114.63ab	117.74ab	141.60a	165.90b	158.80a	155.43a
	D4	322.40a	345.13c	313.49b	327.01c	107.3a	111.96b	108.58b	109.28c	136.90a	151.80b	121.10b	136.60b
	Mean	324.43c	361.36a	340.41b	—	111.75b	120.03a	114.45b	—	132.30c	155.00a	140.93b	—

和玉米大豆带状复合种植系统地上部植株总吸氮量。各施氮水平间，以减氮 18%（RN2）处理的玉米、大豆籽粒吸氮量和系统吸氮量最高，两年平均值 RN2 分别比常量施氮处理（CN）的高 4.65%、6.91%和 5.10%。各施肥距离间，离玉米窄行过近和过远均不利于玉米、大豆植株对氮肥的吸收，以距玉米 15～30cm 为好。其中，玉米籽粒吸氮量和玉米大豆带状复合种植系统地上部植株总吸氮量均以 D2 处理的最高，两年平均值 D2 比常规穴施（D1）的高 8.24%和 16.59%；大豆籽粒吸氮量 2012 年以 D3 处理的最高，2013 年以 D2 处理最高，分别比 D4 处理高 2.64%和 19.42%。不同年份不同施氮量下各作物氮素吸收的最佳施肥距离不尽相同。对于玉米，各施氮水平下多以 D2 处理的籽粒吸氮量最高，其中 RN2 水平下，两年平均值 D2 处理的籽粒吸氮量比 D1 处理的高 14.92%。对于大豆和玉米大豆带状复合种植系统，减氮 36%（RN1）处理下以 D3 处理的大豆籽粒吸氮量和玉米大豆带状复合种植系统地上部植株总吸氮量较高，其中减氮 18%（RN2）下地上部植株总吸氮量和常量施氮（CN）水平下大豆籽吸氮量均以 D2 处理最高。减氮 18%处理下，大豆籽粒吸氮量和玉米大豆带状复合种植系统地上部植株总吸氮量两年平均值 D2 比 D4 处理分别高 12.04%和 18.35%。

3. 减量一体化施氮对大豆根系结瘤及地上部生长的影响

（1）对大豆根系蔗糖积累的影响

在盛花期（R2）至始粒期（R5），带状套作大豆根瘤的蔗糖含量均高于净作大豆，且盛荚期（R4）最高，盛花期次之，始粒期最低；适量施氮有利于盛花期大豆根瘤的蔗糖积累，增量施氮使始粒期的大豆根瘤中蔗糖含量降低（图 9-1）。但种植模式间存在差异，这种差异缘于种植模式塑造的地上部生长差异及碳固定差异。

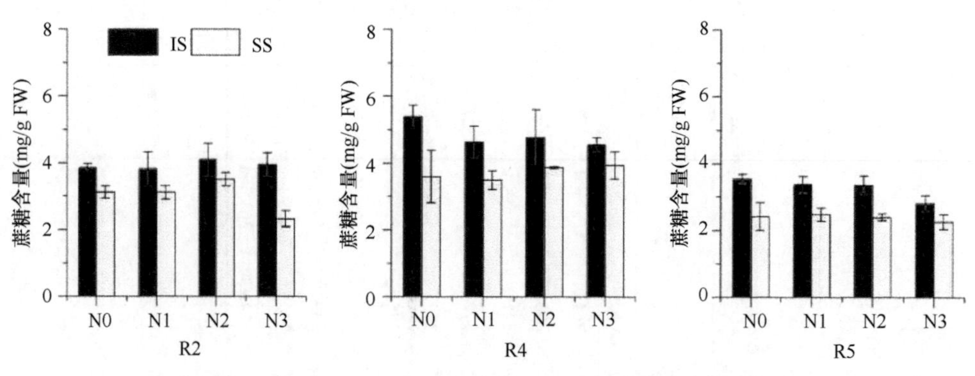

图 9-1　不同施氮水平及种植模式对大豆根瘤蔗糖含量的影响

N0. 不施氮；N1. 减量施氮；N2. 常量施氮；N3. 增量施氮；IS. 带状套作大豆；SS. 净作大豆

（2）对根瘤数量与固氮能力的影响

由图 9-2 可知，单株大豆根瘤数量随着大豆生育期的推进，呈现持续增加的趋势（除 2019 年大豆净作外），且在大豆始粒期最高，平均达 233 个/株。套作大豆的根瘤数量在大豆盛花期及以前均显著低于净作大豆；至始粒期，套作大豆的根瘤数量显著高于净作大豆，平均高 39.9%。各施氮水平对根瘤数量的影响显著，根瘤数量在净作模式下随着施氮水平的增加表现出递减规律，而在盛花期及之后，套作大豆根瘤数量随着施氮水平的增加呈先增后减的规律，至始粒期差异显著，减量施氮显著高于不施氮和常量施氮；2019 年减量施氮分别比不施氮、常量施氮的高 22.7%和 125.2%，2020 年减量施氮分别比不施氮、常量施氮的高 16.8%和 62.9%。

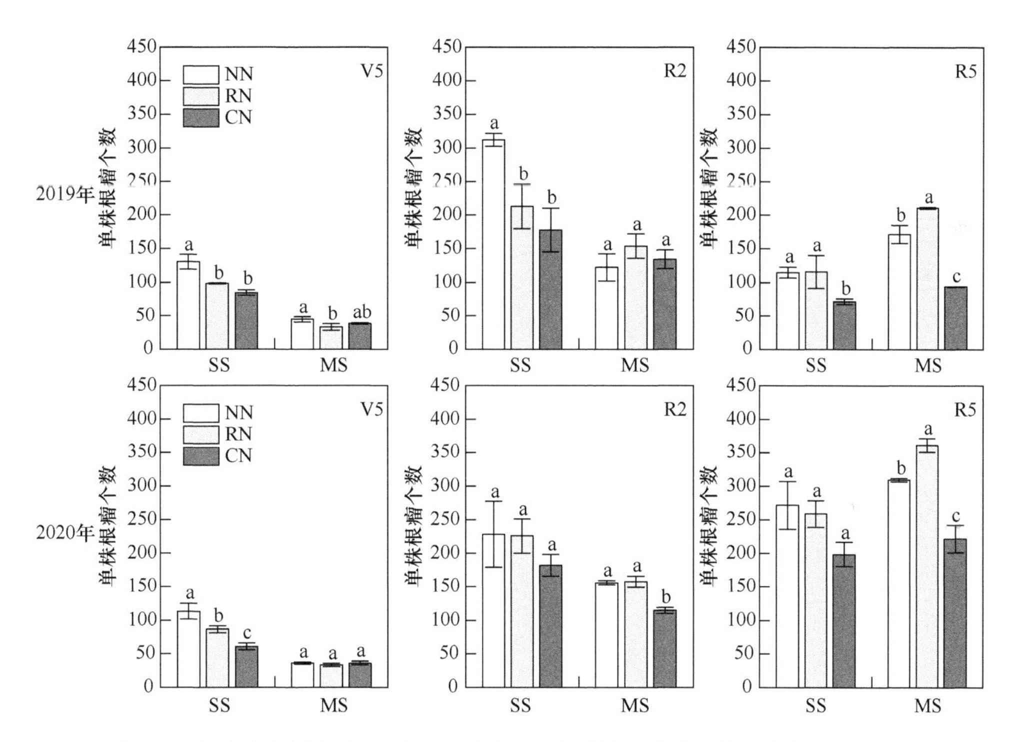

图 9-2　不同施氮水平和种植方式对大豆根瘤数量的影响（彭西红等，2022）

MS. 带状套作大豆；SS. 净作大豆；NN. 不施氮；RN. 减量施氮；CN. 常量施氮

由表 9-5 可知，相对大豆常规穴施（A5），适当地调整施肥距离能够显著提高大豆的根瘤数量、根瘤干重和根干重。V5、R2、R5 三个时期的根瘤数量、根瘤干重和根干重均随着施肥位点与大豆距离的增加，呈现先升高后降低的趋势，且各个处理的值均高于不施肥处理（CK），其中，除 R2 期外，根瘤干重以距离玉米 15cm 处理的最高。以上结果说明适当的远离大豆施肥利于大豆根瘤数量、根瘤干重和根干重的增加。

表 9-5　不同施肥距离下的大豆根瘤数、根瘤干重和根干重

处理	根瘤数（个/株）			根瘤干重（g/株）			根干重（g/株）		
	V5	R2	R5	V5	R2	R5	V5	R2	R5
A1	7bc	48c	86c	0.045b	0.086b	0.240c	3.26c	9.07cd	10.45c
A2	14a	109a	119a	0.082a	0.226a	0.554a	4.64a	13.63a	17.92a
A3	15a	89b	123a	0.072a	0.247a	0.519a	3.64b	12.47b	15.77ab
A4	10b	56c	105b	0.047b	0.103b	0.502ab	3.26c	9.97c	11.61bc
A5	10b	55c	107b	0.059ab	0.171ab	0.462b	3.06c	9.17cd	9.80c
CK	6c	45c	77d	0.040b	0.081b	0.222c	2.67d	8.56d	9.36c

A1～A4 分别代表玉米大豆一体化施肥距玉米行的距离为 0cm（A1）、15cm（A2）、30cm（A3）和 45cm（A4）；A5 和 CK 分别代表大豆氮肥常规穴施和不施氮

使用培养期间的乙炔还原量代表根瘤固氮酶活性，各生育时期大豆根瘤固氮酶的活性呈先增加再降低趋势，以 R2 期的最高，R5 期各处理的根瘤固氮酶已接近失活，处理间差异不明显（图 9-3）。V5、R2 期，玉豆一体化施氮处理的根瘤固氮酶活性与大豆氮肥常规穴施和不施氮处理存在明显差异；其中，V5 期，以靠近大豆施肥的 A4 处理的酶活性最高，比 A5 和 CK 的酶活性分别增加了 39.1%和 122%；R2 期，以玉米、大豆中间位点施肥的 A3 处理的酶活性最高，比 A5 和 CK 分别增加了 80.63%和 130%。

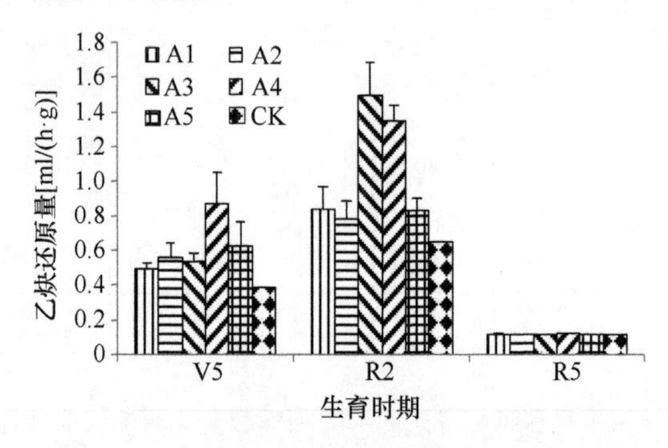

图 9-3　不同施肥距离的大豆根瘤固氮酶活性

A1～A4 分别代表玉米大豆一体化施肥距玉米行的距离为 0cm（A1）、15cm（A2）、30cm（A3）和 45cm（A4）；A5 和 CK 分别代表大豆氮肥常规穴施和不施氮

进一步分析大豆根瘤固氮潜力（图 9-4）可知，各生育时期，以 R2 时期的固氮潜力最高。从施氮方式来看，距离玉米 15～30cm 处的玉豆一体化施氮处理明显高于大豆氮肥常规穴施（A5）和不施氮（CK）处理；其中，V5 期，以 A2 处理的最高；R2、R5 期以 A3 处理的最高，分别比 A5 处理增加了 29.26%和 10.2%，比 CK 处理增加了 30.92%和 28.57%。由此说明，基于施肥距离优化后的玉豆一体化施氮有利于大豆根瘤固氮。

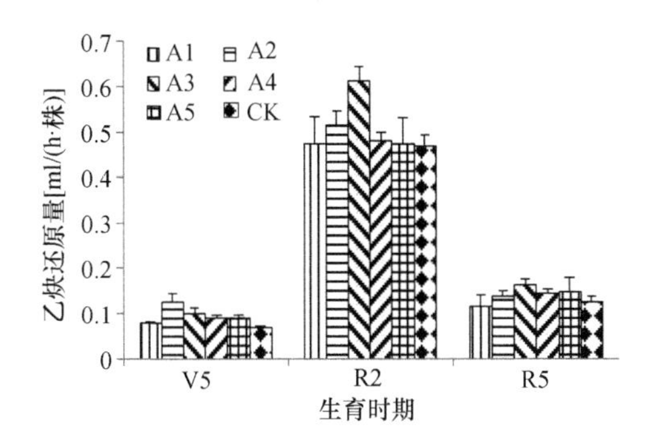

图 9-4　不同施肥距离的大豆单株根瘤固氮潜力

（3）对地上部光合能力与生物量积累的影响

使用 SPAD 叶绿素仪测量叶片的 SPAD 值，代表叶绿素相对含量。带状套作下作物叶片的叶绿素相对含量 SPAD 值波动幅度弱于净作，且呈稳定上升趋势（图 9-5）。玉米灌浆期（R2），带状套作玉米叶片的 SPAD 值比净作玉米高 34.52%。在大豆盛花期（R2）和鼓粒期（R6），带状套作大豆的叶片 SPAD 值分别比净作大豆高 10.39%和 29.48%。施氮有利于提高叶片的 SPAD 值，且以减量施氮处理最高。在玉米灌浆期（R2），减量施氮处理下的带状套作玉米叶片的 SPAD 值比不施氮处理高 17.46%；减量施氮处理下净作玉米的叶片 SPAD 值比不施氮处理高 35.02%。在大豆鼓粒期，减量施氮处理下带状套作大豆的叶片 SPAD 值比不施氮处理和常量施氮处理的带状套作大豆分别高 7.71%和 6.67%。

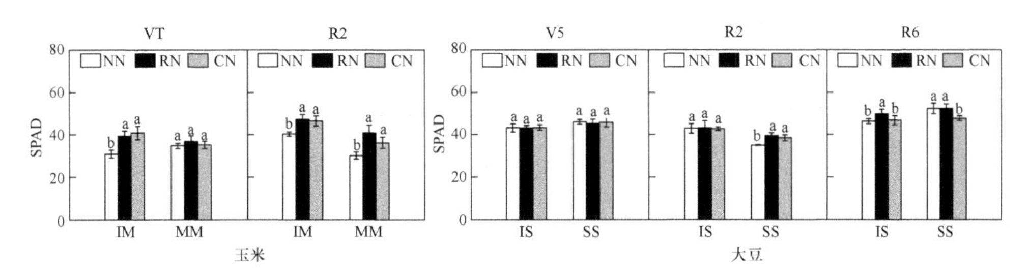

图 9-5　玉米、大豆不同生育时期叶片 SPAD 值（李易玲等，2022）

MM. 净作玉米；IM. 带状套作玉米；SS. 净作大豆；IS. 带状套作大豆；NN. 不施氮；RN. 减量施氮；CN. 常量施氮。下同

玉米 VT～R2 期，带状套作籽粒净增量是净作玉米的 1.16 倍，带状套作玉米籽粒干物质开始积累的时间虽比净作玉米晚，但在灌浆期增速加快；带状套作玉米的籽粒干物质积累量随施氮水平先增后降，净作玉米则随施氮水平增加逐渐增高；玉米 R2 期，所有处理中减量施氮处理（RN）下的带状套作玉米最高（图 9-6）。玉米 R2 期，在不施氮（NN）和减量施氮下，带状套作玉米的籽粒干物质积累量比净作玉米分别高 18.52%、8.7%。大豆 R6 期，大豆籽粒干物质积累量随施氮量

增加而下降，其中带状套作大豆常量施氮（CN）处理比减量施氮处理低 23.15%；净作大豆减量施氮处理比不施氮处理低 97.62%；在减量施氮和常量施氮下，带状套作大豆籽粒干物质积累量比净作大豆分别高 89.66%、74.15%。

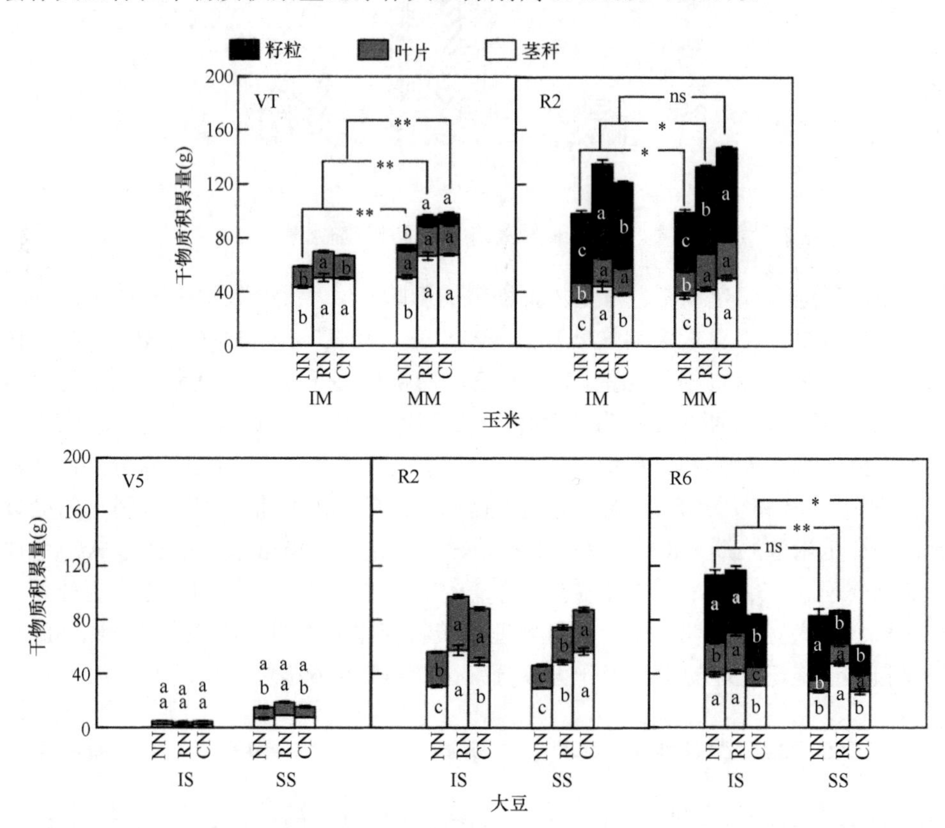

图 9-6　不同施氮水平对两种种植方式玉米大豆地上部干物质积累的影响

（三）减量一体化施氮的效应

1. 玉米、大豆收获指数

如表 9-6 所示，适当地减少氮肥施用量和适宜的施肥距离有利于提高玉米、大豆和玉米大豆带状套作系统的收获指数（harvest index，HI）。各处理的玉米收获指数在 0.49～0.55 变动，以 RN2D2 处理最高，2012 年与 2013 年分别为 0.55 和 0.53。RN2 处理的收获指数显著高于 RN1 和 CN 处理。RN2 水平下，玉米 D2 的收获指数显著高于 D1 和 D4 处理。各处理的大豆收获指数在 0.46～0.54 变动，2012 年 RN2D2 和 RN2D3 处理的收获指数值最高，2013 年 RN1D2 处理的收获指数值最高。各处理的玉米大豆带状复合种植系统的收获指数在 0.49～0.55 变动，2012 年与 2013 年均以 RN2D2 处理最高，分别为 0.55 和 0.54。RN2 处理的总收获指数显著高于 RN1 和 CN 处理，D2 处理的总收获指数显著高于 D1 和 D4 处理。

表 9-6　不同施氮量与施肥距离的玉米、大豆收获指数（仁寿）

年份	处理	玉米				大豆				带状复合种植系统			
		RN1	RN2	CN	Mean	RN1	RN2	CN	Mean	RN1	RN2	CN	Mean
2012	D1	0.50ab	0.51b	0.50a	0.50b	0.46b	0.49b	0.49b	0.48b	0.50ab	0.51c	0.49b	0.50c
	D2	0.51ab	0.55a	0.52a	0.53a	0.47b	0.53a	0.52a	0.51a	0.51a	0.55a	0.52a	0.53a
	D3	0.52a	0.53ab	0.52a	0.52a	0.47b	0.53a	0.51ab	0.50a	0.51a	0.53b	0.52a	0.52b
	D4	0.49b	0.50b	0.51a	0.50b	0.50a	0.50b	0.50b	0.50a	0.49b	0.50c	0.51ab	0.50c
	Mean	0.50b	0.52a	0.51ab	—	0.47b	0.51a	0.51a	—	0.50b	0.52a	0.51b	—
2013	D1	0.50a	0.51b	0.50b	0.50b	0.52a	0.52a	0.49b	0.51bc	0.50a	0.51ab	0.50b	0.50b
	D2	0.50a	0.53a	0.52a	0.52a	0.54a	0.53a	0.52a	0.53a	0.51a	0.54a	0.52a	0.52a
	D3	0.49a	0.53a	0.51ab	0.51ab	0.53a	0.53a	0.51ab	0.52ab	0.50a	0.53ab	0.51ab	0.51ab
	D4	0.49a	0.51b	0.50b	0.50b	0.52a	0.51a	0.49b	0.51c	0.50a	0.51b	0.50ab	0.50b
	Mean	0.50c	0.52a	0.51b	—	0.53a	0.52a	0.50b	—	0.50b	0.52a	0.51b	—

2. 玉米、大豆氮素吸收利用率

相对常量施氮处理，减量施氮显著提高了玉米、大豆和玉豆系统氮肥吸收利用率（表 9-7）。其中，玉米氮肥吸收利用率以 RN1 处理的最高，两年平均值比 CN 处理的高 47.85%，RN2 处理玉米的氮肥吸收利用率比 CN 处理高 35.13%。大豆和玉米大豆带状复合种植系统的氮肥吸收利用率均以 RN2 处理的最高，两年平均值比 CN 处理分别高 55.37%、43.62%。施肥距离过大过小均不利于各作物氮肥吸收利用率的提高，以距玉米行 15～30cm 最佳。其中 RN2 处理下，玉米和玉米大

表 9-7　不同施氮量与施肥距离的玉米、大豆氮肥吸收利用率（仁寿）　（%）

年份	处理	玉米				大豆				带状复合种植系统			
		RN1	RN2	CN	Mean	RN1	RN2	CN	Mean	RN1	RN2	CN	Mean
2012	D1	33.32a	29.38ab	21.90a	28.20ab	1.42b	8.33b	1.84b	3.86c	34.75a	37.71bc	23.75b	32.07b
	D2	33.36a	35.78a	24.47a	31.20a	3.27b	13.79b	13.34a	10.14b	36.64a	49.58a	37.81a	41.34a
	D3	31.84ab	26.89b	21.74a	26.83b	11.18a	21.06a	12.41a	14.88a	43.03a	47.96ab	34.15ab	41.72a
	D4	26.20b	17.80c	14.87b	19.62c	13.62a	13.04b	11.60b	12.75ab	39.82a	30.84c	26.48b	32.38b
	Mean	31.18a	27.46b	20.74c	—	7.37b	14.05a	9.80b	—	38.56a	41.52a	30.55b	—
2013	D1	13.94b	12.23b	10.61a	12.26b	4.35b	6.83d	5.88b	5.69c	18.28c	19.05d	16.49b	17.94c
	D2	20.09a	21.04a	13.77a	18.3a	19.3a	34.93a	21.68a	25.31a	39.39a	55.96a	35.45a	43.6a
	D3	18.84a	19.92a	12.36a	17.04a	20.58a	26.86b	19.55a	22.33a	39.41a	46.77b	31.9a	39.36a
	D4	13.98b	12.05b	9.85a	11.96b	17.09a	20.54c	7.23b	14.95b	31.07b	32.58c	17.07b	26.91b
	Mean	16.71a	16.31a	11.65b	—	15.33b	22.29a	13.59b	—	32.04b	38.59a	25.23c	—

豆带状复合种植系统的氮肥吸收利用率以D2处理的最高，两年平均值比常规穴施（D1）处理分别高 46.91%和 112.62%。大豆的氮肥吸收利用率，2012 年以 D3 处理的最高，其比 D4 处理高 16.71%；2013 年以 D2 处理最高，其比 D4 处理高 69.30%。

3. 玉米、大豆土壤氮素贡献率

由表 9-8 可知，不同施氮量对玉米的土壤氮素贡献率影响差异不显著，但对大豆和玉米大豆带状复合种植系统的影响则差异显著。在三种施氮水平下，玉米、大豆和玉米大豆带状复合种植系统的土壤氮素贡献率均以植株吸氮量最高的 RN2 处理最低，两年平均值较 CN 处理分别降低了 2.62%、6.25%、4.52%。各作物在施肥距离间表现出与植株氮素吸收相反的规律，即植株氮素吸收量最高的 D2、D3 处理的最低，且各施氮水平下的变化规律一致。RN2 处理下，玉米的土壤氮素贡献率以 D2 处理最低，两年平均值比 D1 处理降低 11.32%；大豆的土壤氮素贡献率两年均值以 D3 处理的最低，两年平均值比 D4 处理降低 11.17%。玉米大豆带状复合种植系统两年的土壤氮素贡献率以 D2 处理的最低，两年平均值比 D4 处理降低 11.51%。说明减量施氮下通过优化施肥距离不仅可以提高植株对肥料氮素的吸收，还可以降低作物对土壤氮素的吸收，以达到提高氮肥利用率和保持土壤肥力的目的。

表 9-8　不同施氮量与施肥距离的玉米、大豆土壤氮素贡献率　（%）

年份	处理	玉米				大豆				带状复合种植系统			
		RN1	RN2	CN	Mean	RN1	RN2	CN	Mean	RN1	RN2	CN	Mean
2012	D1	56.96a	54.32bc	56.16b	55.81b	97.10a	81.41a	94.17a	90.89a	72.33a	65.38ab	70.93a	69.55a
	D2	57.23a	48.98c	53.38b	53.19b	93.42a	72.89ab	69.13b	78.48b	71.41a	58.92c	60.50c	63.61b
	D3	58.18a	56.05b	56.3b	56.84b	81.96b	63.55b	71.22b	72.24c	68.29a	59.61bc	63.04bc	63.65b
	D4	62.76a	66.62a	65.50a	64.96a	77.62b	74.13a	72.07b	74.61bc	69.61a	69.93a	68.65ab	69.40a
	Mean	58.78a	56.49a	57.83a	—	87.52a	73.00b	76.65b	—	70.41a	63.46b	65.78b	—
2013	D1	82.78a	81.15a	79.99ab	81.31a	92.80a	86.61a	85.96a	88.46a	87.03a	83.4a	82.65a	84.36a
	D2	76.98b	71.15b	75.78b	74.64b	74.35b	55.55c	62.14b	64.01c	75.74b	62.99c	68.79b	69.17c
	D3	77.89b	72.20b	77.49ab	75.86b	73.10b	62.63b	64.53b	66.75c	75.66b	67.20c	70.96b	71.27c
	D4	82.64a	81.05a	81.23a	81.64a	76.67b	67.92b	83.13a	75.91b	79.82b	74.51b	82.06a	78.8b
	Mean	80.07a	76.39b	78.62ab	—	79.23a	68.18c	73.94b	—	79.56a	72.03c	76.12b	—

注：RN1. 减氮 36%；RN2. 减氮 18%；CN. 施氮；D1. 0cm；D2. 15cm；D3. 30cm；D4. 45cm

（四）施磷对根系分泌、根系性状和磷素吸收的影响

（1）玉米及大豆根系蔗糖的积累与转运

2017 年和 2018 年带状套作玉米吐丝后 20d，叶片和根系蔗糖含量均显著高于

净作；同时施磷处理叶片的蔗糖含量高于不施磷处理，而根系蔗糖含量在磷肥和种植模式处理间的差异并不明显；但是蔗糖的根叶比在不施磷处理中显著高于施磷处理，同时套作处理显著高于净作处理（图 9-7）。

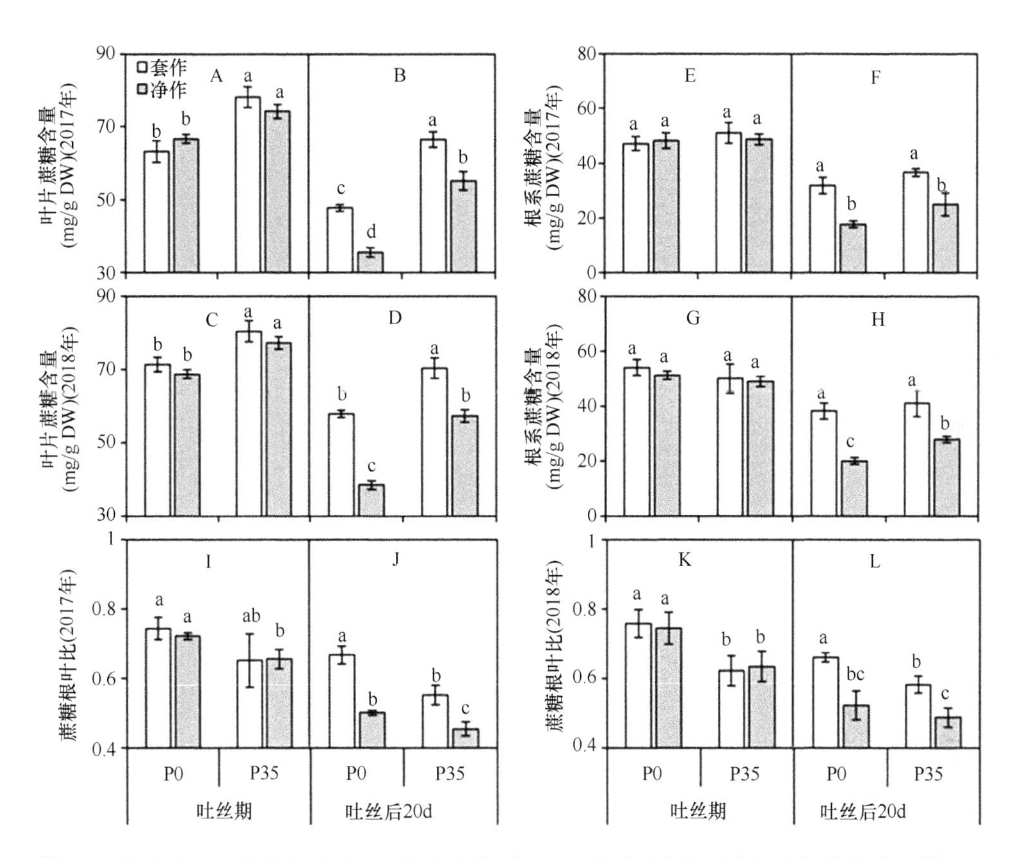

图 9-7 施磷水平和种植方式对吐丝期和吐丝后 20d 玉米叶片和根系蔗糖含量的影响（周涛，2020）

P0. 不施磷；P35. 施磷 35kg/hm^2。下同

V5 期，带状套作大豆叶片和根系蔗糖含量均显著低于净作，带状套作叶片蔗糖含量在磷处理间无明显差异；净作 P20 处理较不施磷处理显著增加叶片蔗糖含量，根系蔗糖含量在不施磷处理中显著高于 P20 处理，净作、带状套作均呈相同规律（图 9-8）。R3 期，带状套作大豆叶片和根系蔗糖含量远高于净作，同时带状套作大豆的根系与叶片蔗糖含量比值远高于净作。从 V5 期到 R3 期，净作大豆叶片蔗糖含量总体水平变化不大，但 2019 年不施磷处理显著降低；带状套作大豆叶片蔗糖含量均显著增加；净作大豆根系蔗糖含量显著降低，带状套作显著增加。2018 年和 2019 年大豆各组织中蔗糖含量在各处理中均表现出相同趋势。

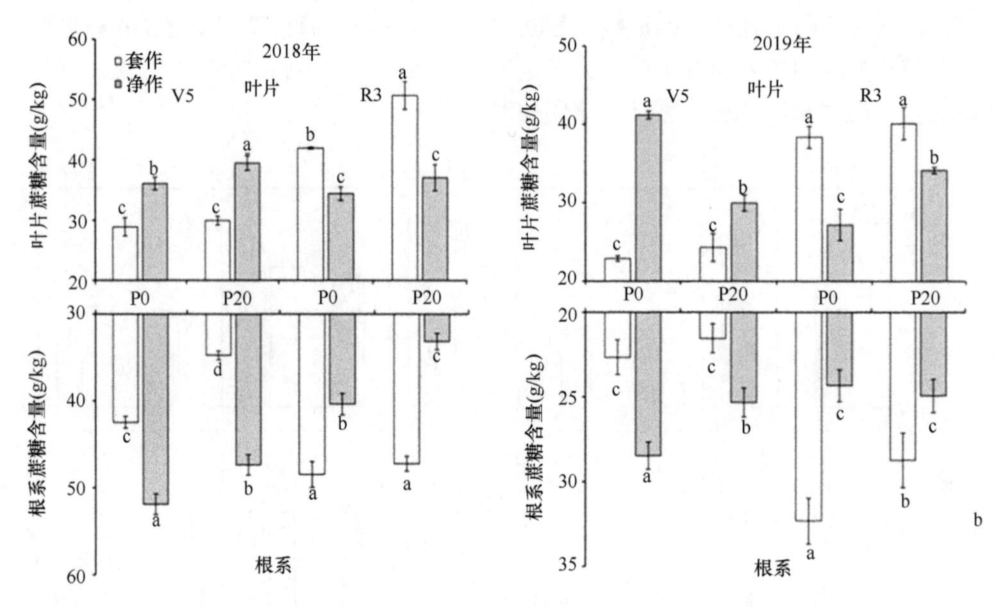

图 9-8　施磷水平和种植方式对大豆叶片根系和蔗糖含量的影响

P0. 不施磷；P20. 施磷 20kg/hm²

（2）玉米根系碳分泌

各处理玉米根系 24h 碳分泌量为 0.22～0.49μg C/cm，重复间存在较大变异。带状套作玉米施磷处理比不施磷处理碳分泌量增加 82.0%，而净作增加量为 70.0%（图 9-9）。带状套作处理的根系碳分泌量仅在施磷 35kg/hm² 处理时大于净作，而二者在不施磷处理中并无显著差异。

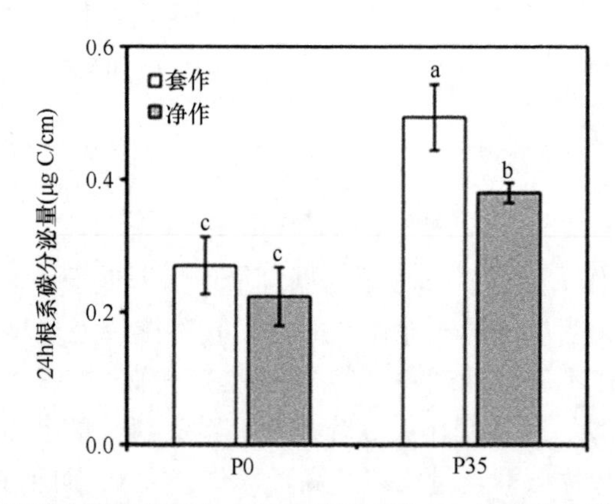

图 9-9　施磷水平和种植方式对吐丝期玉米 24h 根系碳分泌量的影响

（3）大豆根系生长

在 V5 和 R3 期，大豆根系中，相比 P100，P0 处理下 *GmEXPB2* 的表达被促进；在大豆不同生育时期中，*GmEXPB2* 的表达量也存在差异，在 R3 期表达量明显高于 V5 期（图 9-10）。

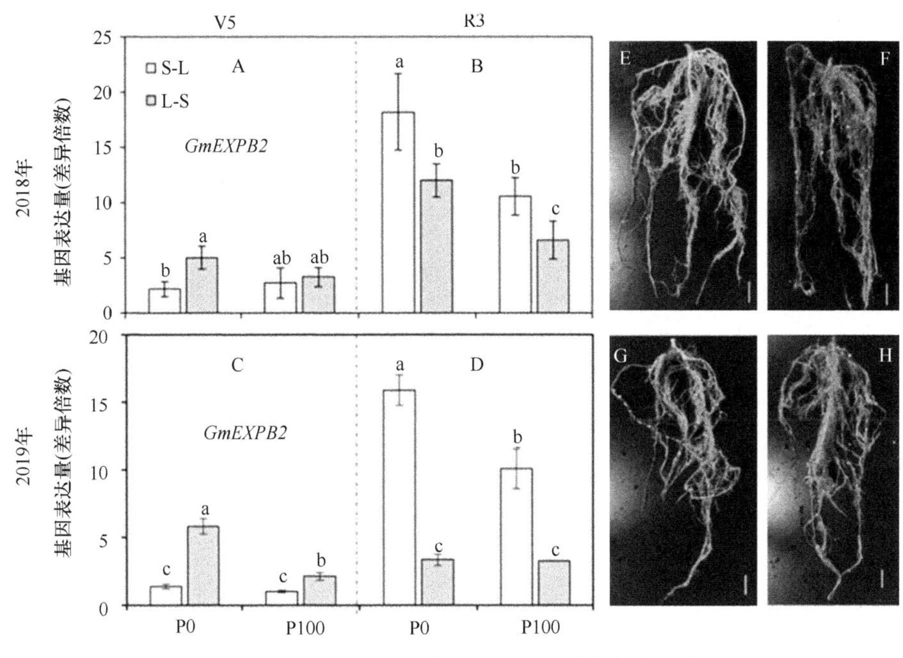

图 9-10　施磷水平和种植方式对根系生长的影响

P0. 不施磷；P100. 施磷 100kg/hm^2。S-L. 前期遮荫，从出苗开始用透光率 50%的遮阳网遮荫，到大豆 V5 时解除荫蔽；L-S. 后期遮荫，从大豆 V6 期开始用透光率 50%的遮阳网遮荫持续到收获期

地上部光环境和磷处理对根系中与生长素合成和响应相关基因的表达量有明显影响（图 9-11）。大田试验中，带状套作 *GmYUCCA14* 的表达量在 V5 和 R3 期均显著高于净作，特别是低磷处理下（除了 V5 时期净作在两个磷处理间无显著差异）。*GmTIRIC* 的表达量在磷和光处理中的变化规律和 *GmYUCCA14* 类似，但是带状套作高于净作仅在 P0 处理中优势明显，在施磷处理中种植模式间无显著差异。在 V5 和 R3 期，*GmARF05* 在带状套作处理中的表达量均显著高于净作（除了 V5 期 P20 处理），但 R3 期其表达量受磷的影响较小，带状套作在两个磷处理中无显著差异，净作不施磷高于施磷处理。

二、氮磷钾配施技术

（一）氮磷配施技术

1. 氮磷配施对玉米氮磷积累的影响

种间互作和氮磷配施对玉米植株氮、磷素养分积累的影响分析结果（表 9-9）

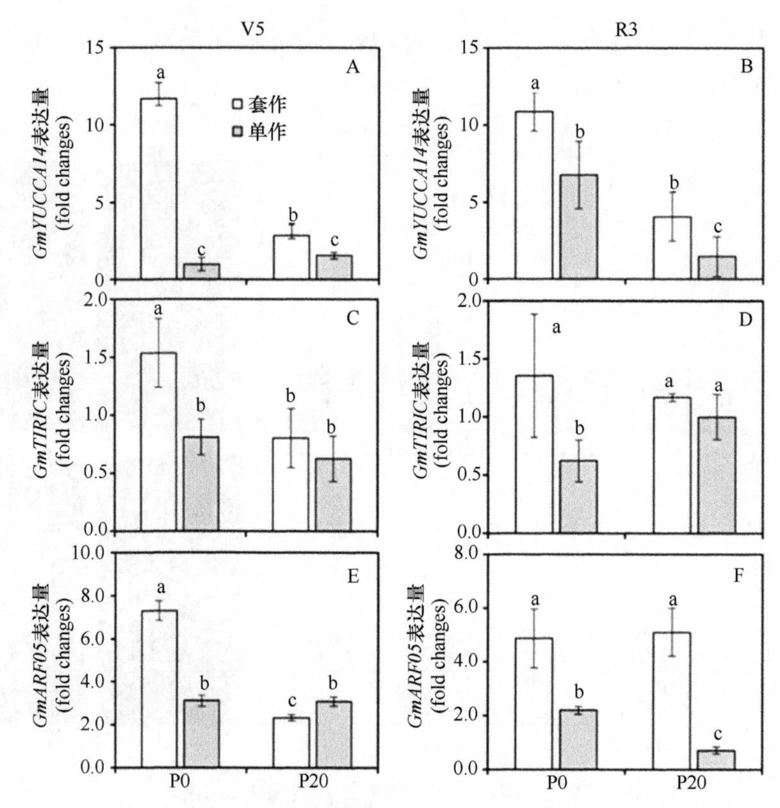

图 9-11 施磷水平和种植方式对根系生长素合成和响应相关基因表达的影响

P0. 不施磷；P20. 施磷 20kg/hm^2

表 9-9 种间互作和氮磷配施对玉米氮、磷积累的影响（陈虹等，2020）

氮磷指标	试验方式	施磷处理	带状套作玉米（不分隔）			净作玉米（完全分隔）		
			N0	N2	Mean	N0	N2	Mean
N 积累量	盆栽试验（g/株）	P0	2.43b	3.15a	2.79a	2.21b	2.56a	2.39b
		P2	2.55b	3.25a	2.90a	2.46b	2.94a	2.70a
		平均	2.49b	3.20a	—	2.34b	2.75a	—
	大田试验（kg/hm^2）	P0	140.98b	191.17a	166.08b	133.25a	146.74a	140.00b
		P2	152.03b	213.84a	182.94a	146.01b	177.97a	161.99a
		平均	146.51b	202.51a	—	139.63b	162.36a	—
P 积累量	盆栽试验（g/株）	P0	0.54a	0.57a	0.5b	0.43a	0.48a	0.45b
		P2	0.67a	0.70a	0.69a	0.52b	0.61a	0.57a
		平均	0.61a	0.64a	—	0.48b	0.55a	—
	大田试验（kg/hm^2）	P0	34.59b	39.50a	37.05b	31.06a	33.24a	32.15b
		P2	40.23b	44.50a	42.37a	34.17a	36.91a	35.54a
		平均	37.41b	42.00a	—	32.62b	35.08a	—

注：N0. 不施氮 0kg/hm^2；N2. 施氮 180kg/hm^2。P0. 不施磷 0kg/hm^2；P2. 施磷 180kg/hm^2。表中不同小写字母表示不同施氮量下的作物 N、P 积累差异性

表明：不同种植方式下玉米氮、磷素积累量差异较大。根系分隔盆栽试验和大田试验中各处理玉米植株氮、磷素积累的变化规律基本一致，均表现为带状套作条件下，根系不分隔的玉米氮、磷素积累量明显高于根系完全分隔处理。与根系分隔相比，不分隔处理下增施氮肥更加有利于提高玉米植株氮素积累总量，根系分隔盆栽试验和大田试验分别提高 28.31%和 38.22%；带状套作条件下玉米植株磷素积累量显著高于净作玉米，根系分隔盆栽试验和大田试验下玉米植株磷素总积累量分别高出 27.56%（不施磷）、16.89%（施磷 180kg/hm^2）和 14.68%（不施磷）和 19.73%（施磷 180kg/hm^2）。说明玉米大豆带状复合种植与净作玉米相比，有利于提高玉米植株对氮、磷素的积累量。

2. 氮磷配施对大豆氮磷积累的影响

成熟时荚果的氮含量受磷的影响显著，施磷的增多可以减少荚果的氮含量而增加籽粒的氮积累量（表 9-10）。施磷量极显著地影响了大豆籽粒的磷积累，使其

表 9-10 氮磷配施对成熟期大豆氮磷积累的影响 （单位：kg/hm^2）

处理		N				P			
		茎	叶	荚果	籽粒	茎	叶	荚果	籽粒
N1	P1	18.28a	14.44ab	26.14a	75.74c	1.86b	1.33bc	3.56a	9.53b
	P2	18.95a	13.24b	9.10c	97.72a	2.19a	1.20c	1.38bc	13.42a
	P3	14.12b	16.09a	13.42b	89.43b	1.67b	1.51ab	1.83b	13.45a
	P4	18.51a	17.03a	8.15c	64.69d	1.86b	1.66a	0.96c	9.54b
N2	P1	17.67a	16.11b	21.50a	76.70c	1.59b	1.46c	2.60b	10.88c
	P2	16.99a	14.83b	23.91a	83.40b	1.61b	1.24d	3.04ab	12.21b
	P3	19.51a	20.25a	23.66a	106.24a	2.06a	1.77b	3.42a	15.85a
	P4	19.22a	23.73a	13.26b	110.43a	2.16a	2.30a	1.82c	17.03a
N3	P1	18.37b	16.18a	20.97b	84.74b	1.79b	1.41b	2.85b	13.25b
	P2	23.38a	17.62a	35.29a	87.35ab	2.29a	1.47ab	4.53a	14.00b
	P3	17.20b	19.11a	15.23c	97.72a	1.92ab	1.69a	1.91c	16.01a
	P4	16.85b	17.05a	20.15bc	93.10a	1.47c	1.47ab	2.22bc	12.86b
N4	P1	12.93ab	16.19a	16.99a	84.64a	1.58ab	1.35a	2.14a	12.07a
	P2	15.63a	17.59a	17.18a	83.40a	1.77a	1.31a	2.27a	12.23a
	P3	10.68b	14.5ab	11.90a	80.88a	1.27b	1.16ab	1.69a	11.42ab
	P4	10.86b	11.83b	14.59a	66.37b	1.24b	0.95b	1.54a	9.59b
N		16.4^{*}	13.34^{*}	13.87^{*}	5.20^{*}	7.64^{*}	14.79^{*}	13.75^{*}	5.68^{*}
P		4.94^{*}	1.82	11.18^{**}	10.19^{**}	4.10^{*}	4.76^{*}	12.54^{**}	11.61^{**}
$N\times P$		2.70^{*}	3.76^{*}	7.80^{**}	12.30^{**}	4.70^{*}	5.09^{**}	6.80^{**}	8.25^{**}

注：N1. 不施氮 0kg/hm^2；N2. 施氮 120kg/hm^2；N3. 施氮 180kg/hm^2；N4. 施氮 240kg/hm^2。P1. 不施磷 0kg/hm^2；P2. 施磷 35kg/hm^2；P3. 施磷 70kg/hm^2；P4. 施磷 105kg/hm^2

呈现出 P3＞P2＞P4＞P1 的变化规律，P3 处理的籽粒磷积累量高达 14.18kg/hm^2，是不施磷处理的 1.24 倍。氮对籽粒的磷积累影响表现出 N3＞N2＞N1＞N4，N3 处理的籽粒磷积累量达到 14.03kg/hm^2，是不施氮处理的 1.22 倍。

（二）磷钾配施技术

1. 苗期与花期追施钾肥对大豆产量的影响

不同施钾量及施肥方式对大豆产量有显著的影响（表 9-11）。不同的钾肥运筹方式下，B4 处理即在苗期与花期 1∶1 追施钾肥能实现最高的大豆产量，而将钾肥全部作为基肥处理的产量最低。在低钾（T1：K_2O 56.25kg/hm^2）与高钾（T3：168.75 K_2O kg/hm^2）水平下，套作大豆产量均以 B4 处理最高，中钾（T2：K_2O 112.5kg/hm^2）水平下，以 B6 处理即底肥、苗期与花期追肥为 1∶1∶1 最高。

表 9-11　不同施钾量及运筹方式对大豆产量的影响　（单位：kg/hm^2）

处理	T1	T2	T3	SE
B1	1626.63b	1402.75c	1542.25bc	1523.84c
B2	1327.11c	1653.85bc	1606.50bc	1529.84c
B3	1615.68b	1651.22bc	1788.39ab	1685.1abc
B4	1996.17a	1547.62bc	1968.84a	1837.55a
B5	1515.08bc	1767.60ab	1373.90cd	1552.19c
B6	1610.14b	2001.27a	1768.94ab	1793.45ab
B7	1684.03b	1943.16a	11969.22d	1607.86bc
平均值	1624.96A	1709.64A	1468.18B	

注：低钾. T1，K_2O 56.25kg/hm^2；中钾. T2，K_2O 112.5kg/hm^2；高钾. T3，168.75 K_2O kg/hm^2。B1. 基施钾肥；B2. 苗期追肥（V5 期）；B3. 花期追肥（R1）；B4. 基肥：苗期肥：花期肥比为 0∶1∶1；B5. 基肥：苗期肥：花期肥比为 1∶0∶1；B6. 基肥：苗期肥：花期肥比为 1∶1∶1；B7. 基肥：苗期肥：花期肥比为 1∶1∶0。SE. subplot effect，副区效应

由表 9-12 可以看出，净作（自然光照）大豆叶片的光合速率和气孔导度显著地高于带状套作（玉米遮荫）大豆，分别比其高 33.91%和 75.00%；而胞间二氧化碳浓度则表现为带状套作大豆显著高于净作大豆。在 K3 处理大豆叶片光合速率最高，K4 处理最低；K3 处理叶片光合速率显著高于 K0 和 K4 处理。合理地施用钾肥可以提高大豆叶片气孔导度及光合速率。

2. 磷钾配施对大豆抗倒伏力和产量的影响

在合理的磷水平（P_2O_5 0～17kg/hm^2）下增施钾肥，有利于提高带状套作大豆产量，而施磷量（P_2O_5 25.5kg/hm^2）过高则表现为相对减产（表 9-13）。与对照（不施磷、不施钾）相比，施磷、施钾及磷钾配施处理均提高了带状套作大豆单株荚

表 9-12　不同施钾量及种植方式对大豆光合特性的影响

处理	光合速率 [μmol/(m^2·s)]			气孔导度 [mol/(m^2·s)]			胞间二氧化碳浓度 [mol/(m^2·s)]		
	自然光照	玉米遮荫	Mean	自然光照	玉米遮荫	Mean	自然光照	玉米遮荫	Mean
K0	8.82	8.14	8.48bc	0.07	0.07	0.07c	195.77	219.51	207.64a
K1	12.09	8.78	10.43abc	0.14	0.08	0.11abc	174.9	237.93	206.41a
K2	14.8	8.61	11.71ab	0.22	0.08	0.15a	168.61	214.49	191.55ab
K3	13.94	9.73	11.84a	0.18	0.1	0.14ab	177.48	164.55	171.02b
K4	6.91	8.66	7.79c	0.07	0.1	0.08bc	165.92	199.42	182.67ab
K5	12.4	7.55	9.97abc	0.14	0.06	0.10abc	174.39	208.15	191.27ab
平均值	11.49a	8.58b	—	0.14a	0.08b	—	176.18b	207.34a	—

注：K0. 0g K_2O /盆；K1. 0.92g K_2O /盆；K2. 1.84g K_2O /盆；K3. 2.76g K_2O /盆；K4. 3.68g K_2O /盆；K5. 4.6g K_2O/盆

表 9-13　不同磷钾配施对大豆产量构成的影响

处理	单株荚数	单株粒数（粒）	百粒重（g）	充实率（%）
P0K0	71.02G	1.56	19.6	93.56I
P0K1	74.45E	1.59	19.41	94.28G
P0K2	77.00D	1.61	19.3	94.76DEF
P0K3	81.52B	1.61S	19.27	95.20BC
P1K0	72.07FG	1.56	19.77	93.79HI
P1K1	76.22D	1.59	19.42	94.47FG
P1K2	78.76C	1.63	19.3	94.99CD
P1K3	82.81A	1.64	19.21	95.40AB
P2K0	74.02E	1.6	19.89	93.90H
P2K1	76.59D	1.62	19.76	94.70DEF
P2K2	78.86C	1.75	19.45	94.99CD
P2K3	83.19A	1.75	19.22	95.70A
P3K0	71.18G	1.63	19.68	93.54I
P3K1	72.50F	1.73	19.37	94.63EF
P3K2	74.70E	1.79	19.18	64.84DE
P3K3	79.05C	1.8	19.12	95.66A

注：P0（不施磷）；P1（P_2O_5 8.5kg/hm^2）；P2（P_2O_5 17kg/hm^2）；P3（P_2O_5 25.5kg/hm^2）；K0（不施钾）；K1（K_2O 37.5kg/hm^2）；K2（K_2O 75kg/hm^2）；K3（K_2O 112.5kg/hm^2）。不同字母代表不同处理具有显著性差异，下同

数、籽粒充实率和籽粒产量；其中磷钾配施处理的各项指标增幅均最大，在施磷量（P_2O_5）17kg/hm^2 和施钾量（K_2O）112.5kg/hm^2 配施处理下，带状套作大豆产量达到最高值 2832.04kg/hm^2，较对照（不施磷、不施钾）增产 28.55%。

合理施用磷钾肥，有利于改善带状套作大豆基部节间形态，增强茎秆的抗倒性能（表 9-14）。在同一施磷水平下，茎秆基部节间长度和主茎长度随施钾量的增

加而减小，而基部节间粗度、干重、茎秆纤维素含量、木质素含量、C/N 值，以及茎秆抗倒指数（culm lodging resistant index，CLRI）等指标的表现则相反；在合理供磷水平（P_2O_5 0～17kg/hm^2）下增施钾肥有利于降低套作大豆倒伏率，但过高的供磷水平（P_2O_5 25.5kg/hm^2）则表现相反。

表 9-14　不同磷、钾施用量对大豆抗倒伏能力的影响

处理	纤维素含量（μg/g）	木质素含量（μg/g）	C/N 值	抗倒指数
P0K0	14.67±0.18h	18.71±0.29gh	2.12±0.04ij	116.32fgh
P0K1	15.58±0.19fg	19.62±0.28e	2.65±0.20h	121.45f
P0K2	16.82±0.15c	20.61±0.22c	3.22±0.17e	131.17de
P0K3	17.66±0.10b	21.89±0.42b	3.62±0.11cd	134.91de
P1K0	14.86±0.37h	19.01±0.19f	3.62±0.11cd	119.88fg
P1K1	14.86±0.37h	20.49±0.42cd	3.14±0.14ef	130.53e
P1K2	17.02±0.14c	22.21±0.27b	3.47±0.06d	136.16d
P1K3	17.02±0.14c	23.13±0.48a	3.98±0.28b	150.32b
P2K0	17.02±0.14c	19.26±0.2ef	2.80±0.13gh	121.37f
P2K1	17.02±0.14c	20.72±0.27c	2.96±0.15fg	136.02d
P2K2	17.83±0.53b	21.78±0.17b	3.54±0.12d	142.94c
P2K3	18.29±0.09a	23.34±0.09a	4.60±0.13a	159.52a
P3K0	14.82±0.22h	18.53±0.28h	1.96±0.13j	111.80h
P3K1	15.68±0.03f	19.05±0.13fg	2.35±0.11i	132.67de
P3K2	15.90±0.08ef	19.43±0.13ef	3.22±0.08e	133.22d
P3K3	16.87±0.10c	20.08±0.06d	3.83±0.11bc	132.61de

第二节　化 控 技 术

一、大豆化学壮苗防倒技术

带状复合种植大豆会在不同生长时期受到玉米的荫蔽，导致其节间过度伸长、株高增加，严重时主茎出现藤蔓化，茎秆变细，木质素纤维素含量下降，极易发生倒伏。苗期发生倒伏的大豆容易感染病虫害，死苗率高，进而导致基本苗严重不足；后期倒伏容易造成机械化收获困难，损失率极高。

（一）烯效唑干拌种

1. 对带状套作大豆地上地下纵向生长的影响

采用 0mg/kg（B0，对照）、2mg/kg（B1）、4mg/kg（B2）、8mg/kg（B3）4 个烯效唑药种比对大豆种子进行干拌种，在玉米大豆带状套作下播后 21～42d，烯效唑干拌种处理显著抑制了大豆的株高和根长（图 9-12，表 9-15），且抑制效果随拌种浓度的提高而增强；显著增加大豆茎粗和根体积（图 9-13，表 9-15）。播种后 42d 时，B1、B2、B3 处理株高分别较对照 B0 低 32.2%、36.8%和 42.8%；B2、B3 处理的根长分别较对照低 14.2%和 23.1%；B2、B1 和 B3 处理茎粗分别较对照高 23.6%、11.8%和 10.6%，根体积分别较对照高 75.6%、51.1%和 22.2%。这表明适当浓度烯效唑干拌种处理（4mg/kg）可有效改善带状套作大豆生长状况，抑制地上部分的纵向生长，促进根体积的扩大，培育壮苗。

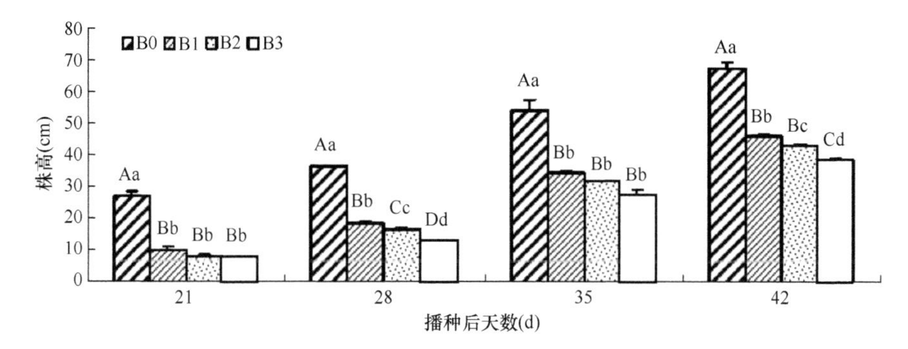

图 9-12　烯效唑干拌种对带状套作大豆株高的影响（闫艳红，2010）

B0、B1、B2、B3 分别表示 0mg/kg、2mg/kg、4mg/kg、8mg/kg 4 个烯效唑药种比处理；柱形图上方不同大小写字母分别表示不同处理播种后相同天数在 1%和 5%水平上差异显著。下同

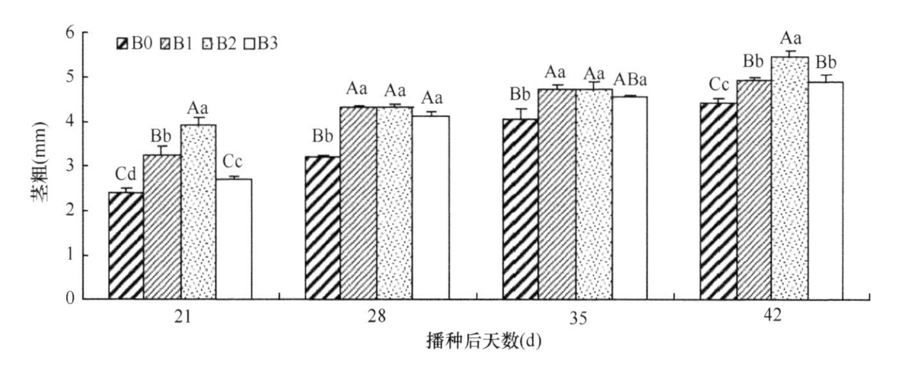

图 9-13　烯效唑干拌种对带状套作大豆苗期茎粗的影响（闫艳红，2010）

表 9-15　烯效唑干拌种对带状套作大豆苗期根长和根体积的影响（闫艳红，2010）

烯效唑干拌种	根长（cm）				根体积(cm^3/株)			
	21d	28d	35d	42d	21d	28d	35d	42d
B0	29.63Aa	30.17Aa	37.63Aa	40.80Aa	1.4Cc	1.5Cc	3Cc	4.5Dd
B1	21.92ABb	23.50ABb	27.23Bb	38.93Aa	1.8ABab	2.5Bb	4.6Bb	6.8Bb
B2	19.57ABb	23.03ABb	24.33BCc	35.00Bb	2Aa	3.2Aa	5.6Aa	7.9Aa
B3	18.05Bb	20.03Bb	23.00Cc	31.37Cc	1.6BCbc	2.2Bb	4.5Bb	5.5Cc

注：数字后的大小写字母分别表示同列在 1%和 5%水平上的差异显著性。B0、B1、B2、B3 分别表示 0mg/kg、2mg/kg、4mg/kg、8mg/kg 4 个烯效唑药种比处理

2. 对带状套作大豆苗期干物质积累的影响

烯效唑干拌种 B1（2mg/kg）和 B2（4mg/kg）两个浓度显著提高带状套作大豆苗期的根干重和地上部干重（播种后 28～42d），且经 B2 处理植株的干物质积累量最大（表 9-16）。B1 处理植株的根干重和地上部干重在播种后 21d 时与 B0 无显著性差异，B3（4mg/kg）处理植株的干物质积累量直到播种后 42d 才显著高于 B0，说明高浓度的烯效唑干拌种对大豆苗期生长的抑制较大。

表 9-16　烯效唑干拌种对带状套作大豆苗期根干重和地上部干重的影响（闫艳红，2010）

烯效唑干拌种	根干重（g/株）				地上部干重（g/株）			
	播种后 21d	播种后 28d	播种后 35d	播种后 42d	播种后 21d	播种后 28d	播种后 35d	播种后 42d
B0	0.082Bc	0.112Cc	0.204Cc	0.233Dd	0.331Cc	0.464Dd	1.08Cc	1.42Dd
B1	0.080Bc	0.212Bb	0.262Bb	0.525Bb	0.307Cc	0.837Bb	1.30Bb	2.78Bb
B2	0.186Aa	0.347Aa	0.384Aa	0.767Aa	0.647Aa	1.268Aa	1.82Aa	3.88Aa
B3	0.113Bb	0.119Cc	0.207Cc	0.337Cc	0.451Bb	0.489Cc	1.06Cc	1.82Cc

3. 对带状套作大豆田间倒伏级数的影响

对南豆 8 号（A1）和贡选 1 号（A2）两个大豆品种，在玉米大豆带状套作下，进行 0mg/kg（B1，对照）、2.0mg/kg（B2）、4.0mg/kg（B3）、6.0mg/kg（B4）、8.0mg/kg（B5）、10.0mg/kg（B6）6 个烯效唑干拌种处理，调查带状套作大豆的田间倒伏级数，结果如图 9-14 所示。对照处理的 A1、A2 两个大豆品种分别在播种 30d 和 37d 后出现倒伏，到播种后 51d 时，倒伏级数分别达到 4 和 2.8；低浓度的 B2、B3 处理倒伏级数在后期出现增加，至播种后 51d 时倒伏级数分别为 2 和 1.3，表明出现倒伏，其他剂量处理的倒伏级数均维持在 1，表现出极佳的防倒伏效果。

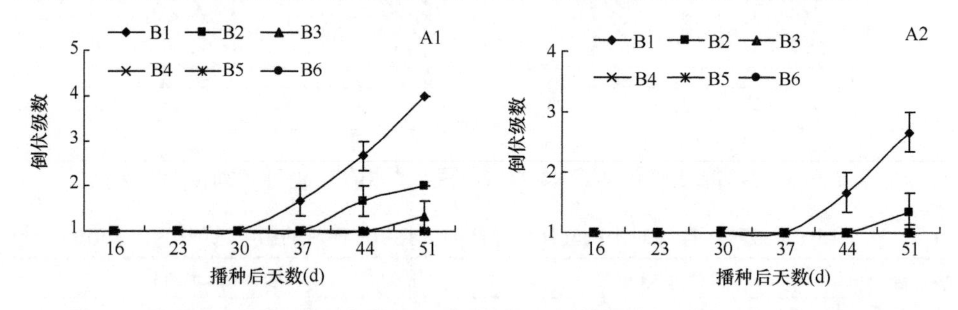

图 9-14　不同烯效唑干拌种剂量对带状套作大豆倒伏级数的影响（龚万灼，2008）

B1、B2、B3、B4、B5、B6 分别表示 0mg/kg、2.0mg/kg、4.0mg/kg、6.0mg/kg、8.0mg/kg、10.0mg/kg 6 个烯效唑干拌种处理；A1 和 A2 分别表示南豆 8 号和贡选 1 号

4. 对带状套作大豆产量的影响

烯效唑干拌种处理能提高带状套作大豆的产量（表 9-17），南豆 8 号（A1）

品种的产量表现为 B3＞B4＞B5＞B6＞B2＞B1，方差分析表明，B3、B4、B5 处理与对照 B1 产量差异达显著水平，其他两种拌种剂量则与对照差异不显著。B3、B4 和 B5 分别比对照增产 28.50%、21.55%和 15.43%。贡选 1 号（A2）品种的产量为 B4＞B3＞B5＞B6＞B2＞B1，其中 B3、B4、B5、B6 处理与对照 B1 差异达显著水平，而 B2 与对照差异不显著。B3、B4、B5 和 B6 分别比对照增产 16.96%、19.65%、16.50%和 13.76%。

表 9-17　不同烯效唑干拌种剂量对带状套作大豆产量及其构成因素的影响（龚万灼，2008）

品种	拌种剂量	产量（kg/hm^2）	株数（万株/hm^2）	有效荚数	荚粒数	百粒重（g）
A1	B1	117.21d	12.0	5.97d	1.40a	11.74ab
	B2	121.07cd	12.0	6.68cd	1.24a	12.16a
	B3	150.61a	12.0	8.07ab	1.30a	11.94a
	B4	142.47ab	12.0	8.54a	1.28a	11.06b
	B5	135.30abc	12.0	7.74abc	1.27a	11.44ab
	B6	128.50bcd	12.0	6.86bcd	1.33a	11.71ab
A2	B1	2345.29c	12.0	60.57c	1.55b	20.78ab
	B2	2520.21bc	12.0	64.06bc	1.58b	20.80ab
	B3	2742.99a	12.0	66.93ab	1.60b	21.32a
	B4	2806.22a	12.0	68.05a	1.72a	19.96b
	B5	2732.24a	12.0	67.88a	1.61b	20.88ab
	B6	2667.95ab	12.0	64.06bc	1.63ab	21.30ab

产量构成因素的分析结果表明，各拌种处理的有效荚数均比对照有所提高。对 A1 品种而言，B3、B4、B5 处理的有效荚数极显著高于对照，其余两种剂量处理则与对照差异不显著。A2 品种则表现为 B3、B4、B5 的有效荚数显著高于对照，其余处理与对照差异均不显著。而对荚粒数和百粒重，烯效唑干拌种处理虽然同样会有所影响，但各处理的荚粒数和百粒重与对照差异都不显著。A2 品种的有效荚数、荚粒数和百粒重均显著高于 A1 品种。

综上所述，适当浓度的烯效唑干拌种培育了带状套作大豆壮苗，降低了苗期倒伏，提高了大豆产量，其中中熟品种南豆 8 号以 4.0mg/kg、晚熟品种贡选 1 号以 6.0mg/kg 剂量处理效果最佳。

（二）烯效唑叶面喷施

1. 对带状套作大豆株高、茎粗和节间长的影响

设 D0（0mg/kg，对照）、D1（30mg/kg）、D2（60mg/kg）、D3（90mg/kg）4 个烯效唑浓度水平，对带状套作大豆五叶期（V5）进行叶面喷施处理，结果表明，

烯效唑处理植株的株高和第一节间长均低于对照，且随喷施浓度的增加而降低（表 9-18）。D1、D2、D3 浓度烯效唑喷施植株的株高分别较对照低 21.8%、30.4%和 38.2%，第一节间长分别较对照低 5.7%、8.7%和 10.1%；茎粗比对照高 20.6%、23.5%和 15.7%。

表 9-18 叶面喷施烯效唑对带状套作大豆花后植株形态的影响（闫艳红，2010）

烯效唑喷施浓度	株高（cm）	第一节间长（cm）	茎粗（cm）
D0	100.35Aa	7.85Aa	0.722Cc
D1	78.45Bb	7.40Bb	0.871Aba
D2	69.85Bb	7.17Bbc	0.892Aa
D3	62.07Cc	7.06Bc	0.835Bb

注：D 是指烯效唑喷施浓度，D0. 0mg/kg，D1. 30mg/kg，D2. 60mg/kg，D3. 90mg/kg

2. 对带状套作大豆干物质积累的影响

如表 9-19 所示，五叶期（V5）喷施烯效唑，高浓度（D4 和 D5）抑制带状套作大豆初荚期（R3）和鼓粒期（R5）的干物质积累量，而低浓度显著提高干物质积累量。在 R1 期施用，2006 年 D3、D4 浓度显著高于对照，2007 年与对照无显著差异。V5 期喷施 25～100mg/kg 处理对完熟期（R8）干物质积累量具有促进作用，而初花期（R1）喷施各处理均高于对照，2006 年试验达显著水平。就 R3 期后

表 9-19 叶面喷施烯效唑对带状套作大豆花后干物质积累量的影响（闫艳红，2010）

（单位：g/株）

烯效唑喷施时期和浓度		R3		R5		R8		R3 期后干物质的积累量	
		2006	2007	2006	2007	2006	2007	2006	2007
V5	D0	9.85Cc	38.18BCb	12.26Bb	52.87Dd	23.60De	90.25Dd	13.75Cc	52.07Dd
	D1	10.17Bb	40.53Aa	12.53Bb	63.64Aa	26.64Bc	107.85Aa	16.47Bb	67.32Aa
	D2	10.52Aa	38.91Bb	12.68Bb	59.50Bb	28.59Ab	103.27Bb	18.06Aa	64.36Bb
	D3	10.57Aa	38.74Bb	13.39Aa	54.20Cc	29.56Aa	99.45Cc	18.99Aa	60.71Cc
	D4	9.53Dd	36.88CDc	11.47Cc	53.06Dd	25.08Cd	90.22Dd	15.55Bb	53.35Dd
	D5	—	36.55Dc	—	49.55Ee	—	76.68Ee	—	40.13Ee
R1	D0	9.85Bb	38.18Aab	2.26Bb	52.87Aa	23.60Cc	90.25Aa	13.75Cc	52.07Aa
	D1	10.06ABb	37.74Ab	12.28Bb	52.46Ab	24.71BCb	90.87Aa	14.65BCbc	53.13Aa
	D2	10.18ABab	38.12Aab	12.34Bb	52.72Aab	25.46Bb	90.96Aa	15.28Bb	52.85Aa
	D3	10.41Aa	38.30Aab	12.66Aa	52.83Aab	25.78Bb	90.85Aa	15.37Bb	52.54Aa
	D4	10.48Aa	38.93Aa	12.71Aa	52.98Aa	27.34Aa	91.28Aa	16.86Aa	52.35Aa
	D5	—	39.00Aa	—	53.01Aa	—	91.87Aa	—	52.87Aa

注：数字后的大小写字母分别表示同列同时期内在 1%和 5%水平上的差异显著性；D 指烯效唑喷施浓度（mg/L），2006 年 D0～D4 分别表示 0mg/L、25mg/L、50mg/L、75mg/L 和 100mg/L，2007 年 D0～D5 分别表示 0mg/L、30mg/L、60mg/L、90mg/L、120mg/L 和 150mg/L

植株干物质积累量而言，V5期喷施表现为25～100mg/kg烯效唑喷施显著高于对照；R1期喷施2006年试验除D1处理外，均显著高于对照，2007年则无显著差异，这说明V5期喷施25～100mg/kg烯效唑有利于干物质的积累，R1期喷施需更高浓度才有效。

3. 对带状套作大豆产量的影响

如表9-20所示，五叶期（V5）喷施烯效唑以D1（30mg/L）处理产量最高，其次为D2（60mg/L）、D3（90mg/L）处理，均显著高于对照，其中D1处理较对照提高了35.5%，而高浓度D4（120mg/L）、D5（150mg/L）处理产量则低于对照；初花期（R1）喷施各处理间产量差异较小，只有D5处理的产量显著高于对照。各时期喷施各处理间的有效荚数和百粒重与产量表现一致，V5期喷施D1、D2处理显著高于对照，D4、D5处理则低于对照；R1期喷施则表现为D5处理显著高于对照；而荚粒数各处理间的表现顺序则与产量相反，这可能是由于各产量构成因素间呈负相关。

表9-20　叶面喷施烯效唑对带状套作大豆产量及产量构成因素的影响（闫艳红，2010）

喷施时期	喷施浓度	有效荚数	荚粒数	百粒重（g）	产量（kg/hm^2）
V5	D0	60.0BCc	1.63ABb	23.88Cc	2335.5CDd
	D1	75.3Aa	1.50Cc	28.05Aa	3164.1Aa
	D2	65.3Bb	1.58BCb	26.69ABb	2759.3Bb
	D3	59.5BCc	1.63ABb	26.08Bb	2535.9BC
	D4	53.9CDd	1.72Aa	23.86Cc	2211.8Dde
	D5	50.5Dd	1.72Aa	23.70Cc	2061.7De
R1	D0	60.0Bb	1.63Aa	23.85Cc	2332.3Bbc
	D1	60.5ABb	1.58ABb	23.89Cc	2283.6Bc
	D2	60.7ABb	1.56Bbc	24.42BCc	2312.4Bbc
	D3	60.8ABb	1.55Bbc	24.42BCc	2301.3Bbc
	D4	61.0ABb	1.54Bc	25.40ABb	2386.1Bb
	D5	62.2Aa	1.54Bc	26.37Aa	2530.6Aa

注：D指烯效唑喷施浓度，D0～D5分别表示0mg/L、30mg/L、6mg/L、90mg/L、120mg/L、150mg/L

二、大豆化学控旺防倒技术

在水肥条件好、花荚期雨水较多的情况下，带状复合种植大豆易发生旺长，导致个体过大，田间郁蔽重、湿度大，通风透光不良，进而造成大量落花落荚和倒伏，严重影响其产量提升。为此，本研究选用5种不同的调节剂，采用大豆五叶期（V5）、初花期（R1）喷两次和大豆初花期喷一次药剂两种处理方式，研究其对带状复合种植大豆的化学控旺效果。

1. 对大豆株高的影响

在大豆五叶期（V5）和初花期（R1）喷施5种药剂两次，降低株高的效果显著（图9-15）。其中，喷施30%多效唑·甲哌鎓（多效唑浓度分别为75mg/L、150mg/L）的处理效果最明显，株高比CK降低了25cm；喷施30%烯效唑·甲哌鎓（烯效唑浓度分别为40mg/L、80mg/L）、15%多效唑（浓度分别为75mg/L、150mg/L）、5%烯效唑（浓度分别为40mg/L、80mg/L）这三种药剂的处理降高效果差异不大，株高分别降低了19cm、19cm、16cm。在大豆初花期，喷施30%多效唑·甲哌鎓（多效唑浓度150mg/L）、30%烯效唑·甲哌鎓（烯效唑浓度80mg/L）、15%多效唑（浓度150mg/L）和5%烯效唑（浓度80mg/L）这4种药剂的处理显著降低了大豆株高，喷施25%甲哌鎓（浓度400mg/L）的处理效果较差。

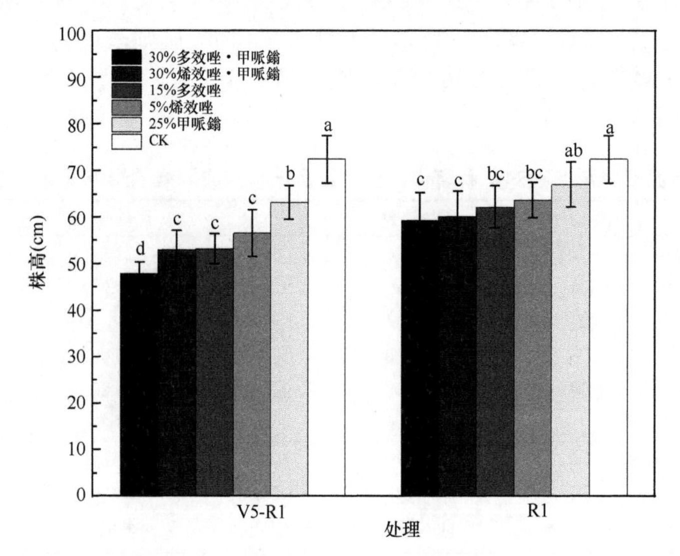

图9-15　化学调控对带状复合种植大豆株高的影响（朱文雪等，2023）

2. 对大豆茎粗的影响

在大豆分枝期（V5）和大豆初花期（R1），喷施30%多效唑·甲哌鎓（多效唑浓度分别为75mg/L、150mg/L）、30%烯效唑·甲哌鎓（烯效唑浓分别为度40mg/L、80mg/L）这两种药剂各一次，增加大豆茎粗的效果极显著，茎粗比CK增加了0.78mm、0.75mm。在大豆初花期喷施30%多效唑·甲哌鎓（多效唑浓度分别为75mg/L、150mg/L），增加大豆茎粗的效果极显著，茎粗比CK增加了0.91mm，其他4种药剂的效果相差不大（图9-16）。

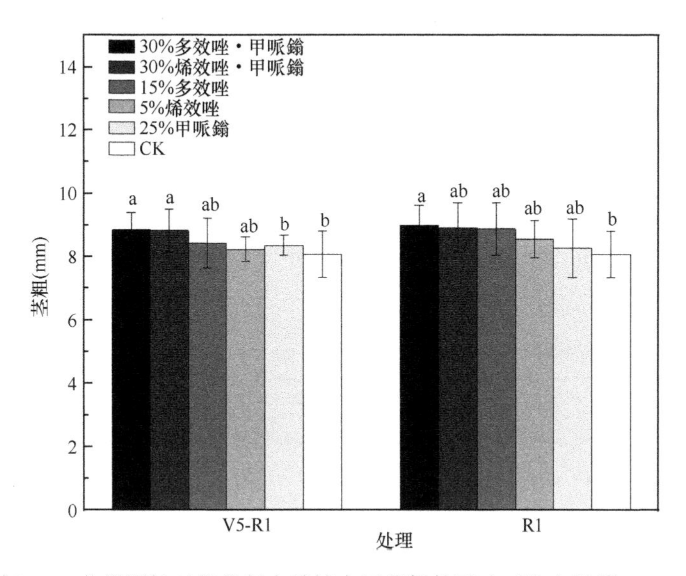

图 9-16　化学调控对带状复合种植大豆茎粗的影响（朱文雪等，2023）

3. 对大豆抗倒性的影响

在 V5 和 R1 两个时期喷施 30%多效唑·甲哌鎓、30%烯效唑·甲哌鎓、15%多效唑和 25%甲哌鎓均能显著降低大豆倒伏率（图 9-17），而仅在 R1 喷施 30%多效唑·甲哌鎓对降低大豆倒伏率的作用不明显。

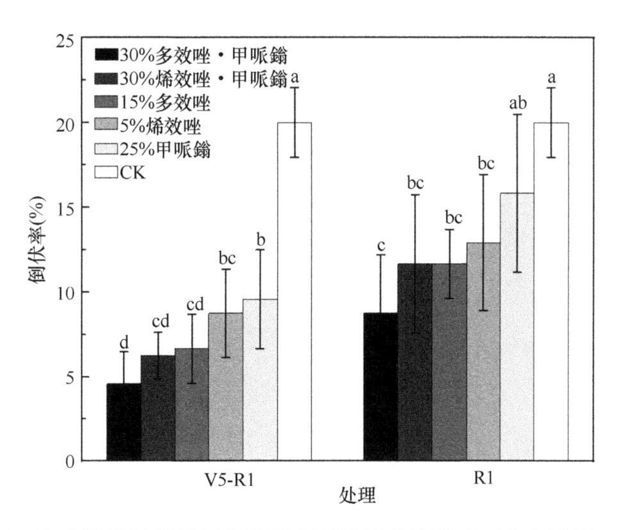

图 9-17　化学调控对带状复合种植大豆抗倒性的影响（朱文雪等，2023）

4. 对大豆产量的影响

在大豆 V5 和 R1 两个时期喷施 5 种药剂可以增加大豆的单株粒数，除 25%甲哌鎓（浓度分别为200mg/L、400mg/L）外，其他药剂可以增加大豆的百粒重，其中30%多效唑·甲哌鎓（多效唑浓度分别为75mg/L、150mg/L）效果最好。5种药剂均有增产效果，15%多效唑（浓度分别为75mg/L、150mg/L）和5%烯效唑（浓度分别为40mg/L、80mg/L）的理论产量最高。在大豆初花期（R1），喷施5种药剂，与清水对照相比，喷施30%烯效唑·甲哌鎓（烯效唑浓度80mg/L）的处理增加大豆单株粒数和百粒重的效果较好，理论产量最高，其次是30%多效唑·甲哌鎓（多效唑浓度150mg/L）（表9-21）。

表9-21　化学调控对带状复合种植大豆产量的影响（Luo et al.，2021；罗凯等，2021）

时期	药剂	亩有效株数（株/亩）	单株粒数（粒）	百粒重（g）	理论产量（kg/亩）
V5-R1	30%多效唑·甲哌鎓	4622.55±123.89a	109.45±8.0077a	28.8±0.82a	123.87±4.87a
	30%烯效唑·甲哌鎓	4463.83±59.51a	110.68±10.78a	28.39±0.73ab	119.07±9.66a
	15%多效唑	4444.00±149.78a	117.21±4.41a	28.57±0.77ab	126.43±4.76a
	5%烯效唑	4563.03±149.78a	113.63±18.25a	28.3±1.64ab	126.05±30.16a
	25%甲哌鎓	4444.00±181.83a	113.85±9.06a	26.72±1.51b	114.74±9.49a
	CK	4503.51±123.89a	102.15±4.3a	26.98±0.61ab	105.40±1.93a
R1	30%多效唑·甲哌鎓	4801.10±68.72a	104.66±9.2a	26.67±0.95ab	113.66±4.99ab
	30%烯效唑·甲哌鎓	4642.39±314.93a	113.56±13.06a	28.55±2.49a	127.62±16.69a
	15%多效唑	4523.35±157.46a	105.36±3.15a	26.34±1.04b	106.78±7.74b
	5%烯效唑	4523.35±472.4a	103.61±19.58a	27.32±0.61ab	107.53±10.65b
	25%甲哌鎓	4543.19±363.66a	105.65±1.98a	26.84±0.47ab	109.48±8.68b
	CK	4503.51±123.89a	102.15±4.3a	26.98±0.61ab	105.40±1.93b

综上所述，在带状复合种植大豆V5和R1期，喷施30%多效唑·甲哌鎓（多效唑浓度分别为75mg/L、150mg/L）的处理，能降低大豆株高和平均节间长度，增加茎粗和分枝数，具有较好的控旺、防倒、增产效果。

三、玉米化学调控技术

在带状复合种植系统中，玉米作为高位、主体作物，其株型不仅关系到自身的耐密抗倒性，也会改变光环境从而对大豆生长产生影响。为了探究烯效唑对带状复合种植玉米株型及产量的影响，本研究以川单418为材料，分别于玉米8叶展（A1）、10叶展（A2）、12叶展（A3）和14叶展（A4）期用烯效唑喷施叶面，以各时期喷蒸馏水为对照（CK），分析其对玉米株型的调控效果和对玉米大豆产量的影响。

1. 玉米喷施烯效唑对带状复合种植群体产量及经济效益的影响

从表9-22可知，除有效穗数外，烯效唑喷施时期对玉米各指标的影响均达显著水平（$P<0.05$）。玉米千粒重随喷施时期的推迟呈先增后降的变化趋势，在A2时达最大值，显著高于A1和CK，分别增加16.33%、7.81%；穗粒数在A4达最大值，较CK提高了1.48%；产量表现为早喷（A1）处理显著降低了产量，其他处理间差异不显著，在A2达最高，较CK增产6.28%。

表9-22　玉米烯效唑喷施时期对玉米、大豆及群体产量的影响（曾红等，2016）

指标		处理				
		A1	A2	A3	A4	CK
玉米	有效穗数（万株/hm^2）	5.11a	5.11a	5.07a	5.03a	5.02a
	穗粒数（粒）	491.83c	539.69b	551.67ab	579.00a	570.55ab
	千粒重（g）	252.79c	294.08a	282.63ab	277.10ab	272.77bc
	产量（kg/hm^2）	5906.55b	7927.48a	7844.14a	7760.80a	7458.71a
大豆	单株粒数（粒）	110.64a	109.13a	104.21ab	101.39ab	98.07b
	有效株数（万株/hm^2）	9.42a	8.89a	8.68ab	7.92b	7.04c
	百粒重（g）	20.42a	20.12a	19.79ab	19.19bc	18.46c
	产量（kg/hm^2）	2093.58a	1918.41b	1772.84b	1563.91c	1283.86d
群体产量（kg/hm^2）		8000.13c	9845.89a	9616.98a	9324.72ab	8742.57b

玉米喷施烯效唑同样会影响大豆产量及构成因素。随烯效唑喷施时期的延迟，大豆产量呈线性下降趋势，单株粒数、有效株数、百粒重均以A1最高，较CK分别显著提高12.82%、33.81%、10.62%；产量在各处理间差异达显著水平，A1较CK产量提高了809.72kg/hm^2，增产63.07%。

带状复合种植群体产量主要受玉米产量的影响，也呈先增后减趋势，各处理表现为A2＞A3＞A4＞CK＞A1，在A2处达最高值，分别较A1、CK提高1845.76kg/hm^2、1103.32kg/hm^2，增产23.07%、12.62%。

2. 玉米喷施烯效唑对玉米株型结构的影响

由图9-18可知，烯效唑喷施对玉米株高、茎粗影响的各处理间差异达显著水平（$P<0.05$）。12叶展前施药均显著降低了玉米株高，尤以A1最明显，较CK降低了21.15%；烯效唑喷施对玉米茎粗具有显著的促进作用，A1较CK提高了4.09%。

由表9-23可知，烯效唑喷施时期对玉米穗位高、穗上部高度的影响与CK相比，各处理均呈降低趋势，以A1最低，分别显著降低了22.85%、19.81%；穗位叶叶夹角、穗上位叶叶夹角同样表现为随喷施时期提前降低幅度增大，以A1最低，与CK相比，分别降低了17.85%、27.16%；穗位叶叶面积、穗上位叶面积均以A4处理最高，较最低处理A1分别增高了62.82%、37.13%。结果表明，适宜的玉米烯效唑喷施时期能构建合理的玉米株型结构。

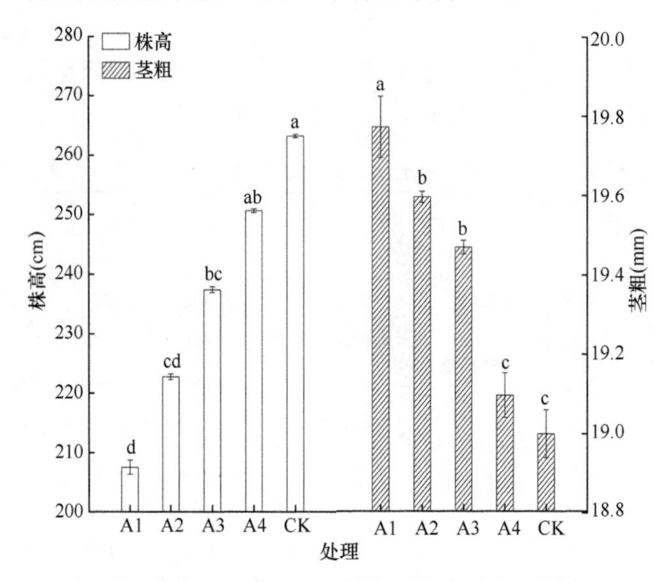

图 9-18 玉米烯效唑喷施时期对玉米株高、茎粗的影响（曾红等，2016）

表 9-23 玉米烯效唑喷施时期对玉米株型结构的影响（曾红等，2016）

处理	穗位高（cm）	穗上部高度（cm）	穗位叶叶夹角（°）	穗上位叶叶夹角（°）	穗位叶叶面积（cm^2）	穗上位叶面积（cm^2）
A1	89.27c	118.28b	24.44c	15.82c	618.13d	632.56c
A2	100.23bc	122.47b	24.89bc	17.87c	740.70c	759.60b
A3	113.30ab	124.08b	25.83abc	18.59bc	877.98b	800.71ab
A4	111.92ab	138.70a	29.20ab	21.38ab	1006.42a	867.45a
CK	115.71a	147.50a	29.75a	21.72a	926.37ab	851.92ab

3. 玉米喷施烯效唑对带状套作大豆冠层透光率的影响

光合有效辐射强度是表征光特性的重要指标，对作物生长发育具有重要作用。随玉米烯效唑喷施时期的推后，套作大豆冠层的透光率呈明显降低的趋势（图 9-19），A1 达最大值（49.97%），较最小值 CK（19.84%）显著提高了 151.86%。

4. 玉米喷施烯效唑对带状套作大豆株型的影响

由图 9-20 可知，玉米烯效唑喷施时期对大豆株高的影响各处理间差异达显著水平（$P<0.05$），CK 始终处于各处理曲线的最上端，而早喷施处理（A1）处于最下端；茎粗表现趋势与株高相反，玉米喷施烯效唑显著增加了大豆茎粗，越早喷施效果越明显，A1 各时期茎粗平均较 CK 增加 21.94%；叶面积与茎粗表现相近，A1（8 月 11 日）大豆叶面积较 CK 显著高 17.65%。结果表明，烯效唑喷施调整了玉米的株型结构，进而

影响大豆冠层的透光率，早喷施玉米更利于构建大豆的高产个体。

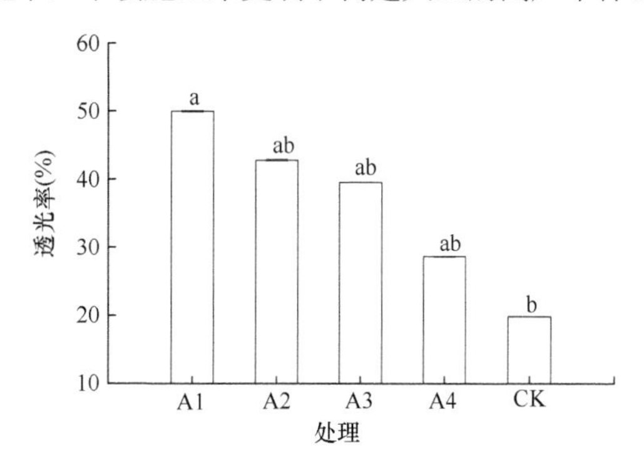

图 9-19 玉米烯效喷施时期对大豆冠层透光率的影响（曾红等，2016）

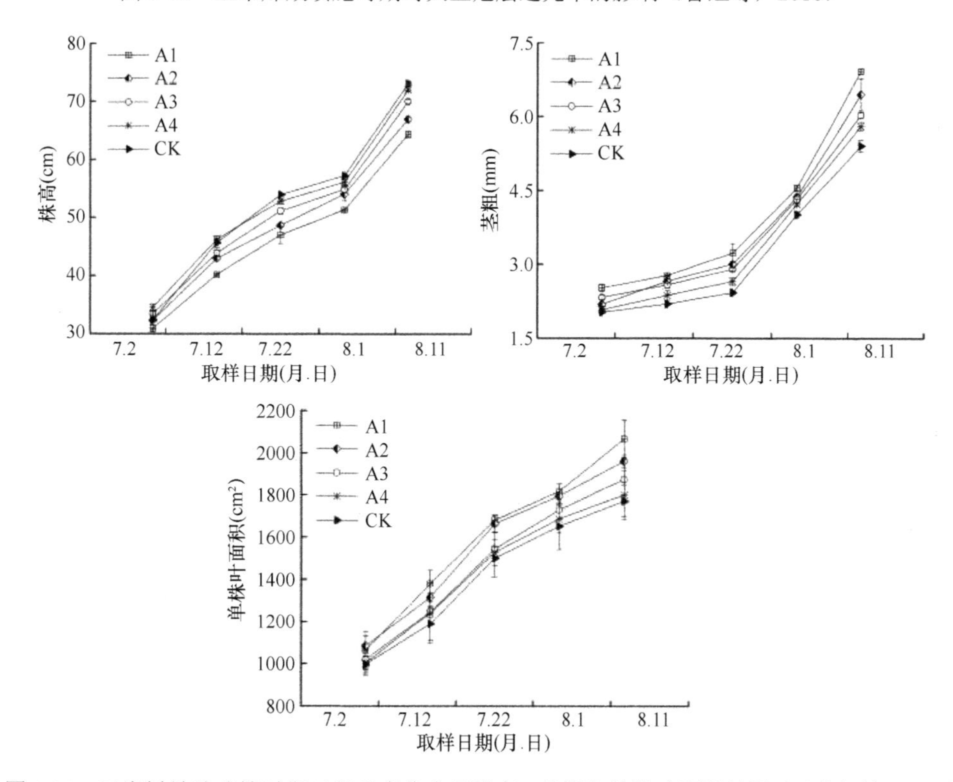

图 9-20 玉米烯效唑喷施时期对带状套作大豆株高、茎粗和单株叶面积的影响（曾红等，2016）

5. 玉米株型结构与大豆冠层透光率的关系

由表 9-24 可知，大豆冠层透光率与玉米穗位高、穗上部高度、穗位叶叶面积及穗上位叶叶面积呈极显著负相关关系（$P<0.01$），相关系数分别为–0.70、–0.92、–0.79 和–0.78。为进一步研究玉米株型对透光率的效应，分别将其各指标对透光

率进行通径分析。结果表明，除穗上位叶叶夹角以外，其余指标的综合效应、直接效应均为负值，即对透光率具较大的负效应。直接效应中穗上部高度（–0.9195）对透光率的影响程度较其他指标更显著，表明玉米穗上部高度下降改善了大豆的光照条件（表 9-25）。

表 9-24　玉米株型结构与透光率的相关系数（曾红等，2016）

指标	透光率	穗位高	穗上部高度	穗位叶叶夹角	穗上位叶叶夹角	穗位叶叶面积	穗上位叶叶面积
透光率	1						
穗位高	–0.70**	1					
穗上部高度	–0.92**	0.59*	1				
穗位叶叶夹角	–0.09	–0.32	0.23	1			
穗上位叶叶夹角	0.13	–0.32	–0.09	0.06	1		
穗位叶叶面积	–0.79**	0.62*	0.65**	–0.31	–0.17	1	
穗上位叶叶面积	–0.78**	0.81**	0.68**	–0.4	–0.18	0.83**	1

表 9-25　玉米株型结构与透光率的通径分析（曾红等，2016）

因子	综合效应	直接效应	间接效应					
			→X1	→X2	→X3	→X4	→X5	→X6
X1	–0.6962	–0.1939		–0.279	0.0606	0.0138	–0.2183	–0.0794
X2	–0.9195	–0.4705	–0.115		–0.0442	0.0039	–0.2277	–0.066
X3	–0.0924	–0.1897	0.0619	–0.1097		–0.0026	0.1082	0.0395
X4	0.126	–0.0435	0.0616	0.0421	–0.0112		0.0598	0.0172
X5	–0.7915	–0.3513	–0.1205	–0.3049	0.0584	0.0074		–0.0806
X6	–0.7793	–0.0976	–0.1577	–0.3182	0.0767	0.0077	–0.2902	

注：X1. 穗位高；X2. 穗上部高度；X3. 穗位叶叶夹角；X4. 穗上位叶叶夹角；X5. 穗位叶叶面积；X6. 穗上位叶叶面积

6. 大豆冠层透光率与其形态特征的关系

带状套作大豆在 V1 期（7 月 2 日）时，玉米喷施烯效唑对大豆冠层透光率和形态特征的影响如表 9-26 所示。透光率与套作大豆株高呈负相关关系，相关系数为–0.97；茎粗、叶面积在 V1 期时与透光率呈极显著正相关关系（$P<0.01$），相关系数分别为 0.87、0.80。进一步研究各指标对透光率的效应，分别将株高（X1）、茎粗（X2）、叶面积（X3）与透光率进行通径分析，结果表明，株高的通径系数为负值，即其对透光率具较大的负效应；茎粗及叶面积均为正值，即选择高透光率可获得较大的叶面积（表 9-27）。

表 9-26　带状套作大豆形态特征与透光率的相关系数（曾红等，2016）

指标	透光率	株高	茎粗	叶面积
透光率	1			
株高	−0.97	1		
茎粗	0.87**	−0.81	1	
叶面积	0.80**	−0.69	0.96**	1

表 9-27　带状套作大豆形态特征与透光率的通径分析（曾红等，2016）

因子	综合效应	直接效应	间接效应		
			→X1	→X2	→X3
X1	−0.98	−1.01		0.57	−0.54
X2	0.05	−0.70	0.82		0.75
X3	0.11	0.78	0.69	−0.67	

注：X1. 株高；X2. 茎粗；X3. 叶面积

综上所述，玉米大豆带状套作系统中，8 叶展期烯效唑喷施可以调控玉米株型，降低株高，株型变紧凑，不仅提高自身的产量，增强其抗倒性，还能显著增加大豆冠层的透光率，抑制大豆株高，增加茎粗及叶面积，从而增加大豆产量。

第三节　绿色防控技术

绿色防控是持续控制病虫灾害、保障农业生产安全的重要手段，是提升农产品质量安全水平的必然要求，是保护生态环境的有效途径。然而，长期以来，绿色防控技术的推广受到了栽培制度的变革、品种的更替以及极端气候事件的频繁发生等因素的影响。病虫害和杂草问题逐年加剧，且情况日益严峻。目前，适合玉米和大豆带状复合种植的抗病虫害和耐除草剂的品种相对匮乏。不同地区的病虫害和杂草的发生规律以及主要防控技术参数尚不明确，一个高效集约化的绿色防控集成技术体系还未建立。特别是缺乏适用于单子叶和双子叶作物的通用除草剂，以及轻简化和智能化的植保设备，急需筛选和创制抗（耐）病虫和除草剂新品种，研发新药剂和绿色防控新技术。研究玉米大豆带状复合种植绿色防控技术并集成示范，对充分发挥玉米大豆带状复合种植的增产潜力，确保大面积推广应用丰产增收具有十分重要的作用。

一、防控策略

针对带状复合种植体系病虫害的特点，我们制定了绿色防控的总体策略：玉米大豆带状复合种植病虫害的绿色防控是以促进农业安全生产，减少化学农药使用量为目标，以“一施多防（治），一具多诱，封定结合”为基本策略，具体采取种群监测和生态控制、生物防治、物理防治、科学用药等环境友好型措施来控制病害虫。绿色防控的关键技术包括天敌昆虫利用技术、生物农药利用技术、物理防治技术、信息素利用技术、辐射不育技术、转基因抗虫技术等。

根据玉米大豆带状复合种植病虫草害发生特点，充分利用带状复合种植系统中生物多样性原理、作物品种布局、异质性光环境、空间阻隔、稀释效应、自然天敌假说、根系化感作用、种间竞争，以及叶围和根围微生态调控等理论，遵循“预防为主，综合防治”的植保方针，以“重前兼后，兼防共治”为原则，制定了“一施多防（治），一具多诱，封定结合”的防控策略，形成了带状复合种植病虫草害综合防治技术体系，其核心内容包括“重前兼后”和“兼防共治”。“重前兼后”是指重视压低共生前期初始虫源，共生期（玉米灌浆期，大豆分枝期）一药兼治多种病虫草害，玉米收获后强化大豆虫害防治，控制有害生物越冬总量。“兼防共治”是指兼顾玉米大豆的初侵染源压低集成技术和病害预警技术的联合使用，兼顾玉米和大豆耐受性的多技术统筹治理。

二、防控技术

（一）一施多防（治）

1. 播种期种子处理技术

针对苗期病虫害，在播种期进行种子处理，实现病虫“一拌多防”。人们可选用含有精甲·咯菌腈、吡唑嘧菌酯、甲氨基阿维菌素苯甲酸盐等成分的种子处理剂防治根腐病，选用含有噻虫嗪、吡虫啉等成分的种子处理剂防治地下害虫。此外，以植物调节剂、杀菌和杀虫剂为有效成分，通过复配获得20%烯·戊·恶悬浮种衣剂和8%烯·丙·阿维菌素悬浮种衣剂用于大豆种子处理，预防苗期根腐病及地下害虫等，室内根腐病防效达81%以上，高于市售5%戊唑醇悬浮种衣剂（表9-28），兼具促进出苗和壮苗的作用。复配包衣剂可兼防多种苗期病害，幼苗抗性的提高将极大地减小后期的防控压力，减少2或3次药剂施用。

2. 玉米大豆共生期“一施多治”

采用球孢白僵菌防治暴发性害虫大豆高隆象（图9-21），或用苏云金杆菌防治斜纹夜蛾、甜菜夜蛾等鳞翅目害虫幼虫，结合田间及沟渠撒施80%四聚乙醛，重点防治旱地蜗牛、钉螺（尚静等，2017）。针对暴发性玉米螟、桃蛀螟、斜纹夜蛾、甜菜夜蛾、黏虫等害虫，可选用4%高氯·甲维盐微乳剂，或20%三唑磷乳油，或20%氯虫苯甲酰胺，或1.8%阿维菌素乳油，或10%氟虫双酰胺·阿维菌素等高

表 9-28　20%烯·戊·恶悬浮种衣剂对盆栽大豆镰孢菌根腐病的防效（王奥霖等，2019）

镰孢菌	处理	用量（g/kg）	发病率（%）	病情指数（%）	相对防效（%）
禾谷镰孢菌	20%烯·戊·恶悬浮种衣剂	0.2	31.07b*	20.50e*	67.35e*
		0.6	32.86b	14.75f	76.51d
		1.0	28.21b	15.25f	78.71cd
		2.0	20.00d	12.50fg	80.09c
	5%戊唑醇悬浮种衣剂	4.0	24.00c	45.40c	80.80c
	清水对照	4.0	98.31a	62.78b	—
腐皮镰孢菌	20%烯·戊·恶悬浮种衣剂	0.2	30.95b	12.25fg	70.50e
		0.6	31.95b	12.16fg	79.61c
		1.0	30.48b	9.04g	84.84b
		2.0	22.54c	11.73fg	83.33bc
	5%戊唑醇悬浮种衣剂	4.0	24.60c	46.00c	82.30bc
	清水对照	4.0	100.00a	59.63b	—
尖孢镰孢菌	20%烯·戊·恶悬浮种衣剂	0.2	28.25b	16.51f	80.06c
		0.6	26.19bc	14.05f	83.03bc
		1.0	23.06c	8.98g	89.15a
		2.0	11.20e	30.20d	90.50a
	5%戊唑醇悬浮种衣剂	4.0	25.50bc	45.80c	83.80bc
	清水对照	4.0	100.00a	82.80a	—

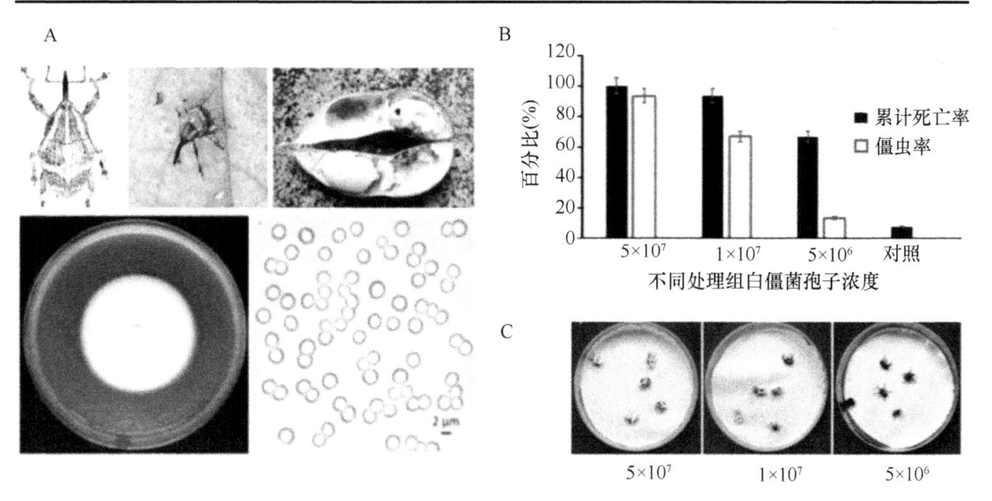

图 9-21　不同浓度的球孢白僵菌处理对大豆高隆象的防效（张磊等，2020）

A 图中从左至右分别为大豆高隆象形态、田间取食状态和球孢白僵菌菌落 BEdy1 和孢子形态；B 图为不同浓度的球孢白僵菌孢子悬浮液处理对大豆高隆象的毒杀效果（用百分比表示）；C 图为不同浓度的球孢白僵菌孢子悬浮液处理对大豆高隆象的毒杀状态实物图

效广谱杀虫剂；防治玉米纹枯病、青枯病，以及叶部病害，可选用 32.5%苯甲嘧菌酯，或 18.7%丙环嘧菌酯，或 10%苯醚甲环唑，以及井冈霉素等药剂，利用植保无人机进行喷施，实现“一喷多治”。

3. 大豆净作期“一施多治”多种病虫害

在带状套作大豆种植区，玉米收获后的大豆进入分枝期，随后开花至鼓粒期，此段时间可选用丙环·嘧菌酯、唑醚·氟环唑等杀菌剂防治锈病、茎枯病、炭疽病、霜霉病和细菌性斑点病等，选用苏云金杆菌、氯虫苯甲酰胺、高效氯氟氰菊酯等杀虫剂防治豆秆黑潜蝇、豆荚螟、食心虫等，结合磷酸二氢钾、芸苔素内酯等，一次喷施，防治病虫，兼具促花保荚，预防早衰等多种作用。施药 1 或 2 次，在晴天上午喷施，连续用药间隔时间为 14 天。

大豆花荚期，根据病虫发生严重度，酌情采用 72%农用硫酸链霉素和 30%碱式硫酸铜悬浮剂进行第 3 次统防。药剂中加入增效剂（激健），提高了农药使用效率，降低了药剂使用剂量，防控效果好，减施增效明显。

（二）一具多诱

利用相近波段的集合光源对玉米和大豆的共有害虫进行同时诱杀，一具多用。依据害虫发生规律，针对害虫对不同波长光的趋性，研究人员筛选获得 5 个单波长 LED 杀虫灯，对主要害虫分时分段诱杀，减少对天敌昆虫和中性昆虫的影响（表 9-29），达到最大防控效果。同时，配合施用高效低毒的化学农药，杀灭不能被灯诱的害虫。筛选玉米和大豆共生期主要害虫的多个诱虫色板，将其聚合到同一个可调节的装置中，利用颜色可调节的诱虫装置（包括多色诱虫板和诱虫板颜色调节装置），兼顾玉米和大豆共生期的不同阶段出现的害虫进行统一诱杀。防治效果达到 85%以上，减少农药施用 4 次以上。

表 9-29　不同波长 LED 杀虫灯对带状套作不同昆虫的诱杀情况（严霁等，2018）

昆虫种类	诱虫数量（头/日）													
	401 nm	397 nm	405 Nm	407 nm	393 nm	411 nm	395 nm	375 nm	350 nm	385 nm	378 nm	389 nm	403 nm	复合
桃蛀螟	2.95	2.58	2.55	1.16	3	1.79	2.34	2.89	2.87	3.91	2.04	2.46	2.21	2.68
斜纹夜蛾	2.16	3.34	3.04	2.25	3.67	1.67	6.41	2.64	3.07	2.48	2.83	3.84	1.2	2.88
小黄鳃金龟	1.98	4.53	3.63	2.14	2.3	2.53	2.19	1.52	2.85	1.58	2.84	2.41	5.19	3.52
暗黑鳃金龟	3.95	3.28	7.88	14.8	3.67	3.11	8.6	1.63	1.67	1	1.4	1.19	2.57	2.42
蝽	1.5	2.39	4.18	2.05	1.78	2.41	1.85	1.17	1.29	1.54	1.09	1.52	3.62	3.65
步甲	2.85	3.3	4.58	3.44	3.02	3.32	3.99	1.84	3.33	2.36	2.18	2.68	3.6	3.44
瓢虫（天敌）	1.44	1.97	2.42	1	1.59	1.58	2.47	1.41	1.2	1.56	1.41	1.96	1.36	3.02
中性昆虫	7.93	6.16	6.23	5.07	5.71	5.58	5.88	2.92	2.34	3.02	2.81	3.93	10.61	30.44

（三）封定结合

化学防治杂草具有节约劳动力、除草效率高、使用方便、经济效益高等特点，是农业现代化的重要标志。然而在单、双子叶作物组成的两种不同作物共存的复合种植系统中除草剂的选择存在一定困难。单、双子叶作物形态结构、生理特征存在差异导致除草剂代谢及解毒能力不同。在玉米大豆带状间作下如何实现化学除草，摆脱杂草困扰，筛选玉米大豆兼用型茎叶除草剂，对玉米大豆带状间作可持续发展有重要的现实意义。

进入21世纪，中国开始驶入单、双子叶作物带状复合种植除草剂的应用研究快车道，乙草胺在玉米、大豆上的施用研究报道比较多。（精）异丙甲草胺是一种广泛用于多种作物，相对比较安全且具有很好除草效果的除草剂。近年来，研究认为氟噻草胺（flufenacet）对禾本科杂草及一些阔叶杂草防除效果很好；氟噻草胺对中黄56、鲁豆4号、中黄39三个大豆品种均安全；氟噻草胺有效含量小于800g/hm^{2}时，对郑单958、中单909、金阳光7号等玉米品种安全。针对玉米与大豆的共有杂草，可利用广谱除草剂，一次施药兼治多种杂草。在间作条件下筛选对玉米和大豆药害轻或药害易恢复的5种土壤处理单剂和5种茎叶处理单剂，其中土壤处理剂二甲戊灵、嗪酮·乙草胺和乙·嗪·滴丁酯对玉米和大豆安全性好，精异丙甲草胺株防效和鲜重防效最高，分别达到72.22%和78.83%（表9-30）。茎叶处理剂以噻吩磺隆防效最高，药害易恢复(表9-31)。筛选获得了60%乙·嗪·滴丁酯与48%灭草松混用对马唐和反枝苋的防效均达75%以上，且对玉米大豆药害均小，能有效防除玉米大豆带状间作和带状套作共生期的杂草。

表9-30　不同土壤处理剂对带状间作杂草的防除效果及药害

处理	7d 防除效果		14d 防除效果			
	株数	株防效（%）	株数	株防效（%）	鲜重（g）	鲜重防效（%）
二甲戊灵	2.00a	0b	6.00b	60.58ab	0.0183b	67.12ab
精异丙甲草胺	0.67a	72.22a	4.33b	71.96a	0.0095b	78.83a
乙·嗪·滴丁酯	1.00a	61.11a	7.00b	54.81b	0.0198b	60.33b
嗪酮·乙草胺	1.33a	50.00a	6.00b	60.58ab	0.0229b	55.35b
清水对照	1.67a		15.00a		0.0568a	

处理	发芽率（%）		1d 药害指数（%）		7d 药害指数（%）	
	玉米	大豆	玉米	大豆	玉米	大豆
二甲戊灵	95	100	0	0	0	1
精异丙甲草胺	100	100	15	8	29	6
乙·嗪·滴丁酯	100	100	3	3	3	7
嗪酮·乙草胺	100	100	4	4	7	2
清水对照	100	100	0	0	0	0

表 9-31　不同茎叶除草剂处理对玉米大豆带状间作杂草的防除效果及药害

处理	7d 防除效果（%）		14d 防除效果（%）		鲜重防效（%）
	禾本科杂草	阔叶类杂草	禾本科杂草	阔叶类杂草	
灭草松	100.00a	62.89b	63.07bc	42.33b	83.82b
噻吩磺隆	76.67b	73.50a	82.28ab	65.47a	96.10a
氟醚·灭草松	93.33a	70.32ab	84.75a	55.71ab	84.21b
咪唑乙烟酸	93.33a	68.65ab	57.19c	44.17b	91.22ab
清水对照	0	0	0	0	0

处理	7d 药害指数（%）		14d 药害指数（%）	
	玉米	大豆	玉米	大豆
灭草松	6	2	0	0
噻吩磺隆	16	30	12	12
氟醚·灭草松	54	40	42	20
咪唑乙烟酸	20	54	20	42
清水对照	0	0	0	0

播后芽前，利用高效土壤处理剂（如 96%精异丙甲草胺）进行封闭除草，可以降低苗期杂草的发生量，减轻防控压力；苗后针对单、双子叶特征，实施定向喷雾除草，苗后在玉米 3～5 叶期喷施 75%噻吩磺隆，苗后在大豆的 5～6 片复叶期喷施 25%氟磺胺草醚；利用高架分带定向喷雾，提高施药精准性。

参 考 文 献

常小丽，陈华保，杨文钰，等. 2020. 一种防治根腐病的种衣剂及其制备方法与应用[P]: 中国, ZL201810114604. 7.

陈虹, 文熙宸, 曾瑾汐, 等. 2020. 氮磷配施对玉米—大豆带状套作系统中土壤酶活性及速效养分的影响[J]. 华北农学报, 35(2): 133-143.

龚万灼. 2008. 烯效唑干拌种对套作大豆苗期抗倒伏特性及产量的影响[D]. 成都: 四川农业大学.

李易玲, 彭西红, 陈平, 等. 2022. 减量施氮对套作玉米大豆叶片持绿、光合特性和系统产量的影响[J]. 中国农业科学, 55(9): 1749-1762.

罗凯, 谢琛, 汪锦, 等. 2021. 外源喷施植物生长调节剂对套作大豆碳氮代谢和花荚脱落的影响[J]. 作物学报, 47(4): 752-760.

彭西红, 陈平, 杜青. 2022. 减量施氮对带状套作大豆土壤通气环境及结瘤固氮的影响[J]. 作物学报, 48(5): 1199-1209.

尚静, 肖任果, 汤忠琴, 等. 2017. 两种防治大豆高隆象药剂防效及其对大豆的氧化胁迫效应[J]. 大豆科学, 36(5): 768-773.

尚静, 张磊, 杨文钰, 等. 2020. 一种球孢白僵菌及其应用以及包含该球孢白僵菌的杀虫剂[P]: 中国, ZL201910137482.8

尚静, 赵兰, 张磊, 等. 2018. 同时检测大豆中 CMV、SMV 和 BCMV 三种病毒的引物及其检测方法[P]: 中国, ZL201811242333.X.
谭兆岩, 康泽, 黄浩南, 等. 2020. 8%烯·丙·阿悬浮种衣剂研制及对大豆镰孢菌根腐病的防效[J]. 核农学报, 34(5): 954-962.
王奥霖, 谭兆岩, 王对平, 等. 2019. 20%烯·戊·恶种衣剂研制及对大豆镰孢根腐病的防效[J]. 植物保护, 45(3): 230-236, 244.
徐翔, 田卉, 严霄, 等. 2018. LED 单波长杀虫灯对玉米—大豆套作共生期主要昆虫的诱杀效果[J]. 中国植保导刊, 38(2): 47-51.
闫艳红. 2010. 烯效唑对套作大豆的壮苗控旺效应及其机理研究[D]. 成都: 四川农业大学.
严霄, 何海洋, 陈华保, 等. 2018. 不同 LED 单波长杀虫灯对玉米—大豆带状套作模式内主要害虫的诱杀效果[J]. 应用昆虫学报, 55(5): 904-911.
雍太文, 董茜, 刘小明, 等. 2014. 施肥方式对玉米—大豆套作体系氮素吸收利用效率的影响[J]. 中国油料作物学报, 36(1): 84-91.
曾红, 王小春, 陈国鹏, 等. 2016. 喷施烯效唑对玉米—大豆套作群体株型及产量的影响[J]. 核农学报, 30(7): 1420-1426.
张磊, 贾琦, 巫蔚, 等. 2020. 大豆高隆象致病球孢白僵菌菌株 BEdy1 的鉴定及毒力测定[J]. 中国农业科学, 53(14): 2974-2982.
周涛. 2020. 带状套作光环境调控玉米和大豆磷素高效吸收利用的机制[D]. 成都: 四川农业大学.
朱文雪, 杨立达, 漆信同, 等. 2023. 植物生长调节剂对大豆—玉米带状间作农艺性状及产量的影响[J]. 四川农业大学学报, 41(5): 773-780, 800.
Luo K, Xie C, Wang J, et al. 2021. Uniconazole, 6-benzyladenine, and diethyl aminoethyl hexanoate increase the yield of soybean by improving the photosynthetic efficiency and increasing grain filling in maize-soybean relay strip intercropping system[J]. Journal of Plant Growth Regulation, 40(5): 1869-1880.

第四篇　机　具　篇

第十章　玉米大豆带状复合种植播种机

第一节　农 艺 要 求

玉米大豆带状复合种植采用2行小株距密植玉米带与2～6行大豆带相间复合种植，1带玉米、1带大豆和2个玉米大豆间距为一个生产单元，生产单元宽度为2.0～3.0m。玉米带均为2行，玉米行距为0.4m，大豆行距为0.3～0.4m，玉米与大豆间距为0.6～0.7m。为了实现玉米不减产、每亩多收100kg以上大豆，须大幅度缩小玉米株距，玉米株距为0.08～0.14m，保证带状复合种植玉米密度与当地净作玉米相当（约4000～5500株/亩）；大豆株距为0.07～0.10m，须保证大豆种植密度为当地净作大豆密度的70%～100%。扩间增光、缩株保密是发挥边行优势的关键（杨文钰和杨峰，2019），如图10-1所示。

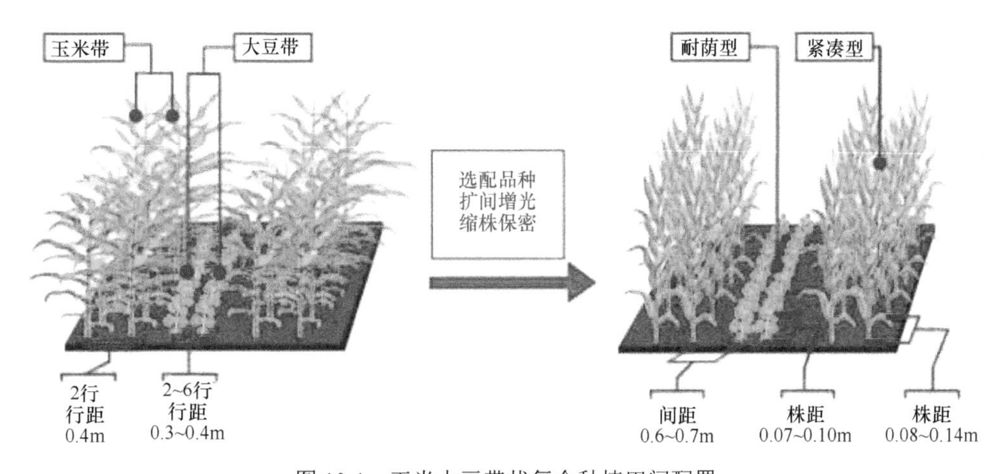

图10-1　玉米大豆带状复合种植田间配置

针对玉米大豆共生条件下施肥不协同、肥料利用率低等问题，采用带状复合种植专用肥和减量一体化技术，可提高氮磷肥利用率。玉米大豆带状复合种植下，玉米亩施纯氮16～24kg（根据当地目标产量和土壤肥力而定），保证单株施用量与净作玉米相同。施用等氮量的玉米专用控释复合肥，一次性作种肥在玉米行间施用。大豆亩施低氮（14%）平衡复合肥10～25kg，折算为每亩施纯氮2～3kg，整地时作底肥施用或播种时作种肥施用。后期视玉米大豆长势补施或叶面追施少量氮磷钾和微肥（杜青等，2017）。

若大豆玉米同期播种，播种时对大豆、玉米进行施肥，玉米施肥位点位于玉米行外侧两个播种带之间，靠近玉米行 10～15cm 处，如图 10-2 所示。

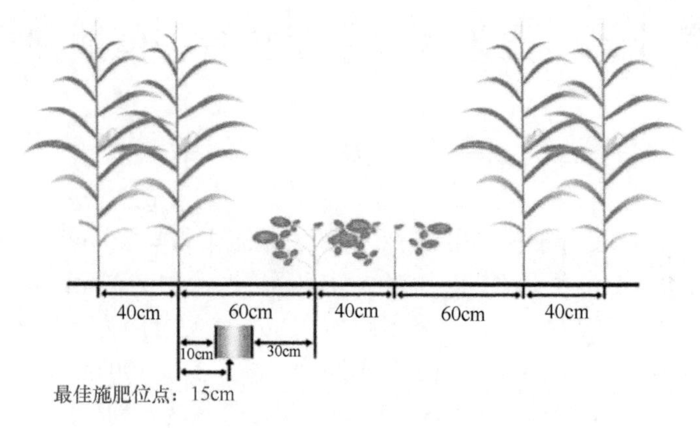

图 10-2　玉米大豆带状套作施肥位点示意图

第二节　玉米大豆带状复合种植播种机的设计方案

根据上节所述的玉米大豆带状复合种植农艺要求，结合实际间作播种作业的地理区域特点，以及播种作物的不同需求，以 2BF-5、2BYDF-6 为例，详细介绍玉米大豆带状间作施肥播种机的设计思路、整机性能和零部件配置，以满足不同地区玉米大豆间作的播种需求。

一、2BF-5 型玉米大豆带状间作精量播种机

（一）整机介绍

2BF-5 型玉米大豆带状间作播种机主要由机架、施肥装置、驱动装置、传动单体、播种单体等组成，如图 10-3 所示。排肥和排种驱动采用整体驱动，由一组驱动装置提供动力。驱动装置和播种单体安装于机架后梁上，肥箱安装于机架正上方，施肥开沟器安装于机架前梁上。

玉米大豆带状间作精量播种机采用主动排种的方式进行播种，通过三点悬挂方式与拖拉机相连（丁国辉，2017）。作业时，驱动地轮采用前置倾斜向下并附有预紧弹簧实现弹性调节的安装方式，保证驱动轮始终贴地（杨丽等，2016）。播种机两侧的驱动装置均安装有超越离合齿轮，由转速较快的驱动地轮提供动力，并传输给主传动轴；同时动力分别经过玉米和大豆的穴距调节装置，改变传动比后分别传输到玉米和大豆排种单元，通过链轮带动各单体排种装置中的内嵌勺盘式

精量排种器进行排种。而玉米排种传动轴与大豆排种传动轴之间采用不同传动比的变速机构驱动，以实现玉米和大豆各自穴距的精准控制。

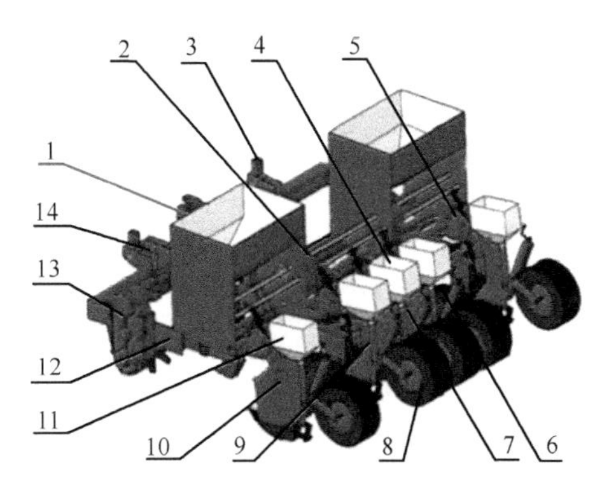

图 10-3　2BF-5 型玉米大豆带状间作播种机结构示意图（任领等，2019）

1. 肥箱；2. 玉米大豆分调分控系统；3. 拖拉机悬挂机构；4. 大豆种箱；5. 可调式单体仿形；6. 前倾自适应驱动地轮；7. 勺轮式排种器；8. 驱动地轮；9. 大豆播种单体；10. 玉米播种单体；11. 玉米种箱；12. 机架；13. 加装条带式灭茬装置；14. 拖拉机悬挂机构

（二）主要技术参数

2BF-5 型玉米大豆带状间作播种机整机设计参数如表 10-1 所示。

表 10-1　2BF-5 型玉米大豆带状间作播种机技术参数

性能指标	单位	参数
结构		仿形播种单体结构
配套动力	kW	＞50
外形尺寸（长×宽×高）	mm	2400×1700×1250
质量	kg	925
玉米/大豆行数	行	2/3
带宽	mm	2200
带间距	mm	600
玉米播种行距	mm	400
玉米播种株距	mm	78.5（高种植密度：118 500 株/hm^2） 101.9（中种植密度：91 500 株/hm^2） 121.6（低种植密度：76 500 株/hm^2）
大豆播种行距	mm	300
大豆播种株距	mm	62.8（高种植密度：220 500 株/hm^2） 81.5（中种植密度：169 500 株/hm^2） 97.3（低种植密度：141 000 株/hm^2）

（三）主要零部件配置

（1）播种单体设计

播种单体主要由播种开沟器、种箱、勺轮式排种器、压密轮、覆土轮、镇压轮等部件组成，如图 10-4 所示。

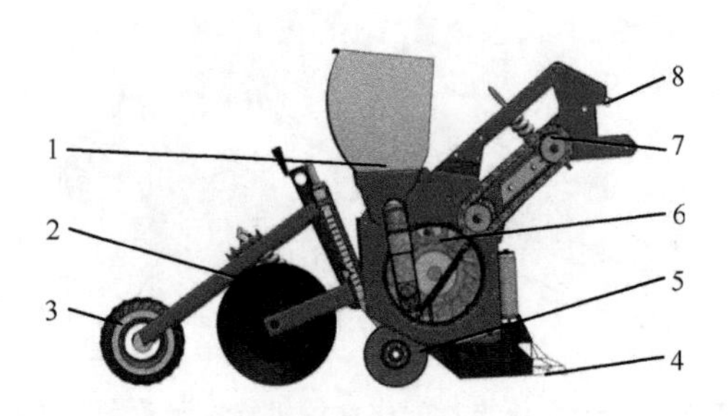

图 10-4　玉米播种单体结构示意图

1. 进种口；2. 覆土轮；3. 镇压轮；4. 播种开沟器；5. 压密轮；6. 勺轮式排种器；7. 链轮；8. 机架连接处

播种单体中部为勺轮式排种器和种箱。为了减小播种机工作阻力及土壤和开沟器间的黏连，选用锐角开沟器，其入土能力强、动土率低（丁为民，2011）。导向导种机构将种子排入种沟后，为了减少种子在种沟内的弹跳，紧接其后安装有压密轮；压密轮具有弹性，可与地面紧密接触，种子从导种机构排种后的运动轨迹与压密轮在地面交接处重合，从而限制种子在种沟内的弹跳，提高播种的粒距均匀性（于志刚，2018），如图 10-5 所示。

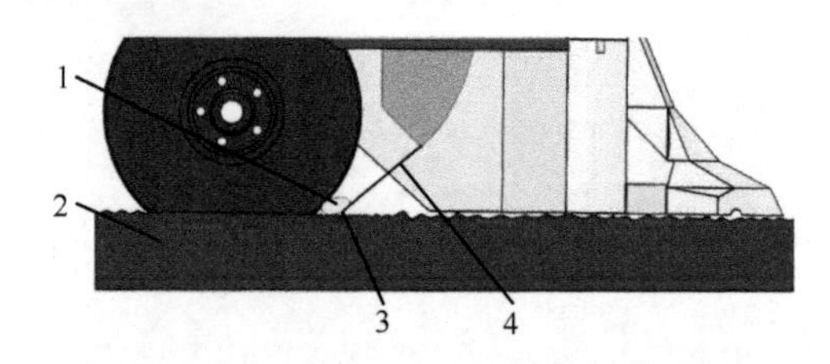

图 10-5　压密轮与种子配合示意图

1. 玉米种子；2. 土壤；3. 压密轮与土壤交接处；4. 玉米排出路线

（2）排种器设计

排种器是播种机的核心部件，其结构直接影响播种机的工作质量（曹文等，2009）。勺轮式排种器属于机械式排种器，主要用于精播玉米、大豆等作物（Hanna et al.，2010）；该排种器结构紧凑，传动简单，排种质量较好，是目前生产实践中应用最广泛的精密排种器之一（周鹏等，2019）。为满足玉米大豆带状复合种植模式下小株距密植的精量播种需求，采用 24 勺的排种盘可以提高投种频率，以适应高速作业的需要（陈美舟等，2018）。此外，为了防止播种机在田间作业时，种子从导种口落入种沟后产生弹跳，进而导致种子在种沟内分布不均匀，影响播种粒距均匀性，研究人员在勺轮式排种器出口处设计了一个导向导种机构，以此实现零速投种（Nassiri et al.，2015）。带导种结构的勺轮式排种器整体结构如图 10-6 所示。

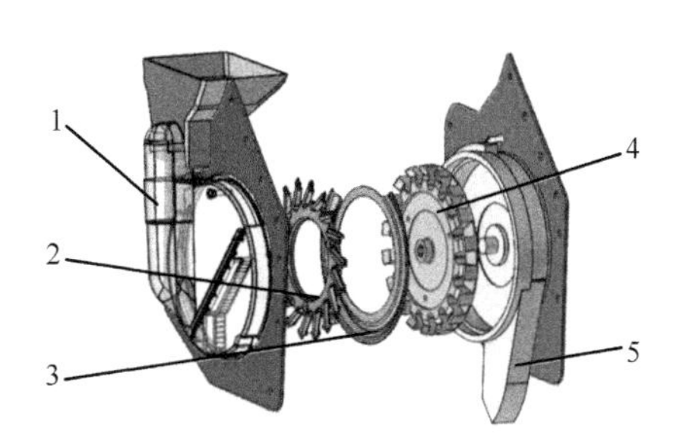

图 10-6　带导种结构的勺轮式排种器

1. 外壳；2. 排种勺轮；3. 隔板；4. 导种叶轮；5. 带导种机构的腔壳

理想导种机构的设计应遵循使种子运行平稳、顺利通过的原则（Ofori and Stern，1987），即在导种过程中不影响种子排出顺序和间隔，且不使种子产生弹跳（丁力等，2018）。根据“零速投种”原理（罗嗣博，2019），研究人员将导种机构设计为直线段 *AB* 和圆弧段 *BC*，对种子在导种机构中的运动状态进行受力分析，结果如图 10-7 所示。

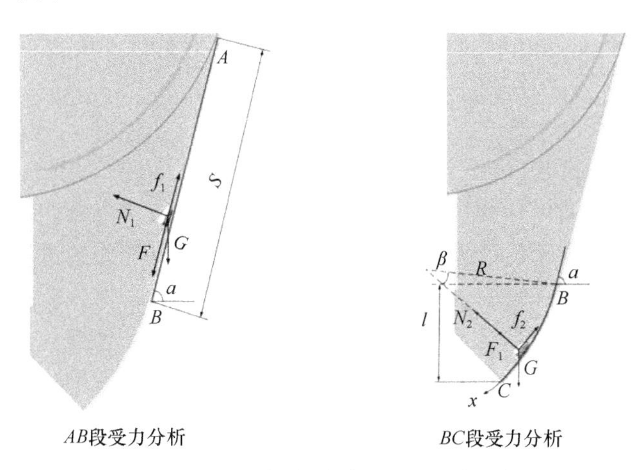

图 10-7　导种机构内种子运动受力分析

经过理论分析确定，直线段 *AB* 与水平面的夹角α应为 75°；为了使种子在圆弧段时有较大的竖直分速度（Poncet et al.，2019），种子与圆弧段 *BC* 的圆心连线和直线段与圆弧段交点 *B* 点与圆心连线的夹角β应为 35°；根据导种机构设计的离地高度可以得到圆弧段的竖直落差高度 $l \geqslant 6.5$cm，从而得到导种机构圆弧段 *BC* 半径 *R* 的取

值范围为 $R>12.8$cm，本项目选取 R=13cm，最后根据“零速投种”的速度要求（Shi et al.，2013），确定直线段 AB 的长度 S 为 15cm。

（3）仿形机构设计

播深稳定性、均匀性与准确性直接影响种子的发芽出苗（高原源等，2020）。目前，针对播深稳定性的研究主要集中在仿形机构方面，依靠仿形机构将种子精准投放在种沟内，其中平行四连杆仿形机构根据限深轮与开沟器的位置不同可分为前位仿形、同位仿形和后位仿形三种（盛凯，1995）。该播种机采用后置式后位平行四连杆仿形机构，将播种单体完全固定在四杆机构后侧，能够有效对大坡度地面进行贴地仿形作业，如图 10-8 所示。后位仿形机构的限深轮位于开沟器后方，既不会对土壤造成超前碾压，又可作为播种覆土后镇压土壤用（石宏和李达，2000）。

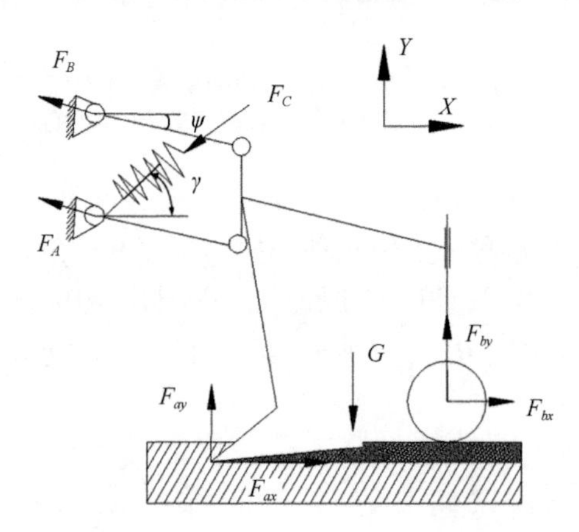

图 10-8 后置式仿形机构示意图

（4）动力传输机构设计

玉米大豆带状间作播种机的传动系统被设计为玉米大豆分调分控系统。该传动系统采用不同的变速传动系统进行独立驱动，通过将动力源进行分向传递，实现玉米大豆株距、播深等的分调分控。它主要包括主传动轴、施肥传动轴、玉米粒距调节装置、大豆粒距调节装置、玉米排种传动轴、大豆排种传动轴、单体传动链轮和轴承，其中玉米、大豆排种和排肥的动力均由播种机驱动装置提供，具体的连接形式如图 10-9 所示。玉米排种传动轴为六方实心轴，大豆排种轴为六方管，前者贯穿于后者之中并用镶嵌在六方管中的轴承相互隔离，确保各自传动平稳，实现玉米和大豆穴距的精准控制。

作业过程中，主传动轴主要用于承接驱动装置所产生的动力源，一部分传输至玉米和大豆各自的排种传动轴，经链传动输出到播种单体进行排种；另一部分则传递至排肥装置实现精量排肥。同时，改变粒距调节装置的拨叉即可调整齿轮位置变化，从而实现传动比的改变和玉米、大豆穴距的精准控制。该间作播种机的穴距档位可调缩至玉米 10～12～14cm，大豆 8～10～12cm，提高了高密度小株距条件下单粒精量播种的精度，保证了玉米大豆在高密度小株距情况下的播种质量。

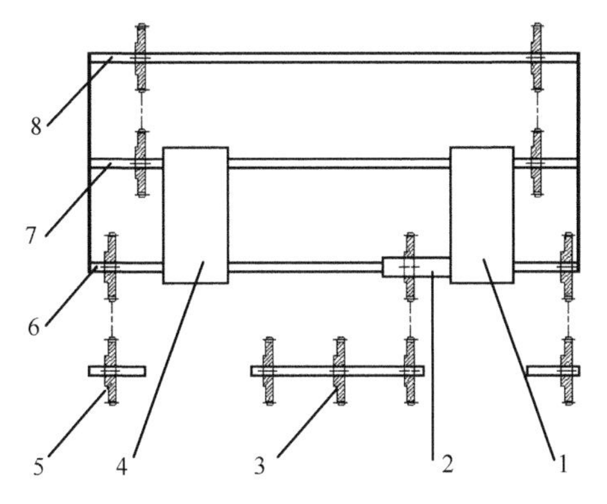

图 10-9　传动系统结构示意图

1. 大豆粒距调节装置；2. 大豆排种传动轴；3. 大豆单体传动链轮；4. 玉米粒距调节装置；5. 玉米单体传动链轮；6. 玉米排种传动轴；7. 主传动轴；8. 施肥传动轴

二、2BYDF-6 型玉米大豆带状间作精量播种机

（一）整机介绍

针对黄淮海区域玉米大豆带状复合种植机械化播种作业农艺需求，研究人员优化设计了带状复合种植配套的间作精量播种机。该播种机可同时播种 2 行玉米和 4 行大豆，整机结构如图 10-10 所示。

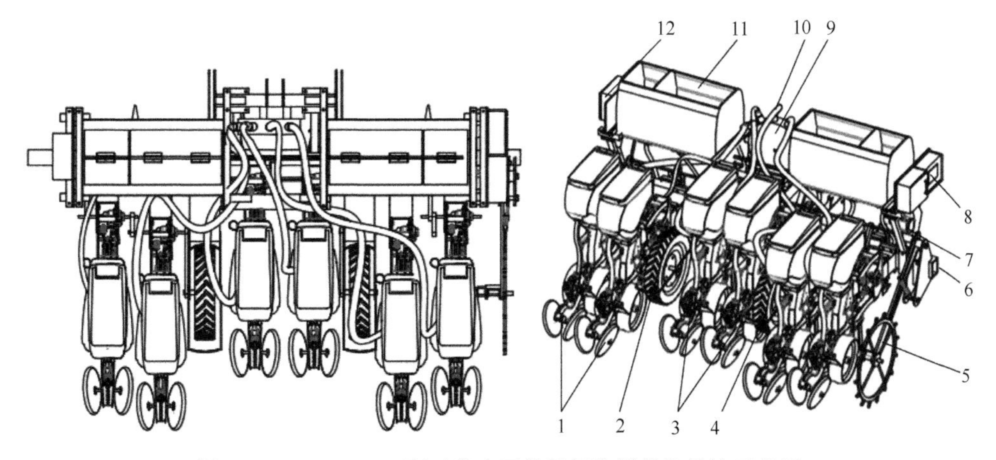

图 10-10　2BYDF-6 型玉米大豆带状间作播种机结构示意图

1. 大豆播种单体；2. 大豆单体驱动地轮；3. 玉米播种单体；4. 玉米单体驱动地轮；5. 排肥地轮；6. 机架；7. 传动系统；8. 人机交互显示器；9. 风机；10. 风管；11. 肥箱；12. 主控箱

播种机主要由机架、播种单体、驱动地轮、排肥地轮、传动系统、人机交互显示器等部件组成，能够同时进行玉米和大豆的播种、施肥作业。播种机工作时，玉米和大豆播种单体由不同的地轮驱动，驱动地轮分别位于玉米播种单体与大豆播种单体之间，对称安装于机架后方；为避免秸秆堵塞，大豆播种单体前后错位安装；播种机通过玉豆株距调节装置分别调节玉米和大豆的株距，调整限深轮高度控制双圆盘开沟器的开沟深度，调节镇压轮弹簧预紧力控制播种单体的镇压力度（赵蓉，2020）；播种机工作时，施肥开沟器和播种开沟器分别开出肥沟和种沟；风机提供负压给排种器，使排种器实现吸种、排种过程，种子再经导种管落入种沟，随后在“V”形镇压轮的作用下完成覆土和镇压，从而实现整个播种过程（史嵩等，2019）。

（二）主要技术参数

2BYDF-6 型玉米大豆带状间作播种机整机设计参数如表 10-2 所示。

表 10-2　2BYDF-6 型玉米大豆带状间作播种机技术参数

性能指标	单位	参数
结构		悬挂式
配套动力	kW	≥50
外形尺寸（长×宽×高）	mm	1470×2500×1250
作业速度	km/h	2～8
工作效率	hm^2/h	0.48～1.92
排种器类型		气吸式排种器
排肥器类型		外槽轮式排肥器
玉米/大豆行数	行	2/4
工作幅宽	mm	2400
玉米—玉米/大豆—大豆/大豆—玉米播种行距	mm	400/300/600
玉米/大豆播种株距	mm	80～140/70～130
玉米/大豆播种深度	mm	40～50/30～40
施肥深度	mm	60～150

（三）主要零部件配置

（1）播种单体设计

播种单体是播种机的重要组成部分（Gupta et al.，1988），主要由种箱、排种器、仿形机构、预开沟器、挡泥板、双圆盘开沟器、导种管、限深轮、刮泥板和镇压轮等部件组成（图 10-11）。该播种单体集开沟、排种、限深、覆土、镇压功能于一体。调节玉米、大豆株距调节箱内齿轮的传动比可改变玉米、大豆播种株距；玉米播种深度为 4～5cm，大豆播种深度为 3～4cm，转动限深调节摇杆可使播种单体根据地况达到播种深度要求；由于玉米、大豆所需镇压力度不同，可通过改变镇压力度调节杆的位置（张树勋，2016），达到玉米、大豆不同的镇压力度需求。

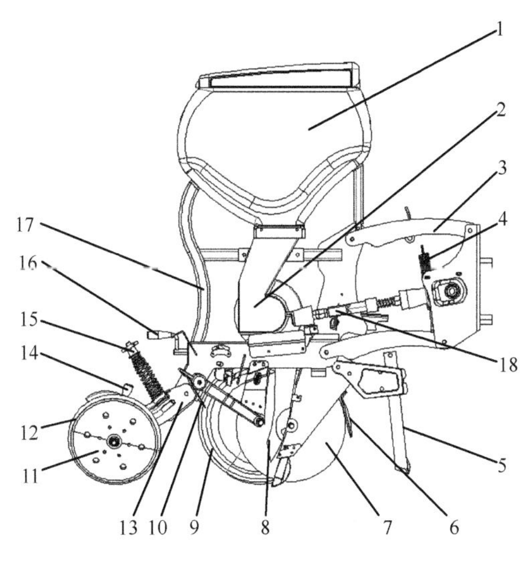

图 10-11　播种机单体结构示意图

1. 种箱；2. 排种器；3. 仿形机构；4. 镇压力度调节装置；5. 预开沟器；6. 挡泥板；7. 双圆盘开沟器；8. 导种管；9. 限深轮；10. 刮泥板；11. 镇压总成；12. 镇压轮；13. 镇压轮支架；14. 镇压力度调节杆；15. 拉伸弹簧；16. 限深调节摇杆；17. 支架；18. 播种单体传动轴

（2）排种器设计

气吸式排种器因其排种精度高、不伤种，适宜高速作业，已广泛应用于玉米、大豆等作物的精量播种（李玉环等，2019）。为了满足玉米、大豆小株距密植的播种需求，玉米大豆带状间作播种机采用气吸式排种器，该排种器主要由排种盘、内外清种刀、前壳、后壳等关键部件组成，如图 10-12 所示。排种器工作时，排种盘顺时针转动，位于充种区的种群在相互间挤压力与扰种凸台的双重作用下被吸附在排种盘上；排种盘上的凸台可以起到扰动种群提高充种效果的作用；通过调节外部清种刀的伸出长度和内部清种刀的上下位置，调整内外清种刀与排种盘型孔的相对位置，在内外清种刀的双重作用下清除型孔上的多余种子，并调整单粒种子的位置使其能被更好地吸附在型孔上；种子到达落种区时，挡种板隔绝负压气流，种子在自身重力作用下经导种管落入种沟（宋爱卿，2019）。

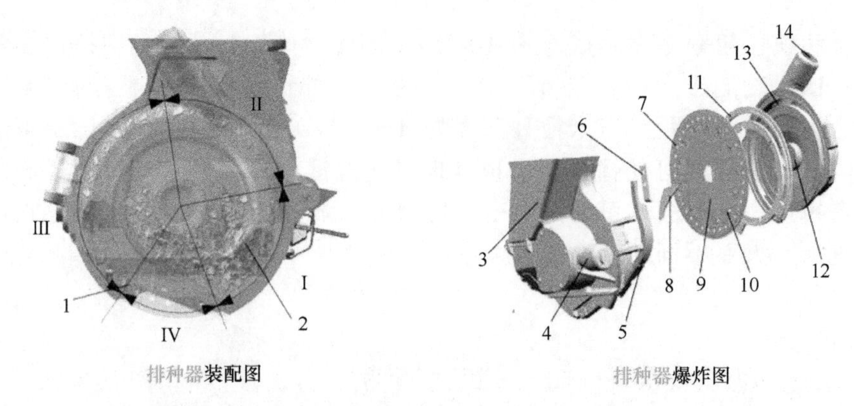

图 10-12　气吸式排种器结构示意图（韩丹丹等，2023）

Ⅰ. 充种区；Ⅱ. 清种区；Ⅲ. 携种区；Ⅳ.落种区；1. 排种口；2. 进种口；3. 前壳；4. 传动轴；5. 挡种板；6. 内部清种刀；7. 型孔；8. 外部清种刀；9. 排种盘；10. 扰种凸台；11. 密封圈；12. 后壳；13. 负压腔；14. 进气口

（3）播种传动系统设计

玉米大豆带状间作播种机的传动系统可实现动力源的分向传递，玉米、大豆驱动地轮通过链传动将动力分别传递给各自的播种单体，玉米播种单体之间通过传动轴直接由玉米驱动地轮驱动；大豆播种单体对称位于播种机的两侧，左侧大豆驱动地轮的动力通过主传动轴传递给右侧的大豆播种单体，2 个大豆播种单体前后错位安装。玉米、大豆驱动地轮前端设株距调节箱，通过调节传动比，实现玉米和大豆株距的分调分控，如图 10-13 所示。

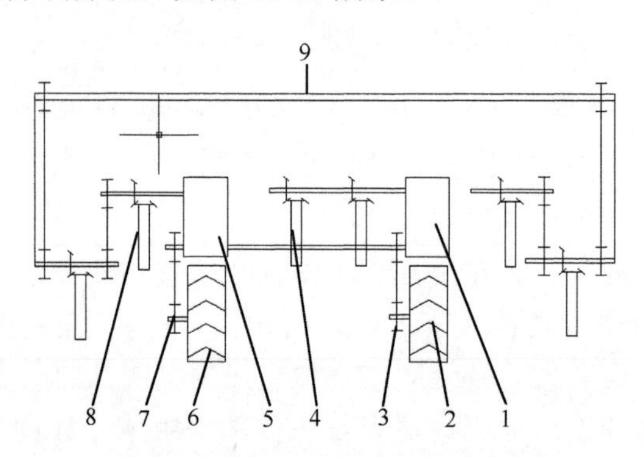

图 10-13　播种机传动系统路线图

1. 玉米株距调节箱；2. 玉米驱动地轮；3. 玉米传动链轮；4. 玉米播种单体传动轴；5. 大豆株距调节箱；6. 大豆驱动地轮；7. 大豆传动链轮；8. 大豆播种单体传动轴；9. 主传动轴

（4）排肥传动系统设计

根据玉米大豆带状间作种植模式的农艺要求，玉米施肥量为 40～60kg/亩，大豆施肥量为 10～20kg/亩。为了满足间作播种机对玉米、大豆施肥量和肥料类型的不同要求，工作人员对播种机排肥传动系统进行以下设计：①将肥箱用挡板隔开，其中大豆施肥空间约占肥箱总容积的 1/3；②用两个排肥器同时为 1 个玉米播种单体供肥，用一个排肥器同时为 2 行大豆播种单体供肥，大豆施肥开沟器位于 2 行大豆播种单体之间，玉米施肥开沟器位于玉米播种单体一侧 10cm 处；③玉米和大豆排肥系统具有各自的排肥轴，由不同的电机驱动，以实现排肥器的不同转速和排肥量。

该播种机具有独立的排肥地轮，编码器与排肥地轮同轴转动，采集排肥地轮随播种机前进的转动信号，并将信号传递给主控箱；工作人员在人机交互显示器界面调节玉米、大豆每亩施肥量等参数，主控箱通过分析接收到的速度信号和玉米、大豆每亩施肥量设置信号，进而控制不同电机的转速并驱动排肥轴转动。播种机排肥传动系统工作过程简图，如图 10-14 所示。

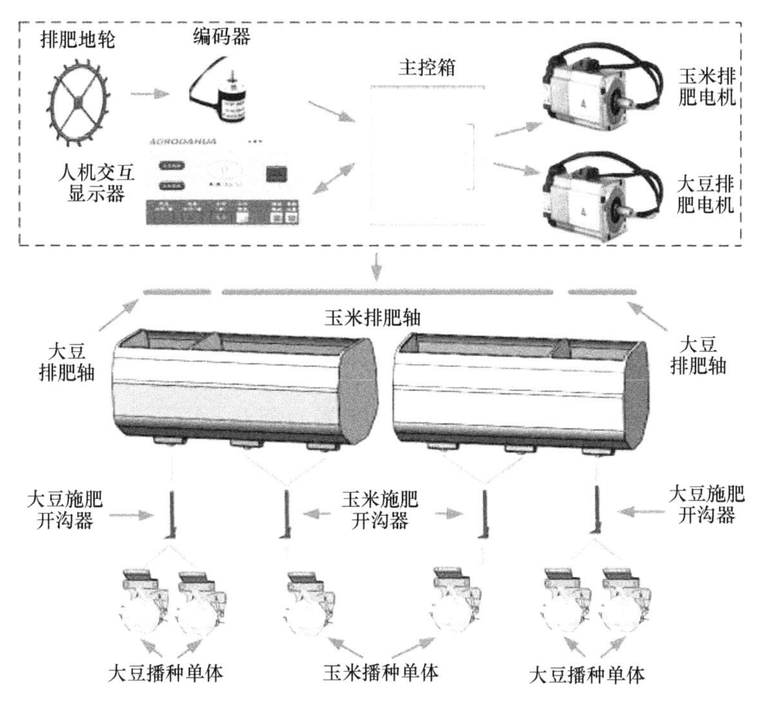

图 10-14　排肥传动系统示意图

第三节　关 键 技 术

（一）分调分控传动技术

为了满足大豆、玉米株距的分别调节，间作播种机的传动装置需被设计为分调分控系统，采用不同的变速传动系统进行独立驱动，具体的播种传动系统驱动方式可参考图 10-9 和图 10-13。工作过程中，主传动轴用于承接驱动装置所产生的动力源，传输至玉米和大豆各自的排种传动轴，再输出到播种单体进行排种；同时，改变粒距调节装置的拨叉即可调整齿轮位置变化，从而实现传动比的改变和玉米、大豆穴距的精准控制。

（二）小株距精量播种技术

为了满足玉米大豆带状复合种植小株距密植条件下的精量播种需求，排种器的选型至关重要（Wang et al.，2015）。机械式排种器可选用勺轮式，该类型排种器结构简单，用户使用维修方便（李宝筏，2003）；气力式排种器可选用气吸式，该类型排种器具有播种均匀性好、种子破碎率低、适于高速作业等优点（李成华等，2008）。为了满足密植条件下单粒精量播种要求，经试验研究，勺轮式排种器可增加种勺数量为 24 个；气吸式排种器播种玉米的型孔数可设计为 36 个、播种大豆的型孔数可设计为 72 个；此外，为了提高小株距条件下的播种作业质量，播种机作业速度尽量控制在 5km/h 以内（史嵩等，2014）。

（三）播深镇压调控技术

排种开沟器可选用仿形锐角开沟器或双圆盘开沟器（王雷，2020），以适应不同工作环境的开沟作业，比较坚硬板结以及黏重土壤可选用锐角开沟器（马延武，2018）。由于玉米播种深度 3～5cm、大豆播种深度 2～3cm，播种机均采用可调式单体仿形装置，保证每行单体的播种深度可独调控；由于玉米、大豆对镇压力度的需求不同，播种机可采用实心镇压轮（玉米）和充气镇压轮（大豆）相结合或者大“V”形镇压轮（玉米）和小“V”形镇压轮（大豆）相结合的形式，以提高作物的出苗一致性（林静等，2004）。

（四）施肥量调控技术

由于带状间作播种种植密度较大，为了保证带状间作播种时玉米单株施肥量与净作一致，即亩用肥量与净作相同，带状间作播种时玉米行单位距离施肥量至少是净作的 2 倍，因此需对播种机的排肥系统进行专门设计。首先，须将肥箱用挡板隔开，其中大豆施肥空间约占肥箱总容积的 1/3；其次，可用两个排肥器同时为一行玉米播种单体供肥，用一个排肥器同时为 2 行大豆播种单体供肥，以满足相同转速下玉米、大豆不同的排肥量需求；此外，大豆施肥开沟器位于 2 行大豆播种单体之间，玉米施肥开沟器位于玉米播种单体一侧 10cm 处。

（五）秸秆防堵技术

在麦茬地进行免耕播种时，为了避免秸秆堵塞，播种单体可前后错位安装，以保证两行播种单体之间有更大的间隙，便于播种机工作时秸秆的流动（屈哲等，2014）；也可在播种机前方加装旋耕装置，以便打碎秸秆，提高秸秆的通过性。此外，为了满足播种行距，还可采用超窄单体，保证 2 行之间有更大的间隙，防止秸秆堵塞。

第四节　作业效果与展望

一、作业效果

（一）2BF-5 型玉米大豆带状间作精量播种机作业效果

试验所用玉米品种为郑单 958，大豆品种为郑豆 04024；设置玉米理论株距为 10.19cm，理论播种深度为 4cm，大豆理论株距为 6.28cm、理论播种深度为 3cm；玉米肥料为专用控释肥，施肥量为 360kg/hm^2，施肥位点为靠近玉米行 15cm 处，大豆不施肥，田间管理同大田。为了验证 2BF-5 型玉米大豆带状间作精量播种机的工作性能，并研究留茬免耕（stubble no-tillage，SNT）、灭茬免耕（cleaning stubble no tillage，CSNT）、灭茬旋耕（cleaning stubble rotary tillage，CSRT）3 种不同耕作方式下机械播种对作物出苗质量的影响，2017 年 3 月在郑州中牟对样机进行播种试验，配套机具为东方红 50kW 拖拉机，设定车速为 4km/h，如图 10-15 所示。

图 10-15　2BF-5 型玉米大豆带状间作播种机田间作业图

（1）播种机在不同耕作方式下的播种质量

播种机的作业性能可通过重播指数、漏播指数、粒距合格率等综合指标来体现（刘英楠等，2021）。由图 10-16 可知，在灭茬免耕（CSNT）作业条件下，不同粒距下 2BF-5 型玉米大豆带状间作播种机的播种粒距合格率可达 83.57%，重播指数在 7.63%～8.63%变化，漏播指数在 7.8%～9.17%波动，各项性能指标符合相关标准和实际生产要求。其中，玉米和大豆播种的重播指数在灭茬旋耕（CSRT）处理下均为最低，在灭茬免耕（CSNT）处理下数均为最高；而漏播指数在灭茬免耕（CSNT）处理均表现为最低，在灭茬旋耕（CSRT）处理下均表现为最高。在留茬免耕（SNT）处理下，地表残留秸秆及根茬使播种单体上下移动范围较大，从而导致播种粒距一致性降低；而灭茬旋耕（CSRT）处理下土壤孔隙度大，种子落入种沟内在重力的作用下随着土壤孔隙移动，造成粒距一致性降低。试验结果表明，2BF-5 型玉米大豆带状间作精量播种机的播种粒距一致性在灭茬免耕（CSNT）处理下最高。

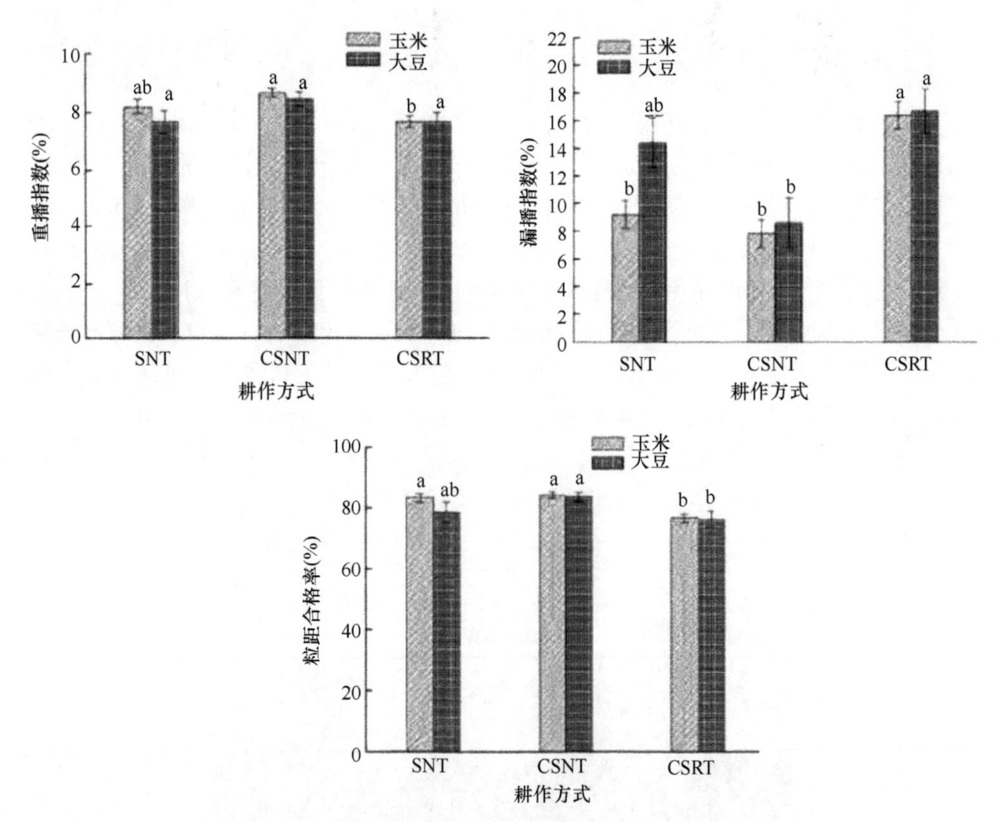

图 10-16 耕作方式对重播指数、漏播指数和粒距合格率的影响（任领等，2019）

（2）不同耕作方式下播种机的平均粒距和出苗情况

播种机播种的平均粒距在一定程度上能够反映驱动地轮的滑移率，滑移率是播种机排种器漏播的体现（赵艳忠等，2016）。研究人员对不同耕作方式下播种机的平均粒距分析发现，灭茬旋耕、灭茬免耕和留茬免耕 3 种方式下的播种平均粒距和播种量没有显著差异（图 10-17），较为接近设定播种粒距，表明该播种机设计的整机驱动附加驱动轮倾斜前置、弹性贴地的方式能够有效解决缺苗和滑移问题。其中，灭茬免耕（CSNT）处理下的播种平均粒距最小且最接近设定播种粒距，而留茬免耕（SNT）处理与之相比，地表秸秆量分布较不均匀，造成滑移率有一定程度的增大。综合上述分析，灭茬免耕处理下该播种机的作业效果最佳。

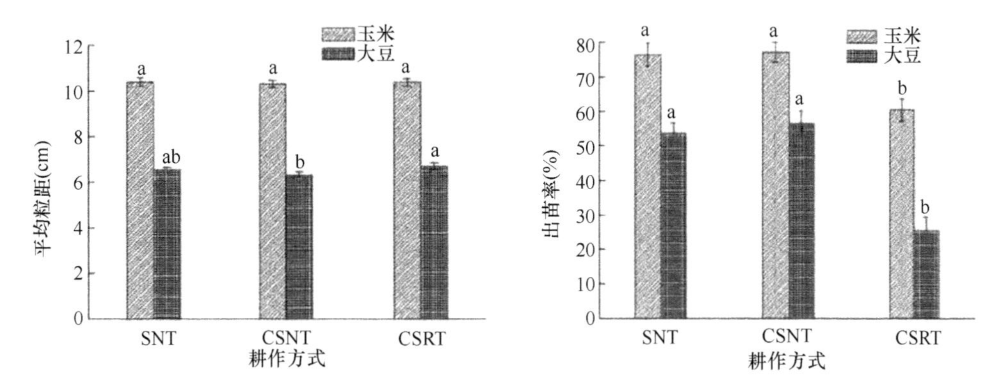

图 10-17　耕作方式对玉米大豆平均粒距和出苗率的影响（任领等，2019）

由图 10-17 可知，玉米的出苗率在留茬免耕和灭茬免耕处理下没有显著差异，分别为 76.6%和 77.27%，而在灭茬旋耕处理下仅为 60.57%，显著低于另外 2 个处理。大豆的出苗率在留茬免耕和灭茬免耕处理下没有显著差异，分别为 53.62%和 56.57%，均明显低于玉米。大豆出苗率低的原因可能是由于大豆属于双子叶植物，其种子破土能力较差，种子萌发时会随播种深度的增加耗费更多的能量，同时增加出苗阻力（Gao et al.，2014）。

（3）不同耕作方式下播种机的玉米及大豆产量的对比

由表 10-3 可知，玉米的有效株数在灭茬旋耕处理下显著低于留茬免耕处理和灭茬免耕处理。3 种耕作方式下，玉米的穗行数、行粒数和穗粒数均未表现出显著差异，而千粒重指标则在灭茬免耕处理下最高。同时，玉米的产量在灭茬旋耕处理下显著低于留茬免耕处理和灭茬免耕处理。

表 10-3　耕作方式对玉米产量及产量构成因素的影响

耕作方式	有效株数（株/hm^2）	穗行数（行）	行粒数（粒）	穗粒数（粒）	千粒重（g）	产量（kg/hm^2）
留茬免耕（SNT）	66 375a	14.7a	33a	483.3a	296.83a	9 513.0a
灭茬免耕（CSNT）	67 665a	14.7a	33a	482.7a	303.65a	9 912.0a
灭茬旋耕（CSRT）	52 635b	15.3a	31.7a	484.7a	292.61b	7 480.5b

由表 10-4 可知，在不同耕作方式下，大豆的有效株数在 3 个处理下存在显著差异：灭茬免耕处理的最高，灭茬旋耕处理的最低。大豆的单株荚数和单株粒数在灭茬旋耕处理下均显著高于留茬免耕和灭茬免耕处理，而百粒重则无显著差异。产量方面，大豆产量在灭茬免耕处理下最高，这与有效株数存在正对应关系。

表 10-4 耕作方式对大豆产量及产量构成因素的影响

耕作方式	有效株数（株/hm^2）	单株荚数	单株粒数（粒）	百粒重（g）	产量（kg/hm^2）
留茬免耕（SNT）	109 935b	21b	45.8b	21.5a	1080.0a
灭茬免耕（CSNT）	118 065a	20.6b	50.2b	21.9a	1299.0a
灭茬旋耕（CSRT）	50 790c	29.3a	77.1a	20.9a	823.5b

（二）2BYDF-6 型玉米大豆带状间作精量播种机作业效果

试验所用玉米品种为郑单 958，大豆品种为中黄 39；玉米肥料为带状间作玉米专用肥，大豆肥料为豆类专用肥；设置玉米理论株距为 10cm，大豆理论株距为 9cm。田间试验于 2021 年 5 月 10 日至 16 日在河南漯河临颍进行，前茬作物为小麦，留茬高度不超过 15cm；配套机具为瑞泽富沃 RZ1804-S，动力为 112.54kW；7 月 12 日前后玉米出齐苗、高度为 50cm 左右时，随机选取播种地块，连续测量 50m 内玉米苗和大豆苗的株距，并记录结果，每组数据重复测量 5 次，统计出苗后玉米、大豆的株距合格率、重播率、漏播率、保苗率等。其中，保苗率的统计方法如下（张瑞，2016）

$$N = \frac{S}{W} \times 100\% \tag{10-1}$$

式中，N 为保苗率；S 为 50m 内的实际株数；W 为 50m 内的理论株数。播种机田间试验及出苗效果如图 10-18 所示。

玉米、大豆田间播种效果图

间作播种机田间作业图

玉米、大豆出苗效果图

图 10-18 2BYDF-6 型玉米大豆带状间作播种机田间作业及效果图

田间作业时，为了保证播种质量，拖拉机配套风机的工作压力为 6kPa 以上，试验结果如图 10-19 所示。在田间播种时，玉米、大豆出苗后的合格率、重播率均随着播种机工作速度的增大而降低；漏播率均随着工作速度的增大逐渐增大。经统计，田间播种效果低于台架试验，这是由于田间作业时，秸秆与杂草易堆积于播种单体之前，导致开沟器的开沟效果不佳，种子无法正常均匀落入种沟，影响种子的出苗率；此外，玉米、大豆种子本身的发芽率，也是影响种子出苗后株距合格率的关键因素之一（Berti et al.，2008）。

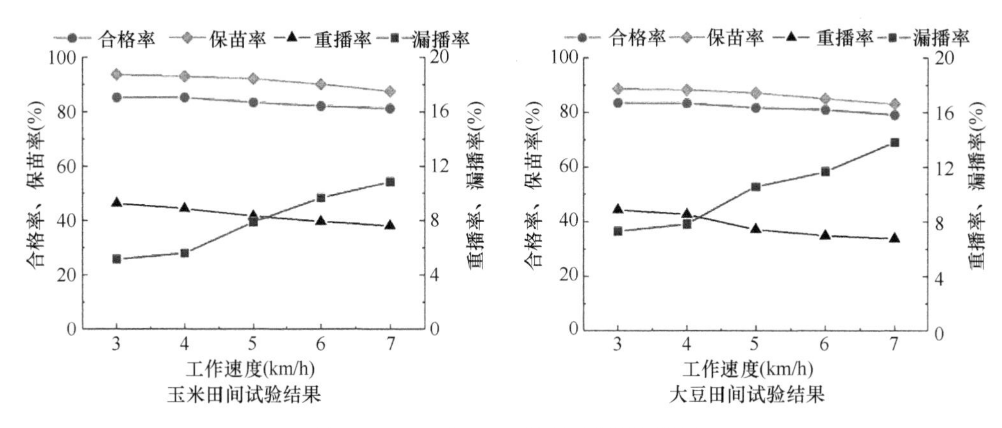

图 10-19　玉米、大豆田间试验结果图

当田间工作速度为 3～6km/h 时，玉米的株距合格率为 82.89%～85.55%、重播率为 7.93%～9.26%、漏播率为 5.19%～9.69%、保苗率为 89.59%～93.54%；大豆的株距合格率为 81.3%～83.8%、重播率为 6.98%～8.87%、漏播率为 7.33%～11.72%、保苗率为 84.17%～88.73%。所有评价指标均符合《单粒（精密）播种机技术条件》（JB/T 10293—2013）。此外，考虑到播种机田间作业时的工作效率和风机能耗，该间作播种机田间作业的最佳工作速度为 5km/h，最佳工作压力为 7.5kPa。

二、展望

目前，播种机主要依赖人工进行作业参数的调节，智能化程度较低，今后应加强智能化技术在播种机上的应用，包括：①播种施肥质量检测与报警技术，可实时进行漏播和施肥堵塞的检测与报警；②自动控制技术，将播种施肥的传动由地轮驱动改为电机驱动，以减少地轮打滑及振动所导致的漏播；③变量播种与施肥技术，可根据土壤肥力、含水量等条件实时调节播种密度和施肥量；④自适应控制技术，可根据地块平整度及土壤条件实时调整开沟深度、镇压力度等，以提高出苗一致性。

参考文献

曹文, 丁俊华, 李再臣. 2009. 机械式精密排种器的研究与设计[J]. 农机化研究, 31(7): 142-145.

陈美舟, 刁培松, 张银平, 等. 2018. 大豆窄行密植播种机单盘双行气吸式排种器设计[J]. 农业工程学报, 34(21): 8-16.

丁国辉. 2017. 玉米—大豆间作播种机的设计与相关参数研究[D]. 成都: 四川农业大学.

丁力, 杨丽, 刘守荣, 等. 2018. 辅助充种种盘玉米气吸式高速精量排种器设计[J]. 农业工程学报, 34(22): 1-11.

丁为民. 2011. 农业机械学[M]. 2 版. 北京: 中国农业出版社.
杜青, 王青梅, 陈平, 等. 2017. 玉米—大豆带状间作下除草剂的筛选[J]. 大豆科学, 36(1): 98-103.
高原源, 翟长远, 杨硕, 等. 2020. 精密播种机下压力和播深 CAN 总线监控与评价系统研究[J]. 农业机械学报, 51(6): 15-28.
韩丹丹, 何彬, 周毅, 等. 2023. 气吸式密植精量排种器的设计与试验. 华中农业大学学报, 42(1): 237-247.
李宝筏. 2003. 农业机械学[M]. 北京: 中国农业出版社.
李成华, 高玉芝, 张本华. 2008. 气吹式倾斜圆盘排种器排种性能试验[J]. 农业机械学报, 39(10): 90-94.
李玉环, 杨丽, 张东兴, 等. 2019. 豆类作物一器双行气吸式高速精量排种器设计与试验[J]. 农业机械学报, 50(7): 61-73.
林静, 宫元娟, 李国臣. 2004. 浅谈精密播种机的发展优势与前景[J]. 农业机械(4): 43-44.
刘英楠, 衣淑娟, 李衣菲, 等. 2021. 玉米气吸式精密排种器试验研究[J]. 农机化研究, 43(10): 172-177.
罗嗣博. 2019. 摩擦型立式圆盘排种器投种装置设计与试验[D]. 哈尔滨: 东北农业大学.
马延武. 2018. 播种机开沟器参数优化与试验研究[D]. 洛阳: 河南科技大学.
屈哲, 余泳昌, 李赫, 等. 2014. 2BJYM-4 型玉米大豆套播精量播种机的研究[J]. 大豆科学, 33(1): 119-123.
任领, 张黎骅, 丁国辉, 等. 2019. 2BF-5 型玉米—大豆带状间作精量播种机设计与试验[J]. 河南农业大学学报, 53(2): 207-212, 226.
盛凯. 1995. 播种机仿形机构仿形轮配置的研究[J]. 吉林工学院学报(自然科学版), 16(4): 21-27.
石宏, 李达. 2000. 目前国内外播种机械发展走向(Ⅱ)[J]. 农业机械化与电气化(2): 42.
史嵩, 张东兴, 杨丽, 等. 2014. 气压组合孔式玉米精量排种器设计与试验[J]. 农业工程学报, 30(5): 10-18.
史嵩, 周纪磊, 刘虎, 等. 2019. 驱导辅助充种气吸式精量排种器设计与试验[J]. 农业机械学报, 50(5): 61-70.
宋爱卿. 2019. 气吹式排种器设计仿真与性能试验[J]. 农业工程, 9(7): 72-75.
王雷. 2020. 开沟器的结构设计与有限元分析[J]. 农业机械(12): 79-81.
杨丽, 颜丙新, 张东兴, 等. 2016. 玉米精密播种技术研究进展[J]. 农业机械学报, 47(11): 38-48.
杨文钰, 杨峰. 2019. 发展玉豆带状复合种植, 保障国家粮食安全[J]. 中国农业科学, 52(21): 3748-3750.
于志刚. 2018. 精量播种机械的技术原理及问题分析[J]. 农机使用与维修(9): 13.
张瑞. 2016. 一年两熟地区麦茬地玉米免耕播种播深控制机构的研究[D]. 北京: 中国农业大学.
张树勋. 2016. 大豆播种机结构设计与排种器性能试验[D]. 合肥: 安徽农业大学.
赵蓉. 2020. 一种播种机圆盘刀具的设计问题研究[J]. 广西农业机械化, 3: 35, 38.
赵艳忠, 张晨光, 王运兴, 等. 2016. 免耕播种机地轮摩擦力与滑移率试验研究[J]. 东北农业大学学报, 47(10): 58-66.
周鹏, 赵满全, 刘飞, 等. 2019. 指夹式玉米精密排种器试验优化研究[J]. 农机化研究, 41(8): 153-157.
Berti M T, Johnson B L, Henson R A. 2008. Seeding depth and soil packing affect pure live seed emergence of cuphea[J]. Industrial Crops and Products, 27(3): 272-278.

Gao Y, Wu P T, Zhao X, et al. 2014. Growth, yield, and nitrogen use in the wheat/maize intercropping system in an arid region of northwestern China[J]. Field Crops Research, 167(7): 19-30.

Gupta S C, Swan J B, Schneider E C. 1988. Planting depth and tillage interactions on corn emergence[J]. Soil Science Society of America Journal, 52(4): 1122-1127.

Hanna H M, Steward B L, Aldinger L. 2010. Soil loading effects of planter depth-gauge wheels on early corn growth[J]. Applied Engineering in Agriculture, 26(4): 551-556.

Nassiri M M, Koocheki A, Mondani F, et al. 2015. Determination of optimal strip width in strip intercropping of maize(*Zea mays* L.)and bean(*Phaseolus vulgaris* L.)in northeast Iran[J]. Journal of Cleaner Production, 106: 343-350.

Ofori F, Stern W R. 1987. Cereal-legume intercropping systems[J]. Advances in Agronomy,41: 41-90.

Poncet A M, Fulton J P, McDonald T P, et al. 2019. Corn emergence and yield response to row-unit depth and downforce for varying field conditions[J]. Applied Engineering in Agriculture, 35(3): 399-408.

Shi S, Zhang D X, Cui T. 2013. Simulation analysis on air current field of positive-pressure for metering device of maize precision planter[C]. St. Joseph: Annual International Meeting of the American Society of Agricultural and Biological Engineers: 631-637.

Wang Z K, Zhao X N, Wu P T, et al. 2015. Radiation interception and utilization by wheat/maize strip intercropping systems[J]. Agricultural and Forest Meteorology, 204: 58-66.

第十一章 植保机具

第一节 农艺要求

玉米大豆带状复合种植包含禾本科的玉米和豆科的大豆两种作物，植保作业时须分带施用不同类型的农药，特别对于除草剂，要严格按照分带分类喷施，以防农药互相干涉、雾滴跨带飘移，从而对作物产生严重的药害。带状复合种植的田间配置为玉米带2行，行距为40cm，不同生态区大豆带行数为2～6行，行距为30～40cm；玉米带和大豆带的带宽、株高和需药量存在较大的差异。苗期除草对喷施机的要求是大豆带喷施大豆专用除草剂，玉米带喷施玉米专用除草剂，两种除草剂绝不能混用；均匀喷施，严防除草剂飘移造成药害。这些农艺要求使得普通的喷雾机难以在此种植模式下进行除草作业（程上上等，2022）。

第二节 双系统分带喷雾机的设计方案

根据上节所述的玉米大豆带状复合种植农艺要求，结合实际喷施作业的地理区域特点、底盘及动力配套等差异性需求，本节分别以柴油驱动折腰式多幅作业的3WPZ-600、电驱动自走式单幅作业的3WPZ-200和汽油驱动手扶式单幅作业的3WPZ-100三种典型分带喷雾机为例，详细介绍双系统分带喷雾机的设计思路、整机性能和零部件配置。

一、3WPZ-600型双系统分带喷杆喷雾机

（一）整机介绍

针对黄淮海区域玉米大豆带状复合种植机械化植保作业农艺需求，优化设计带状复合种植配套的自走式分带喷杆喷雾机。该机主要由行走系统和喷雾系统组成，如图11-1所示。行走系统主要包括车轮、高地隙车架、变速器、折腰转向机构等组成，喷雾系统由三段折叠式喷杆、吊挂喷杆、植保喷头、分隔防干涉分带隔板等组成。优化设计的分带双喷雾系统具有“一机双喷”特点，可适应不同生长时期的玉米大豆植保作业。

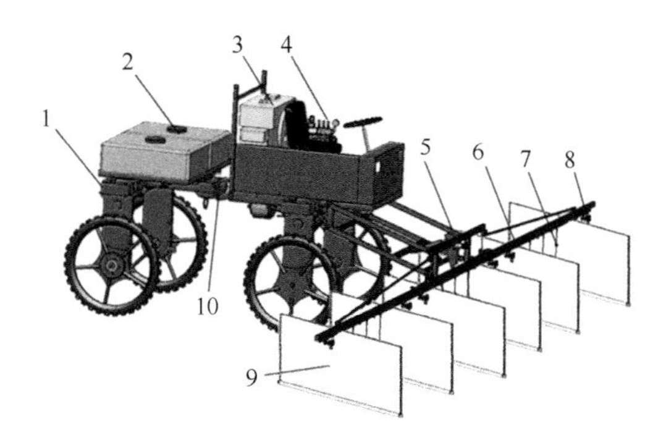

图 11-1　3WPZ-600 自走式分带喷杆喷雾机结构图（李赫等，2020a）

1. 轮距调整装置；2. 药箱；3. 动力输出装置；4. 变量控制系统；5. 平行四杆机构；6. 三段折叠式喷杆；7. 吊挂喷杆；8. 植保喷头；9. 分隔防干涉分带隔板；10. 折腰转向机构

（二）主要技术参数

3WPZ-600 自走式分带喷杆喷雾机整机基本性能参数见表 11-1。

表 11-1　3WPZ-600 自走式分带喷杆喷雾机技术参数

指标	单位	参数
大豆药箱容量	L	300
玉米药箱容量	L	300
外形尺寸（长×宽×高）	mm	4820×2040×2970
轮距	mm	1600～1900（可调）
轴距	mm	1600
空载质量	kg	2109
驱动方式		四轮驱动
喷杆喷幅	m	9
标定功率	kW	16.8
喷头数量	个	12
离地间隙	mm	1100

（三）主要零部件配置

喷雾机主要由驱动装置、底盘系统、喷雾系统等组成（图 11-2）（何雄奎等，2005）。发动机通过传动轴带动变速器工作，变速器输出动力分为两路：变速器通过传动轴，变速器将一部分动力传给前后桥箱，再利用桥内齿轮传递到行走轮，实现行走功能；变速器将另一部分动力传至分动箱，将动力传递到隔膜泵，高速运转隔膜泵为药液提供喷雾压力，再由变量施药系统根据该机行进速度和喷雾压力调整比例阀开口，最后使药液精准喷洒到玉米和大豆带中（李赫等，2019）。创新设计的行走系统底盘具有轮距可调和折腰转向特点，其中轮距1.6～1.9m可调，可有效适应多地玉米大豆复合种植模式，折腰转向使转弯半径减小为2.3m，提高了整体机动性（李赫等，2020a）。以3WPZ-600自走式分带喷杆喷雾机为例，介绍关键零部件设计。

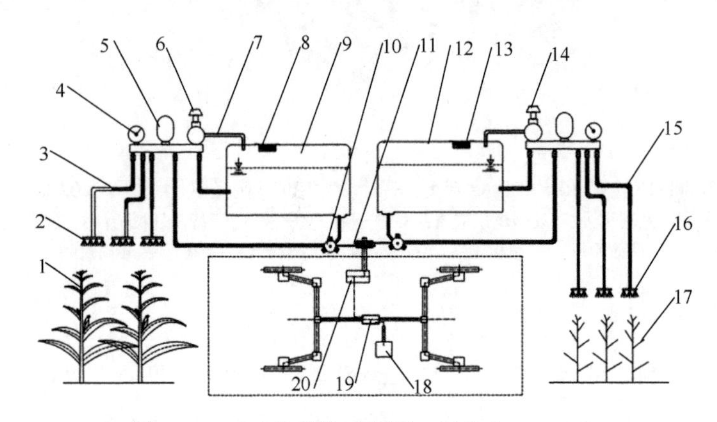

图11-2 双喷雾系统示意图（程上上，2022）

1. 玉米植株；2. 玉米喷头；3. 玉米液路；4. 压力表；5. 气室；6. 调压阀；7. 回水管；8. 药箱滤网；9. 玉米药箱；10. 玉米液泵；11. 双带轮；12. 大豆药箱；13. 药箱滤网；14. 调压阀；15. 大豆液路；16. 大豆喷头；17. 大豆植株；18. 发动机；19. 变速器；20. 分动箱

1. 动力配置

发动机主要为车辆驱动和施药提供动力。本机选用中国常柴股份有限公司生产的4L68型号四缸水冷柴油发动机，轻量化、低油耗、性能稳定，并且排放标准达到《非道路移动机械用柴油机排气污染物排放限值及测量方法（中国第三、四阶段）》（GB 20891—2014）第三阶段的要求。最大静扭矩为175N·m，额定净功率为36.8kW。

2. 高地隙龙门式驱动桥

由于作业中喷雾机常越埂爬坡，因此需要更大的扭矩，以及四轮驱动技术（何雄奎等，2019）。驱动桥采用折腰转向技术提高机具的适应性，减小转弯半径。龙门式驱动桥设计可提高离地间隙，增加底盘与地面间隙（陈书法等，2012），适应玉米大豆不同生长时期的病虫草害防治。

3. 变速器

自走式喷杆喷雾机在田间作业时要求速度低、扭矩大，设置低速挡位，在短途转场的情况，又需要用较高速度（陈达，2011）。综合以上因素，设置主变速和副变速两种挡位模式，其中主变速挡位分为3个前进挡和1个后退挡；副变速挡位分为高速和低速 2 个挡位，两者切换组合共计 6 个前进挡和 2 个后退挡。驾驶员可根据车辆的田间管理工况、车速的变化、道路的坡度，在 8 种挡位任意选择。

4. 轮胎选择

研究人员根据玉米大豆的生长高度将自走式喷杆喷雾机离地间隙设计为 110cm，根据桥箱及传动系数将轮胎的直径设计为 95cm，根据玉米大豆的行距将轮胎的宽度设计为 10cm 高花实心轮胎（尚增强，2021）。此种轮胎在大田作业中抓地力强、车辙小，可避免在使用过程中出现缠绕禾苗的现象，如图 11-3 所示。

图 11-3　车轮图（程上上，2022）

5. 可调节喷雾喷杆

根据整车高度，以及喷杆升降安装的位置，垂直方向上喷杆升降的高度应在 50～180cm。采用管状钢材设计桁架结构，减少作业中喷杆振动对雾滴分布均匀性的影响（刘丰乐等，2010）。喷杆展开折叠通过液压系统驱动完成，可完成整体抬高、降低、展开和展开后由于液压缸的锁死使喷杆保持水平（秦超彬，2019）。

6. 双药箱结构

玉米药箱和大豆药箱对称置于分带喷杆喷雾机两侧，使得该机重心位置居中，空间布局更紧凑。玉米及大豆药箱采用上窄下宽状梯形设计，药液混合时不会产生局部涡流，且药箱底层有积液槽，使施药过程不会将空气吸入管路当中，同时便于药箱的清洗。在药箱内部有两个射流搅拌器，射流搅拌器采用双文丘里管回路，保证施药过程药液充分混合均匀，减少用水量，同时可以防止产生泡沫（李龙龙等，2017a）。

7. 喷头体及喷头

喷头体是安装喷头的底座，影响雾滴的重叠状态，对喷雾均匀性的影响大（林蔚红等，2014）。喷头体一般分为外走水和内走水两种形式，安装喷头个数可以分为单向喷头体、三向喷头体、五向喷头体等（刘丰乐等，2010）。该机选用三向喷头体（图 11-4），可安装三种不同型号的喷头，实现不同植保作业需求。

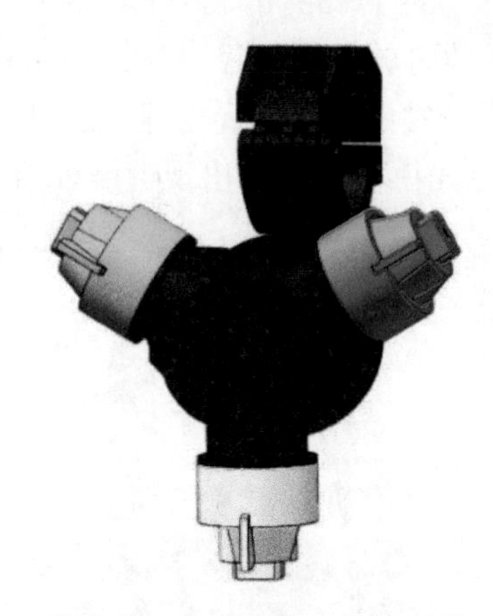

图 11-4 防飘移三向喷头体（何雄奎等，2019）

（四）喷雾系统主要组成结构

自走式分带喷杆喷雾机双喷雾系统（图 11-5）主要由液泵、药液箱、喷头、过滤器、搅拌器、喷杆桁架机构和管路分带控制部件等组成（魏忠等，2009）。双喷雾系统针对不同的作业需求，具有喷雾作业参数可独立分段控制的特点。

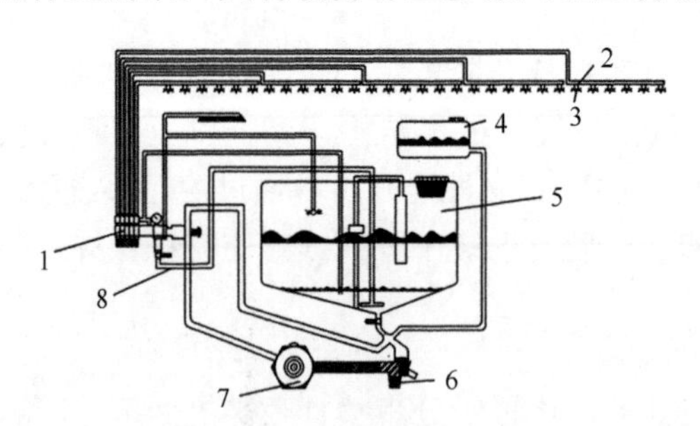

图 11-5 自走式分带喷杆喷雾机双喷雾系统组成（何雄奎等，2019）

1. 管路分带控制部件；2. 喷杆桁架；3. 喷头；4. 清水箱；5. 药液箱；6. 过滤器；7. 液泵；8. 回流搅拌器

1. 液泵

喷杆喷雾机的液泵主要使用隔膜泵（施建军，2016）。单缸隔膜泵的工作原理是当发动机带动偏心机构旋转时，偏心机构带动隔膜做往复变形运动，从而改变隔膜与泵之间的容积（史岩等，2004a）。当连杆向下运动时，泵缸的容积增大，此时进液阀打开、出液阀关闭，在压力差的作用下，药液被吸出；反之药液被排出。如此往复进行，完成吸液和排液过程。

2. 药液箱

药液箱上方开有加液口，并设有加液口滤网；箱体下方设有出液口，箱内装有搅拌器。药液箱通常使用耐农药腐蚀的玻璃钢或聚乙烯塑料制作（孙肖瑜等，2009）。

3. 防飘移喷头

利用大直径雾滴在靶标运行时不易飘失的原理，喷头雾化的雾滴较大，雾滴谱较窄（汪懋华，1999）。防飘喷头采用射流原理，在喷头体内气液两相流进行混合，经喷头喷出的是一个个液包气的“小气球”。每一个这样的小气球在达到靶标时，在作物叶面上的纤毛刺破和叶面的动量作用下，进行二次雾化，得到更小的雾滴和较大的覆盖密度（王克林和李文祥，2000）。

4. 防滴装置

为了消除停喷时药液在残余压力作用下沿喷头滴漏而造成药害，喷雾机多配有防滴装置（张玲和戴奋奋，2002）。它的工作原理是当喷雾压力超过防滴阀的开启压力时，药液能够打开截止膜片流往喷头进行喷雾；在液路被截止时，喷头在管路残压的作用下继续喷雾，但是管路中的压力急剧下降，当压力降到防滴阀的关闭压力时，截止膜片在弹簧的作用下迅速关闭出液口，从而有效防止管路中的残液沿喷头滴漏（张明，2010）。

5. 搅拌装置

喷雾机作业时，为使药液箱中的药剂与水充分混合，防止药剂（如可湿性粉剂）沉淀，保证喷出的药液具有均匀一致的浓度，喷杆喷雾机上均配有搅拌器。搅拌器有机械式、气力式和液力式三种（赵今凯，2011）。喷杆喷雾机上常用的是液力式搅拌器（Xing et al.，2010）。它是将一部分液流引入药液箱通过搅拌喷头喷出，或流经加水用的射流泵的喷嘴喷射液流进行搅拌。

6. 管路控制部件

喷杆喷雾机的管路控制部件一般由调压阀、安全阀、截流阀、分配阀和压力表等组成（周海燕等，2011）。管路控制部件安装在驾驶员随手可以触到的位置，便于操作（郑加强，2004）。分配阀的主要作用是将从泵流出的药液均匀地分配到各节喷杆中，以保证喷雾均匀性（吕信河等，2016）。分带喷杆喷雾机有玉米多路控制阀和大豆分带控制阀，两套多路控制阀分别对应喷幅内的玉米带和大豆带，可通过多路阀门开闭，实现全部喷嘴喷雾，也可仅玉米带或大豆带喷杆喷雾，实现玉米或大豆独立施药和玉米大豆同时施药。

二、3WPZ-200 型电驱动自走式分带喷杆喷雾机

（一）整机设计

针对小面积玉米大豆带状复合种植田间的植保机械化作业，研究人员设计了 3WPZ-200 型电驱动自走式分带喷杆喷雾机（图 11-6）。该机主要由喷雾系统和行走系统组成。喷雾系统包括喷杆装置、升降机构、药箱、液泵、管路等（Sreekala and Lei，1997）。车架前部安装了喷杆装置及防干涉分带隔板，蓄电池位于驾驶座舱内，玉米药箱和大豆药箱布置在整机后部。行走系统由底盘、前后驱动桥、方向盘，以及前后电机等组成。前后电机的动力分别通过前后驱动桥传递到前后轮，实现分带喷杆喷雾机行走。转向拉杆将前后轮连接，实现四轮阿克曼转向，减少转弯半径（Tian，2002）。该喷雾机采用电机驱动，结构轻便、操作简单。变量喷雾系统使喷雾流量随车速改变，提高了农药喷洒均匀性和利用率，适合中小地块植保作业。

图 11-6　3WPZ-200 型电驱动自走式分带喷杆喷雾机（尚增强，2021）

1. 喷杆；2. 升降架；3. 方向盘；4. 驾驶座；5. 电池仓；6. 药箱；7. 底盘；8. 转向拉杆；9. 驱动轮；10. 管路；11. 喷头

（二）工作过程

蓄电池主要给自行走系统和喷雾系统提供动力。自行走系统主要由电机、变速器、前驱动桥和后驱动桥等组成（Qiu et al.，1998）。为了提高电动分带喷杆喷雾机的田间机动性，该喷雾机采用前后双电机提供驱动力。如图 11-7 所示，蓄电池为电机高速旋转供能，变速器放大电机扭矩并将扭矩传递给平轴，经一套啮合锥齿轮后，动力传递方向发生改变，经竖轴最终传递到车轮上，实现分带喷杆喷雾机的行走。

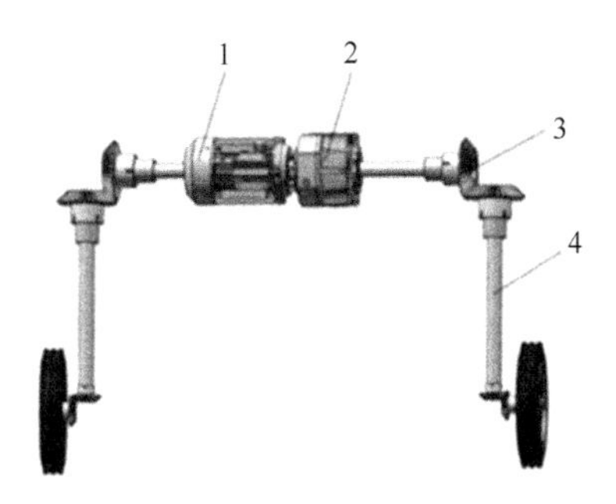

图 11-7 3WPZ-200 型电驱动自走式分带喷杆喷雾机自行走系统（尚增强，2021）

1. 电机；2. 变速器；3. 锥齿轮；4.竖轴

该喷雾机由蓄电池为隔膜泵提供动力。通过开启仪表盘处的喷雾作业开关，隔膜泵将药箱中的药液经过滤器吸入隔膜泵内，转变为高压药液。一部分药液通过连接管进入喷管，剩余部分回到药箱，完成农药喷雾过程。

（三）主要技术参数

3WPZ-200 型电驱动自走式分带喷杆喷雾机的基本性能参数见表 11-2。

表 11-2 3WPZ-200 型电驱动自走式分带喷杆喷雾机技术参数

项目	单位	参数
大豆药箱容量	L	100
玉米药箱容量	L	100
外形尺寸（长×宽×高）	mm	2000×1400×1500
轮距	mm	1350
轴距	mm	1000
空载质量	kg	150
驱动方式		四轮驱动
喷嘴离地高度调节范围	mm	500～1200
喷杆喷幅	m	3
工作压力	MPa	0.3～0.6
标定功率	kW	3
喷头数量	个	6

三、3WPZ-100 型分带喷杆喷雾机

（一）整机设计

3WPZ-100 型分带喷杆喷雾机主要由自行走系统和喷雾系统组成(图 11-8)。

自行走系统包括两轮驱动的底盘、汽油发动机等（李范哲等，1996）。喷雾系统关键组成部件有喷杆装置、升降机构、摆动机构、药箱、液泵；喷杆装置喷药时展开，移位行走时折叠（Oerke et al.，2006）。喷杆升降调节可适应玉米大豆不同生长时期的喷药。车架的前部安装喷杆装置、摆动喷杆及其附件；驾驶座安装于整机后部。喷杆装置与驾驶座之间，依次布置有药箱、柱塞泵，其实物样机如图 11-9 所示。

该喷雾机采用电动推杆驱动摆动链轮旋转（图 11-10），进而带动链条传动，以此达到摆杆移动。移动摆杆可以解决喷雾过程中玉米行漏喷问题，提高玉米大豆小地块种植的病虫草害机械化水平。

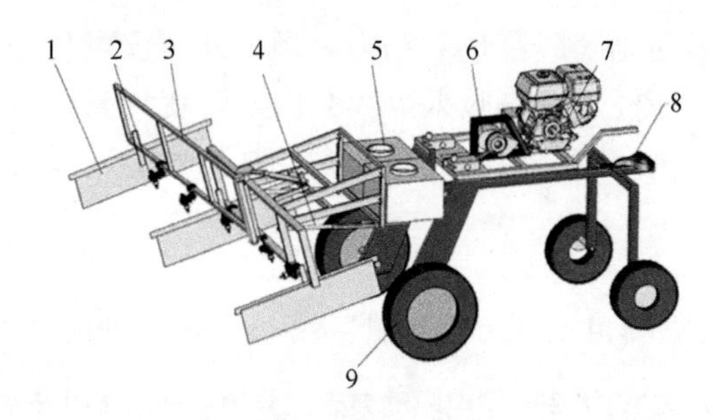

图 11-8 3WPZ-100 型分带喷杆喷雾机三维示意图（李赫等，2020b）

1. 防干涉分带隔板；2. 喷头；3. 摆动喷杆；4. 升降杆；5. 药箱；6. 液泵；7. 汽油发动机；8. 驾驶座；9. 驱动轮

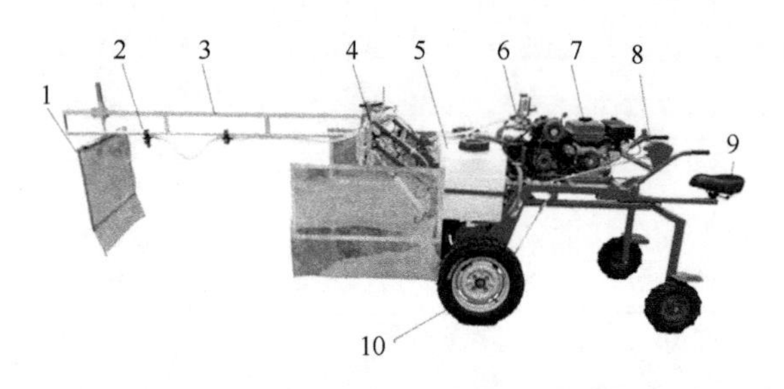

图 11-9 3WPZ-100 型分带喷杆喷雾机（秦超彬，2019）

1. 防干涉分带隔板；2. 喷头；3. 摆动喷杆；4. 升降杆；5. 药箱；6. 柱塞泵；7. 汽油发动机；8. 制动手柄；9. 驾驶座；10. 驱动轮

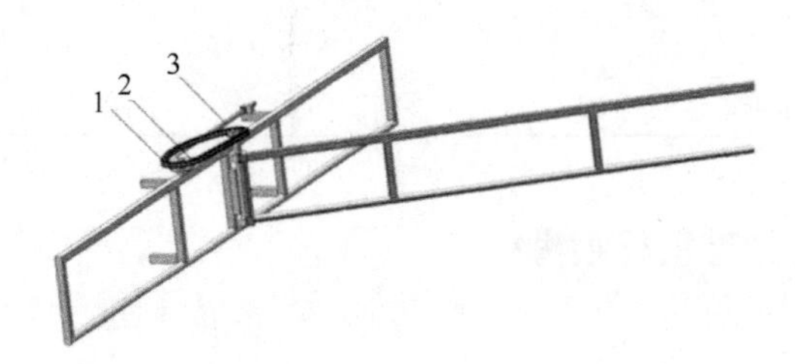

图 11-10 摆动喷杆装置示意图（李赫等，2020b）

1. 摆动链条；2. 摆动链轮；3. 电动推杆

（二）工作过程

汽油发动机工作时通过皮带将动力传递到变速器和三缸柱塞泵，变速器放大扭矩，并将整合后的动力传递到前车转向驱动桥，经链条链轮驱动行走轮行走。发动机的另一部分动力通过带传动带动三缸柱塞泵进行喷洒和搅拌。隔膜泵将药箱中的药液经过滤器吸入隔膜泵内，转变为高压药液，一部分药液通过连接管进入喷管，剩余部分回到药箱，完成加药液过程。田间作业时三缸柱塞泵工作，将药液从药箱经过滤器吸入柱塞泵内，大豆喷洒系统部分药液经球阀进入中间喷杆输液管，由喷头雾化后喷出，剩余部分回流到药箱。玉米喷洒系统部分药液经球阀进入外侧可移动喷杆输液管，由喷头雾化后喷出，剩余部分回流到药箱。

（三）主要技术参数

3WPZ-100 型分带喷杆喷雾机的基本性能参数见表 11-3。

表 11-3　3WPZ-100 型分带喷杆喷雾机技术参数

项目	单位	参数
大豆药箱容量	L	60
玉米药箱容量	L	40
外形尺寸（长×宽×高）	mm	1800×1200×1200
轮距	mm	1150
轴距	mm	900
驱动方式	—	两轮驱动
喷嘴离地高度调节范围	mm	500～1200
喷杆喷幅	m	2
工作压力	MPa	0.3～0.6
标定功率	kW	3.05
喷头数量	个	5
摆动喷杆摆动范围	°	0～180

第三节　关 键 技 术

针对玉米大豆带状复合种植特殊的植保需求，研究人员设计出了相配套的双系统分带喷杆喷雾机。通过双喷雾系统、防飘移分带隔板及防护罩、可调节喷杆结构、防飘移喷头优化组合，以及轮距调节机构等关键核心技术，双系统分带喷杆喷雾机能够适应玉米大豆带状复合种植从苗期除草到中后期病虫害防治的不同要求，实现了玉米和大豆分带同步高效施药。

一、双喷雾系统

玉米大豆喷施农药种类不同，故设计出了相互独立的双喷雾系统（图 11-11），该系统包括玉米药箱、大豆药箱、双隔膜泵、药液管路、多路控制阀，以及防飘移喷头等。喷雾过程中，大豆农药经隔膜泵加压后，进入大豆管路系统，通过多路控制阀，经目标喷头雾化后沉积于靶标叶面。玉米喷雾系统与大豆喷雾系统工作原理相同。

玉米药箱和大豆药箱对称安装于喷杆喷雾机车身两侧，空间分布更加紧凑，轴距有效缩短，机具的通过性显著提高。药箱内部有射流混药器保证药液充分混合均匀。两个药箱的农药可以相同，即喷雾机可喷洒同一农药，提高了分带喷杆喷雾机的兼用性。

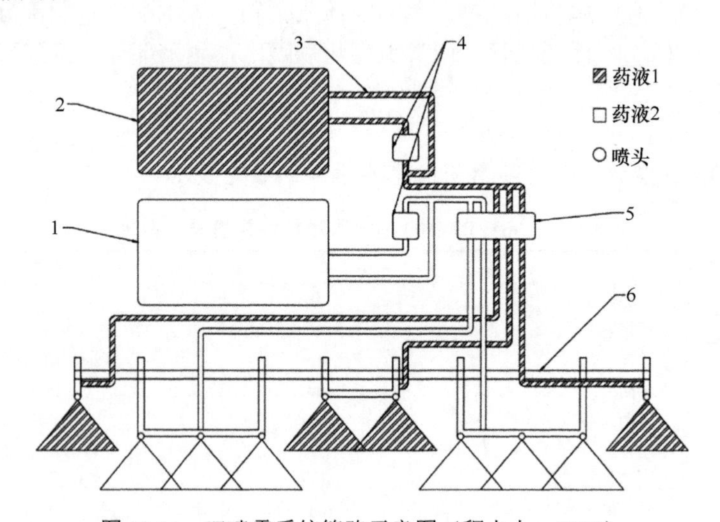

图 11-11　双喷雾系统管路示意图（程上上，2022）

1. 大豆药箱；2. 玉米药箱；3. 药液管路；4. 双隔膜泵；5. 多路控制阀；6. 喷杆

二、防飘移分带隔板及防护罩

玉米大豆带状复合种植模式下农药跨带飘移会造成药害，因此须进行有效的隔挡以防止不同农药相互干涉。研究人员通过试验对比不同的隔挡方法，结果证明选用具有一定韧性的物理隔板，能够有效抑制雾滴飘移，同时避免对作物造成损伤，尺寸以 1.3m×0.6m 为宜。最终设计出的折叠的防干涉分带隔板可以被收起，便于运输转场等（李赫等，2021）。

三、可调节喷杆结构

玉米大豆生长中后期的株高差距较大，大豆生长至 80cm 左右时玉米已达 2m，传统的喷杆喷雾机和植保无人机难以完成复合种植模式喷雾作业。为此，研究人员设计了可适应玉米大豆不同株高的喷杆结构，实现了玉米大豆从苗期到中后期生长全过程的机械化植保作业。

株高适应喷杆有“一”字形喷杆（图 11-12）和倒“几”字形喷杆（图 11-13）两种作业形态。“一”字形喷杆形态适用于玉米大豆苗期喷雾作业；倒“几”字形喷杆形态适用于中后期植保喷雾作业，可从玉米的上方及侧面进行全方位喷雾，增大对玉米冠层的喷雾穿透性，实现更好的喷雾效果，转场时可将喷杆折叠收回，方便运输。

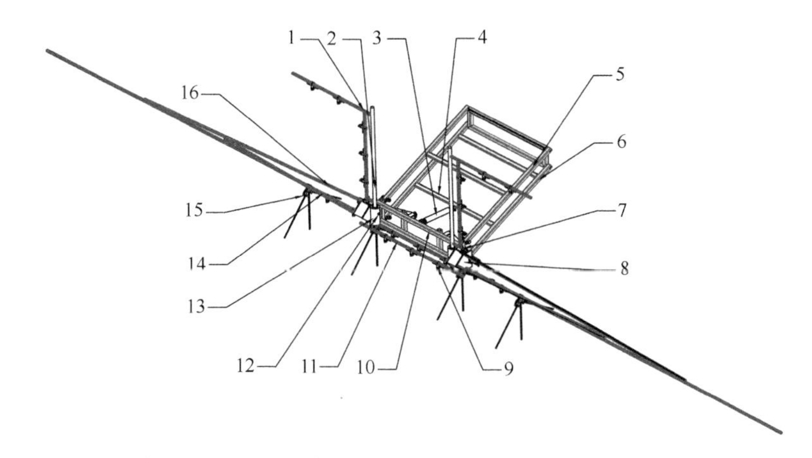

图 11-12　“一”字形喷杆结构示意图（李赫等，2021）

1. “L”形竖直喷杆；2. 竖直连杆；3. 升降液压；4. 上后销轴；5. 上摆杆；6. 升降架；7. 下摆杆；8. 加强肋板；9. 三体喷头；10. 平行四边形升降调节机构；11. 悬臂摆动调节机构；12. 竖直连杆锁紧螺栓；13. 竖滑套；14. 侧喷杆；15. 防干涉分带隔板；16. 肋杆

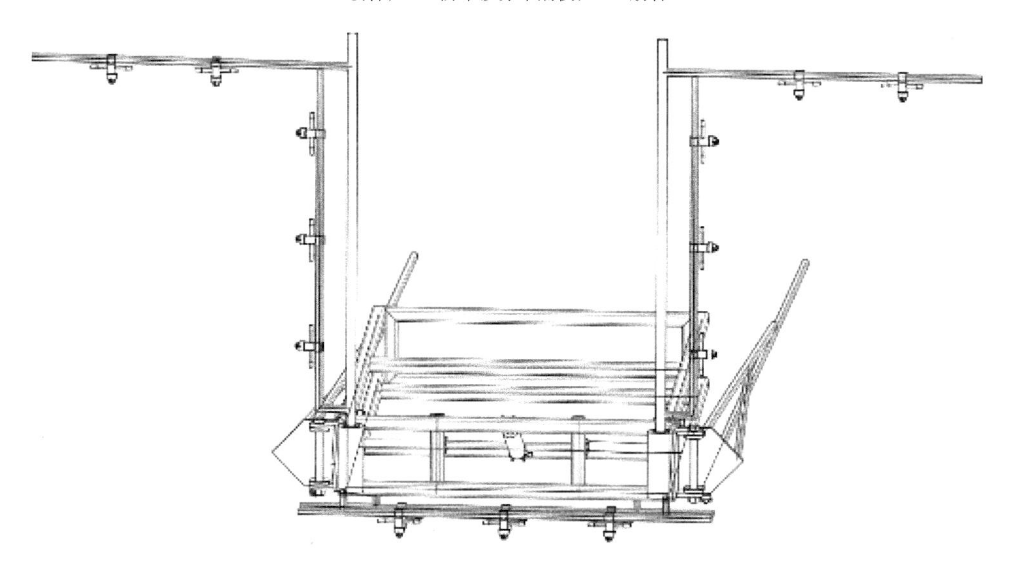

图 11-13　倒“几”字形喷杆结构示意图（李赫等，2021）

四、防飘移喷头优化组合

玉米大豆带状复合种植模式下，玉米大豆行比多为2∶（3～6），在植保作业过程中，玉米大豆施药量存在较大差异。

苗期除草除了对喷雾有均匀性的要求，还要求喷头有较高的防飘移性能，以减少不同药物间的相互干涉。同时，为了便于适应不同的套作模式，保证除草剂的施用效果，喷头的位置须能够进行自由调节。对此，新的喷杆设计采用灵活的可调节结构，喷杆的高度、喷幅、喷头的数量及间距，都可以根据作业的实际条件自由调节。喷头的正常工作压力为0.2～0.5MPa，喷嘴选用3～5号防飘移扇形喷头，具体型号选用取决于作业顷喷量要求（刘长江等，2002）。相比于普通扇形喷嘴，防飘移喷嘴通过气孔将空气吸入雾滴中形成气泡，增大雾滴体积，在保证均匀性的基础上有效地提升了药液的防飘移性能（刘惠君和刘维屏，2001）。

为了减少玉米大豆间不同药物之间的干涉现象，首先对喷头进行选型与调整，每组喷头最边缘的喷头采用 80°偏心喷头，缩小外向喷幅，可以在保证每组喷头均匀性的前提下，减少组与组之间的相互干涉。同时，在每组喷头之间添加可折叠的喷雾隔离装置，这样就基本可以完全限制玉米大豆区域内的雾滴飘移。

经过多次的试验与探索，得到了一套喷雾均匀性优良且干涉最小的喷头组合排布方案，该方案包含 4 个 80°偏心喷头与 1 个 110°标准扇形喷头；其中以 110°标准扇形喷头为中心向两侧对称排布；其单幅组合方案如图 11-14 所示，并以此循环交替排布。

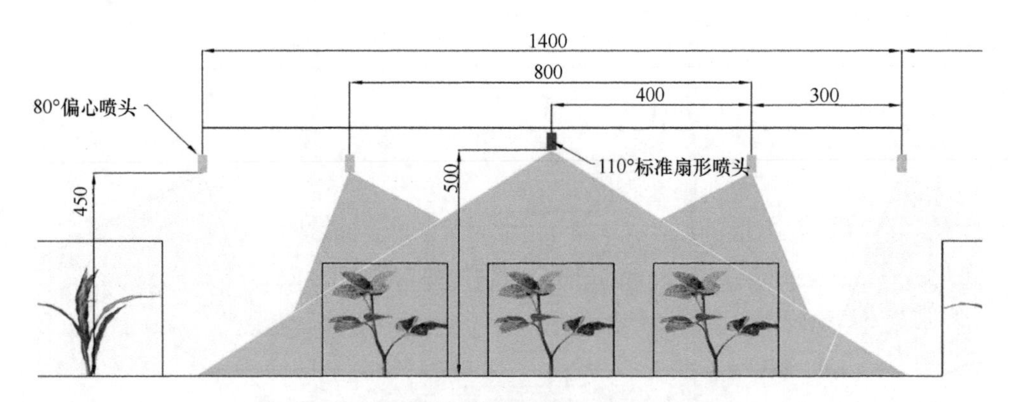

图 11-14　单幅组合方案示意图（程上上，2022）

图中数据的单位为mm；横向数字为喷头间的安装距离；纵向数字为喷头的离地高度

五、轮距调节机构

为适应不同的大豆带宽，减少压苗伤苗，研究人员设计了轮距可变的自走式高地隙底盘（图 11-15）。轮距调节功能由液压驱动，在发动机启动状态下，通过拨动液压控制可分别调整前后轮的轮距。

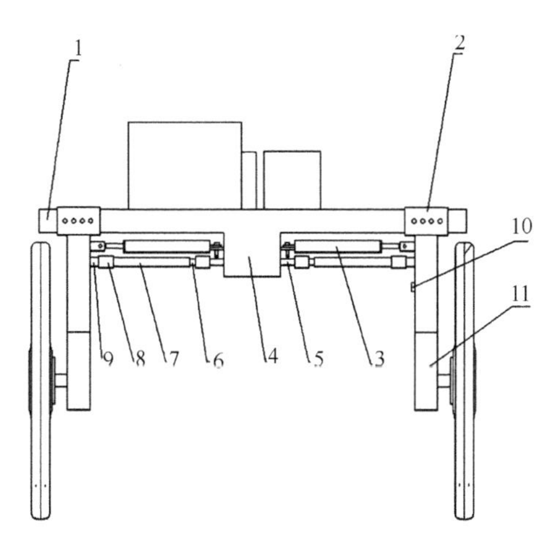

图 11-15　高地隙底盘结构示意图（李赫等，2019）

1. 横梁架；2. 调节滑套；3. 平推液压缸；4. 差速器箱体；5. 差速器输出半轴；6. 主动轴；7. 从动轴；8. 双链轮；9. 输出轴；10. 距离传感器；11. 控制器

两个平推液压缸安装在车底盘的横梁架上，平推液压缸的活塞杆分别与驱动桥车轮传动箱体的内侧连接，传动箱体上端与调节滑套连接；传动箱体的内侧安装有距离传感器，可为调整轮距反馈实时信息；平推液压缸下端水平设置有传动轴组件，传动轴组件包括主动轴、从动轴、输出轴和双链轮，主动轴通过双链轮与差速器输出半轴连接，从动轴通过双链轮与输出轴连接。滑块式调节机构结构简单，操作方便，左右轮距可根据需要被设计成同步调节，也可根据需要被设计成左右不同步调节，从而能够同时或分别调整左右两轮的轮距；通过液压缸推动，实现了轮距的连续性调节；其传动轴采用双链轮连接，便于传动轴的安装及后期维修的拆卸。可根据作业需要通过距离传感器、控制器等自动控制机构实现轮距的自动调整，而且在轮距调整过程中可进行实时监测（傅佩琛，1998）。

第四节　作 业 效 果

植保机械的大型化、机械化是现代农业发展的必由之路（卜元卿等，2014），分带喷杆喷雾机可有效提高玉米大豆带状复合种植的杂草防治效率。沿杆方向喷雾均匀性和雾滴飘移量是自走式喷杆喷雾机喷雾质量的重要考核指标，研究人员通过对分带喷杆喷雾性能作业测试，确定该喷雾机最佳适用参数。

一、喷头压力及流量测试

施药过程是一个复杂的过程，雾滴向靶标运动过程中，受施药机械、农药剂型、施药技术和环境条件等影响，其中涉及植保机械与施药技术的影响因素有很多，如药箱中的药液是否混合均匀、施药压力、施药流量和施药过程的喷雾均匀性等（Li et al.，2021）。单个喷头流量变化是影响喷雾均匀性的关键因素，安装到喷杆的喷头，由于药液流动过程受整个管路的摩擦力及液体流动产生的自身阻力的影响，会产生喷头堵塞情况，以及药液到达喷头处时会出现流量损失、压力降低等现象，导致每个喷头处的压力不一致，流量差异较大（Nagasakn et al.，2004）。在确保每个喷头的流量差异性控制在合格范围内的前提下，只有及时调控单个喷头的流量，将多个喷头整齐地安装到喷杆上，才能在沿喷杆方向进行整体流量一致性精准调控，因此研究每一个喷头喷出的雾滴对研究喷杆喷雾的均匀性有十分重要的意义。按照《喷杆喷雾机 试验方法》（GB/T 24677.2—2009）、《喷杆喷雾机技术条件》（GB/T 24677.1—2009）测试每个喷头的流量、压力，调整喷雾机使之达到流量一致，误差在 15%以内。喷头流量测试采用比利时高精度喷头流量测试仪 AAMS-SALVARANI BVBV，对安装在喷雾机上所有类型喷头的流量进行测定（图 11-16）。该 AAMS 喷头流量测试仪的精度为 1%，测量范围为 0.4～5L/min，最多可将 100 个喷头的 10 组数据保存至监测器内存中，并传送至计算机中。

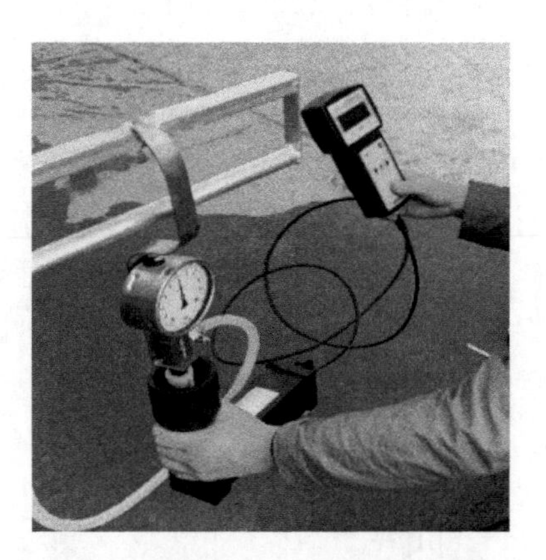

图 11-16　流量测试图（尚增强，2021）

首先依据喷杆喷雾机前进方向，由左至右对机械喷头编号。对流量测试仪进行校准，然后将锥形适配器放置到喷头下方，对所有喷头流出的液体进行收集。

待测试数据稳定后点击确认键，依次测试所有喷头，每个喷头重复三次，取平均数作为该喷头的最终数据；每次测试结束后分析数据并进行喷杆喷雾机调整，直至喷头流量符合标准要求。

喷头压力测试采用符合欧盟 EN13790 喷雾检测标准的进口 AAMS 喷头压力检测仪（图 11-17），该检测仪的喷头安装位置或喷头体上的喷头处有精确的压力数值。喷头压力检测仪配有一个直径为 100mm、精度为 1.0 的压力表。首先在压力表下方安装同型号喷头，再将喷帽连接器安装到喷头处，流量稳定后读取压力值。由测试结果可知，单个喷头的变异性已经满足流量变化在 15%以内（表 11-4）。

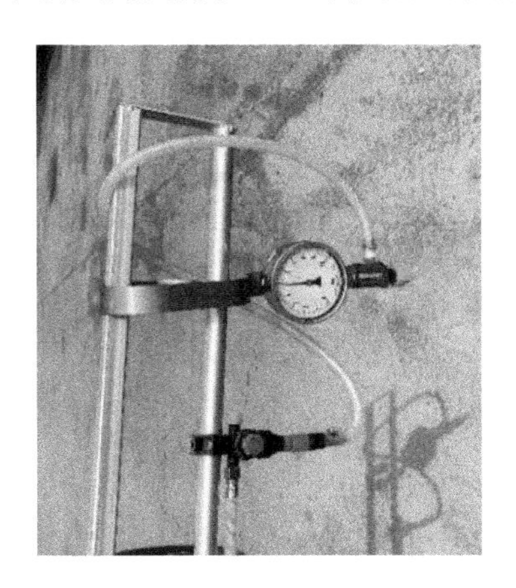

图 11-17　喷头压力测试（尚增强，2021）

表 11-4　喷头流量每组测试结果对比

类别	分组			
	1	2	3	4
喷头喷雾量平均值（L/min）	1.256	1.242	1.302	1.306
总喷雾量（L/min）	25.110	24.840	26.040	26.120
标准差	0.103	0.072	0.076	0.024
变异系数（%）	8.2	5.8	5.9	1.8
喷头压力平均值（bar）	3.240	3.120	3.240	3.555
标准差	0.578	0.263	0.300	0.051
变异系数（%）	17.8	8.4	9.3	1.4

注：1bar=10^5Pa

二、沿喷杆方向喷雾均匀性测试

在不同压力、不同喷雾高度下，测试喷杆喷雾机喷出药液的沉积变异系数，即分布均匀性，找出随压力变化喷雾分布均匀性的规律。采用变异系数（coefficient of variation，CV）来判定喷雾的均匀性，CV 值越小，喷雾均匀性越好。国际上 CV 值一般小于等于 10%，德国等部分国家要求小于等于 7%，我国要求不能超过 15%，如果超过 15%将无法满足防治需求，严重时出现药害等现象。

本测试采用比利时进口 AAMS-SALVARANI 水平雾滴分布扫描仪（图 11-18）。水平雾滴分布扫描仪是一种用于检查雾滴分布情况的电子测量装置。水平雾滴分布扫描仪的工作原理符合国际大田喷雾机法定喷雾测试规范（EN13790、EN12761 等）。测量装置由 9 个导轨（每个长 3.2m）和扫描仪装置组成。本装置借助电机转矩，可横向移动导轨，使其自动停止在喷杆下方 800mm 的地方，从而测量喷杆下雾滴的整体分布。喷雾液体首先收集在水槽中，然后导入量筒中。量筒中上下触头之间的测量时间可实现对流量的准确测量。雾滴分布测量值存储在水平雾滴分布扫描仪的内存卡中，通过启动无线连接可同步输送到计算机中。计算机软件可将测量数据很容易地转换成图形、图表和表格等。水平雾滴分布扫描仪可自动地在喷杆下方移动，最大工作宽度达 99.9m。

图 11-18　水平雾滴分布扫描仪（Li et al.，2021）

测量过程中，收集雾滴到水槽中，然后导入量筒（图 11-19）。每个量筒都配有一个电极塑料管，用于检测供水情况。量筒中的水变多时，会对下电极产生一定的作用，从而启动时间测量。当水位达到相关量筒中的上电极位置时，时间测量停止。最后电极检测到量筒充满后，导管会打开，排出水，AAMS- SALVARANI 水平雾滴分布扫描仪会移动到下一个测量位置。

每个测量点测量出的灌装时间将会存储到内存卡中。在导轨上，每隔 800mm 安装有一个有金属触头的横梁位置，传感器可检测出这个金属触头，然后对测量位置进行精确定位。在这个过程中，因喷杆之间无间隙，故可实现对整个喷杆的测量。传动装置安装在 1 个驱动轮和 4 个支轮上，可使导轨上的扫描仪沿直线运动。

图 11-19　液位传感量筒（Li et al.，2021）

喷头型号为 ST110-03。试验分别测试了喷头距离扫描仪 30cm、50cm、60cm 高度处，压力为 1.5bar、3bar、5bar 时的 CV 值，每个处理重复 3 次，并计算不同高度、不同压力下喷杆喷雾机喷雾均匀性的变异系数。结果显示，喷头距离扫描仪 30cm 高度、压力 1.5bar 时，其变异系数较大，其他位置测试相差不大，并且随高度增加，喷雾均匀性趋于稳定。此外，经测试喷雾高度比喷雾压力的影响要大，自走式喷杆喷雾机田间作业时作业高度在 50～60cm。

三、雾滴沉积特性测定

农药雾滴沉积分布均匀性是指沿作物生长高度上不同层次雾滴沉积的分布均匀性。在农药喷洒作业中，大部分农药雾滴往往被喷洒和沉积在作物的冠顶层部分，而分布在作物的中下层和内部的雾滴相对很少，无法对存在于作物中下层和内部病虫害进行有效的控制，从而使农药喷雾的利用率下降。

分带自走式喷杆喷雾机在田间试验进行之前布置水敏试纸（图 11-20），测试玉米用药对大豆作物的影响。分带喷杆喷雾机分别以 4km/h、5km/h、6km/h、7km/h、8km/h 的速度喷洒蒸馏水模拟喷雾作业，在喷杆喷雾机行驶的垂直方向间隔 30cm 均匀布置 4 行水敏试纸于 5 行大豆中，距离分带喷雾机前方 20m、25m、30m 处分别再设置 3 组重复，喷雾结束将水敏试纸编号收集，最后用 DepositScan 软件测定雾滴沉积覆盖密度和沉积覆盖率。

经过多次田间试验，测得数据如表 11-5 所示。在东北风向，风速为 1.9m/s 的环境条件下，分带喷杆喷雾机随着行进速度加大，雾滴跨带飘移增多。当分带喷杆喷雾机前进速度达到 8km/h 时，大豆带杂草防治用药飘移至玉米带明显，对玉米造成药害。因此，该种植模式除草作业速度不宜超过 7km/h。

图 11-20 田间雾滴飘移特性测试现场（程上上，2022）

表 11-5 跨带雾滴沉积性能参数

指标	速度				
	4km/h	5km/h	6km/h	7km/h	8km/h
雾滴沉积覆盖密度（个/cm^2）	1.56	8.56	15.39	21.56	43.52
雾滴沉积覆盖率（%）	0.09	0.21	0.37	0.62	1.05

参 考 文 献

卜元卿, 孔源, 智勇, 等. 2014. 化学农药对环境的污染及其防控对策建议[J]. 中国农业科技导报, 16(2): 19-25.

陈达. 2011. 柔性桁架式喷杆系统设计及动态仿真研究[D]. 北京: 中国农业机械化科学研究院.

陈书法, 张石平, 孙星钊, 等. 2012. 水田高地隙自走式变量撒肥机设计与试验[J]. 农业工程学报, 28(11): 16-21.

程上上. 2022. 大豆玉米带状复合种植分带喷杆喷雾机设计及试验研究[D]. 郑州: 河南农业大学.

戴奋奋. 2004. 简论我国施药技术的发展趋势[J]. 植物保护, 30(4): 5-8.

戴忠兴. 2012. 乘座式高速插秧机的保养要点[J]. 农业装备技术, 38(5): 36.

傅佩琛. 1998. 自动控制原理[M]. 哈尔滨: 哈尔滨工业大学出版社.

何雄奎, 曾爱军, 刘亚佳, 等. 2005. 水田风送低量喷杆喷雾机设计及其参数研究[J]. 农业工程学报, 21(9): 76-79.

何雄奎, 曾爱军, 刘亚佳, 等. 2019. 农药使用装备与施药技术[M]. 北京: 化学工业出版社.

李范哲, 崔永汉, 金东春. 1996. 小型拖拉机在水田作业时的通过性能[J]. 农业机械学报, 27(1): 112-116.

李赫, 程上上, 张亚辉, 等. 2021. 一种玉米大豆带状复合种植全植保喷雾系统[P]: 中国, CN112514872A.

李赫, 张开飞, 张志, 等. 2019. 一种高地隙田间植保车轮距调整装置[P]: 中国, CN209096388U.

李赫, 张亚辉, 程上上, 等. 2020b. 一种分带式喷杆喷雾机[P]: 中国, CN112088855A.

李赫, 赵弋秋, 秦超斌, 等. 2020a. 折腰转向无人驾驶植保车控制系统设计与试验[J]. 农业机械学报, 51(S2): 544-553.
李龙龙, 何雄奎, 宋坚利, 等. 2017a. 果园仿形变量喷雾与常规风送喷雾性能对比试验[J]. 农业工程学报, 33(16): 56-63.
李龙龙, 何雄奎, 宋坚利, 等. 2017b. 基于变量喷雾的果园自动仿形喷雾机的设计与试验[J]. 农业工程学报, 33(1): 70-76.
林蔚红, 孙雪钢, 刘飞, 等. 2014. 我国农用航空植保发展现状和趋势[J]. 农业装备技术, 40(1): 6-11.
林玉锁, 龚瑞忠. 2000. 农药环境管理与污染控制[J]. 环境导报(3): 4-6.
刘长江, 门万杰, 刘彦军, 等. 2002. 农药对土壤的污染及污染土壤的生物修复[J]. 农业系统科学与综合研究, 18(4): 291-292, 297.
刘丰乐, 张晓辉, 马伟伟, 等. 2010. 国外大型植保机械及施药技术发展现状[J]. 农机化研究, 32(3): 246-248, 252.
刘惠君, 刘维屏. 2001. 农药污染土壤的生物修复技术[J]. 环境污染治理技术与设备, 2(2): 74-80.
吕建华, 安红周, 郭天松. 2006. 农药残留对我国食品安全的影响及相应对策[J]. 食品科技, 31(11): 16-20.
吕信河, 肖丽萍, 李涛斌, 等. 2016. 我国水稻植保机械存在的问题及相应对策[J]. 南方农机, 47(3): 47-49.
秦超彬. 2019. 自主行走式植保作业车结构设计及其控制系统研究[D]. 郑州: 河南农业大学.
尚增强. 2021. 小型电动自走式分带喷杆喷雾机的设计与试验研究[D]. 郑州: 河南农业大学.
施建军. 2016. 上海地区水稻高效植保机械化技术探析[J]. 农机科技推广(4): 32-34.
史岩, 傅泽田, 祁力钧, 等. 2004a. 垂直小目标雾滴分布试验[J]. 农业机械学报, 35(4): 47-50.
史岩, 祁力钧, 傅泽田, 等. 2004b. 压力式变量喷雾系统建模与仿真[J]. 农业工程学报, 20(5): 118-121.
孙肖瑜, 王静, 金永堂. 2009. 我国水环境农药污染现状及健康影响研究进展[J]. 环境与健康杂志, 26(7): 649-652.
汪懋华. 1999. “精细农业”发展与工程技术创新[J]. 农业工程学报, 15(1): 1-8.
王克林, 李文祥. 2000. 精确农业发展与农业生态工程创新[J]. 农业工程学报, 16(1): 5-8.
魏忠, 杨德秋, 李洋, 等. 2009. 国内外植保机械研究现状及问题[J]. 农业机械(17): 34-35.
张磊江. 2014. 自走式水田喷杆喷雾机的设计与性能分析[D]. 镇江: 江苏大学.
张玲, 戴奋奋. 2002. 我国植保机械及施药技术现状与发展趋势[J]. 中国农机化, 23(6): 34-35.
张明. 2010. 喷头性能试验台的研究[D]. 北京: 中国农业机械化科学研究院.
赵今凯. 2011. 我国植保机械的应用现状及发展建议[J]. 农业技术与装备(2): 32-33.
赵倩倩. 2015. 中国主要粮食作物农药使用现状及问题研究[D]. 北京: 北京理工大学.
郑加强. 2004. 农药精确使用原理与实施原则研究[J]. 科学技术与工程, 4(7): 566-570.
周海燕, 刘树民, 杨学军, 等. 2011. 大田蔬菜高地隙自走式喷杆喷雾机的研制[J]. 农机化研究, 33(6): 70-72.
Li H, Niu X X, Ding L, et al. 2021. Dynamic spreading characteristics of droplet impinging soybean leaves[J]. International Journal of Agricultural and Biological Engineering, 14(3): 32-45.
Nagasakn Y, Kanetani Y, Umedn N, et al. 2004. High-Precision Autonomous Operation Using an Unmanned Rice Transplanter[C]. Tsukuba: Rice is Life: Scientific Perspectives for the 21st Century the World Rice Research Conference.

Oerke E C. 2006. Crop losses to pests[J]. The Journal of Agricultural Science, 144(1): 31-43.
Qiu W, Watkins G A, Sobolik C J, et al. 1998. A feasibility study of direct injection for variable-rate herbicide application[J]. Transactions of the ASAE, 41(2): 291-299.
Sreekala G, Lei T. 1997. Automatic Control System for Variable Rate Application[C]. Minneapolis: 1997 ASAE Annual International Meeting.
Tian L. 2002. Development of a sensor-based precision herbicide application system[J]. Computers and Electronics in Agriculture, 36(2/3): 133-149.
Xing X L, Qi S H, Zhang Y, et al. 2010. Organochlorine pesticides (OCPs) in soils along the eastern slope of the Tibetan Plateau[J]. Pedosphere, 20(5): 607-615.

第十二章　收 获 机 具

第一节　机械化收获模式

在玉米大豆带状复合种植中，玉米、大豆成熟的顺序不同，其对应的机具收获模式也不一样。根据收获顺序，收获模式分为玉米先收、大豆先收和玉米大豆同时收三种。

1. 玉米先收模式

玉米先收模式适用于玉米先于大豆成熟的区域（主要为西南地区的带状套作区）。该模式采用窄型两行玉米联合收获机或高地隙跨行玉米联合收获机先收获玉米，然后等到大豆成熟后再采用生产常用的机型进行大豆收获（图 12-1）。

图 12-1　玉米先收模式示意图

2. 大豆先收模式

大豆先收模式适用于大豆先于玉米成熟的带状间作区域，采用窄型大豆联合收获机先将大豆收获，然后等玉米成熟后再采用生产常用的机型进行玉米收获（图 12-2）。

3. 玉米大豆同时收模式

玉米大豆同时收模式适用于玉米大豆成熟期一致的带状间作。同时收模式有两种形式：一是采用当地生产上常用的玉米和大豆机型，一前一后同时收获玉米和大豆（图 12-3 左）；二是对青贮玉米和青贮大豆利用青贮收获机同时对玉米大豆收获粉碎，供青贮用（图 12-3 右）。

图 12-2 大豆先收模式示意图

一前一后收获方式

玉米大豆同时青贮收获

图 12-3 玉米大豆同时收模式示意图

由于受玉米小株距高密植种植特性，以及带宽、间距的影响，玉米带与玉米带之间的有效作业空间最小缩至 1.6m，割台单位喂入量增大 2～3 倍，从而产生了收获机功耗较大、割台和脱粒装置容易堵塞、收获时损失率和破碎率较高等问题，常用的玉米收获机与大豆收获机无法很好地适应现有的玉米大豆带状复合种植收获作业，尤其当选用玉米先收或大豆先收模式时，因此需要针对玉米大豆的农艺要求研发特定的玉米收获机与大豆收获机。

第二节 玉米联合收获机的设计方案

一、农艺要求

玉米大豆带状复合种植的田间配置要求玉米收获机总宽度小于 1.6m，整机长度小于 6m，收获机 2 行割台行距 0.4～0.6m，玉米种植行距 0.40m 和穴距 0.08～0.12m。带状复合种植的密度使收获机喂入量成倍增加，并且复合种植收获机的摘穗、输送、剥皮作业效率均应大于常规的玉米收获机。此外，根据《玉米收获机械》（GB/T 21962—2020）标准的相关要求，收获机在标定的持续作业量下，在果穗籽粒含水率为 25%～35%，植株倒伏率低于 5%，果穗下垂率低于 15%，最低结穗高度大于 35cm 的条件下收获时，其作业指标应符合表 12-1 的规定。

表 12-1 主要性能指标

项目	玉米果穗收获机	玉米籽粒收获机
生产率（hm^2/h）	不低于标定生产率	
总损失率（%）	≤3.5	≤4
籽粒破碎率（%）	≤0.8	≤5
果穗含杂率（%）	≤1	—
籽粒含杂率（%）	—	≤2.5
苞叶剥净率（%）	≥85	—

二、设计思路

（一）4YZP-2D 型窄幅履带式玉米收获机总体设计方案

玉米大豆带状复合种植玉米机收存在行距匹配难、单位喂入量大、割台易堵塞、收获机剥皮效率低、果穗损伤率高等问题。为了满足玉米大豆带状复合种植模式下玉米机械化收获要求，团队设计了一种割台行距适用于 0.40～0.60m 的窄幅履带式玉米果穗联合收获机。该收获机割台宽度 1.60m，左右摘穗间隙相距 0.41m，整机长度小于 6m，整机质量低于 4t，主要由玉米割台、果穗升运器、剥皮装置、果穗箱、秸秆粉碎装置等组成（尚书旗，2002），如图 12-4 所示。

图 12-4 4YZP-2D 型窄幅履带式玉米收获机

1. 秸秆粉碎装置；2. 割台；3. 果穗升运器；4. 剥皮装置；5. 果穗箱

收获机采用履带式行走底盘，驱动力大，可实现原地转向，机身灵活性、田间通过性及稳定性好，可以保证窄割幅和高速作业条件下收获机不易侧翻。团队对收获机底盘进行设计优化，使底盘质量较常规底盘减轻 13%，进一步降低整机能耗。

设计采用单链拨禾装置、对行分禾喂入装置，并优化传动系统实现割台窄幅设计，以满足窄行距密植玉米收获要求，割台质量控制在 350kg 以内。通过提高拨禾链转速，解决大通量喂入时割台堵塞问题；引入振动减伤柔性摘穗技术，降低果穗损伤率；采用全橡胶剥皮辊和可调式压送机构提高果穗苞叶剥净率，并配备籽粒回收装置进一步降低玉米收获损失。

收获作业时，割台将玉米茎秆从底部切断并向后向下拨送，将玉米果穗摘下通过输送装置将果穗送入剥皮装置，最后将经过剥皮的玉米果穗直接送入果穗箱，玉米秸秆则被切碎还田（刘正，2014）。

（二）主要设计参数

4YZP-2D 型窄幅履带式玉米收获机整机设计参数如表 12-2 所示。

表 12-2　4YZP-2D 型窄幅履带式玉米收获机整机设计参数

性能指标	性能参数
型号	4YZP-2D
外形尺寸（长×宽×高）(mm)	5660×1600×2770
配套动力（kW）	48
整机质量（kg）	2990
工作行数（行）	2
适应行距（mm）	300～600
生产率（hm^2/h）	0.16～0.35
总损失率（%）	≤4
籽粒破碎率（%）	≤1
果穗含杂率（%）	≤1.5

（三）关键部件设计

1. 玉米割台

结合玉米大豆带状复合种植田间配置特点，运用轻量优化方法设计一种玉米摘穗割台，割台总宽 1.35m，可完成行距 0.30～0.60m 的玉米带收获作业。玉米摘穗割台结构如图 12-5 所示，主要由分禾器、拨禾链输送装置、摘穗装置、果穗输送装置，以及秸秆粉碎装置等部件组成。玉米收获过程中，玉米茎秆在分禾器和拨禾装置的作用下进入摘穗装置中，摘穗装置摘下玉米果穗，并将果穗向后输送。

由于玉米大豆带状复合种植玉米的行距窄、种植密度大，单位喂入量成倍增加，为了满足机械化收获玉米的要求，采用窄幅、防堵结构设计的两行玉米摘穗割台能够获得更好的作业质量。

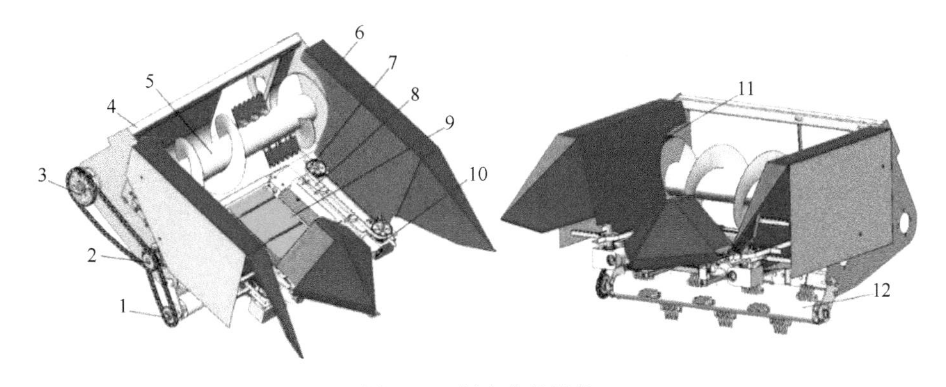

图 12-5　割台整体结构

1. 灭茬传动齿；2. 从动轴；3. 主动轴；4. 机架；5. 搅龙；6. 分禾器；7. 单链拨禾装置；8. 柔性刀板式摘穗装置；9. 果穗输送带；10. 拨禾链变速器；11. 搅龙传动装置；12. 秸秆粉碎装置

（1）摘穗装置的选择

1）辊式摘穗装置。辊式摘穗装置主要依靠成对的摘穗辊在旋转的同时挤压和下拉玉米茎秆，并通过对辊挤压玉米果穗根部实现摘穗。辊式摘穗装置的主要特点是在摘穗时茎秆的压缩程度较小，因而功率消耗较小，但存在啃穗问题，所以落粒损失较大，主要用在简式玉米收获机上（金诚谦，2011）。

2）摘穗板-拉茎刀辊组合式摘穗装置。摘穗板-拉茎刀辊组合式摘穗装置摘穗时通过一对旋转的拉茎刀辊夹持并下拉茎秆，果穗被一对摘穗板阻挡后强制摘下（杨立国和宫少俊，2015）。摘穗板-拉茎刀辊组合式摘穗装置主要特点是果穗与拉茎刀辊不接触，果穗损伤很小，但在收获青湿玉米时易出现茎秆上部被拉断的现象，拉断后的断茎秆在后续工作流程中比较难处理，会引起后续工作部件出现堵塞故障（王战胜，2014；关桂娟和赵辉，2009）。这种结构的摘穗装置比较适合用于收获籽粒含水率低的玉米。

3）摘穗板-拉茎刀辊组合式摘穗装置。摘穗板-拉茎刀辊组合式摘穗装置主要由拉茎刀辊和摘穗板组成，如图 12-6 所示。当玉米茎秆进入摘穗通道后，拉茎刀辊对玉米茎秆进行切割和向下拉拽，当果穗接触摘穗板时，由于果穗直径大于摘穗板间隙而被摘下（陈志，2015）。这种装置的主要特点是果穗损伤小，能进行玉米茎秆的粉碎，且结构简单、安装紧凑，但这种装置只能将秸秆切碎还田，不能回收。

根据对上述摘穗装置的分析和比较，再结合窄幅果穗收获机要求整体尺寸小的特点，摘穗板-拉茎刀辊组合式摘穗装置被选择作为此割台的摘穗装置（李光乐等，2011）。这样既能满足窄幅果穗收获机尺寸小、功能齐全的要求，又能满足摘穗果穗损伤小、动力消耗低的要求。

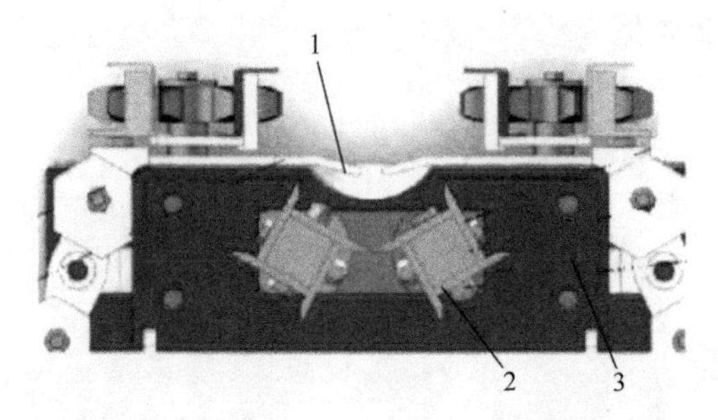

图 12-6　摘穗板-拉茎刀辊组合式摘穗装置

1. 摘穗板；2. 拉茎刀辊；3. 机架

（2）秸秆粉碎装置的选择

玉米秸秆还田装置的作用是将茎秆切碎抛撒在田间，分为立轴式和卧式两种；其中，卧式秸秆还田装置按照结构来分，主要分为滚筒式、盘刀式等。

小直径高速滚筒式秸秆粉碎装置因其既符合小型玉米收获机整体结构较小的特点，又能满足结构简单、安装紧凑、质量小、动力消耗小的要求而被选择作为此收获机的粉碎装置。该粉碎装置直径为 130mm，结构如图 12-7 所示。

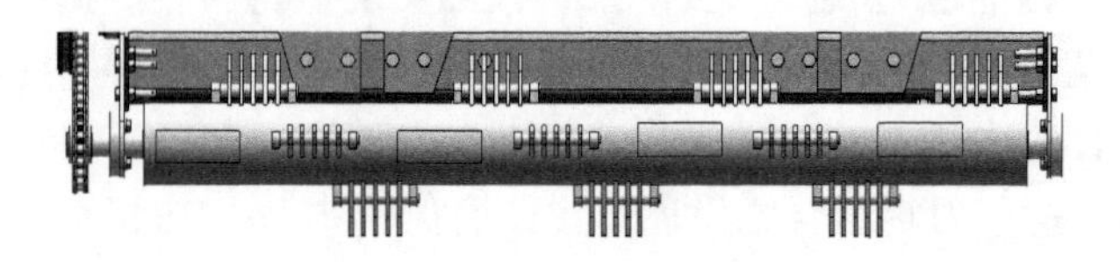

图 12-7　秸秆粉碎装置

2. 果穗剥皮装置

为了使果穗与剥皮辊紧密接触，防止果穗跳动，剥皮辊的上方安装有可调节下压角度的压送器。剥皮辊的下方安装有铲草板，用于防止茎叶缠绕在剥皮辊上造成堵塞。剥皮辊装置的安装要求前高后低，有利于果穗流动。作业时，压送器将果穗、断茎和碎叶等压向剥皮辊并向下滑动，果穗苞叶和茎叶混合物在几对相向旋转的皮辊作用下，从剥皮辊的间隙中排向地面，果穗则滑进果穗箱。

（1）剥皮辊配置方式的选择

平辊式配置的剥皮辊组结构简单、成本低、工作效率较高，如图 12-8 所示。该装置田间作业时造成的籽粒损失率及破碎率较低，不易“啃伤”果穗及籽粒，但对含水率较高的玉米果穗剥净率不高。“V”形配置剥皮辊的剥皮装置，结构较复杂，如图 12-9 所示。“V”形排列的只有一条沟槽，所以两个上辊之间的距离并不大，要求果穗严格按一定的方向送入，在无次序地把果穗送向该机构时，果穗将向剥皮辊组的一侧方向偏移流动，造成一边剥皮辊超载，另一边剥皮辊负载不满，使得剥皮装置的效率降低很多，而且剥皮效果差，剥净率不高。槽形配置的剥皮辊组有两条沟槽，如图 12-10 所示。槽形配置消除了“V”形剥皮辊组出现的一边超载、一边负载不满的现象，使果穗在辊上相对转动并置于剥皮装置的沟槽里，有利于提高剥皮效果和剥皮效率。槽形配置剥皮辊的剥皮装置，在作业过程中可以获得较高的剥净率（张喜瑞等，2007；闫洪余等，2008）。

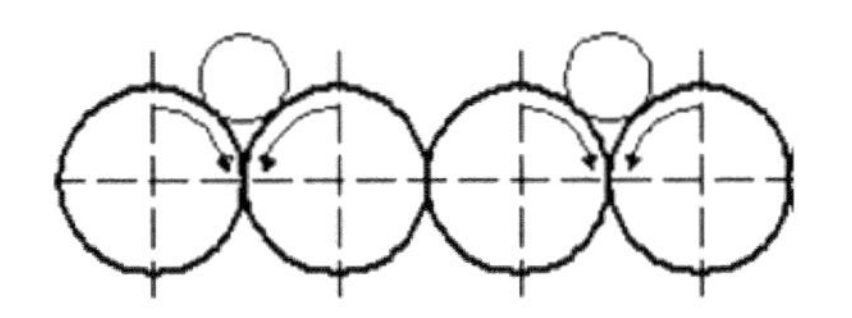

图 12-8　平辊式配置

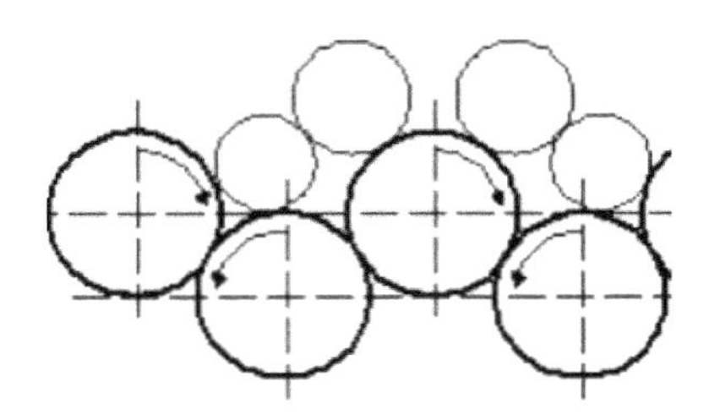

图 12-9　“V”形配置

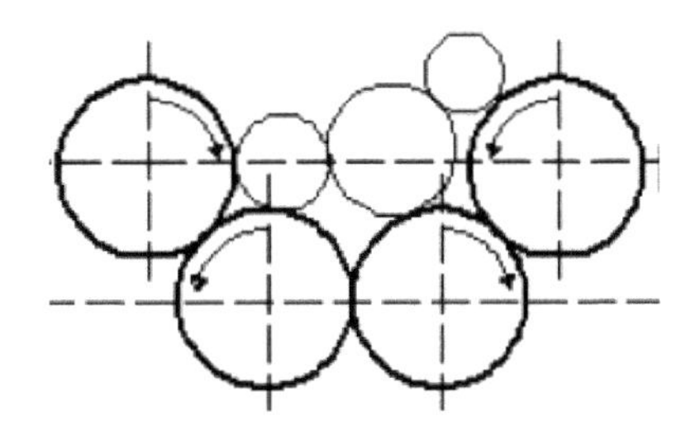

图 12-10　槽形配置

研究人员根据对上述剥皮辊配置形式的分析和比较，选择槽形排列方式作为此剥皮辊的布置方式，以提高剥皮效果和剥皮效率。

（2）剥皮辊材料与表面结构

常用的玉米剥皮辊材料有铸铁和橡胶两种。橡胶辊一般用于制作套环安装在钢辊表面，以减小果穗损伤。玉米剥皮辊主要有四种结构，如图 12-11 所示。

1）图 12-11A 所示为螺旋辊，其材料为 HT200，辊面凸起呈螺旋状。该种剥皮辊具有造价低、制造方便、耐磨性好、使用寿命长等特点，主要用于通用剥皮辊。

2）图 12-11B 所示为橡胶辊，橡胶辊由若干个带凸起的橡胶套环安装在钢制芯轴上组合而成。橡胶套环表面凹凸不平，凹槽为 2～3mm，通过凸起结构增大剥皮辊与果穗的摩擦力，提高剥皮效率。

3）图 12-11C 所示为螺旋段与橡胶段交替布置的剥皮辊，其中螺旋段由铸钢材料制成，橡胶段由耐磨橡胶制成，两种轴套交替排列在钢制芯轴上。此种剥皮辊既有螺旋辊的耐磨性，也具有橡胶辊摩擦力大的特点。

4）图 12-11D 所示为前端凸棱、后端螺旋段与橡胶段交替布置的剥皮辊。该种剥皮辊能有效排除混杂在果穗中的断茎残叶，防止剥皮装置堵塞。

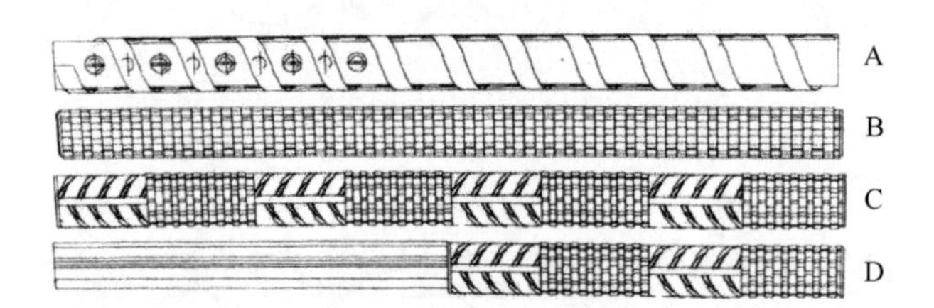

图 12-11　剥皮辊主要结构形式

玉米果穗收获时籽粒含水率在 30%左右，因此选择全橡胶辊作为剥皮辊的主要结构，配合 7 对星轮压送器实现果穗的低损伤、高剥净率。

三、关键技术

（一）窄幅防堵低损伤摘穗割台关键技术

1. 窄幅防堵技术

（1）高转速单链拨禾装置

针对现有双拨禾链结构复杂，整机幅宽较宽，在高转速拨禾作业状态下果穗损伤大、秸秆断茎率高等问题，团队设计分析传统刚性拨禾装置在高转速模式拨禾作业造成秸秆折断和果穗损伤原因并加以优化改进，设计了轻简拨禾结构，提高了拨禾效率。研究人员通过分析研究发现，拨禾指接触秸秆的瞬间冲量很大，导致秸秆往两侧折断造成割台堵塞，特别是不对行收获时情况尤为严重。在提高拨禾链工作转速的情况下，改变拨禾指材料和结构可以降低秸秆折断概率，提高拨禾效率。团队设计了一种单侧拨禾的柔性加长指拨禾链，有效减小割台横向尺寸，实现割台窄幅设计。

传统刚性拨禾指材料为碳钢，此种材料硬度大，直接接触果穗或秸秆易造成秸秆折断和果穗损伤，不利于摘穗作业。通过对不同柔性材料进行试验，结果发现，在拨禾指上加装一块尼龙板可以极大减小果穗损伤率与秸秆折断率。传统刚性拨禾链如图 12-12 所示，柔性加长指拨禾链如图 12-13 所示。

图 12-12　传统刚性拨禾链

图 12-13　柔性加长指拨禾链

此外，可采用橡胶材料制成的齿形拨禾链，因为它能在玉米果穗被摘下后降低拨禾链对果穗的冲击损伤。橡胶齿形拨禾链如图 12-14 所示。为了进一步降低果穗输送损伤，在割台中央设置一条柔性输送带，其结构如图 12-15 所示。

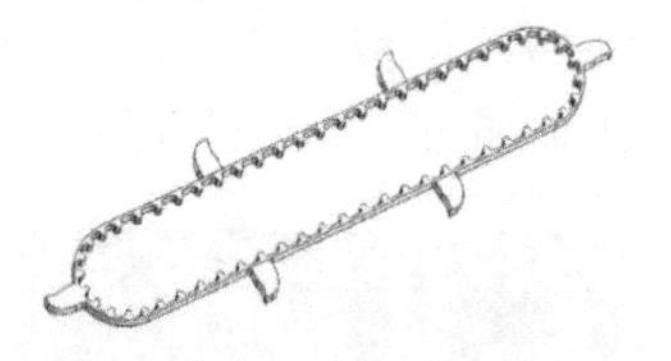

图 12-14　橡胶齿形拨禾链

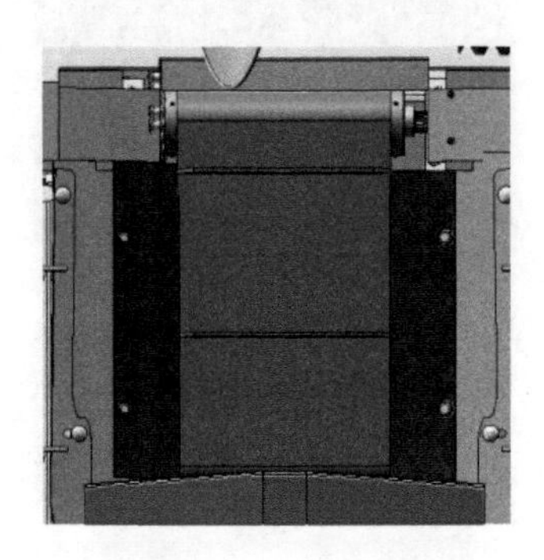

图 12-15　柔性输送带

通过提高拨禾链转速的方式避免割台大通量喂入堵塞现象的发生，团队设计的拨禾链转速比常规拨禾链转速快 30%以上，可达 250～350r/min。

（2）摘穗板间隙自适应调节机构

研发人员设计了一种根据秸秆直径自适应调节摘穗板间隙的调节机构，以解决果穗啃伤、秸秆断茎堵塞问题，如图 12-16 所示。摘穗板间隙自适应调节机构主要由固定摘穗板、可调摘穗板、导向装置、回位扭簧和缓冲弹簧组成。

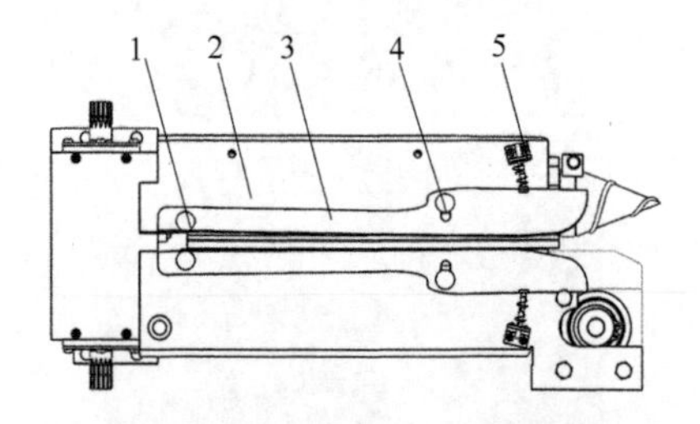

图 12-16　摘穗板间隙自适应调节结构示意图

1. 回位扭簧；2. 固定摘穗板；3. 可调摘穗板；4. 限位装置；5. 导向装置（含缓冲弹簧）

摘穗板间隙调节过程：①在收获过程中玉米茎秆对可调摘穗板产生挤压增大摘穗间隙，玉米茎秆的通过性得到提高；②由于玉米茎秆截面积从根部开始逐渐减小，在茎秆运动过程中主要由扭簧产生回复力使可调摘穗板能及时回弹；③限位和导向装置用于控制可调摘穗板的最大间隙，避免摘穗间隙过大时拉茎刀辊啃伤玉米果穗，降低割台堵塞概率。

玉米植株参数是设计摘穗间隙的重要依据，常见的玉米植株基本参数为：秸秆直径 18.58～28.97mm，平均值 25.70mm；茎秆根部直径 22～34.45mm，平均值 27.6mm。为使玉米茎秆通过性良好，同时保证玉米果穗大端不卡入摘穗板间被拉茎刀辊啃伤，预设摘穗板的入口间隙调节范围为 24～46mm，摘穗板间隙的调节范围为 15～40mm。

玉米茎秆进入摘穗板后的受力分析如图 12-17 所示，在玉米茎秆喂入至完成摘穗过程中，摘穗板主要受秸秆的挤压和摩擦，以及摘穗板上弹簧受秸秆挤压后产生的弹簧反力。

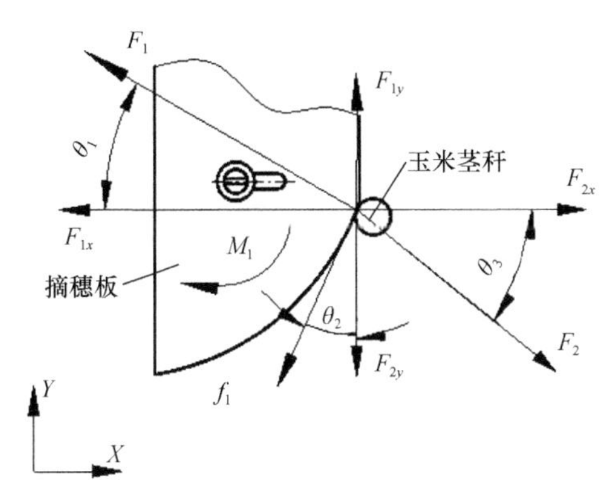

图 12-17　玉米茎秆与摘穗板的受力分析

x 轴、y 轴方向上的合力满足：

$$\begin{cases} \sum x = F_1 \cos\theta_1 + f_1 \sin\theta_2 + F_2 \cos\theta_3 \\ \sum y = F_1 \sin\theta_1 + f_1 \cos\theta_2 + F_2 \sin\theta_3 \end{cases} \tag{12-1}$$

式中，F_1 为茎秆压力；图 12-17 中，F_{1x}、F_{1y} 分别为 F_1 在 x、y 方向的分力；f_1 为茎秆与摘穗板产生的摩擦力；图 12-17 中，F_2 为弹簧反力；F_{2x}、F_{2y} 为 F_2 分别在 x、y 方向的分力；θ_1 为摘穗板切线与 y 轴夹角；θ_2 为弹簧转动角度；θ_3 为摘穗板法线与 x 轴夹角。

摘穗板受力满足方程：

$$\begin{cases} F_1 = \dfrac{M}{l_1} \\ F_2 = kx_2 \\ M = Nl_1 \sin\theta \\ J = \dfrac{1}{3} m l_1^{\ 2} \end{cases} \tag{12-2}$$

式中，M 为茎秆所受转矩，N·m；l_1 为茎秆碰撞摘穗板处距茎秆根部的距离，mm；

N 为拨禾齿对玉米茎秆的正压力；θ 为茎秆与地面夹角；k 为弹簧刚度，N/mm；x_2 为弹簧位移量，mm；J 为茎秆转动惯量，kg·m^2。

2. 低损伤摘穗技术

根据摘穗板间隙调节装置结构特点，设计悬臂式摘穗板结构。摘穗板采用3mm 薄钢板悬臂梁设计，并在摘穗板表面铺设一层 2mm 橡胶，橡胶缓冲和摘穗板小幅度振动可以吸收果穗碰撞产生的冲击，降低果穗损伤。果穗撞击摘穗板振动过程如图 12-18 所示。

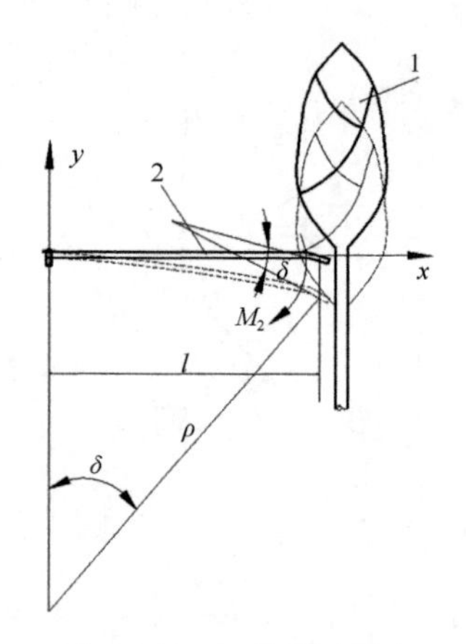

图 12-18　振动摘穗过程

1. 摘穗板；2. 果穗

l 为摘穗板长度，mm；ρ 为挠曲线曲率半径，mm；δ 为摘穗板顶端转角，°；M_2 为摘穗有效作用力产生的力矩，N·m；y 轴方向为摘穗有效作用力方向

（二）割台轻简优化关键技术

1. 传动系统优化

常规割台传动装置具有较为复杂的结构设计，本设计采用蜗轮蜗杆与拉茎刀辊一体设计，拨禾装置的传动如图 12-19 所示。

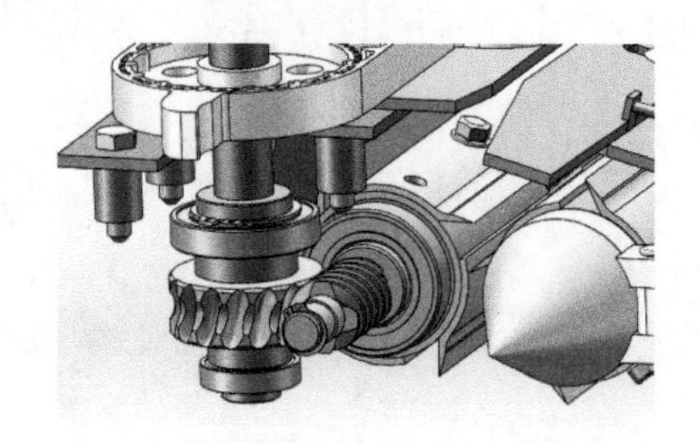

图 12-19　拨禾装置传动示意图

改进后的摘穗装置结构示意图如图 12-20 所示。作业时，齿轮箱输出动力带动拉茎刀辊和蜗杆转动，由蜗轮驱动拨禾装置主动轮并带动拨禾链绕从动轮高速转动。

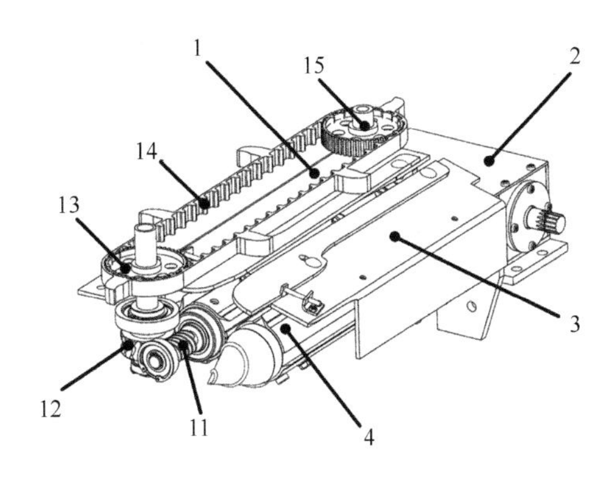

图 12-20 摘穗装置结构示意图

1. 单边拨禾装置（11. 蜗杆；12. 蜗轮；13. 主动轮；14. 拨禾链；15. 从动轮）；
2. 齿轮箱；3. 摘穗板；4. 拉茎刀辊

优化设计后的割台传动箱中仅有两对锥齿轮啮合传动，极大缩减了齿轮箱尺寸，将割台幅宽缩减 30cm，并比常规齿轮箱质量减轻 50%。轻简优化后的割台传动箱如图 12-21 所示。

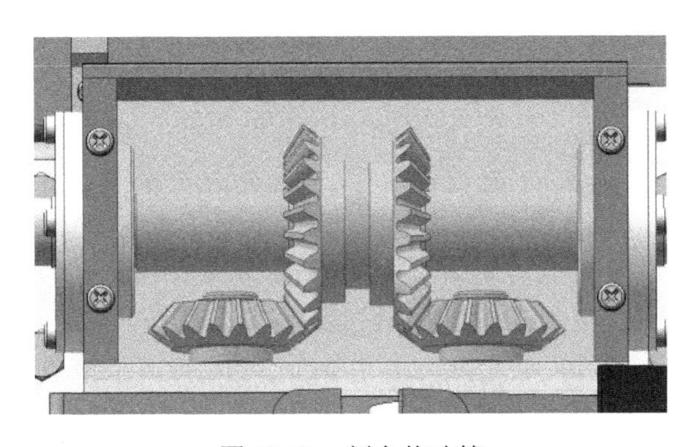

图 12-21 割台传动箱

2. 拉茎刀辊结构改进

常规拉茎刀辊结构如图 12-22 所示，由传动轴及辊轴轴套支撑拉茎刀辊的质量，拉茎刀辊体内用于传动和支撑的材料约占整个内部空间的一半及以上。研究人员对拉茎刀辊结构进行重新设计，改进后的拉茎刀辊体结构为空心结构（图 12-23），主要由导锥、拉茎刀辊体、球面连接机构和齿轮箱组成。改进后的摘穗装置质量减轻约 12kg。

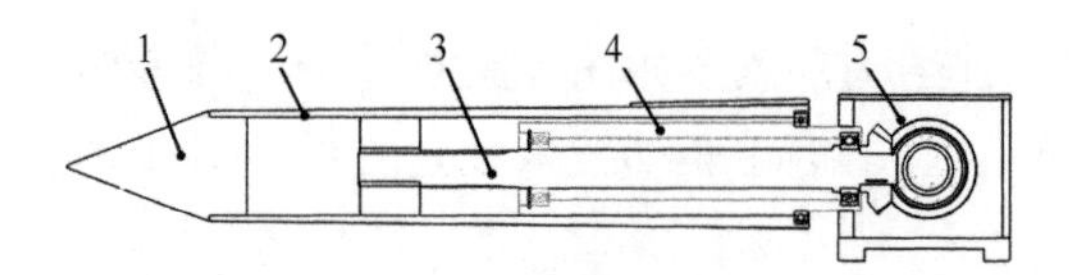

图 12-22　改进前的拉茎刀辊

1. 导锥；2. 拉茎刀辊体；3. 辊轴；4. 辊轴轴套；5. 齿轮箱

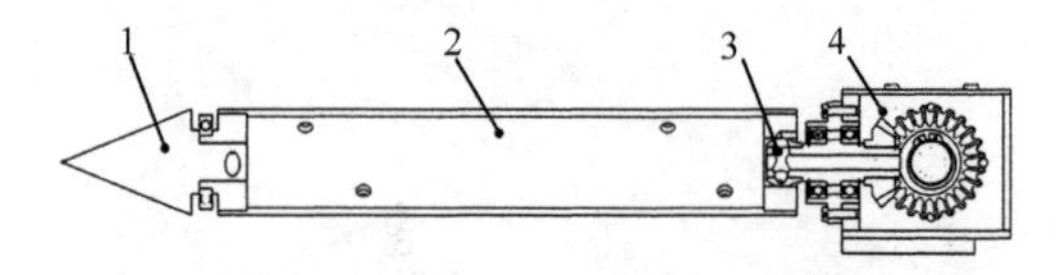

图 12-23　改进后的拉茎刀辊

1. 导锥；2. 拉茎刀辊体；3. 球面连接机构；4. 齿轮箱

（三）剥皮装置关键技术

1. 全胶辊的应用

为了解决常规剥皮机果穗剥皮损伤大、剥净率低的问题，团队采用全橡胶辊降低果穗损伤，并在常规橡胶辊的基础上，通过改变剥皮辊表面形状提高剥净率，凸起为三段不同高度的凸起交替排列而成。全胶辊外形结构如图 12-24 所示。

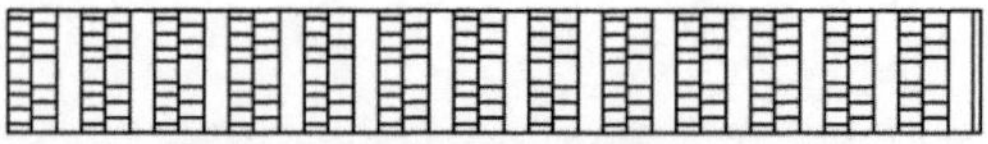

图 12-24　全胶辊外形结构

2. 压送器与剥皮辊间隙调节机构

星轮压送器与剥皮辊的上下间隙可根据果穗的直径大小进行调整，调节机构如图 12-25 所示。调节机构可实现 0°～60°有级精准调节，果穗较大时采用大挡，提高果穗通过性；反之，则采用小挡提高小穗径果穗剥净率。

图 12-25　间隙调节机构示意图

1. 调节座；2. 调节螺栓

3. 剥皮辊间距调节机构

剥皮辊间距是影响剥皮效率的关键因素之一。剥皮辊采用槽形排列，通过弹簧滑杆机构，实现辊间距自动调节，可满足不同大小的果穗剥皮要求，其结构如图 12-26 所示。

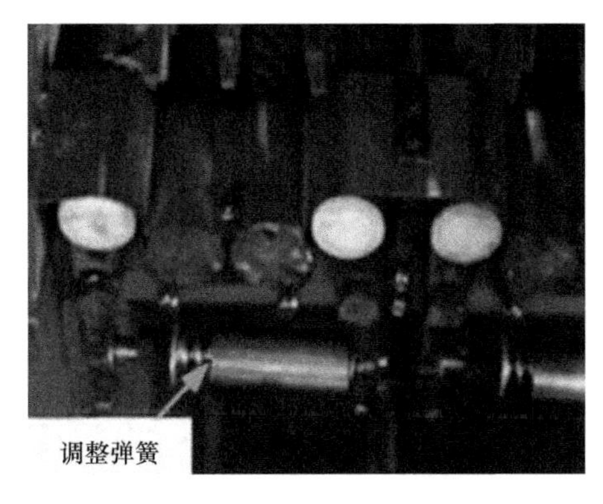

图 12-26　剥皮辊间距调节结构

四、作业效果与展望

（一）作业效果

4YZP-2D 型窄幅履带式玉米收获机总宽小于 1.6m，总长小于 6m，能在行距 0.30～0.60m、幅宽 1.5m 以内的间作套作模式下进行玉米收获作业（张黎骅等，2020）。依据《玉米收获机械 试验方法》（GB/T 21961—2008）（中国农业机械化科学研究院，2007），研究团队在四川农业大学玉米研究所多营农场对山东国丰机械有限公司与四川农业大学联合研制的 4YZP-2D 型窄幅履带式玉米收获机进行作业性能测试，考察收获效果，玉米品种为雅玉 988（图 12-27）。试验得到 4YZP-2D 型窄幅履带式玉米收获机平均籽粒损失率为 2.24%（≤3%）、平均果穗损失率为 3.37%（≤4%）、平均苞叶剥净率为 92.93%（≥85%），均符合国家标准。

（二）展望

1）向高通量、低损伤、低损失发展。随着我国玉米大豆带状复合种植面积与种植密度的不断增加，为了提高玉米收获机的收获效率和收获适应性，国内相关研究应致力于突破高通量、低损伤、低损失等玉米收获关键技术，从玉米摘穗、降低破碎率和含杂率的综合控制及加强智能化研发等方面入手，实现高效低损联合收获。

2）向节能环保方向发展。我国对于玉米收获机能源利用率方面的研究起步较晚，现阶段更多的技术研究仍局限于功能领域。玉米收获机应向着高效能方向发展。

随着节能环保理念的深入，以及结构的优化与功能的升级，玉米收获机械作业中的负载将会显著降低，并且通过提升其作业效率可降低能源消耗，减少污染排放。

图 12-27　4YZP-2D 型窄幅履带式玉米收获机实物图

3）自动化、智能化。未来研究将机电液一体化、人工智能、无人驾驶等现代高新技术应用到玉米收获机上，并通过检测设备大幅降低故障发生率，进一步提高玉米收获机的精准作业质量、工作性能、可靠性和使用寿命，实现玉米收获机的高效智能收获，减少能耗，节约能源。

4）轻简型收获机具。大型玉米收获机工作效率高，但质量大、重心高，在进行收获作业时机具转弯困难、通过性差，不适用于玉米大豆带状复合种植的收获。因此，发展适合玉米大豆带状复合种植的收获且操作灵活的轻简型玉米收获机具，对推动玉米大豆带状复合种植机械化发展有积极作用。

第三节　大豆联合收获机的设计方案

一、农艺要求

我国玉米大豆带状复合种植行比 2：（3～6）行，大豆行距为 30～40cm，大豆种植密度较大，株距基本保持为 7～8cm，且玉米带之间距离最小仅 1.6m，因此大豆先收模式要求大豆联合收获机总宽不超过 1.6m，其割幅应小于 1.4m，单位喂入量不低于 2kg/s。

同时作业地块的条件应符合机械化收割作业的农业技术要求，机械化收获应在大豆完熟期及时进行；作业时间应在大豆不倒伏、籽粒含水率为 13%～15%条件下。大豆收割时应达到总损失率小于或等于 3%，含杂率小于或等于 5%，破碎率小于或等于 5%。

二、设计思路

（一）GY4D-2 型履带式大豆联合收获机总体设计方案

针对收获大豆作业空间小、破碎率和损失率高等问题，团队与企业合作研制出了一台中小型履带式大豆联合收获机 GY4D-2（图 12-28）。该机融入了低位单动割刀、低速柔性拨禾、球柱组合钉齿式脱粒等技术，形成了窄幅履带式高效大豆联合收获机，实现玉米带之间机收大豆。田间试验结果表明，该机籽粒破碎率为 1.81%、含杂率为 2.02%、损失率为 0.52%，各项指标均优于国家相关标准。

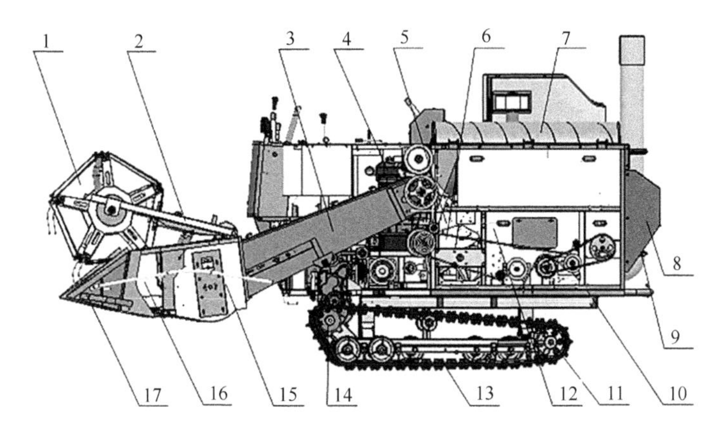

图 12-28　GY4D-2 型履带式大豆联合收获机示意图

1. 拨禾轮；2. 拨禾轮托架；3. 输送过桥装置；4. 发动机；5. 脱粒清选总成；6. 凹板；7. 搅龙；8. 秸秆收集总成；9. 秸秆切碎装置；10. 机架；11. 驱动轮；12. 涡流风扇；13. 履带行走装置；14. 转向轮；15. 挠性割台；16. 割台总成；17. 割刀

GY4D-2 型履带式大豆联合收获机主要由割台总成、输送过桥装置、脱粒装置，以及清选装置等部分组成。该收获机设计中采用了单动割刀低位割台，以及具有无级变速的六边形柔性拨禾轮；输送过桥装置采用链式刮板输送器；脱粒装置采用球柱组合钉齿式脱粒结构，并配置可拆卸的钢丝矩形筛；清选装置采用双风道高效清选装置；同时底盘采用静液压传动（hydrostatic transmission，HST）式全液压履带驱动，实现了整机布置重心低，稳定性好。

（二）主要设计参数

GY4D-2 型履带式大豆联合收获机整机设计参数如表 12-3 所示。

表 12-3 GY4D-2 型履带式大豆联合收获机主要参数

性能指标	性能参数
结构形式	全喂入履带式
割台幅度（mm）	1200
生产效率（hm^2/h）	0.25～0.4
配套动力（kW）	45
外形尺寸（长×宽×高）（mm）	4230×1520×2300
主机总质量（kg）	2100
变数挡数（个）	静液压无级变速
单位面积燃油消耗量（kg/hm^2）	35
整机使用质量（kg）	2100
工作行驶速度（km/h）	低速：0～2.7；中速：0～3.6；高速：0～5.2

（三）关键部件设计

1. 拨禾器

带状复合种植系统中大豆的种植密度较高，存在茎秆易倒伏、豆荚易破碎等问题，并且大豆植株枝繁叶茂，平均植株高度在 600～800mm。而拨禾器作为将大豆植株导向切割装置的直接动力源，目前广泛应用的拨禾器有拨禾轮和扶禾器。由于拨禾轮结构简单，适用于收获直立和倒伏不严重的作物，普遍应用在收获机上。因此 GY4D-2 型履带式大豆联合收获机采用的是以拨禾轮为基础的六边形偏心弹齿式拨禾轮，其结构如图 12-29 所示。

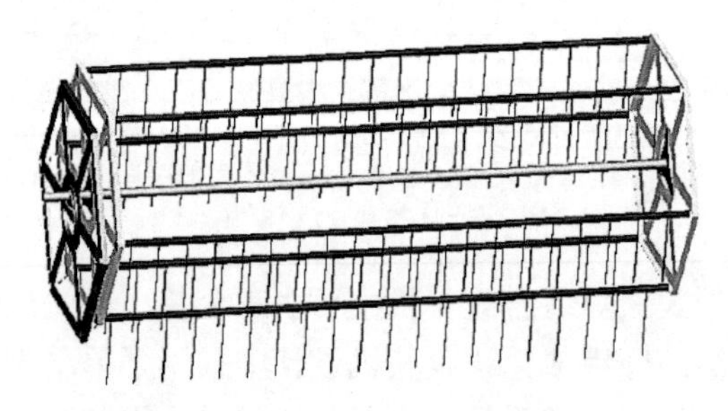

图 12-29 六边形偏心弹齿式拨禾轮

2. 切割装置

大豆豆荚易破碎，茎秆柔韧性大不易切断。而国内外收获机械的切割装置常采用的是往复式切割装置。往复式割刀一般包括往复式单动割刀和往复式双动割刀两种，其中双动割刀利用动刀片相对于护刃器上的定刀片做往复剪切运动，将禾株切断，但双动刀片的往复运动会产生一定的惯性力和冲击载荷，对切割器本身各部件和割台的寿命有一定的影响，须进行惯性力平衡。而往复式单动割刀结构简单，定刀间距小，不易发生堵刀，适用于密植作物的切割。因此 GY4D-2 型履带式大豆联合收获机采用往复式单动切割器优化后的低位单动割刀装置。

3. 输送装置

由于大豆在运输过程中容易炸荚，而输送过桥装置作为将收割台上的作物均匀连续地输送给脱粒装置的过渡部分，在大豆的运输中起到重要作用。目前全喂入联合收获机中有链耙式、带耙式和转轮式等中间输送装置。而链耙式输送器的传动装置为链轮，该种输送机构有着很好的强制喂入效果，对谷物厚度的变化适应性强，能有效避免堵塞。因此，GY4D-2 型履带式大豆联合收获机的输送装置采用链耙式输送装置。

4. 脱粒装置

带状复合种植中由于大豆种植密度大，单位距离脱粒量是原有净作大豆的 2～3 倍，因此大豆常出现脱粒不干净、脱粒装置堵塞等问题。而脱粒装置作为提高农作物生产效率的有效工具，在国内外有着许多不同型号的脱粒装置。脱粒机按脱粒齿形分类有纹杆式、钉齿式、弓齿式三种（吴多峰等，2006），其中钉齿式脱粒装置由于具有工作效率高，喂入时抓取能力好，且对豆粒伤害较小，破碎率低等优点广泛应用于收获机上。因此为提高大豆收获质量，减少收获损失，GY4D-2 型履带式大豆联合收获机的脱粒装置采用钉齿式复式脱粒装置。

5. 清选装置

随着带状复合种植大豆单位距离喂入量的增加，造成籽粒清选的功耗不断增大，含杂率增加，通过对完成脱粒后的大豆籽粒及所含杂质的物理特性进行比较分析，发现大豆籽粒的比重和体积密度较大，而所含豆皮等杂质的比重和体积密度较小，并且籽粒的悬浮速度相对于豆皮的悬浮速度要大得多。所以根据这些物理特性的差异，GY4D-2 型履带式大豆联合收获机采用气流和筛子配合来完成对大豆的清选，同时为了提升清选效率降低含杂率，研究人员将其改进为双风道高效清选装置。

三、关键技术

（一）轻简型窄行车架技术

带状复合种植中大豆作业空间有限，而现有大豆收获机的车架幅宽均大于 1.6m，无法适应大豆有效收获空间的缩小，若一味将车架幅宽缩小则底盘稳定性变差，且质量过大无法保障丘陵山区的作业性能。团队以大豆收获机车架为对象，建立有限元模型，通过样件模态试验验证仿真模型，对底盘车架施加不同工况动静载荷条件下的应力及杆件薄弱区进行分析，以车架杆件的厚度为设计变量，振动固有频率及许用应力为约束条件，以车架质量最小为目标函数，对车架进行轻量化优化设计。

带状复合种植大豆收获机不同于一般公路车辆，需要长期在田间地头，工作环境复杂，路面起伏波动剧烈，整体负重大（如行驶速度骤变所引起的冲击载荷，以及刮风、下雨等自然环境引起的偶然载荷等）。由于大豆收获机在田间作业，为了尽可能模拟大豆收获机真实的约束情况，对车架前轮部位施加 X、Y、Z 3 个方向的全约束，对其后轮部位施加 X、Y 方向约束，而 Z 向自由；其约束与载荷分布情况如图 12-30 所示。

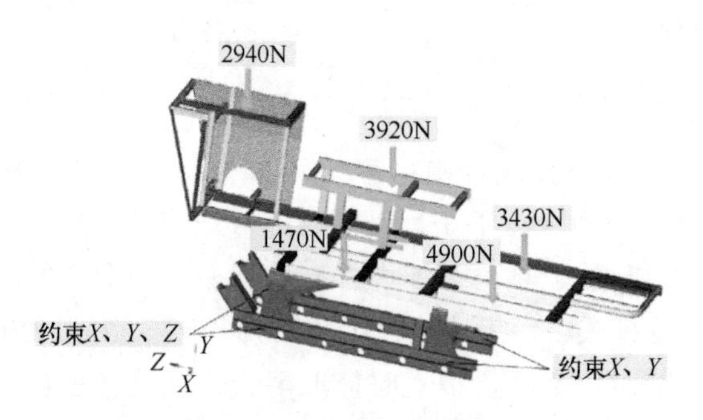

图 12-30　车架载荷分布及约束图

通过有限元前处理软件 Hypermesh 对车架进行有限元网格划分和模态仿真分析，对车架样件进行模态试验分析，优化出合理的设计尺寸如表 12-4 所示。优化后机具宽度低于 1.6m、长度低于 4.3m，便于在玉米带之间收获大豆。

表 12-4　车架优化前后尺寸对比

部件名称	优化前（mm）	优化后（mm）	减少量（mm）
底盘	4.0	3.0	1.0
驾驶室纵梁	3.0	3.2	–0.2
发动机室	4.0	3.0	1.0
机架纵梁	3.0	2.7	0.3
机架横梁	4.0	3.0	1.0
车架宽度	＞1600	＜1600	—

（二）窄幅低损大豆割台技术

现有收获机割台存在功耗大、割刀易磨损、割台易损坏等问题，收获效果不理想，且带状复合种植大豆由于结荚位低、含水率高等因素，原有大豆收获机存在割台损失率大、秸秆割茬不理想等问题。为了提高机具对低结荚植株的收获性能，团队缩短割台割幅至 1.3m，切割装置由双动割刀优化为单动割刀，且装置离地高度降低至 0.05m，减少了割台损失；同时为了适应大豆高密度种植，防止割台堵塞问题，采用“伸缩指+盖板”组合喂入物料，并加大了拨禾、割刀与搅龙速度。

1. 单动低位切割技术

大豆茎秆较长，并且有一定的韧性，一般呈弯曲状态，割刀在切割大豆茎秆时需要有快速而又稳定的状态才能保证良好的切割效果，所以 GY4D-2 型大豆联合收获机在Ⅱ型切割器上进行加工，设计出往复式低位单动刀切割器。单动刀切割器的动刀片刃口滑切角径向外递增，实现割刀装置离地高度至 0.05m，同时动刀片呈螺旋状排列在刀轴上，在刀片组件柄部设计有弹性元件以防止秸秆堵塞。

为了减小切割装置工作过程中切割器产生的惯性力并提高割台工作效率，研究人员分析单动刀力学特性（图 12-31），发现割刀往复运动速度为 3.5m/s 时，切割器能一次性完成对大豆茎秆的切割作业；且通过试验发现剪切角度对大豆秸秆剪切效果的影响程度最大，刀刃角的影响最小。因此团队以大豆秸秆含水率、剪切角度和刀刃角作为影响因素，分析得出剪切角度 60°、刀刃角 44.99°的最优设计参数。

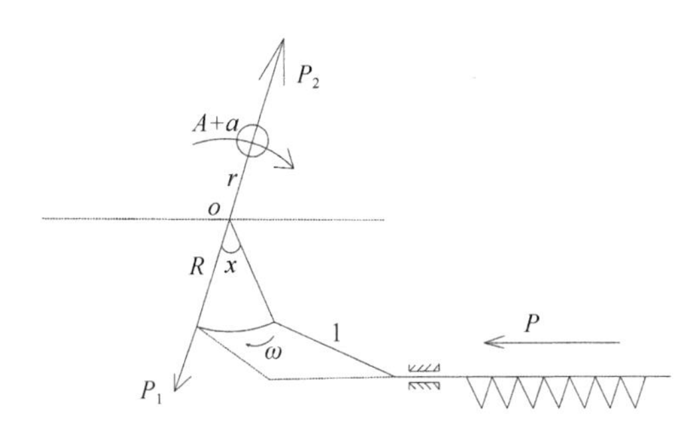

图 12-31　单动刀运动力学

A 和 a. 配重块；r. 配重块转动半径；R. 摆杆转动半径；ω. 摆杆转速；1. 连杆；P. 割刀运动方向；x. 摆杆转动角度；P_1. 摆杆离心惯性力；P_2. 配重块离心惯性力

2. 柔性低损失拨禾技术

在进行大豆机收时，为了使割台顺利完成切割的工作，拨禾器需要将待割的大豆向割刀方向引导，同时在切割时扶直茎秆，并把割断的大豆推向输送装置，以免大豆堆积在割刀上。

如图 12-32 所示，在 K 点生长的大豆先被第 1 块拨禾板引向割刀，此时若拨禾板的速度较快，当茎秆与扣环相切轮轴轴心在 O_1 点上，割刀尚在 C_1 位置，未与茎秆相遇，随着拨禾板 1 的提升，茎秆就会发生“回弹”；要到第 2 块拨禾板过来，茎秆被重新扶持在 C_2 点被切断；若割刀未及时将拨禾轮集成一束的作物依次切断，此束作物在拨禾轮提升时，会发生“回弹”。当拨禾轮速度比过大，作物会在切割前发生多次“回弹”，尤其大豆这种穗头质量大的作物，很容易发生禾秆紊乱，增加割台损失。因此拨禾轮与大豆切线越长，“回弹”现象越严重；相反切线越短，拨禾越稳定（梁苏宁等，2015）。

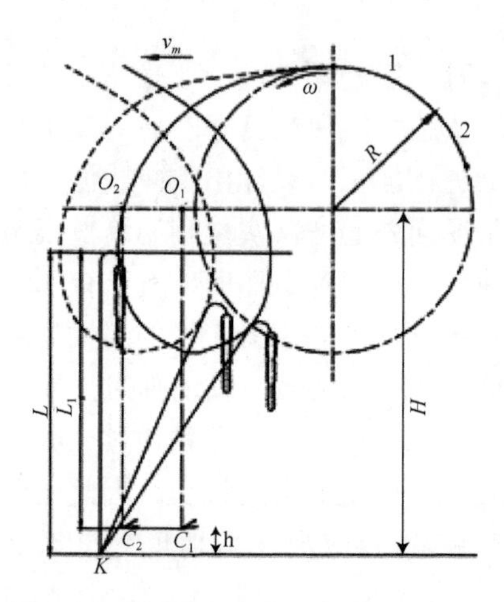

图 12-32　拨禾速度比过大时植株“回弹”现象示意图（梁苏宁等，2015）

ω. 前进速度，m/s；v_m. 机器前进速度，m/s；H. 拨禾轮中心离割刀的高度，mm；h. 割刀离地高度，mm；L. 植株生长高度，mm；L_1. 割下植株茎秆长度，mm

为了满足工作质量所需条件，防止“回弹”现象的发生，GY4D-2 型大豆联合收获机采用了六边形偏心弹齿式拨禾轮，此外为了能够同时收获直立和倒伏严重的大豆植株，研究人员设置其直径为 760mm、转速为 35.8r/min。

3. 防堵输送技术

随着拨禾轮喂入量的增加，割台搅龙处易出现堵塞与茎秆堆积现象。研究人员在试验中发现，改变搅龙的直径与适应的伸缩扒指有助于割台的防堵输送。而搅龙处的伸缩扒指一般通过曲柄与固定半轴固定在一起，因此扒指轴中心与螺旋筒中心有一偏心距 e，如图 12-33 所示。扒指转到后方应缩回筒体内，但为了防止扒指端部磨损，扒指到筒体外应留有 10mm 余量；当扒指转到前方应伸出筒体螺旋叶片外 40～50mm，以便达到一定的抓取与排堵能力（杨树川等，2010；纪斌等，2012）。

由于在一般情况下扒指和底板间隙为 10～15mm，最小应不少于 5～6mm，因此为了提高收割效率，防止作物被堵塞，研究人员将 GY4D-2 型大豆联合收获机设计搅龙转速为 159r/min，搅龙直径为 900mm，扒指长度为 163mm，偏心距为

21mm，搅龙与底板间隙为 15mm。

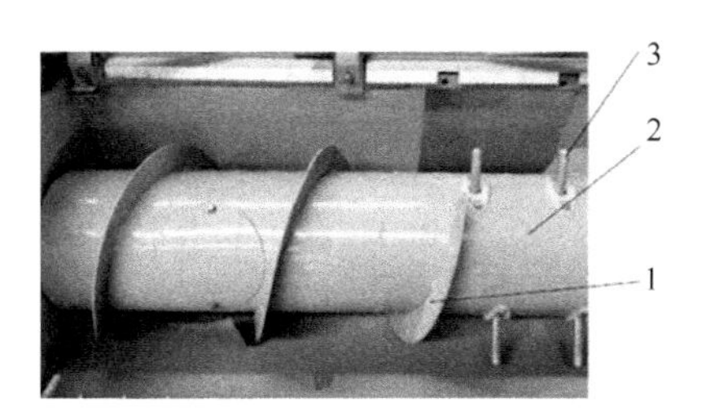

图 12-33　搅龙结构示意图

1. 搅龙叶片；2. 搅龙滚筒；3. 扒指

（三）低损高通脱粒技术

带状复合种植大豆种植密度大，单位距离喂入量是净作大豆的 2～3 倍，若采用净作大豆脱粒装置会造成脱粒不干净、脱粒堵塞等问题；且原有的大豆脱粒装置大多采用大型的纵向轴流脱粒装置，其脱粒效果并不理想，易出现收获损失率高、效率低等问题。团队通过增大脱粒装置秸秆导入角，同时还在脱粒装置上盖内侧加装导向板，增加秸秆排出钉齿和脱粒滚筒钉齿数量，有效解决了在大喂入量下脱粒装置堵塞难题。脱粒总成结构如图 12-34 所示。

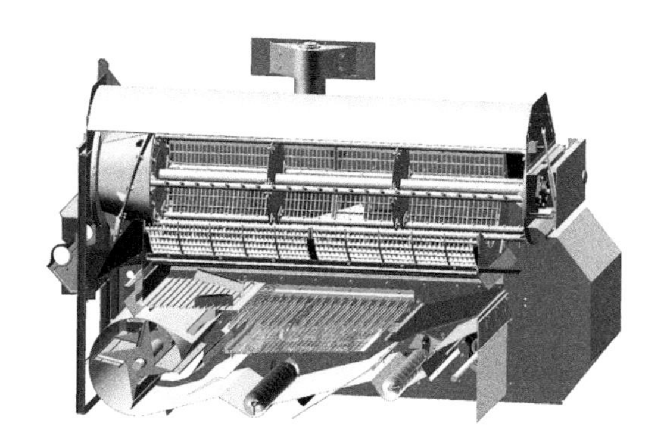

图 12-34　脱粒总成结构示意图

为了提升脱粒装置的喂入量，防止大豆作物堆积堵塞，保证输送效果，研究人员在脱粒滚筒前端设计锥形搅龙输送端。一般情况下，螺旋叶片的数量决定着输送螺旋的输送效果，螺旋叶片过少其输送的均匀度不佳，但螺旋叶片过多又易造成作物喂入不及时（樊晨龙等，2019）。因此 GY4D-2 型大豆联合收获机采用 2 片螺旋叶片，且输送螺旋的长度为 145mm，锥形搅龙大端直径为 310mm，小端直径为 122mm。输送螺旋结构如图 12-35 所示。

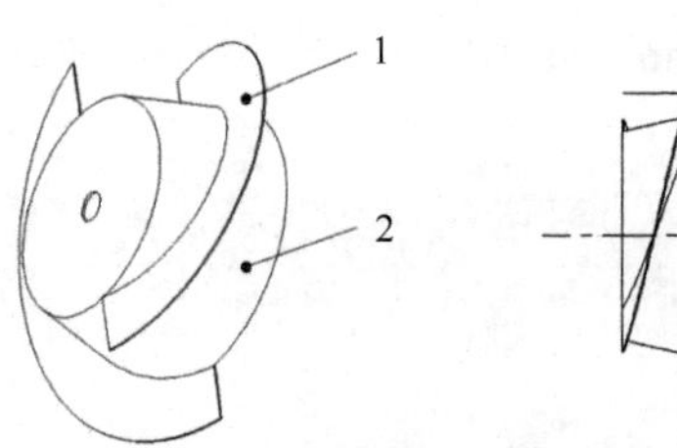

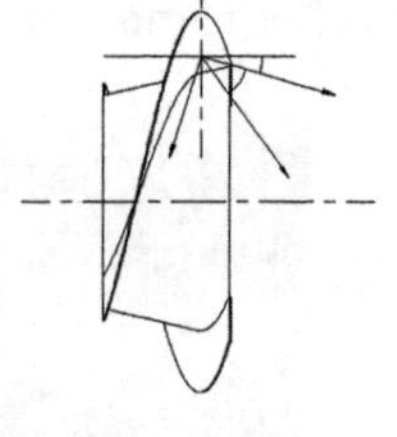

图 12-35　输送螺旋结构图

1. 螺旋叶片；2. 锥形头

由于钉齿打击力大，易造成豆粒破碎或内部破损，从而影响大豆的质量。研究团队通过缩小钉齿排列间距，改顶部平顶为球形，增加脱粒打击次数，降低对大豆的冲击压强，以解决大喂入量下的籽粒破碎问题。

脱粒钉齿通常采用平齿或梯形齿，撞击截面积小，对种粒撞击强度大，同时产生一定的滑切作用，籽粒破损率高，因此可以通过增大撞击截面积降低籽粒机械损伤。球形圆柱钉齿与籽粒为球面接触，接触面积较大，籽粒破损率低（图 12-36）（苏媛等，2018）。

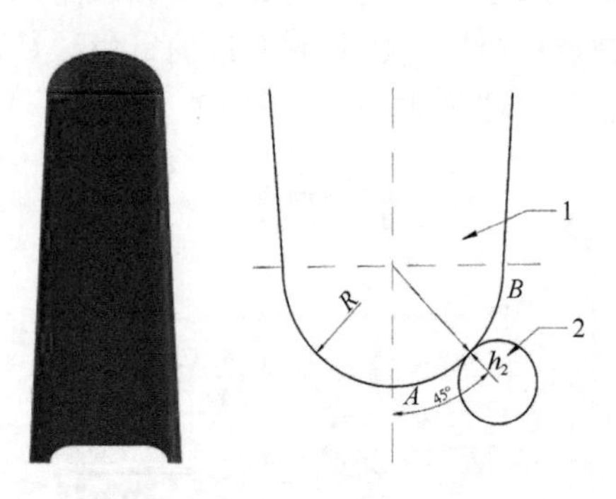

图 12-36　球形圆柱钉齿示意图

1. 脱粒钉齿；2. 玉米果穗

同时试验发现，随筛孔尺寸的增加，破碎率、损失率逐渐减少，含杂率则相反（图 12-37）（杨欢等，2018）。因此研究人员在筛网上采用了可拆卸的钢丝矩形筛，并经过试验确定出滚筒转速为 460r/min、导向板升角为 11°、筛孔尺寸为 22mm×25mm 时，该脱粒装置性能较优，且具备防堵的效果，而相应的性能指标籽粒破碎率、含杂率、损失率分别为 1.81%、2.50%、0.52%。

（四）高效双风道组合清选技术

目前在脱粒机和大豆收获机上，最常用的是风选和筛选配合的清选装置。通过对完成脱粒后的大豆籽粒，以及所含杂质的物理特性进行比较分析，研究人员发现大豆籽粒的比重和体积密度较大而所含豆皮等杂质的比重和体积密度较小，并且籽粒的体积相对于豆皮的体积要小得多，所以根据这些物理特性的差异，团队在 GY4D-2 型履带式大豆联合收获机大喂入量的情况下，缩小风扇传动比，采用双风道组合振动筛技术，解决大喂入量下的大豆高含杂率问题。双风道组合清选装置结构示意图如图 12-38 所示。

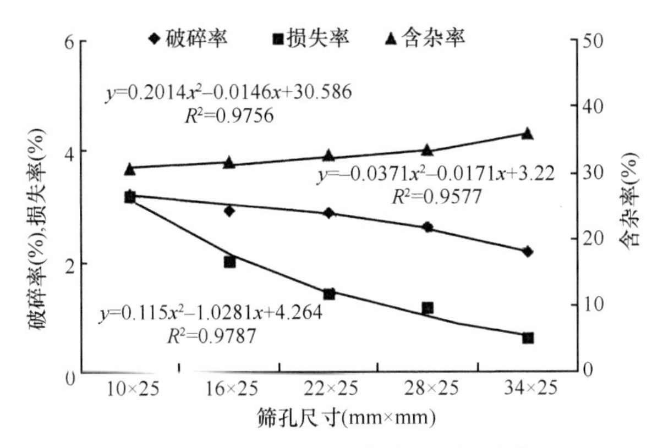

图 12-37　不同筛孔尺寸的脱粒效果（杨欢等，2018）

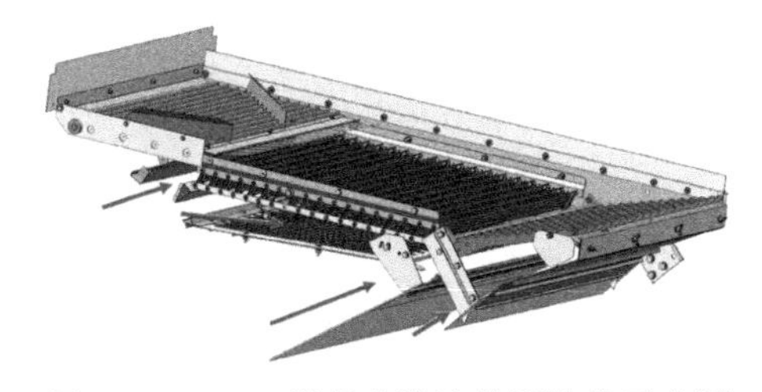

图 12-38　双风道组合清选装置结构示意图

同时，清选装置的设计与参数还需要考虑振动筛的振幅、振频和振动角度，不同的抖动频率对清选程度有着重要影响。一般清选过程为被割断的大豆经钉齿滚筒和筛网的共同作用，豆粒从茎秆上分离，连同豆壳一起通过筛网进入清选室；在风机和振动筛的共同作用下，籽粒从豆皮中分离出来，由横向搅龙和提升机输送到粮箱，豆壳则从筛面上被吸风箱吸走从而完成清选工作（程超等，2019）。试验结果表明，离心式风扇具有较好的清选效果，并且在风扇直径为 380mm、风扇转速为 1837r/min、振动频率为 7Hz、振动角度为 60°时，效果最佳。

四、作业效果与展望

（一）作业效果

GY4D-2 型履带式大豆联合收获机的整机结构如图 12-39 所示。研究人员在四川省现代粮食产业仁寿示范园区对 GY4D-2 型履带式大豆联合收获机进行了田间试验，如图 12-40 所示。大豆品种为南豆 25，采用玉米大豆带状复合种植，大豆播种时间为 6 月 8 日，根据大豆成熟度，将试验日期选在 11 月 15 日。按照随机区组设计排列进行试验，每次收割长度为 20m，共进行 5 组试验。田间试验表明，该机籽粒破碎率为 1.81%、含杂率为 2.02%、损失率为 0.52%，各项指标均优于国家相关标准。

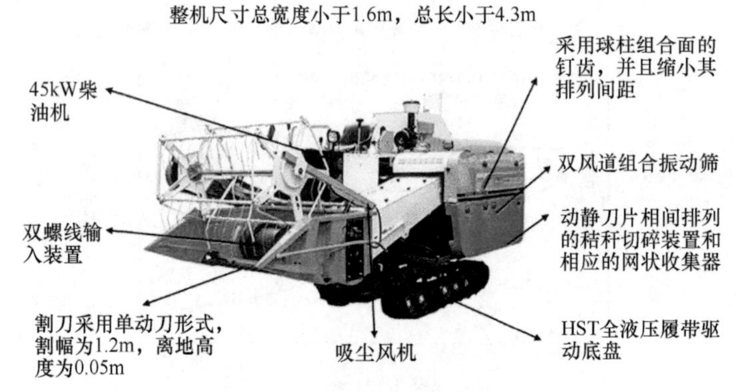

图 12-39　机具整体结构示意图

图 12-40　机具田间作业图

（二）展望

1）高效低损。我国不同地区地形以及大豆收获时间都有多样化的特点，导致收获机的通用性较低。大豆收获的特点是抢农时，一早一晚，需要在最佳收获时间段作业，并且在收获过程中容易炸荚、掉枝等造成大豆损失（刘基等，2017）。因此，未来应提高大豆收获机的适用性并进一步提高其效率、降低损失。

2）轻简节能。目前我国对于大豆收获机能源利用方面的研究较少，且主要集中在功能领域。通过合理的结构优化和升级，对收获机进行轻简化是未来研究的重要方向。轻简化的收获机不仅能降低收获机的生产成本，还能提高机具的适应性和工作效率，减少作业油耗，达到高效节能，降低成本的目的。

3）智能化。智能化是收获机未来发展的必然趋势。信息采集与自动控制技术将极大地提高收获机的智能化程度。通过对大豆收获机安装控制系统和检测元件，对脱粒滚筒转速、割台高度、作业速度等进行实时监测，并对收集的信息进行处理，再对滚筒转速等作业状态进行调整，从而确保大豆收获机稳定运行，提高大豆收获机的作业效率和质量。

总之，大豆收获机在今后的发展中将会朝着轻简节能、高效低损，以及智能化等方面发展。

第四节　履带式联合收获机通用底盘的研究

一、农艺要求

收获是实现玉米大豆带状复合种植丰产丰收的最后一个关键环节。采用机械化收获技术，不仅可以提高劳动生产率，做到适时收获，还能增加玉米大豆的产量，提高大豆品质，增加经济效益。然而，带状复合种植的农艺特点要求一定宽度的大豆带和玉米带交错种植，在这种模式下作业，田块地头转向空间小，收获机在地头需要多次倒车转弯才能到达下一带工作位置，使收获机在地头转向时多次碾压地头农作物造成损失。为了使收获机能顺利实现地头一次性转向有效减少碾压损失，适合玉米大豆带状复合种植特点的原地小半径转向的通用底盘研究应运而生（吕小荣和丁为民，2013）。

二、设计思路

（一）履带式联合收获机通用底盘总体设计方案

针对玉米大豆带状复合种植的特点，研究人员设计了小型多功能全液压通用底盘。该小型多功能底盘的总体结构设计如图 12-41 所示，主要由行走系统、操纵系统、液压系统等组成。

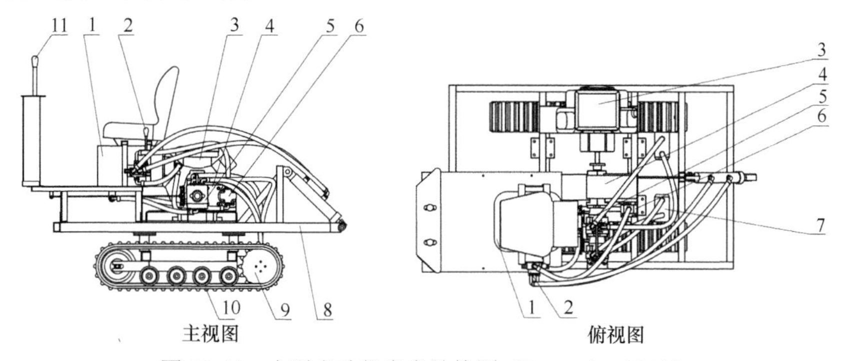

图 12-41　小型多功能底盘结构图（Lü et al.，2013）

1. 驾驶台；2. 液压缸操纵手阀；3. 发动机；4. 分动箱；5. 双联泵；6. 齿轮泵；7. 马达；8. 底盘支架焊合；9. 驱动系统；10. 履带；11. 操纵系统

小型多功能底盘作业时，发动机通过分动箱把动力传给液压驱动系统，液压驱动系统把动力传递到行走系统，从而实现机器的前、后、转向等行走运动。通过理论计算及Unigraphics NX三维样机技术，研究团队完成了整机结构设计和关键部件参数的确定。小型多功能底盘总体虚拟装配如图12-42所示。

图12-42　小型多功能底盘虚拟装配图

（二）主要设计参数

小型多功能底盘的主要技术参数如表12-5所示。

表12-5　小型多功能底盘的主要技术参数

序号	项目		单位	参数
1	外形尺寸		mm	2000×1100×1520
2	结构质量		kg	540
3	轨距		mm	720
4	履带接地长		mm	900
5	最小离地间隙		mm	200
6	与农机挂接方式			悬挂式
7	作业速度		10^3m/h	3～4
8	发动机	额定功率	kW	25
		额定转速	r/min	3600
		最大扭矩	N·m/r/min	47/2600
9	双联泵	排量	cm^3/r	12
		最高空载转数	r/min	3600
		系统工作压强	MPa	16

（三）关键部件设计

1. 行走装置

目前大多数小型农业机具采用轮式行走机构，但是轮式机具不太适应起伏地面、坡地及黏性土壤，非常容易打滑，且轮式机具转向半径大，不适合小空间地头转向。设计成的履带式行走机构接地面积大、抓地能力强、下陷量小、转向性能好，适合不同地形的带状复合田间作业。

小型多功能底盘的行走装置由履带、驱动轮、支重轮、导向轮和支撑架等组成。左、右两条履带各包绕在驱动轮、支重轮和导向轮外，直接与地面接触，其结构如图 12-43 所示。它的工作原理为马达输出动力给驱动轮，驱动履带运动；导向轮引导履带正确地绕动，张紧履带、吸震缓冲；支重轮将整个机器的质量传递给地面，在履带轨面上滚动，并阻止履带的横向移动。整车质量通过车架、支重轮传给下方履带，使下方履带紧压在地面上。

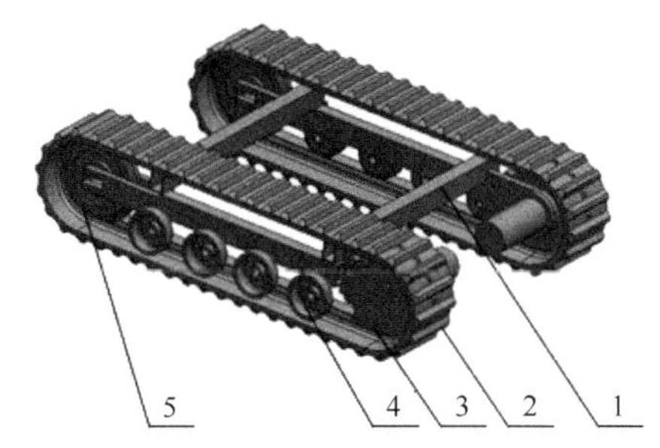

图 12-43　行走装置结构示意图（Lü and Lü，2014）

1. 支撑架；2. 履带；3. 驱动轮；4. 支重轮；5. 导向轮

2. 操纵装置的结构设计

农业机械作业时，操纵灵活、精确、方便是评价该机器性能的重要指标。现有大多数自走式农业机具都采用机械式操纵，多采用手动机械挂挡装置，力的传递通常采用长刚性杆件传递力，其结构相对复杂，占用空间大，且这种机构转向关节较多，配合多为间隙配合，累计误差大，很难保证机器操纵的准确度。团队研制的底盘的操纵装置采用钢丝绳操纵，这样的机构能有效减少空间占用面积、减少中间环节，从而保证操纵的精确度，满足底盘结构空间小、紧凑的特点（吕小荣和丁为民，2014）。操纵装置设计的结构如图 12-44 所示。

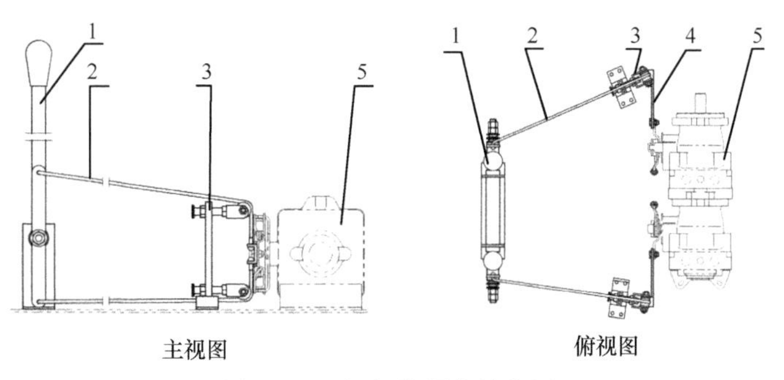

图 12-44　操纵装置的结构图

1. 操纵手柄；2. 钢丝绳；3. 钢丝绳导向机构；4. 加长杆；5. 双联泵

3. 全液压系统的设计

在进行多方面的调研并充分结合带状复合种植实际情况的基础上，液压系统的设计应满足以下要求。①整车初定质量：<600kg；②发动机功率：25kW；③系统工作压强：16MPa；④采用全液压传动与控制，无级调速；⑤作业速度：3～4km/h；⑥滚动摩擦系数：0.12；⑦路面情况：带状复合种植田间。

通用底盘采用全液压系统，管路连接简单，缩小了安装空间，有效减轻了底盘的质量；液压底盘传动易实现无级调速；液压元件采用标准化、系列化的产品，便于设计、制造和推广应用。另外，全液压底盘很好地解决了玉米大豆带状复合种植地头空间小、转向难、碾压作物损失大等瓶颈问题（吕小荣和丁为民，2014）。通用底盘液压系统包括的液压元件主要包括双联泵、齿轮泵、行走马达等，其系统传动如图 12-45 所示。设计制造的多功能底盘样机液压系统实物如图 12-46 所示。

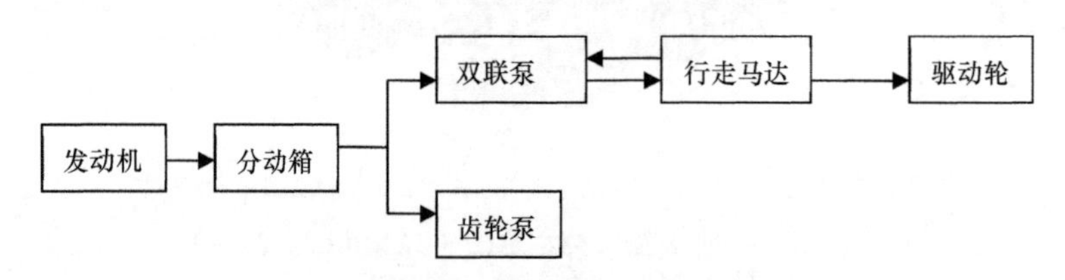

图 12-45　液压系统传动示意图

图 12-46　液压系统实物图

1. 发动机；2. 分动箱；3. 马达；4. 齿轮泵；5. 双联泵

4. 制动系统的设计

车辆的制动性能是评价车辆工作性能的一个主要指标。目前农业机械履带式车辆的制动系统多为带式制动器，但带式制动器一般具有单向制动性，即单方向刹车，其双向制动性很差；另外带刹控制端一般为机械式，反应不迅速，且制动带容易打滑。为了简化结构，一些行走速度很慢的农业机械甚至不安装制动器，但当车辆停驻在斜坡路面时，可能发生下滑带来极大的安全隐患。本研究团队设计的制动装置采用液压制动，易于实施；设置的液压制动钳，以“钳”的形式通过制动盘直接制动驱动轮，结构简单、制动可靠、使用安全，能够很有效地阻止通用底盘的斜坡滑动；利用底盘驾驶台上操纵手柄固定设置制动手柄，使操纵者的实际操作极为方便，并合理利用了空间，适用于行走速度较慢的小型履带底盘。

经过总体设计和零部件设计，对制动装置的零部件进行加工和安装，加工安装好的制动装置实物如图 12-47 所示。

液压制动器安装位置

制动操纵器安装位置

图 12-47　制动装置的实物安装图

三、关键技术

1. 双边反向差速转向原理

小型多功能底盘的双边反向差速转向是采用全液压技术，由两套独立的行走系统组成，如图 12-48 所示，通过两侧履带分别正反转的速度差来实现机具原地小半径转向。

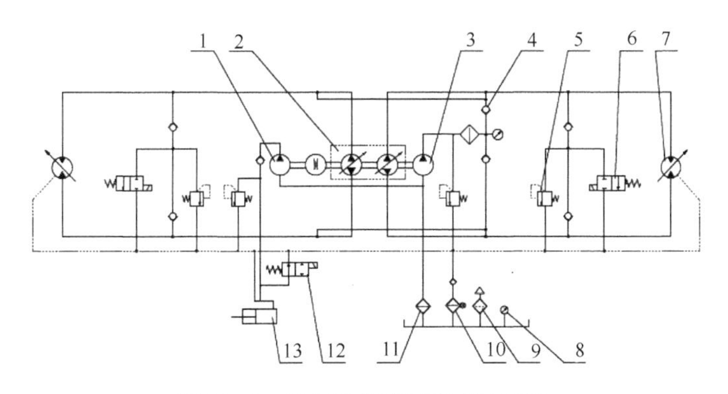

图 12-48　通用底盘液压系统原理图

1. 齿轮泵；2. 双联泵；3. 补油泵；4. 单向阀；5. 溢流阀；6. 常闭卸荷阀；7. 马达；8. 压力表；9. 空气过滤器；10. 回油过滤器；11. 吸油过滤器；12. 常开卸荷阀；13. 液压油缸

2. 通用底盘转向过程简化模型

底盘的转向是通过两侧履带速度差来实现的，速度差的大小决定了机具适应不同弯曲道路的转向半径的大小。对履带转向过程进行简化，不考虑转向过程中内、外侧履带的滑转，由于履带车辆在转向时受到更大的阻力，需要消耗比直驶时大得多的功率，因此当转向半径不同时，底盘内、外侧履带所需驱动力大小也有所差异。根据底盘作业要求，本部分针对底盘反向差速转向、单边制动转向和正向差速转向三种情况进行受力分析。

（1）反向差速转向

当底盘反向差速转向时，两侧履带均处于驱动状态，此时转向半径 $0 \leq R < B/2$。本文研究特例原地转向（R=0）的底盘受力情况如图 12-49 所示。

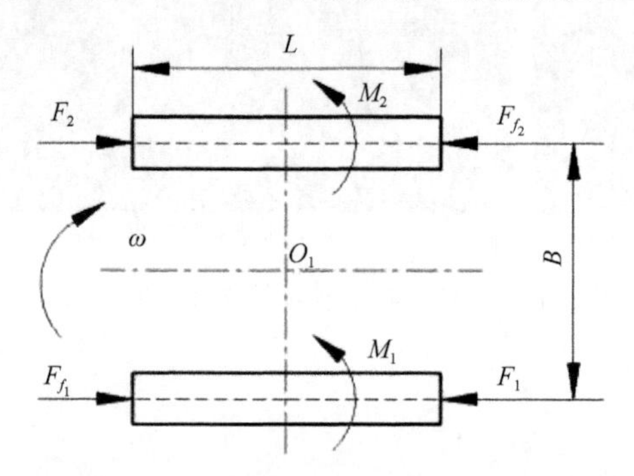

图 12-49　原地转向底盘的受力分析图

L. 履带长度；*B*. 履带轨距

图中 O_1 点为底盘转向中心，底盘外侧履带受到驱动力 F_2 与摩擦力 F_{f_2} 作用，内侧履带受到制动力 F_1 与摩擦力 F_{f_1} 作用，转向半径为 $R=\dfrac{B}{2}$，内外侧履带转向阻力矩 $M_1=M_2=\dfrac{GL\mu}{8}$（其中 μ 为转向阻力系数），外侧履带向前运动，内侧履带向后运动，实现反向差速转向，反之同理。对底盘进行受力分析，得到如下关系式：

$$\begin{cases} F_2+F_{f_1}-F_1-F_{f_2}=0 \\ (F_1+F_2)\dfrac{B}{2}-(F_{f_1}+F_{f_2})\dfrac{B}{2}-M_1-M_2=0 \end{cases} \tag{12-3}$$

由匀速转向的条件可得 $F_{f_1}=F_{f_2}$=0.5F_f，将其代入式（12-3），则外侧履带驱动力 F_2 为

$$F_2=F_{f_2}+\frac{2M_1}{B}=\frac{GF_f}{2}+\frac{GL\mu}{4B} \tag{12-4}$$

这种情况下，两侧履带所需要的驱动力大小相等。分析可知，当转向半径 R=0 时，底盘可实现原地中心转向，此时履带受到的转向阻力矩达到最大，需要内外侧马达均输出较大的驱动力，但较小的转向半径减少了底盘转向时的占地面积，

使底盘转向更加灵活。

（2）单边制动转向

底盘的单边制动转向需要通过完全抱死内侧履带来实现，因此转向过程中内侧履带驱动马达无输出功率，仅外侧履带需马达输出功率施加驱动，底盘受力如图 12-50 所示。

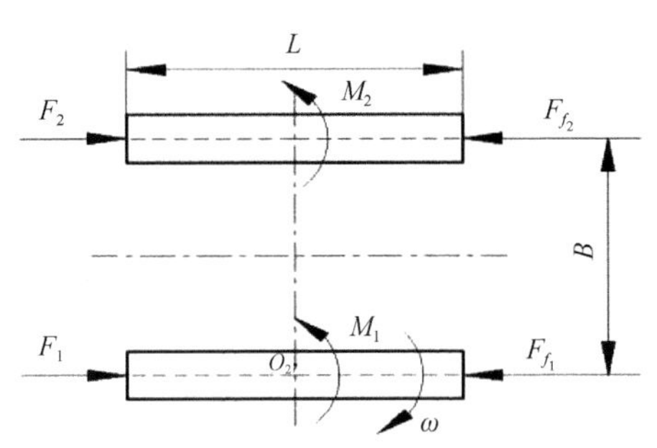

图 12-50　单边制动转向底盘的受力分析图

假设履带式底盘绕内侧履带的中心点 O_2 作顺时针转向运动，此时内侧履带无功率输出，则滚动阻力 $F_{f_1}=0$，驱动力 $F_1=0$，转向阻力矩 $M_1=M_2=GL\mu/8$，由受力分析可得

$$\begin{cases} F_2+F_1-F_{f_1}-F_{f_2}=0 \\ (F_2-F_{f_2})B-M_1-M_2=0 \end{cases} \tag{12-5}$$

外侧履带驱动力为

$$F_2=F_{f_2}+\frac{M_1+M_2}{B}=\frac{GF_f}{2}+\frac{GL\mu}{4B} \tag{12-6}$$

链轮上的阻力矩为

$$M_{R_2}=M_{R_1}=\frac{DF_2}{2\eta}=\frac{DG}{4\eta}(F_f+\frac{L\mu}{2B}) \tag{12-7}$$

式中，η 为传动效率。分析可知，该种情况下底盘进行转向时，应使外侧履带被提供的牵引力大于底盘的转向阻力 $GF_f/2+GL\mu/4B$。

（3）正向差速转向

为了使底盘顺利完成有效转向过程，设定其转向半径为 $B/2\leqslant R\leqslant 2B$。内外侧履带绕着转向中心 O_3 点以不同的速度做转向运动，底盘受力如图 12-51 所示。

对底盘进行受力分析，可得

$$F_1(R-\frac{B}{2})+F_2(R+\frac{B}{2})-F_{f_1}(R-\frac{B}{2})-F_{f_2}(R+\frac{B}{2})-M_1-M_2=0 \tag{12-8}$$

内、外侧履带驱动力由下式计算得到

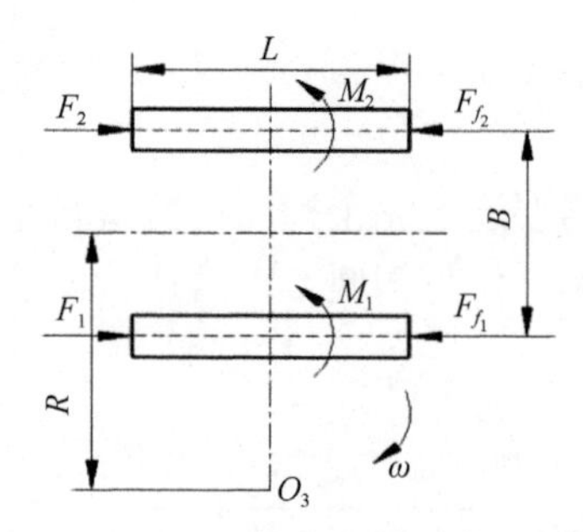

图 12-51　小半径转向底盘的受力分析图

$$F_2 = F_1 = F_{f_2} + \frac{M_1 + M_2}{B} = \frac{GF_f}{2} + \frac{GL\mu}{4B} \tag{12-9}$$

因此，利用简化模型，可以确定转向时的牵引力、制动力和转向阻力矩。

3. 底盘-地面力学关系及路面模型建立

针对地面类型的不同，履带与地面之间力的计算有所差异。仿真分析模型中履带板与硬地面间的压力采用履带接触定义，履带板与软路面间的压力采用接触力，即相互间作用产生的剪应力来实现。

RecurDyn 中接触碰撞力的计算公式为

$$F = -k(q - q_0)^n - cq \tag{12-10}$$

式中，F 为地面压力；k 为刚度系数；$q-q_0$ 为沉陷量；q 为变形速度；c 为阻尼系数；n 为土壤变形指数。

软性地面模型认为土壤具有“记忆”功能，履带底盘对地面的正压力是基于美国学者 M. G. 贝克提出的压力-沉陷关系式，加载时关系式为

$$P_{di} = \left[\frac{k_c}{b} + k_\varphi\right] \cdot z^n \tag{12-11}$$

当卸载时，关系式为

$$P_{di} = P_{\max} - (K_0 + A_u Z_{\max})(Z_{\max} - Z) \tag{12-12}$$

式中，P_{di} 为接地压力；k_c、k_φ分别为土壤内聚和摩擦变形模量；b 为履带板的宽度；z 为变形深度；n 为土壤变形指数；$Z_{\max}$ 为最大变形深度；$P_{\max}$ 为最大压力；K_0、A_u 分别为土壤的特征参数。

履带与地面水平力的计算也是基于贝克的理论，剪应力与剪切位移的关系式为

$$\tau(j,z) = (c + P_{di}\tan\varphi)(1 - e^{-j/m}) \tag{12-13}$$

式中，τ 为剪应力；j 为剪切位移；φ为剪切阻力角；m 为剪切变形模数。

本文选择小型底盘作业中常见的两种路面，即水泥路面和松散地面工况下的原地转向进行转向仿真。模型虚拟转向仿真如图 12-52 所示。

图 12-52　模型虚拟转向仿真

两种路面工况下仿真分别得到图 12-53～图 12-57 所示的履带式底盘转向过程中车体质心横摆角速度的变化、侧向加速度响应、主动轮驱动扭矩输出及履带式底盘两侧张紧力的变化。

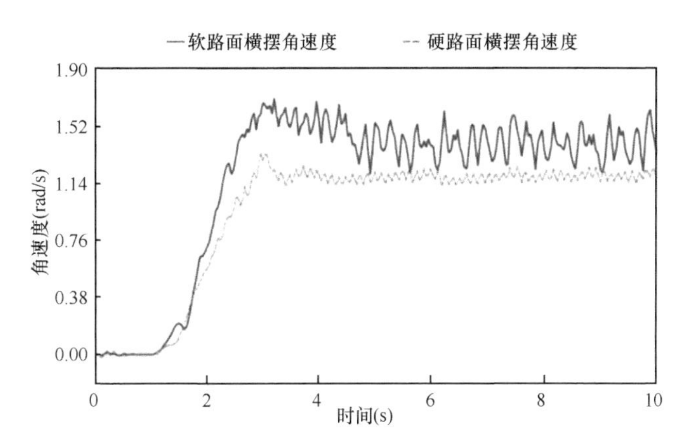

图 12-53　两种路面转向车体质心横摆角速度的变化

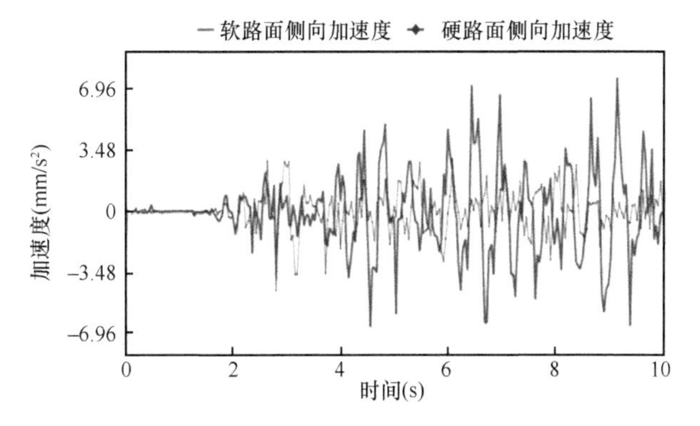

图 12-54　两种路面转向车体侧向加速度响应

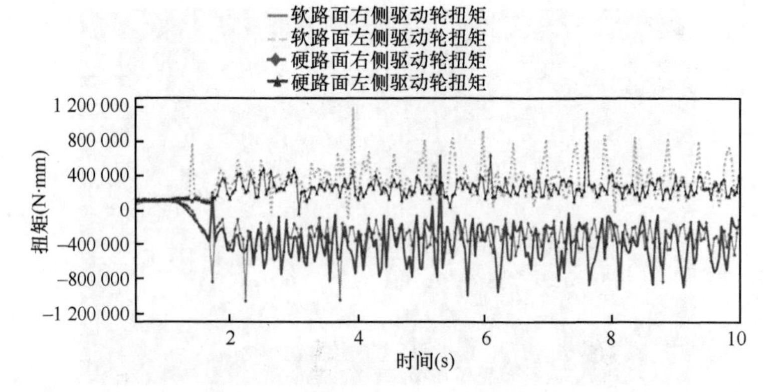

图 12-55　两种路面转向主动轮驱动扭矩输出

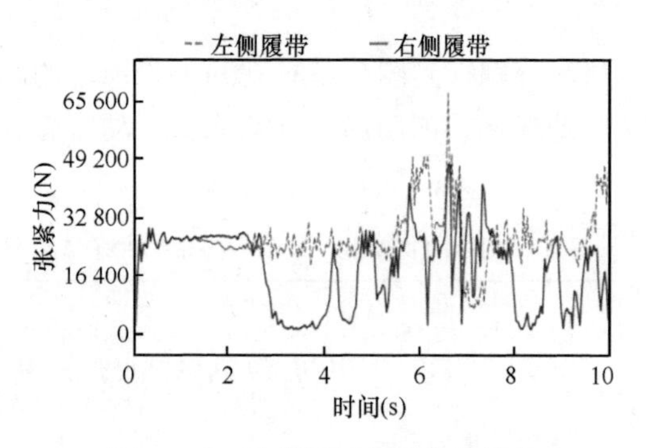

图 12-56　软路面转向履带张紧力

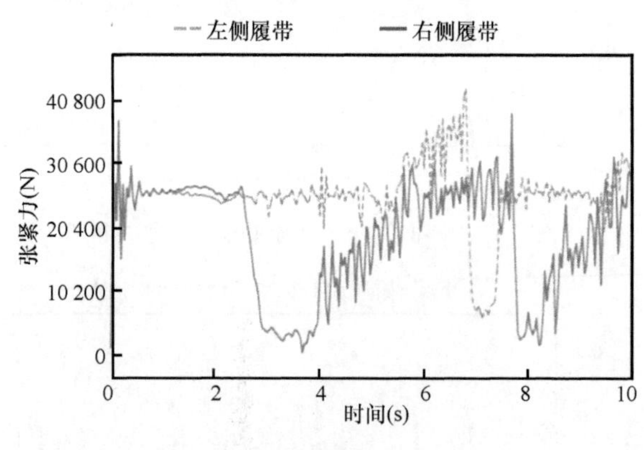

图 12-57　硬路面转向履带张紧力

从图 12-53 仿真结果来看，履带式底盘在软地转向比在硬地转向困难，稳定性较差，极限情况则会发生履带式底盘的侧翻。由图 12-54 可以看出，履带式底盘在软路面转向时的侧向加速度相对较大，变化趋势变得不均匀，转向过程中如果侧倾加速度变化过大，将会导致转向过程不稳定，极限情况会出现翻车的情况。

从图 12-55 可以看出履带式底盘在软路面转向过程中，驱动轮的驱动扭矩和制动扭矩比在硬质地面上大。为了保证车辆转向过程中能够稳定行驶，就需要对驱动轮施加更大的驱动力矩和制动力矩。由图 12-56 和图 12-57 可得，履带式底盘软地转向时右侧履带幅值变化大，响应时间长，所以在履带式底盘履带行走装置的结构设计中，要合理设置其张紧力防止履带脱轨现象的发生。

四、作业效果与展望

（一）作业效果

2016 年，经四川省鉴定站的检测，小型多功能底盘的工作性能通过了科技成果鉴定。小型多功能底盘有效地实现了原地小半径转向，如图 12-58、图 12-59 所示。田间试验表明，机器能自如地应用于带状复合种植田间，如图 12-60、图 12-61 所示。经试验测试，该底盘运行平稳，工作性能良好，在带状复合种植地头有效地实现了原地小半径转向。

图 12-58　硬地面原地小半径转向

图 12-59　田间原地小半径转向

图 12-60　套作田间地况图

图 12-61　多功能底盘在套作田间运作

（二）展望

1. 通用底盘智能化

随着 5G 移动互联网、大数据、云计算、人工智能等高端技术与现代制造业相结合，未来所预期的收获机通用底盘是智能化底盘，其目标设置是以优化农业装备底盘智能化、可靠性、安全性，以及通用底盘平台设计为发展方向。例如，随着履带式联合收获机通用底盘的智能调平系统的发展，将有效提高丘陵地区带状复合种植机械化作业质量和通过性、安全性，加快提升丘陵山区机械化发展水平。

2. 通用底盘无人驾驶

无人驾驶的农机具将是农业领域研究的重点和发展的趋势，未来的农机也必将朝向无人驾驶的方向发展。北斗卫星导航系统提供高精度、高可靠的定位、导航、授时服务；视觉导航是利用摄像机采集图像数据，并将采集到的图像数据进行处理，将处理结果反馈到机器的控制上。例如，带状复合种植模式要求保证作物种植直线度，随着遥控系统、远程控制系统及无人驾驶系统等分阶段有序控制发展，履带式联合收获机通用底盘将有效提高玉米大豆带状复合种植机械化种植的直线度，保证作物间的行距准确性，同时有效提高坡地作业的安全性和通过性。

3. 通用底盘机电液一体化控制

应用电子电气技术与静液压传动技术、智能控制技术相结合，对液压系统与底盘工作部件的各个参数进行实时的检测、分析与处理，实现玉米大豆带状复合种植生产全过程机械化与自动化。机电液一体化控制技术通过配合可优化液压底盘各部件的工作参数，达到节约成本、提高经济效益与生产效率、减轻人工劳动强度的目的。

参 考 文 献

陈凯, 王延耀, 王东伟, 等. 2014. 4YZ-2 卧式玉米割台的部分设计[J]. 农机化研究, 36(11): 65-68.

陈志. 2015. 玉米全价值收获关键技术与装备[M]. 北京: 科学出版社.

程超, 付君, 陈志, 等. 2019. 玉米籽粒收获机清选装置参数优化试验[J]. 农业机械学报, 50(7): 151-158.

樊晨龙, 崔涛, 张东兴, 等. 2019. 低损伤组合式玉米脱粒分离装置设计与试验[J]. 农业机械学报, 50(4): 113-123.

关桂娟, 赵辉. 2009. 大力推广玉米收获机械化技术促进农民增产增收[J]. 农机使用与维修, 4: 20.

国家市场监督管理总局, 国家标准化管理委员会. 2020. 玉米收获机械: GB/T 21962—2020[S]. 北京: 中国标准出版社.

国家质量监督检验检疫总局, 国家标准化管理委员会. 2009. 玉米收获机械　试验方法: GB/T 21961—2008[S]. 北京: 中国标准出版社.

纪斌, 尹健, 刘文拔, 等. 2012. 基于 ADAMS 和 SolidWorks 的收割机拨禾轮的建模与仿真[J]. 现代机械(4): 52-53, 89.

金诚谦. 2011. 玉米生产机械化技术[M]. 北京: 中国农业出版社.

李光乐, 覃艳雅, 张喜瑞, 等. 2011. 玉米联合收获机夹持输送喂入装置的优化试验[J]. 江苏农业科学, 39(5): 511-512.

梁苏宁, 金诚谦, 张奋飞, 等. 2015. 4LZG-3.0型谷子联合收获机的设计与试验[J]. 农业工程学报, 31(12): 31-38.

刘基, 金诚谦, 梁苏宁, 等. 2017. 大豆机械收获损失的研究现状[J]. 农机化研究, 39(7): 1-9, 15.

刘正. 2014. 玉米高产实用技术[M]. 合肥: 安徽大学出版社.

吕小荣, 丁为民, 吕小莲. 2014. 丘陵山区小型多功能底盘液压系统的设计[J]. 华中农业大学学报, 33(2): 128-132.

吕小荣, 丁为民. 2013. 西南丘陵山地套作小型多功能底盘的应用前景分析[J]. 农机化研究, 35(9): 250-252.

吕小荣, 丁为民. 2014. 西南丘陵山区套作小型多功能底盘通过性的研究[J]. 华南农业大学学报, 35(5): 108-111.

尚书旗. 2002. 玉米联合收获机使用与维修[M]. 北京: 中国农业出版社.

苏媛, 刘浩, 徐杨, 等. 2018. 轴流式玉米脱粒装置钉齿元件优化与试验[J]. 农业机械学报, 49(S1): 258-265.

王战胜. 2014. 现代玉米生产实用技术[M]. 北京: 中国农业科学技术出版社.

吴多峰, 许峰, 袁长胜. 2006. 板齿式与钉齿式玉米脱粒机的性能比较[J]. 农机化研究, 28(10): 78-80.

闫洪余, 陈晓光, 吴文福. 2008. 立辊式玉米收获机试验台的设计[J]. 农机化研究, 30(12): 75-78.

杨欢, 杜勇利, 陈平, 等. 2018. 小喂入量大豆收割机纵轴流脱粒装置参数优化[J]. 甘肃农业大学学报, 53(4): 184-189, 196.

杨立国, 宫少俊. 2015. 农机综合配套与安全使用技术[M]. 北京: 中国农业科学技术出版社.

杨树川, 杨术明, 佘永卫. 2010. 拨禾轮运动轨迹的计算机仿真[J]. 农机化研究, 32(12): 141-145.

张黎骅, 蔡金雄, 李雨涵, 等. 2020. 玉豆带状复合种植全程机械化技术与装备研究进展[J]. 西华大学学报(自然科学版), 39(5): 91-97.

张黎骅, 杨文钰, 代建武, 等. 2015. 小型大豆联合收获机: 中国, CN105027813A[P] .

张喜瑞, 董佑福, 张道林, 等. 2007. 玉米收获机夹持输送装置的研究[J]. 农业装备与车辆工程, 45(10): 9-10, 17.

中国农业机械化科学研究院. 2007. 农业机械设计手册(下)[M]. 北京: 中国农业科学技术出版社: 912-913.

Lü X R, Lü X L. 2014. Design of small multi-function chassis brake device[J]. Advanced Materials Research, 1006-1007: 227-230.

Lü X R, Lü X L, Zhang L H. 2013. Design on small multi-function chassis manipulator device[J]. Applied Mechanics and Materials, 397-400: 172-175.

第五篇　应　用　篇

第十三章　区域技术模式构建

基于核心技术和配套技术，依据不同生态区的资源禀赋和生产特点，通过选配区域适宜品种、调节大豆带行数和行距、调整株距等手段，实现核心技术本土化，本团队集成了 3 套适宜不同生态区的技术模式。它们分别为适宜我国西南地区应用的夏玉米春大豆带状套作模式、黄淮海地区应用的夏玉米夏大豆带状间作模式和西北地区应用的春玉米春大豆带状间作模式。关于玉米大豆带状复合种植，制定了首部国家行业标准和 5 项省地方标准，连续 13 年被列为全国和四川省主推技术。

第一节　夏玉米春大豆带状套作模式

一、适应区域及玉米大豆生产现状

玉米大豆带状套作种植技术主要在我国西南地区应用。该区域东临中南地区，北依西北地区，地区纬度较低，南部接近北回归线，主要包括四川、重庆、云南、贵州、西藏、广西在内的 6 个省（自治区、直辖市），地形结构复杂，主要以高原、山地为主，总面积 26 013 万 hm^2，耕地总面积 1375 万 hm^2，是我国主要的农业生产区。绝大部分地区处于北亚、中亚热带气候的纬度，加之北有秦岭、大巴山两道屏障阻挡寒潮侵袭，热量条件较好，年均温一般在 15℃左右，≥10℃积温 4000～5500℃，平均年降水量在 1100mm 左右，全年太阳辐射总量在 376.74～1004.83kJ/m^2，水热条件三熟不足两熟有余，实行一年两熟或“旱三熟”。

西南丘陵山地玉米区是我国三大玉米生产区之一；玉米是西南地区仅次于水稻的第二大粮食作物，是畜牧业发展不可替代的主要饲料来源及重要的工业原料，常年种植面积在 500 万 hm^2 左右，占全国玉米总面积的 10%以上。玉米单产在 5000～5700kg/hm^2，总产为 2800 万 t 左右，占全国玉米总产的 10%左右。由于气候类型复杂，春、夏玉米均有一定的比例。制约本区玉米生产的主要限制因素有丘陵旱地、土壤瘠薄、地块小、机械化水平低，特别是机播机收比例不及 10%，管理成本高，季节性干旱突出，春夏伏旱交错，中后期高温逼熟；夏玉米同时会受到伏旱和秋涝双重危害，相比之下，春玉米丰产性稳产性较好。

西南大豆间套作区是全国三大大豆主产区之一，大豆面积 67 万 hm^2 左右。由于人多地少，大豆与多种夏粮作物争地，很少清种，田埂豆、果茶园套种大豆均有一定面积，助推西南成为全国三大优势大豆产区之一；2021 年四川大豆总产位居全国第三，其中与玉米带状间种套作的贡献最大，占 75%以上。近 10 年来，带状复合种植大豆种植面积年均增长在 7.3%左右。

西南地区热量资源相对优越，无霜期较长，多熟制是该区旱地发展的主要模式。其中，以“小麦/玉米/甘薯”为代表的旱地三熟制，从 20 世纪 80 年代开始在四川盆地、重庆和云贵高原低山区等地得到广泛应用。尽管该模式劳动强度较大，比较效益相对较低，但满足了当时人口增长对粮食和饲料的需求，稳定发展 20 余年。随着农民生活水平的提高和饮食结构的改善，甘薯的生产地位从主粮型逐步转变为杂粮型，加之甘薯栽插、采收和搬运劳动强度大，储藏困难，效益低等问题，其发展已呈现萎缩趋势。为了适应新时期农民对生产技术的要求和农业增收增效的需要，四川农业大学杨文钰教授在总结原有旱地农业发展模式问题的基础上，结合西南丘陵、山区的自然特点和社会需求，提出了旱地新型高效生态节水多熟种植模式麦/玉/豆。20 余年来，通过不断创新研究与推广应用，麦/玉/豆模式的面积不断增加，目前已在四川、重庆、云南等西南地区大面积示范推广。同时该技术模式还适宜陕西南部、湖南西部、湖北西部、贵州北部、广西和云南南部等区域，潜力面积在 400 万 hm^2 以上。

二、技术要点

1. 选配品种

玉米选用紧凑或半紧凑型、株高在 270cm 左右的耐密、抗逆高产良种，如正红 325、南 N2090、绵单 53 等（表 13-1）；大豆选用耐荫、耐密、抗倒高产夏大豆品种，如贡秋豆 5 号、贡夏豆 13、南夏豆 38 等，或耐荫性较强的地方品种（表 13-2）。

表 13-1　西南地区不同玉米品种系统产量及产值

玉米品种	玉米产量（kg/hm^2）	大豆产量（kg/hm^2）	系统产值（元/hm^2）	玉米品种	玉米产量（kg/hm^2）	大豆产量（kg/hm^2）	系统产值（元/hm^2）
成单 306	7 522	1 122	27 795	南 N2090	8 805	1 349	32 745
成单 3211	7 328	915	26 006	南玉 21	5 734	1 667	26 060
成单 396	6 811	1 345	27 141	荣玉丰赞	7 744	890	27 024
成单 716	7 946	1 236	29 664	宜单 629	7 866	1 868	33 234
成单 722	7 063	1 375	28 027	正红 325	9 023	1 723	35 599
华试 919	8 030	2 023	34 620	正红 507	7 143	1 604	29 624
华试 99	7 958	1 682	32 370	仲玉 3 号	7 318	1 310	28 350
绵单 53	8 132	1 276	30 426				

注：系统产值，均按当季收获时国家公布统一价格计，玉米 2800 元/t，大豆 6000 元/t，下同

表 13-2　西南地区不同大豆品种系统产量及产值

大豆品种	大豆产量（kg/hm²）	玉米产量（kg/hm²）	系统产值（元/hm²）	大豆品种	大豆产量（kg/hm²）	玉米产量（kg/hm²）	系统产值（元/hm²）
贡秋豆 5 号	2 483	7 305	35 349	南豆 12	1 707	7 425	31 032
贡夏豆 13	2 372	6 627	32 784	白毛冬豆	1 254	9 357	33 723
南夏豆 38	1 979	7 224	32 099	南夏豆 27	1 278	8 836	32 411
川豆 155	1 803	7 368	31 452	南豆 24	990	9 357	32 141

2. 适时播种

玉米 3 月下旬至 4 月上旬、大豆 6 月中下旬播种，选择 2BYFSF-2(3)型玉米、大豆带状套作播种施肥机（一机两用）实施播种或人工播种；玉米播种深度为 4～5cm，大豆播种深度为 3cm 左右。大豆播前用灭茬机或旋耕机对原有秸秆及麦茬进行处理；人工播种时注意种肥分离和穴距控制。

3. 扩间增光

玉米带 2 行玉米，带宽 40cm，相邻玉米带间距离 160～230cm，种 2～4 行大豆；大豆带宽 40～90cm，带间距 60～70cm（表 13-3）。

表 13-3　西南地区夏玉米春大豆带状套作行比试验产量与产值

行比	玉米产量及构成因素				大豆产量及构成因素				产值（元/hm²）
	有效穗（穗/hm²）	穗粒数（粒）	千粒重（g）	产量（kg/hm²）	有效株（株/hm²）	单株粒数（粒）	百粒重（g）	产量（kg/hm²）	
3∶2	56 820	509.8	323	9 357	73 946	82.1	23.0	1 094	32 760
4∶2	40 473	644.1	285.8	7 277	128 229	57.2	26.6	1 725	30 725
6∶2	57 975	480.8	232	6 191	109 200	60.6	27.9	1 775	27 978
4∶3	57 570	485.9	239.3	6 453	109 710	51.2	25.1	1 349	26 160
6∶3	57 150	477.6	226.6	6 005	109 335	59.1	25.5	1 578	26 285
4∶4	56 970	527.5	238.2	6 972	108 840	46.8	25.9	1 275	27 171
6∶4	56 835	513.4	218.5	6 225	109 110	54.0	26.1	1 478	26 297

注：行比指大豆与玉米行数比，本章余同

4. 缩株保密

玉米单粒或双粒穴播，株距 13～17cm（穴距 26～34cm），播种粒数 60 000 粒/hm² 左右，保证有效穗数 52 500 穗/hm² 以上；大豆单粒或双粒穴播，株距 6～9cm（穴距 12～18cm），播种粒数 150 000 粒/hm²，保证有效株数 105 000 株/hm² 左右（表 13-4，表 13-5）。

表 13-4　西南地区夏玉米春大豆带状套作不同玉米产量水平系统产量与产值

玉米产量水平（kg/hm²）	玉米产量构成			玉米产量（kg/hm²）	大豆产量构成			大豆产量（kg/hm²）	总产值（元/hm²）
	有效穗（穗/hm²）	穗粒数（粒）	千粒重（g）		有效株（株/hm²）	单株粒数（粒）	百粒重（g）		
＜7 500	47 367	581.1	265.1	6 944	120 926	56.1	26.4	1 635	29 253
7 500～9 000	58 305	615.7	262.4	8 966	109 335	33.0	24.9	862.5	30 282
9 000～10 500	56 820	558.6	298	9 357	73 946	82.1	23.0	1 093.5	32 760

表 13-5　西南地区夏玉米春大豆带状套作不同大豆产量水平系统产量与产值

大豆产量水平（kg/hm²）	大豆产量构成			大豆产量（kg/hm²）	玉米产量构成			玉米产量（kg/hm²）	总产值（元/hm²）
	有效株（株/hm²）	单株粒数（粒）	百粒重（g）		有效穗（穗/hm²）	穗粒数（粒）	千粒重（g）		
＜1 200	73 129	73.1	24	963	57 315	549.4	300.1	9 227	31 613
1 200～1 500	109 853	52.7	25.1	1 358	57 345	502.2	258	7 181	28 249
1 500～1 800	109 268	59.8	26.7	1 676	57 563	479.2	229.3	6 098	27 131
＞1 800	121 025	66.8	26	1 907	40 245	625.7	292.9	7 377	32 094

5. 减量一体化施肥

按净作玉米施肥标准施肥，播种时每公顷施 600～750kg 带状复合种植玉米专用缓控释肥（如 N–P_2O_5–K_2O=28–8–6），抽雄吐丝期结合机播大豆，距离玉米 20～25cm 处每公顷追施 300kg 豆类专用复合肥（如 N–P_2O_5–K_2O=14–15–14）。

6. 化控降高控旺

玉米 7～10 片展叶时旺长田块喷施矮壮素、玉黄金（胺鲜酯和乙烯利）等控制株高。大豆根据长势在 3 叶期、5 叶期或初花期每公顷用 5%的烯效唑可湿性粉剂 300～750g（苗期剂量可小至 300g），兑水 450～750kg 喷施茎叶实施控旺。

7. 绿色防控

杂草防除。播后芽前用 96%精异丙甲草胺乳油（金都尔）1.5L/hm²（15 瓶/hm²），苗后用专用除草剂实施茎叶定向除草。例如，玉米用 75%噻吩磺隆 10.5～15g/hm²，大豆用 25%氟磺胺草醚水剂 1200～1500g/hm² 或 15%精喹禾灵+25%氟磺胺草醚（300ml+270g 型 1 套/hm²），又或“锄哥兄弟”（10%精喹禾灵乳油 300ml+25%氟磺胺草醚 300g）1 套/hm²。

防病控虫采用理化诱抗与化学防治技术相结合。示范基地安装智能 LED 集成波段太阳能杀虫灯+性诱剂诱芯装置诱杀斜纹夜蛾、桃蛀螟、金龟科害虫等。玉米注意防玉米螟、桃蛀螟，以及防止纹枯病、穗腐病等；每公顷用 70%甲基硫菌灵可湿性粉剂 600～1200g，或 25%三唑酮可湿性粉剂 1500g 防病，可结合每公顷用 4%高氯·甲维盐微乳剂 9～12g 或 1.8%阿维菌素乳油 900～1500ml 防虫，兑水 750~1125kg，统防 1 或 2 次。大豆花后每公顷用 500g/L 的甲基硫菌灵 1500ml+2.5%的高效氯氟氰菊酯 375ml+12%的甲维·虫螨腈 600ml，兑水 450kg，防治斜纹夜蛾、高隆象等。

8. 收获模式

在 7 月底 8 月初，选用 4YZ-2A 型自走式联合收获机和 4YZP-2L 型履带式收获机等窄幅（机身<1.8m）两行玉米收获机对玉米实施收穗，并及时砍倒秸秆原地覆盖。大豆于 10 月中下旬用 GY4D-2 型大豆联合收获机或当地大豆收获机收获、脱粒和秸秆还田。

田间配置及管理环节见图 13-1～图 13-5。

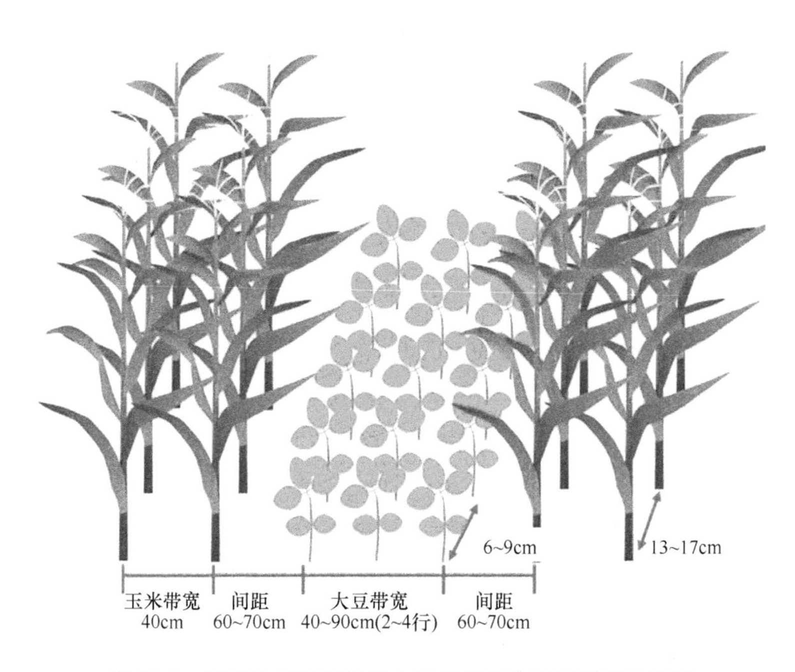

图 13-1　西南地区夏玉米春大豆带状套作田间配置示意图

三、技术效果

玉米大豆带状复合种植技术在我国西南地区进行了大面积推广，应用效果十分突出。目前仅四川年应用面积在 33 万 hm^2 以上，四川省农业农村厅 2011～2012 年连续两年对仁寿珠嘉镇示范基地进行现场验收，玉米产量达 9316.5kg/hm^2，大

图 13-2　带状套作机播玉米现场图

图 13-3　带状套作机播大豆现场图

图 13-4　带状套作玉米大豆共生期实景图

图 13-5　带状套作机收玉米现场图

豆产量达 1980kg/hm^2，每公顷产值突破 30 000 元。2013～2014 年，四川仁寿（图 13-6）、乐至、西充、荣县（图 13-7）、大英等地的玉米（大豆）高产创建田块玉米每公顷产量达 9750kg 以上，大豆每公顷产量达 2482.5kg，较传统玉薯模式每公顷增长经济效益 7500 元以上。近年的试验示范表明，玉米大豆带状复合种植使玉米产量与单作相当，且多收一季大豆（1834.5～2703.0kg/hm^2）（表 13-6），土地当量比达到 1.4 以上（即 1hm^2 土地产出了 1.4hm^2 土地的产量）。玉米大豆带状复合种植技术的应用，使四川大豆生产规模不断扩大，遍及 61 个县（市），基本

表 13-6　夏玉米春大豆带状套作测产结果

年份	地点	示范面积（hm^2）	玉米平均产量（kg/hm^2）	大豆平均产量（kg/hm^2）
2011	四川仁寿	66.7	9 573.0	1 987.5
2012	四川乐至	33.3	9 675.0	2 400.0
2013	四川仁寿	6.7	10 566.0	1 990.5
2014	四川仁寿	733.3	9 315.0	2 115.0
2015	四川仁寿	6.7	10 288.5	2 803.5
2016	四川西充	33.3	9 729.0	2 209.5
2017	四川仁寿	333.3	9 300.0	2 058.0
2018	四川仁寿	66.7	7 807.5	1 992.0
2020	四川仁寿	333.3	7 596.0	2 089.5
2021	四川仁寿	333.3	8 544. 5	1 834.5
2021	四川荣县	133.3	7 983.0	1 927.5
2021	四川贡井	666.7	7 897.5	2 029.5
2021	四川安居	10.0	8 301.0	2 206.5
2022	四川安居	80	9 264.9	2 703.0
2022	四川仁寿	73.3	8 425.5	2 407.5

图 13-6　四川仁寿万亩示范片

图 13-7　四川荣县万亩示范片

实现了全覆盖。2018 年带状复合种植大豆面积达到 32.6 万 hm^2，占全省大豆总面积的 75%，产量达到 910.5 万 t，占全省总产量的 70%，大幅度提高了四川大豆原料自给比例，同时缓解了国内大豆供需矛盾，成为提高我国大豆自给率和国际竞争力的有效途径。西南产区成为我国大豆的生力军，四川成为我国西南间套作食用大豆优势产区的核心。伴随着玉米大豆带状复合种植技术的推广应用，全国大豆生产格局发生了改变：2000 年以前，全国大豆主产区域主要集中在东北高油大豆地区；到 2009 年前后，四川局部大豆面积显著增加，首次迈入主产省行列；2014 年以后，大豆在四川丘陵区实现了全面覆盖，到 2021 年全省大豆产量位居全国第三，形成了东北高油区、黄淮海高蛋白区、西南玉米大豆间套作区的新格局。

第二节　夏玉米夏大豆带状间作模式

一、适应区域及玉米大豆生产现状

夏玉米夏大豆带状间作模式主要应用于黄淮海夏播玉米区，该区主要涉及河南、河北、山东、安徽、江苏。该区属于暖温带半湿润气候类型，地形地貌差异较大，流域跨度较广，年平均气温为10～14℃，无霜期从北向南为170～240d，≥10℃年积温3600～4700℃，年日照2000～2800h，年降雨量500～800mm，且多集中在玉米大豆生长季节，夏季降雨量占全年的70%以上。该区地处黄河、淮河、海河三条河水系下游，灌溉面积占50%左右，是我国重要的农业生产基地。

黄淮海夏播玉米区为我国最大的玉米产区，是全球唯一的一年两作夏玉米区，常年种植面积0.15亿hm^2以上。该区域产量约占全国玉米总产量的35%，其贡献率占全国玉米的40%以上，在国家粮食生产中占有举足轻重的地位。该区主要种植方式为冬小麦、夏玉米两茬轮作，其种植面积占总面积85%以上；玉米生长受前后两茬冬小麦的约束，而且生长季节气温高，蒸发量大，降雨过于集中，经常发生春旱夏涝。但该区玉米机械化生产水平较高，免耕直播面积达70%以上，机械化收获达60%以上。

黄淮海区是我国大豆第二主产区，近年来大豆播种面积稳定在230万hm^2，占全国大豆种植面积的30%左右。该区大豆主要集中在河北、山东、河南和安徽4个省，其中河南和安徽两省是黄淮海大豆最主要的产区，年均大豆总产量均达到了100万t左右。该地区主要以夏大豆为主，生长周期受主作物冬小麦的制约，一般生育期在90～110d，南部地区生育期稍长，北部稍短。大豆种植有两年三熟和一年两熟，现在多以一年两熟为主。大豆多在小麦收获后种植，在9月中旬至10月上旬收获。生育期间光热资源丰富、降雨多、气温高、温差小，利于形成高蛋白质含量大豆。

黄淮海地区同时作为我国玉米大豆主产区，争地矛盾突出。夏玉米夏大豆带状间作，两种作物同播同收一体化，统防统管效率高，在不影响玉米产量的同时能多收一季大豆，经济效益显著，可发展潜力大。按现有玉米播种面积的50%计，全国可增加0.075亿hm^2的大豆播种面积，年新增1350万t大豆。

二、技术要点

1. 选配品种

玉米选用株型紧凑、适宜密植和机械化收获的高产品种，如明天695、登海511、黄糯2号、登海605等（表13-7）；大豆选用耐荫抗倒高产品种，如徐豆24、沧豆0734、菏豆33、皖豆37等（表13-8）。

2. 抢墒播种

小麦收获后6月15日至25日播种，播种时注意小麦收获后的水分管理，墒情较好地块（土壤含水量60%～65%）抢墒播种；土壤较干旱或较湿润时根据天气预报等墒播种（不超过25号）或结合滴灌装置实施播种；土壤极度干旱时造墒播种，先漫灌表层土壤再晾晒至适宜墒情（以3～5d为宜），实施播种。留茬高度超过15cm，秸秆长度超过10cm时，先用打捆机将秸秆打捆移出，再用灭茬机进行灭茬处理后方可播种。播种时可选择2BYDF-6型、2BF-5型玉米大豆带状间作密植分控播种施肥机实施播种施肥。

表13-7 黄淮海地区不同玉米品种系统产量及产值

玉米品种	玉米产量（kg/hm²）	大豆产量（kg/hm²）	系统产值（元/hm²）	玉米品种	玉米产量（kg/hm²）	大豆产量（kg/hm²）	系统产值（元/hm²）
明天695	9 198	1 290	33 497	MY73	7 902	1 728	32 493
登海511	9 152	1 698	35 813	陕科6号	7 887	1 866	33 278
新实118	9 012	2 148	38 121	中农大678	7 800	2 220	35 159
登海605	8 760	1 400	32 924	裕丰620	7 785	2 325	35 748
黄糯2号	8 708	2 087	36 902	荃科789	7 755	1 830	32 694
纪元128	8 511	1 472	32 660	庐玉9105	7 734	2 099	34 245
良玉99	8 537	1 935	35 517	机玉217	7 649	1 847	32 493
洁玉1606	8 451	1 868	34 868	伟科908	7 635	2 240	34 812
洁田玉1606	8 417	1 277	31 223	德单123	7 613	1 574	30 753
宝景186	8 315	1 571	32 708	江玉877	7 430	2 088	33 330
MC121	7 953	1 935	33 881	登海553	7 208	1 782	30 875

表13-8 黄淮海地区不同大豆品种系统产量及产值

大豆品种	大豆产量（kg/hm²）	玉米产量（kg/hm²）	系统产值（元/hm²）	大豆品种	大豆产量（kg/hm²）	玉米产量（kg/hm²）	系统产值（元/hm²）
徐豆24	2 586	7 866	37 538	沧豆13	1 706	5 627	25 988
沧豆0734	2 394	8 342	37 718	中黄301	1 586	7 430	30 311
菏豆33	2 181	6 524	31 347	祥丰4号	1 563	7 790	31 193
皖豆37	2 160	7 767	34 701	淮豆13	1 559	6 524	27 617
金豆99	2 099	7 836	34 530	郑1307	1 526	7 649	30 567
油春1204	2 037	7 557	33 375	石豆936	1 472	8 493	32 612
菏豆12	2 010	5 858	28 460	荷豆12	1 185	7 152	27 138
中黄78	1 877	8 525	35 123	许科豆1号	1 160	6 803	26 000
安豆203	1 782	7 208	30 875	邯豆13	1 086	8 397	30 030
齐黄34	1 740	8 429	34 043				

3. 扩间增光

玉米带2行，行距40cm，两相邻玉米带间距离210～230cm，种4行大豆，大豆带宽90cm，玉米带与大豆带间距60～70cm，大豆玉米行比以4∶2最佳，也可根据生产实际选择6∶4（表13-9）。

表 13-9　黄淮海地区夏玉米夏大豆带状间作行比试验产量与产值

行比	玉米产量及构成因素				大豆产量及构成因素				产值（元/hm^2）
	有效穗（穗/hm^2）	穗粒数（粒）	千粒重（g）	产量（kg/hm^2）	有效株（株/hm^2）	单株粒数（粒）	百粒重（g）	产量（kg/hm^2）	
3∶2	59 717	359.4	394.5	8 354	84 654	53.8	23.9	1 061	29 747
4∶2	59 135	415.6	347.9	8 114	94 467	76.4	22.9	1 488	31 643
6∶2	44 211	454.5	320.9	5 945	66 686	132.3	21.3	1 740	27 086
3∶3	52 905	494	289.1	7 556	53 970	91.2	25.7	1 268	28 760
4∶3	62 367	432.3	320.5	7 814	102 246	69.6	26.5	1 563	31 257
6∶3	58 526	456.3	280	7 236	82 512	114	19.4	1 730	30 639
4∶4	62 013	441.4	333.7	8 057	89 778	91.6	23.6	1 404	30 980
6∶4	57 254	421.4	319.6	7 010	100 419	98.2	20.7	1 817	30 524

4. 缩株保密

玉米单粒穴播，株距 10～13cm，每公顷播 67 500 粒左右，保证有效穗数 60 000 穗以上；大豆株距 9～11cm，每公顷播 135 000 粒左右，保证有效株数 90 000 株以上（表 13-10，表 13-11）。

表 13-10　黄淮海地区夏玉米夏大豆带状间作不同玉米产量水平系统产量产值

玉米产量水平（kg/hm^2）	玉米产量构成			玉米产量（kg/hm^2）	大豆产量构成			大豆产量（kg/hm^2）	总产值（元/hm^2）
	有效穗（穗/hm^2）	穗粒数（粒）	千粒重（g）		有效株（株/hm^2）	单株粒数（粒）	百粒重（g）		
<7 500	53 925	386.4	331	6 303	88 982	89.3	20.8	1 412	26 114
7 500～9 000	60 861	420.9	336.8	8 174	93 260	87.3	23.2	1 665	32 873
9 000～10 500	65 081	440.6	349.4	9 450	91 367	77.9	22.5	1 347	34 548

表 13-11　黄淮海地区夏玉米夏大豆带状间作不同大豆产量水平系统产量产值

大豆产量水平（kg/hm^2）	大豆产量构成			大豆产量（kg/hm^2）	玉米产量构成			玉米产量（kg/hm^2）	总产值（元/hm^2）
	有效株（株/hm^2）	单株粒数（粒）	百粒重（g）		有效穗（穗/hm^2）	穗粒数（粒）	千粒重（g）		
<1 200	86 940	51.7	22.2	935	64 361	341.4	375.8	7 956	27 887
1 200～1 500	95 861	67.8	22.4	1 317	59 537	412.4	365.4	8 339	31 247
1 500～1 800	96 492	81.6	23.7	1 659	60 923	415.2	331.7	7 943	32 189
>1 800	92 637	111.7	22.7	2 090	60 582	455.8	312	7 929	34 743

5. 调肥控旺

播种时玉米选用专用控释肥 750～1050kg/hm^2（$N–P_2O_5–K_2O$=28–8–6）；大豆不施氮肥或施低氮大豆专用复合肥 300kg/hm^2（$N–P_2O_5–K_2O$=14–15–14）。玉米 7～

10 片展叶时，根据株高情况喷施矮壮素、玉黄金（胺鲜酯和乙烯利）等控制株高。大豆根据长势在 3 叶期、5 叶期或初花期每公顷用 5%的烯效唑可湿性粉剂 300～750g（苗期用量可低至 300g），兑水 450kg 喷施茎叶控旺（也可用烯效唑拌种，每千克种子加 240～300mg 5%烯效唑可湿性粉剂）。

6. 防除杂草

播后芽前用 96%精异丙甲草胺乳油（金都尔）1200～1500ml/hm^2；苗后用玉米、大豆专用除草剂茎叶定向除草（注意用物理隔帘将玉米、大豆隔开施药，或双药桶喷药装置）。例如，玉米每公顷用 5%硝磺草酮+20%莠去津 1.88～2.25L，兑水 225～450kg；大豆用 25%氟磺胺草醚水剂 1.2～1.5kg/hm^2 或 15%精喹禾灵+25%氟磺胺草醚（300ml+270g 型 1 套/hm^2）。

7. 防病控虫

理化诱抗技术与化学防治相结合，示范基地安装智能 LED 集成波段太阳能杀虫灯+性诱剂诱芯装置诱杀斜纹夜蛾、桃蛀螟、金龟科害虫等；结合无人机统防病虫害 3 次，分别为玉米苗后 3～4 叶、玉米大喇叭口期至抽雄期、大豆结荚期至鼓粒期，“杀菌剂、杀虫剂、增效剂、调节剂、微肥”五合一套餐制施药。例如，大豆结荚期至鼓粒期每公顷用 500g/L 的甲基硫菌灵 1500ml+2.5%的高效氯氟氰菊酯 375ml+12%的甲维・虫螨腈 600ml，兑水 600～750kg 喷施。防治的病虫害主要应注意斜纹夜蛾、高隆象、黑潜蝇及点蜂缘蝽等，同时防治锈病、根腐病的发生，实现玉米病虫害统一预防。

8. 收获模式

玉米大豆基本均在 10 月初成熟，可根据配套机具及实际成熟需要，选择先收玉米、先收大豆，或者是同步收获。若先收玉米须选用 4YZ-2A 型自走式联合收获机或 4YZP-2L 型履带式收获机等窄幅（机身＜1.8m）两行玉米收获机在大豆行间将玉米收获后，再先用当地大豆收获机收获大豆；若先收大豆须先用 GY4D-2 型大豆联合收获机在玉米行间将大豆收获后，再用当地玉米收获机收获玉米；也可先用当地大豆、玉米收获机一前一后同时收获大豆和玉米。若采用玉米大豆混合青贮，可选择割幅宽度适宜，既能收获高秆作物又能收获矮秆作物的青贮收获机，如 4QZ-2100、4QZ-3000 等青贮饲料收获机型。

田间配置及管理环节如图 13-8～图 13-12 所示。

三、技术效果

自 2013 年，玉米大豆带状复合种植技术在黄淮海区开展示范以来，技术模

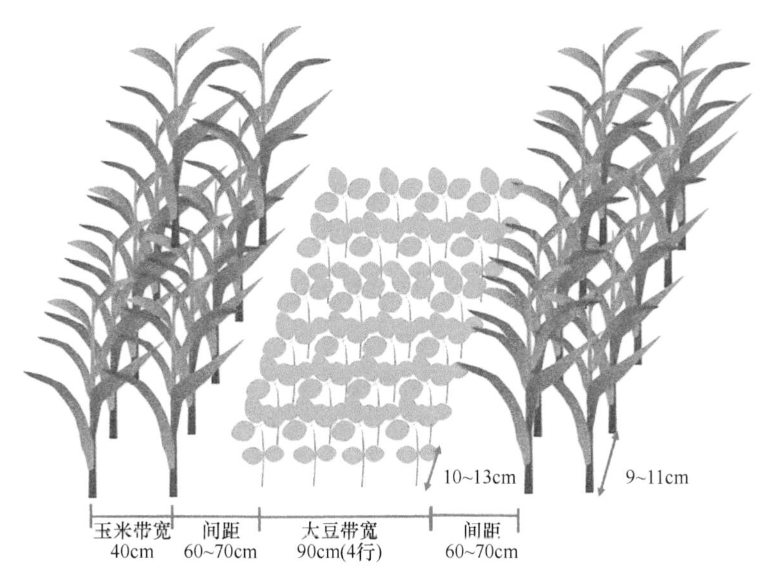

图 13-8　黄淮海地区夏大豆夏玉米带状间作田间配置示意图

图 13-9　黄淮海地区麦收后免耕大豆玉米同时播种现场图

图 13-10　苗后茎叶定向喷雾除草现场图

图 13-11　先收获大豆现场图

图 13-12　大豆玉米一前一后同时收获现场图

式日益标准化，配套机械不断完善，增产增收效果显著，部分示范点的产量表现如表 13-12 所示，其中，河北藁城和山东禹城建立的固定的千亩高标准技术示范片分别如图 13-13、图 13-14 所示。除了粒用玉米大豆带状复合种植技术示范区外，近年来还在山东禹城开展了青贮用玉米大豆带状复合种植技术百亩示范地及混合青贮与牛羊饲养试验。玉米大豆混合青贮料产量约 60t/hm^2，市场价比玉米单独青贮料高 20 元/t，每公顷产值增加约 1200 元。与玉米单独青贮料相比，玉米大豆混合青贮料粗蛋白增加 21.19%、中性洗涤纤维降低 14.2%、酸性洗涤纤维降低 18.7%。通过 75d 牛羊饲喂试验，玉米大豆混合青贮料较玉米单独青贮料日饲喂精料量可减少 37.8%，肉羊日增重提高 13.6%，肉牛日增重提高 29.3%。

表 13-12　夏大豆夏玉米带状间作测产结果

年份	地点	示范面积（hm^2）	玉米平均产量（kg/hm^2）	大豆平均产量（kg/hm^2）
2015	河南永城	13.3	9 150.0	1 200.0
2016	河南郸城	2.0	9 817.5	1 488.0
2016	安徽阜阳	6.7	9 280.5	1 684.5
2017	山东禹城	66.7	9 148.5	1 977.0
2017	河北藁城	20.0	8 340.0	2 025.0
2018	山东德州	66.7	8 080.5	1 941.0
2018	河北藁城	66.7	7 773.0	2 935.5
2018	安徽临泉	6.7	8 767.5	1 824.0
2019	山东德州	100.0	8 662.5	1 813.5
2019	山东德州	0.7	11 361.0	2 412.0
2022	山东禹城	14.7	9 506.7	2 476.5
2019	河北藁城	333.3	7 762.5	1 534.5
2019	河北藁城	0.7	10 638.0	1 968.0
2019	河南永城	33.3	9 066.0	1 672.5
2020	山东禹城	66.7	8 520.0	1 825.5
2021	山东潍坊	3.3	8 352.0	1 896.0
2021	山东禹城	13.3	8 242.5	1 539.0
2021	山东肥城	69.3	8 131.2	1 715.4
2021	河北藁城	533.3	7 815.0	1 555.5
2021	河南永城	6.7	6 590.55	1 635.45
2021	河南临颍	20.0	7 758.0	1 459.8

图 13-13　河北藁城 5000 亩示范片

图 13-14　山东禹城千亩高产示范片

第三节　春玉米春大豆带状间作模式

一、适应区域及玉米大豆生产现状

春玉米春大豆带状间作模式主要适于我国西北、东北种植区。我国西北地区光热资源丰富，高温干旱、降雨量少、蒸发量大，年日照时数为 1500～3400h。新疆东部，以及甘肃西部的青、甘、新交界地区的全年太阳辐射总量为 6200～7000MJ/m^2，甘肃省≥10℃的活动积温为 3000～4900℃，无霜期 130～170d，其中河西走廊大多数地方≥10℃的活动积温为 2100～3300℃。新疆绿洲农业区积温＞2500℃，南疆平原无霜期 200d 左右；陕西≥5℃的活动积温＞3000℃，无霜期 220d 左右；内蒙古属典型的中温带季风气候，大部地区≥10℃的活动积温为 1400～3400℃，农区无霜期一般在 100～140d。我国东北地区多属于温带季风气候，境内雨热同季，日照丰富，积温较高，全年太阳辐射总量为 4400～5000MJ/m^2，年日照时数 2100～3100h。全年无霜期一般为 90～160d，年平均降水量为 400～800mm，≥10℃的活动积温为 1800～2800℃。因此，该区作物种植制度主要是一年一熟制，玉米以一季春玉米为主。

西北地区具有丰富的光温资源、昼夜温差大、高温干燥，是我国重要的玉米高产区。2018 年西北地区玉米种植面积 355.5 万 hm^2，约占全国玉米总种植面积的 10%，产量约占全国玉米总产量的 9%，其中超过 90%的种植面积分布在陕西、甘肃及新疆地区。近年来，玉米市场供需矛盾突出。各地区积极调整玉米产业结构，稳定河西走廊杂交玉米制种面积在 7 万 hm^2 左右，适度调减粒用大田玉米生产规模，响应国家“粮改饲”计划，不断拓展青贮玉米种植面积。2018 年新疆完成青贮玉米种植面积 4 万 hm^2 左右；2019 宁夏完成青贮玉米种植面积 5 万 hm^2 左右；2019 年甘肃完成青贮玉米种植面积 21 万 hm^2，2020 年增加到 53 万 hm^2。东北地区土地肥沃，耕地资源丰富，是玉米的黄金生产带，常年播种面积达 2 亿亩，占全国播种面积的 31%。

西北地区大豆生产主要分布在陕西、甘肃、宁夏及新疆地区，其中陕西、甘肃及新疆地区的大豆种植面积占西北地区大豆总种植面积的 98%。从 2010 年开始，西北地区大豆种植面积开始缩减，2015 年时大豆生产水平到达低值，2016 年起大豆种植面积和产量开始出现恢复性增加，到 2018 年西北地区大豆种植面积为 238.9 万 hm^2，占全国大豆种植面积的 3%，大豆产量占全国产量的 2.5%；与 2010 年相比，大豆种植面积调减 146 万 hm^2，产量减少 5.18 万 t。而东北地区是我国大豆生产第一大产区，常年播种面积 5400 余万亩，约占全国大豆播种面积的 40%，且单产水平高，总产占全国的 50%以上。

国家在“十三五”期间提出，通过玉米、大豆轮作来提升大豆产能，但由于种植效益等问题，很难协调两种作物的争地矛盾。而我国西北和东北均是玉米、大豆优势产区，而且这两个区域的春玉米春大豆带状间作模式中的玉米、大豆同播同管，不仅保证了玉米面积、产量不减少，还能增收一季大豆。这种模式在这两个区域有很大的扩面、增面潜力。此外，这种模式除主要在西北、东北应用外，还可在云南、贵州、湖南、江西等春玉米区域适用。

二、技术要点

1. 选配品种

根据各区域热量条件，玉米选用生育期 100～150d、株型紧凑、边际优势明显的高产宜机收品种，如迪优 919、垦玉 101、种垦 719、杰尼 336 等（表 13-13）；大豆选用耐荫、抗倒、结荚高度 12cm 以上且低于 20cm 的高产宜机收品种，如绥农 2 号、吉农 28、秦豆 2018、黑龙 52 等（表 13-14）。

表 13-13　西北地区不同玉米品种系统产量及产值

玉米品种	玉米产量（kg/hm²）	大豆产量（kg/hm²）	系统产值（元/hm²）	玉米品种	玉米产量（kg/hm²）	大豆产量（kg/hm²）	系统产值（元/hm²）
迪优 919	11 295	1 097	38 199	杰尼 336	10 148	2 094	40 977
垦玉 101	10 919	1 193	37 727	先玉 698	9 791	1 859	38 565
金苹果 619	10 779	1 182	37 274	先玉 1483	9 720	1 265	34 803
铁 391	10 556	1 319	37 466	先玉 1225	9 645	1 112	33 672
瑞普 686	10 496	1 767	39 990	晋单 73	9 296	1 104	32 652
种垦 719	10 442	2 238	42 665	博盛 818	9 116	1 323	33 458
华美 1 号	10 190	1 259	36 077	锦润 919	8 969	1 434	33 719

表 13-14　西北地区不同大豆品种系统产量及产值

大豆品种	大豆产量（kg/hm²）	玉米产量（kg/hm²）	总产值（元/hm²）	大豆品种	大豆产量（kg/hm²）	玉米产量（kg/hm²）	总产值（元/hm²）
绥农 2 号	2 238	10 442	42 665	陕豆 125	1 049	6 462	24 386
吉农 28	1 859	9 791	38 565	冀豆 19	1 028	9 029	31 445
秦豆 2018	1 859	9 702	38 316	豫豆 8 号	1 019	7 176	26 204
黑龙 52	1 767	10 496	39 990	垦豆 38	987	12 335	40 458
临豆 10 号	1 578	5 066	23 652	辽豆 15	968	7 790	27 618
齐黄 34	1 247	7 415	28 244	铁丰 31	948	10 910	36 233
丰豆 6 号	1 236	10 871	37 854	希豆 5 号	942	9 480	32 192
中黄 30	1 227	9 288	33 368	陇黄 2 号	885	7 259	25 629
垦豆 95	1 193	10 919	37 727	垦豆 62	867	12 309	39 668
陇黄 3 号	1 185	10 539	36 617	东豆 339	863	9 720	32 393
承豆 6 号	1 125	8 495	30 533	宁豆 7 号	785	9 776	32 073
宁豆 6 号	1 119	10 391	35 810				

2. 适期早播

播种可选用专用 2BYFSF-5 大豆玉米带状间作密植分控播种施肥机来完成两种作物的播种施种肥，西北地区选用增加覆膜铺管装置的机具。

3. 扩间增光

玉米带 2 行玉米，行距 40cm，玉米带之间距离 160～290cm，玉米带与大豆带间距 60～70cm，大豆行距 25～30cm，大豆玉米行比以 4∶2 最佳，根据生产实际也可选择 6∶2（表 13-15）。

表 13-15　西北地区春玉米春大豆带状间作行比试验产量与产值

行比	玉米产量及构成因素				大豆产量及构成因素				产值（元/hm^2）
	有效穗（穗/hm^2）	穗粒数（粒）	千粒重（g）	产量（kg/hm^2）	有效株（株/hm^2）	单株粒数（粒）	百粒重（g）	产量（kg/hm^2）	
3∶2	59 306	501.2	344.4	8 355	93 812	66.9	22.4	1 034	29 592
4∶2	60 620	526.8	347.9	10 893	146 232	44.0	20.5	1 277	38 162
6∶2	56 570	418.7	360.7	8 544	174 912	41.8	24.0	1 757	34 458
3∶3	47 592	641.3	347.5	8 930	84 335	51.0	22.5	855	30 134
3∶4	62 982	526.1	349.0	9 942	70 178	89.5	21.4	1 127	34 595
4∶4	60 111	517.8	331.6	9 521	77 432	73.0	22.9	993	32 613
6∶4	43 011	540.2	347.1	7 109	84 920	61.9	21.1	930	25 484

4. 缩株保密

采用单粒穴播，机具适宜也可选用双粒穴播，玉米株（穴）距 8～10cm（单粒）、16～20cm（双粒），播种粒数 60 000～75 000 粒/hm^2，保证有效穗数 67 500 穗/hm^2 左右（表 13-16）；大豆株（穴）距 8～10cm（单粒）、16～20cm（双粒），播种粒数 165 000～180 000 粒/hm^2，保证有效株数 120 000 株/hm^2 左右（表 13-17）。

表 13-16　西北地区春玉米春大豆带状间作不同玉米产量水平系统产量与产值

玉米产量水平（kg/hm^2）	玉米产量构成			玉米产量（kg/hm^2）	大豆产量构成			大豆产量（kg/hm^2）	总产值（元/hm^2）
	有效穗（穗/hm^2）	穗粒数（粒）	千粒重（g）		有效株（株/hm^2）	单株粒数（粒）	百粒重（g）		
＜500	41 699	534.2	342.9	5 946	78 315	70.4	21.2	953	22 368
500～600	54 093	514.9	360.6	8 409	69 191	71.6	21.5	846	28 623
600～700	59 904	522.6	352.0	9 636	98 589	72.2	21.8	1 194	34 148
＞700	62 934	583.6	362.7	12 110	76 163	71.6	20.5	956	39 636

表 13-17　西北地区春玉米春大豆带状间作不同大豆产量水平系统产量与产值

大豆产量水平（kg/hm²）	大豆产量构成			大豆产量（kg/hm²）	玉米产量构成			玉米产量（kg/hm²）	总产值（元/hm²）
	有效株（株/hm²）	单株粒数（粒）	百粒重（g）		有效穗（穗/hm²）	穗粒数（粒）	千粒重（g）		
＜80	66 263	72.8	21.1	804	52 989	565	358.4	9 246	30 717
80～100	95 024	77.6	20.9	1 340	61 394	536.7	350.1	10 578	37 656
100～200	118 758	76.4	21.8	1 676	61 349	455.9	343.1	7 920	32 234
＞200	125 522	81.3	20.8	2 013	53 951	496.6	396.7	10 020	40 131

5. 一体化施肥

该区域玉米、大豆生育期长，单产水平高。玉米全生育期每公顷用高氮缓控释肥（$N-P_2O_5-K_2O$=28–8–6）900～1200kg，大豆每公顷施用低氮缓控释肥 300～375kg（$N-P_2O_5-K_2O$=14–15–14）。西北覆膜滴灌区域采用玉米、大豆独立水肥一体化系统，分别控制两作物的肥料。

6. 控旺防倒

玉米 7～10 片展叶时，根据株高情况喷施矮壮素、玉黄金（胺鲜酯和乙烯利）等控制株高。大豆根据长势在 3 叶期、5 叶期或初花期每公顷用 5%的烯效唑可湿性粉剂 300～750g（苗期用量可低至 300g），兑水 450kg 喷施茎叶控旺（也可用烯效唑拌种，每千克种子加 16～20mg 5%烯效唑可湿性粉剂）。

7. 防除杂草

播后芽前用 96%精异丙甲草胺乳油（金都尔）1200～1500ml/hm²；苗后用玉米、大豆专用除草剂茎叶定向除草（注意用物理隔帘将玉米、大豆隔开施药，或双药桶喷药装置）。例如，玉米每公顷用 5%硝磺草酮+20%莠去津 1875～2250ml，兑水 225～450kg；大豆用 25%氟磺胺草醚水剂 1200～1500g/hm² 或 15%精喹禾灵+25%氟磺胺草醚（300ml+270g 型 1 套/hm²）。西北地区地膜覆盖栽培，多采用膜间中耕除草。

8. 病虫草害防治

采用物理、生物与化学防治相结合，利用智能 LED 集成波段太阳能杀虫灯和性诱器诱杀害虫；结合无人机统防病虫害 3 次，防治时间分别为玉米苗后 3～4 叶、玉米大喇叭口期至抽雄期、大豆结荚期至鼓粒期，“杀菌剂、杀虫剂、增效剂、调节剂、微肥”五合一套餐制施药。例如，大豆结荚期至鼓粒期每公顷用 500g/L 的甲基硫菌灵 1500ml+2.5%的高效氯氟氰菊酯 375ml+12%的甲维・虫螨腈 600ml，兑水 600～750kg 喷施。

9. 收获模式

玉米大豆基本均在 9 月中下旬成熟，可根据配套机具及实际成熟需要，选择先收玉米、先收大豆，或者是同步收获。若先收玉米须选用 4YZ-2A 型自走式联合收获机或 4YZP-2L 型履带式收获机等窄幅（机身＜1.8m）两行玉米收获机在大豆行间将玉米收获后，再用当地大豆收获机收获大豆；若先收大豆，需先用 GY4D-2 型大豆联合收获机在玉米行间将大豆收获，再用当地玉米收获机收获玉米；也可先用当地大豆、玉米收获机一前一后同时收获大豆和玉米。若采用玉米大豆混合青贮，可选择割幅宽度适宜，既能收获高秆作物又能收获矮秆作物的青贮收获机，如 4QZ-2100、4QZ-3000 等青贮饲料收获机型。

田间配置及管理环节如图 13-15～图 13-19 所示。

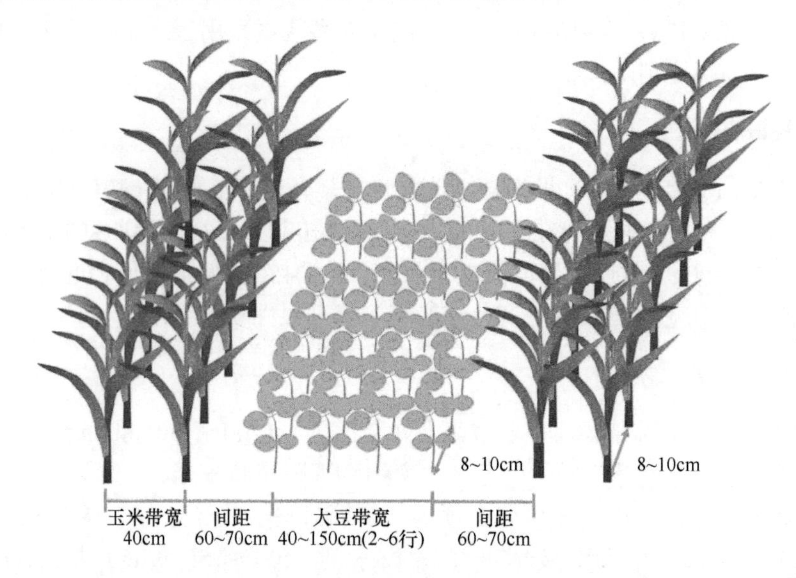

图 13-15　西北、东北地区春玉米春大豆带状间作田间配置图

三、技术效果

近年来，玉米大豆带状间作在西北地区的种植面积累计达到 260 万 hm^2，玉米平均产量为 12 109kg/hm^2，与当地净作玉米产量相当；大豆平均产量为 1580.1kg/hm^2。2017 年同时在甘肃张掖、宁夏银川、陕西延安开展玉米间作大豆示范，其中陕西延安为玉米间作大豆高产示范典型，大豆产量为 1737kg/hm^2，较甘肃张掖、宁夏银川示范间作大豆产量分别高出 22.5%、31.8%（表 13-18）。2018 年在上一年的基础上新增内蒙古包头示范点，通过对比 4 个地区间作大豆产量，

内蒙古包头的间作大豆创造高产纪录，为 1987.5kg/hm^2，较陕西延安的间作大豆产量高 12.3%。2019～2022 年带状间作模式继续在内蒙古推广种植（图 13-20），2019 年种植面积达到 113.3hm^2；2020 年种植面积达 1600.0hm^2，玉米每公顷最高产量 12 405kg，同田大豆产量达 1515kg；2021 年玉米每公顷最高产量达 14 190kg，同田大豆每公顷产量达 1410kg；2022 年 200 亩连片玉米每公顷验收产量为 10 605.0kg，同片大豆每公顷产量为 1380.0kg（表 13-18）。

图 13-16　西北春玉米春大豆带状间作施肥覆膜现场图

图 13-17　东北春玉米春大豆同时播种现场图

图 13-18　大豆、玉米分调分控独立水肥一体化管理展示图

图 13-19　玉米大豆混合青贮收获现场图

图 13-20　内蒙古兴安盟百亩示范片

表 13-18　春玉米春大豆带状间作测产结果

年份	地点	示范面积（hm^2）	玉米平均产量（kg/hm^2）	大豆平均产量（kg/hm^2）
2012	辽宁铁西	13.3	8 670.0	1 005.0
2013	吉林公主岭	6.7	10 410.0	1 080.0
	黑龙江富锦	20.0	10 902.0	2 650.5
2016	甘肃武威	40.0	12 510.0	1 387.5
2017	甘肃张掖	66.7	12 750.0	1 420.5
	宁夏银川	10.0	14 055.0	1 320.0
	陕西延安	13.3	7 905.0	1 740.0
2018	甘肃张掖	10.0	12 975.0	1 404.0
	宁夏银川	13.3	13 800.0	1 365.0
	陕西延安	15.33	11 115.0	1 770.0
	内蒙古包头	16.0	11 835.0	1 987.5
2019	内蒙古包头	113.3	12 045.0	1 852.5
2020	内蒙古包头	1 600.0	11 532.0	1 237.5
	甘肃武威	66.7	12 819.0	1 494.0
2021	内蒙古包头	1 533.3	13 617.0	1 159.5
2022	内蒙古包头	2 013.3	10 605.0	1 380.0

第十四章　成果推广机制

第一节　“三融合、四圈层、五结合”成果推广新机制

针对人们认为间套作不能机械化这种固有思维所导致的推广难题，项目组构建了以示范样板为抓手，以责任意识和奉献精神为纽带的“三融合”转化体系、“四圈层”推广网络、“五结合”培训模式推广新机制，保证了项目成果的有效转化。

一、“三融合”转化体系

以科技引领为核心，产业需求为导向，农民增收为目标，在科学技术部、农业农村部及四川省科研专项经费支持下，团队成员和合作单位本着对国家粮食安全、农业可持续发展和农民增收负责的责任意识，负重前行，不计得失。高等院校、科研院所和企业三部门科研单位合作，作物学、农业工程和植物保护学等多学科交叉，对该项目进行全面攻关和研发；党中央和国家部委与地方党委政府高度重视，党政同责，在17个省市区开展大面积推广；通过全国、省和县（市）三级农业技术推广部门上下联手，对成果进行全方位转化，实现了技术在企业、种植大户、小农户等农村各种经营主体的全面落地，形成了“党委政府—科研推广—经营主体”的“三融合”转化体系，加快了转化进程，实现了成果全方位转化。

该转化体系是实现技术成果从研究中心走出四川、走向全国的关键。近年来，除仁寿核心基地外，全国还迅速涌现出了藁城模式、肥城模式、禹城模式及包头模式等；河北省、山东省、内蒙古自治区迅速成为全国重点推广省区，2022年在这些省区的推广面积达100万亩以上。

二、“四圈层”推广网络

项目建设过程中确立了“讲奉献、做样板、改观念、促应用”的推广思路；以高产样板示范为抓手，形成了以百亩高产攻关田、千亩示范方、万亩示范片、十万亩推广区为主线的田—方—片—区“四圈层”推广网络，与农业农村部高产创建及科学技术部粮食丰产科技工程紧密融合。

三、“五结合”培训模式

依托国家大豆产业技术体系，建立“2 体系（玉米、大豆产业技术体系）、6 岗位（遗传、育种、农机、栽培、植保、经济岗位科学家）、11 试验站（南充、延安、银川、兰州、贵阳、汾阳、南宁、昆明、德州、济南和徐州综合试验站）”融合研发团队，进行“跨系合作、岗站对接、站站互动和区域联合”的全方位培训。利用带状复合种植研究与应用公众号、玉米大豆带状复合种植技术交流微信平台和玉米大豆带状复合种植推广工作专刊等实时发布技术要领、应急技术，专家网上互动答疑，与技术推广人员和技术应用者建立 QQ 群、微信群，实时掌握田间长势和开展技术交流，专家团队蹲点指导及与农户面对面服务等“线上线下”多渠道技术交流途径和手段。建立了高产理论与实用技术、项目培训与自主培训、技术讲座与田间样板、党政干部与科技人员、农技干部与农民相结合的“五结合”培训模式，最大限度地提高了本项目成果转化的效率。

第二节　推广新机制的特色

人们一直认为间套作不能机械化，这种观念导致技术推广难度大，本项目确立了“做样板、改观念、促应用”的推广思路，形成了以示范应用带动技术（机具）研发和基础研究，相互促进、联动发展的团队策略，对技术做到人人掌握、人人示范、人人宣传。借助全国、省和县（市）三级农业技术推广部门，在全国各区域建立“百亩高产攻关田—千亩示范方—万亩示范片—十万亩推广区”为主线的“四圈层”推广网络；利用“五结合”培训模式和多种技术交流途径，加强技术培训，使技术到位率显著提高，增产增收效果显著；通过观摩会、测产会、现场会等各种方式的宣传推广，使该技术模式得到了政府肯定、专家认可、农民欢迎，逐步改变了人们对间套作的固有思维，成果迅速在全国约 20 个省市推广应用。同时，该技术利用国际合作项目及留学生培养正走出国门，服务于南亚、欧洲、非洲等“一带一路”国家，引领了国内外间套作技术的大面积应用，颠覆了“间套作应该退出历史舞台”的看法，破解了间套作理论研究、技术开发、机具研制与应用推广脱节的难题。

一、打造了成果应用展示基地

在国家及省市县项目支持下，历经 15 年，四川省现代粮食产业仁寿示范园区在全国产粮大县仁寿县建成，该示范园区开展的技术研发、技术示范和技术培训，起到了对外展示和窗口作用，使成果快速走出校园、走向全国。据不完全统计，在四川省现代粮食产业仁寿示范园区召开省级以上现场观摩和培训会共 17 次，其中全国性会议6次，到示范园区考察和参会的专家学者和技术干部等达3000人次。

二、建立了成果应用保障体系

人才保障。依托国家大豆、玉米产业技术体系与省级玉米大豆创新团队、省市农业科研单位与推广部门等的科研技术人员，组建了“高等院校+科研单位+县（市）农技干部”技术服务团队，该团队负责开展技术培训、技术指导和全程跟踪调查。成果第一完成单位的26名团队成员和300多名研究生以蹲点方式投身到成果的示范推广，保障了成果应用的技术需求，提高了技术到位率。

机具保障。与农机企业广泛合作，研制和生产了玉米大豆带状复合种植播种机、双系统分带喷雾机、窄幅履带式玉米收获机、窄幅履带式大豆收获机，在西南、西北和黄淮海等地进行了多年多点中试和示范；企业全程跟进技术服务，保证了示范用机需求和作业质量。

三、构建了成果应用新格局

打破原有“自上而下”或项目式推广模式，创建了“三融合、四圈层、五结合”的成果推广新机制，形成了以仁寿示范园区为应用展示平台、四川省为中心区、西南为重点区、西北和黄淮海为推广区的成果应用新格局，推广面积逐年上升。四川省大豆面积从2000年前的全国第十二名跃居为第四名，西南成为全国三大优势大豆产区之一和国家大豆振兴计划三大实施区域之一。

第三节　推广新机制的应用成效

一、应用成效

自2008年以来，技术成果已连续13年入选农业农村部和四川省农业主推技术，2019年被遴选为国家大豆振兴计划重点推广技术，2020年、2022年和2023年三次被列入中央一号文件内容，2022年被列为国家大豆和油料产能提升工程首推技术。2008～2022年玉米大豆带状复合种植在西南、西北、黄淮海等区域20余个省（自治区、直辖市）累计推广1.06亿亩，新增大豆1283.9万t，新增经济效益330.5亿元。其中，2022年该技术在16个省（市）推广1872万亩，生产大豆167万t，使大豆自给率提升了1.5个百分点；在四川省累计推广面积5503万亩，全省21个市州实现全域推广，助推了四川省成为全国第四大大豆主产省；使西南间套作高蛋白食用大豆产区成为全国三大优势大豆产区之一和国家大豆振兴计划三大实施区域之一。

针对区域生产特点，在西南春玉米区应用春玉米夏大豆带状套作，在西北、东北、长江流域春玉米区采用春玉米春大豆带状间作，黄淮海夏玉米区选用夏玉米夏大豆带状间作。各区域均表现出较好的适应性，高产典型不断涌现。尤其是 2022 年，国家提出了在 16 个省份推广 1510 万亩的玉米大豆带状复合种植扩种任务之后，技术研发单位充分发挥该成果推广机制，在各级党委政府的支持下，与全国农业技术推广中心及地方农业技术推广总站开展深度合作，共同制定技术方案、开展技术培训、建设高产示范样板，先后发布了《2022 年全国大豆玉米带状复合种植技术方案》《2022 年西南地区大豆玉米带状复合种植技术指导意见》等技术指导意见，开展省级技术培训 18 次；“大豆玉米带状复合种植技术模式集成创新与示范推广”成果获得农业农村部农业技术推广合作奖；通过成熟的推广渠道，确保了技术到位率和 1047 个县 1645 万亩实施任务的完成，其中四川省落实面积 375.4 万亩，超任务 20%以上。

除面积保障外，项目组采取蹲点服务和分省包片方式积极开展高产创建，在四川省、山东省、河南省、河北省、内蒙古自治区等地打造了多个可复制可推广的高产示范样板。例如，四川省安居区奉光荣种植家庭农场带状套作大豆亩产 180.2kg、玉米亩产 617.66kg；山东省禹城市辛店镇大周庄村高产竞赛田块大豆亩产 165.1kg、玉米亩产 633.78kg；江苏省宿迁泗洪县归仁镇姜冯村春蕾粮食种植家庭农场大豆亩产 127.79kg、玉米亩产 521.87kg；安徽省宿州市灵璧县韦集镇陈圩村大豆亩产 155.42kg、玉米亩产 518.3kg；山西省长治市武乡县上司乡张庄村、韩北镇大坪村、大有乡苑家垴村大豆亩产 161.1kg、玉米亩产 680.5kg 等。2022 年农业农村部组织开展全国大豆高产竞赛，通过评选产生了 10 名“金豆王”（带状复合种植）（表 14-1）。结合高产创建，各地也创新出了一系列推广机制，如“科技保豆促丰收”的安居模式、“五强化”玉豆双丰收禹城模式等。

表 14-1　2022 年全国大豆高产竞赛“金豆王”（带状复合种植）名单

排名	地点	示范面积（亩）	实收面积（亩）	大豆产量（kg/亩）	玉米产量（kg/亩）	主体
1	山东省禹城市	220	3.8	165.1	633.8	种植大户
2	安徽省太和县	200	3.5	157.0	543.1	合作社
3	江苏省睢宁县	160	7.2	155.0	675.0	合作社
4	山西省翼城县	115	4.0	154.5	604.6	农业企业
5	湖南省汨罗市	2080	3.8	140.9	486.9	种植大户
6	河北省藁城区	180	3.0	139.5	586.1	家庭农场
7	安徽省蒙城县	500	3.1	139.4	518.6	种植大户
8	山西省武乡县	257	3.0	137.3	511.1	种植大户
9	河北省无极县	120	3.1	135.7	697.1	家庭农场
10	内蒙古自治区九原区	240	5.5	128.8	802.4	合作社

数据来源：农业农村部种植业管理司农农（油料）〔2022〕11 号

二、典型案例

(一)"科技保豆促丰收"安居模式

安居区位于四川盆地腹心的涪江中游，属典型丘陵地区，以低、中丘为主，耕地面积 84.32 万亩，常年粮食播种面积在 116 万亩以上，是全国"平安农机"示范区，2022 年被列为全国大豆科技自强示范县。2021 年，项目组利用四川省科技成果转化资金与农业农村部农业重大技术协同推广计划资助，将四川省遂宁市安居区纳入重点示范区，由四川农业大学、四川省农业技术推广总站及地方农技站共同实施，四川农业大学全程提供技术指导，有针对性地给出技术配方，确保各环节技术参数到位，并通过全程机械化，实现了技术标准化。

一是注重"三选"。一选区域。在水源条件好、土块连片、种植水平高的石洞镇、白马镇、中兴镇 3 个镇建立百亩高产攻关田 5 个、千亩示范方 3 个（石洞镇 2 个、中兴镇 1 个）。二选主体。奉光荣种植家庭农场、盛禾农业发展有限公司、巧农农机专业合作社、金奇家庭农场等新型农业经营主体开展百亩高产攻关田、千亩示范方和万亩示范片建设。三选模式。严格按照国家大豆产业技术体系岗位科学家雍太文教授的推荐，选择小麦（油菜）—玉米—大豆三熟带状套作（或两熟三作带状间作），2.4m（或 2.8m）开厢，2 行玉米带宽 40cm+3 行大豆带宽 60cm（或 4 行大豆带宽 100cm），玉米带与大豆带间距 70cm。

二是落实"三定"。一定品种。玉米选用株型紧凑、耐密、耐旱抗倒和适于机收的高产品种仲玉 3 号、云海 365 与正红 6 号等；大豆选用耐荫、耐密、抗倒的夏大豆品种南夏豆 38、贡秋豆 5 号等。二定机具。播种机选择 2BYFSF-3 或 2BYFSF-6（河北农哈哈机械集团有限公司）型玉米、大豆施肥播种机实施播种施肥；玉米用 4YZP-2685 或 4YZ-2A 等自走式两行玉米收获机实施收穗，大豆用 GY4D-2 或 4LZ-3.0Z 等联合收获机收获脱粒和秸秆还田；实现全程机械化。三定农药。结合团队在遂宁的多年试验参数，播后芽前用 96%精异丙甲草胺乳油进行封闭除草，苗后用玉米、大豆专用除草剂茎叶定向除草，有效控制杂草；在玉米苗后 3～4 叶、大喇叭口期至抽雄期、大豆结荚期至鼓粒期，采用"杀菌剂、杀虫剂、增效剂、调节剂、微肥"五位一体"一喷多防"，有效防治大豆玉米主要病虫害。

三是把好"三关"。一是播种关。播种质量是高产的关键，在选配良种的基础上，安居区一方面强化对经营主体、农技人员的技术培训与农机手的操作培训，发放技术明白纸；另一方面依托有经验的农场（如奉光荣）建立高产样板，针对机具选择、播深、播期等进行观摩展示，确保苗全苗匀苗壮。二是病虫关。针对主要病虫害，提前调研，结合往年发生情况制定防治措施，做到早发现早防治，通过《四川农村日报》等平台及时发布预防措施。三是化控关。针对四川省季节性旱涝天气带来的大豆旺长倒伏、花荚脱落等问题，及时撰写化学控旺（抗旺）、促花保荚等技术指导意见，组织经营主体现场观摩，有效应对不利天气变化对大豆产量的影响。

在此指导下，以奉光荣种植家庭农场为代表的经营主体在第一年应用上述措施后就取得显著效果，玉米平均亩产 553.4kg，比大面积生产亩增产 171.4kg，增幅达 44.9%；大豆亩产 150kg，比大面积亩增产 35kg 以上，增幅达 30.4%；两作物合计较大面积生产亩增收 686.8 元。2022 年，奉光荣种植家庭农场扩大种植规模至 1600 亩，继续按照项目组的指导意见进行种植，在当年四川省遭遇 60 年以来的最强高温干旱情况下，玉米大豆带状复合种植仍取得好收成；通过全国农业技术推广服务中心组织专家测产，带状套作春玉米亩产 617.66kg，带状套作夏大豆亩产 180.2kg，创下全国带状套作大豆单产最高纪录。良好的示范效果受到中央电视台财经频道《经济半小时》、中央一台《端牢中国饭碗》系列专题报道，以及《人民日报》《四川日报》《农民日报》等 20 余次报道。

安居区原本是四川省农业小县，为何在短时间内能将玉米大豆带状复合种植发展成为四川省高产样板？通过总结我们发现，安居区采取了以下典型做法。

一是聚焦扩面增产，强化责任担当。立足全国产粮大县定位，聚焦粮食扩面增产，成立了以区长任组长、分管副区长任副组长，区农业农村局、区财政局、区发展和改革局等部门主要负责人为成员的玉米大豆带状复合种植示范推广工作领导小组，组织召开专题调度会 6 次，时任遂宁市委书记曾深入安居区调研玉米大豆带状复合种植 2 次，全市玉米大豆带状复合种植现场技术培训会 3 次。出台了《关于切实做好 2022 年稳定粮食生产工作的通知》（遂宁市安居区人民政府），制定惠农政策 21 条，加大农机购置补贴力度，对购置玉米、大豆的穴播机和单粒播种机械的农户累加补贴到 40%，对购买玉米大豆带状复合种植专用播种机械、专用秸秆还田机械的农户累加补贴到 50%。统筹安排本级财政资金 400 万元，用于玉米大豆带状复合种植补贴，补贴累加到 330 元/亩。

二是聚焦提质增效，强化科技攻关。依托高效增产新技术、新模式，促进农业科技成果向现实生产力转化。以四川农业大学为技术依托，采取区校企合作方式，在石洞镇双祠堂村、谭家坝村、白马镇宝泉沟村等镇村创新试点成功“一举两得：玉米地里种大豆”。政府采购分发南夏豆 25 等大豆种子 4 万 kg。全区现有农机专业合作社 25 个，农机具 5.4 万台套，掌握玉米大豆带状复合种植全程机械化技术农机手 85 人，配套农技推广人员 145 人，技术推广体系健全，服务能力全省领先。安居区开展了农机农艺融合探索、病虫害绿色防控统防统治社会化服务；成立了由国家大豆产业技术体系岗位科学家雍太文教授任组长，市、区、镇基层农技人员组成的玉米大豆带状复合种植技术指导服务队，负责技术培训和现场指导。同时区政府高度重视，召开专题研讨会，研讨玉米大豆带状复合种植模式在农户或业主农业新技术使用能力、土地规模流转、农业机械化、生产设施条件完善等方面存在的问题及解决办法，以此撬动新型经营主体与社会化服务组织投入积极性，充分发挥财政资金四两拨千斤的作用。

三是聚焦稳面增收，强化基础服务。全区整合涉农资金 5000 万元以上用于大豆产业发展及其基础设施建设，依托 2021 年耕地轮作休耕试点工作、高标准农田建设、宜机化等项目对示范基地进行农田改造，引进、培育种植业主进行全程机械化规模种植。成立遂宁市大豆产业发展联合体，做深产业链条，以奉光荣种植家庭农场示范种植为样板，引进培育 50 户以上种植大户规模示范种植，带动农户示范推广。因地制宜选择大豆扩种模式，以推广玉米大豆带状复合种植模式为主，同时推广大豆+其他间套作模式 1 万亩，其中幼龄果树间种大豆 0.4 万亩、大豆+高粱 0.3 万亩、大豆+红薯 0.3 万亩。

（二）“五强化”玉豆双丰收禹城模式

2017 年以来山东省禹城市通过和四川农业大学、德州市农业科学研究院的三方合作，成立了四川农业大学新农村发展研究院德州分院，连续 5 年推广应用玉米大豆带状复合种植技术，累计推广面积达到 30 万余亩，通过选配良种、扩间增光、调控营养、防病控虫等技术，实现了“玉米不减产、大豆属干捡”的目标。尤其是 2022 年，禹城市玉米大豆带状复合种植任务面积 10 万亩，实际种植面积 13.46 万亩，超额完成了任务，在全国所有县市区中位居第四、在山东省位居第一；同时禹城市承办了黄淮海地区玉米大豆带状复合种植现场观摩会、全国玉米大豆带状复合种植除草剂等药剂筛选和植保综合技术试验示范现场会等，使带状复合种植、植保管理的经验做法得到有效推广。

禹城市委市政府将推进带状复合种植作为保障国家粮食安全的政治任务来抓，本着“只要思想不滑坡，办法总比困难多”的决心，以“五个强化”确保带状复合种植落地落实。

一是强化组织领导。禹城市贯彻“书记抓粮”的方针，村抓样板田、镇抓示范方、市抓核心区。市级领导分包镇街，将带状复合种植工作纳入各乡镇年度目标考核。市委市政府出台《关于实施大豆产业振兴“一二三”工程的意见》，成立书记、市长双组长的工作专班，书记、市长每月至少到田间地头检查一次工作进展。设立大豆产业发展中心，负责大豆产业发展的协调调度、督查考核等具体工作。通过三次全市大观摩，对各乡镇带状复合种植情况进行过程考评，评委现场实名打分、公布成绩和排名，大家及时总结经验、发现不足。

二是强化财政支撑。经费是最直接的支持，否则“心里千条计，没钱难办事”。禹城市成立了 2000 万元的大豆产业发展基金，专项用于补贴大豆规模种植，扶持大豆加工龙头企业，支持大豆全产业链发展。在中央、省、市补贴的基础上，禹城市自筹资金将带状复合种植补贴标准提高至 300 元/亩，并对种植面积在 5000 亩以上的乡镇，每 5000 亩额外奖励 10 万元工作经费，充分调动乡镇工作积极性。

三是强化技术支持。带状复合种植需要新农艺，“要想路子蹚得准，师傅先得领进门”。禹城市全力落实选区域、选主体、选模式“三选”任务，抓好定品种、定机具、定农药“三定”工作；成立专家指导组，组建 13 支科技服务队，编印技术手册和挂图，出台《禹城市大豆玉米带状复合种植中后期生产技术意见》，开展全程技术指导和服务；组织开展带状复合种植技术模式、播种、植保、机械设备等培训 130 余场，累计培训 9988 人次；邀请中国科学院、四川农业大学、山东农业大学、德州市农业科学研究院、中国中化集团有限公司等 6 个团队开展高产试验，四川农业大学、山东农业大学、德州市农业科学研究院 3 个团队在房寺镇 5 万亩示范园开展全程机械化试验，中化集团在十里望镇 500 亩试验田开展全程机械化试验。

四是强化社会化服务。普通农户不好掌握新农艺，那就“让专业的人做专业的事”。积极发动新型经营主体示范推广带状复合种植，要求参与带状复合种植的种粮大户、家庭农场或农民专业合作社的种植面积不少于 50 亩，地块集中连片；最终确定由 681 家新型经营主体承担 13.46 万亩的带状复合种植。以镇为单位开展社会化服务，实行统一灭茬、统一移垄、统一造墒、统一播种、统一喷药“五统一”，提升作业效率的同时，保证了作业质量。

五是强化收益保障。除去种子、农机补贴，每亩带状复合种植成本 450 元左右，纯种玉米每亩收益 1200 元左右，纯种大豆每亩收益 800 元左右，带状复合种植比纯种玉米增收 300 元左右。农民怕风险，“吃了定心丸，才敢使劲干”。禹城市是山东省第一个实施“两包三定”的县市区，创新“期货+保险”机制，豆农交一份保险钱，可以同时保障田地受灾、亩产量不达标、价格不达标时得到赔偿。乡镇代表种植户与国内最大的大豆蛋白加工企业禹王集团签订合同，约定企业以高于市场价 0.1 元/斤的价格统一收购，解除了种植户的后顾之忧。试验大豆秸秆改饲技术，每 100 斤大豆秸秆可替代 6 斤精饲料，每亩均可再增收 100 元。

禹城市通过 6 年的示范推广，实现了种管收全程机械化和精简高效栽培，节本增效并重；与净作玉米相比，间套作玉米基本不减产（亩产 500～650kg），大豆增产 80～120kg，每亩增收 200 元左右。玉米大豆带状间作高效种植模式，已成为当前农业供给侧结构性调整的新选择、助力乡村振兴的新动能。

第十五章　应用效果与展望

历经 23 年的研究与应用，玉米大豆带状复合种植在关键理论、技术和机具等方面均取得了系列创新性成果，为保证国家玉米安全、大幅度提高大豆自给率提供了有效途径，产生了显著的经济、社会和生态效益。

第一节　应 用 效 果

一、突破大豆种植困境，保障国家粮食安全

玉米大豆带状复合种植成果在西南、西北、黄淮海等 20 个省（自治区、直辖市）开展大面积示范与推广，使四川省大豆种植面积和产量分别跃居全国第四和第三，西南地区成为全国大豆第三大产区。2019 年，玉米大豆带状复合种植技术被列入国家大豆振兴计划；2020 年中央一号文件要求“加大对大豆高产品种和玉米、大豆间作新农艺推广的支持力度”，2021 年中央农村工作会议和 2022 年中央一号文件明确指出，要大力推广玉米大豆带状复合种植，推动大豆玉米兼容发展。2022 年，农业农村部在 16 个省（自治区、直辖市）组织推广应用玉米大豆带状复合种植面积 1550 万亩。2023 年，中央一号文件明确要求“扎实推进大豆玉米带状复合种植”。玉米大豆带状复合种植被纳入中央财政农业技术推广与服务补助和农机购置补贴。根据农业农村部印发的《“十四五”全国种植业发展规划》，到 2025 年，推广大豆玉米带状复合种植面积 5000 万亩。在保证口粮绝对安全的前提下，稳定玉米产能、大幅度提高大豆产能将是国家粮食安全的战略决策。

在上述政策推动下，本成果迅速在西南、西北、黄淮海、长江中下游和东北的 20 个省份（四川省、重庆市、云南省、贵州省、广西壮族自治区、陕西省、甘肃省、宁夏回族自治区、山西省、内蒙古自治区、河北省、河南省、山东省、江苏省、浙江省、江西省、湖南省、湖北省、辽宁省、吉林省）的近 50 个县（市）开展了大面积示范与推广；2020 年推广面积达 958 万亩，四川省达 490 万亩，占全省大豆种植面积的 75%，2001～2018 年四川省大豆播种面积翻了一倍多，位列全国增长第一位。2022 年实际实施面积达到 1645 万亩，比原计划增加 100 多万亩。

伴随着玉米大豆带状复合种植的推广应用，全国大豆生产格局发生了改变。2000 年以前，全国大豆主产区域主要集中在东北高油大豆地区；到 2009 年前后，四川省局部大豆面积显著增加，首次迈入主产省行列；2014 年以后，大豆在四川

省丘陵区实现了全面覆盖，到2018年全省大豆产量位居全国第四，形成了东北高油区、黄淮海高蛋白区、西南玉米大豆间套作区的新格局。

二、确保畜牧业健康发展，保障优质肉蛋奶产能

玉米和大豆都是家畜家禽优质饲料的主要构成部分，玉米大豆产能关乎畜牧业健康发展，是保障老百姓“油瓶子”“肉盘子”“奶罐子”的关键基础。玉米大豆除食用外，还是猪牛羊的主要饲料来源。受到中美贸易摩擦的加剧和新冠疫情的影响，依靠进口来填补供需缺口越来越困难，这将直接影响到粮食安全和畜牧产业发展。

我国耕地极其有限，难以通过净作来满足粮食需求，由传统玉米大豆间套作创新发展而来的“带状复合种植”如期而至，高产出、机械化、可持续的玉米大豆间套作新农艺为解决农业高质量发展提供了新的解决方案。以四川省为例，按现有玉米种植面积的80%计算，潜力面积达2240万亩/年，在生产1120万t玉米的同时，多产大豆269万t，基本满足四川省现有饲料及豆制品加工需求；此外，玉米大豆混合青贮可生产6000万t左右饲料，对促进粮油、畜牧产业发展具有十分重要的基础性作用。

三、提高肥料利用率，生态效益显著

玉米大豆带状复合种植通过免耕秸秆覆盖、根瘤固氮、分带轮作等技术，有效降低了能源消耗，减少了温室气体排放，减轻了连作障碍，培肥了地力。研发出的减量一体化施肥、化控防倒和绿色防控配套技术，使系统氮磷利用率分别提高了85%和34%，大豆单产提高了20%，减药25%以上。

据多年定点观察，与传统玉米—甘薯套作模式相比，玉米大豆带状复合种植使土壤流失量和地表径流量分别减少了10.6%和85.1%，土壤有机质含量增加了5.56%，玉米和大豆带土壤总氮分别提高了4.11%和7.29%；套作大豆通过根瘤固氮，每亩减少尿素施用量4.4kg左右，氮肥利用率提高了39.21%。这对有效保护耕地，促进农业可持续发展具有积极的作用。

四、提高劳动生产率，促进乡村振兴

玉米大豆带状复合种植具有“一田双收、稳粮增豆，一种多效、用养结合，一机多用、低碳高效”等优势。2021年专家测产表明，四川省仁寿县百亩高产攻关田玉米亩产569.63kg，大豆亩产122.3kg；山东省肥城市玉米、大豆实测亩产分别为542.08kg和114.36kg；河北省石家庄市藁城区千亩示范方玉米亩产521kg，

大豆亩产 103.7kg。农业农村部种植业管理司组织了 2022 年全国大豆高产竞赛，通过一系列的测产和复核工作，确定了带状复合种植大豆产量位列全国前 10 位的“金豆王”，大豆和玉米最高产量分别为 165.1kg/亩和 633.8kg/亩（表 14-1）。20 余年的研究表明：玉米大豆带状复合种植实现了间套作玉米产量与净作玉米相当，且每亩多收 100～150kg 大豆，减施氮肥 4～5kg，效益比净作玉米增加约 350 元，深受农民喜爱。同时，该种植方式实现了全程作业机械化，大幅提高了劳动生产率，成为促进乡村振兴的有力抓手。

五、推动行业科技进步

1. 推动了间套作研究与应用

带状复合种植的研发与应用，大幅提升了间套作研究的全球关注度，来自美国、荷兰、澳大利亚、日本、加拿大等国的知名专家 25 人次，国内 15 位院士及相关权威同行 336 人次对全国 20 余省市的示范片进行了实地考察，给予了充分肯定与高度评价，推动了国内外对传统间套作的技术革新。玉米大豆带状复合种植技术不仅在中国国内被大力推广，近年来还走出国门、迈向海外；研发团队通过技术输出、试验示范、网络论坛、联合培养研究生等方式，将该技术带到了南亚，以及欧洲、非洲，在巴基斯坦、瑞典和加纳建立了示范点，世界各国掀起了研究玉米大豆间套作、应用带状复合种植的热潮。

近年来，项目组通过与巴基斯坦各大科研机构、高校及农牧业公司的合作，实现了巴基斯坦大豆生产“零突破”；2020 年示范效果好、技术优势明显，受到中央电视台、巴基斯坦国家电视台，以及巴基斯坦独立新闻、每日新闻、《伊斯兰堡邮报》等国内外媒体的广泛关注，累计被报道 20 余次。此外，美国斯坦福大学、伊利诺伊大学，日本作物学会、京都大学，荷兰科学研究组织（Dutch Research Council，NWO）、瓦格宁根大学，瑞典政府可持续发展研究委员会（Formas）等政府基金会，巴西农业院校等教育学术机构纷纷来函来电寻求科研或技术合作。荷兰瓦格宁根大学在冬季学期专门开设了间套作专题课程，特邀杨文钰教授在该校网络教育平台讲授玉米大豆带状复合种植相关的博士课程；瑞典 Formas、荷兰 NWO 特邀杨文钰教授担任国际间套作相关科研项目的专业评审人，相关学术交流活动有效促进了玉米大豆带状复合种植在北欧国家的拓展示范，推动了国内外间套作的研究与应用。

2. 提升国家项目经费支持力度

本项目得到了国家自然科学基金、国家重点研发计划等科研项目的大力支持，先后获国家自然科学基金资助 28 项，累计资助额达到 1235 万元；“十三五”期间获得国家重点研发计划课题 4 项，经费 2200 万元；2019 年、2020 年获得了四川省区域创新科技援疆项目 2 项，资助经费 200 万元，获“十四五”国家级项目资助 1000 余万元，成为四川省科技厅科技创新、区域合作重点支持团队，为该技术在西部地区的应用打开了新局面。

3. 建成了国家及省部级科学研究平台

成果研究期间，申请并建成了 2 个省部级重点实验室、2 个省级工程技术研究中心/工程实验室，作物环境响应与生理实验室已成为国家重点实验室的重要组成部分。

4. 培养了一大批行业专门人才

培养间套作领域硕士、博士研究生 223 名。项目负责人为党的二十大代表和国家大豆和油料产能提升工程大豆玉米带状复合种植专家指导组组长，团队 2 人成为专家组成员，3 人入选国家现代农业产业技术体系岗位科学家，3 人入选四川省学术与技术带头人，10 人晋升教授。

5. 推动了国内外间套作理论与技术进步

研究形成的“两协同一调控”理论体系，填补了国际空白，为高低位作物间套作生产能力的提升奠定了理论基础；“选配品种、扩间增光、缩株保密”核心技术及其参数模型为高低位作物田间配置提供了技术支持。理论和技术被编入《作物栽培学总论》《耕作学》等 5 本国家统编教材，以及《中国农业百科全书》（2019 年版）和 2 本科普读物，丰富了作物栽培学与耕作学的学科内涵。成果研究期间，国内外有关间套作研究的 SCI 论文、中文期刊论文、授权（申请）专利数量由 1997～2007 年的年均 32.7 篇、333.0 篇和 1.6 项分别增加到 2008～2020 年的年均 404.8 篇、809.0 篇和 60.5 项。本项目团队在间套作领域发表的论文和授权专利总量均居世界前列。

第二节　应用展望

一、行业竞争力强

玉米大豆带状复合种植在维持玉米产量不变的情况下，使大豆单产超过北方主产区平均水平，比较效益明显，深受广大农户欢迎。近年来，四川省大豆由于其高蛋白、非转基因的优势，在市场上供销两旺，价格上扬，与北方大豆形成鲜明对比。同时，种植大豆每亩可减少氮肥施用量 4～6kg（以尿素折算），养地效果十分明显。此外，选育的专用玉米和大豆品种、复合种植专用播种和收获机械，也为种子、农机企业带来了巨大的经济效益。该种植方式的推广应用结束了四川省大豆原料来源主要依靠外省供给的劣势，缓解了大豆供需矛盾，大大降低了原料运输的成本，有力促进了四川省豆制品加工业、畜牧业等诸多行业领域的可持续发展，创造了良好的经济效益。

二、风险小

玉米大豆带状复合种植是科技人员 20 余年辛勤工作的结晶，技术先进实用、适应面广、操作性强，拥有农业农村部行业标准及四川省地方标准作指导，技术标准化程度高，经营主体及农民易接受。根据区域生产特点，提出的“春玉米夏大豆带状套作模式、春玉米春大豆带状间作模式、夏玉米夏大豆带状间作模式”三大技术体系更具针对性，大面积示范均表现出较好的适应性，高产典型不断涌现，符合我国西南、西北、黄淮海地区玉米、大豆生产和发展的需要。生物多样性是应对自然灾害的最有效手段。本项目研究形成的玉米大豆带状复合种植技术体系，集成了禾本科与豆科两大作物，在自然风险上具有突出的生态位互补功能，特别是在耐旱、耐高温、抵御病虫害、抗风灾上显示出突出效果，具有高产出、可持续、机械化、低风险等特性。三大技术模式的分区应用与区域布局，能满足西南、西北、黄淮海不同生态和生产条件对技术的要求，已在全国 20 余个省（自治区、直辖市）累计推广 1.06 亿亩，自然风险低。

三、市场潜力大

若按全国现有玉米种植面积（6.25 亿亩）的 80%进行带状复合种植计算，年均潜力面积可达 5.0 亿亩，玉米总产 2.5 亿 t，大豆总产 6000 万 t；若按其 20%计算，年均潜力面积可达 1.25 亿亩，玉米总产 6250 万 t，大豆总产 1500 万 t。《中国农业展望报告（2019—2028）》指出，未来 10 年，玉米、大豆消费总量将分别达到 3.28 亿 t 和 11 882 万 t。随着玉米、大豆需求量的不断增加，产不足需的格局将继续维持在高位水平，国内玉米、大豆需求缺口巨大。以四川省为例，四川省年需求大豆 230 多万 t，年产大豆 88 万 t，市场需求缺口约 150 万 t，饲料企业需豆粕 195 万 t，其中需从外省调入豆粕 125 万 t，巨大的大豆和豆粕需求缺口是四川省大豆生产发展的原动力。同时，玉米、大豆兼有籽粒、鲜食、青贮等多种用途，市场需求量大、前景广阔；玉米、大豆的籽粒和秸秆均是肉羊养殖的极佳饲料来源，发展玉米大豆带状复合种植，将耗地作物（玉米）与养地作物（大豆）结合，粗饲料与精饲料搭配，高淀粉与高蛋白作物组合，每亩地的玉米大豆籽粒和秸秆可满足 5 或 6 头羊圈养一年的饲料需求。此外，玉米大豆带状复合种植技术兼顾了玉米、大豆两种作物，能够有效规避单一作物降价风险，市场潜力巨大。

四、政策有保障

玉米大豆带状复合种植传承传统间套作精华，具有产出高、生态可持续（培肥地力）、劳动生产率高（机械化）、多用途、低风险、利于种养循环等诸多优势。10 余年间，经过在我国西南、西北、黄淮海、长江中下游等 4 个典型生态区、10 余个示范点的推广应用，玉米大豆带状复合种植日臻成熟。该项种植方式被列为 2019 年《大豆振兴计划实施方案》，连续 13 年被列为全国和四川省农业主推技术；2020 年、2022 年、2023 年玉米大豆带状复合种植技术均被写入中央一号文件，这为该种植方式的应用提供了政策保障。

综上，玉米与大豆带状复合种植的应用具有强大的政策保障、广阔的市场潜力，为国家大豆产业发展提供了新途径，为农业结构调整提供了新选择，提高了国家大豆产业的国际竞争力，是一项政府肯定、专家认可、农民欢迎、市场竞争力强的成熟成果。